主　编　王旭东　何荣希

# 通信原理实践教程（第二版）

大连海事大学出版社
DALIAN MARITIME UNIVERSITY PRESS

图书在版编目(CIP)数据

通信原理实践教程 / 王旭东, 何荣希主编. — 2 版.
大连 : 大连海事大学出版社, 2025. 8. — ISBN 978-7
-5632-4739-4
Ⅰ. TN911
中国国家版本馆 CIP 数据核字第 202526M5Z1 号

大连海事大学出版社出版
地址:大连市黄浦路523号 邮编:116026 电话:0411-84729665(营销部) 84729480(总编室)
http://press.dlmu.edu.cn E-mail:dmupress@dlmu.edu.cn

沈阳市建斌印务有限公司印装　　大连海事大学出版社发行

2011 年 1 月第 1 版　　2025 年 8 月第 2 版　　2025 年 8 月第 1 次印刷
幅面尺寸:184 mm×260 mm　　印张:25.25
字数:630 千　　印数:1~1000 册

出版人:余锡荣

责任编辑:王　琴　　责任校对:张　华
封面设计:张爱妮　　版式设计:张爱妮

ISBN 978-7-5632-4739-4　　定价:63.00 元

# 第二版前言

通信原理课程是高等学校通信工程以及相关专业本科生的一门专业基础课和专业必修学位课。该门课程的理论性较强，主要讲述通信的基本原理，内容涵盖通信系统中信息传输的共性问题，以及一些现代通信技术和理论，特别是数字通信方面的知识。目前，涉及该课程的教材不少，但是大多存在内容庞杂，过分注重理论性，有关知识点抽象、难理解等问题。因此，编者吸取同类教材的精华，结合多年从事该课程的教学经验，在授课教案的基础上整理成本书。本书的宗旨就是系统、清晰地阐述现代通信系统的基本概念、基本原理和基本技术，以及设计与分析的方法，由概念的建立给出定量分析，注重理论联系实际，培养学生的应用能力。

《通信原理实践教程》第二版是编者在第一版的基础上，结合十余年使用第一版的老师们和同学们提出的宝贵意见和编者在教学实践中积累的经验，在秉承第一版的指导思想的基础上，修订、完善而成的。

全书共分为 12 章。内容包括通信系统概论、确知信号分析、随机信号分析、信道、模拟调制系统、数字基带传输系统、模拟信号的数字化、数字信号的频带传输、数字信号的最佳接收、多路复用和伪随机序列、差错控制编码及同步原理。

为了帮助读者更好地掌握通信的基本原理及分析方法，提高实际应用能力，本书在每章开始给出了具体的知识点，在正文中配备了例题，在每章结尾设置了复习和巩固的环节，包括基本的概念题、典型的题解和课堂小测题。此外，为了培养学生系统建模仿真分析的能力，部分章节还补充了通信系统建模及性能仿真分析的课后拓展题。

本书可作为通信工程、电子信息工程、电子信息科学与技术等电子信息类专业高年级本科生的教材，亦可作为从事相关专业工作的教师和技术人员的参考用书。

本书参考和引用了目前出版的多本同类优秀教材的部分内容，在此对这些教材的作者表示衷心的感谢！

限于作者的水平，本书难免存在一些错误和不妥之处，恳请读者批评指正。

对本书的意见和建议欢迎发邮件至：wxd@ dlmu.edu.en，hrx@ dlmu.edu.cn。

编　者

2025 年 3 月

# 第一版前言

通信原理是我校信息学科通信工程、电子工程和电子信息科学与技术三个本科专业的一门主干专业课。这门课程的理论性较强，主要讲述通信的基本原理，内容涵盖通信系统中信息传输的共性问题以及一些现代通信技术和理论，特别是数字通信方面的知识。目前，涉及该课程的教材不少，但是大多存在内容庞杂，过分注重理论性，有关知识点抽象、难理解等问题。因此，我们在吸取同类教材精华的基础上，结合多年从事该课程的教学经验，在授课教案的基础上整理成本书。本书的宗旨就是要系统、清晰地阐述现代通信系统的基本概念、基本原理和基本技术以及设计与分析的方法，由概念的建立给出定量分析，注重理论联系实际，培养学生的应用能力。

全书共分 10 章，内容包括通信系统概论、随机信号分析、模拟调制系统、数字基带传输系统、模拟信号的数字化、数字信号的频带传输、数字信号的最佳接收、多路复用和伪随机序列、差错控制编码及同步原理。

为了帮助读者更好地掌握通信的基本原理及分析方法，提高实际应用能力，本书在每章开始都给出了具体的知识点，在正文中还配备例题，而且在每章结尾都给出一些基本的概念题、典型的题解和课堂小测题。

本书可作为通信工程、电子信息工程、电子信息科学与技术等电子信息类高年级本科生的学习和实验教材，亦可供从事相关专业工作的教师和技术人员参考。

本书参考和引用了目前出版的多本同类优秀教材的部分内容，在此对教材的作者表示衷心的感谢！

限于作者的水平，本书难免存在一些错误和不妥之处，恳请读者批评指正。

对本书的意见和建议欢迎发邮件至：wxd@ dlmu.edu.en，hrx@ dlmu.edu.cn。

编　者

2010 年 9 月

# 目　录

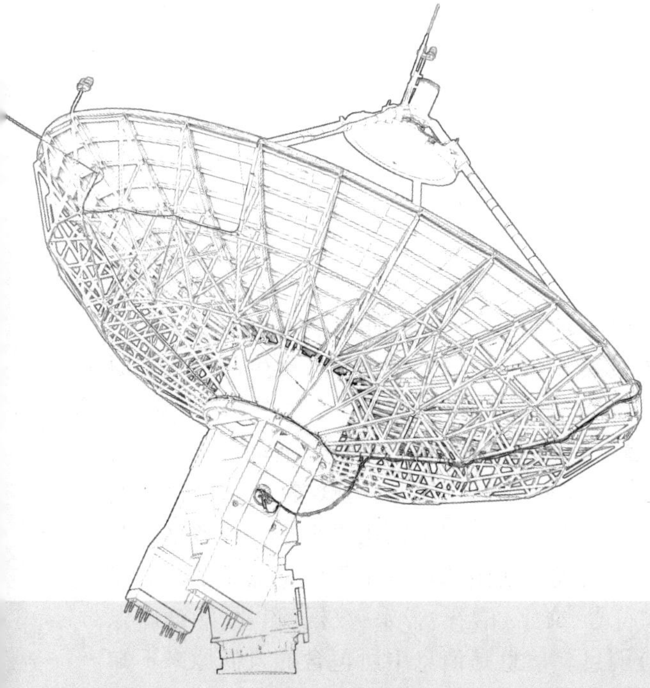

# 第1章 通信系统概论

知识点

- 通信系统模型。
- 基带信号和频带信号的区别。
- 模拟通信系统和数字通信系统的比较。
- 通信系统的分类以及不同的通信方式。
- 信息量的概念及计算。
- 通信系统的性能指标。
- 码元传输速率与信息传输速率的概念及计算。
- 误码率、误信率、误字率的概念及计算。

# 1.1 引言

随着信息时代的全面到来，通信技术在当今社会的交流沟通中扮演着重要的角色，不仅承担着传递信息的重要职责，也为社会发展提供了重要支撑。通信技术深入人类生活的各方面是现代社会的一个标志。

通信按照传统的理解就是“信息的传输与交换”。从古至今，人类的社会活动总离不开消息的传递和交换。古代的消息树、烽火台、驿马传令，现代的文字、书信、电报、电话、广播、电视、遥控、遥测等，都是消息传递的方式或信息交流的手段。人们可以用语言、文字、数据或图像等不同的形式来表达信息。但是，这些语言、文字、数据或图像本身不是信息而是消息。消息是有待传输的具体内容，具有不同的形式，如符号、文字、语音、音乐、数据、图片、活动图像等。消息可分为离散（数字）消息和连续（模拟）消息。信息是消息中所包含的人们原来不知而待知的内容。通信的根本目的在于传递消息中包含的信息。为了传递消息，各种消息都需要转换成电信号。消息与电信号是一一对应的关系。

实现通信的方式有很多，随着社会的需求、生产力的发展和科学技术的进步，目前通信越来越依赖利用“电”来传递消息的电通信方式。由于电通信迅速、准确、可靠，且不受时间、地点、距离的限制，因而近百年来其得到了迅速的发展和广泛的应用。当今，自然科学领域涉及的“通信”一般均指“电通信”。广义来讲，“光通信”也属于“电通信”，因为光也是一种电磁波。本书中的通信均指“电通信”。本章主要讨论信息的传输和交换的基本原理。

# 1.2 通信系统的组成

## 1.2.1 通信系统模型

通信是从一地向另一地传递和交换信息。实现信息传递所需的一切技术设备和传输媒质的总和称为通信系统。

图 1-1 概括地描述了基于点与点之间的通信系统的组成，它反映了通信系统的共性，因此称为通信系统的一般模型。

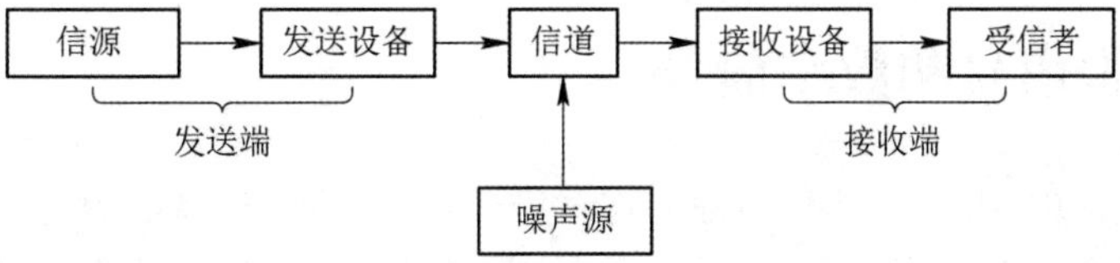


**图 1-1　通信系统的一般模型**

### 1.2.1.1 信源

信源是消息的产生地，可把各种消息转换成原始电信号（称为消息信号或基带信号），可分为模拟信源和数字信源。模拟信源输出的是模拟信号，如电话机和电视摄像机。数字信源输出的是离散的数字信号，如电传机和计算机等各种数字终端设备。

### 1.2.1.2 发送设备

发送设备将信源产生的消息信号变换成适合在信道中传输的信号，将信源和信道匹配起来。变换方式是多种多样的，在需要频谱搬移的场合，调制是最常见的变换方式。对数字通信系统来说，变换方式常常又可分为信源编码与信道编码。

### 1.2.1.3 信道

信道是传输信号的物理媒质。在无线信道中，信道可以是大气（自由空间）。在有线信道中，信道可以是电缆、光纤等。有线信道和无线信道均有多种物理媒质。媒质的固有特性及媒质引起的干扰与噪声直接关系到通信的质量。根据研究对象的不同，需要对实际的物理媒质建立不同的数学模型，以反映传输媒质对信号的影响。

#### 1.2.1.4 噪声源

噪声源不是人为加入的,而是通信系统中各种设备以及信道中所固有的各种噪声的集中表示。噪声源是多样的,可分为内部噪声和外部噪声,而且外部噪声往往是从信道引入的。

#### 1.2.1.5 接收设备

接收设备完成与发送设备相反的变换,从带有干扰的接收信号中正确恢复相应的原始信号。

#### 1.2.1.6 受信者(信宿)

受信者(信宿)是传输信息的归宿点,其作用是将复原的原始信号转换成相应的消息。

根据研究的对象以及所关注的问题的不同,图 1-1 模型中的各小方框的内容和作用将有所不同,因而相应有不同形式的更具体的通信模型。后续的讨论就是围绕着通信系统的模型而展开的。

### 1.2.2 模拟信号和数字信号

在图 1-1 中,信源发出的消息有多种形式,可分为连续消息和离散消息两大类。状态连续变化或不可数的消息称为连续消息,如语音信号、活动图片等。状态离散或是可数的消息称为离散消息,如符号、数据等。

消息的传递是通过它的载体——电信号来实现的,即把消息寄托在电信号的某一参量(如连续方波的幅度、频率或相位,脉冲波的幅度、宽度或位置)上。按信号参量的取值方式的不同,信号可分为模拟信号和数字信号两类,如图 1-2 所示。

凡传递信息参量的取值是连续的或取无穷多个值的,且直接与消息相对应的信号,均称为模拟信号,如电话机送出的语音信号、电视摄像机输出的图像信号等。模拟信号有时也称连续信号。这个连续是指信号的某一参量可以连续变化,或者说在某一取值范围内可以取无穷多个值,而不一定在时间上也连续。

凡传递信息参量只能取有限个值,并且常常不直接与消息相对应的信号,均称为数字信号,如电报信号、计算机输入/输出信号、脉冲编码调制(Pulse Code Modulation,PCM)信号等。数字信号有时也称离散信号。这个离散是指信号的某一参量是离散变化的,而不一定在时间上也离散。

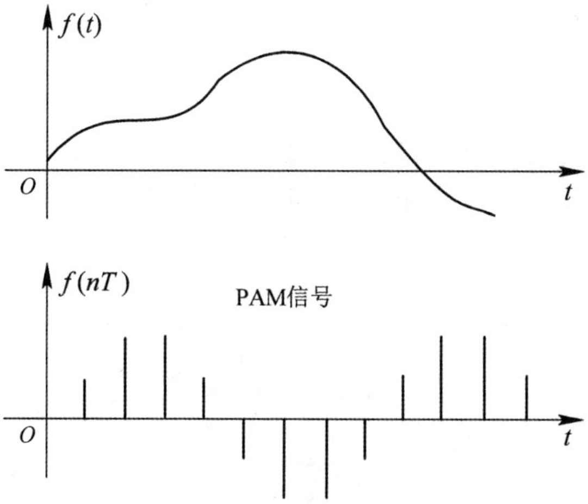


(a) 模拟信号

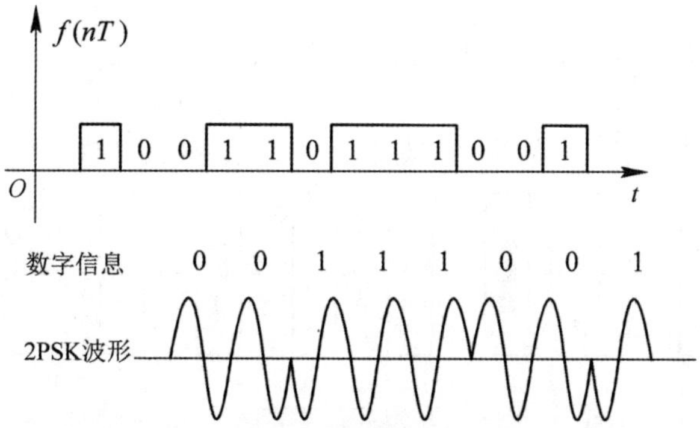


(b) 数字信号

图 1-2　信号的分类

## 1.2.3　模拟通信系统和数字通信系统

按照信道中传输的是模拟信号还是数字信号,通信系统可相应地分为模拟通信系统和数字通信系统。

### 1.2.3.1　模拟通信系统

模拟通信系统是利用模拟信号来传递信息的通信系统。信源发出的原始电信号是基带信号。基带的含义是指信号的频谱从零频附近开始,如语音信号为 300~3400 Hz,图像信号为 0~6 MHz。

基带信号具有以下特点:(1)具有频率很低的频谱分量,一般不宜直接传输;(2)需要把基带信号变换成其频带适合在信道中传输的信号,并可在接收端进行反变换。完成这种变换和反变换作用的设备通常是调制器和解调器。

经过调制的信号称为已调信号(又称频带信号)。已调信号具有以下特点:(1)携带信息;(2)适合在信道中传输;(3)信号的频谱具有带通形式且中心频率远离零频。

模拟通信系统中需要进行连续消息与基带信号和基带信号与频带信号之间的两种变换。消息从发送端到接收端的传递过程中，不仅仅有连续消息与基带信号和基带信号与频带信号之间的两种变换，实际通信系统中可能还有滤波、放大、天线辐射、控制等过程。由于调制与解调两种变换对信号的变化起决定性作用，而其他过程对信号不会发生质的变化，只是对信号进行了放大或改善了信号特性，因而调制和解调被认为是理想的而不予讨论。

模拟通信系统模型可由图 1-1 演变而成，如图 1-3 所示。图中的调制器和解调器就代表图 1-1 中的发送设备和接收设备。

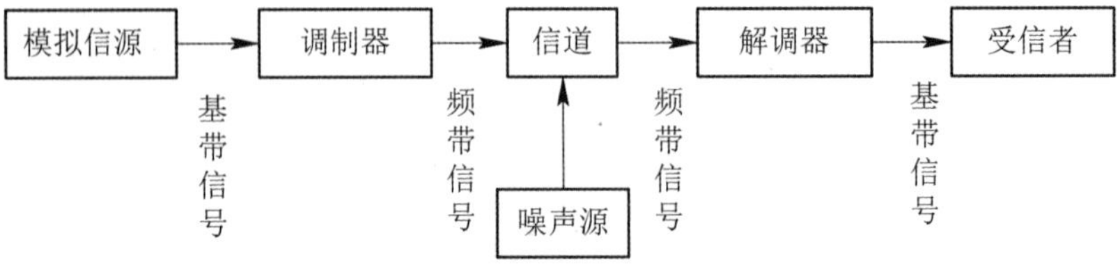


**图 1-3　模拟通信系统模型**

### 1.2.3.2　数字通信系统

数字通信系统是利用数字信号来传递信息的通信系统，其模型如图 1-4 所示。

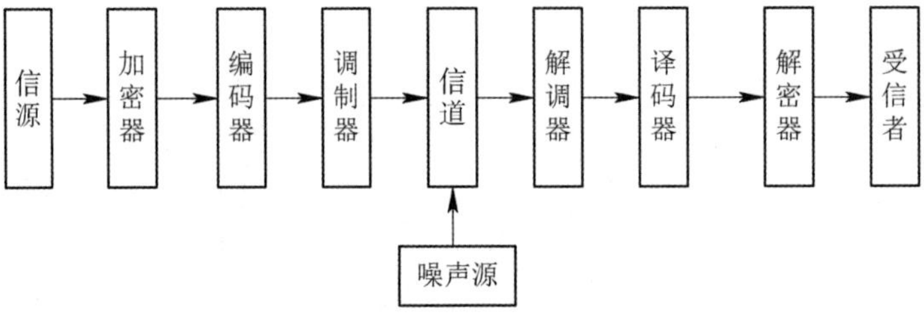


**图 1-4　数字通信系统模型**

数字通信涉及的技术问题很多，主要有编码与译码、加密与解密、数字调制与解调、同步与数字复接等。

（1）编码与译码

数字信号在信道传输时，由于噪声、衰落以及人为干扰等，会引起差错。为了减少差错，编码器对传输的信息码元按一定的规则加入保护成分（监督元），组成“抗干扰编码”。

接收端的译码器按一定规则进行解码，在解码过程中发现错误或纠正错误，从而提高通信系统抗干扰能力，实现可靠通信。

（2）加密与解密

在需要实现保密通信的场合，为了保证所传信息的安全，人为将被传输的数字系列扰乱，即加上密码，这种处理过程叫加密。在接收端利用与发送端相同的密码复制品对收到的数字系列进行解密，恢复原来信息的过程叫解密。

（3）数字调制与解调

数字调制就是把数字基带信号的频谱搬移到高频处，形成适合在信道中传输的频带信号。解调则是其逆过程，从已调信号中恢复原始基带信号。

(4)同步与数字复接

同步是保证数字通信系统有序、准确、可靠工作的不可缺少的前提条件。同步使接收端、发送端两端的信号在时间上保持步调一致。同步按照功用可分为载波同步、位同步、群同步和网同步。

数字复接就是依据时分复用基本原理,把若干个低速的数字信号合并成一个高速的数字信号,以扩大传输容量和提高传输效率。

图1-4是数字通信系统的一般模型,实际的数字通信系统不一定包括图中的所有环节。例如,在某些有线信道中,若传输距离不太远且通信容量不太大,数字基带信号无须调制,可以直接传送,称为数字信号的基带传输,其模型中不包括调制与解调环节。

#### 1.2.3.3 数字通信系统的优点

与模拟通信系统相比,数字通信系统具有如下优点:

(1)抗干扰能力强,在中继时可通过再生消除噪声的积累;

(2)传输差错可以控制;

(3)便于用现代数字信号处理技术来对数字信息进行处理;

(4)易于集成化,从而使通信设备微型化;

(5)易于进行加密处理,保密强度高。

数字通信系统的许多优点都是用比模拟通信系统占据更宽的系统频带为代价来换取的。例如,一路模拟电话通常只占据4 kHz带宽,而一路相同传输质量的数字电话要占据数十千赫兹带宽。另外,因为数字通信对同步要求高,因而系统设备复杂。

**【例1-1】**模拟信号能否在数字通信系统中传输?数字信号能否在模拟通信系统中传输?

**答:**模拟信号经过数字编码后可以在数字通信系统中传输,此时需要引入模-数转换器和数-模转换器。数字电话系统就是以数字方式传输模拟语音信号的例子。数字信号也可以在模拟通信系统中传输。计算机数据可以通过模拟电话线路传输,但这时必须使用调制解调器将数字基带信号进行正弦调制,以适应模拟信道的传输特性。模拟通信与数字通信的区别仅在于信道中传输的信号种类。

# 1.3 通信系统分类与通信方式

## 1.3.1 通信系统分类

### 1.3.1.1 按通信业务分类

按通信业务，通信系统分为话务通信和非话务通信。话务通信在电信领域中一直占主导地位，属于人与人之间的通信。近年来，非话务通信发展迅速，主要是分组数据业务、计算机通信、数据库检索、电子信箱、电子数据交换、传真存储转发、可视图文及会议电视、图像通信等。由于话务通信最为发达，因而其他通信常常借助公共的话务通信系统进行。未来的综合业务数字通信网中各种用途的消息都能在一个统一的通信网中传输。

### 1.3.1.2 按调制方式分类

按调制方式，通信系统分为基带传输和频带（调制）传输。基带传输是将未经调制的信号直接传送，如音频市内电话。频带（调制）传输是对各种信号调制后传输的总称。

### 1.3.1.3 按信号特征分类

按信号特征，即信道中所传输的是模拟信号还是数字信号，通信系统分为模拟通信系统和数字通信系统。

### 1.3.1.4 按传输媒质分类

按传输媒质，通信系统分为有线通信系统和无线通信系统。有线通信系统是用导线（如架空明线、同轴电缆、光导纤维、波导等）作为传输媒质完成通信的，如市内电话、有线电视、海底电缆通信等。无线通信系统是依靠电磁波在空间传播达到传递消息的目的的，如短波电离层传播、微波视距传播、卫星中继等。

### 1.3.1.5 按信号复用方式分类

传送多路信号有三种复用方式：频分复用、时分复用和码分复用。频分复用是用频谱搬移的方法使不同信号占据不同的频率范围。时分复用是用抽样或脉冲调制的方法使不同信号占据不同的时间区间。码分复用则是用一组包含互相正交的码字的码组携带多路信号。

按信号复用方式，通信系统分为频分复用通信系统、时分复用通信系统和码分复用通信系统。

传统的模拟通信中都采用频分复用，随着数字通信的发展，时分复用通信系统的应用越来越广泛，码分复用主要用于无线通信的扩频通信中。

## 1.3.2　通信方式

### 1.3.2.1　按消息传递的方向与时间关系分类

按消息传递的方向与时间关系，通信方式可分为单工通信、半双工通信及全双工通信三种。

单工通信是指消息只能单方向传输的工作方式，因此只占用一个信道，如图 1-5 (a)所示。广播、遥测、遥控、无线寻呼等就是单工通信的例子。

半双工通信是指通信双方都能收发消息，但不能同时进行收和发的工作方式，如图 1-5 (b)所示。例如，使用同一载频的对讲机，进行收发报机以及问询、检索、科学计算等数据通信都是半双工通信。

全双工通信是指通信双方可同时进行收发消息的工作方式。一般情况下，全双工通信的信道必须是双向信道，如图 1-5(c)所示。普通电话、手机都是最常见的全双工通信，计算机之间的高速数据通信也是全双工通信。

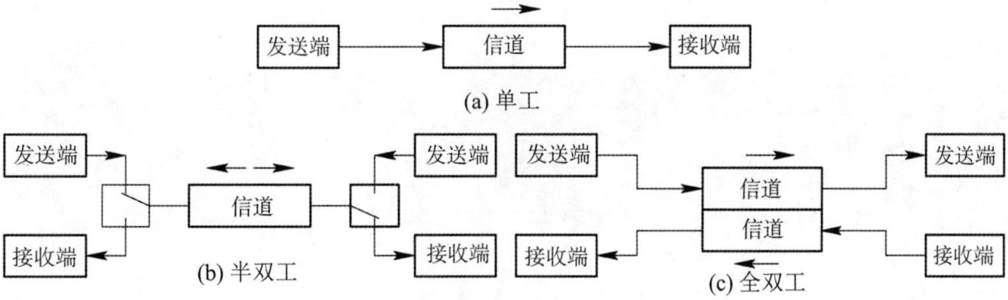


**图 1-5　单工、半双工和全双工通信方式示意图**

### 1.3.2.2　按数字信号代码排列顺序分类

按数字信号代码排列顺序，数字通信分为并行传输和串行传输。并行传输是将代表信息的数字信号序列以成组的方式在两条或两条以上的并行信道上同时传输，如图 1-6 (a)所示。并行传输可以节省传输时间，但是，由于它需要传输信道多、设备复杂、成本高，一般较少采用。并行传输主要用于计算机和其他高速数字系统，特别适用于设备之间的近距离通信。串行传输是数字信号序列以串行方式一个接一个地在一条信道上传输，如图 1-6 (b)所示。它只需要占用一条通路，一般的远距离数字通信都采用这种传输方式。

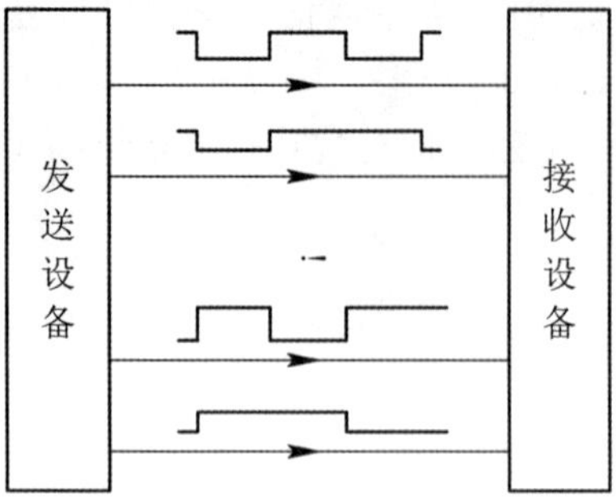


(a) 并行传输

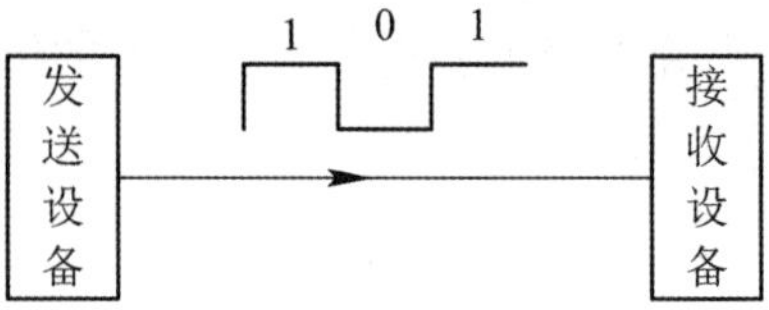


(b) 串行传输

图 1-6 并行和串行通信方式示意图

#### 1.3.2.3 按通信对象连接情况分类

按通信对象连接情况，通信分为点对点的通信、一点对多点的通信及多点间的通信。点对点通信是指在通信过程中，信息传输只存在于两个节点之间的通信方式。在这种通信方式中，信息从一个节点发送到另一个节点，而不需要其他节点的参与。这种通信方式通常用于私人通信，如电子邮件、即时通信和电话等。本书后续内容基本上是按照点对点通信系统结构顺序介绍其相关原理的。一点对多点的通信及多点间的通信是指在通信过程中，信息传输存在于多个节点之间的通信方式。在这种通信方式中，信息从一个节点发送到多个节点，多个节点之间可以相互交流和传输信息。这种通信方式通常用于群体通信，如广播电视、视频会议和群聊等。

## 1.4 信息及其度量

信息是能够通过文字、图像、声音、符号、数据等人类获知的知识，即信息是消息中包含的有意义的内容，通信的目的就在于传输信息。

在信息论中，信源输出的消息是随机的，即在未收到消息之前，不能肯定信源到底发送了什么样的消息。对接收者来说，只有消息中不确定的内容才构成信息，若信源输出已确切知晓，就没有必要再传输它了。任何信源产生的输出都是随机的，也就是说，信源输出是用统计方法来定性的。对接收者来说，只有消息中不确定的内容才构成信息。通信的目的就是要使接收者在接收到消息后，尽可能多地解除接收者对信源所存在的疑义（不定度），因此这个被解除的不定度实际上就是在通信中所要传送的信息量。简而言之，信息含量就是对消息中这种不确定性的度量。

让我们从常识的角度来感受下面三条消息：(1)太阳从东方升起；(2)太阳比往日大两倍；(3)太阳将从西方升起。第一条基本没有带来信息，第二条带来了大量信息，第三条带来的信息多于第二条。

原因：第一事件是一个必然事件，人们不足为奇；第三事件几乎不可能发生，它使人感到惊奇和意外，也就是说，第三事件带来的信息更多。因此，信息含量是与惊奇这一因素相关联的，这是不确定性或不可预测性的结果。越是不可预测的事件，越会使人感到惊奇，带来的信息越多。

根据概率论知识，事件的不确定性可用事件出现的概率来描述。可能性越小，概率越小；反之，概率越大。因此，消息中包含的信息量与消息发生的概率密切相关。消息出现的概率越小，消息中包含的信息量就越大。假设 $P(x)$ 是一个消息发生的概率，$I$ 是从该消息获悉的信息，根据上面的认知，显然 $I$ 与 $P(x)$ 之间的关系反映为如下规律：

(1)信息量是概率的函数，即

$$I = I[P(x)] \tag{1-1}$$

(2) $P(x)$ 越小，$I$ 越大；反之，$I$ 越小，并且当

$$P(x) \to 1 \text{ 时}, I \to 0 \tag{1-2}$$

$$P(x) \to 0 \text{ 时}, I \to \infty \tag{1-3}$$

(3)若干个互相独立事件构成的消息，所含信息量等于各独立事件信息量之和，也就是说，信息具有相加性，即

$$I[P(x_1)P(x_2)\cdots] = I[P(x_1)] + I[P(x_2)] + \cdots \tag{1-4}$$

信息量 $I$ 与消息出现的概率 $P(x)$ 之间的关系应为

$$I = \log_a \frac{1}{P(x)} = -\log_a P(x) \tag{1-5}$$

信息量的单位与对数底数 $a$ 有关。$a=2$ 时，信息量的单位为比特(bit)；$a=e$ 时，信息量的单位为奈特(nat)；$a=10$ 时，信息量以十进制为单位，即单位为哈特莱(Hartley)。目前，通信领域广泛使用的单位为比特。

## 1.4.1 等概情况

对于离散信源，假设信源每个符号出现的概率相等。

**【例 1-2】**设二进制离散信源，以相等的概率发送数字 0 或 1，求信源每个输出的信息含量。

**解：**

$$I(0) = I(1) = \log_2 \frac{1}{1/2} = \log_2 2 = 1\ (\text{bit})$$

可见，传送等概率的二进制波形之一($P=1/2$)的信息量为 1 bit。同理，传送等概率的四进制波形之一($P=1/4$)的信息量为 2 bit，这时每一个四进制波形都需要用 2 个二进制脉冲表示。传送等概率的八进制波形之一($P=1/8$)的信息量为 3 bit，这时每一个八进制波形至少需要 3 个二进制脉冲表示。

【结论】对于离散信源，$M$ 个波形等概率($P=1/M$)发送，且每一个波形的出现都是独立的，即信源是无记忆的，则传送 $M$ 进制波形之一的信息量为

$$I = \log_2 \frac{1}{P(x)} = \log_2 \frac{1}{1/M} = \log_2 M\ (\text{bit}) \tag{1-6}$$

式中，$P$ 为每一个波形出现的概率；$M$ 为传送的波形数。若 $M$ 是 2 的整幂次，比如 $M=2^K$($K=1, 2, 3, \cdots$)，则式(1-6)可改写为

$$I = \log_2 M = \log_2 2^K = K\ (\text{bit}) \tag{1-7}$$

式中，$K$ 是二进制脉冲数目。也就是说，传送每一个 $M$($M=2^K$)进制波形的信息量就等于用二进制脉冲表示该波形所需的脉冲数目为 $K$。

## 1.4.2 非等概情况

设离散信源是一个由 $n$ 个符号组成的符号集，其中每个符号 $x_i$($i=1, 2, 3, \cdots, n$)出现的概率为 $P(x_i)$，且有 $\sum_{i=1}^{n} P(x_i) = 1$，则 $x_1, x_2, \cdots, x_n$ 所包含的信息量分别为 $-\log_2 P(x_1)$，$-\log_2 P(x_2)$，…，$-\log_2 P(x_n)$。于是，每个符号所含信息量的统计平均值，即平均信息量为

$$\begin{aligned} H(x) &= P(x_1)[-\log_2 P(x_1)] + P(x_2)[-\log_2 P(x_2)] + \cdots + P(x_n)[-\log_2 P(x_n)] \\ &= -\sum_{i=1}^{n} P(x_i)\log_2 P(x_i)\ (\text{bit/符号位}) \end{aligned} \tag{1-8}$$

$H(x)$ 由于同热力学中的熵形式一样，故通常又称信源熵(entropy)，其单位为 bit/符号位。当信源中每个符号等概独立出现时，信源熵有最大值。

下面通过一个离散信源的例子来说明信息量的计算。表 1-1 给出了 26 个英文字母及其

在英文中出现的统计概率。

表 1-1　英文字母出现的概率

| 符号 | 概率 | 符号 | 概率 | 符号 | 概率 |
|---|---|---|---|---|---|
| 空格 | 0.20 | s | 0.052 | y、w | 0.012 |
| e | 0.105 | h | 0.047 | g | 0.011 |
| t | 0.072 | d | 0.035 | b | 0.0105 |
| o | 0.0654 | i | 0.029 | v | 0.008 |
| a | 0.063 | c | 0.023 | k | 0.003 |
| n | 0.059 | f、u | 0.0225 | x | 0.002 |
| l | 0.055 | m | 0.021 | j、q、z | 0.001 |
| r | 0.054 | p | 0.0175 | | |

**【例 1-3】**设英文字母 c、e、q、x 出现的概率分别为 0.023、0.105、0.001、0.002，试分别求出它们的信息量。

**解：**直接利用信息度量公式 $I=\log_2\frac{1}{P(x)}=-\log_2 P(x)$ 求解，将 c、e、q、x 出现的概率分别代入式中计算可得

$$\begin{cases} I(\text{c})=-\log_2 0.023=5.44 \\ I(\text{e})=-\log_2 0.105=3.25 \\ I(\text{q})=-\log_2 0.001=9.97 \\ I(\text{x})=-\log_2 0.002=8.96 \end{cases}$$

通常，在信息传输过程中，信源发送出由多个符号组成的离散消息序列，如果信源发送的符号统计独立，则在一段时间内收到的信息量总和可由各个独立符号的信息量相加得到。若引入统计平均信息量的概念，则可由下式来计算

$$I=n\cdot H(x) \tag{1-9}$$

**【例 1-4】**一离散信源由 0、1、2、3 四个符号组成，它们出现的概率分别为 $\frac{3}{8}$、$\frac{1}{4}$、$\frac{1}{4}$、$\frac{1}{8}$，且每个符号的出现都是独立的。试求下列消息的信息量：20102013021300120321010032101002310200201031203210012021 0。

**解：**此消息中，0 出现 23 次，1 出现 14 次，2 出现 13 次，3 出现 7 次，共有 57 个符号，故该消息的信息量为

$$I=23\log_2\frac{8}{3}+14\log_2 4+13\log_2 4+7\log_2 8=108\ (\text{bit})$$

每个符号的平均信息量为

$$\bar{I}=\frac{I}{\text{符号位}}=\frac{108}{57}=1.89\ (\text{bit/ 符号位})$$

若用熵的概念来计算，由信源熵公式可得

$$H=-\frac{3}{8}\log_2\frac{3}{8}-\frac{1}{4}\log_2\frac{1}{4}-\frac{1}{4}\log_2\frac{1}{4}-\frac{1}{8}\log_2\frac{1}{8}=1.906\ (\text{bit/符号位})$$

则该消息所含信息量为

$$I = 57 \times 1.906 = 108.64 \text{ (bit)}$$

可见，两种算法的结果有一定误差，但当消息很长时，用熵的概念来计算比较方便。而且随着消息序列长度的增加，两种计算误差将趋于零。

以上介绍了离散消息所含信息量的度量方法，对于连续消息的信息量，可以用概率密度来描述。连续消息的平均信息量（相对熵）为

$$H_1(x) = -\int_{-\infty}^{+\infty} f(x)\ \ln f(x)\,\mathrm{d}x \tag{1-10}$$

式中，$f(x)$表示连续消息出现的概率密度函数。

**【例 1-5】**一连续信源的信号幅值在$(-a,\ a)$范围内连续变化，均匀分布，求其平均信息量。

**解：**已知连续信源幅值的概率密度为$f(x) = \dfrac{1}{2a}$，根据连续消息的平均信息量计算公式可得

$$H(x) = -\int_{-\infty}^{\infty} f(x)\ \log_2 f(x)\,\mathrm{d}x = \frac{1}{2a}\int_{-a}^{a} \log_2(2a)\,\mathrm{d}x = 1 + \log_2 a \text{ (bit)}$$

# 1.5 通信系统的性能指标

通信的任务是快速、准确地传递信息。因此,评价一个通信系统优劣的主要性能指标是系统的有效性和可靠性。有效性指在给定信道内所传输的信息内容的多少,或者说是传输的"速度"问题。而可靠性指接收信息的准确程度,也就是传输的"质量"问题。这两个问题相互矛盾而又相对统一,通常还可以进行互换。

模拟通信系统的有效性可用有效传输频带来度量,也就是传输一路信号所需最小带宽。同样的消息用不同的调制方式,则需要不同的带宽。可靠性用接收端最终输出信噪比来度量。不同调制方式在同样信道信噪比下所得到的最终解调后的信噪比是不同的。如调频信号抗干扰能力比调幅好,但调频信号所需传输频带宽于调幅。

实际模拟通信系统中存在加性和乘性两种干扰。加性干扰是指信号在传输时叠加上的噪声引起的干扰,而且始终存在。而乘性干扰指由于信道传输特性不理想引起的干扰,它随信号消失而消失。数字通信系统的有效性可用传输速率来衡量,而可靠性可用差错率来衡量。

## 1.5.1 传输速率

传输速率可用码元传输速率或信息传输速率来衡量。

码元传输速率$R_B$简称传码率,又称符号速率。它表示单位时间内传输码元的数目,单位是波特(Baud),记为B。例如,若1 s内传2400个码元,则传码率为2400 B。数字信号有多进制和二进制之分,但码元传输速率与进制数无关,只与传输的码元宽度$T$有关,即

$$R_B = \frac{1}{T} \tag{1-11}$$

通常在给出码元传输速率时,有必要说明码元的进制。由于$M$进制的一个码元可以用$\log_2 M$个二进制码元去表示,因而,$M$进制的码元传输速率$R_{BM}$与二进制的码元传输速率$R_{B2}$之间有以下转换关系

$$R_{B2} = R_{BM} \log_2 M \ (\mathrm{B}) \tag{1-12}$$

信息传输速率$R_b$简称传信率,又称比特率。它表示单位时间内传递的平均信息量或比特数,单位是比特/秒,可记为bit/s,或b/s,或bps。每个码元或符号通常都含有一定比特数的信息量$H$,因此码元传输速率和信息传输速率有确定的关系,即

$$R_b = R_B \cdot H \ (\mathrm{b/s}) \tag{1-13}$$

或

$$R_B = \frac{R_b}{\log_2 M} \ (\mathrm{B}) \tag{1-14}$$

式中，$M$ 为符号的进制数。

例如码元传输速率为 1200 B，采用八进制（$M=8$）时，信息传输速率为 3600 b/s；采用二进制（$M=2$）时，信息传输速率为 1200 b/s。

码元传输速率 $R_B$ 与进制数无关，只与传输的码元宽度 $T$ 有关。二进制的码元传输速率和信息传输速率在数量上相等，只是单位不同。

**【例 1-6】**若有二电平信号（独立等概），其码元宽度 $T=20$ ms，求其传码率 $R_B$ 和信息传输速率 $R_b$；若有四电平信号（独立等概），其码元宽度为 20 ms，求其传码率 $R_B$ 和独立等概时的信息传输速率 $R_b$。

**解**：根据码元传输速率 $R_B=\frac{1}{T}$ 以及传码率和信息传输速率之间的关系 $R_b=R_B\times H$ 可得：

对于独立等概的二电平信号，传码率 $R_B=\frac{1}{20\times10^{-3}}=50$ B，信息传输速率 $R_b=50\times\log_2 2=50$ b/s。

对于独立等概的四电平信号，传码率 $R_B=\frac{1}{20\times10^{-3}}=50$ B，信息传输速率 $R_b=50\times\log_2 4=100$ b/s。

## 1.5.2 差错率

衡量数字通信系统可靠性的指标是差错率，常用误码率和误信率表示。

误码率（码元差错率，用 $P_e$ 表示）是指发生差错的码元数在传输总码元数中所占的比例。更确切地说，误码率是码元在传输系统中被传错的概率，即

$$P_e=\frac{错误码元数}{传输总码元数} \tag{1-15}$$

误信率（信息差错率，$P_b$）是指发生差错的比特数在传输总比特数中所占的比例，即

$$P_b=\frac{错误比特数}{传输总比特数} \tag{1-16}$$

二进制时，误码率等于误信率 $P_e=P_b$。

误字率 $P_w$ 是指错误接收字数在传输总字数中所占的比例。若一个字由 $k$ bit 组成，用二进制码元传输，则

$$P_w=1-(1-P_e)^k \tag{1-17}$$

**【例 1-7】**设在 125 μs 内可传输 256 个二进制码元，试计算其信息传输速率。若该信码在 2 s 内有三个码元产生误码，求其误码率。

**解**：传码率

$$R_B=\frac{256}{125\times10^{-6}}=2.048\times10^6(\text{B})$$

信息传输速率

$$R_b=2.048\times10^6(\text{b/s})$$

误码率

$$P_e=\frac{3}{2.048\times10^6\times2}=7.324\times10^{-7}$$

# 复习与巩固

## 一、概念思考

1.消息和信息的区别是什么？信息和信号的区别是什么？

2.什么是数字信号？什么是模拟信号？两者的根本区别是什么？

3.什么是数字通信？数字通信有哪些优点？

4.什么是基带信号？什么是频带信号？两者有何区别？

5.按照调制方式，通信系统如何分类？按照传输信号的特征，通信系统如何分类？按照传输信号的复用方式，通信系统如何分类？

6.单工通信、半双工通信及全双工通信是按照什么标准分类的？解释它们的工作方式并举例说明。

7.信息量的定义是什么？它的单位是什么？

8.通信系统的主要性能指标是什么？

9.什么是传码率？什么是信息传输速率？它们之间的关系是什么？

10.什么是误码率？什么是误信率？它们之间的关系是什么？

## 二、课堂小测

1.模拟信号是指信号的参量可________取值的信号，数字信号是指信号的参量可______取值的信号。

2.一般的远距离数字通信采用________行传输方式，因为这种方式只需要占用一条通路。

3.基带信号的频谱从________附近开始，因其频率低，一般不宜直接传输。将基带信号的频谱搬移到高频处，可以采用________技术。

4.某离散信源输出二进制符号，在________条件下，每个二进制符号携带 1 bit 信息量；在________条件下，每个二进制符号携带的信息量小于 1 bit。

5.某信源由 A、B、C、D 等 4 个符号组成，设每个符号独立出现，其概率分别为$\frac{1}{4}$、$\frac{1}{4}$、$\frac{3}{16}$、$\frac{5}{16}$，试求该信源中每个符号的信息量。

6.某信源由 A、B、C、D 等 4 个符号组成，这些符号分别用二进制码组 00、01、10、11 表示，若每个二进制码元用宽度为 5 ms 的脉冲传输，求下列条件下的平均信息传输速率：

(1)这 4 个符号等概出现；

(2)这 4 个符号的出现概率如上题所述。

7.设一个信源由 64 个不同符号组成，其中 16 个符号的出现概率均为$\frac{1}{32}$，其余 48 个符号的出现概率为$\frac{1}{96}$，若此信源每秒发出 1000 个独立符号，试求该信源的平均信息传输速率。

8.设一个信号源输出四进制等概信号，其码元宽度为 125 μs，试求其码元传输速率和信息传输速率。

9.已知二进制数字信号每个码元占用时间为 1 ms，1、0 码等概出现，求传码率和信息传输速率。

10.八进制数字通信系统的误码率为 $10^{-5}$，系统的传输速率为 1200 b/s，求接收端在多长时间内能接收到 144 个错误码元。

## 三、典型题解

1.某信源的符号集由 A、B、C、D 和 E 组成，设每一符号独立出现，其出现概率分别为$\frac{1}{4}$、$\frac{1}{8}$、$\frac{1}{8}$、$\frac{3}{16}$和$\frac{5}{16}$，信源以 1000 bit 速率传送信息。试求：

(1)传送 1 h 的信息量；

(2)传送 1 h 可能达到的最大信息量。

**解**：首先求信源熵，即每个符号所含的平均信息量。根据信源熵公式可得

$$H(x)=\left(\frac{1}{4}\log_2 4+\frac{2}{8}\log_2 8+\frac{3}{16}\log_2\frac{16}{3}+\frac{5}{16}\log_2\frac{16}{5}\right)=2.23\ \text{bit/符号位}$$

所以，可得该信源的平均信息传输速率为

$$R_b=R_B\times H(x)=1000\times 2.23=2230\ \text{b/s}$$

(1)传送 1 h 的信息量为

$$I=2230\times 3600=8.028\ \text{Mbit}$$

(2)由于信源发送符号等概出现时，信源熵为最大，此时，最大信源熵为

$$H_{max}=\log_2 5\ \text{bit/符号位}=2.322\ \text{bit/符号位}$$

所以，1 h 传送的最大信息量为

$$I_{max}=2.322\times 1000\times 3600=8.359\ \text{Mbit}$$

2.一个四进制数字通信系统，码元传输速率为 1000 B，连续工作 1 h 后，接收端收到的误码为 10 个。试求：

(1)误码率；

(2)四个符号独立等概且错 1 个码元时发生 1 bit 信息错误的误信率。

**解**：(1)1 h 传输的码元数为

$$1000\times 3600=3.6\times 10^6$$

误码率为

$$P_e=\frac{10}{3.6\times 10^6}=2.8\times 10^{-6}$$

(2)四个符号独立等概，则每个符号含有的信息量为 2 bit，则系统 1 h 传输的信息量为

$$3.6\times 10^6\times 2=7.2\times 10^6\ \text{bit}$$

由题意可知，错误信息量为 10 bit，因此，误信率为

$$\frac{10}{7.2\times 10^6}=1.4\times 10^{-6}$$

【推广】独立等概的 $M$ 进制信号在传输过程中发生 1 个码元错误时仅错 1 bit 信息量,则误信率与误码率之间的关系为

$$P_b=\frac{P_e}{\log_2 M}$$

3.简答题:

(1)为什么不用信号带宽而用频带利用率来衡量数字通信系统的有效性?

**答:**因为传输数字信号占用的信道带宽可以小于数字信号带宽,并且数字信号带宽与进制数有关。频带利用率表示每赫兹带宽信道所能传输的码元传输速率或信息传输速率。显然,频带利用率越大,数字通信系统的有效性越好。

(2)在多进制通信系统中,为什么误信率小于误码率?试以四进制系统为例加以说明?

**答:**在四进制系统中,若四个符号独立等概,则每个符号携带 2 bit 信息量,这 4 个符号可以用二进制符号 00、01、11、10 来表示。当 00 错为 11 时有 2 bit 信息量发生错误,当 00 错为 01 或 10 时有 1 bit 信息量发生错误。只有当 1 个码元中的 2 bit 信息量全部错误时,误信率才等于误码率,实际上这种情况出现的概率比较小,故误信率小于误码率。

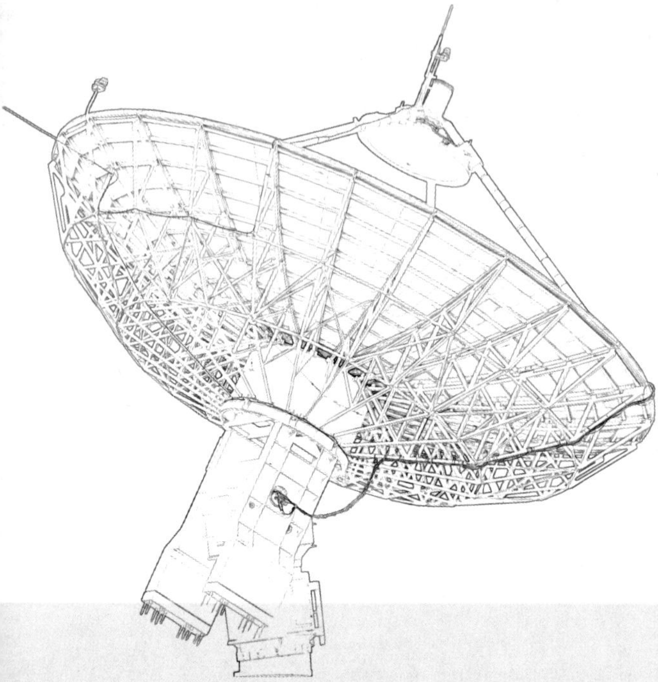

# 第 2 章 确知信号分析

知识点

- 信号的分类及特征。
- 傅里叶级数和傅里叶变换。
- 能量信号的能量谱密度和能量。
- 功率信号的功率谱密度和功率。
- 相关函数的定义和性质。
- 相关函数与谱密度之间的关系。

# 2.1 确知信号及其分类

信号按照其确定性可以分为确知信号和随机信号(非确知信号)。如果信号的取值在任意时间都是确定的和可预知的,则称为确知信号。通常,它在任意时间的取值可表示为一个数学公式,但是这并不是确知信号的必要条件。对于不能用数学公式表达的确知信号,很难进行定量描述和分析,而且也难以应用。因此,本章仅讨论能够用数学公式表达的确知信号。

## 2.1.1 周期信号和非周期信号

按照是否具有周期重复性,确知信号可以分为周期信号和非周期信号两种。

满足式(2-1)的信号为周期信号,否则为非周期信号。

$$s(t) = s(t + T_0), \quad -\infty < t < +\infty \tag{2-1}$$

式中,$T_0>0$,为常数,满足上式的最小 $T_0$ 称为信号的周期,$\frac{1}{T_0}$ 称为基频 $f_0$。

周期信号每隔一定时间间隔(周期)按照相同规律重复且无始无终,其持续时间无穷大。如图 2-1 所示,正弦波为周期信号,单个矩形脉冲波形为非周期信号。

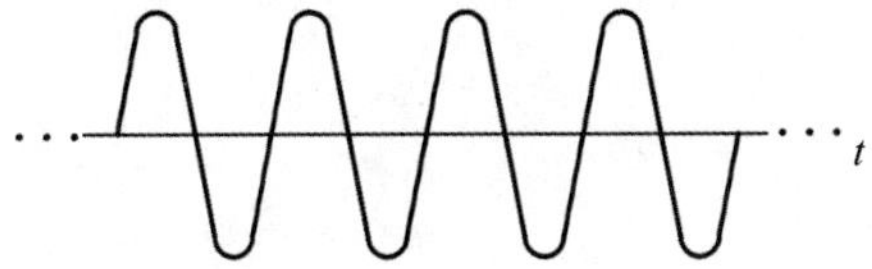


(a) 正弦波

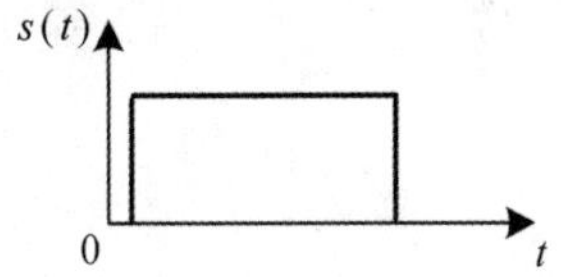


(b)单个矩形脉冲波形

**图 2-1　周期信号和非周期信号**

## 2.1.2 能量信号和功率信号

按照信号的能量是否有限,确知信号可以分为能量信号和功率信号。

在通信理论中,信号功率通常指归一化功率,定义为电流在单位电阻(1 Ω)上消耗的功率,其值等于信号电流或电压的平方,即

$$P = V^2/R = I^2R = V^2 = I^2 (\mathrm{W}) \tag{2-2}$$

式中,$V$ 为信号电压(V);$I$ 为信号电流(A);$R$ 为电阻(Ω)。

若 $s(t)$ 代表信号电压或电流的时间波形，则在时刻 $t$，信号的瞬时功率为 $s^2(t)$。

信号能量为信号瞬时功率的积分，即

$$E=\int_{-\infty}^{\infty} s^2(t)\,\mathrm{d}t \tag{2-3}$$

式中，$E$ 为信号能量，单位为焦耳（J）。能量信号的能量有限，即满足 $0<E=\int_{-\infty}^{\infty} s^2(t)\,\mathrm{d}t<\infty$。一般情况下，非周期信号为能量信号，图 2-1（b）所示的单个矩形脉冲信号为能量信号。

将信号的平均功率定义为

$$P=\lim_{T\to\infty}\frac{1}{T}\int_{-T/2}^{T/2} s^2(t)\,\mathrm{d}t \tag{2-4}$$

由式（2-4）可看出，能量信号的平均功率为 0。

平均功率为有限正值的信号为功率信号，功率信号的能量趋于无穷大。

在实际通信系统中，信号都具有有限的功率和有限的持续时间，因而其能量为有限值。但是，如果信号的持续时间非常长，如广播信号，则可近似认为它具有无限长的持续时间，此时可认为其信号平均功率为一个有限正值，但其能量近似为无穷大，故而可将该信号看作功率信号。

需要说明的是，能量信号和功率信号的分类对非确知信号也适用。

## 2.2 确知信号的频域性质

确知信号的频域性质是指其频率特性，由它的各个频率分量的分布表示，包括功率信号的频谱、能量信号的频谱密度、能量信号的能量谱密度和功率信号的功率谱密度。

### 2.2.1 功率信号的频谱

周期为 $T_0$ 的周期性功率信号 $s(t)$ 的频谱定义为该周期信号傅里叶级数展开的系数，即

$$C_n = C(nf_0) = \frac{1}{T_0}\int_{-T_0/2}^{T_0/2} s(t)\,e^{-j2\pi nf_0 t}\,dt \tag{2-5}$$

式中，$f_0 = \frac{1}{T_0}$，为信号基频；$n$ 为整数，$-\infty < n < +\infty$。$\omega_0 = 2\pi/T_0 = 2\pi f_0$，为信号基频的角频率。$nf_0$ 称为信号的 $n$ 次谐波频率，$C(nf_0)$ 表示 $C$ 是 $nf_0$ 的函数，简写为 $C_n$。当 $n=0$ 时，有 $C_0 = \frac{1}{T_0}\int_{-T_0/2}^{T_0/2} s(t)\,dt$，表示信号的时间平均值，即直流分量。

周期性信号 $s(t)$ 的傅里叶级数展开为

$$s(t) = \sum_{n=-\infty}^{\infty} C_n e^{j2\pi nt/T_0} = \sum_{n=-\infty}^{\infty} |C_n|\; e^{j2\pi f_0 t + \theta_n} \tag{2-6}$$

一般而言，$C_n$ 是复数，$|C_n|$ 和 $\theta_n$ 分别表示频率 $nf_0$ 的信号分量的振幅和相位。

对于周期性功率信号而言，其频谱是离散的，只在 $f_0$ 的整数倍上取值。由于 $n$ 可以取负值，因而 $C_n$ 在负频率上也有值，称为双边谱。

**【例 2-1】**周期性方波的周期为 $T$，宽度为 $\tau$，幅度为 $V$，试求其频谱。

**解：**此周期性方波可表示为

$$s(t) = \begin{cases} V, & -\frac{\tau}{2} \leqslant t \leqslant \frac{\tau}{2} \\ 0, & \frac{\tau}{2} < t < T - \frac{\tau}{2} \end{cases}$$

$$s(t) = s(t - T), \qquad -\infty < t < \infty$$

其傅里叶系数为

$$C_n = \frac{1}{T}\int_{-\tau/2}^{\tau/2} V e^{-j2\pi nf_0 t}\,dt = \frac{1}{T}\left[-\frac{V}{j2\pi nf_0}e^{-j2\pi nf_0 t}\right]_{-\tau/2}^{\tau/2}$$

$$= \frac{V}{T}\,\frac{e^{j2\pi nf_0\tau/2} - e^{-j2\pi nf_0\tau/2}}{j2\pi nf_0} = \frac{V}{\pi nf_0 T}\sin(\pi nf_0\tau) = \frac{V\tau}{T}\mathrm{Sa}\left(\frac{n\pi\tau}{T}\right)$$

式中，$Sa(x)=\dfrac{\sin x}{x}$，称为抽样函数，也可表示为 $Sinc(x)$。由上式可看出：周期性方波的频谱是一个实函数，频谱图是一些高度不等的离散线条，每根线条的高度代表该频率分量的振幅。

周期性方波的波形和频谱如图 2-2 所示。

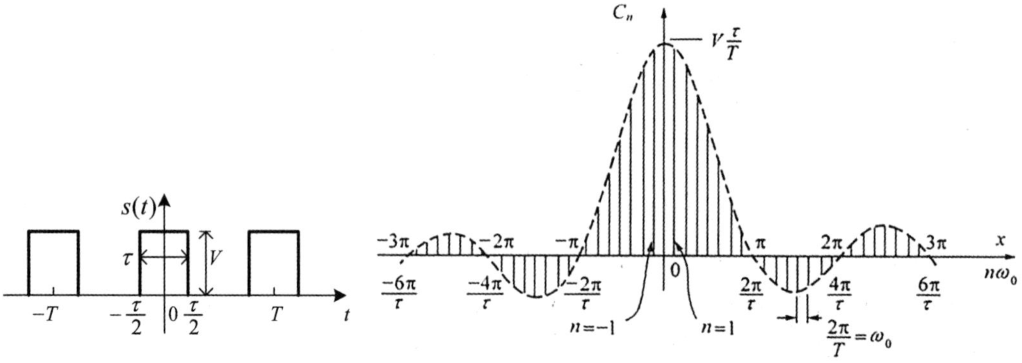


(a)周期性方波的波形　　(b)周期性方波的频谱

**图 2-2　周期性方波的波形和频谱**

【**例 2-2**】图 2-3 所示为全波整流后的正弦波信号，求其频谱。

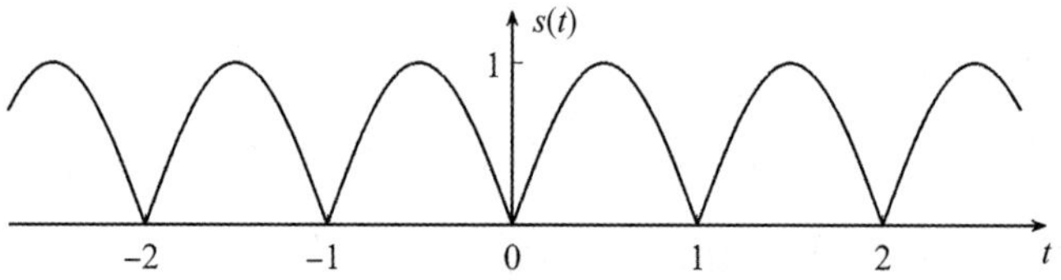


**图 2-3　全波整流后的正弦波**

**解**：此信号周期 $T_0=1$，可表示为

$$\begin{cases} s(t)=\sin(\pi t), & 0<t\leqslant 1 \\ s(t)=s(t-1), & -\infty<t<+\infty \end{cases}$$

其傅里叶系数为

$$C_n=\frac{1}{T}\int_{-T/2}^{T/2}s(t)e^{-j2\pi nf_0t}dt=\int_0^1\sin(\pi t)e^{-j2\pi nt}dt=\frac{-2}{\pi(4n^2-1)}$$

由于此波形为偶函数，故其频谱为实函数。

## 2.2.2　能量信号的频谱密度

能量信号 $s(t)$ 的频谱定义为其傅里叶变换，即

$$S(f)=\int_{-\infty}^{\infty}s(t)e^{-j2\pi ft}dt \text{ 或 } S(\omega)=\int_{-\infty}^{\infty}s(t)e^{-j\omega t}dt \tag{2-7}$$

而 $S(f)$ 的逆傅里叶变换为原信号，即

$$s(t)=\int_{-\infty}^{\infty}S(f)e^{j2\pi ft}df \text{ 或 } s(t)=\frac{1}{2\pi}\int_{-\infty}^{\infty}S(\omega)e^{j\omega t}d\omega \tag{2-8}$$

【**例 2-3**】试求宽度为 $\tau$、幅度为 $V$ 的矩形脉冲的频谱密度。

**解**:设此矩形脉冲的表示式为

$$g(t)=\begin{cases}V, & |t|\leqslant \dfrac{\tau}{2}\\ 0, & |t|>\dfrac{\tau}{2}\end{cases}$$

频谱密度就是它的傅里叶变换,即有

$$\begin{aligned}G(\omega)&=\int_{-\infty}^{\infty}g(t)\mathrm{e}^{-\mathrm{j}\omega t}\mathrm{d}t=\int_{-\tau/2}^{\tau/2}V\mathrm{e}^{-\mathrm{j}\omega t}\mathrm{d}t\\&=\frac{V}{\mathrm{j}\omega}(\mathrm{e}^{\mathrm{j}\omega\tau/2}-\mathrm{e}^{-j\omega\tau/2})\\&=V\tau\frac{\sin(\omega\tau/2)}{\omega\tau/2}=V\tau\cdot\mathrm{Sa}\left(\frac{\omega\tau}{2}\right)\end{aligned}$$

矩形脉冲的频谱密度如图 2-4 所示。

由上述例题可以看到,矩形脉冲的带宽等于其脉冲持续时间的倒数,即$f_\tau=\dfrac{1}{\tau}$(Hz)。

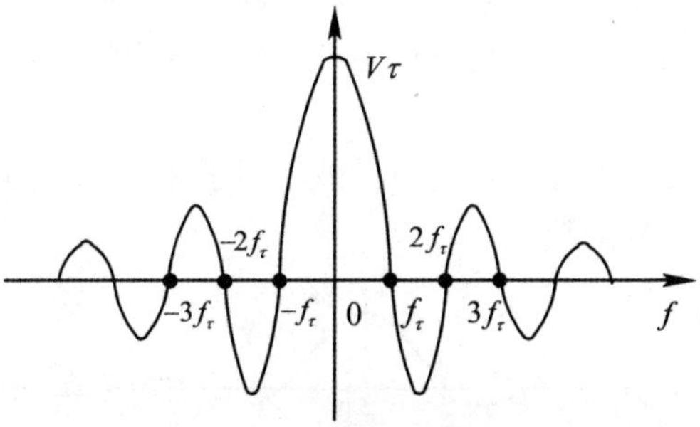


**图 2-4　矩形脉冲的频谱密度**

考虑一个“面积”等于 1,理想化了的窄脉冲,显然脉冲宽度愈小,它的幅度就愈大。若它的宽度按照数学上极限法则趋近于零,那么它的幅度就趋近于无穷大,称这样的脉冲就是“单位冲激函数”。在实际工程中,像“单位冲激函数”这样的信号是不存在的,多数情况只是近似而已。在理论上定义这样一个函数,就是为了便于分析研究。

单位冲激函数($\delta$ 函数)的定义

$$\begin{cases}\displaystyle\int_{-\infty}^{\infty}\delta(t)\mathrm{d}t=1\\ \delta(t)=0,\quad t\neq 0\end{cases}\tag{2-9}$$

单位冲激函数是其自变量的偶函数,其物理意义为:一个高度为无穷大、宽度为无穷小、面积为 1 的脉冲。

利用非周期函数的傅里叶变换可求出 $\delta$ 函数的频谱密度为

$$F[\delta(t)]=\int_{-\infty}^{\infty}\delta(t)\mathrm{e}^{-\mathrm{j}\omega t}\mathrm{d}t=1\cdot\int_{-\infty}^{\infty}\delta(t)\mathrm{d}t=1\tag{2-10}$$

上式表明,单位冲激函数的频谱密度为 1,即它的各频率分量连续地均匀分布在整个频率轴上。图 2-5 给出了单位冲激函数的波形和频谱密度,图中 $\delta(t)$ 表示为一个箭头。

$\delta$ 函数具有以下性质:

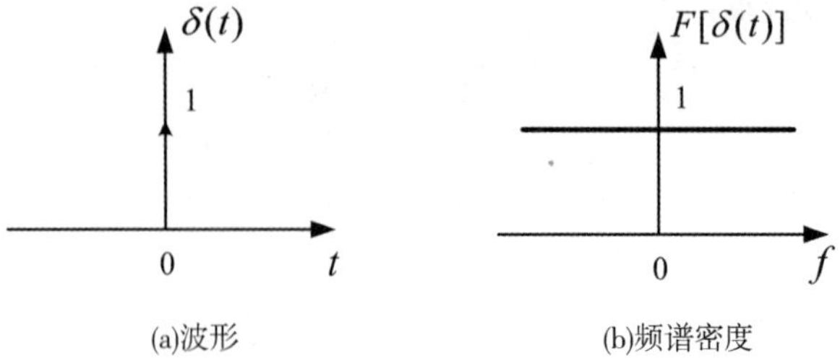


图 2-5　单位冲激函数的波形和频谱密度

**性质 1**：δ 函数可以用抽样函数的极限表示，即

$$\delta(t)=\lim_{k\to\infty}\frac{k}{\pi}\mathrm{Sa}(kt) \tag{2-11}$$

可以证明抽样函数满足

$$\int_{-\infty}^{\infty}\frac{k}{\pi}\mathrm{Sa}(kt)\,\mathrm{d}t=1 \tag{2-12}$$

式中，$k$ 越大，被积因子波形的振幅越大，而波形零点的间隔越小，波形振荡的衰减越快，但积分等于 1，如图 2-6 所示。当 $k\to\infty$ 时，波形零点间隔 $\to 0$，被积因子仅在原点存在，但曲线下的面积仍为 1。

比较式(2-8)和式(2-12)，可看出两式中的被积因子相当，则有式(2-11)成立。也就是说，抽样函数的极限就是单位冲激函数。

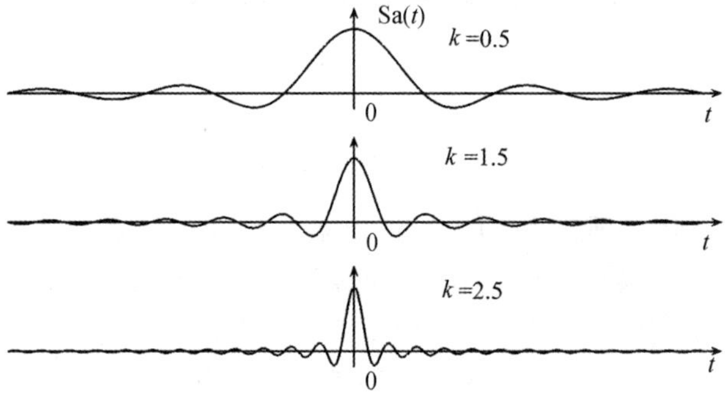


图 2-6　抽样函数 Sa(t)的波形

**性质 2**：假设函数 $f(t)$ 在 $t_0$ 处连续，则有

$$f(t_0)=\int_{-\infty}^{\infty}f(t)\delta(t_0-t)\,\mathrm{d}t \tag{2-13}$$

**证明**：根据单位冲激函数的定义，式(2-13)右边积分的被积函数仅在 $t=t_0$ 时不为 0，因此，$f(t)$ 对积分的影响仅由 $t=t_0$ 处的值决定，可得 $\int_{-\infty}^{\infty}f(t)\delta(t-t_0)\,\mathrm{d}t=f(t_0)\int_{-\infty}^{\infty}\delta(t-t_0)\,\mathrm{d}t=f(t_0)$。其物理意义：可以看作用单位冲激函数在 $t=t_0$ 时刻对 $f(t)$ 抽样。由于单位冲激函数是偶函数，即有 $\delta(t)=\delta(-t)$，式(2-13)可以改写成 $f(t_0)=\int_{-\infty}^{\infty}f(t)\delta(t-t_0)\,\mathrm{d}t$。

**性质 3**：单位冲激函数可以看作单位阶跃函数 $u(t)$ 的导数，即 $u'(t)=\delta(t)$。其中单位阶跃函数定义为 $u(t)=\begin{cases}0, & t<0\\1, & t\geqslant 0\end{cases}$。

能量信号的频谱密度 $S(f)$ 和周期性功率信号的频谱 $C(\mathrm{j}n\omega_0)$ 的主要区别有两点：(1) $S(f)$ 是连续谱，$C(\mathrm{j}n\omega_0)$ 是离散谱；(2) $S(f)$ 的单位是伏/赫(V/Hz)，而 $C(\mathrm{j}n\omega_0)$ 的单位是伏(V)。能量信号的能量有限，并且分布在连续频率轴上，因此每个频率点 $f$ 上信号的幅度为无穷小，只有在一小段频率间隔 d$f$ 上才有确定的非零振幅。而功率信号的功率有限，但其能量趋于无限，它在无限多的离散频率点上有确定的非零振幅。

顺便指出，本书后面章节针对能量信号讨论时，也常把频谱密度简称为频谱，此时在概念上不要把它和周期信号的频谱相混淆。

另外，还需指出：有时可把功率信号看作能量信号，计算其频谱密度。从概念上不难想象，在功率信号的频谱中，在各个谐波频率上具有一定的非零功率，故这些频率上的功率密度为 $\infty$。但是，可以用单位冲激函数来表示这些频率分量，下面以一个无限长的余弦波为例加以说明。

**【例 2-4】**试求无限长余弦波的频谱密度。

**解：**假设一个余弦波的表示式为 $s(t)=\cos(\omega_0 t)$，则其频谱密度 $S(\omega)$ 的计算可以表示为

$$S(\omega)=\lim_{\tau\to\infty}\int_{-\tau/2}^{\tau/2}\cos(\omega_0 t)\mathrm{e}^{-\mathrm{j}\omega t}\mathrm{d}t=\lim_{\tau\to\infty}\frac{\tau}{2}\left\{\frac{\sin[(\omega-\omega_0)\tau/2]}{(\omega-\omega_0)\tau/2}+\frac{\sin[(\omega+\omega_0)\tau/2]}{(\omega+\omega_0)\tau/2}\right\}$$

$$=\lim_{\tau\to\infty}\frac{\tau}{2}\left\{\mathrm{Sa}\left[\frac{\tau(\omega-\omega_0)}{2}\right]+\mathrm{Sa}\left[\frac{\tau(\omega+\omega_0)}{2}\right]\right\}$$

利用 $\delta$ 函数性质 1，上式可改写为

$$S(\omega)=\pi[\delta(\omega-\omega_0)+\delta(\omega+\omega_0)]$$

无限长余弦波的波形和频谱密度如图 2-7 所示。

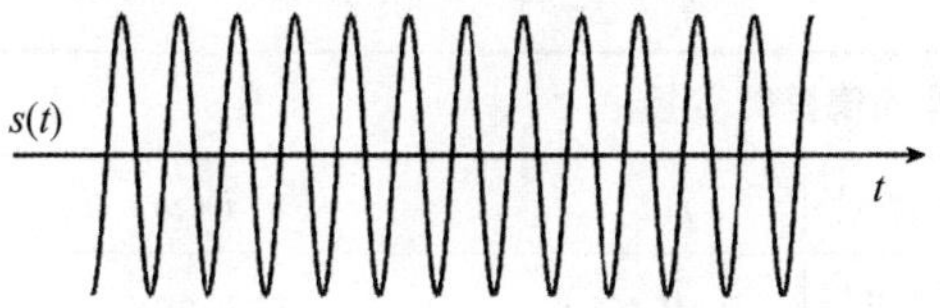


(a) 波形

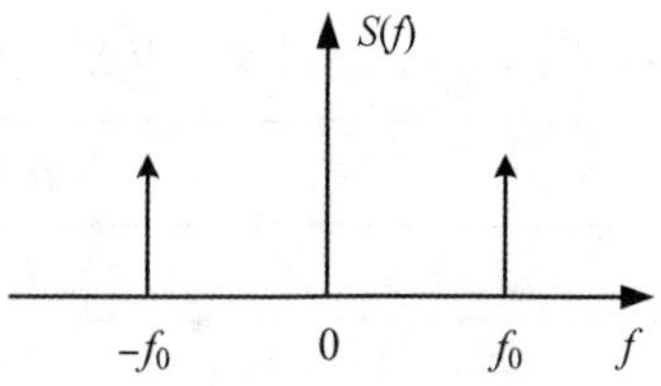


(b) 频谱密度

**图 2-7　无限长余弦波的波形及频谱密度**

此题表明，只要引用单位冲激函数，就能将频谱密度的概念推广到功率信号。

表 2-1 和表 2-2 分别给出了傅里叶变换的基本性质和常用信号的傅里叶变换。

**表 2-1　傅里叶变换的基本性质**

| 性质名称 | 时间函数 | 频谱函数 |
|---|---|---|
| 线性 | $af_1(t)+bf_2(t)$ | $aF_1(\omega)+bF_2(\omega)$ |
| 对称 | $f(t)$<br>$F(t)$ | $F(\omega)$<br>$2\pi f(-\omega)$ |
| 折叠 | $f(-t)$ | $F(-\omega)$ |
| 尺度变换 | $f(at), a\neq 0$ | $\frac{1}{\lvert a\rvert}F\left(\frac{\omega}{a}\right)$ |

续表

| 性质名称 | 时间函数 | 频谱函数 |
|---|---|---|
| 时移 | $f(t\pm t_0)$ | $F(\omega)e^{\pm j\omega_0 t}$ |
| 频偏 | $e^{\pm j\omega_0 t}f(t),\omega_0>0$ | $F(\omega\pm\omega_0)$ |
| 调制 | $f(t)\cos(\omega_0 t)$ | $\frac{1}{2}[F(\omega+\omega_0)+F(\omega-\omega_0)]$ |
| | $f(t)\sin(\omega_0 t)$ | $\frac{j}{2}[F(\omega+\omega_0)-F(\omega-\omega_0)]$ |
| 帕塞瓦尔（Parseval）特性 | $\int_{-\infty}^{\infty}f_1(t)f_2^*(t)dt$ | $\frac{1}{2\pi}\int_{-\infty}^{\infty}F_1(\omega)F_2^*(\omega)d\omega$ |
| Rayleigh 特性 | $\int_{-\infty}^{\infty}\lvert f(t)\rvert^2dt$ | $\frac{1}{2\pi}\int_{-\infty}^{\infty}\lvert F(\omega)\rvert^2d\omega$ |
| 时域微分 | $\frac{d^nf(t)}{dt^n}$ | $(j\omega)^nF(\omega)$ |
| 频域微分 | $(-jt)^nf(t)$ | $\frac{d^nF(\omega)}{d\omega^n}$ |
| 时域积分 | $\int_{-\infty}^{t}f(x)dx$ | $\frac{F(\omega)}{j\omega}+\pi F(0)\delta(\omega)$ |
| 时域卷积 | $f_1(t)*f_2(t)$ | $F_1(\omega)F_2(\omega)$ |
| 频域卷积 | $f_1(t)f_2(t)$ | $\frac{1}{2\pi}F_1(\omega)*F_2(\omega)$ |

**表 2-2 常用信号的傅里叶变换**

| 序号 | $f(t)$ | $F(\omega)$ | 序号 | $f(t)$ | $F(\omega)$ |
|---|---|---|---|---|---|
| 1 | $\delta(t)$ | 1 | 8 | $\mathrm{rect}(t/\tau)$ | $\tau\mathrm{Sa}(\omega\tau/2)$ |
| 2 | 1 | $2\pi\delta(\omega)$ | 9 | $\frac{W}{2\pi}\mathrm{Sa}\left(\frac{Wt}{2}\right)$ | $\mathrm{rect}\left(\frac{\omega}{W}\right)$ |
| 3 | $e^{j\omega_0 t}$ | $2\pi\delta(\omega-\omega_0)$ | 10 | $\cos(\omega_0 t)$ | $\pi[\delta(\omega-\omega_0)+\delta(\omega+\omega_0)]$ |
| 4 | $\mathrm{sgn}(t)$ | $\frac{2}{j\omega}$ | 11 | $\sin(\omega_0 t)$ | $\frac{\pi}{j}[\delta(\omega-\omega_0)-\delta(\omega+\omega_0)]$ |
| 5 | $j\frac{1}{\pi t}$ | $\mathrm{sgn}(\omega)$ | 12 | $e^{-\alpha\lvert t\rvert}$ | $\frac{2\alpha}{\alpha^2+\omega^2}$ |
| 6 | $u(t)$ | $\pi\delta(\omega)+\frac{1}{j\omega}$ | 13 | $u(t)e^{-\alpha t}$ | $\frac{1}{\alpha+j\omega}$ |
| 7 | $\delta_T(t)=\sum_{n=-\infty}^{\infty}\delta(t-nT)$ | $\frac{2\pi}{T}\sum_{n=-\infty}^{\infty}\delta\left(\omega-\frac{2n\pi}{T}\right)$ | 14 | $u(t)te^{-\alpha t}$ | $\frac{1}{(\alpha+j\omega)^2}$ |

## 2.2.3　能量信号的能量谱密度

设一个能量信号 $s(t)$ 的能量为 $E$,则

$$E = \int_{-\infty}^{\infty} s^2(t)\,\mathrm{d}t \tag{2-14}$$

若此信号的频谱密度为 $S(f)$,则由帕塞瓦尔(Parseval)定理可得

$$E = \int_{-\infty}^{\infty} s^2(t)\,\mathrm{d}t = \int_{-\infty}^{\infty} |S(f)|^2\mathrm{d}f \tag{2-15}$$

式中,$|S(f)|^2$称为能量谱密度,表示单位频带内的信号能量。式(2-14)可改写为

$$E = \int_{-\infty}^{\infty} G(f)\,\mathrm{d}f \tag{2-16}$$

式中,$G(f) = |S(f)|^2$(J/Hz),称为能量谱密度。

由于信号 $s(t)$ 是一个实函数,所以$|S(f)|$是一个偶函数,因此式(2-15)可改写成

$$E = 2\int_{0}^{\infty} G(f)\,\mathrm{d}f \tag{2-17}$$

## 2.2.4　功率信号的功率谱密度

由于功率信号的能量无穷大,式(2-14)的积分不存在,因此不能计算其能量谱密度。但是,可以求出它的功率谱密度。为此,首先将信号 $s(t)$ 截短为长度等于 $T$ 的一个截短信号 $s_T(t)$,$-\dfrac{T}{2}<t<\dfrac{T}{2}$,则该截断信号就成为一个能量信号,就可以用傅里叶变换求出其能量谱密度 $|S_T(f)|^2$。由帕塞瓦尔定理有

$$E = \int_{-T/2}^{T/2} s_T^2(t)\,\mathrm{d}t = \int_{-\infty}^{\infty} |S_T(f)|^2\mathrm{d}f \tag{2-18}$$

于是将 $\lim\limits_{T\to\infty}\dfrac{1}{T}|S_T(f)|^2$ 定义为信号的功率谱密度 $P(f)$,即

$$P(f) = \lim_{T\to\infty}\frac{1}{T}|S_T(f)|^2 \tag{2-19}$$

则信号功率为

$$P = \int_{-\infty}^{\infty}\lim_{T\to\infty}\frac{1}{T}|S_T(f)|^2\mathrm{d}f = \int_{-\infty}^{\infty} P(f)\,\mathrm{d}f \tag{2-20}$$

如果此功率信号具有周期性,则可选择 $T$ 等于信号的周期 $T_0$,并用傅里叶级数代替傅里叶变换,求出信号的频谱。此时,信号的平均功率可以表示为

$$P = \lim_{T\to\infty}\frac{1}{T}\int_{-T/2}^{T/2} s^2(t)\,\mathrm{d}t = \frac{1}{T_0}\int_{-T_0/2}^{T_0/2} s^2(t)\,\mathrm{d}t \tag{2-21}$$

并且由周期函数的帕塞瓦尔定理可得

$$P = \frac{1}{T_0}\int_{-T_0/2}^{T_0/2} s^2(t)\,\mathrm{d}t = \sum_{n=-\infty}^{\infty}|C(\mathrm{j}n\omega_0)|^2 \tag{2-22}$$

式中，$C(\mathrm{j}n\omega_0)$是此周期信号的傅里叶级数的系数。若$f_0=\dfrac{\omega_0}{2\pi}$是此信号的基波频率，则$C(\mathrm{j}n\omega_0)$表示此信号的第$n$次谐波（其频率为$nf_0$）的振幅。$|C(\mathrm{j}n\omega_0)|^2$为第$n$次谐波的功率，可以称为信号的（离散）功率谱。如果仍希望用连续的功率谱密度表示此离散谱，则可利用$\delta$函数的特性将式(2-22)表示为

$$P=\int_{-\infty}^{\infty}\sum_{n=-\infty}^{\infty}|C(f)|^2\delta(f-nf_0)\,\mathrm{d}f \tag{2-23}$$

式中，$C(f)=\begin{cases}C(\mathrm{j}n\omega_0),\ f=nf_0\\0,\ 其他\end{cases}$。上式中的被积因子就是此信号的功率谱密度$P(f)$，即有

$$P(f)=\sum_{n=-\infty}^{\infty}|C(f)|^2\delta(f-nf_0) \tag{2-24}$$

而$\sum\limits_{n=-\infty}^{\infty}|C(f)|^2\delta(f-nf_0)\,\mathrm{d}f=P(f)\,\mathrm{d}f$就是频率间隔$\mathrm{d}f$内的信号功率。

# 2.3 确知信号的时域性质

## 2.3.1 能量信号的自相关函数

能量信号 $s(t)$ 的自相关函数 $R(\tau)$ 定义为

$$R(\tau)=\int_{-\infty}^{\infty} s(t)s(t+\tau)\mathrm{d}t,\ -\infty<\tau<\infty \tag{2-25}$$

自相关函数反映了一个信号与延迟 $\tau$ 秒后的同一信号间的相关程度。自相关函数 $R(\tau)$ 和时间 $t$ 无关,只和时间差 $\tau$ 有关。当 $\tau=0$ 时,能量信号的自相关函数 $R(0)$ 等于信号的能量,即

$$R(0)=\int_{-\infty}^{\infty} s^2(t)\mathrm{d}t=E \tag{2-26}$$

此外,$R(\tau)$ 是 $\tau$ 的偶函数,即

$$R(\tau)=R(-\tau) \tag{2-27}$$

能量信号的自相关函数 $R(\tau)$ 和其能量谱密度 $|S(f)|^2$ 构成一对傅里叶变换,即

$$|S(f)|^2=\int_{-\infty}^{\infty} R(\tau)\mathrm{e}^{-\mathrm{j}2\pi f\tau}\mathrm{d}\tau \tag{2-28}$$

$$R(\tau)=\int_{-\infty}^{\infty} |S(f)|^2\mathrm{e}^{\mathrm{j}2\pi f\tau}\mathrm{d}f \tag{2-29}$$

式中, $S(f)=\int_{-\infty}^{\infty} s(t)\mathrm{e}^{-\mathrm{j}2\pi ft}\mathrm{d}t$ 为能量信号 $s(t)$ 的频谱密度。

## 2.3.2 功率信号的自相关函数

功率信号 $s(t)$ 的自相关函数 $R(\tau)$ 定义为

$$R(\tau)=\lim_{T\to\infty}\frac{1}{T}\int_{-T/2}^{T/2} s(t)s(t+\tau)\mathrm{d}t,\ -\infty<\tau<\infty \tag{2-30}$$

当 $\tau=0$ 时,功率信号的自相关函数 $R(0)$ 等于信号的平均功率 $P$,即

$$R(0)=\lim_{T\to\infty}\frac{1}{T}\int_{-T/2}^{T/2} s^2(t)\mathrm{d}t=P \tag{2-31}$$

和能量信号的自相关函数一样,功率信号的自相关函数也是偶函数。

对于周期性功率信号,设周期为 $T_0$,其自相关函数定义可改写为

$$R(\tau)=\frac{1}{T_0}\int_{-T_0/2}^{T_0/2} s(t)s(t+\tau)\mathrm{d}t,\ -\infty<\tau<\infty \tag{2-32}$$

周期性功率信号的自相关函数 $R(\tau)$ 和其功率谱密度 $P(f)$ 构成一对傅里叶变换,即

$$P(f)=\int_{-\infty}^{\infty}R(\tau)\mathrm{e}^{-\mathrm{j}2\pi f\tau}\mathrm{d}\tau \tag{2-33}$$

$$R(\tau)=\int_{-\infty}^{\infty}P(f)\mathrm{e}^{\mathrm{j}2\pi f\tau}\mathrm{d}f \tag{2-34}$$

### 2.3.3 能量信号的互相关函数

两个能量信号 $s_1(t)$ 和 $s_2(t)$ 的互相关函数定义为

$$R_{12}(\tau)=\int_{-\infty}^{\infty}s_1(t)s_2(t+\tau)\mathrm{d}t,\ -\infty<\tau<\infty \tag{2-35}$$

由式(2-35)可以看出，互相关函数反映了一个信号和延迟 $\tau$ 秒后的另一个信号间相关的程度。互相关函数 $R_{12}(\tau)$ 和时间 $t$ 无关，只和时间差 $\tau$ 有关。需要注意的是，互相关函数和两个信号相乘的前后次序有关，即有

$$R_{21}(\tau)=R_{12}(-\tau) \tag{2-36}$$

互相关函数 $R_{12}(\tau)$ 和互能量谱密度 $S_{12}(f)$ 构成一对傅里叶变换关系，即

$$R_{12}(\tau)=\int_{-\infty}^{\infty}S_{12}(f)\mathrm{e}^{\mathrm{j}2\pi f\tau}\mathrm{d}f \tag{2-37}$$

$$S_{12}(f)=\int_{-\infty}^{\infty}R_{12}(\tau)\mathrm{e}^{-\mathrm{j}2\pi f\tau}\mathrm{d}\tau \tag{2-38}$$

其中，互能量谱密度 $S_{12}(f)$ 定义为

$$S_{12}(f)=S_1(-f)\ S_2(f)=S_1^*(f)S_2(f) \tag{2-39}$$

### 2.3.4 功率信号的互相关函数

两个功率信号 $s_1(t)$ 和 $s_2(t)$ 的互相关函数定义为

$$R_{12}(\tau)=\lim_{T\to\infty}\frac{1}{T}\int_{-T/2}^{T/2}s_1(t)s_2(t+\tau)\mathrm{d}t,\ -\infty<\tau<\infty \tag{2-40}$$

同样地，功率信号的互相关函数 $R_{12}(\tau)$ 和时间 $t$ 无关，只和时间差 $\tau$ 有关，并且互相关函数和两个信号相乘的前后次序有关，类似能量信号的互相关函数，有

$$R_{21}(\tau)=R_{12}(-\tau) \tag{2-41}$$

如果两个周期性功率信号的周期相同（假设为 $T_0$），则其互相关函数的定义可以写为

$$R_{12}(\tau)=\frac{1}{T_0}\int_{-T_0/2}^{T_0/2}s_1(t)s_2(t+\tau)\mathrm{d}t,\ -\infty<\tau<\infty \tag{2-42}$$

周期性功率信号的互功率谱 $C_{12}$ 是互相关函数 $R_{12}(\tau)$ 的傅里叶级数的系数，即

$$R_{12}(\tau)=\sum_{n=-\infty}^{\infty}C_{12}\mathrm{e}^{\mathrm{j}2\pi nf_0\tau} \tag{2-43}$$

式中，$C_{12}=(C_n)_1^*\,(C_n)_2$，称为信号的互功率谱。若用傅里叶变换表示，式(2-43)可以改写为

$$R_{12}(\tau)=\sum_{n=-\infty}^{\infty}\int_{-\infty}^{\infty}C_{12}(f)\delta(f-nf_0)\mathrm{e}^{\mathrm{j}2\pi nf_0}\mathrm{d}f \tag{2-44}$$

式中，$\int_{-\infty}^{\infty}C_{12}(f)\delta(f-nf_0)\mathrm{e}^{\mathrm{j}2\pi nf_0}\mathrm{d}f=C_{12}=(C_n)_1^*\,(C_n)_2$。

# 复习与巩固

## 一、概念思考

1.什么是确知信号,它有哪些描述形式?

2.能量信号和功率信号有何特性?

3.分析信号的四种频率特性(频谱、频谱密度、能量谱密度、功率谱密度)分别适用于哪种信号。

4.能量信号和功率信号的自相关函数有哪些性质?

## 二、课堂小测

1.判断下列信号是周期信号还是非周期信号,是能量信号还是功率信号。

(1) $s_1(t)=e^{-t}u(t)$ ;(2) $s_2(t)=\sin(6\pi t)+2\cos(10\pi t)$ ;(3) $s_3(t)=e^{-2t}$。

2.确知信号 $s(t)$ 为能量信号,其傅里叶变换为 $S(\omega)$,则其频率特性可用________表示。

A. $S(\omega)$　　B. $|S(\omega)|^2$　　C. 自相关函数　　D. 功率谱密度

3.确知信号 $s(t)$ 为功率信号,则其频率特性可用________表示。

A. 功率谱密度　　B. 自相关函数　　C. 能量谱密度　　D. 傅里叶变换

4.已知信号 $s(t)$ 的傅里叶变换为 $S(f)=\dfrac{\sin(\pi f)}{\pi f}$,试求出该信号的自相关函数 $R_s(\tau)$。

5.已知信号 $s(t)$ 的自相关函数 $R_s(\tau)=\dfrac{ke^{-k|\tau|}}{2}$ ,$k$ 为常数,试求其功率谱密度 $P_s(f)$ 和功率 $P$。

6.已知信号 $s(t)$ 的傅里叶变换为 $S(\omega)$,试求出 $x(t)=s(t)\sin(\omega_0 t)$ 的频谱(密度)。

## 三、典型题解

1.试证明单位冲激函数的尺度变换特性。

**证明:**(1)先证明 $\delta(at)=\dfrac{1}{|a|}\delta(t)$。

根据 $\delta(t)\Leftrightarrow 1$,即 $\delta(t)=\dfrac{1}{2\pi}\int_{-\infty}^{\infty}1\cdot e^{j\omega t}d\omega$ ,令 $\omega=a\omega'$ ,则有

$$\delta(t)=\frac{1}{2\pi}\int_{-\infty}^{\infty}1\cdot e^{ja\omega' t}d\omega'=\frac{a}{2\pi}\int_{-\infty}^{\infty}1\cdot e^{j\omega' at}d\omega'=a\delta(at)$$

又因为 $\delta(t)$ 为偶函数,所以 $\delta(at)=\dfrac{1}{|a|}\delta(t)$ ,得证。

(2)再证明 $\delta(\omega)=\dfrac{1}{2\pi}\delta(f)$。

因为

$$F^{-1}[2\pi\delta(\omega)]=\frac{1}{2\pi}\int_{-\infty}^{\infty}2\pi\delta(\omega)e^{j\omega t}d\omega=\int_{-\infty}^{\infty}\delta(\omega)d\omega=1$$

$$F^{-1}[\delta(f)]=\frac{1}{2\pi}\int_{-\infty}^{\infty}\delta(f)e^{j2\pi ft}df=\int_{-\infty}^{\infty}\delta(f)df=1$$

所以 $F^{-1}[2\pi\delta(\omega)]=F^{-1}[\delta(f)]=1$，故有 $2\pi\delta(\omega)=\delta(f)$。

2.试求出矩形脉冲 $x(t)=\mathrm{rect}(t/T)$ 的傅里叶变换 $X(f)$ 及能量谱密度 $E_x(f)$。

**解：**矩形脉冲 $x(t)$ 的傅里叶变换 $X(f)=T\cdot\mathrm{sinc}(fT)$，如图 2-8 所示。

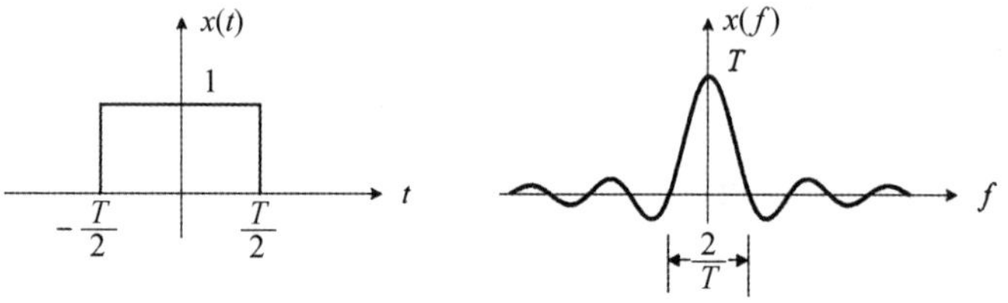


**图 2-8　矩形脉冲及其傅里叶变换**

可求出其能量谱密度 $E_x(f)=|X(f)|^2=T^2\,\mathrm{sinc}^2(fT)$。

3.试求出余弦信号 $x(t)=A\cos(\omega t+\theta)$ 的自相关函数 $R_x(\tau)$ 及其平均功率 $P$。

**解：**根据功率信号的相关函数定义，余弦信号 $x(t)$ 的自相关函数为

$$\begin{aligned}R_x(\tau)&=\lim_{T\to\infty}\frac{1}{T}\int_0^T A\cos(\omega t+\theta)\cdot A\cos[\omega(t+\tau)+\theta]dt\\&=\lim_{T\to\infty}\frac{1}{T}\left[\int_0^T\frac{A^2}{2}\cos(2\omega t+\omega\tau+2\theta)dt+\int_0^T\frac{A^2}{2}\cos(-\omega\tau)dt\right]\\&=\frac{A^2}{2}\cos(\omega\tau)\end{aligned}$$

其平均功率为 $P=R_x(0)=\frac{A_2}{2}$。

4.试求信号 $s(t)=\mathrm{sinc}\left(\frac{t}{T}\right)$ 的能量。

**解：**信号 $s(t)$ 的傅里叶变换为 $S(f)=T\cdot\mathrm{rect}(fT)$，即 $S(f)$ 是高度为 $T$，位于区间 $-\frac{1}{2T}\leqslant f\leqslant\frac{1}{2T}$ 的矩形函数，根据频谱可以求出 $s(t)$ 的能量为

$$E=\int_{-\infty}^{\infty}\mathrm{sinc}^2\left(\frac{t}{T}\right)dt=\int_{-\frac{1}{2T}}^{\frac{1}{2T}}T^2df=T$$

## 四、课后拓展

1.设周期信号的一个波形为 $f(t)=\begin{cases}A, & 0\leqslant t<\frac{T}{2}\\-A, & \frac{T}{2}\leqslant t\leqslant T\end{cases}$，求该周期信号的傅里叶级数展开

的系数 $C_n$。若设 $A=1$，$T=1$，考虑级数展开项为 $2N+1(N=100)$，每个符号周期内采样点数为128，试利用 Matlab 绘制出利用傅里叶级数展开后的周期信号时域波形。

2.已知信号 $s_1(t)=e^{-2t}U(t)\cos(10\pi t)$，$s_2(t)=U(t)\cos(10\pi t)$，判断信号类型，并利用 Matlab 绘制信号波形，计算相应的能量或功率。

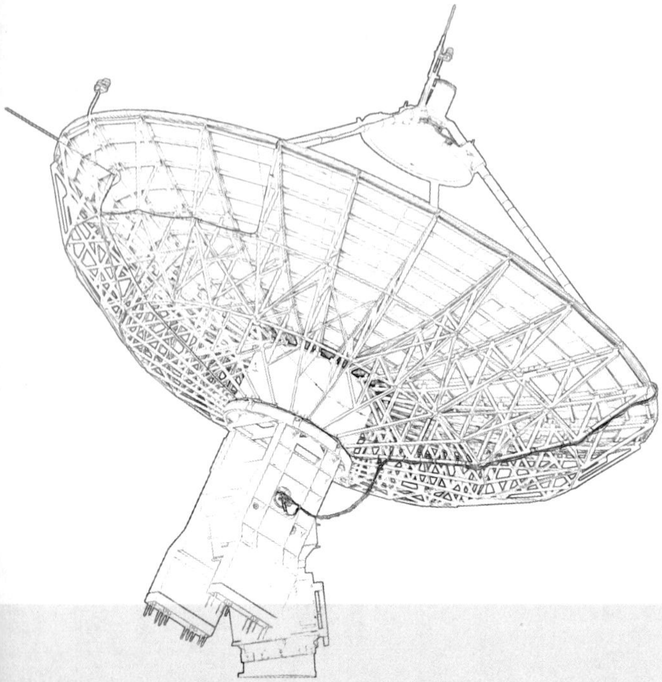

# 第3章 随机信号分析

## 知识点

- 随机过程的数字特征。
- 平稳随机过程及其自相关函数的性质。
- 平稳随机过程的各态历经性。
- 平稳随机过程功率谱和相关函数的关系。
- 高斯过程。
- 白噪声、带限白噪声。
- 窄带高斯过程的同相分量、正交分量、包络函数和相位函数各服从的概率分布。
- 正弦波加窄带高斯噪声的合成波的表示式及其包络分布。
- 平稳随机过程通过线性系统。

# 3.1 随机过程

自然界中事物的变化过程可以大致分为两类：

(1)确定性过程

确定性过程具有确定的变化形式，或者说具有必然的变化规律，用数学语言来说，其变化过程可以用一个或几个时间 $t$ 的确定函数来描述。例如，电容器通过电阻放电时，电容两端的电位差随时间的变化就是一个确定性函数。

(2)随机过程

随机过程没有确定的变化形式，也就是说，每次对它的测量结果没有一个确定的变化规律，用数学语言来说，这类事物变化的过程不可能用一个或几个时间 $t$ 的确定函数来描述。

设有 $n$ 台性能完全相同的接收机，在相同的工作环境和测试条件下记录各台接收机的输出噪声波形(这也可以理解为对一台接收机在一段时间内持续地进行 $n$ 次观测)。测试结果表明：尽管设备和测试条件相同，记录的 $n$ 条曲线中找不到两个完全相同的波形。这就是说，接收机输出的噪声电压随时间的变化是不可预知的，因而它是一个随机过程。

## 3.1.1 随机过程的定义

**定义 1**　设 $S_k(k=1, 2, \cdots)$ 是随机试验，每一次试验都有一条时间波形(称为样本函数或实现)，记作 $x_i(t)$，所有可能出现的结果的总体 $\{x_1(t), x_2(t), \cdots, x_n(t), \cdots\}$ 就构成一个随机过程，记作 $\xi(t)$。简言之，无穷多个样本函数的总体叫作随机过程，如图 3-1 所示。

显然，上例中接收机的输出噪声波形也可用图 3-1 表示。我们可以把对接收机输出噪声波形的观测看作进行一次随机试验，每次试验之后，$\xi(t)$ 取如图 3-1 所示的样本空间中的某一样本函数，至于是空间中哪一个样本，在进行观测前是无法预知的，这正是随机过程随机性的具体表现。

**定义 2**　设有一个过程 $\xi(t)$，若对于每一个固定的时刻 $t_j(j=1, 2, \cdots)$，$\xi(t_j)$ 是一个随机变量，则称 $\xi(t)$ 为随机过程。

这个定义是把随机过程看作一组随时间变化的随机变量。因此，还可以将随机过程理解为对应不同试验结果的时间过程的集合，即所有“实现”的集合。

上述两种定义本质是一致的，相互起补充作用。在实际观测时，通常采用定义 1，用试验方法观测各个样本函数，观测次数越多，依据观测样本得到的统计规律越充分。在进行理论分析时，通常采用定义 2，把随机过程看作多维随机变量的推广，时间刻画越精细，维数越大，统计描述越全面，并且，可以应用概率论理论解决随机过程理论分析问题。

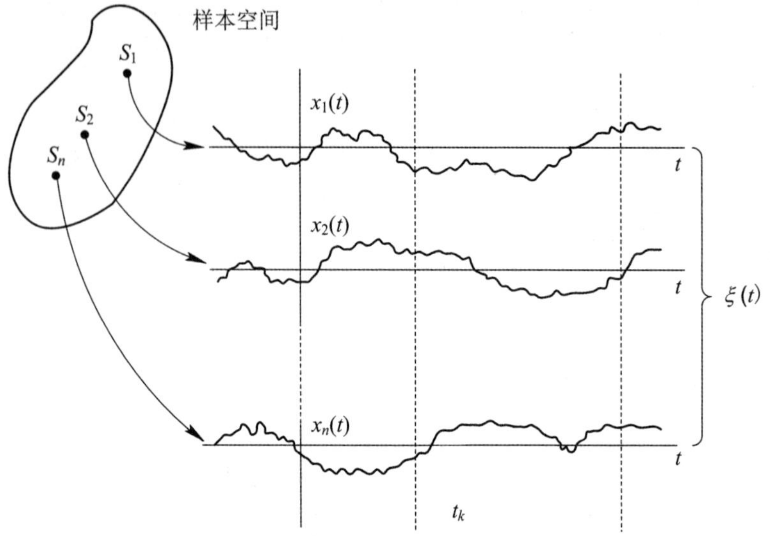


图 3-1　样本函数的总体

## 3.1.2　随机过程的基本特征

根据随机过程的定义描述，其基本特征可以概括为：

(1) 它是一个时间函数；

(2) 在固定的某一观察时刻 $t_1$，全体样本在 $t_1$ 时刻的取值 $\xi(t_1)$ 是一个不含 $t$ 变化的随机变量。

可以把随机过程看作依赖时间参数的一族随机变量。

随机过程按照状态和时间是连续还是离散可以分为以下四类：

(1) 连续型随机过程：时间和状态都是连续的随机过程，例如接收机输出的噪声。过程的状态是一个连续型的随机变量，各样本函数也是时间 $t$ 的一个连续函数。

(2) 随机序列：时间离散而状态连续的随机过程，例如对时间连续的随机相位信号进行抽样得到的信号。

(3) 离散型随机过程：时间连续而状态离散的随机过程，如脉冲宽度随机变化的一组 0、1 脉冲信号。

(4) 离散随机序列：时间和状态都离散的随机过程，如电话交换台在每一分钟接到的电话呼叫次数。

## 3.2 随机过程的统计特性

由于随机过程不能以确定的函数解析式表示出来，只能利用统计学中的随机过程理论对其进行研究。随机过程的二重性使我们可以用与描述随机变量相似的方法，来描述它的统计特性。

设 $\xi(t)$ 表示一个随机过程，在任意给定的时刻 $t_1 \in T$，其取值 $\xi(t_1)$ 是一个一维随机变量。而随机变量的统计特性可以用分布函数或概率密度函数来描述。把随机变量 $\xi(t_1)$ 小于或等于某一数值 $x_1$ 的概率 $P[\xi(t_1) \leqslant x_1]$，简记为 $F_1(x_1, t_1)$，即

$$F_1(x_1, t_1) = P[\xi(t_1) \leqslant x_1] \tag{3-1}$$

上式称为随机过程 $\xi(t)$ 的一维分布函数。如果 $F_1(x_1, t_1)$ 对 $x_1$ 的偏导数存在，即有

$$\frac{\partial F_1(x_1, t_1)}{\partial x_1} = f_1(x_1, t_1) \tag{3-2}$$

则称 $f_1(x_1, t_1)$ 为 $\xi(t)$ 的一维概率密度函数。显然，随机过程的一维分布函数或一维概率密度函数仅仅描述了随机过程在各个孤立时刻的统计特性，而没有说明随机过程在不同时刻取值之间的内在联系，为此需要进一步引入二维分布函数。

任给两个时刻 $t_1, t_2 \in T$，则随机变量 $\xi(t_1)$ 和 $\xi(t_2)$ 构成一个二元随机变量 $\{\xi(t_1), \xi(t_2)\}$，称 $F_2(x_1, x_2; t_1, t_2) = P\{\xi(t_1) \leqslant x_1, \xi(t_2) \leqslant x_2\}$ 为随机过程 $\xi(t)$ 的二维分布函数。

如果存在下式

$$\frac{\partial^2 F_2(x_1, x_2; t_1, t_2)}{\partial x_1 \cdot \partial x_2} = f_2(x_1, x_2; t_1, t_2) \tag{3-3}$$

则称 $f_2(x_1, x_2; t_1, t_2)$ 为 $\xi(t)$ 的二维概率密度函数。

同理，任给 $t_1, t_2, \cdots, t_n \in T$，则 $\xi(t)$ 的 $n$ 维分布函数被定义为

$$F_n(x_1, x_2, \cdots, x_n; t_1, t_2, \cdots, t_n) = P\{\xi(t_1) \leqslant x_1, \xi(t_2) \leqslant x_2, \cdots, \xi(t_n) \leqslant x_n\} \tag{3-4}$$

如果存在

$$\frac{\partial^n F_n(x_1, x_2, \cdots, x_n; t_1, t_2, \cdots, t_n)}{\partial x_1 \partial x_2 \cdots \partial x_n} = f_n(x_1, x_2, \cdots, x_n; t_1, t_2, \cdots, t_n) \tag{3-5}$$

则称 $f_n(x_1, x_2, \cdots, x_n; t_1, t_2, \cdots, t_n)$ 为 $\xi(t)$ 的 $n$ 维概率密度函数。

$n$ 越大，对随机过程统计特性的描述就越充分，但问题的复杂性也随之增加。在一般实际问题中，掌握二维分布函数就已经足够了。

# 3.3 随机过程的数字特征

通常，对于随机过程的统计描述可以采用分布函数和概率密度函数，然而，分布函数或概率密度函数虽然能够较全面地描述随机过程的统计特性，但在实际工作中，有时不易或不需求出分布函数和概率密度函数，而用随机过程的数字特征来描述随机过程的统计特性，因为更简单、更直观。

## 3.3.1 数学期望

设随机过程 $\xi(t)$ 在任意给定时刻 $t_1$ 的取值 $\xi(t_1)$ 是一个随机变量，其概率密度函数为 $f_1(x_1, t_1)$，则 $\xi(t_1)$ 的数学期望为

$$E[\xi(t_1)] = \int_{-\infty}^{\infty} x_1 f_1(x_1, t_1)\mathrm{d}x_1 \tag{3-6}$$

需要注意的是，这里 $t_1$ 是任取的，所以可以把 $t_1$ 直接写为 $t$，把 $x_1$ 改为 $x$，这时上式就变为随机过程在任意时刻的数学期望，记作 $a(t)$，于是

$$a(t) = E[\xi(t)] = \int_{-\infty}^{\infty} x f_1(x, t)\mathrm{d}x \tag{3-7}$$

式中，$a(t)$ 是时间 $t$ 的函数，它表示随机过程的 $n$ 个样本函数曲线的摆动中心。

## 3.3.2 方差

$$\begin{aligned} D[\xi(t)] &= E\{[\xi(t) - a(t)]^2\} \\ &= E[\xi^2(t)] - [a(t)]^2 \\ &= \int_{-\infty}^{\infty} x^2 f_1(x, t)\mathrm{d}x - [a(t)]^2 \end{aligned} \tag{3-8}$$

$D[\xi(t)]$ 常记为 $\sigma^2(t)$。可见方差等于均方值与数学期望平方之差。它表示随机过程在时刻 $t$ 对于均值 $a(t)$ 的偏离程度。

均值和方差的物理意义：假设 $\xi(t)$ 表示单位电阻（$R=1\ \Omega$）上两端的噪声电压，且噪声电压的均值 $a(t)=a$ 为常数，那么，均值 $a$ 代表噪声电压中的直流分量，$a^2$ 表示消耗在电阻 $R$ 上的直流功率；$\xi(t)-a$ 代表噪声电压的交流分量，$[\xi(t)-a]^2$ 代表消耗在电阻 $R$ 上的瞬时交流功率，而方差 $D[\xi(t)]=E\{[\xi(t)-a(t)]^2\}$ 表示消耗在电阻 $R$ 上瞬时交流功率的统计平均值。因此，在单位电阻 $R$ 上消耗的总平均功率为 $E[\xi^2(t)]=a^2(t)+\sigma^2(t)$。

均值和方差都只与随机过程的一维概率密度函数有关,因而它们描述了随机过程在各个孤立时刻的特征。为了描述随机过程在两个不同时刻状态之间的联系,还需利用二维概率密度引入新的数字特征。

### 3.3.3 相关函数

衡量随机过程在任意两个时刻获得的随机变量之间的关联程度时,常用协方差函数$C(t_1, t_2)$和相关函数$R(t_1, t_2)$来表示。

协方差函数定义为

$$\begin{aligned} C(t_1,t_2) &= E\{[\xi(t_1) - a(t_1)][\xi(t_2) - a(t_2)]\} \\ &= \int_{-\infty}^{\infty}\int_{-\infty}^{\infty}[x_1 - a(t_1)][x_2 - a(t_2)]f_2(x_1,x_2;t_1,t_2)\mathrm{d}x_1\mathrm{d}x_2 \end{aligned} \tag{3-9}$$

式中,$t_1$与$t_2$是任取的两个时刻;$a(t_1)$与$a(t_2)$为在$t_1$及$t_2$时刻得到的数学期望;$f_2(x_1, x_2; t_1, t_2)$为二维概率密度函数。

相关函数定义为

$$\begin{aligned} R(t_1,t_2) &= E[\xi(t_1)\xi(t_2)] \\ &= \int_{-\infty}^{\infty}\int_{-\infty}^{\infty}x_1x_2f_2(x_1,x_2;t_1,t_2)\mathrm{d}x_1\mathrm{d}x_2 \end{aligned} \tag{3-10}$$

协方差函数与相关函数的关系为

$$C(t_1, t_2) = R(t_1, t_2) - a(t_1)a(t_2) \tag{3-11}$$

若$a(t_1)=0$或$a(t_2)=0$,则$C(t_1, t_2)=R(t_1, t_2)$。

若$t_2>t_1$,并令$t_2=t_1+\tau$,则$R(t_1, t_2)$可表示为$R(t_1, t_1+\tau)$。这说明,相关函数依赖于起始时刻$t_1$及$t_2$与$t_1$之间的时间间隔$\tau$,即相关函数是$t_1$和$\tau$的函数。

由于$C(t_1, t_2)$和$R(t_1, t_2)$是衡量同一过程的相关程度的,因此,它们又常分别称为自协方差函数和自相关函数。

需要注意的是,随机过程涉及不相关和正交两个概念。如果$C(t_1, t_2)=0$,则称$\xi(t_1)$和$\xi(t_2)$是不相关的;如果$R(t_1, t_2)=0$,则称$\xi(t_1)$和$\xi(t_2)$是相互正交的。

对于两个或更多个随机过程,引入互协方差及互相关函数。

设$\xi(t)$和$\eta(t)$分别表示两个随机过程,则互协方差函数定义为

$$C_{\xi\eta}(t_1,t_2)=E\{[\xi(t_1)-a_\xi(t_1)][\eta(t_2)-a_\eta(t_2)]\} \tag{3-12}$$

而互相关函数定义为

$$R_{\xi\eta}(t_1,t_2) = E[\xi(t_1)\eta(t_2)] \tag{3-13}$$

互相关函数用于衡量两个随机过程之间的关联程度。

# 3.4 平稳随机过程

## 3.4.1 定义

所谓平稳随机过程，是指它的统计特性不随时间的推移而变化。设随机过程$\{\xi(t), t \in T\}$，若对于任意 $n$ 和任意选定的 $t_1<t_2<\cdots<t_n$，$t_k \in T, k=1, 2, \cdots, n$，以及任意 $h$，且 $t_1, t_2, \cdots, t_n \in R$，有

$$f_n(x_1, x_2, \cdots, x_n; t_1, t_2, \cdots, t_n)=f_n(x_1, x_2, \cdots, x_n; t_1+h, t_2+h, \cdots, t_n+h) \quad (3\text{-}14)$$

则称 $\xi(t)$ 是平稳随机过程。

该定义说明，当取样点在时间轴上做任意平移时，随机过程的所有有限维分布函数是不变的。具体到它的一维分布，则与时间 $t$ 无关，而二维分布只与时间间隔 $\tau$ 有关，即有

$$f_1(x_1, t_1)=f_1(x_1) \quad (3\text{-}15)$$

$$f_2(x_1, x_2; t_1, t_2)= f_2(x_1, x_2; \tau) \quad (3\text{-}16)$$

以上两式可由式(3-14)分别令 $n=1$ 和 $n=2$，并取 $h=-t_1$ 得证。其一维分布与时间无关的物理意义是：平稳随机过程的任意时刻的随机变量的概率密度函数都是相同的；二维分布与时间间隔有关的物理意义是：平稳随机过程中时间间隔相同的两个随机变量的联合概率密度函数都是相同的。

于是，平稳随机过程 $\xi(t)$ 的数学期望

$$E[\xi(t)] = \int_{-\infty}^{\infty} x_1 f_1(x_1)\,\mathrm{d}x_1 = a \quad (3\text{-}17)$$

为一常数，这表示平稳随机过程的各样本函数围绕着一水平线起伏。同样，可以证明平稳随机过程的方差 $\sigma^2(t)=\sigma^2=$常数，表示它的起伏偏离数学期望的程度也是常数。

平稳随机过程 $\xi(t)$ 的自相关函数

$$\begin{aligned} R(t_1,t_2) &= E[\xi(t_1)\xi(t_1+\tau)] \\ &= \int_{-\infty}^{\infty}\int_{-\infty}^{\infty} x_1 x_2 f_2(x_1,x_2;\tau)\,\mathrm{d}x_1\mathrm{d}x_2 \\ &= R(\tau) \end{aligned} \quad (3\text{-}18)$$

可见，$R(t_1,t_2)$ 仅是时间间隔 $\tau=t_2-t_1$ 的函数，而不再是 $t_1$ 和 $t_2$ 的二维函数。

【结论】平稳随机过程 $\xi(t)$ 具有“平稳”的数字特征：

(1) 它的数学期望与时间无关；

(2) 它的自相关函数只与时间间隔 $\tau$ 有关，即

$$R(t_1, t_1+\tau)=R(\tau) \quad (3\text{-}19)$$

设有一个随机过程 $\xi(t)$，它的数学期望为常数，自相关函数仅是 $\tau$ 的函数，则称它为宽平稳随机过程或广义平稳随机过程。相应地，称按式(3-14)定义的过程为严平稳随机过程或狭义平稳随机过程。一个严平稳随机过程必定是宽平稳随机过程，但反过来不一定成立。

通信系统中所遇到的信号及噪声，大多数可视为平稳的随机过程。以后讨论的随机过程除特殊说明外，均假定是平稳的，且均指广义平稳随机过程，简称平稳过程。

### 3.4.2　各态历经性(遍历性)

平稳随机过程在满足一定条件下有一个有趣又非常有用的特性，称为“各态历经性”。这种平稳随机过程的数字特征(均为统计平均)完全可由随机过程中的任一实现的时间平均值来替代。

设 $x(t)$ 是平稳随机过程 $\xi(t)$ 的任意一个实现，它的时间均值和时间相关函数分别为

$$\bar{a} = \overline{x(t)} = \lim_{T\to\infty} \frac{1}{T}\int_{-T/2}^{T/2} x(t)\,\mathrm{d}t \tag{3-20}$$

$$\overline{R(\tau)} = \overline{x(t)x(t+\tau)} = \lim_{T\to\infty} \frac{1}{T}\int_{-T/2}^{T/2} x(t)x(t+\tau)\,\mathrm{d}t \tag{3-21}$$

如果平稳随机过程依概率使下式成立：

$$\begin{cases} a = \bar{a} \\ R(\tau) = \overline{R(\tau)} \end{cases} \tag{3-22}$$

则称该平稳随机过程具有各态历经性，或者遍历性。

“各态历经”的含义：随机过程中的任一实现都经历了随机过程的所有可能状态。因此，无须(实际中也不可能)获得大量用来计算统计平均的样本函数，只需从任意一个随机过程的样本函数中就可获得它的所有数字特征，从而使“统计平均”化为“时间平均”，使实际测量和计算的问题大为简化。

具有各态历经性的随机过程必定是平稳随机过程，但平稳随机过程不一定是各态历经的。在通信系统中，所遇到的随机信号和噪声一般均能满足各态历经条件。

### 3.4.3　平稳随机过程自相关函数的性质

对于平稳随机过程而言，它的自相关函数是特别重要的一个函数：

(1) 平稳随机过程的统计特性，如数字特征等，可通过自相关函数来描述；

(2) 自相关函数与平稳随机过程的谱特性有着内在联系。

设 $\xi(t)$ 为实平稳随机过程，则它的自相关函数

$$R(\tau)=E[\xi(t)\xi(t+\tau)] \tag{3-23}$$

具有下列主要性质：

(1) $R(0)=E[\xi^2(t)]$，$\xi(t)$ 的平均功率。

(2) $R(\infty)=E^2[\xi(t)]$，$\xi(t)$ 的直流功率。

这里利用了当 $\tau\to\infty$ 时，$\xi(t)$ 与 $\xi(t+\tau)$ 没有依赖关系，即统计独立，而且认为 $\xi(t)$ 中不含有周期分量。

(3) $R(\tau)=R(-\tau)$，$R(\tau)$是$\tau$的偶函数。

这一点可由定义式(3-10)得证。

(4) $|R(\tau)|\leqslant R(0)$，$R(\tau)$的上界。

考虑一个非负式 $E[\xi(t)+\xi(t+\tau)]^2>0$，即可得证。

(5) $R(0)-R(\infty)=\sigma^2$，方差，$\xi(t)$的交流功率。

当均值为 0 时，有 $R(\infty)=0$，$R(0)=\sigma^2$。

### 3.4.4 平稳随机过程的功率谱密度

随机过程的频谱特性是用它的功率谱密度来表述的。随机过程中的任一实现是一个确定的功率型信号，而对于任意的确定功率信号 $f(t)$，它的功率谱密度为

$$P_f(\omega)=\lim_{T\to\infty}\frac{|F_T(\omega)|^2}{T} \tag{3-24}$$

式中，$F_T(\omega)$是$f(t)$的截短函数$f_T(t)$（见图 3-2）所对应的频谱函数。

$$f_T(t)=\begin{cases}f(t), & |t|\leqslant\dfrac{T}{2}\\ 0, & 其他\end{cases} \tag{3-25}$$

可以把$f(t)$看作平稳随机过程$\xi(t)$中的任一实现，因而每一实现的功率谱密度也可用式(3-24)来表示。由于$\xi(t)$是无穷多个实现的集合，哪一个实现出现是不能预知的，因此，某一实现的功率谱密度不能作为过程的功率谱密度。过程的功率谱密度可看作任一实现的功率谱的统计平均，即

$$P_\xi(\omega)=E[P_f(\omega)]=\lim_{T\to\infty}\frac{E[|F_T(\omega)|^2]}{T} \tag{3-26}$$

随机过程的功率谱密度表示单位频带内信号的频谱分量消耗在单位电阻上的平均功率的统计平均值，功率谱密度也简称功率谱。功率谱是从频域的角度描述随机过程统计特性的重要数字特征，仅表示随机过程的平均功率在频域上的分布情况，不含有相位信息。

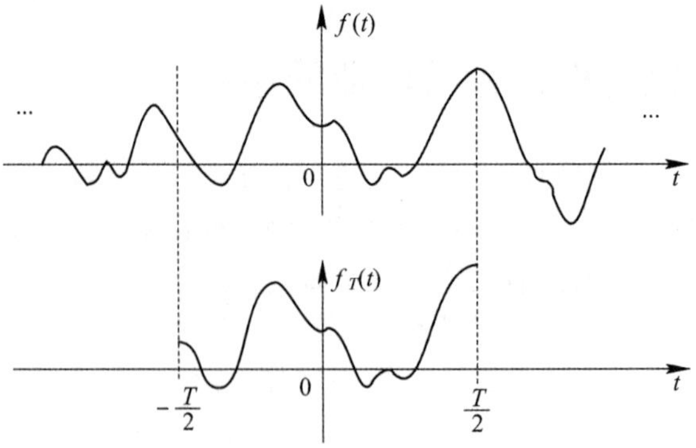


图 3-2　功率信号 $f(t)$ 及其截短函数

$\xi(t)$的平均功率 $S$ 则可表示成

$$S=\frac{1}{2\pi}\int_{-\infty}^{\infty}P_{\xi}(\omega)\mathrm{d}\omega=\frac{1}{2\pi}\int_{-\infty}^{\infty}\lim_{T\to\infty}\frac{E[\,|F_T(\omega)|^2\,]}{T}\mathrm{d}\omega \tag{3-27}$$

虽然式(3-26)给出了平稳随机过程 $\xi(t)$ 的功率谱密度 $P_{\xi}(\omega)$，但很难直接用它来计算功率谱。那么，如何方便地求功率谱 $P_{\xi}(\omega)$ 呢?

确知的非周期功率信号的自相关函数与其谱密度是一对傅里叶变换关系，对于平稳随机过程，也有类似的关系。

$$P_{\xi}(\omega)=\int_{-\infty}^{\infty}R(\tau)\mathrm{e}^{-\mathrm{j}\omega\tau}\mathrm{d}\tau \tag{3-28}$$

其傅里叶反变换为

$$R(\tau)=\frac{1}{2\pi}\int_{-\infty}^{\infty}P_{\xi}(\omega)\mathrm{e}^{\mathrm{j}\omega\tau}\mathrm{d}\omega \tag{3-29}$$

【简单推导】

$$R(\tau)=\frac{1}{2\pi}\int_{-\infty}^{\infty}P_{\xi}(\omega)\mathrm{e}^{\mathrm{j}\omega\tau}\mathrm{d}\omega\Rightarrow R(0)=\frac{1}{2\pi}\int_{-\infty}^{\infty}P_{\xi}(\omega)\mathrm{d}\omega=E[\xi^2(t)]$$

因为 $R(0)$ 表示随机过程的平均功率，它应等于功率谱密度曲线下的面积。因此，$P_{\xi}(\omega)$ 必然是平稳随机过程的功率谱密度函数。所以，平稳随机过程的功率谱密度 $P_{\xi}(\omega)$ 与其自相关函数 $R(\tau)$ 是一对傅里叶变换关系，即

$$\begin{cases}P_{\xi}(\omega)=\int_{-\infty}^{\infty}R(\tau)\mathrm{e}^{-\mathrm{j}\omega\tau}\mathrm{d}\tau\\ R(\tau)=\frac{1}{2\pi}\int_{-\infty}^{\infty}P_{\xi}(\omega)\mathrm{e}^{\mathrm{j}\omega\tau}\mathrm{d}\omega\end{cases} \tag{3-30}$$

简记为 $R(\tau)\Leftrightarrow P_{\xi}(\omega)$。

关系式(3-30)称为维纳-欣钦定理，在平稳随机过程的理论和应用中是一个非常重要的工具。它是联系频域和时域两种分析方法的基本关系式。

根据上述关系式及自相关函数 $R(\tau)$ 的性质，可以得出功率谱密度 $P_{\xi}(\omega)$ 有如下性质:

(1) $P_{\xi}(\omega)\geqslant 0$，非负性;

(2) $P_{\xi}(-\omega)=P_{\xi}(\omega)$，偶函数;

(3) 实的平稳随机过程，其 $P_{\xi}(\omega)$ 是实函数。

【简单推导】由于平稳随机过程的相关函数是偶函数，所以

$$P_{\xi}(\omega)=2\int_{0}^{\infty}R(\tau)\cos(\omega\tau)\mathrm{d}\tau$$

可以看出，功率谱是实函数，且是偶函数。

**【例 3-1】**某随机相位余弦波 $\xi(t)=A\cos(\omega_c t+\theta)$，其中 $A$ 和 $\omega_c$ 均为常数，$\theta$ 是在 $(0,\ 2\pi)$ 内均匀分布的随机变量。(1)求 $\xi(t)$ 的自相关函数与功率谱密度;(2)讨论 $\xi(t)$ 是否具有各态历经性。

**解:**(1) 先考察 $\xi(t)$ 是否广义平稳。

$\xi(t)$ 的数学期望为

$$
\begin{aligned}
a(t) &= E[\xi(t)] = \int_0^{2\pi} A\cos(\omega_c t+\theta)\frac{1}{2\pi}\mathrm{d}\theta \\
&= \frac{A}{2\pi}\int_0^{2\pi}[\cos(\omega_c t)\cos\theta - \sin(\omega_c t)\sin\theta]\mathrm{d}\theta \\
&= \frac{A}{2\pi}\left[\cos(\omega_c t)\int_0^{2\pi}\cos\theta\mathrm{d}\theta - \sin(\omega_c t)\int_0^{2\pi}\sin\theta\mathrm{d}\theta\right] \\
&= 0
\end{aligned}
$$

$\xi(t)$的自相关函数为

$$
\begin{aligned}
R(t_1,t_2) &= E[\xi(t_1)\xi(t_2)] \\
&= E[A^2\cos(\omega_c t_1+\theta)\cdot\cos(\omega_c t_2+\theta)] \\
&= \frac{A^2}{2}E\{\cos[\omega_c(t_2-t_1)] + \cos[\omega_c(t_2+t_1)+2\theta]\} \\
&= \frac{A^2}{2}\cos[\omega_c(t_2-t_1)] + \frac{A^2}{2}\int_0^{2\pi}\cos[\omega_c(t_2+t_1)+2\theta]\frac{1}{2\pi}\mathrm{d}\theta \\
&= \frac{A^2}{2}\cos[\omega_c(t_2-t_1)]
\end{aligned}
$$

因为,$\xi(t)$的数学期望为常数,而自相关函数只与时间间隔$\tau$有关,所以$\xi(t)$为广义平稳随机过程。

根据平稳随机过程的相关函数与功率谱密度是一对傅里叶变换,即

$$R(\tau)\Leftrightarrow P_\xi(\omega)$$

因为

$$\cos(\omega_c\tau)\Leftrightarrow\pi[\delta(\omega-\omega_c)+\delta(\omega+\omega_c)]$$

所以,功率谱密度为

$$P_\xi(\omega)=\frac{\pi A^2}{2}[\delta(\omega-\omega_c)+\delta(\omega+\omega_c)]$$

平均功率为

$$S=R(0)=\frac{A^2}{2}$$

(2)下面求$\xi(t)$的时间平均。

根据式 (3-20)和式(3-21)可得

$$\bar{a}=\lim_{T\to\infty}\frac{1}{T}\int_{-T/2}^{T/2}A\cos(\omega_c t+\theta)\mathrm{d}t=0$$

$$
\begin{aligned}
\overline{R(\tau)} &= \lim_{T\to\infty}\frac{1}{T}\int_{-T/2}^{T/2}\{A\cos(\omega_c t+\theta)\cdot A\cos[\omega_c(t+\tau)+\theta]\}\mathrm{d}t \\
&= \lim_{T\to\infty}\frac{A^2}{2T}\left[\int_{-T/2}^{T/2}\cos(\omega_c\tau)\mathrm{d}t + \int_{-T/2}^{T/2}\cos(2\omega_c t+\omega_c\tau+2\theta)\mathrm{d}t\right] \\
&= \frac{A^2}{2}\cos(\omega_c\tau)
\end{aligned}
$$

比较统计平均与时间平均,得$a=\bar{a}$,$R(\tau)=\overline{R(\tau)}$,因此,随机相位余弦波是各态历经的。

【**例 3-2**】已知平稳随机过程 $n(t)$ 的功率谱密度为 $S_n(\omega)$，求 $Y_n(t)=n(t)-n(t-T)$ 的功率谱密度。

**解**：因为 $n(t)$ 为平稳随机过程，所以

$$Y_n(t)=n(t)-n(t-T)$$

故 $Y_n(t)$ 也是平稳随机过程。

$$\begin{aligned}R_Y(t_1,t_2)&=E[Y_n(t_1)Y_n(t_2)]\\&=E\{[n(t_1)-n(t_1-T)][n(t_2)-n(t_2-T)]\}\\&=E[n(t_1)n(t_2)-n(t_1-T)n(t_2)-n(t_1)n(t_2-T)+n(t_1-T)n(t_2-T)]\\&=2R_n(\tau)-R_n(\tau+T)-R_n(\tau-T)=R_Y(\tau)\ (令\ \tau=t_2-t_1)\end{aligned}$$

根据 $R_n(\tau)\Leftrightarrow S_n(\omega)$，$R_Y(\tau)\Leftrightarrow S_Y(\omega)$，可得

$$S_Y(\omega)=2S_n(\omega)-S_n(\omega)(e^{j\omega T}+e^{-j\omega T})=2S_n(\omega)[1-\cos(\omega T)]=4S_n(\omega)\sin^2\frac{\omega T}{2}$$

# 3.5 高斯随机过程

高斯过程又称正态随机过程,是全世界一种普遍存在和重要的随机过程。在任意时刻去观察随机过程,若其随机变量的概率分布都满足高斯分布,则这个随机过程就是高斯过程。

## 3.5.1 定义

若随机过程$\xi(t)$的任意$n(n=1,\ 2,\ \cdots)$维分布都是正态分布的,则称它为高斯随机过程或正态过程。其$n$维正态概率密度函数表示如下

$$f_n(x_1,x_2,\cdots,x_n;t_1,t_2,\cdots,t_n)=\frac{1}{(2\pi)^{\frac{n}{2}}\sigma_1\sigma_2\cdots\sigma_n|B|^{\frac{1}{2}}}\cdot \exp\left(\frac{-1}{2|B|}\sum_{j=1}^{n}\sum_{k=1}^{n}|B|_{jk}\frac{x_j-a_j}{\sigma_j}\frac{x_k-a_k}{\sigma}\right) \tag{3-31}$$

式中,$a_k=E[\xi(t_k)]$,$\sigma_k^2=E\{[\xi(t_k)-a_k]^2\}$,$|B|$为归一化协方差矩阵的行列式,即

$$|B|=\begin{vmatrix}1 & b_{12} & \cdots & b_{1n}\\ b_{21} & 1 & \cdots & b_{2n}\\ \vdots & \vdots & & \vdots\\ b_{n1} & b_{n2} & \cdots & 1\end{vmatrix}$$

式中,$|B|_{jk}$为行列式$|B|$中元素$b_{jk}$的代数余因子,$b_{jk}$为归一化协方差函数

$$b_{jk}=\frac{E\{[\xi(t_j)-a_j][\xi(t_k)-a_k]\}}{\sigma_j\sigma_k}$$

## 3.5.2 重要性质

(1)由式(3-31)可以看出:高斯过程的$n$维分布完全由$n$个随机变量的数学期望、方差和两两之间的归一化协方差函数所决定。因此,对于高斯过程,只需要研究其数字特征。

(2)如果高斯过程是广义平稳的,则它的均值与时间无关,协方差函数只与时间间隔有关,而与时间起点无关。由性质(1)知,它的$n$维分布与时间起点无关。所以,广义平稳的高斯过程也是狭义(严)平稳的。

(3)如果高斯过程在不同时刻的取值是不相关的,即对所有$j\neq k$有$b_{jk}=0$,这时式(3-31)变为

$$f_n(x_1,x_2,\cdots,x_n;t_1,t_2,\cdots,t_n)=\frac{1}{(2\pi)^{\frac{n}{2}}\prod_{j=1}^{n}\sigma_j}\exp\left[-\sum_{j=1}^{n}\frac{(x_j-a_j)^2}{2\sigma_j^2}\right]$$

$$=\prod_{j=1}^{n}\frac{1}{\sqrt{2\pi}\sigma_j}\exp\left[-\frac{(x_j-a_j)^2}{2\sigma_j^2}\right] \tag{3-32}$$

$$=f(x_1,t_1)\cdot f(x_2,t_2)\cdot\cdots\cdot f(x_n,t_n)$$

也就是说，如果高斯过程在不同时刻的取值是不相关的，那么它们也是统计独立的。可以理解为，高斯过程如果没有线性关系，则没有任何关系（独立）。

高斯过程在任一时刻上的样值是一个一维高斯随机变量，其一维概率密度函数可表示为

$$f(x)=\frac{1}{\sqrt{2\pi}\sigma}\exp\left[-\frac{(x-a)^2}{2\sigma^2}\right] \tag{3-33}$$

式中，$a$ 为高斯随机变量的数学期望，$\sigma^2$ 为方差。正态分布的概率密度函数如图 3-3 所示。

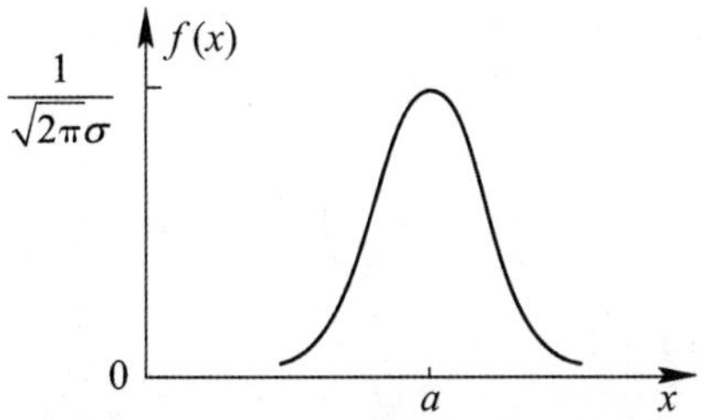


**图 3-3　正态分布的概率密度函数**

由式(3-33)和图 3-3 可知，正态分布概率密度函数 $f(x)$ 具有以下特性：

(1) $f(x)$ 对称于 $x=a$ 这条直线。

(2) $\int_{-\infty}^{a}f(x)\mathrm{d}x=\int_{a}^{\infty}f(x)\mathrm{d}x=\frac{1}{2}$，且有 $\int_{-\infty}^{\infty}f(x)\mathrm{d}x=1$。

(3) $a$ 表示分布中心，$\sigma$ 表示集中程度。$f(x)$ 图形将随着 $\sigma$ 的减小（增大）而变高（变低），随着 $a$ 的变化左右平移。

当 $a=0,\sigma=1$ 时，称 $f(x)$ 为标准正态分布的密度函数，可以记作 $N(0,\ 1)$。

当需要求高斯随机变量 $\xi$ 小于或等于任意取值 $x$ 的概率 $P(\xi\leqslant x)$ 时，还要用到正态分布函数。

正态分布函数是概率密度函数的积分，即

$$F(x)=P(\xi\leqslant x)=\int_{-\infty}^{x}\frac{1}{\sqrt{2\pi}\sigma}\exp\left[-\frac{(z-a)^2}{2\sigma^2}\right]\mathrm{d}z \tag{3-34}$$

这个积分无法用闭合形式计算，要设法把这个积分式和可以在数学手册上查出积分值的特殊函数联系起来。

几种常用的特殊函数：

(1) 误差函数和互补误差函数

误差函数的定义式为

$$\mathrm{erf}(x)=\frac{2}{\sqrt{\pi}}\int_{0}^{x}\mathrm{e}^{-z^2}\mathrm{d}z \tag{3-35}$$

它是自变量的递增函数，$\mathrm{erf}(0)=0$，$\mathrm{erf}(\infty)=1$，且 $\mathrm{erf}(-x)=-\mathrm{erf}(x)$。称 $1-\mathrm{erf}(x)$ 为补误差函数，记为 $\mathrm{erfc}(x)$，即

$$\mathrm{erfc}(x)=1-\mathrm{erf}(x)=\frac{2}{\sqrt{\pi}}\int_{x}^{\infty}\mathrm{e}^{-z^2}\mathrm{d}z \tag{3-36}$$

它是自变量的递减函数，$\mathrm{erfc}(0)=1$，$\mathrm{erfc}(\infty)=0$，且 $\mathrm{erfc}(-x)=2-\mathrm{erfc}(x)$。

(2) Q 函数（正态分布的右尾函数）

Q 函数的定义为

$$\mathrm{Q}(x)=\frac{1}{\sqrt{2\pi}}\int_{x}^{\infty}\mathrm{e}^{-z^2/2}\mathrm{d}z \tag{3-37}$$

它是自变量的递减函数，$\mathrm{Q}(0)=\frac{1}{2}$，$\mathrm{Q}(\infty)=0$，$\mathrm{Q}(-\infty)=1$，$\mathrm{Q}(-x)=1-\mathrm{Q}(x)$。它和补误差函数的关系为 $\mathrm{Q}(x)=\frac{1}{2}\mathrm{erfc}\left(\frac{x}{\sqrt{2}}\right)$。

(3) 概率积分函数

概率积分函数的定义为

$$\Phi(x)=\frac{1}{\sqrt{2\pi}}\int_{-\infty}^{x}\mathrm{e}^{-z^2/2}\mathrm{d}z \tag{3-38}$$

它和 Q 函数的关系为 $\mathrm{Q}(x)=1-\Phi(x)$。

下面用以上特殊函数来表示正态分布函数 $F(x)$。若对式(3-34)进行变量代换，令新积分变量 $t=(z-a)/\sigma$，就有 $\mathrm{d}z=\sigma\mathrm{d}t$，再与概率积分函数定义式(3-38)联系，则

$$F(x)=\Phi\left(\frac{x-a}{\sigma}\right) \tag{3-39}$$

若对式(3-34)进行变量代换，令新积分变量 $t=\frac{z-a}{\sqrt{2}\sigma}$，就有 $\mathrm{d}z=\sqrt{2}\sigma\mathrm{d}t$，再利用式(3-36)和(3-37)，则不难得到

$$F(x)=1-\frac{1}{2}\mathrm{erfc}\left(\frac{x-\mu}{\sqrt{2}\sigma}\right)=1-\mathrm{Q}\left(\frac{x-\mu}{\sigma}\right) \tag{3-40}$$

用误差函数（补误差函数）或是 Q 函数表示 $F(x)$ 的好处是，它简明的特性有助于今后分析通信系统的抗噪声性能。

### 3.5.3 高斯白噪声

信号在信道中传输时，常会遇到这样一类噪声：它的功率谱密度均匀分布在整个频率范围内，即

$$P_{\xi}(\omega)=\frac{n_0}{2} \tag{3-41}$$

这种噪声被称为白噪声，它是一个理想的宽带随机过程。式中，$n_0$ 为一常数，单位是瓦/赫(W/Hz)。上式描述的是噪声功率在整个频率域上的分布情况，因此又称作双边功率谱密度。如果考虑的是噪声功率在正频区域上的分布情况，则称其为单边功率谱密度，显然，单边功率

谱密度是双边功率谱密度的2倍。

白噪声的自相关函数可借助于下式求得,即

$$R(\tau)=\frac{n_0}{2}\delta(\tau) \tag{3-42}$$

白噪声只有在 $\tau=0$ 时才相关,而它在任意两个时刻上的随机变量都是互不相关的。

如果白噪声又是高斯分布的,就称为高斯白噪声。由式(3-42)可以看出:高斯白噪声在任意两个不同时刻上的取值之间,不仅是互不相关的,还是统计独立的。

定义的这种理想化的白噪声在实际中是不存在的。但是,如果噪声功率谱均匀分布的频率范围远远大于通信系统的工作频带,就可以把它视为白噪声。通信系统中常见的热噪声和散粒噪声就是近似白噪声的例子。

图3-4画出了白噪声的自相关函数和功率谱密度的图形。

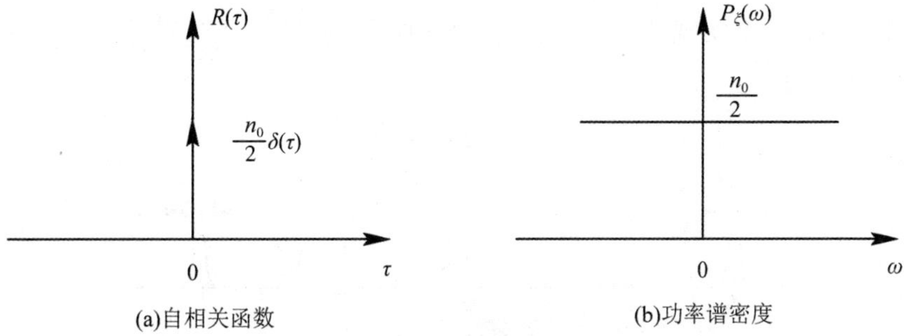


**图3-4　白噪声的自相关函数和功率谱密度的图形**

# 3.6 窄带随机过程

随机过程通过以$f_c$为中心频率的窄带系统的输出，即窄带过程。所谓窄带系统，是指其通带宽度$\Delta f \ll f_c$，且$f_c$远离零频率的系统。实际中，大多数通信系统是窄带型的，通过窄带系统的信号或噪声必是窄带的，如果这时的信号或噪声又是随机的，则称它们为窄带随机过程。

如用示波器观察一个实现的波形，则如图 3-5 所示，它是一个频率近似为$f_c$，包络和相位随机缓变的正弦波。

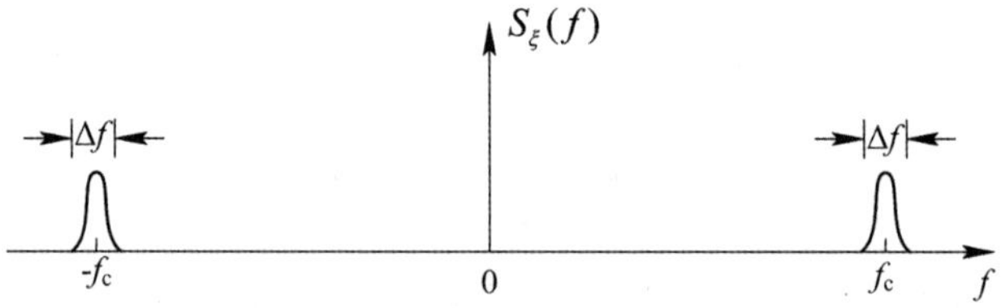


(a) 功率谱

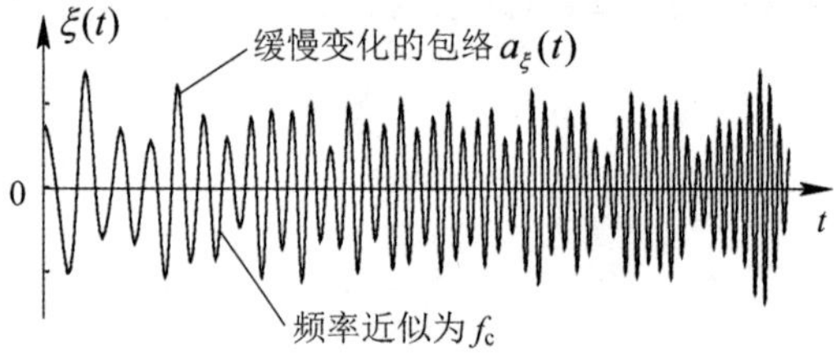


(b) 信号波形

**图 3-5　窄带过程的功率谱和信号波形示意图**

窄带随机过程$\xi(t)$可用下式表示

$$\xi(t)=a_\xi(t)\cos[\omega_c t+\varphi_\xi(t)],\ a_\xi(t)\geqslant 0 \tag{3-43}$$

等价式为

$$\xi(t)=\xi_c(t)\cos(\omega_c t)-\xi_s(t)\sin(\omega_c t) \tag{3-44}$$

式中，$\xi_c(t)=a_\xi(t)\cos\varphi_\xi(t)$，$\xi_s(t)=a_\xi(t)\sin\varphi_\xi(t)$，而$a_\xi(t)$及$\varphi_\xi(t)$分别是$\xi(t)$的包络函数和随机相位函数。$\xi_c(t)$及$\xi_s(t)$分别称为$\xi(t)$的同相分量和正交分量，它们也是随机过程，显然它们的变化相对于载波$\cos(\omega_c t)$的变化要缓慢得多。

由式(3-43)和式(3-44)可以看出，$\xi(t)$的统计特性可由$a_\xi(t)$、$\varphi_\xi(t)$或$\xi_c(t)$、$\xi_s(t)$的统计特性确定；如果已知$\xi(t)$的统计特性，则可确定$a_\xi(t)$、$\varphi_\xi(t)$以及$\xi_c(t)$、$\xi_s(t)$的统计特性。

### 3.6.1 同相分量和正交分量的统计特性

设窄带过程 $\xi(t)$ 是平稳高斯窄带过程，且均值为 0，方差为 $\sigma_\xi^2$。下面将证明它的同相分量 $\xi_c(t)$ 和正交分量 $\xi_s(t)$ 也是均值为 0 的平稳高斯过程，而且与 $\xi(t)$ 具有相同的方差。

(1) 数学期望

对式(3-44)求数学期望，可得

$$E[\xi(t)]=E[\xi_c(t)]\cos(\omega_c t)-E[\xi_s(t)]\sin(\omega_c t) \tag{3-45}$$

由于 $\xi(t)$ 是平稳的，且均值为 0，也就是说，对于任意时刻 $t$，有 $E[\xi(t)]=0$，可得

$$\begin{cases}E[\xi_c(t)]=0\\E[\xi_s(t)]=0\end{cases} \tag{3-46}$$

(2) 自相关函数

$$\begin{aligned}R_\xi(t,t+\tau)&=E[\xi(t)\xi(t+\tau)]\\&=E(\{\xi_c(t)\cos(\omega_c t)-\xi_s(t)\sin(\omega_c t)]\cdot\{\xi_c(t+\tau)\cos[\omega_c(t+\tau)]-\\&\quad\xi_s(t+\tau)\sin[\omega_c(t+\tau)]\})\\&=R_c(t,t+\tau)\cos(\omega_c t)\cos[\omega_c(t+\tau)]-R_{cs}(t,t+\tau)\cos(\omega_c t)\sin[\omega_c(t+\tau)]-\\&\quad R_{sc}(t,t+\tau)\sin(\omega_c t)\cos[\omega_c(t+\tau)]+R_s(t,t+\tau)\sin(\omega_c t)\sin[\omega_c(t+\tau)]\end{aligned} \tag{3-47}$$

式中

$$R_c(t,t+\tau)=E[\xi_c(t)\xi_c(t+\tau)]$$
$$R_{cs}(t,t+\tau)=E[\xi_c(t)\xi_s(t+\tau)]$$
$$R_{sc}(t,t+\tau)=E[\xi_s(t)\xi_c(t+\tau)]$$
$$R_s(t,t+\tau)=E[\xi_s(t)\xi_s(t+\tau)]$$

因为 $\xi(t)$ 是平稳的，故有 $R_\xi(t,\ t+\tau)=R(\tau)$。这就要求式(3-47)的右边也应该与 $t$ 无关，而仅与时间间隔 $\tau$ 有关。

若取使 $\sin(\omega_c t)=0$ 的所有 $t$ 值，则式(3-47)应变为

$$R_\xi(\tau)=R_c(t,\ t+\tau)\ \cos(\omega_c\tau)-R_{cs}(t,\ t+\tau)\sin(\omega_c\tau) \tag{3-48}$$

这时，显然应有 $R_c(t,\ t+\tau)=R_c(\tau)$，$R_{cs}(t,\ t+\tau)=R_{cs}(\tau)$。所以，式(3-48)变为

$$R_\xi(\tau)=R_c(\tau)\cos(\omega_c\tau)-R_{cs}(\tau)\sin(\omega_c\tau) \tag{3-49}$$

再取使 $\cos(\omega_c t)=0$ 的所有 $t$ 值，其中应有 $R_s(t,\ t+\tau)=R_s(\tau)$，$R_{sc}(t,\ t+\tau)=R_{sc}(\tau)$，同理可求得

$$R_\xi(\tau)=R_s(\tau)\cos(\omega_c\tau)+R_{sc}(\tau)\sin(\omega_c\tau) \tag{3-50}$$

由以上的数学期望和自相关函数分析可知：如果窄带过程 $\xi(t)$ 是平稳的，则 $\xi_c(t)$ 与 $\xi_s(t)$ 也必将是平稳的。

由于式(3-49)和式(3-50)应同时成立，故有

$$\begin{cases}R_c(\tau)=R_s(\tau)\\R_{cs}(\tau)=-R_{sc}(\tau)\end{cases} \tag{3-51}$$

可见,同相分量$\xi_c(t)$和正交分量$\xi_s(t)$具有相同的自相关函数,而且根据互相关函数的性质,应有$R_{cs}(\tau)=R_{sc}(-\tau)$。结合式(3-51)中第2式,可得

$$\begin{cases} R_{cs}(\tau)=-R_{cs}(-\tau) \\ R_{sc}(\tau)=-R_{sc}(-\tau) \end{cases} \tag{3-52}$$

式(3-52)说明:$\xi_c(t)$、$\xi_s(t)$的互相关函数$R_{cs}(\tau)$、$R_{sc}(\tau)$都是$\tau$的奇函数,即在$\tau=0$时,有

$$R_{cs}(0)=R_{sc}(0)=0 \tag{3-53}$$

于是,由式(3-49)和式(3-50)令$\tau=0$时可得到

$$R_\xi(0)=R_c(0)=R_s(0) \tag{3-54}$$

即$\sigma_\xi^2=\sigma_{\xi_c}^2=\sigma_{\xi_s}^2$。这表明$\xi(t)$、$\xi_c(t)$和$\xi_s(t)$具有相同的平均功率或方差(因为均值为0)。

因为$\xi(t)$是平稳高斯过程,所以$\xi(t)$在任意时刻的取值都服从高斯分布的随机变量。故在式(3-44)中取$t=t_1=0$时,$\xi(t_1)=\xi_c(t_1)$;取$t=t_2=\dfrac{\pi}{2\omega_c}$时,$\xi(t_2)=-\xi_s(t_2)$。所以$\xi_c(t_1)$、$\xi_s(t_2)$也是高斯随机变量,从而$\xi_c(t)$、$\xi_s(t)$也是高斯随机过程。

又根据式(3-53)可知:$\xi_c(t)$、$\xi_s(t)$在同一时刻的取值是互不相关的高斯随机变量,因而它们还是统计独立的。

【结论】一个均值为0的窄带平稳高斯过程$\xi(t)$,它的同相分量$\xi_c(t)$和正交分量$\xi_s(t)$也是平稳高斯过程,而且均值都为零,方差也相同。此外,在同一时刻上得到的$\xi_c(t)$和$\xi_s(t)$是互不相关的或统计独立的。

## 3.6.2 包络和相位的统计特性

由上面的分析可知,$\xi_c(t)$和$\xi_s(t)$的联合概率密度函数为

$$f(\xi_c,\xi_s)=f(\xi_c)\cdot f(\xi_s)=\frac{1}{2\pi\sigma_\xi^2}\exp\left(-\frac{\xi_c^2+\xi_s^2}{2\sigma_\xi^2}\right) \tag{3-55}$$

设$a_\xi(t)$和$\varphi_\xi(t)$的联合概率密度函数为$f(a_\xi,\varphi_\xi)$,则有

$$f(a_\xi,\varphi_\xi)=f(\xi_c,\xi_s)\left|\frac{\partial(\xi_c,\xi_s)}{\partial(a_\xi,\varphi_\xi)}\right| \tag{3-56}$$

根据式(3-44)在$t$时刻得到的随机变量之间的关系$\xi_c(t)=a_\xi(t)\cos\varphi_\xi(t)$和$\xi_s(t)=a_\xi(t)\sin\varphi_\xi(t)$可得雅可比(Jacobi)行列式为

$$\left|\frac{\partial(\xi_c,\xi_s)}{\partial(a_\xi,\varphi_\xi)}\right|=\begin{vmatrix} \dfrac{\partial\xi_c}{\partial a_\xi} & \dfrac{\partial\xi_s}{\partial a_\xi} \\ \dfrac{\partial\xi_c}{\partial\varphi_\xi} & \dfrac{\partial\xi_s}{\partial\varphi_\xi} \end{vmatrix}=\begin{vmatrix} \cos\varphi_\xi & \sin\varphi_\xi \\ -a_\xi\sin\varphi_\xi & a_\xi\cos\varphi_\xi \end{vmatrix}=a_\xi \tag{3-57}$$

于是

$$\begin{aligned} f(a_\xi,\varphi_\xi) &= a_\xi f(\xi_c,\xi_s) \\ &= \frac{a_\xi}{2\pi\sigma_\xi^2}\exp\left[-\frac{(a_\xi\cos\varphi_\xi)^2+(a_\xi\sin\varphi_\xi)^2}{2\sigma_\xi^2}\right] \\ &= \frac{a_\xi}{2\pi\sigma_\xi^2}\exp\left(-\frac{a_\xi^2}{2\sigma_\xi^2}\right) \end{aligned} \tag{3-58}$$

注意:这里 $a_\xi \geqslant 0$,而 $\varphi_\xi$ 在$(0,\ 2\pi)$内取值。

利用概率论中边际分布知识,将 $f(a_\xi,\ \varphi_\xi)$ 对 $\varphi_\xi$ 积分,可求得包络 $a_\xi$ 的一维概率密度函数为

$$f(a_\xi)=\int_{-\infty}^{\infty}f(a_\xi,\varphi_\xi)\,\mathrm{d}\varphi_\xi=\int_0^{2\pi}\frac{a_\xi}{2\pi\sigma_\xi^2}\exp\left(-\frac{a_\xi^2}{2\sigma_\xi^2}\right)\mathrm{d}\varphi_\xi=\frac{a_\xi}{\sigma_\xi^2}\exp\left(-\frac{a_\xi^2}{2\sigma_\xi^2}\right),a_\xi\geqslant 0 \tag{3-59}$$

可见,$a_\xi$ 服从瑞利分布。当发射机和接收机之间没有很强的视距传播路径时,瑞利分布是一个很好的信道传播模型。

同理,$f(a_\xi,\ \varphi_\xi)$ 对 $a_\xi$ 积分可求得相位 $\varphi_\xi$ 的一维概率密度函数为

$$f(\varphi_\xi)=\int_0^{\infty}f(a_\xi,\varphi_\xi)\,\mathrm{d}a_\xi=\frac{1}{2\pi}\left[\int_0^{\infty}\frac{a_\xi}{\sigma_\xi^2}\exp\left(-\frac{a_\xi^2}{2\sigma_\xi^2}\right)\mathrm{d}a_\xi\right]=\frac{1}{2\pi},0\leqslant\varphi_\xi\leqslant 2\pi \tag{3-60}$$

可见,$\varphi_\xi$ 服从均匀分布。

【结论】一个均值为0,方差为 $\sigma_\xi^2$ 的窄带平稳高斯过程 $\xi(t)$,其包络 $a_\xi(t)$ 的一维分布是瑞利分布,相位 $\varphi_\xi(t)$ 的一维分布是均匀分布。并且就一维分布而言,有 $f(a_\xi,\ \varphi_\xi)=f(a_\xi)\cdot f(\varphi_\xi)$。该式表明,在同一时刻 $t$,随机变量 $a_\xi(t)$ 与 $\varphi_\xi(t)$ 是相互独立的。但是要注意,随机过程 $a_\xi(t)$ 与 $\varphi_\xi(t)$ 并不是相互独立的两个随机过程。

# 3.7 正弦波加窄带高斯噪声

信号经过信道传输后总会受到噪声的干扰，为了减少噪声的影响，通常在接收机前端设置一个带通滤波器，以滤除信号频带以外的噪声。因此，带通滤波器的输出是信号与窄带噪声的混合波形。

通信系统中常遇到的一种情况是正弦波加窄带高斯噪声的合成波。下面讨论合成信号的包络和相位的统计特性。

设合成信号为

$$r(t)=A\cos(\omega_c t+\theta)+n(t) \tag{3-61}$$

式中，$n(t)=n_c(t)\cos(\omega_c t)-n_s(t)\sin(\omega_c t)$ 为窄带高斯噪声，其均值为 0，方差为 ${\sigma_n}^2$。正弦信号的幅度 $A$，载频 $\omega_c$ 均为常数，$\theta$ 是在(0, 2π)上均匀分布的随机变量。于是

$$\begin{aligned} r(t)&=[A\cos\theta+n_c(t)]\cos(\omega_c t)-[A\sin\theta+n_s(t)]\sin(\omega_c t)\\ &=z_c(t)\cos(\omega_c t)-z_s(t)\sin(\omega_c t)\\ &=z(t)\cos[\omega_c t+\varphi(t)] \end{aligned} \tag{3-62}$$

式中，同相和正交分量分别为 $z_c(t)=A\cos\theta+n_c(t)$ 和 $z_s(t)=A\sin\theta+n_s(t)$。

合成信号 $r(t)$ 的包络和相位为

$$z(t)=\sqrt{z_c^2(t)+z_s^2(t)},z\geqslant 0 \tag{3-63}$$

$$\varphi(t)=\arctan\frac{z_s(t)}{z_c(t)},0\leqslant\varphi\leqslant 2\pi \tag{3-64}$$

利用前文的结果，如果 $\theta$ 值已给定，则 $z_c$、$z_s$ 是相互独立的高斯随机变量，故有

$$E[z_c]=A\cos\theta,E[z_s]=A\sin\theta,\ \sigma_c^2=\sigma_s^2=\sigma_n^2 \tag{3-65}$$

因此，在给定相位 $\theta$ 的条件下的 $z_c(t)$ 和 $z_s(t)$ 的联合概率密度函数为

$$f(z_c,z_s/\theta)=\frac{1}{2\pi\sigma_n^2}\exp\left\{-\frac{1}{2\sigma_n^2}[(z_c-A\cos\theta)^2+(z_s-A\sin\theta)^2]\right\} \tag{3-66}$$

根据 $z_c(t)$、$z_s(t)$ 和 $z(t)$、$\varphi(t)$ 的关系，可求得在给定相位 $\theta$ 的条件下的 $z(t)$ 和 $\varphi(t)$ 的联合概率密度函数为

$$\begin{aligned} f(z,\varphi/\theta)&=f(z_c,\varphi_s/\theta)\left|\frac{\partial(z_c,z_s)}{\partial(z,\varphi)}\right|=z\cdot f(z_c,z_s/\theta)\\ &=\frac{z}{2\pi\sigma_n^2}\exp\left\{-\frac{1}{2\sigma_n^2}[z^2+A^2-2Az\cos(\theta-\varphi)]\right\} \end{aligned} \tag{3-67}$$

【简单推导】已知 $z(t)=\sqrt{z_c^2(t)+z_s^2(t)},z\geqslant 0$；$\varphi(t)=\arctan\dfrac{z_s(t)}{z_c(t)},0\leqslant\varphi\leqslant 2\pi$。求证

$\left|\dfrac{\partial(z_c,z_s)}{\partial(z,\varphi)}\right|=z$。首先,根据已知条件建立如下关系

$$\begin{cases}z_c^2(t)=z^2(t)\cos^2\varphi\\ z_s^2(t)=z^2(t)\sin^2\varphi\end{cases}$$

分别求取偏导,可得

$$\begin{cases}\dfrac{\partial z_c}{\partial z}=\dfrac{z}{z_c}\cos^2\varphi\\ \dfrac{\partial z_s}{\partial z}=\dfrac{z}{z_s}\sin^2\varphi\end{cases},\quad\begin{cases}\dfrac{\partial z_c}{\partial\varphi}=-\dfrac{z^2}{z_c}\sin\varphi\cos\varphi\\ \dfrac{\partial z_s}{\partial\varphi}=\dfrac{z^2}{z_s}\sin\varphi\cos\varphi\end{cases}$$

代入行列式,可得

$$\left|\frac{\partial(z_c,z_s)}{\partial(z,\varphi)}\right|=\frac{z^3}{z_cz_s}\sin\varphi\cos\varphi=z$$

证毕。

对联合概率密度函数求条件边际分布,则有

$$\begin{aligned}f(z/\theta)&=\int_0^{2\pi}f(z,\varphi/\theta)\,d\varphi\\&=\frac{z}{2\pi\sigma_n^2}\int_0^{2\pi}\exp\left\{-\frac{1}{2\sigma_n^2}[z^2+A^2-2Az\cos(\theta-\varphi)]\right\}d\varphi\\&=\frac{z}{2\pi\sigma_n^2}\exp\left(-\frac{z^2+A^2}{2\sigma_n^2}\right)\int_0^{2\pi}\exp\left[\frac{A_z}{\sigma_n^2}\cos(\theta-\varphi)\right]d\varphi\end{aligned}\tag{3-68}$$

由于 $\dfrac{1}{2\pi}\displaystyle\int_0^{2\pi}\exp(x\cos\theta)\,d\theta=I_0(x)$ (零阶修正贝塞尔函数),故有

$$\frac{1}{2\pi}\int_0^{2\pi}\exp\left[\frac{Az}{\sigma_n^2}\cos(\theta-\varphi)\right]d\varphi=I_0\left(\frac{Az}{\sigma_n^2}\right)\tag{3-69}$$

当 $x\geqslant0$ 时,$I_0(x)$ 是单调上升函数,且有 $I_0(0)=1$。因此,

$$f(z/\theta)=\frac{z}{\sigma_n^2}\exp\left[-\frac{1}{2\sigma_n^2}(z^2+A^2)\right]I_0\left(\frac{Az}{\sigma_n^2}\right),\quad z\geqslant0\tag{3-70}$$

由上式可见:$f(z/\theta)$ 与 $\theta$ 无关,故正弦波加窄带高斯过程的包络概率密度函数为

$$f(z)=\frac{z}{\sigma_n^2}\exp\left[-\frac{1}{2\sigma_n^2}(z^2+A^2)\right]I_0\left(\frac{Az}{\sigma_n^2}\right),z\geqslant0\tag{3-71}$$

这个概率密度函数称为广义瑞利分布,也称莱斯(Rice)密度函数。在郊区环境中的信道模型可用莱斯分布描述,此时阻碍信号的物体较少,多径信号包括一条很强的视距传播路径以及少量反射路径。

式(3-71)存在两种极限情况:

(1)当信号很小,$A\to0$,即信号功率与噪声功率之比 $\dfrac{A^2}{2\sigma_n^2}=r\to0$ 时,$x$ 值很小,有 $I_0(x)=1$,这时合成波 $r(t)$ 中只存在窄带高斯噪声,该式近似为瑞利分布,即由莱斯分布退化为瑞利分布。

(2)当信噪比 $r$ 很大时,有 $I_0(x)\approx\dfrac{e^x}{\sqrt{2\pi x}}$,这时在 $z\approx A$ 附近,$f(z)$ 近似于高斯分布,即有

$$f(z) \approx \frac{1}{\sqrt{2\pi}\sigma_n}\exp\left[-\frac{(z-A)^2}{2\sigma_n^2}\right]。$$

【结论】信号加噪声的合成波包络分布与信噪比有关：小信噪比时，它接近于瑞利分布；大信噪比时，它接近于高斯分布；在一般情况下它是莱斯分布。图 3-6（a）给出了不同的 $r$ 值时 $f(z)$ 的曲线。

关于信号加噪声的合成波相位分布 $f(\varphi)$，也与信噪比有关：小信噪比时，$f(\varphi)$ 接近于均匀分布，它反映这时窄带高斯噪声为主的情况；大信噪比时，$f(\varphi)$ 主要集中在有用信号相位附近。图 3-6（b）给出了不同的 $r$ 值时 $f(\varphi)$ 的曲线。

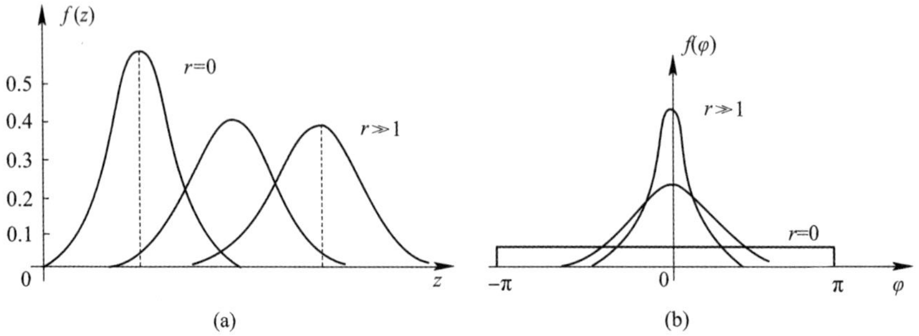


**图 3-6　正弦波加窄带高斯过程的包络与相位分布**

窄带高斯噪声和正弦波加窄带高斯噪声的统计特性是分析数字频带系统解调特性时的基础。

## 3.8 随机过程通过线性系统

通信的目的在于传输信号,信号和系统总是联系在一起的。通信系统中的信号或噪声一般都是随机的,因此在以后的讨论中必然会遇到这样的问题:随机过程通过系统后,输出过程将是什么样的过程?下面将仅考虑平稳随机过程通过线性时不变系统的情况。

随机信号通过线性系统的分析,完全是建立在确知信号通过线性系统的分析原理的基础之上的。对于线性系统,它的系统特性可以用冲激响应与传递函数来描述。设线性系统的输入信号为 $x(t)$,单位冲激响应为 $h(t)$ 的卷积,则系统的输出信号 $y(t)$ 时域表示为

$$y(t) = x(t) * h(t) = \int_{-\infty}^{\infty} x(\tau)h(t-\tau)\mathrm{d}\tau \tag{3-72}$$

若 $x(t) \Leftrightarrow X(\omega)$, $y(t) \Leftrightarrow Y(\omega)$, $h(t) \Leftrightarrow H(\omega)$ ,则输出信号的频域可表示为

$$Y(\omega) = X(\omega)H(\omega) \tag{3-73}$$

若线性系统是物理可实现的,则

$$y(t) = \int_{-\infty}^{t} x(\tau)h(t-\tau)\mathrm{d}\tau \tag{3-74}$$

或

$$y(t) = \int_{0}^{\infty} h(\tau)x(t-\tau)\mathrm{d}\tau \tag{3-75}$$

如果把 $x(t)$ 看作输入随机过程 $X(t)$ 的一个样本,则 $y(t)$ 可看作输出随机过程 $Y(t)$ 的一个样本。显然,输入过程的每个样本与输出过程的相应样本之间都满足式(3-74)或式(3-75)的关系。这样,就整个过程而言,便有

$$Y(t) = \int_{0}^{\infty} h(\tau)X(t-\tau)\mathrm{d}\tau \tag{3-76}$$

假定输入 $X(t)$ 是平稳随机过程,均值为 $a$,自相关函数为 $R_X(\tau)$,功率谱密度为 $P_X(\omega)$,下面将分析系统输出过程 $Y(t)$ 的统计特性。

先确定输出过程的数学期望、自相关函数及功率谱密度,然后讨论输出过程的概率分布问题。

### 3.8.1 输出过程的数学期望

对式(3-76)两边取统计平均,有

$$
\begin{aligned}
E[Y(t)] &= E\left[\int_0^{\infty} h(\tau)X(t-\tau)\mathrm{d}\tau\right] \\
&= \int_0^{\infty} h(\tau)E[X(t-\tau)]\mathrm{d}\tau \\
&= a \cdot \int_0^{\infty} h(\tau)\mathrm{d}\tau
\end{aligned} \tag{3-77}
$$

式中利用了输入过程 $X(t)$ 的平稳性假设，即 $E[X(t-\tau)]=E[X(t)]=a$（常数）。

又因为

$$
H(\omega) = \int_0^{\infty} h(t)\mathrm{e}^{-\mathrm{j}\omega t}\mathrm{d}t
$$

求得

$$
H(0) = \int_0^{\infty} h(t)\mathrm{d}t
$$

所以输出过程的期望为

$$
E[Y(t)] = aH(0) \tag{3-78}
$$

式中，$H(0)$ 是线性系统在 $f=0$ 处的频率响应，即直流增益。

由此可见：输出过程的数学期望等于输入过程的数学期望与直流增益 $H(0)$ 的乘积，且 $E[Y(t)]$ 与 $t$ 无关。

### 3.8.2 输出过程的自相关函数

$$
\begin{aligned}
R_Y(t_1, t_1+\tau) &= E[Y(t_1)Y(t_1+\tau)] \\
&= E\left[\int_0^{\infty} h(\alpha)X(t_1-\alpha)\mathrm{d}\alpha \int_0^{\infty} h(\beta)X(t_1+\tau-\beta)\mathrm{d}\beta\right] \\
&= \int_0^{\infty}\int_0^{\infty} h(\alpha)h(\beta)E[X(t_1-\alpha)X(t_1+\tau-\beta)]\mathrm{d}\alpha\mathrm{d}\beta
\end{aligned} \tag{3-79}
$$

根据输入平稳性可得 $E[X(t_1-\alpha)X(t_1+\tau-\beta)]=R_X(\tau+\alpha-\beta)$，代入上式

$$
R_Y(t_1, t_1+\tau) = \int_0^{\infty}\int_0^{\infty} h(\alpha)h(\beta)R_X(\tau+\alpha-\beta)\mathrm{d}\alpha\mathrm{d}\beta = R_Y(\tau) \tag{3-80}
$$

可见，$Y(t)$ 的自相关函数只依赖时间间隔 $\tau$，而与时间起点 $t_1$ 无关。

由以上输出过程的数学期望和自相关函数证明：若线性系统的输入过程是平稳的，那么输出过程也是平稳的。

### 3.8.3 输出过程的功率谱密度

对式(3-80)进行傅里叶变换，有

$$
\begin{aligned}
P_Y(\omega) &= \int_{-\infty}^{\infty} R_Y(\tau)\mathrm{e}^{-\mathrm{j}\omega\tau}\mathrm{d}\tau \\
&= \int_{-\infty}^{\infty}\int_0^{\infty}\int_0^{\infty}[h(\alpha)h(\beta)R_X(\tau+\alpha-\beta)\mathrm{d}\alpha\mathrm{d}\beta]\mathrm{e}^{-\mathrm{j}\omega\tau}\mathrm{d}\tau
\end{aligned} \tag{3-81}
$$

令 $\tau'=\tau+\alpha-\beta$，则

$$P_Y(\omega)=\int_0^{\infty}h(\alpha)\mathrm{e}^{\mathrm{j}\omega\alpha}\mathrm{d}\alpha\int_0^{\infty}h(\beta)\mathrm{e}^{-\mathrm{j}\omega\beta}d\beta\int_{-\infty}^{\infty}R_X(\tau')\mathrm{e}^{-\mathrm{j}\omega\tau'}\mathrm{d}\tau' \tag{3-82}$$

即

$$P_Y(\omega)=H^*(\omega)\cdot H(\omega)\cdot P_X(\omega)=|H(\omega)|^2P_X(\omega) \tag{3-83}$$

【结论】系统输出功率谱密度是输入功率谱密度 $P_X(\omega)$ 与系统频率响应模值的平方 $|H(\omega)|^2$ 的乘积。这是十分有用的一个重要公式。当想得到输出过程的自相关函数 $R_Y(\tau)$ 时，比较简单的方法是先计算出功率谱密度 $P_Y(\omega)$，然后求其反变换，这比直接计算 $R_Y(\tau)$ 要简便得多。

**【例 3-3】**低通带限白噪声。试求功率谱密度为 $\frac{n_0}{2}$ 的白噪声通过理想矩形的低通滤波器后的功率谱密度、自相关函数和噪声平均功率。

**解：**理想低通的传输特性为

$$H(\omega)=\begin{cases}K_0\mathrm{e}^{-\mathrm{j}\omega t}, & |\omega|\leqslant\omega_{\mathrm{H}}\\ 0, & 其他\end{cases}$$

由上式得 $|H(\omega)|^2=K_0^2,\ |\omega|\leqslant\omega_{\mathrm{H}}$，输出功率谱密度为

$$P_Y(\omega)=|H(\omega)|^2P_X(\omega)=\frac{n_0}{2}K_0^2,\quad |\omega|\leqslant\omega_{\mathrm{H}}$$

可见，输出噪声的功率谱密度在 $|\omega|\leqslant\omega_{\mathrm{H}}$ 是均匀的，在此范围外则为零，如图 3-7(a)所示。通常把这样的噪声称为带限白噪声。

因输入白噪声是平稳的，因此，输出过程也平稳，利用维纳-欣钦定理，可得自相关函数为

$$\begin{aligned}R_Y(\tau)&=\frac{1}{2\pi}\int_{-\infty}^{\infty}P_Y(\omega)\mathrm{e}^{\mathrm{j}\omega\tau}\mathrm{d}\omega\\&=\int_{-f_{\mathrm{H}}}^{f_{\mathrm{H}}}\frac{n_0}{2}K_0^2\mathrm{e}^{\mathrm{j}2\pi f\tau}\mathrm{d}f=K_0^2n_0f_{\mathrm{H}}\frac{\sin(\omega_{\mathrm{H}}\tau)}{\omega_{\mathrm{H}}\tau}=K_0^2n_0f_{\mathrm{H}}\mathrm{Sa}(\omega_{\mathrm{H}}\tau)\end{aligned}$$

式中，$\omega_{\mathrm{H}}=2\pi f_{\mathrm{H}}$。

由此可见：带限白噪声只有在 $\tau=\frac{k}{2f_{\mathrm{H}}}(k=1,2,3,\cdots)$ 上得到的随机变量才不相关。它告诉我们，如果对带限白噪声按抽样定理抽样，则各抽样值是互不相关的随机变量。这是一个很重要的概念。

如图 3-7(b)所示，带限白噪声的自相关函数 $R_Y(\tau)$ 在 $\tau=0$ 处有最大值，这就是带限白噪

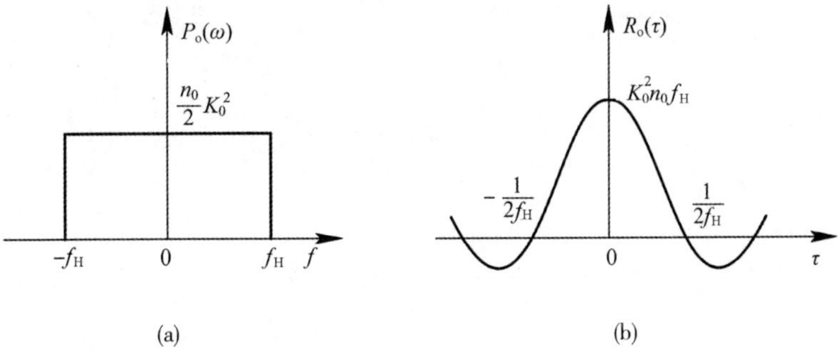


**图 3-7 带限白噪声的功率谱和自相关函数**

声的平均功率,即

$$R_Y(0)=K_0^2 f_{\mathrm{H}} n_0$$

### 3.8.4 输出过程的概率分布

从原理上看,在已知输入过程分布的情况下,通过式 $Y(t)=\int_0^{\infty} h(\tau)X(t-\tau)\mathrm{d}\tau$ 可以确定输出过程的分布。

其中一个十分有用的情形是:如果线性系统的输入过程是高斯型的,则系统的输出过程也是高斯型的。

因为从积分原理来看,上式可表示为一个和式的极限,即

$$\xi_Y(t)=\lim_{\Delta\tau_k\to 0}\sum_{k=0}^{\infty} X(t-\tau_k)h(\tau_k)\Delta\tau_k \tag{3-84}$$

由于 $X(t)$ 已假设是高斯型的,在任一时刻的每项 $X(t-\tau_k)h(\tau_k)\Delta\tau_k$ 都是一个高斯随机变量。因此,输出过程在任一时刻得到的每一随机变量,都是无限多个高斯随机变量之和。由概率论得知,这个"和"的随机变量也是高斯随机变量。这就证明,高斯过程经过线性系统后其输出过程仍为高斯过程。

一般地说,高斯过程经线性变换后的过程仍为高斯过程。但要注意,由于线性系统的介入,与输入高斯过程相比,输出过程的数字特征已经改变了。

# 复习与巩固

## 一、概念思考

1.随机过程是如何定义的？它具有什么特点？

2.随机过程的数字特征主要有哪些？分别表示随机过程的什么特性？

3.什么是严平稳随机过程？什么是宽平稳随机过程？它们之间的关系是什么？

4.平稳随机过程的自相关函数有哪些性质？它与功率谱密度有何关系？

5.什么是平稳随机过程的各态历经性？

6.什么是高斯过程？其主要性质有哪些？

7.什么是窄带随机过程？它的频谱和时间波形有什么特点？

8.窄带高斯过程的包络和相位分别服从什么概率分布？其同相分量和正交分量的统计特性如何？

9.正弦波加窄带高斯噪声的合成波的包络服从什么概率分布？

10.什么是高斯白噪声？其概率密度函数、功率谱密度如何表示？

11.平稳随机过程通过线性系统时，输出与输入功率谱密度满足什么关系？如何求出输出过程的均值、自相关函数？

## 二、课堂小测

1.加性高斯白噪声的含义是__________，__________，__________。

2.平稳随机过程的统计特性不随时间的推移而不同，其一维分布与__________无关，二维分布仅与________________有关。

3.一个均值为0、方差为1的窄带平稳高斯过程，其同相分量和正交分量是________过程，均值为________，方差为________，在同一时刻它们是相互________。

4.窄带高斯噪声包络的一维分布为________。

5.简答题：

(1)什么是广义平稳随机过程？什么是狭义平稳随机过程？两者的关系是什么？

(2)什么是各态历经性？

(3)随机过程的功率谱密度和自相关函数有什么关系？

(4)正态分布表达式中的常数 $a$ 和方差 $\sigma^2$ 有何意义？

6.已知 $X(t)$ 和 $Y(t)$ 是统计独立的平稳随机过程，且它们的自相关函数分别为 $R_X(\tau)$、$R_Y(\tau)$。(1)试求 $Z(t)=X(t)Y(t)$ 的自相关函数；(2)试求 $Z(t)=X(t)+Y(t)$ 的自相关函数。

7.随机过程 $X(t)=A\cos(\omega t+\theta)$，式中，$A$、$\omega$、$\theta$ 是相互独立的随机变量，其中 $A$ 的均值为2，方差为4，$\theta$ 在区间 $(-\pi,\pi)$ 上均匀分布，$\omega$ 在区间 $(-5,5)$ 上均匀分布。(1)随机过程 $X(t)$ 是否平稳？是否各态历经？(2)求出自相关函数。

8.设 $X_1(t)$ 与 $X_2(t)$ 为均值为0且互不相关的平稳过程，经过线性时不变系统，其输出分别

为 $Z_1(t)$ 和 $Z_2(t)$，试证明：$Z_1(t)$ 与 $Z_2(t)$ 也是互不相关的。

## 三、典型题解

1.设一个随机过程 $X(t)$ 可以表示成 $X(t)=2\cos(2\pi t+\theta)$，$-\infty<t<\infty$，式中，$\theta$ 是一个离散随机变量，它具有如下概率分布：$P(\theta=0)=0.5$，$P\left(\theta=\frac{\pi}{2}\right)=0.5$。试求：$E[X(1)]$ 和 $R_X(0,1)$。

**解**：当 $t=1$ 时，$X(t)$ 的数学期望为

$$\begin{aligned}E[X(1)]&=E[2\cos(2\pi t+\theta)]|_{t=1}\\&=2E[\cos(2\pi+\theta)]\\&=2E[\cos(\theta)]\\&=2\left(\frac{1}{2}\cos 0+\frac{1}{2}\cos\frac{\pi}{2}\right)=1\end{aligned}$$

当 $t_1=0$，$t_2=1$ 时，$X(t)$ 的自相关函数为

$$\begin{aligned}R_X(0,1)&=E[X(0)X(1)]\\&=E[2\cos\theta\cdot 2\cos(2\pi+\theta)]\\&=4E[\cos^2\theta]\\&=4\left(\frac{1}{2}\cos^2 0+\frac{1}{2}\cos^2\frac{\pi}{2}\right)=2\end{aligned}$$

2.设 $X(t)=x_1\cos(2\pi t)-x_2\sin(2\pi t)$ 是一个随机过程，其中 $x_1$ 和 $x_2$ 是相互统计独立的高斯随机变量，数学期望均为 0，方差均为 $\sigma^2$。试求：

(1) $E[X(t)]$，$E[X^2(t)]$；

(2) $X(t)$ 的概率密度函数；

(3) $R_X(t_1,t_2)$。

**解**：(1)

$$\begin{aligned}E[X(t)]&=E[x_1\cos(2\pi t)-x_2\sin(2\pi t)]\\&=\cos(2\pi t)\cdot E[x_1]-\sin(2\pi t)\cdot E[x_2]=0\end{aligned}$$

$$\begin{aligned}E[X^2(t)]&=E\{[x_1\cos(2\pi t)-x_2\sin(2\pi t)]^2\}\\&=\cos^2(2\pi t)\cdot E[x_1^2]+\sin^2(2\pi t)\cdot E[x_2^2]-\sin(4\pi t)E[x_1x_2]\\&=[\cos^2(2\pi t)+\sin^2(2\pi t)]\sigma^2=\sigma^2\end{aligned}$$

$$D[X(t)]=E[X^2(t)]-E^2[X(t)]=\sigma^2$$

(2) 因为 $x_1$ 和 $x_2$ 是相互统计独立的高斯随机变量，$X(t)$ 是 $x_1$ 和 $x_2$ 的线性组合。所以 $X(t)$ 也服从高斯分布，其一维概率密度函数可写为：

$$f(x)=\frac{1}{\sqrt{2\pi}\sigma}\exp\left(-\frac{x^2}{2\sigma^2}\right)$$

(3)
$$\begin{aligned}R_X(t_1,t_2)&=E[X(t_1)X(t_2)]\\&=E[x_1^2\cos(2\pi t_1)\cos(2\pi t_2)+x_2^2\sin(2\pi t_1)\sin(2\pi t_2)-\\&\quad x_1x_2\cos(2\pi t_1)\sin(2\pi t_2)-x_1x_2\cos(2\pi t_2)\sin(2\pi t_2)]\end{aligned}$$

$$= \sigma^2[\cos(2\pi t_1)\cos(2\pi t_2) + \sin(2\pi t_1)\sin(2\pi t_2)]$$
$$= \sigma^2\cos[2\pi(t_2 - t_1)] = \sigma^2\cos(2\pi\tau) \quad (令\ \tau = t_2 - t_1)$$

3.设随机过程 $X(t)=tX$,其中 $X$ 服从均值为 0,方差为 1 的标准正态分布,试判断它的平稳性。

**解**:根据随机过程平稳性定义,首先分别求它的均值和自相关函数。

均值

$$E[X(t)] = E[tX] = tE[X] = 0$$

自相关函数

$$R_X(t_1,t_2) = E[X(t_1)X(t_2)] = t_1t_2E[X^2] = t_1t_2$$

由于自相关函数与时间 $t_1$ 和 $t_2$ 有关,所以,$X(t)$ 不是平稳的。

4.设有一随机过程 $X(t)=m(t)\cos(\omega_0 t+\theta)$ ,其中 $\theta$ 在$(0, 2\pi)$上均匀分布,且与 $m(t)$ 相互独立,$m(t)$ 是一广义平稳随机过程,且其自相关函数为:

$$R_m(\tau) = \begin{cases} 1+\tau, & -1<\tau<0 \\ 1-\tau, & 0\leqslant\tau<1 \\ 0, & 其他 \end{cases}$$

(1)试画出自相关函数 $R_X(\tau)$ 的波形图;(2)试求出 $X(t)$ 的功率谱密度 $P_X(\omega)$ 和功率 $S$。

**解**:(1)由题意可知,$m(t)$ 的数学期望为常数,则有

$$E[X(t)] = E[m(t)\cos(\omega_0 t+\theta)]$$
$$= E[m(t)]\int_0^{2\pi}\cos(\omega_0 t+\theta)\frac{1}{2\pi}\mathrm{d}\theta = 0$$

$$\begin{aligned} R_X(t_1,t_2) &= E[X(t_1)X(t_2)] \\ &= E[m(t_1)\cos(\omega_0 t_1+\theta)m(t_2)\cos(\omega_0 t_2+\theta)] \\ &= E[m(t_1)m(t_2)]E[\cos(\omega_0 t_1+\theta)\cos(\omega_0 t_2+\theta)] \\ &= R_m(\tau)\left(E\left\{\frac{1}{2}\cos[2\theta+\omega_0(t_2+t_1)]\right\} + E\left\{\frac{1}{2}\cos[\omega_0(t_2-t_1)]\right\}\right) \\ &= R_m(\tau)\left\{0+\frac{1}{2}\cos[\omega_0(t_2-t_1)]\right\} \\ &= \frac{1}{2}R_m(\tau)\cos(\omega_0\tau) \end{aligned}$$

将 $R_m(\tau)$ 代入上式,可得

$$R_X(\tau) = \frac{1}{2}R_m(\tau)\cos(\omega_0\tau)$$
$$= \begin{cases} \frac{1}{2}(1+\tau)\cos(\omega_0\tau), & -1<\tau<0 \\ \frac{1}{2}(1-\tau)\cos(\omega_0\tau), & 0\leqslant\tau<1 \\ 0, & 其他 \end{cases}$$

不妨令 $f_0=3$,画出波形图。

(2)显然,$X(t)$ 广义平稳,所以有 $R_X(\tau)\leftrightarrow P_X(\omega)$ ,可得功率谱密度为

$$P_X(\omega)=\frac{1}{2\pi}\cdot\pi[\delta(\omega+\omega_0)+\delta(\omega-\omega_0)]*\frac{1}{2}\mathrm{Sa}^2\left(\frac{\omega}{2}\right)$$
$$=\frac{1}{4}\left[\mathrm{Sa}^2\left(\frac{\omega+\omega_0}{2}\right)+\mathrm{Sa}^2\left(\frac{\omega-\omega_0}{2}\right)\right]$$

功率为

$$S=\frac{1}{2\pi}\int_{-\infty}^{\infty}P_X(\omega)\mathrm{d}\omega=\frac{1}{2}\text{ 或 }S=R_X(0)=\frac{1}{2}$$

5.设 RC 低通滤波器如图 3-8 所示，当输入均值为 0、双边功率谱密度为 $\frac{n_0}{2}$ 的白噪声时，求输出过程的均值、功率谱密度、自相关函数及相关系数。

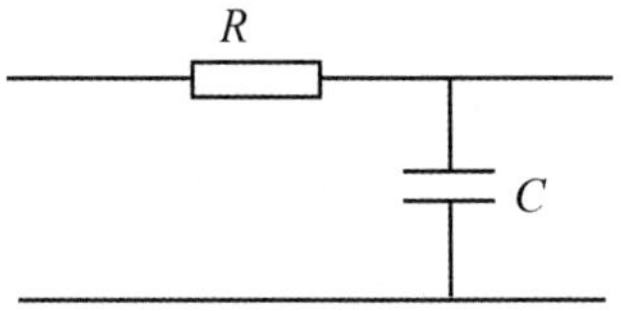


**图 3-8　RC 低通滤波器**

**解**：RC 低通滤波器的传输特性为

$$H(\omega)=\frac{1}{1+\mathrm{j}\omega RC}$$

则有均值

$$E[Y(t)]=E[X(t)]\cdot H(0)=0$$

功率谱密度为

$$P_Y(\omega)=|H(\omega)|^2\cdot P_X(\omega)$$
$$=\frac{n_0}{2}\cdot\frac{1}{1+\omega^2(RC)^2}$$
$$=\frac{n_0}{2}\cdot\frac{1}{2RC}\cdot\frac{\frac{2}{RC}}{\left(\frac{1}{RC}\right)^2+\omega^2}$$

又利用

$$\mathrm{e}^{-\alpha|\tau|}\leftrightarrow\frac{2\alpha}{\alpha^2+\omega^2}$$

令 $\alpha=\frac{1}{RC}$，可得相关函数为

$$R_Y(\tau)=\frac{n_0}{4RC}\mathrm{e}^{-\frac{|\tau|}{RC}}$$

相关系数

$$\rho_Y(\tau)=\frac{R_Y(\tau)-E^2[Y(t)]}{\sigma_Y^2}\xlongequal{\text{均值为 0}}\frac{R_Y(\tau)}{R_Y(0)}=\mathrm{e}^{-\frac{|\tau|}{RC}}$$

6.设 RC 低通滤波器如图 3-8 所示,输入信号为均值为 0、相关函数为 $R_X(\tau)=\mathrm{e}^{-\beta|\tau|}$ 的平稳随机过程,求输出过程 $Y(t)$ 的自相关函数。

**解:**RC 低通滤波器的传输特性为

$$H(\omega)=\frac{1}{1+\mathrm{j}\omega RC}$$

输入过程的功率谱密度为

$$P_X(\omega)=\int_{-\infty}^{\infty}R_X(\tau)\mathrm{e}^{-\mathrm{j}\omega\tau}\mathrm{d}\tau=\frac{2\beta}{\beta^2+\omega^2}$$

令 $\alpha=\dfrac{1}{RC}$,则输出过程的功率谱为

$$\begin{aligned}P_Y(\omega)&=|H(\omega)|^2\cdot P_X(\omega)\\&=\frac{\alpha}{\alpha^2+\omega^2}\cdot\frac{2\beta}{\beta^2+\omega^2}\\&=\frac{\alpha}{\alpha^2-\omega^2}\left(\alpha\cdot\frac{2\beta}{\beta^2+\omega^2}-\beta\cdot\frac{2\alpha}{\alpha^2+\omega^2}\right)\end{aligned}$$

对上式取傅里叶反变换,可得

$$R_Y(\tau)=\frac{\alpha}{\alpha^2-\omega^2}(\alpha\mathrm{e}^{-\beta|\tau|}-\beta\mathrm{e}^{-\alpha|\tau|})$$

7.将一个均值为 0、功率谱密度为 $\dfrac{n_0}{2}$ 的高斯白噪声加到一个中心角频率为 $\omega_c$、带宽为 $2\pi B$ 的理想带通滤波器上,如图 3-9 所示。试确定:

(1)滤波器输出噪声的自相关函数;

(2)输出噪声的一维概率密度函数。

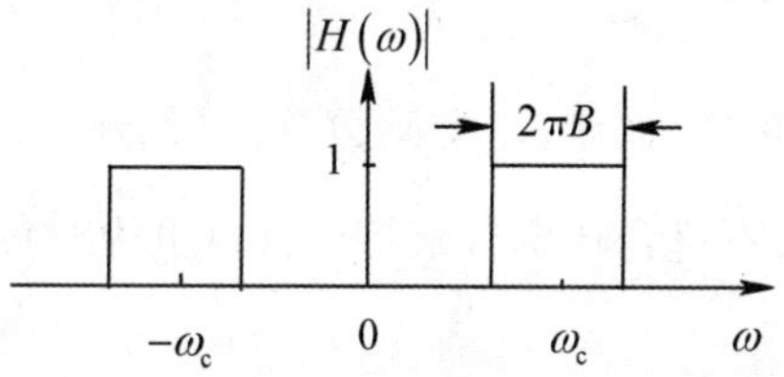


图 3-9　理想带通滤波器的传输特性

**解:**(1)将高斯白噪声加到理想带通滤波器上,其输出是一个窄带高斯白噪声,又称带通白噪声,其功率谱密度为

$$P_Y(\omega)=|H(\omega)|^2P_X(\omega)=\begin{cases}\dfrac{n_0}{2}, & \omega_c-\pi B<|\omega|<\omega_c+\pi B\\0, & \text{其他}\end{cases}$$

由输出过程平稳性,利用维纳-欣钦定理,可由 $P_Y(\omega)\Leftrightarrow R_Y(\tau)$ 得到

$$
\begin{aligned}
R_Y(\tau) &= \frac{1}{2\pi}\int_{-\infty}^{\infty} P_Y(\omega)\,\mathrm{e}^{\mathrm{j}\omega\tau}\mathrm{d}\omega \\
&= \frac{1}{\pi}\int_{0}^{\infty} P_Y(\omega)\cos(\omega\tau)\mathrm{d}\omega \\
&= \frac{1}{\pi}\int_{\omega_c-\pi B}^{\omega_c+\pi B} \frac{n_0}{2}\cos(\omega\tau)\mathrm{d}\omega \\
&= n_0 B\cdot\frac{\sin(\pi B\tau)}{\pi B\tau}\cdot\cos(\omega_c\tau) \\
&= n_0 B\cdot \mathrm{Sa}(\pi B\tau)\cos(\omega_c\tau)
\end{aligned}
$$

(2)因为高斯过程经过线性系统后仍是高斯过程,其均值和方差为

$$a = E[Y(t)] = H(0)E[X(t)] = 0$$

$$\sigma^2 = R_Y(0) = n_0 B$$

所以输出噪声的一维概率密度函数为

$$f_Y(y) = \frac{1}{\sqrt{2\pi n_0 B}}\exp\left(-\frac{y^2}{2n_0 B}\right)$$

8.下列函数中满足功率谱密度条件的是________。

(a) $\delta(f) + \cos^2(2\pi f)$;

(b) $a + \delta(f-a)$;

(c) $\exp(a - f^2)$;

(d) $\frac{n_0}{2}\cdot\frac{1}{1+(2\pi RCf)^2}$;

(e) $\frac{\omega^2}{\omega^6 + 3\omega^2 + 3}$;

(f) $\exp[-(\omega-1)^2]$。

**解:**根据功率谱密度的非负性、偶函数、实函数,可以判断:(a)、(c)、(d)和(e)满足;(b)由于$\int_{-\infty}^{\infty} P_X(f)\mathrm{d}f$不是有限值,不符合功率有限特性;(f)虽为非负实函数,但不是偶函数,故不是功率谱密度的正确表达式。

## 四、课后拓展

随机过程在通信中有着广泛的应用,可用于信号的统计特性描述、传输信道的建模、信号检测估计的建模、系统误码性能分析的建模等方面,为我们理解、分析、设计和优化通信系统提供了有力的数学工具和支持。通过下面的仿真实验,可以了解随机信号产生和特征估计的基本方法。

相关练习题如下:

1.模拟产生一个正态随机序列 $X(n)$,要求自相关函数满足

$$R_X(k) = \frac{0.8^{|k|}}{1-0.64}$$

画出产生的随机序列波形及其概率密度函数。

2.按给定模型 $X(n)=0.8X(n-1)+w(n)$ 产生随机序列 $X(n)$,其中 $w(n)$ 为均值为 1、方差为 4 的高斯白噪声序列。估计过程的自相关函数和功率谱密度(假设样本以等间隔 $t_s=0.01$ s 采样)。

3.已知瑞利分布随机变量的概率密度函数为 $f(x)=\frac{x}{\sigma_x^2}\exp\left(-\frac{x^2}{2\sigma_x^2}\right)$, $x\geq 0$,其中 $\sigma_x^2=3$。试利用 $U\in[0,1]$ 均匀分布随机变量生成服从瑞利分布的随机变量 $x$,绘制样本数 $N=10000$ 时的概率密度曲线,并与理论概率密度函数进行比较。

4.已知随机变量 $X=\sqrt{X_1^2+X_2^2}$ ,其中 $X_1\sim N(\mu,\sigma^2)$ , $X_2\sim N(0,\sigma^2)$ ,且 $X_1$、$X_2$ 独立,试求:

(1) $X$ 的概率密度表达式,并计算其均值和方差。提示:$X$ 的概率密度服从莱斯(Rice)分布。

(2)用 Matlab 产生该随机变量的一个长样本,求其均值和方差,用直方图工具(hist)绘制其直方图,并与概率密度函数进行对比。

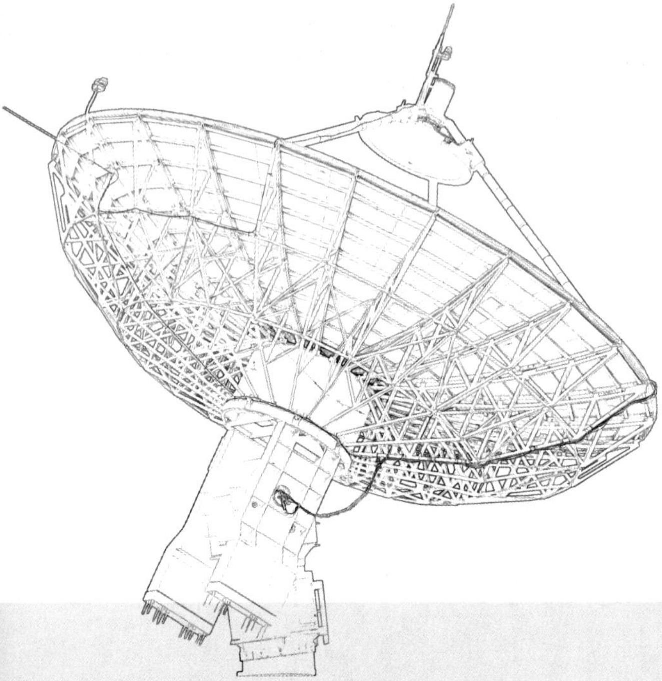

# 第4章 信道

## 知识点

- 信道的定义、分类及模型。
- 恒参信道、随参信道的特性。
- 频率选择性衰落与相关带宽。
- 分集接收技术。
- 信道的加性噪声。
- 信道容量的概念。
- 香农公式及其应用。

# 4.1 信道模型

## 4.1.1 信道定义

信道是指以传输媒质为基础的信号通道。根据信道的定义,如果信道仅是指信号的传输媒质,这种信道称为狭义信道;如果信道不仅是传输媒质,而且包括通信系统中的一些转换装置,这种信道称为广义信道。

狭义信道按照传输媒质的特性可分为有线信道和无线信道两类。有线信道包括明线、对称电缆、同轴电缆及光纤等。无线信道包括地波传播、短波电离层反射、超短波或微波视距中继、人造卫星中继、散射及移动无线电信道等。

广义信道相当于在狭义信道的基础上,扩大了信道的范围。它的引入主要是从研究信息传输的角度出发,使通信系统的一些基本问题研究比较方便。广义信道按照它包括的功能,可以分为调制信道、编码信道等。信道的一般组成如图4-1所示。

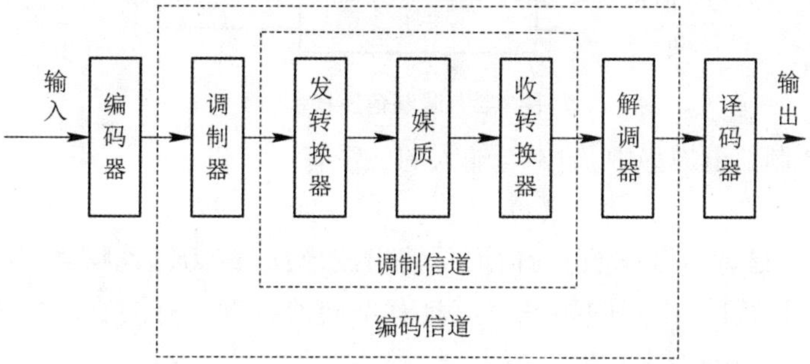


图4-1　信道的一般组成

调制信道是指图4-1中从调制器的输出端到解调器的输入端所包含的发转换器、媒质和收转换器三部分。当研究调制与解调问题时,我们所关心的是调制器输入的信号形式、解调器输入端信号与噪声的最终特性,而并不关心信号的中间变换过程。因此,定义调制信道对于研究调制与解调问题是方便和恰当的。

调制信道可分为恒参信道和随参信道两种。恒参信道是指信道的参数不随时间变化或者变化相当缓慢;随参信道是指信道的参数随时间变化。

在数字通信系统中,如果研究编码与译码问题时采用编码信道,会使问题的分析更容易。编码信道是指图4-1中编码器输入端到译码器输出端的部分,包括调制器、调制信道和解调器。编码信道可分为无记忆的编码信道和有记忆的编码信道。无记忆的编码信道是指信道无记忆。无记忆是指信道中码元发生差错的事件是相互独立的，也就是说一个码元是否发生差错与前后码元是否发生差错无关。有记忆的编码信道是指信道有记忆。有记忆是指信道中码元发生差错的事件是非独立事件。

## 4.1.2 信道数学模型

### 4.1.2.1 调制信道模型

调制信道是为研究调制与解调问题所建立的一种广义信道，它所关心的是调制信道输入信号形式和已调信号通过调制信道后的最终结果，对于调制信道内部的变换过程并不关心。因此，调制信道可以用具有一定输入、输出关系的方框来表示。

通过对调制信道进行大量的分析研究，发现它具有以下共性：

(1) 有一对（或多对）输入端和一对（或多对）输出端；

(2) 绝大多数的信道是线性的，即满足线性叠加原理；

(3) 信号通过信道具有固定的或时变的延迟时间；

(4) 信号通过信道会受到固定的或时变的损耗；

(5) 即使没有信号输入，在信道的输出端仍可能有一定的输出（噪声）。

根据以上几条性质，调制信道可以用一个二端口（或多端口）时变线性网络来表示，这个网络便称为调制信道模型，如图 4-2 所示。

**图 4-2 调制信道模型**

在二端口的调制信道模型中，输出与输入的关系有

$$x_o(t)=f[x_i(t)]+n(t) \tag{4-1}$$

式中，$x_i(t)$ 为输入的已调信号；$x_o(t)$ 为信道总输出波形；$n(t)$ 为加性噪声，与 $x_i(t)$ 相互独立。$f[x_i(t)]$ 反映了信道特性，不同的物理信道具有不同的特性。有的物理信道 $f[x_i(t)]$ 很简单，有的物理信道 $f[x_i(t)]$ 很复杂。

如果假定能把 $f[x_i(t)]$ 写为 $h(t)x_i(t)$ 形式，其中 $h(t)$ 依赖于网络特性，$h(t)x_i(t)$ 反映网络特性对 $x_i(t)$ 的作用。$h(t)$ 的存在对 $x_i(t)$ 而言是一种干扰，称为乘性干扰，则式(4-1)可改写为

$$x_o(t)=f[x_i(t)]+n(t)=h(t)x_i(t)+n(t) \tag{4-2}$$

信道对信号的影响可归结为：乘性干扰 $h(t)$ 和加性干扰 $n(t)$。信道的不同特性反映在信道模型上仅为 $h(t)$ 和 $n(t)$ 不同而已。通常，乘性干扰 $h(t)$ 是一个复杂的函数，它可能包括各种线性失真、非线性失真等。同时由于信道的迟延特性和损耗特性随时间做随机变化，故 $h(t)$ 往往只能用随机过程来描述。

在实际使用的物理信道中，信道 $h(t)$ 根据时变特性的不同可以分为两大类：恒参信道和随参信道。

(1) $h(t)$ 基本不随时间变化，即信道对信号的影响是固定的或变化极为缓慢的，这类信道称为恒定参量信道，简称恒参信道，如光纤信道、同轴电缆、卫星中继信道等。

(2) $h(t)$ 随时间随机变化快，这类信道称为随机参量信道，简称随参信道，如短波电离层反射信道等。

#### 4.1.2.2　编码信道模型

编码信道包括调制器、调制信道和解调器，它与调制信道模型有明显的不同。编码信道针对的是信道是否使数字信号相互干扰的问题。

(1) 调制信道对信号的影响是通过 $h(t)$ 和 $n(t)$ 使已调信号发生模拟性的变化(模拟信道)。编码信道输入的是离散的时间信号，输出的也是离散的时间信号，对信号的影响则是将输入数字系列变成另一种输出数字系列，是一种数字信道或离散信道。

(2) 在编码信道中，信道噪声或其他因素的影响将导致输出数字系列发生错误，因此输入、输出数字系列之间的关系可以用一组转移概率来表征。

二进制数字传输系统的一种简单的编码信道模型如图 4-3 所示，$P(0/0)$ 与 $P(1/1)$ 是正确转移的概率，而 $P(1/0)$ 与 $P(0/1)$ 是错误转移概率。信道噪声越大，将导致输出数字系列发生错误越多，错误转移概率 $P(1/0)$ 与 $P(0/1)$ 也就越大；反之，错误转移概率 $P(1/0)$ 与 $P(0/1)$ 就越小。

在如图 4-3 所示的编码信道模型中，信道噪声或其他因素影响导致输出数字系列发生错误是统计独立的，因此这种信道是无记忆编码信道。根据无记忆编码信道的性质可以得到

$$P(0/0)+P(1/0)=1 \tag{4-3}$$

$$P(1/1)+P(0/1)=1 \tag{4-4}$$

由二进制无记忆编码信道模型，可以容易地推广到多进制无记忆编码信道模型，如图 4-4 所示。

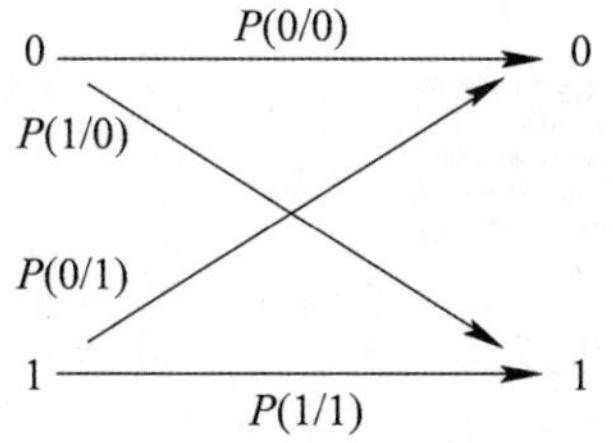


图 4-3　二进制编码信道模型

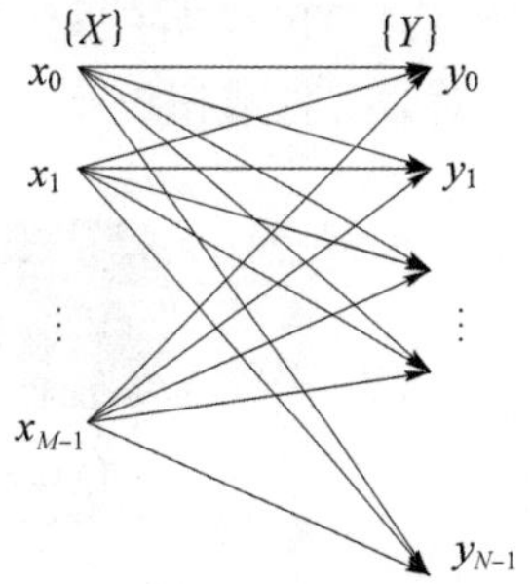


图 4-4　多进制无记忆编码信道模型

设编码信道输入 $M$ 元符号，即 $X=\{x_0, x_1, \cdots, x_{M-1}\}$，编码信道输出 $N$ 元符号为 $Y=\{y_0, y_1, \cdots, y_{N-1}\}$。如果信道是无记忆的，则表征信道输入、输出特性的转移概率为

$$P(y_j/x_i)=P(Y=y_j/X=x_i) \tag{4-5}$$

上式表示发送 $x_i$ 条件下接收出现 $y_j$ 的概率，即将 $x_i$ 转移为 $y_j$ 的概率。

如果编码信道是有记忆的，即信道噪声或其他因素影响导致输出数字系列发生错误是不独立的，则编码信道模型要比前面所示的模型复杂得多，信道转移概率表示式也将变得很复杂。

# 4.2 信道特性

## 4.2.1 恒参信道及其传输特性

恒参信道的信道特性不随时间变化或变化得很缓慢。信道特性主要由传输媒质决定，如果传输媒质是基本不随时间变化的，则所构成的广义信道通常属于恒参信道；如果传输媒质随时间随机快变化，则所构成的广义信道通常属于随参信道。例如，由架空明线、电缆、中长波地波传播、超短波及微波视距传播、人造卫星中继、光导纤维以及光波视距传播等传输媒质构成的广义信道都属于恒参信道。

下面简要介绍几种有代表性的恒参信道的例子。

### 4.2.1.1 有线信道

有线信道是指传输媒介为对称电缆、同轴电缆、明线、光纤信道等一类能够看得见的媒介。典型的有线信道例举如下。

(1)对称电缆

对称电缆是在同一保护套内有许多对相互绝缘的双导线的传输媒质。通常有两种类型：非屏蔽(UTP)和屏蔽(STP)。导线材料为铝或铜，直径为 0.4～1.4 mm。为了减小各线对之间的相互干扰，每一对线都拧成扭绞状，如图 4-5 所示。

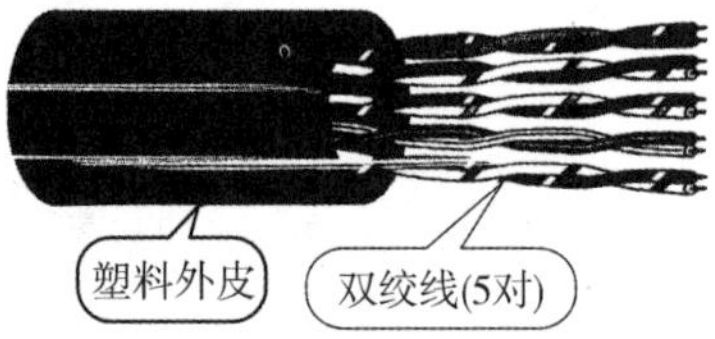


图 4-5　对称电缆结构图

由于这些结构上的特点，故电缆的传输损耗比较大，但其传输特性比较稳定，并且价格低廉、安装容易。

对称电缆主要用于市话中继线路和用户线路，在许多局域网(如以太网、令牌网)中也采用高等级的 UTP 电缆进行连接。STP 电缆的特性与 UTP 的特性相同，由于加入了屏蔽措施，对噪声有更好的屏蔽作用，但是其价格要高一些。各类电缆的传输带宽分别为：五类线为 100 m，超五类为 155 m，六类为 200 m。在短距离传输中，五类、超五类、六类的传输速率都可以达到 1 Gb/s，六类的传输性能高于五类、超五类标准，最适用于传输速率高于 1 Gb/s 的应用。

(2)同轴电缆

同轴电缆与对称电缆结构不同,由同轴的两个导体构成,外导体是一个圆柱形的导体,内导体是金属线,它们之间填充介质。单根同轴电缆的结构图如图4-6所示。

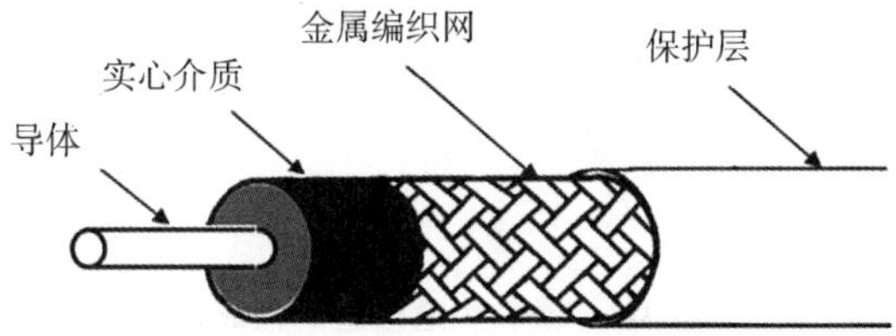


**图4-6　同轴电缆结构图**

在实际应用中,同轴电缆的外导体是接地的,对外界干扰具有较好的屏蔽作用,所以同轴电缆抗电磁干扰性能较好。有线电视网络大量采用这种结构的同轴电缆。为了增大容量,也可以将几根同轴电缆封装在一个大的保护套内,构成多芯同轴电缆。另外,还可以装入一些二芯绞线对或四芯线组,用于传输控制信号。

(3)明线

明线是指平行而相互绝缘的架空裸线线路。与电缆相比,明线的传输损耗低,但易受气候和天气影响,对外界噪声干扰较敏感,已逐渐被电缆代替。

(4)光纤信道

光纤是由高锟发明的,他被称为"光纤之父"。光纤是由折射率不同的两种玻璃介质纤维制成的,其内层为纤芯,外面包有一层折射率较低的介质,称为包层。由于内外两层的折射率不同,光波会在两层的边界处不断反射,实现远距离传输。光纤信道的优点是:损耗低、频带宽、线径细、重量轻、可弯曲半径小、不怕腐蚀、节约有色金属,以及不受电磁干扰等。

#### 4.2.1.2　无线信道

无线信道是指无线通信中发送端和接收端之间的通路,通常也称作无线的频段(Channel)。典型的无线信道例举如下。

(1)微波中继信道

微波频段的频率范围一般在几百兆赫至几十吉赫,其传输特点是在自由空间沿视距传输。由于受地形和天线高度的限制,两点间的传输距离一般为30~50 km,当进行长距离通信时,需要在中间建立多个中继站,如图4-7所示。

微波中继信道具有传输容量大、长途传输质量稳定、节约有色金属、投资少、维护方便等优点,因此,被广泛用来传输多路电话及电视等。

(2)卫星中继信道

卫星中继信道是利用人造卫星作为中继站构成的通信信道。卫星中继信道与微波中继信道都具有利用微波信号在自由空间直线传播的特点。

微波中继信道由地面建立的端站和中继站组成,而卫星中继信道由卫星转发器(即中继站)与接收、发送地球站构成。若卫星运行轨道在赤道平面,离地面高度为35780 km,绕地球运行一周的时间恰为24 h,与地球自转同步,这种卫星称为静止卫星。不在静止轨道运行的卫

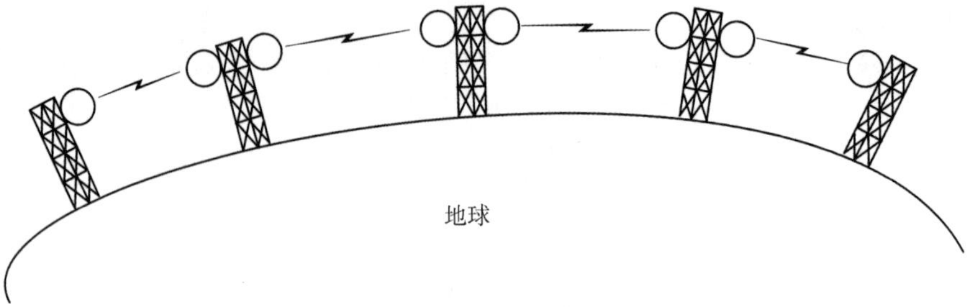


图 4-7　微波中继信道的构成

星称为移动卫星。

若以静止卫星作为中继站，采用三个相差 120°的静止通信卫星就可以覆盖地球的绝大部分地域（两极盲区除外），如图 4-8 所示。若采用中、低轨道移动卫星，则需要多颗卫星覆盖地球。所需卫星的个数与卫星轨道的高度有关，轨道越低，所需卫星数越多。

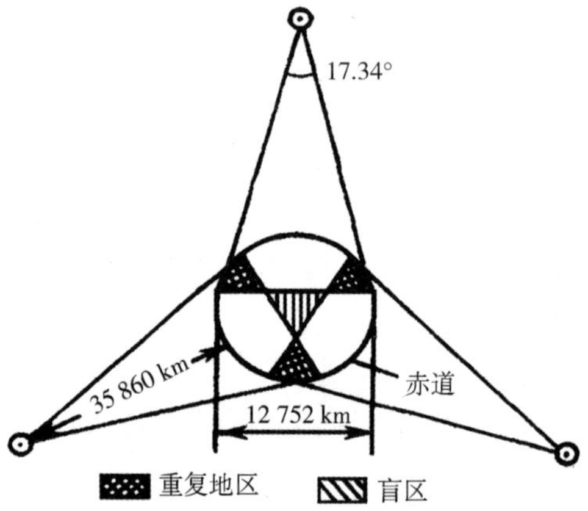


图 4-8　卫星中继信道

目前，卫星中继信道主要工作频段有：L 频段（1.5/1.6 GHz）、C 频段（4/6 GHz）、Ku 频段（12/14 GHz）、Ka 频段（20/30 GHz）。

卫星中继信道的主要特点：通信容量大、传输质量稳定、传输距离远、覆盖区域广等。由于卫星轨道离地面较远，信号衰减大，电波往返所需要的时间较长。对于静止卫星，由地球站至通信卫星，再回到地球站的一次往返需要 0.26 s 左右，传输语音信号时会感觉到明显的延迟效应。

目前，卫星中继信道主要用来传输多路电话、电视和数据。

#### 4.2.1.3　恒参信道

恒参信道对信号传输的影响是确定的或者是变化极其缓慢的。因此，其传输特性可以等效为一个线性时不变网络。只要知道网络的传输特性，就可以采用信号分析方法，分析信号及其网络特性。

网络的传输特性通常可以用幅度-频率特性和相位-频率特性来表征。现在首先讨论理想恒参信道特性。

(1)理想恒参信道特性

理想恒参信道就是理想的无失真传输信道,其等效的线性网络传输特性为

$$H(\omega)=K_0\mathrm{e}^{-\mathrm{j}\omega t_\mathrm{d}} \tag{4-6}$$

式中,$K_0$为传输系数,$t_\mathrm{d}$为时间延迟,它们都是与频率无关的常数。根据信道的等效传输函数,可以得到幅频特性

$$|H(\omega)|=K_0 \tag{4-7}$$

相频特性为

$$\varphi(\omega)=\omega t_\mathrm{d} \tag{4-8}$$

信道的相频特性通常还采用群迟延-频率特性来衡量。

群迟延-频率特性就是相位-频率特性的导数,则群迟延-频率特性可以表示为

$$\tau(\omega)=\frac{\mathrm{d}\varphi(\omega)}{\mathrm{d}\omega}=t_\mathrm{d} \tag{4-9}$$

理想恒参信道的幅频特性、相频特性和群迟延-频率特性曲线如图 4-9 所示。

理想恒参信道的冲激响应为

$$h(t)=K_0\delta(t-t_\mathrm{d}) \tag{4-10}$$

若输入信号为 $s(t)$,则理想恒参信道的输出为

$$r(t)=K_0 s(t-t_\mathrm{d}) \tag{4-11}$$

由此可见,理想恒参信道对信号传输的影响是:

①对信号在幅度上产生固定的衰减;

②对信号在时间上产生固定的迟延。

这种情况也称信号是无失真传输。

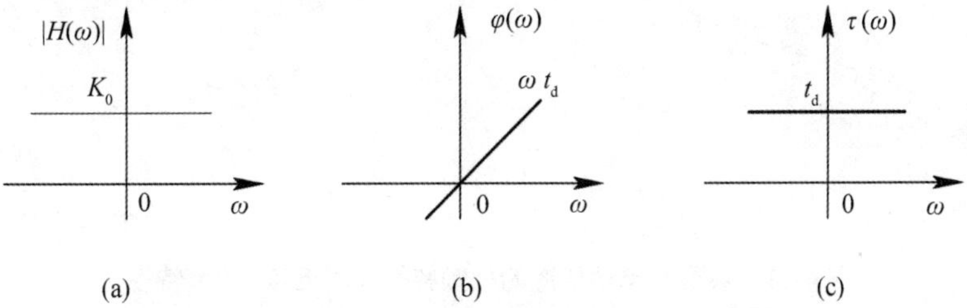


**图 4-9　理想恒参信道的幅频特性、相频特性和群迟延-频率特性曲线**

由理想恒参信道特性可知:在整个频率范围(或在信号频带范围之内),其幅频特性为常数,其相频特性为 $\omega$ 的线性函数。

在实际中,如果信道传输特性偏离了理想恒参信道特性,就会产生失真(或称为畸变)。如果信道的幅度-频率特性在信号频带范围之内不是常数,则会使信号产生幅度-频率畸变;如果信道的相位-频率特性在信号频带范围之内不是关于 $\omega$ 的线性函数,则会使信号产生相位-频率畸变。

(2)幅度-频率失真

幅度-频率失真是由实际信道的幅度频率特性的不理想引起的,这种失真又称为频率失真,属于线性失真。例如,典型的音频电话信道的幅度衰减特性,其低端截止频率在 300 Hz,在 300~3000 Hz 频率范围内比较平坦,在 300 Hz 以下和 3000 Hz 以上衰耗增加很快,这种衰

减特性正好适应人类语音信号传输。图 4-10 所示为 ITU-T M.1020 建议规定的音频电话信道的幅度衰减特性。

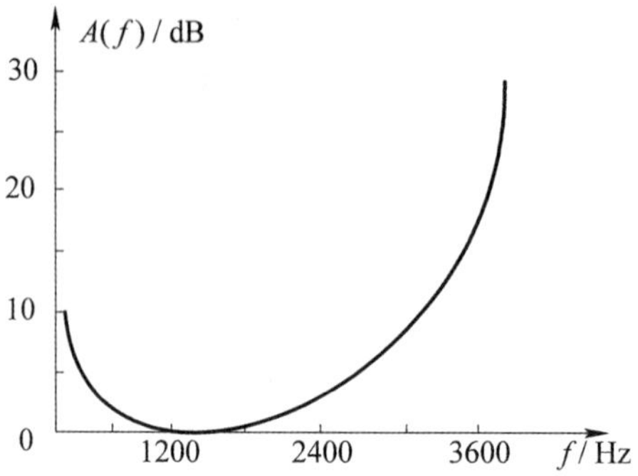


**图 4-10　ITU-T M.1020 建议规定的音频电话信道的幅度衰减特性**

信道的幅度-频率特性不理想会使通过它的信号波形产生失真。若在这种信道中传输数字信号，则会引起相邻数字信号波形之间在时间上的相互重叠，造成码间干扰。可以采用均衡措施进行补偿。

(3) 相位-频率畸变

当信道的相位-频率特性偏离线性关系时，将会使通过信道的信号产生相位-频率畸变，相位-频率畸变也属于线性失真。图 4-11 给出了典型的电话信道的相频特性和群迟延-频率特性。

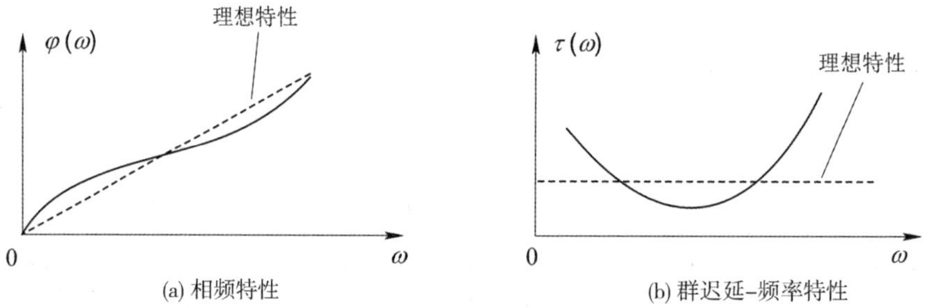


**图 4-11　典型的电话信道的相频特性和群迟延-频率特性**

可以看出：相频特性和群迟延-频率特性都偏离了理想特性的要求，因此会使信号产生严重的相频失真或群迟延失真。在语音传输中，由于人耳对相频失真不太敏感，因此相频失真对模拟语音传输影响不明显。如果传输数字信号，相频失真同样会引起码间干扰，特别当传输速率较高时，相频失真会引起严重的码间干扰，使误码性能降低。相频失真也是线性失真，同样可以采用均衡器对相频特性进行补偿，从而改善信道传输条件。

### 4.2.2　随参信道及其传输特性

随参信道是指信道传输特性随时间随机快速变化的信道。常见的随参信道有短波电离层反射信道、超短波流星余迹散射信道、超短波及微波对流层散射信道、超短波电离层散射以及超短波超视距绕射等信道。下面介绍典型的随参信道，即短波电离层反射信息。

### 4.2.2.1 短波电离层反射信道

短波是指波长为100~10 m(频率为3~30 MHz)的无线电波。短波电离层反射信道是利用地面发射的无线电波在电离层或电离层与地面之间的一次反射或多次反射所形成的信道。

太阳辐射的紫外线和X射线使离地面60~600 km的大气层成为电离层。电离层是由分子、原子、离子及自由电子组成。

当短波(或称为高频)无线电波射入电离层时,由于折射现象,电波发生反射,返回地面,从而形成短波电离层反射信道。电离层厚度有数百千米,可分为D、E、$F_1$和$F_2$四层,如图4-12所示。由于太阳辐射的变化,电离层的密度和厚度也随时间随机变化,因此短波电离层反射信道也是随参信道。

在白天,由于太阳辐射强,所以D、E、$F_1$和$F_2$四层都存在。在夜晚,由于太阳辐射减弱,D层和$F_1$层基本消失,因此,只有E层和$F_2$层存在。由于D、E层电子密度小,不能形成反射条件,所以短波电波不会被反射。D、E层对电波传输的影响主要是吸收电波,使电波能量损耗。$F_2$层是反射层,其高度为250~300 km,所以一次反射的最大距离约为4000 km。

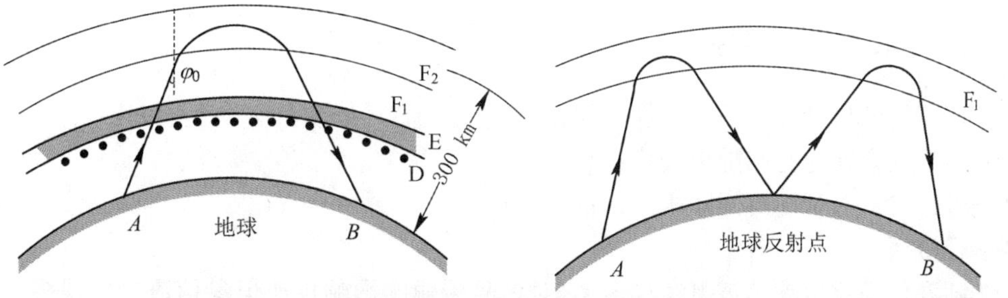


图4-12 短波信号从电离层反射的传播路径

由于电离层的密度和厚度随时间随机变化,因此短波电波满足反射条件的频率范围也随时间变化。通常用最高可用频率给出工作频率上限。

最高可用频率是指当电波以$\varphi_0$角入射时,能从电离层反射的最高频率,可表示为

$$f_{\text{MUF}}=f_0\sec\varphi_0 \tag{4-12}$$

式中,$f_0$为$\varphi_0=0°$(垂直入射)时能从电离层反射的最高频率(称为临界频率)。在白天,电离层较厚,$F_2$层的电子密度较大,最高可用频率较高。在夜晚,电离层较薄,$F_2$层的电子密度较小,最高可用频率要比白天低。

短波电离层反射信道最主要的特征是多径传播不同,如电波从电离层的一次反射和多次反射、电离层反射区高度不同所形成的细多径、地球磁场引起的寻常波,以及非寻常波和电离层不均匀性引起的漫射现象,如图4-13所示。

由于第一种情况下的路程时延差最大,可达几毫秒,不仅引起快衰落,还会产生多径时延失真,其他三种情况属于细多径,主要影响慢衰落。快衰落是由多径传播引起的,为了克服快衰落的影响,一般采用分集接收的办法;而慢衰落是由电离层和对流层高度和密度的变化引起的,通信时间与衰落的周期相差很大,通过调整发射功率和频率来克服慢衰落。

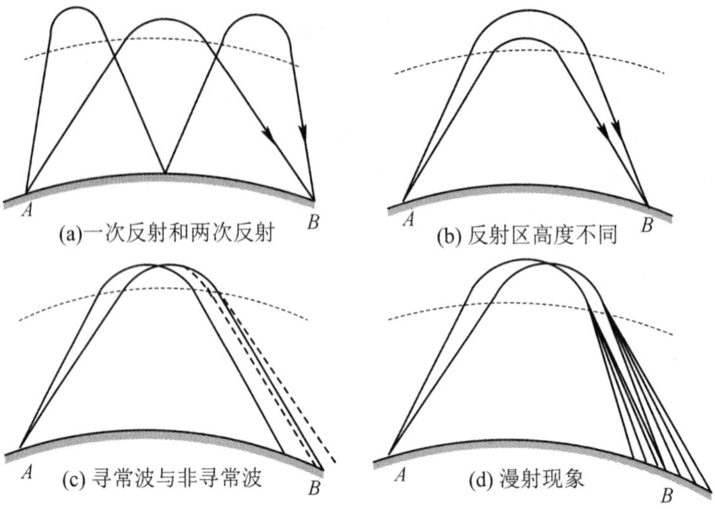


图 4-13　多径传播的几种主要形式

#### 4.2.2.2　随参信道特性

由上面分析的典型随参信道特性可知，随参信道的传输媒质具有以下三个特点：

①对信号的衰耗随时间随机变化；

②信号传输的时延随时间随机变化；

③多径传播。

由于随参信道比恒参信道复杂得多，它对信号传输的影响也比恒参信道严重得多。对于随参信道特性的理解，这里以无线通信中的信道为例。由于无线通信传播环境中存在大量的障碍物，如大型建筑物等，无线信号的传输存在反射、散射、衍射等方式，导致信号沿多条不同路径传输。图 4-14 给出了无线通信多径传输模型示意图。

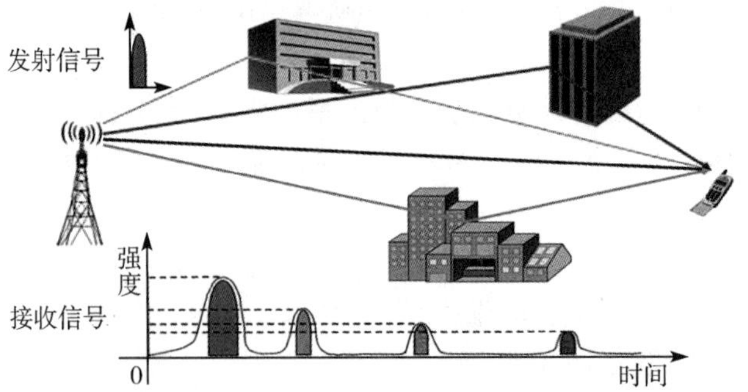


图 4-14　无线通信多径传输模型示意图

在存在多径传播的随参信道中，就每条路径的信号而言，它的衰耗和时延都是随机变化的。因此，多径传播后的接收信号将是衰减和时延都随时间变化的各路径信号的合成。伴随着多径信号的传输，将会发生频率弥散或者频率选择性衰落等效应。

(1)频率弥散

对于上述无线信道传输模型,假设发送信号为单一频率正弦波,即 $s(t)=A\cos(\omega_c t)$,多径信道一共有 $n$ 条路径,各条路径具有时变衰耗和时变传输时延,且从各条路径到达接收端的信号相互独立,则接收端接收到的合成波为

$$r(t)=a_1(t)\cos\{\omega_c[t-\tau_1(t)]\}+a_2(t)\cos\{\omega_c[t-\tau_2(t)]\}+\cdots+a_n(t)\cos\{\omega_c[t-\tau_n(t)]\} \tag{4-13}$$

式中,$a_i(t)$ 为从第 $i$ 条路径到达接收端的信号振幅,$\tau_i(t)$ 为第 $i$ 条路径的传输时延。传输时延可以转换为相位的形式,即

$$r(t)=\sum_{i=1}^{n}a_i(t)\cos[\omega_c(t)+\varphi_i(t)] \tag{4-14}$$

式中,$\varphi_i(t)=-\omega_c\tau_i(t)$,为从第 $i$ 条路径到达接收端的信号的随机相位。

$a_i(t)$ 和 $\varphi_i(t)$ 随时间的变化与发射载频的周期相比,通常要缓慢得多,因此,可认为是缓慢变化的随机过程。式(4-14)可变换为

$$\begin{aligned}r(t)&=\sum_{i=1}^{n}a_i(t)\cos\varphi_i(t)\cos(\omega_c t)-\sum_{i=1}^{n}a_i(t)\sin\varphi_i(t)\sin(\omega_c t)\\&=X(t)\cos(\omega_c t)-Y(t)\sin(\omega_c t)\\&=V(t)\cos[\omega_c t+\varphi(t)]\end{aligned} \tag{4-15}$$

式中

$$X(t)=\sum_{i=1}^{n}a_i(t)\cos\varphi_i(t) \tag{4-16}$$

$$Y(t)=\sum_{i=1}^{n}a_i(t)\sin\varphi_i(t) \tag{4-17}$$

$$V(t)=[X^2(t)+Y^2(t)]^{1/2} \tag{4-18}$$

$$\varphi(t)=\arctan\frac{Y(t)}{X(t)} \tag{4-19}$$

式中,$V(t)$ 为合成波 $r(t)$ 的包络;$\varphi(t)$ 为合成波 $r(t)$ 的相位。由于 $a_i(t)$ 和 $\varphi_i(t)$ 是缓慢变化的,因而 $X(t)$、$Y(t)$、$V(t)$ 和 $\varphi(t)$ 也是缓慢变化的,于是 $r(t)$ 可视为一个窄带过程。

从波形上看,多径传播的结果使确定信号的载波信号 $A\cos(\omega_c t)$ 变成了包络和相位受到调制的窄带信号,如图 4-15(a)所示,这样的信号称为衰落信号。从频谱上看,多径传输引起了频率弥散,即由单个频率变成了一个窄带频谱,如图 4-15(b)所示。

$V(t)$、$\varphi(t)$ 与 $X(t)$、$Y(t)$ 有关,由于 $X(t)$ 和 $Y(t)$ 都是相互独立的随机变量之和,根据概率论中心极限定理,大量独立随机变量之和的分布趋于正态分布。因此,当 $n$ 足够大时,$X(t)$ 和 $Y(t)$ 都趋于正态分布。通常情况下,$X(t)$ 和 $Y(t)$ 的均值为 0,方差相等,其一维概率密度函数为

$$f(x)=\frac{1}{\sqrt{2\pi}\sigma_x}\exp\left(-\frac{x^2}{2\sigma_x^2}\right) \tag{4-20}$$

$$f(y)=\frac{1}{\sqrt{2\pi}\sigma_y}\exp\left(-\frac{y^2}{2\sigma_y^2}\right) \tag{4-21}$$

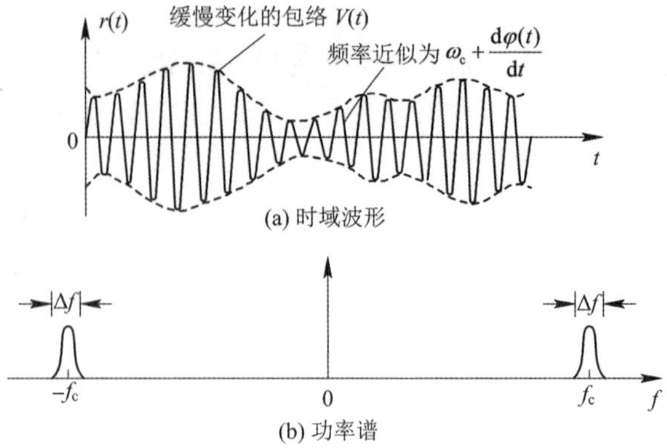


图 4-15　窄带信号

且 $\sigma_x=\sigma_y$。

由随机信号分析理论可知：包络 $V(t)$ 的一维分布服从瑞利分布，相位 $\varphi(t)$ 的一维分布服从均匀分布，可表示为

$$f(v)=\frac{v}{\sigma_v^2}\exp\left(-\frac{v^2}{2\sigma_v^2}\right) \tag{4-22}$$

$$f(\varphi)=\begin{cases}\dfrac{1}{2\pi}, & 0\leqslant\varphi<2\pi\\ 0\text{，} & \text{其他}\end{cases} \tag{4-23}$$

且有 $\sigma_x=\sigma_y=\sigma_v=\sigma$。

信号的包络服从瑞利分布的衰落通常称为瑞利型衰落。

对于随参信道，其路径幅度 $a_i(t)$ 和相位函数 $\varphi_i(t)$ 随时间变化与发射信号载波频率相比要缓慢得多。因此，相对于载波来说，$V(t)$ 和 $\varphi(t)$ 是慢变化随机过程，于是 $r(t)$ 可以看作一个窄带随机过程。由窄带随机过程分析我们知道，$r(t)$ 的包络服从瑞利分布，$r(t)$ 是一种衰落信号，$r(t)$ 的频谱是中心在 $f_c$ 的窄带谱。

【结论】多径传播使单一频率的正弦信号变成了包络和相位受调制的窄带信号，这种信号称为衰落信号。从频谱上看，多径传播使单一谱线变成了窄带频谱，即多径传播引起了频率弥散。这种由频率弥散引起的衰落又称为瑞利型衰落。

(2)频率选择性衰落

当发送信号是具有一定带宽的信号时，多径传播除了会使信号产生瑞利型衰落之外，还会产生频率选择性衰落。频率选择性衰落是多径传播的又一重要特征。

为了分析方便，假设多径传播的路径只有两条，信道模型如图 4-16 所示。其中，$k$ 为两条路径的衰减系数，$t_0$ 是固定时延，而 $\tau$ 为两条路径信号传输的相对时延差。

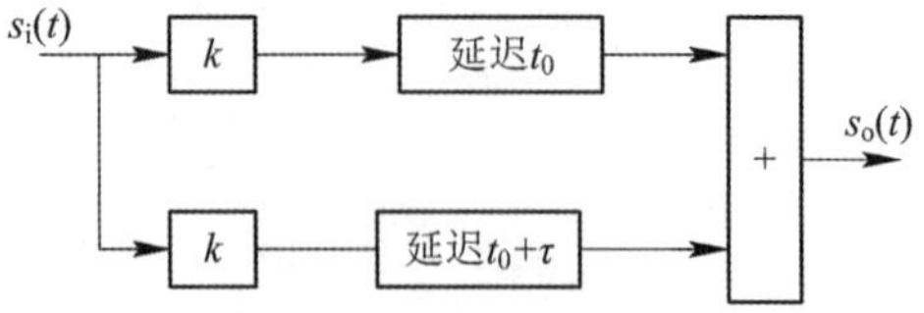


图 4-16　两径传播模型

当信道输入信号为 $s_i(t)$ 时，输出信号为

$$s_o(t)=ks_i(t-t_0)+ks_i(t-t_0-\tau) \tag{4-24}$$

其频域表示式为

$$\begin{aligned} S_o(\omega) &= kS_i(\omega)\mathrm{e}^{-\mathrm{j}\omega t_0}+kS_i(\omega)\mathrm{e}^{-\mathrm{j}\omega(t_0+\tau)} \\ &= kS_i(\omega)\mathrm{e}^{-\mathrm{j}\omega t_0}(1+\mathrm{e}^{-\mathrm{j}\omega\tau}) \end{aligned} \tag{4-25}$$

信道传输函数为

$$H(\omega)=S_o(\omega)/S_i(\omega)=k\mathrm{e}^{-\mathrm{j}\omega t_0}(1+\mathrm{e}^{-\mathrm{j}\omega\tau}) \tag{4-26}$$

可以看出：信道传输特性除常数因子 $k$ 外，是由一个模值为1、固定时延为 $t_0$ 的网络和一个特性为 $(1+\mathrm{e}^{-\mathrm{j}\omega\tau})$ 的网络级联而成。后一个网络的信道幅频特性为

$$|1+\mathrm{e}^{-\mathrm{j}\omega\tau}|=|1+\cos(\omega\tau)-\mathrm{j}\sin(\omega\tau)|=2\left|\cos\frac{\omega\tau}{2}\right| \tag{4-27}$$

对于固定的 $\tau$，后一个网络的信道幅频特性如图4-17所示。对于信号不同的频率成分，信道将有不同的衰减。显然，信号通过这种传输特性的信道时，信号的频谱将产生失真。当失真随时间随机变化时就形成频率选择性衰落。特别是当信号的频谱宽于 $1/\tau(t)$ 时，某些频率分量会被信道衰减到零，造成严重的频率选择性衰落。

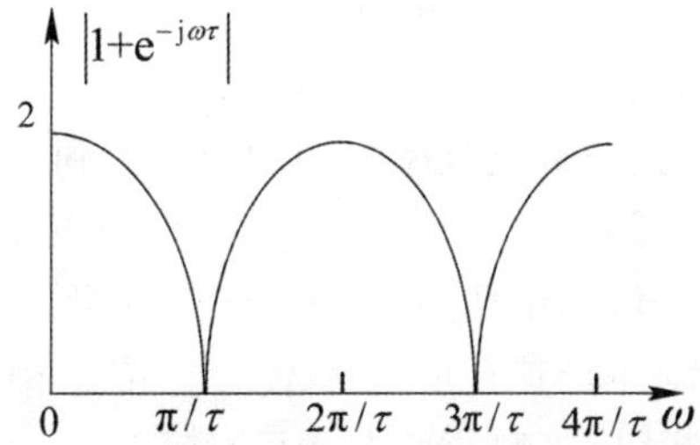


图4-17 $(1+\mathrm{e}^{-\mathrm{j}\omega\tau})$ 网络的信道幅频特性

相对时延差 $\tau(t)$ 通常是时变参量，故传输特性中零点、极点在频率轴上的位置也随时间随机变化，这使传输特性变得更复杂。

对于一般的多径传播，信道的传输特性将比两条路径信道传输特性复杂得多，但同样存在频率选择性衰落现象。

多径传播时的相对时延差通常用最大多径时延差来表征。设信道最大多径时延差为 $\tau_m$，则定义多径传播信道的相干带宽为

$$B_c=\frac{1}{\tau_m} \tag{4-28}$$

它表示信道传输特性相邻两个零点之间的频率间隔。如果信号的频谱比相干带宽宽，则将产生严重的频率选择性衰落。为了减小频率选择性衰落，就应使信号的频谱小于相干带宽。在工程设计中，为了保证接收信号质量，通常选择信号带宽为相干带宽的 $\frac{1}{5}\sim\frac{1}{3}$。

当在多径信道中传输数字信号时，特别是传输高速数字信号，频率选择性衰落将会引起严重的码间干扰。为了减小码间干扰的影响，就必须限制数字信号传输速率。

#### 4.2.2.3 分集接收

在各种对抗无线信道多径衰落效应的技术中,分集接收是非常有效的,包含分散接收和集中处理两重含义。分散接收是指接收端通过不同路径、不同频率、不同角度、不同极化方式、不同编码以及不同调制等方式去接收携带同一发送信息的不同路径的信号样本,而集中处理是指接收端将各分支样本信号按照某种规则合并后再恢复信息。分集接收的前提条件是这些样本应在多个独立衰落的信道中传输,即保证样本之间近似为相互独立,可以起到相互补偿的作用,从而可以提高接收端的瞬时信噪比和平均信噪比,达到可靠通信的目的。

(1)分集方式

在接收端要得到多个互相独立或基本独立的接收信号,常用的分集方式为:

①空间分集

无线通信中最常用的分集方式,也称天线分集,它是用相隔一定距离的多副接收天线来接收不同路径的信号。接收端天线的间隔距离应大于$\frac{1}{2}$射频波长。由于大尺度衰落同时发生的概率较低,分集能把衰落效应降到最小。例如部分无线 AP 采用两个天线实现空间分集的作用。在这一领域,MIMO 技术是人们关注的热点。

②频率分集

信息通过不同的载波传输,只要载波频率之间的间隔大到一定程度,则接收端所接收到信号的衰落是相互独立的。当频率间隔大于相干带宽时,信号发生同样衰落的概率较低。例如跳频形式的扩频调制以及无线局域网中使用 OFDM 技术都可以达到频率分集的效果,但此处的频率分集与经典 OFDM 技术不同,其在所有子载波上传送相同的信息符号。在移动通信中,GSM 工作频率在 900 MHz 频段,典型的最大多径时延差为 5 μs,只要频差达到 200 kHz,两重频率分集可获得近 3 dB 的增益。

③极化分集

空间分集的效果很好,但多副天线的使用增加了成本和系统复杂度,故移动通信基站主要使用正交极化分集方式。由于信号在传输信道中进行了多次反射,而不同极化方向的反射系数不同,当经过足够多的随机反射后,水平极化信号和垂直极化信号是相互独立的。当基站采用具有+45°和-45°两副极化方向相互正交的天线接收信号后,可以在很大程度上减小多径衰落,其分集增益约为 5 dB。

④时间分集

时间分集是将同一信号在不同时间区间多次重发,只要各次发送的时间间隔足够大,则各次发送信号所出现的衰落将是相互独立的。由于相干时间与运动速度成反比,当接收机处于静止状态时,时间分集无法减小衰落。时间分集主要使用于扩频码分多址(CDMA)的 Rake 接收机中,以处理多径信号。

(2)合并技术

利用上述分集技术,可以得到一组相互独立的衰落信号,接着便依据某种可以改进接收性能的准则,将统计独立的衰落信道输出合并起来。下面介绍三种主要的分集合并技术:选择合并、最大比值合并和等增益合并,其原理框图如图 4-18 所示,这几种方式主要用于线性接收机。

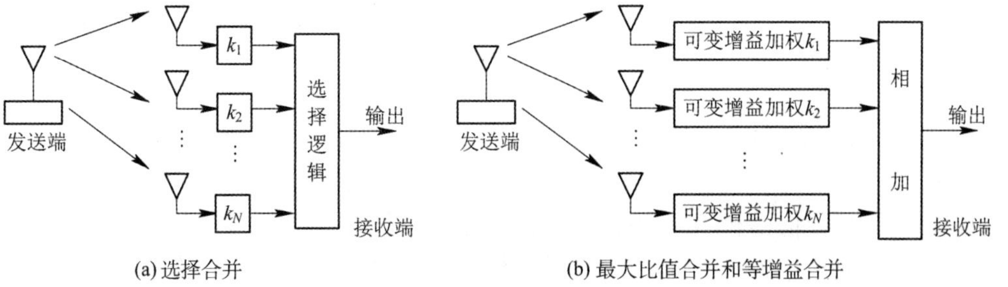


**图 4-18 分集合并原理框图**

①选择合并

假设系统接收端包括 $N$ 个线性接收机和一个逻辑电路，采用选择式合并技术时，$N$ 个接收机的输出信号先送入选择逻辑，选择逻辑再从 $N$ 个接收信号中选择具有最高信噪比的基带信号作为输出。

②最大比值合并

最大比值合并在接收端对各个不相关的分集支路经过相位校正，并按适当的可变增益加权再相加后送入检测器进行相干检测，其权重由各接收支路输出的信号电平与噪声功率的比值决定(图中各条支路加权系数与该支路信噪比成正比)。此方案在接收端只需对接收信号做线性处理，然后利用最大似然检测即可还原出发送端的原始信息。最大比值合并的抗衰落性能是最佳的，其合并增益与分集支路数 $N$ 成正比。

③等增益合并

等增益合并也称为相位均衡，仅仅对信道的相位偏移进行校正而幅度不做校正。等增益合并不是任何意义上的最佳合并方式，只有假设每一路信号的信噪比相同的情况下，在信噪比最大化的意义上，它才是最佳的。它输出的结果是各路信号幅值的叠加(图中加权系数 $k_1=k_2=\cdots=k_N$)。CDMA 系统维持了接收信号中各用户信号间的正交性状态，既认可衰落在各个通道间造成的差异，也不影响系统的信噪比。当在某些系统中对接收信号的幅度测量不便时选用 EGC。当 $N$(分集支路数)较大时，等增益合并与最大比值合并相差不多，仅差 1 dB 左右。等增益合并的实现比较简单，其设备也简单。

三种合并方式改善总接收信噪比的能力不同，其性能比较如图 4-19 所示。可以看出，最

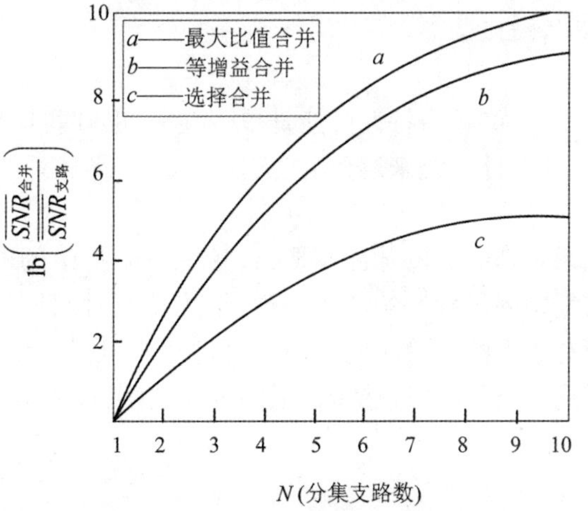


**图 4-19 三种合并方式的性能比较**

大比值合并方式性能最好,等增益合并方式次之,而选择合并方式最差。另外,随着 $N$ 的增加,等增益合并方式性能越接近最大比值合并。

## 4.2.3 加性噪声

前面讨论了恒参信道和随参信道传输特性以及其对信号传输的影响。除此之外,信道的加性噪声同样会对信号传输产生影响。加性噪声与信号相互独立,并且始终存在。实际中只能采取措施来减小加性噪声的影响,而无法彻底消除加性噪声。因此,加性噪声不可避免地会对通信造成危害。

### 4.2.3.1 加性噪声的分类

加性噪声(简称噪声)的种类很多,也有多种分类方式。

(1)根据来源分类

噪声根据来源一般可以分为三类:人为噪声、自然噪声和内部噪声。

①人为噪声

人为噪声是指人类活动所产生的对通信造成干扰的各种噪声,包括工业噪声和无线电噪声。工业噪声来源于各种电气设备,如开关接触噪声、工业的点火辐射及荧光灯干扰等。无线电噪声来源于各种无线电发射机,如外台干扰等。

②自然噪声

自然噪声是指自然界存在的各种电磁波源所产生的噪声,如雷电、磁暴、太阳黑子、银河系噪声、宇宙射线等。可以说整个宇宙空间都是产生自然噪声的来源。

③内部噪声

内部噪声是指通信设备本身产生的各种噪声。它来源于通信设备的各种电子器件、传输线、天线等。如电阻一类的导体中自由电子的热运动产生的热噪声、电子管中电子的起伏发射或晶体管中载流子的起伏变化产生的散粒噪声等都属于内部噪声。

(2)根据性质分类

噪声根据性质可以分为单频噪声、脉冲噪声和起伏噪声。这三种噪声都是随机噪声。某些类型的噪声是确知的,如自激振荡等。

①单频噪声

单频噪声主要是无线电干扰,频谱特性可能是单一频率,也可能是窄带谱。单频噪声是一种连续波干扰,可以通过合理设计系统来避免。

②脉冲噪声

脉冲噪声是在时间上无规则的突发脉冲波形,包括工业干扰中的电火花、汽车点火噪声、雷电等。脉冲噪声的特点是以突发脉冲的形式出现、干扰持续时间短、脉冲幅度大、周期是随机的且相邻突发脉冲之间有较长的安静时间。由于脉冲很窄,所以其频谱很宽。但是随着频率的提高,频谱强度逐渐减弱。可以通过选择合适的工作频率、远离脉冲源等措施来减小和避免脉冲噪声的干扰。

③起伏噪声

起伏噪声是一种连续波随机噪声,包括热噪声、散粒噪声和宇宙噪声。对其特性的表征可以采用随机过程的分析方法。起伏噪声的特点是具有很宽的频带,并且始终存在,它是影响通信系统性能的主要因素。以后各章分析通信系统抗噪声性能,都以起伏噪声为重点。

#### 4.2.3.2 起伏噪声及其特性

起伏噪声主要包括热噪声、散粒噪声和宇宙噪声。

热噪声是在电阻一类导体中,自由电子的随机运动引起的噪声。这种在原子能量级上的随机运动是物质的普遍特性。在通信系统中,电阻器元件噪声、天线噪声、馈线噪声以及接收机产生的噪声均可以等效成热噪声。通常将热噪声看作高斯白噪声。

除了热噪声之外,电子管和晶体管器件电子发射不均匀所产生的散粒噪声,来自太阳、银河系及银河系外的宇宙噪声的功率谱密度在很宽的频率范围内也是平坦的,其分布也是均值为零高斯的。因此散粒噪声和宇宙噪声通常也看作高斯白噪声。

由以上分析可知,热噪声、散粒噪声和宇宙噪声都可被看作高斯噪声,且功率谱密度在很宽的频带范围都是常数。因此,起伏噪声通常被认为近似高斯白噪声。

起伏噪声本身是一种频谱很宽的噪声,当它通过通信系统时,会受到通信系统中各种变换的影响,使频谱特性发生变化。一个通信系统的线性部分可以用线性网络来描述,通常具有带通特性。当频带宽度起伏噪声通过带通特性网络时,输出噪声就变为带通型噪声。如果线性网络具有窄带特性,则输出噪声为窄带噪声。

如果输入噪声是高斯噪声,则输出噪声就是带通型(或窄带)高斯噪声。在研究调制解调问题时,解调器输入端噪声通常可以表示为窄带高斯噪声。

带通型噪声的频谱具有一定的宽度,噪声的带宽可以用不同的定义来描述。为了使得分析噪声功率相对容易,通常用噪声等效带宽来描述。

设带通型噪声的功率谱密度为 $P_n(f)$,如图 4-20 所示。

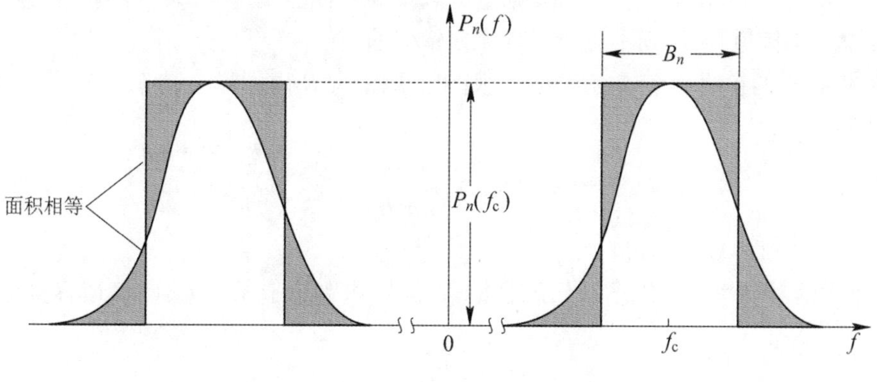


**图 4-20 带通型噪声的功率谱密度**

噪声等效带宽定义为

$$B_n=\frac{\frac{1}{2\pi}\int_{-\infty}^{\infty}P_n(\omega)\,\mathrm{d}\omega}{2P_n(\omega_c)}=\frac{\frac{1}{\pi}\int_{0}^{\infty}P_n(\omega)\,\mathrm{d}\omega}{2P_n(\omega_c)}=\frac{\int_{0}^{\infty}P_n(\omega)\,\mathrm{d}f}{P_n(\omega_c)} \tag{4-29}$$

式中,$\omega_c=2\pi f_c$ 为带通型噪声功率谱密度的中心频率。噪声等效带宽的物理意义是:高度为 $P_n(\omega_c)$、宽度为 $B_n$ 的噪声功率与功率谱密度为 $P_n(\omega)$ 的带通型噪声功率相等。

# 4.3 信道容量

信道容量是指信道中信息无差错传输的最大速率。在信道模型中定义了两种广义信道：调制信道和编码信道。调制信道是一种连续信道，可以用连续信道的信道容量来表征；编码信道是一种离散信道，可以用离散信道的信道容量来表征。此处只讨论连续信道的信道容量。

## 4.3.1 香农公式

假设连续信道的带宽为 $B$(Hz)，信道输出的信号功率为 $S$(W)及输出加性带限高斯白噪声功率为 $N$(W)，则该信道的信道容量为

$$C = B\log_2\left(1 + \frac{S}{N}\right)\ \text{(b/s)} \tag{4-30}$$

上式就是著名的香农(Shannon)信道容量公式，简称香农公式。

香农公式表明：当信号与信道加性高斯白噪声的平均功率给定时，在具有一定带宽的信道上，理论上可以得到单位时间内可能传输的信息容量的极限值。

只要传输速率小于等于信道容量，则总可以找到一种能实现无差错传输的信道编码方式；若传输速率大于信道容量，则不可能实现无差错传输。

若噪声 $n(t)$ 的单边功率谱密度为 $n_0$，则在信道带宽 $B$ 内的噪声功率 $N=n_0B$。因此，香农公式的另一形式为

$$C = B\log_2\left(1 + \frac{S}{n_0B}\right)\ \text{(b/s)} \tag{4-31}$$

由香农公式可得以下结论：

(1)增大信号功率 $S$ 可以增加信道容量，若信号功率趋于无穷大，则信道容量也趋于无穷大，即

$$\lim_{S\to\infty} C = \lim_{S\to\infty} B\log_2\left(1 + \frac{S}{N}\right) \to \infty \tag{4-32}$$

(2)减小噪声功率 $N$(或减小噪声功率谱密度 $n_0$)可以增加信道容量，若噪声功率趋于零(或噪声功率谱密度趋于零)，则信道容量趋于无穷大，即

$$\lim_{N\to 0} C = \lim_{N\to 0} B\log_2\left(1 + \frac{S}{N}\right) \to \infty \tag{4-33}$$

(3)增大信道带宽 $B$ 可以增加信道容量，但不能使信道容量无限制增大。信道带宽 $B$ 趋于无穷大时，信道容量的极限值为

$$
\begin{aligned}
\lim_{B\to\infty} C &= \lim_{B\to\infty} B\log_2\left(1+\frac{S}{n_0 B}\right) \\
&= \frac{S}{n_0}\lim_{B\to\infty}\frac{n_0 B}{S}\log_2\left(1+\frac{S}{n_0 B}\right) \\
&= \frac{S}{n_0}\log_2 e \approx 1.44\,\frac{S}{n_0}
\end{aligned}
\tag{4-34}
$$

香农公式给出了通信系统所能达到的极限信息传输速率,达到极限信息传输速率的通信系统称为理想通信系统。但是,香农公式只证明了理想通信系统的"存在性",却没有指出这种通信系统的实现方法。这也恰恰是人们努力的方向,即探究各种信道编码技术,用以提高信道容量。

## 4.3.2　香农公式的应用

由香农公式可以看出:对于一定的信道容量 $C$ 来说,信道带宽 $B$、信号噪声功率比 $\frac{S}{N}$ 及传输时间三者之间可以互相转换。若增加信道带宽,可以换来信号噪声功率比的降低。如果信号噪声功率比不变,那么增加信道带宽可以缩短传输时间。

如果信道容量 $C$ 给定,互换前的带宽和信号噪声功率比分别为 $B_1$ 和 $\frac{S_1}{N_1}$,互换后的带宽和信号噪声功率比分别为 $B_2$ 和 $\frac{S_2}{N_2}$,则有

$$
C(\text{固定}) = B_1\log_2\left(1+\frac{S_1}{N_1}\right) = B_2\log_2\left(1+\frac{S_2}{N_2}\right) \tag{4-35}
$$

由于信道的噪声单边功率谱密度 $n_0$ 往往是给定的,所以上式也可写成

$$
B_1\log_2\left(1+\frac{S_1}{n_0 B_1}\right) = B_2\log_2\left(1+\frac{S_2}{n_0 B_2}\right) \tag{4-36}
$$

例如:设互换前信道带宽 $B_1 = 3$ kHz,希望信息传输速率为 $10^4$ b/s。为了保证这些信息能够无误地通过信道,要求信道容量至少达 $10^4$ b/s 才行。

互换前,在 3 kHz 带宽情况下,信息传输速率达到 $10^4$ b/s,要求信噪比 $\frac{S_1}{N_1} \approx 9$。如果信道将带宽进行互换,设互换后的信道带宽 $B_2 = 10$ kHz。这时,信息传输速率仍为 $10^4$ b/s,则所需要的信噪比 $\frac{S_2}{N_2} = 1$。

可见,信道带宽 $B$ 的变化可使输出信噪功率比也发生变化,而保持信息传输速率不变。这种信噪比和带宽的互换性在通信工程中有很大的用处。例如,在宇宙飞船与地面的通信中,飞船上的发射功率不可能做得很大,因此可用增大带宽的方法来换取对信噪比要求的降低。相反,如果信道频带比较紧张,如有线载波电话信道,这时主要考虑频带利用率,可用提高信号功率来增大信噪比,或采用多进制的方法来换取较窄的频带。前面讨论的是带宽和信噪比的互换,此外,带宽或信噪比与传输时间也存在着互换关系。

# 复习与巩固

## 一、概念思考

1.信道有哪些传输特性?
2.无线信道和有线信道各有哪些?
3.什么是恒参信道?什么是随参信道?它们分别对信号传输有哪些影响?
4.什么是加性干扰?什么是乘性干扰?
5.什么是多径效应?
6.什么是频率弥散?
7.什么是瑞利型衰落?什么是频率选择性衰落?
8.什么是分集接收?常用的分集技术和分集合并技术有哪些?
9.信道模型有哪几种?
10.什么是调制信道?什么是编码信道?
11.信道中的噪声有哪几种?什么是高斯白噪声?
12.试述信道容量的定义,并给出连续信道容量的表示式。

## 二、课堂小测

1.设某随参信道的最大多径时延为 4 μs,为了避免发生选择性衰落,在该信道上传输的数字信号的码元宽度为________。

2.调制信道分为________信道和________信道,短波电离层反射信道属于________信道。卫星中继信道属于________信道。

3.当无信号时,加性噪声是否存在?________。乘性噪声是否存在?________。

4.信号在随参信道中传输时,产生频率弥散的主要原因是________。

5.在分集接收中对各分散信号的________方法性能最差。

A.选择合并　　B. 等增益合并　　C. 最大比值合并

6.对于受到高斯白噪声干扰的连续信道,$B$ 与$\frac{S}{N}$可以互换。(对/错)

7.对于受到高斯白噪声干扰的连续信道,若增加信道带宽 $B$,则信道容量 $C$ 将无限制地增加。(对/错)

8.设一幅彩色电视画面由 30 万个像素组成,每个像素有 64 种颜色和 16 个亮度电平,且所有颜色和亮度的组合均以等概率出现,并且各种组合的出现互相独立:

(1)若每秒发送 25 帧画面,试求所需的信道容量;

(2)若要求接收信噪比为 30 dB,试求所需的信道带宽。

## 三、典型题解

1.设某一待传输的图片约含 $2.25\times10^6$ 个像元,为了很好地重现图片,需要 12 个亮度电平。

假设所有这些亮度电平等概出现，试计算用 3 min 传送一张图片时所需的信息带宽（设信道中信噪功率比为 30 dB）。

**解**：因为每一像元等概率取 12 个亮度电平，所以每个像元的信息量为 $\log_2 12$ bit。

一张图片的信息量为

$$2.25\times10^6\times\log_2 12=8.066\times10^6\ \text{bit}$$

每秒传送信息量（信息传输速率）为

$$C=\frac{8.066\times10^6}{3\times60}=4.48\times10^4\ \text{b/s}$$

又因为已知信道中信噪功率比为 30 dB，即

$$\frac{S}{N}=1000$$

所以所需带宽

$$B=\frac{C}{\log_2\left(1+\frac{S}{N}\right)}=\frac{4.48\times10^4}{\log_2(1+1000)}=4.48\times10^3\ \text{Hz}$$

2.某高斯信道的带宽为 4 kHz，信道中信号功率与噪声单边功率谱密度之比为 124 kHz。(1) 求该信道的信道容量；(2) 若在该信道中传输一幅 $6.12\times10^5$ 像素的黑白图片（设黑白等概，且各像素相互独立），至少需要多少时间？

**解**：根据给定条件可知带宽

$$B=4\ \text{kHz},\ S/n_0=124\ \text{kHz}$$

则信噪比

$$\frac{S}{N}=\frac{S}{n_0B}=31$$

(1) 由香农公式可得信道容量为

$$C=B\log_2\left(1+\frac{S}{N}\right)=4\times10^3\times\log_2(1+31)=20\ \text{kb/s}$$

(2) 一幅图片的信息量为

$$I=6.12\times10^5\times\log_2 2=6.12\times10^5\ \text{bit}$$

若以信道容量作为极限信息传输速率传输该幅图，所需的时间为

$$t=\frac{I}{R}\geqslant\frac{I}{C}=\frac{6.12\times10^5}{20\times10^3}=30.6\ \text{s}$$

## 四、课后拓展

1.用 Matlab 仿真随参信道的频率选择性特性（假设信道最大延时差为 1 ms）。将一随机二进制信号通过该信道模型仿真器，观察输出序列的时间波形；改变数据传输速率，并观察输出波形的变化。

2.用 Matlab 仿真生成一个 Rayleigh 衰落信道，它含有 3 个独立的 Rayleigh 衰落多径分量且各分量有可变的多径时延及平均功率。将一随机二进制信号通过该信道，试观测输出信号的时间波形。可为每个比特设置采样 7 个样值。通过改变比特发送周期和信道时延，试观测多径扩展产生的影响。

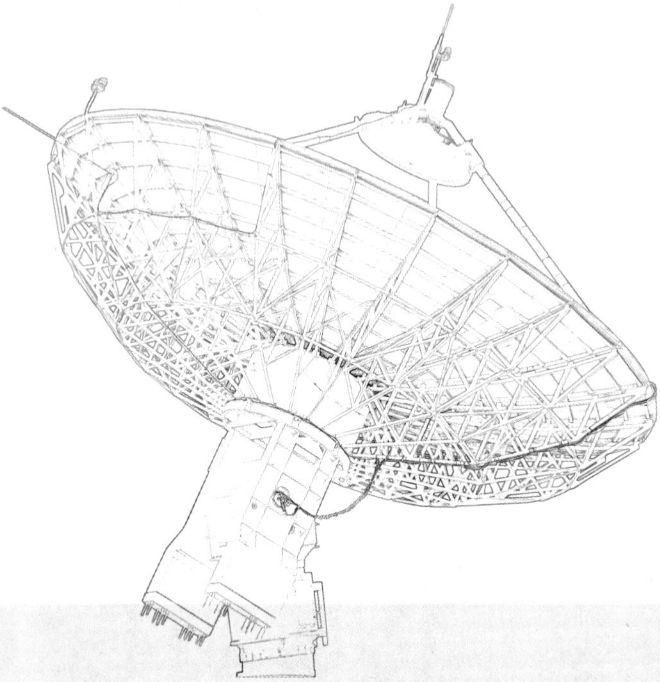

# 第 5 章

# 模拟调制系统

## 知识点

- 线性调制和非线性调制的概念。
- 几种线性调制方式的时域表达式、波形、框图及频谱。
- 几种线性调制方式的特点。
- 角度调制原理、表达式及频谱。
- 调制指数、最大频偏。
- 角度调制的优点。
- 各种模拟调制系统的性能比较。

# 5.1 引言

为什么要对信号进行调制处理？由于从消息变换过来的原始信号具有较低的频谱分量，在许多信道中都不适宜进行传输。因此，在通信系统的发送端需要调制过程，而在接收端需要反调制过程——解调过程。

通信的目的是把信息向远处传递（传播），那么在传播人声时，可以用话筒把人声变成电信号，通过扩音机放大后再用扬声器（喇叭）播放出去，如图 5-1 所示。由于扬声器的功率比人嗓大得多，声音可以传得比较远。

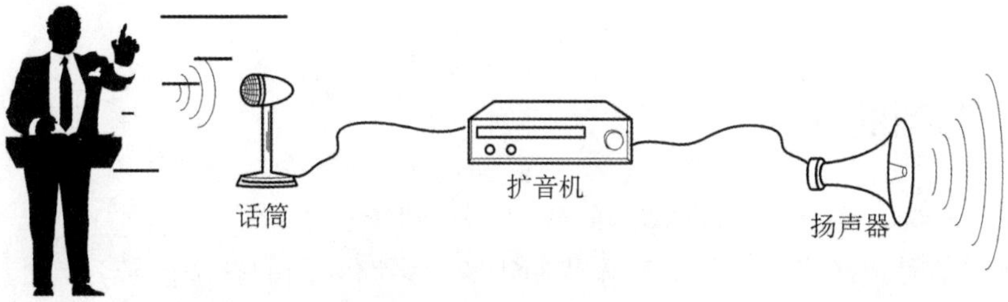


**图 5-1　扩音示意图**

如果还想将声音传得更远一些，比如几十千米、几百千米，那该怎么办？大家想到用电缆或无线电进行传输，但会出现两个问题：

（1）铺设一条几十千米甚至上百千米的电缆只传一路声音信号，传输成本之高、线路利用率之低，人们无法接受。

（2）利用无线电通信时，须满足一个基本条件：

欲发射信号的波长（两个相邻波峰或波谷之间的距离）只有能与发射天线的几何尺寸相匹配，该信号才能通过天线有效地发射出去（通常认为天线尺寸应大于波长的十分之一）。

音频信号的频率范围是 20 Hz～20 kHz，最小的波长为

$$\lambda = \frac{c}{f} = \frac{3 \times 10^8}{20 \times 10^3} = 1.5 \times 10^4 (\mathrm{m}) \tag{5-1}$$

式中，$\lambda$ 为波长（m）；$c$ 为电磁波传播速度（光速）（m/s）；$f$ 为音频频率（Hz）。

要将音频信号直接用天线发射出去，其天线几何尺寸即便按波长的 1%取也要 150 m 高（不包括天线底座或塔座）。因此，要想把音频信号通过可接受的天线尺寸发射出去，就需要想办法提高预发射信号的频率（频率越高波长越短）。

（1）第一个问题的解决方法是在一个物理信道中对多路信号进行频分复用（Frequency Division Multiplexing，FDM）；

(2)第二个问题的解决方法是把欲发射的低频信号“搬”到高频载波上去,或者说把低频信号“变”成高频信号。

两个方法有一个共同点,就是要对信号进行调制处理。

### 5.1.1 调制的定义

对于调制,给出一个概括性的定义:让载波的某个(或几个)参数随调制信号(原始信号)的变化而变化的过程或方式称为调制。

载波通常是一种用来搭载原始信号(信息)的高频信号,它本身不含任何有用信息。调制的载波分为两类:

(1)正弦波调制:用正弦信号作为载波。

(2)脉冲调制:用脉冲串或一组数字信号作为载波。

根据调制信号的取值是连续的还是离散的,调制可分为模拟调制和数字调制两种。根据调制器的频谱变换特性,调制可分为线性调制和非线性调制。线性调制又称幅度调制,其已调信号频谱结构和调制信号的频谱结构相同,只是调制信号频谱沿频率轴平移的结果。非线性调制又称角度调制,其已调信号的频谱结构和调制信号频谱结构不一样。除了频谱搬移之外,非线性调制还会产生新的频率成分。

### 5.1.2 调制的作用

(1)可以进行频谱搬移,把调制信号的频谱“搬”到所希望的位置上;

(2)将调制信号转换成适合信道传输或便于信道多路复用的已调信号;

(3)对系统的传输有效性和传输可靠性有很大的影响。

### 5.1.3 模拟调制

模拟调制是用来自信源的基带模拟信号去调制某载波。而载波是确知的周期性波形,如余弦波 $c(t)=A\cos(\omega_c t+\varphi_0)$ ,式中,$A$ 为振幅;$\omega_c$为载波角频率;$\varphi_0$为初始相位。来自信源的信号称为调制信号 $m(t)$;调制后的载波称为已调信号 $s(t)$;进行调制的部件称为调制器。

最重要的模拟调制方式是用正弦波作载波的幅度调制和角度调制。

(1)幅度调制(线性调制):调幅(AM)、双边带(DSB)、残留边带(VSB)、单边带(SSB)。

(2)角度调制(非线性调制):频率调制(FM)、相位调制(PM)。

# 5.2 幅度调制

## 5.2.1 幅度调制的一般原理

幅度调制是使高频正弦载波的幅度随调制信号作线性变化的过程。幅度调制器一般模型如图 5-2 所示。设载波为 $c(t)=A\cos(\omega_c t)=A\cos(2\pi f_c t)$，调制信号为能量信号 $m(t)$，其频谱为 $M(f)$，相乘结果为 $s'(t)$，滤波输出为 $s_m(t)$；用"⇔"表示傅里叶变换，则

$$m(t)\Leftrightarrow M(f) \tag{5-2}$$

$$m(t)A\cos(\omega_c t)\Leftrightarrow S'(f)=\frac{A}{2}[M(f-f_c)+M(f+f_c)] \tag{5-3}$$

$$h(t)\Leftrightarrow H(\omega) \tag{5-4}$$

式中，$\omega_c$ 为载波角频率。可见，相乘器输出信号的频谱是调制信号频谱平移的结果(差一个常数因子)，如图 5-3 所示。

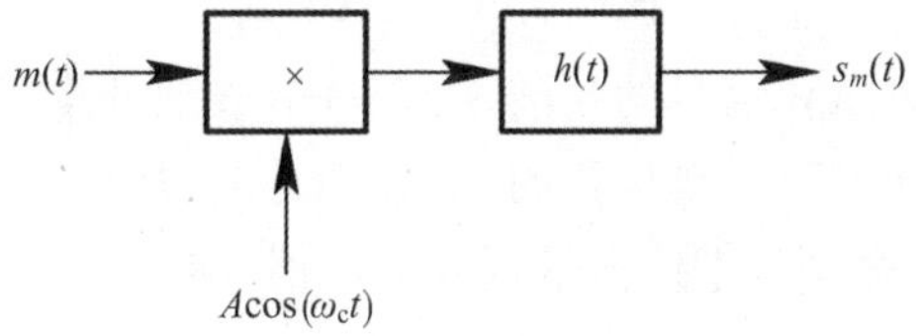


图 5-2　幅度调制器的一般模型

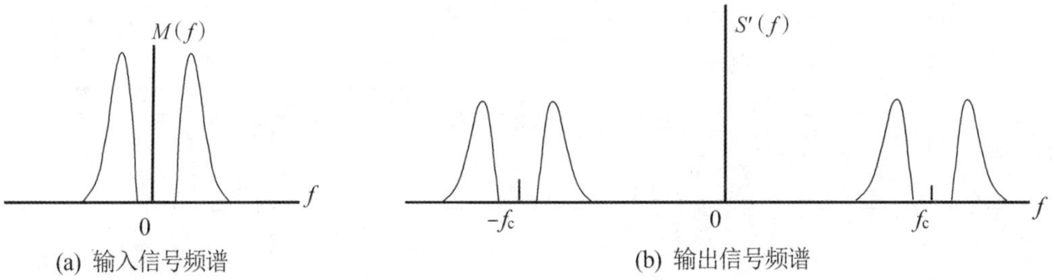


图 5-3　相乘器输入信号和输出信号频谱

幅度调制信号具有如下特点：

(1) 在波形上，它的幅度随基带信号规律而变化；

(2) 在频谱结构上，它的频谱完全是基带信号频谱结构在频域内的简单搬移。

由于这种搬移是线性的，因此幅度调制通常又称为线性调制。在如图 5-2 所示的幅度调

制器的一般模型中，适当选择滤波器的特性 $H(f)$，便可以得到各种幅度调制信号，例如调幅、双边带、残留边带及单边带信号等。

## 5.2.2 调幅（AM）

在图 5-2 中，假设 $h(t)=\delta(t)$，即滤波器 $H(\omega)=1$ 为全通网络，调制信号 $m(t)$ 的均值为 0，将其叠加直流分量 $A_0$ 后与载波相乘，如图 5-4 所示，就可形成调幅（AM）信号，其时域和频域表示式分别为

$$s_{AM}(t)=[A_0+m(t)]\cos(\omega_c t)=A_0\cos(\omega_c t)+m(t)\cos(\omega_c t) \tag{5-5}$$

$$S_{AM}(\omega)=\pi A_0[\delta(\omega+\omega_c)+\delta(\omega-\omega_c)]+\frac{M(\omega+\omega_c)+M(\omega-\omega_c)}{2} \tag{5-6}$$

式中，$A_0$ 为外加的直流分量；$m(t)$ 是表示消息变化的交流分量，其波形和频谱如图 5-5 所示。为了防止过调制，要求调幅系数 $\beta_{AM}=\frac{|m(t)_{max}|}{A_0}\leqslant 1$，此时，AM 信号的包络与调制信号成正比，所以用包络检波的方法很容易恢复原始的调制信号；否则，将会出现过调幅现象而产生包络失真，包络检波器失效。为保证无失真解调，可以采用同步检波器。

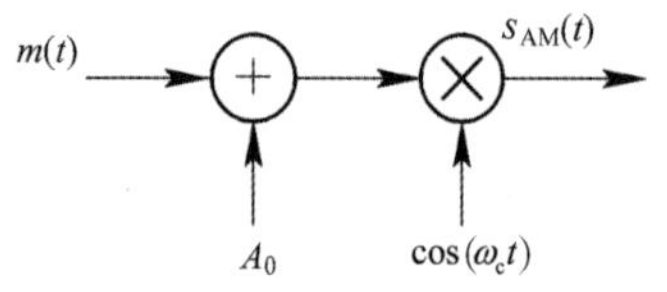


图 5-4　AM 调制模型

由图 5-5 的频谱图可知，AM 信号的频谱 $S_{AM}(\omega)$ 由载频分量和上、下两个边带组成，上边带的频谱结构与原调制信号的频谱结构相同，下边带是上边带的镜像。因此，AM 信号是带有载波的双边带信号，它的带宽是基带信号带宽 $f_H$ 的两倍，即

$$B_{AM}=2f_H \tag{5-7}$$

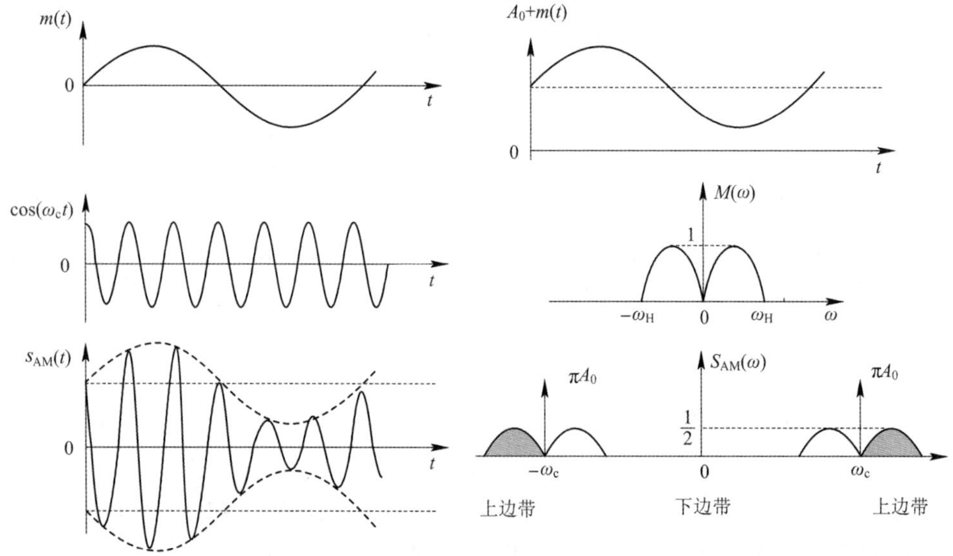


图 5-5　AM 信号的波形和频谱

AM信号的解调有相干解调和非相干解调两种方法,通常采用包络检波器实现非相干解调。包络检波器一般由半波或全波整流器和低通滤波器组成,其原理框图如图5-6所示,图中还画出了有关波形。由于低通滤波器可以通过直流分量,所以在其输出端接有一个隔直流电容(用一个电容器表示),以除去整流器输出中的直流成分。

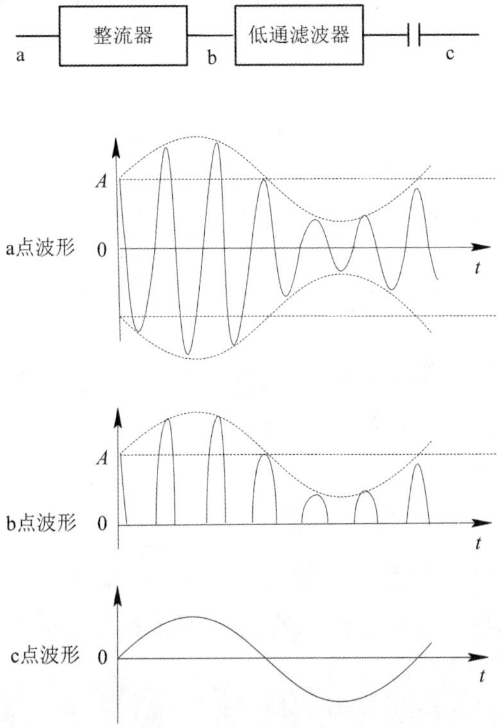


**图5-6　包络检波器的组成**

下面将讨论用包络检波器解调调幅信号时的性能。设包络检波器的输入电压为

$$y(t)=\{[1+m'(t)]A+n_c(t)\}\cos(\omega_c t)-n_s(t)\sin(\omega_c t) \tag{5-8}$$

式中,$n_c(t)\cos(\omega_c t)-n_s(t)\sin(\omega_c t)$ 为检波器输入窄带高斯噪声电压 $n(t)$。

可求出 $y(t)$ 的包络为

$$V_y(t)=\sqrt{\{[1+m'(t)]A+n_c(t)\}^2+n_s^2(t)} \tag{5-9}$$

在大信噪比下,上式可以近似为

$$V_y(t)\approx[1+m'(t)]A+n_c(t) \tag{5-10}$$

经检波后的输出电压为(已滤除直流分量)

$$v(t)=m'(t)A+n_c(t) \tag{5-11}$$

此时,输出信号噪声功率比为

$$r_o=E[m'^2(t)A^2/n_c^2(t)] \tag{5-12}$$

而在检波前的信号噪声功率比为

$$r_i=E\left\{\frac{1}{2}[1+m'(t)]^2A^2/n^2(t)\right\} \tag{5-13}$$

从而可求出检波前后信噪功率比之比,即调制制度增益 $G_{AM}$ 为

$$G_{AM}=\frac{r_o}{r_i}=E\left\{\frac{m'^2(t)A^2/n_c^2(t)}{\frac{1}{2}[1+m'(t)]^2A^2/n^2(t)}\right\}=E\left\{\frac{2m'^2(t)}{[1+m'(t)]^2}\right\} \tag{5-14}$$

由于 $m'(t)\leqslant 1$，显然上式比值 $r_o/r_i$ 小于 1，即检波后信噪比下降了。这是因为检波前后中的大部分功率被载波占用，它没有对检波后的有用信号做贡献。可以验证，若调幅系数 $\beta_{AM}=1$，$m'(t)$ 为正弦信号，则 $G_{AM}=\frac{2}{3}$。

需要指出的是，若采用相干解调，得到的调制制度增益与式(5-14)完全一致，因此，在大信噪比的条件下，采用包络检波和相干解调的性能几乎一样。

【结论】由于包络检波器简单、廉价，通常采用它对 AM 信号进行解调。

### 5.2.3 双边带（DSB）调制

在 AM 信号中，载波分量并不携带信息，信息完全由边带传送。如果将载波抑制，只需在图 5-4 中将直流 $A_0$ 去掉，即可输出抑制载波双边带信号，简称双边带信号（DSB）。其时域和频域表示式分别为

$$s_{DSB}(t)=m(t)\cos(\omega_c t) \tag{5-15}$$

$$S_{DSB}(\omega)=\frac{1}{2}[M(\omega+\omega_c)+M(\omega-\omega_c)] \tag{5-16}$$

DSB 的频谱如图 5-7 所示，其中两个边带包含相同的信息。由于发送 DSB 时不发送载波，可以节省发送载波功率。

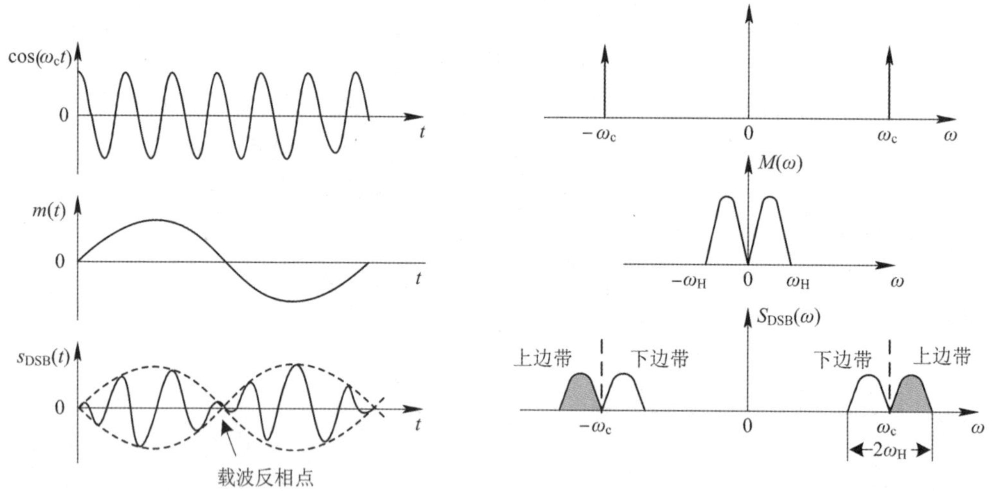


图 5-7 双边带调制信号的波形和频谱

由时间波形可知，DSB 信号的包络不再与调制信号的变化规律一致，因而不能采用简单的包络检波来恢复调制信号，需采用相干解调（同步解调）。另外，在调制信号 $m(t)$ 的过零点处，高频载波相位有 180°的突变。

由频谱图可知，DSB 信号虽然节省了载波功率，功率利用率提高了，但它的带宽仍是调制

信号带宽的两倍，与 AM 信号带宽相同。

由于 DSB 信号的上、下两个边带是完全对称的，它们都携带了调制信号的全部信息，因此仅传输其中一个边带即可，这就是单边带调制能解决的问题。

由于发送 DSB 信号时不发送载波，所以解调时需要在接收端的电路中加入与发送端载波同频、同相的本地载波。因此，接收电路较为复杂，DSB 信号解调器原理框图如图 5-8 所示。

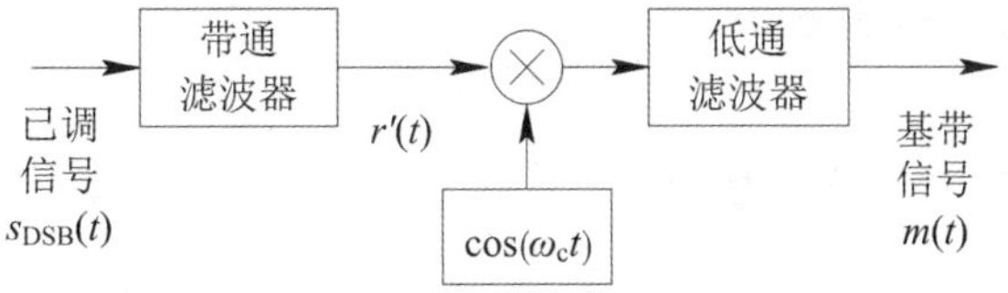


**图 5-8　DSB 信号解调器原理框图**

设接收的 DSB 信号为 $m'(t)\cos(\omega_c t)$，接收端的本地载波的频率和相位都有一定的误差，即其表达式为 $\cos[(\omega_c+\Delta\omega)t+\varphi]$，则两者相乘后得到

$$\begin{aligned} r'(t) &= m'(t)\cos(\omega_c t)\cos[(\omega_c+\Delta\omega)t+\varphi] \\ &= \frac{1}{2}m'(t)\{\cos(\Delta\omega t+\varphi)+\cos[(2\omega_c+\Delta\omega)t+\varphi]\} \end{aligned} \tag{5-17}$$

式中，第二项为频率等于$(2\omega_c+\Delta\omega)$的分量，可被低通滤波器滤除，从而得到解调输出信号为 $\frac{1}{2}m'(t)\cos(\Delta\omega t+\varphi)$。可以看出，仅当本地载波没有频率和相位误差时，输出信号才等于 $\frac{m'(t)}{2}$，此时的解调输出信号没有失真，和调制信号仅差一个常数因子$\frac{1}{2}$。

下面将讨论 DSB 相干解调时的性能。考虑加性高斯白噪声（AWGN）信道，设噪声为 $n_i(t)=n_c(t)\cos(\omega_c t)-n_s(t)\sin(\omega_c t)$，单边功率谱密度为 $n_0$，由双边带已调信号表达式可得接收端解调器输入端的信号功率为

$$S_i=\overline{s_{DSB}^2(t)}=\overline{[m(t)\cos(\omega_c t)]^2}=\frac{1}{2}\overline{m^2(t)} \tag{5-18}$$

输入端的噪声功率为

$$N_i=\overline{n_i^2(t)}=n_0 B_{DSB} \tag{5-19}$$

相干解调后，对于噪声有

$$\begin{aligned} n_i(t)\cos(\omega_c t) &= [n_c(t)\cos(\omega_c t)-n_s(t)\sin(\omega_c t)]\cdot\cos(\omega_c t) \\ &= \frac{1}{2}n_c(t)+\frac{1}{2}[n_c(t)\cos(2\omega_c t)-n_s(t)\sin(2\omega_c t)] \end{aligned} \tag{5-20}$$

对于信号有

$$m(t)\cos(\omega_c t)\cdot\cos(\omega_c t)=\frac{1}{2}m(t)+\frac{1}{2}m(t)\cos(2\omega_c t) \tag{5-21}$$

上述信号经过低通滤波器（LPF）后可分别得到 $s_o(t)=\frac{1}{2}\overline{m^2(t)}$，$n_o(t)=\frac{1}{2}\overline{n_c^2(t)}$，于是便有解调器输出的信号功率为

$$S_o=\overline{s_o^2(t)}=\frac{1}{4}\overline{m^2(t)}=\frac{1}{2}S_i \tag{5-22}$$

$$N_o = \overline{n_o^2(t)} = \frac{1}{4}\overline{n_c^2(t)} = \frac{1}{4}N_i \tag{5-23}$$

根据上述结论可得 DSB 系统的调制制度增益为 $G_{DSB} = \dfrac{S_o/N_o}{S_i/N_i} = 2$。

【结论】DSB 系统相干解调可以获得 2 倍的信噪比增益，因此可以节省发送功率，但接收电路较为复杂，需要提取相干载波。

## 5.2.4 单边带（SSB）调制

由于 DSB 调制的两个边带中包含相同的信息，为了进一步节省发送功率和带宽，只需传输一个边带（上边带或下边带），这就是 SSB 调制。单边带信号的产生方法通常有滤波法和相移法。

### 5.2.4.1 用滤波法形成单边带信号

产生 SSB 信号最直观的方法是让双边带信号通过一个边带滤波器，保留所需要的一个边带，滤除不要的边带。只需将图 5-2 中的滤波器 $H(\omega)$ 设计成如图 5-9 所示的理想高通特性或理想低通特性，就可分别取出下边带信号频谱 $S_{LSB}(\omega)$ 或上边带信号频谱 $S_{USB}(\omega)$，如图 5-10 所示。

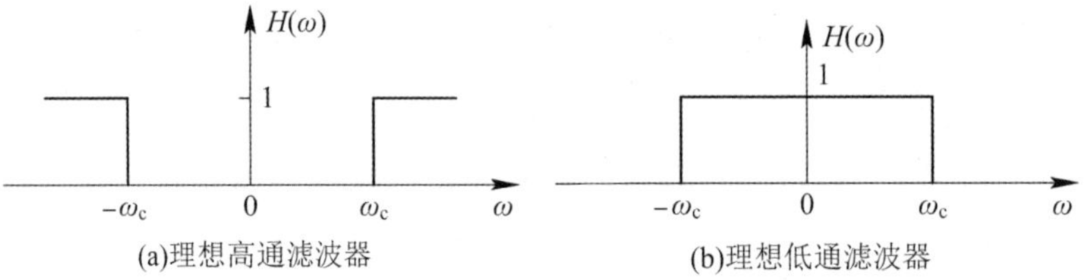


图 5-9 SSB 信号的滤波特性

用滤波法形成 SSB 信号的技术难点在于：由于一般调制信号都具有丰富的低频成分，经调制后得到的 DSB 信号的上、下边带之间的间隔很窄，这就要求单边带滤波器在 $f_c$ 附近具有陡峭的截止特性，才能有效地抑制无用的一个边带。这种具有陡峭截止特性的滤波器的设计和制作很困难，有时甚至难以实现。为此，我们在工程中往往采用多级调制滤波的方法。

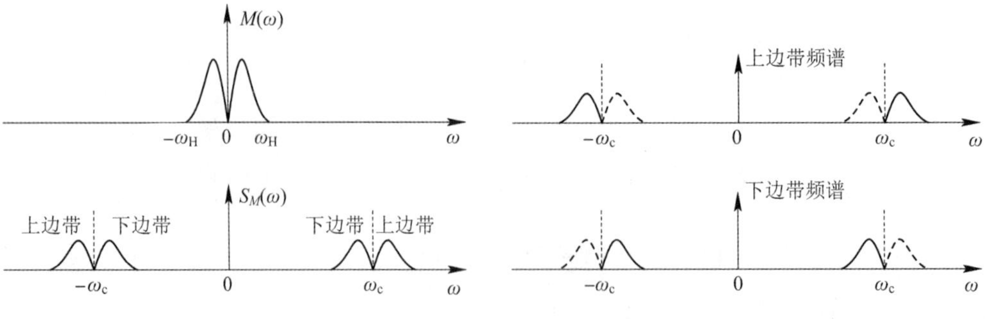


图 5-10 SSB 信号的频谱

### 5.2.4.2 用相移法形成单边带信号

SSB 信号的频域表示直观、简明，但是其时域表示式的推导比较困难，一般需借助希尔伯特变换来表述。下面将从简单的单频调制出发，得到 SSB 信号的时域表示式，然后推广到一般表示式。

（1）希尔伯特变换

设 $\hat{m}(t)$ 是 $m(t)$ 的希尔伯特变换，$M(\omega)$ 是 $m(t)$ 的傅里叶变换，则 $\hat{m}(t)$ 的傅里叶变换为

$$\hat{M}(\omega) = M(\omega) \cdot [-\mathrm{jsgn}(\omega)] \tag{5-24}$$

式中，符号函数 $\mathrm{sgn}(\omega)$ 为

$$\mathrm{sgn}(\omega) = \begin{cases} 1, & \omega > 0 \\ 0, & \omega = 0 \\ -1, & \omega < 0 \end{cases} \tag{5-25}$$

式(5-24)有明显的物理含义，让 $m(t)$ 通过传递函数为 $-\mathrm{jsgn}(\omega)$ 的滤波器即可得到 $\hat{m}(t)$。由此可知 $-\mathrm{jsgn}(\omega)$ 即希尔伯特滤波器的传递函数，记为

$$H_h(\omega) = \hat{M}(\omega)/M(\omega) = -\mathrm{jsgn}(\omega) \tag{5-26}$$

式(5-26)表明，希尔伯特滤波器 $H_h(\omega)$ 实质上是一个宽带相移网络，它表示将通过的 $m(t)$ 幅度不变，所有的频率分量均相移$\frac{\pi}{2}$，即可得到 $\hat{m}(t)$。

（2）SSB 信号的时域表示式

设单频调制信号为 $m(t)=A_m\cos(\omega_m t)$，载波为 $c(t)=\cos(\omega_c t)$，两者相乘得 DSB 信号的时域表示式为

$$s_{DSB}(t) = A_m\cos(\omega_m t)\cos(\omega_c t) = \frac{1}{2}A_m\cos[(\omega_c + \omega_m)t] + \frac{1}{2}A_m\cos[(\omega_c - \omega_m)t] \tag{5-27}$$

保留下边带，则有

$$s_{LSB}(t) = \frac{1}{2}A_m\cos[(\omega_c - \omega_m)t] = \frac{1}{2}A_m\cos(\omega_m t)\cos(\omega_c t) + \frac{1}{2}A_m\sin(\omega_m t)\sin(\omega_c t) \tag{5-28}$$

把上、下边带合并起来可以写成

$$s_{SSB}(t) = \frac{1}{2}A_m\cos(\omega_m t)\cos(\omega_c t) \mp \frac{1}{2}A_m\sin(\omega_m t)\sin(\omega_c t) \tag{5-29}$$

式中，“-”表示上边带信号，“+”表示下边带信号。$A_m\sin(\omega_m t)$ 可以看作 $A_m\cos(\omega_m t)$ 相移$\frac{\pi}{2}$，而幅度大小保持不变，即希尔伯特变换，记为“^”，即

$$A_m\hat{\cos}(\omega_m t) = A_m\sin(\omega_m t) \tag{5-30}$$

上述关系虽然是在单频调制下得到的，但是它不失一般性。因为任意一个基带波形总可以表示成许多正弦信号之和。因此，把上述表述方法运用到式(5-29)，就可以得到调制信号为任意信号的 SSB 信号的时域表示式

$$s_{SSB}(t) = \frac{1}{2}m(t)\cos(\omega_c t) \mp \frac{1}{2}\hat{m}(t)\sin(\omega_c t) \tag{5-31}$$

由上式可画出单边带调制相移法的模型，如图 5-11 所示。

相移法形成 SSB 信号的困难在于宽带相移网络的制作，该网络要对调制信号 $m(t)$ 的所有频率分量严格相移 $\frac{\pi}{2}$，这一点即使近似达到也是有困难的。为解决这个难题，可以采用混合法（也叫维弗法）。

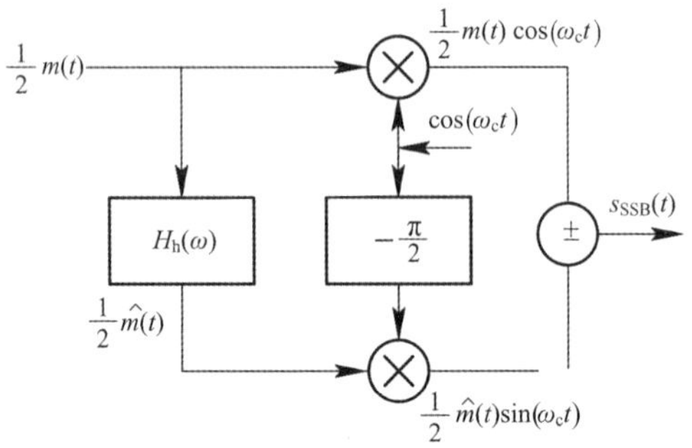


**图 5-11　相移法形成单边带信号**

（3）SSB 调制的优点

SSB 调制方式在传输信号时，不但可节省载波发射功率，而且它所占用的带宽为 $B_{SSB}=f_H$，只有 AM、DSB 的一半。因此，它目前已成为短波通信中的一种重要调制方式。

SSB 信号的解调和 DSB 一样不能采用简单的包络检波，因为 SSB 信号也是抑制载波的已调信号，它的包络不能直接反映调制信号的变化，所以需要采用相干解调。

下面将讨论 SSB 相干解调时的性能。考虑加性高斯白噪声（AWGN）信道，设噪声为 $n_i(t)=n_c(t)\cos(\omega_c t)-n_s(t)\sin(\omega_c t)$，单边功率谱密度为 $n_0$，由单边带已调信号表达式可得接收端解调器输入端的信号功率为

$$\begin{aligned}S_i&=\overline{s_{SSB}^2(t)}=\overline{\left[\frac{1}{2}m(t)\cos(\omega_c t)-\frac{1}{2}\hat{m}(t)\sin(\omega_c t)\right]^2}\\&=\frac{1}{4}\overline{[m(t)\cos(\omega_c t)]^2}+\frac{1}{4}\overline{[\hat{m}(t)\sin(\omega_c t)]^2}-\frac{1}{2}\overline{[m(t)\cos(\omega_c t)\cdot\hat{m}(t)\sin(\omega_c t)]}\\&=\frac{1}{8}\overline{m(t)^2}+\frac{1}{8}\overline{\hat{m}(t)^2}=\frac{1}{4}\overline{m(t)^2}\end{aligned}\tag{5-32}$$

输入端的噪声功率为

$$N_i=\overline{n_i^2(t)}=n_0B_{SSB}\tag{5-33}$$

相干解调后，对于噪声有

$$\begin{aligned}n_i(t)\cos(\omega_c t)&=[n_c(t)\cos(\omega_c t)-n_s(t)\sin(\omega_c t)]\cdot\cos(\omega_c t)\\&=\frac{1}{2}n_c(t)+\frac{1}{2}[n_c(t)\cos(2\omega_c t)-n_s(t)\sin(2\omega_c t)]\end{aligned}\tag{5-34}$$

对于信号有

$$\left[\frac{1}{2}m(t)\cos(\omega_c t)-\frac{1}{2}\hat{m}(t)\sin(\omega_c t)\right]\cdot\cos(\omega_c t)=\frac{1}{4}m(t)+\frac{1}{4}m(t)\cos(2\omega_c t)-\frac{1}{4}\hat{m}(t)\sin(2\omega_c t)\tag{5-35}$$

上述信号经过低通滤波器(LPF)后可分别得到 $s_o(t)=\frac{1}{16}\overline{m^2(t)}$，$n_o(t)=\frac{1}{2}\overline{n_c^2(t)}$，于是便有解调器输出的信号功率为

$$S_o=\overline{s_o^2(t)}=\frac{1}{16}\overline{m^2(t)}=\frac{1}{4}S_i \tag{5-36}$$

$$N_o=\overline{n_o^2(t)}=\frac{1}{4}\overline{n_c^2(t)}=\frac{1}{4}N_i \tag{5-37}$$

根据上述结论可得 SSB 系统的调制制度增益为

$$G_{SSB}=\frac{S_o/N_o}{S_i/N_i}=1 \tag{5-38}$$

需要说明的是,单边带系统的调制制度增益小于双边带系统,并不意味着单边带系统的抗噪性能劣于双边带系统。如果在保证相同的发射功率及相同的噪声环境条件下进行比较,可以证明,两者具有相同的抗噪性能。

【结论】与 DSB 信号相比,SSB 信号进一步节省发送功率和占用带宽,抗噪性能与 DSB 相同。

### 5.2.5　残留边带（VSB）调制

残留边带调制是介于 SSB 与 DSB 之间的一种调制方式。它既克服了 DSB 信号占用频带宽的缺点,又解决了 SSB 信号实现上的难题。DSB、SSB 和 VSB 信号的频谱如图 5-12 所示。VSB 不是完全抑制一个边带(如同 SSB 那样),而是逐渐切割,使其残留一小部分,如图 5-12(d)所示。VSB 调制的优点是解调时可用相干解调也可用包络检波(不需要本地载波),容许调制信号含有很低频率和直流分量。

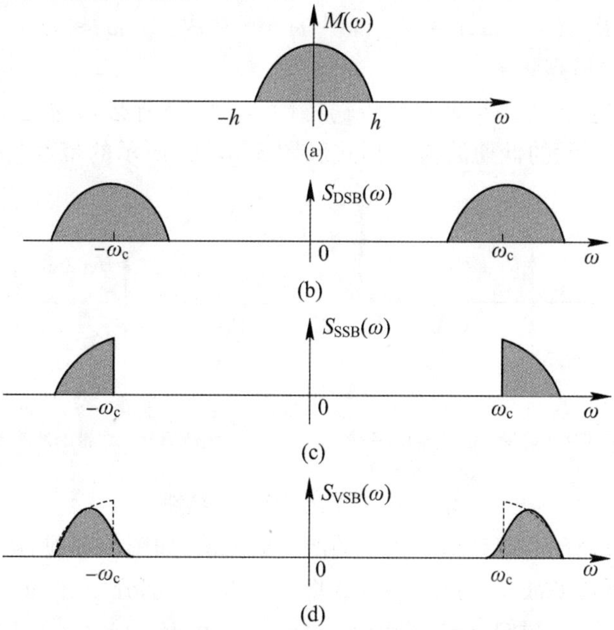


**图 5-12　DSB、SSB 和 VSB 信号的频谱**

用滤波法实现残留边带调制的原理如图 5-13(a)所示。图中，滤波器的特性应按残留边带调制的要求来进行设计。

下面将确定残留边带滤波器的传输特性。假设 $H_{\mathrm{VSB}}(\omega)$ 是所需的残留边带滤波器的传输特性。由图 5-13(a)可知，残留边带信号的频谱为

$$S_{\mathrm{VSB}}(\omega)=\frac{1}{2}[M(\omega+\omega_c)+M(\omega-\omega_c)]H_{\mathrm{VSB}}(\omega) \tag{5-39}$$

为了确定上式中残留边带滤波器传输特性 $H_{\mathrm{VSB}}(\omega)$ 应满足的条件，下面分析接收端是如何从该信号中恢复原基带信号的。

VSB 信号显然也不能简单地采用包络检波，而必须采用如图 5-13 (b)所示的相干解调。图中，残留边带信号 $s_{\mathrm{VSB}}(t)$ 与相干载波 $\cos(\omega_c t)$ 的乘积为 $s_{\mathrm{VSB}}(t)\cos(\omega_c t)$，它对应的频谱为

$$s_{\mathrm{VSB}}(t)\cos(\omega_c t)\Leftrightarrow\frac{1}{2}[S_{\mathrm{VSB}}(\omega+\omega_c)+S_{\mathrm{VSB}}(\omega-\omega_c)] \tag{5-40}$$

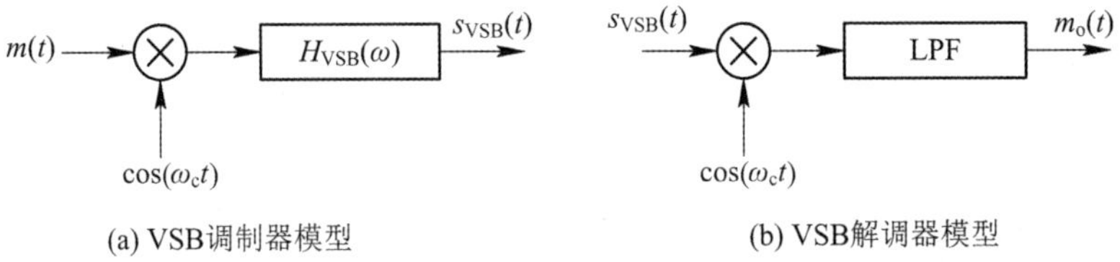


图 5-13　VSB 调制器和解调器模型

将式(5-39)代入式(5-40)，选择合适的低通滤波器的截止频率，消掉 $\pm2\omega_c$ 处的频谱，则低通滤波器的输出频谱为

$$M_o(\omega)=\frac{1}{4}M(\omega)[H_{\mathrm{VSB}}(\omega+\omega_c)+H_{\mathrm{VSB}}(\omega-\omega_c)] \tag{5-41}$$

从上式可知，为了保证相干解调的输出无失真地重现调制信号 $m(t)\Leftrightarrow M(\omega)$，必须要求

$$H_{\mathrm{VSB}}(\omega+\omega_c)+H_{\mathrm{VSB}}(\omega-\omega_c)=\text{常数},\quad |\omega|\leqslant\omega_H \tag{5-42}$$

式中，$\omega_H$ 是调制信号的最高频率。

式(5-42)就是确定残留边带滤波器传输特性 $H_{\mathrm{VSB}}(\omega)$ 所必须遵循的条件，满足该式的 $H_{\mathrm{VSB}}(\omega)$ 有图 5-14(a)所示的低通滤波器形式和图 5-14(b)所示的带通(或高通)滤波器形式两种可能形式。

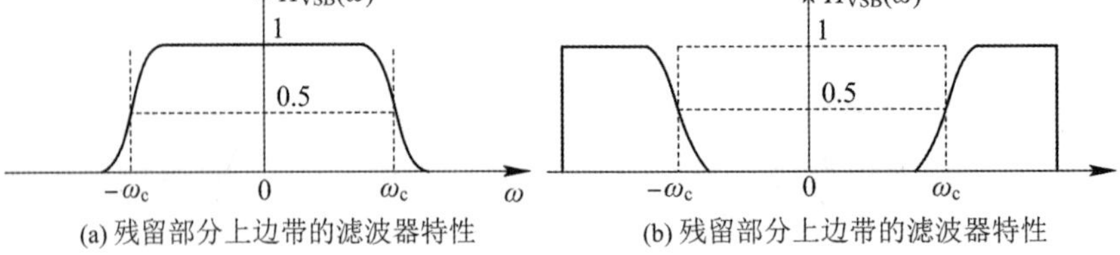


图 5-14　残留边带滤波器特性

式(5-42)的几何解释为：以残留上边带的滤波器为例，如图 5-15 所示。

显见，它是一个低通滤波器。这个滤波器将使上边带小部分残留，而使下边带绝大部分通过。将 $H_{\mathrm{VSB}}(\omega)$ 进行 $\pm\omega_c$ 的频偏，分别得到 $H_{\mathrm{VSB}}(\omega-\omega_c)$ 和 $H_{\mathrm{VSB}}(\omega+\omega_c)$，按式(5-42)将两者相

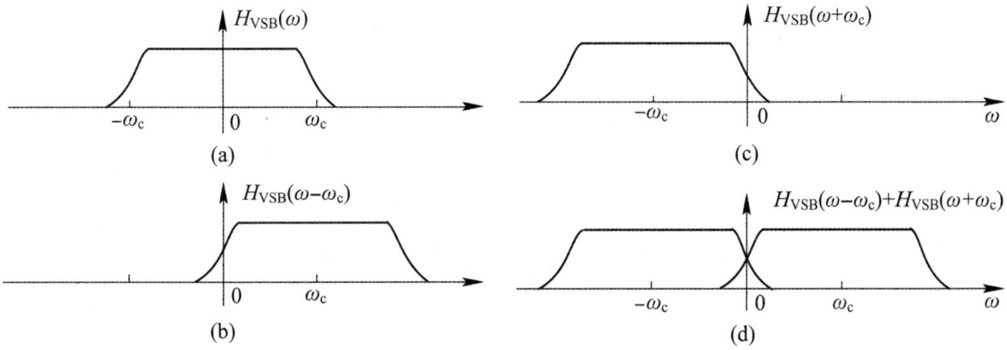


**图 5-15 残留边带滤波器的几何解释**

加，其结果在$|\omega| \leqslant \omega_H$范围内应为常数，为了满足这一要求，必须使 $H_{VSB}(\omega-\omega_c)$ 和 $H_{VSB}(\omega+\omega_c)$ 在 $\omega=0$ 处具有互补对称的滚降特性。显然，满足这种要求的滚降特性曲线并不是唯一的，而是有无穷多个。

【结论】残留边带调制仍为线性调制，只要残留边带滤波器的特性 $H_{VSB}(\omega)$ 在$\pm\omega_c$处具有互补对称(奇对称)特性，那么，采用相干解调法解调 VSB 信号就能够准确地恢复所需的基带信号。

【**例 5-1**】已知调制信号 $m(t)=\cos(2000\pi t)+\cos(4000\pi t)$，载波为 $\cos(10^4\pi t)$，进行单边带调制，试确定该单边带信号的表示式，并画出频谱图。

**解**：若要确定单边带信号，须先求得 $m(t)$ 的希尔伯特变换

$$\hat{m}(t)=\cos\left(2000\pi t-\frac{\pi}{2}\right)+\cos\left(4000\pi t-\frac{\pi}{2}\right)=\sin(2000\pi t)+\sin(4000\pi t)$$

故上边带信号为

$$s_{USB}(t)=\frac{1}{2}m(t)\cos(\omega_c t)-\frac{1}{2}\hat{m}(t)\sin(\omega_c t)=\frac{1}{2}\cos(12000\pi t)-\frac{1}{2}\cos(14000\pi t)$$

故下边带信号为

$$s_{LSB}(t)=\frac{1}{2}m(t)\cos(\omega_c t)+\frac{1}{2}\hat{m}(t)\sin(\omega_c t)=\frac{1}{2}\cos(8000\pi t)+\frac{1}{2}\cos(6000\pi t)$$

其频谱如图 5-16 所示。

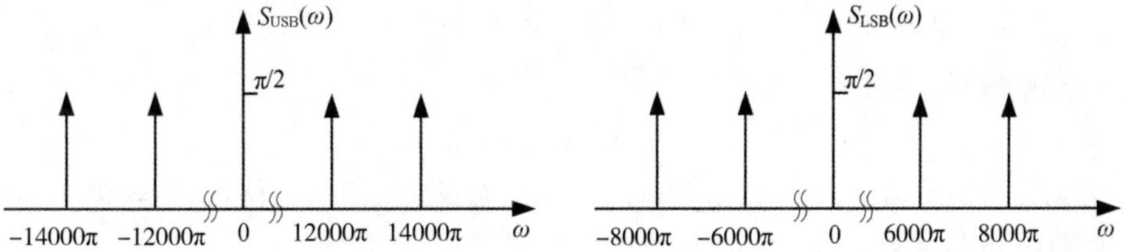


**图 5-16 已调信号频谱示意图**

# 5.3 非线性调制(角度调制)

幅度调制属于线性调制,它是通过改变载波的幅度,以实现调制信号频谱的平移及线性变换的。由于一个正弦载波有幅度、频率和相位三个参量,因此,调制信号的信息不仅可以寄托在载波的幅度变化中,还可以寄托在载波的频率或相位变化中。这种使高频载波的频率或相位按调制信号的规律变化而振幅保持恒定的调制方式,称为频率调制(FM)和相位调制(PM),分别简称为调频和调相。因为频率或相位的变化都可以看作载波角度的变化,故调频和调相统称为角度调制。

角度调制与线性调制不同,已调信号频谱不再是调制信号频谱的线性搬移,而是频谱的非线性变换,会产生与频谱搬移不同的新的频率成分,故又称为非线性调制。

由于频率和相位之间存在微分与积分的关系,故调频与调相之间存在密切的关系,鉴于FM 用得较多,本节将主要讨论频率调制。

## 5.3.1 角度调制的基本概念

任何一个正弦时间函数,如果它的幅度不变,则表示为

$$c(t)=A\cos\theta(t) \tag{5-43}$$

式中,$\theta(t)$称为正弦波的瞬时相位。将$\theta(t)$对时间$t$求导可得瞬时频率,即

$$\omega(t)=\frac{\mathrm{d}\theta(t)}{\mathrm{d}t} \tag{5-44}$$

由上式可以写出

$$\theta(t)=\int_{-\infty}^{t}\omega(\tau)\,\mathrm{d}\tau \tag{5-45}$$

设一个载波可以表示为

$$c(t)=A\cos(\omega_c t+\theta_0) \tag{5-46}$$

式中,$\theta_0$为载波的初始相位,为一常数;$\theta(t)=\omega_c t+\theta_0$为载波的瞬时相位;$\omega(t)=\mathrm{d}\theta(t)/\mathrm{d}t=\omega_c$为载波的角频率,也是常数。

在角度调制中,正弦波的频率和相位都要随时间变化,可把瞬时相位表示为

$$\theta(t)=\omega_c t+\varphi(t) \tag{5-47}$$

因此,角度调制信号的一般表达式为

$$s_m(t)=A\cos[\omega_c t+\varphi(t)] \tag{5-48}$$

式中,$A$是载波的恒定振幅;$[\omega_c t+\varphi(t)]$是信号的瞬时相位$\theta(t)$,而$\varphi(t)$称为相对于载波相位

$\omega_c t$ 的瞬时相位偏移；$\mathrm{d}[\omega_c t+\varphi(t)]/\mathrm{d}t$ 是信号的瞬时频率，而 $\mathrm{d}\varphi(t)/\mathrm{d}t$ 称为相对于载频 $\omega_c$ 的瞬时频偏。

所谓相位调制，是指瞬时相位偏移随调制信号 $m(t)$ 而线性变化，即

$$\varphi(t)=K_p m(t) \tag{5-49}$$

其中，$K_p$ 是常数。于是，调相信号可表示为

$$s_{PM}(t)=A\cos[\omega_c t+K_p m(t)] \tag{5-50}$$

所谓频率调制，是指瞬时频率偏移随调制信号 $m(t)$ 而线性变化，即

$$\frac{\mathrm{d}\varphi(t)}{\mathrm{d}t}=K_f m(t) \tag{5-51}$$

其中，$K_f$ 是一个常数，这时瞬时相位偏移为

$$\varphi(t)=\int_{-\infty}^{t} K_f m(\tau)\,\mathrm{d}\tau \tag{5-52}$$

代入式(5-48)可得调频信号为

$$s_{FM}(t)=A\cos\left[\omega_c t+K_f\int_{-\infty}^{t} m(\tau)\,\mathrm{d}\tau\right] \tag{5-53}$$

由式(5-50)和式(5-53)可知，FM 和 PM 非常相似，如果预先不知道调制信号 $m(t)$ 的具体形式，则无法判断已调信号是调频信号还是调相信号。另外，还可看出，如果将调制信号先微分，而后进行调频，则得到的是调相波，这种方式叫间接调相；同样，如果将调制信号先积分，而后进行调相，则得到的是调频波，这种方式叫间接调频。图 5-17 分别给出了实现两种调制方式的原理图。

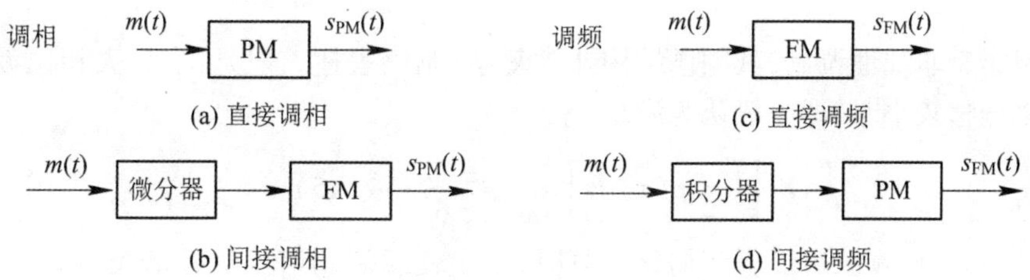


**图 5-17　调相和调频实现原理**

下面可以对相位调制和频率调制的特点进行比较。

（1）在相位调制中载波相位 $\varphi(t)$ 随调制信号 $m(t)$ 线性地变化，而在频率调制中载波相位 $\varphi(t)$ 随调制信号 $m(t)$ 的积分线性地变化。

（2）若将 $m(t)$ 先积分，再对载波进行相位调制，即得到频率调制信号。类似地，若将 $m(t)$ 先微分，再对载波进行频率调制，就得到相位调制信号。相位调制和频率调制的振幅均恒定。

（3）仅从已调信号波形上看无法区分两者。两者的区别仅是已调信号和调制信号的关系不同。角度调制的波形如图 5-18 (a)是已调信号的瞬时频率和时间的关系，它在 $\omega_c$ 和 $2\omega_c$ 之间做线性变化；图 5-18 (b)是已调信号的波形。若调制信号 $m(t)$ 的波形如图 5-18 (a)那样做直线变化，则已调信号就是频率调制信号；若 $m(t)$ 随 $t^2$ 变化，则已调信号就是相位调制信号，此时已调信号的瞬时频率也是做直线变化的。

【结论】调频与调相并无本质区别，两者之间可相互转换。

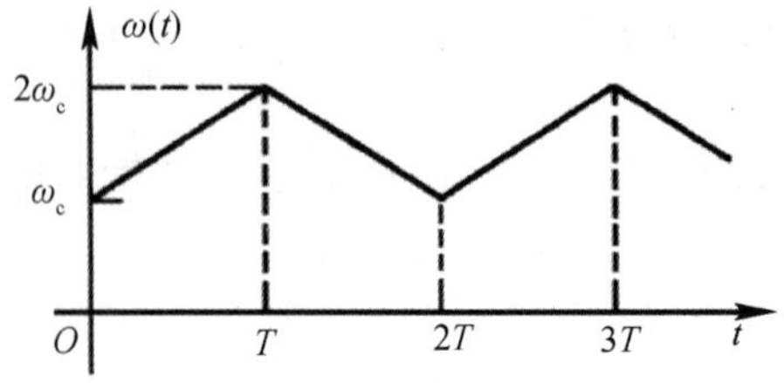


(a) 已调信号的瞬时频率和时间的关系

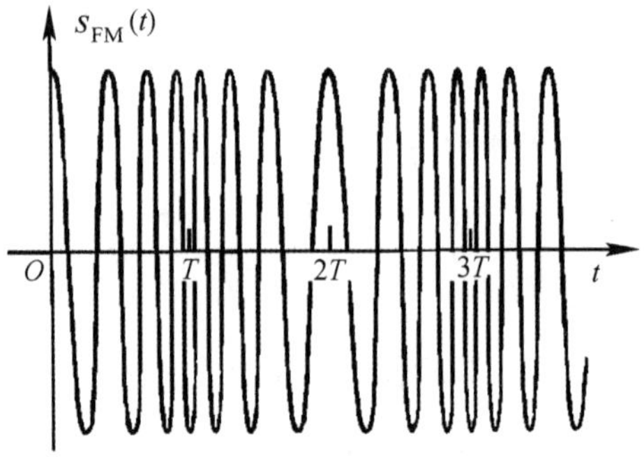


(b) 已调信号的波形

**图 5-18　角度调制的波形**

## 5.3.2　窄带调频与宽带调频

频率调制属于非线性调制，其频谱结构非常复杂，难以表述。但是，当最大相位偏移及相应的最大频率偏移较小时，即一般认为满足

$$\left|K_f\left[\int_{-\infty}^{t} m(\tau)\mathrm{d}\tau\right]\right|_{\max} \ll \frac{\pi}{6}\ (\text{或 } 0.5) \tag{5-54}$$

时，式(5-53)所示的调频波可以得到简化，因此可求出任意调制信号的频谱表达式。此时，信号占据带宽窄，属于窄带调频（NBFM）；反之，属于宽带调频（WBFM）。

### 5.3.2.1　窄带调频（NBFM）

调频波的一般表示式为

$$s_{FM}(t) = A\cos\left[\omega_c t + K_f\int_{-\infty}^{t} m(\tau)\mathrm{d}\tau\right] \tag{5-55}$$

为方便起见，假设 $A=1$，则有

$$\begin{aligned} s_{FM}(t) &= \cos\left[\omega_c t + K_f\int_{-\infty}^{t} m(\tau)\mathrm{d}\tau\right] \\ &= \cos(\omega_c t)\cos\left[K_f\int_{-\infty}^{t} m(\tau)\mathrm{d}\tau\right] - \sin(\omega_c t)\sin\left[K_f\int_{-\infty}^{t} m(\tau)\mathrm{d}\tau\right] \end{aligned} \tag{5-56}$$

当式(5-54)满足时，有近似式

$$\begin{cases} \cos\left[K_f \int_{-\infty}^{t} m(\tau)\mathrm{d}\tau\right] \approx 1 \\ \sin\left[K_f \int_{-\infty}^{t} m(\tau)\mathrm{d}\tau\right] \approx K_f \int_{-\infty}^{t} m(\tau)\mathrm{d}\tau \end{cases} \tag{5-57}$$

则式(5-56)可以简化为

$$s_{\mathrm{NBFM}}(t) \approx \cos(\omega_c t) - \left[K_f \int_{-\infty}^{t} m(\tau)\mathrm{d}\tau\right]\sin(\omega_c t) \tag{5-58}$$

可得 NBFM 信号的频域表达式为

$$S_{\mathrm{NBFM}}(\omega) = \pi[\delta(\omega+\omega_c) + \delta(\omega-\omega_c)] + \frac{K_f}{2}\left[\frac{M(\omega-\omega_c)}{\omega-\omega_c} - \frac{M(\omega+\omega_c)}{\omega+\omega_c}\right] \tag{5-59}$$

式(5-58)和式(5-59)是 NBFM 信号的时域和频域的一般表达式。将它与 AM 信号的频谱

$$S_{\mathrm{AM}}(\omega) = \pi[\delta(\omega+\omega_c) + \delta(\omega-\omega_c)] + \frac{M(\omega+\omega_c) + M(\omega-\omega_c)}{2} \tag{5-60}$$

比较,从而可以清楚地看出两种调制的相似性和不同处:两者都含有一个载波和位于$\pm\omega_c$处的两个边带,所以它们的带宽相同,都是调制信号最高频率的两倍。但是,NBFM 的两个边频分别乘了因式$\frac{1}{\omega-\omega_c}$和$\frac{1}{\omega+\omega_c}$,由于因式是频率的函数,所以这种加权是频率加权,加权的结果引起调制信号频谱失真。另外,NBFM 有一边带和 AM 反相,其负频率分量与正频率分量相差 180°。

由于 NBFM 信号最大相位偏移较小,占据的带宽较窄,使得调频制度的抗干扰性能强的优点不能充分发挥(当然其抗干扰性能比 AM 系统好得多),因此,对于高质量通信,如微波或卫星通信、调频立体声广播、电视伴音等多采用宽带调频。

#### 5.3.2.2　宽带调频(WBFM)

当不满足式(5-54)的窄带条件时,调频信号的时域表达式不能简化,因而给宽带调频的频谱分析带来了困难。为使问题简化,下面仅研究单音调制的情况,然后把分析的结论推广到多音情况。

设单音调制信号为

$$m(t) = A_m\cos(\omega_m t) = A_m\cos(2\pi f_m t) \tag{5-61}$$

由式(5-52)可得调频信号的瞬时相偏为

$$\varphi(t) = A_m K_f \int_{-\infty}^{t} \cos(\omega_m \tau)\mathrm{d}\tau = \frac{A_m K_f}{\omega_m}\sin(\omega_m t) = m_f \sin(\omega_m t) \tag{5-62}$$

式中,$A_m K_f$为最大角频偏,记为 $\Delta\omega$;$m_f$为调制指数,表示为

$$m_f = \frac{A_m K_f}{\omega_m} = \frac{\Delta\omega}{\omega_m} = \frac{\Delta f}{f_m} \tag{5-63}$$

将式(5-62)代入调频波表达式,则单音宽带调频的时域表达式为

$$s_{\mathrm{FM}}(t) = A\cos[\omega_c t + m_f \sin(\omega_m t)] \tag{5-64}$$

令 $A=1$,并利用三角公式展开上式,则有

$$s_{\mathrm{FM}}(t) = \cos(\omega_c t)\cdot\cos[m_f\sin(\omega_m t)] - \sin(\omega_c t)\cdot\sin[m_f\sin(\omega_m t)] \tag{5-65}$$

将上式中的两个因子分别展成傅里叶级数形式，则有

$$\cos[m_f\sin(\omega_m t)] = J_0(m_f) + 2\sum_{n=1}^{\infty} J_{2n}(m_f)\cos(2n\omega_m t) \tag{5-66}$$

$$\sin[m_f\sin(\omega_m t)] = 2\sum_{n=1}^{\infty} J_{2n-1}(m_f)\sin[(2n-1)\omega_m t] \tag{5-67}$$

式中，$J_n(m_f)$ 为第一类 $n$ 阶贝塞尔（Bessel）函数，是调频指数 $m_f$ 的函数。图 5-19 给出了 $J_n(m_f)-m_f$ 关系曲线，详细数据可参看 Bessel 函数表。将式（5-66）和（5-67）代入式（5-65），可得到调频信号的级数展开式为

$$\begin{aligned} s_{FM}(t) = {} & J_0(m_f)\cos(\omega_c t) - J_1(m_f)\{\cos[(\omega_c-\omega_m)t] - \cos[(\omega_c+\omega_m)t]\} + \\ & J_2(m_f)\{\cos[(\omega_c-2\omega_m)t] + \cos[(\omega_c+2\omega_m)t]\} - \\ & J_3(m_f)\{\cos[(\omega_c-3\omega_m)t] - \cos[(\omega_c+3\omega_m)t]\} + \cdots \\ = {} & \sum_{n=-\infty}^{\infty} J_n(m_f)\cos[(\omega_c+n\omega_m)t] \end{aligned} \tag{5-68}$$

对式（5-68）进行傅里叶变换，可得出 FM 信号的频域表达式为

$$S_{FM}(\omega) = \pi\sum_{n=-\infty}^{\infty} J_n(m_f)[\delta(\omega-\omega_c-n\omega_m) + \delta(\omega+\omega_c+n\omega_m)] \tag{5-69}$$

由上式可知，调频波的频谱包含无穷多个分量。当 $n=0$ 时就是载波分量 $\omega_c$，其幅度为 $J_0(m_f)$。当 $n\neq 0$ 时在载频两侧对称地分布上下边频分量 $\omega_c \pm n\omega_m$，谱线之间的间隔为 $\omega_m$，幅度为 $J_n(m_f)$，且当 $n$ 为奇数时，上下边频极性相反；当 $n$ 为偶数时，上下边频极性相同。

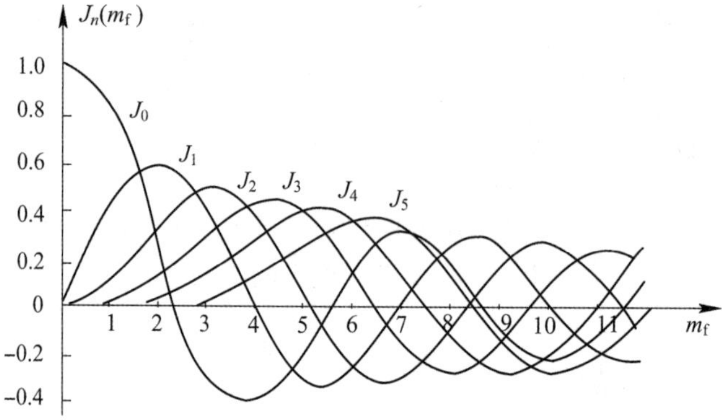


**图 5-19　某单音宽带调频波的频谱**

图 5-20 给出了某单音宽带调频波的频谱。由于调频波的频谱包含无穷多个频率分量，因此，理论上调频波的带宽为无限宽。然而实际上边频幅度 $J_n(m_f)$ 随着 $n$ 的增大而逐渐减小，因此只要取适当的 $n$ 值使边频分量小到可以忽略的程度，调频信号可近似认为具有有限频谱。根据经验认为：当 $m_f\geqslant 1$ 以后，取边频数 $n=m_f+1$ 即可。因为 $n>m_f+1$ 以上的边频幅度 $J_n(m_f)$ 均小于 0.1，相应产生的功率均在总功率的 2%以下，可以忽略不计。

根据这个原则，可以认为调频波的带宽为

$$B_{FM} = 2(m_f+1)f_m = 2(\Delta f + f_m) \tag{5-70}$$

式中，$\Delta f = \dfrac{\Delta\omega}{2\pi}$，为调制最大频偏；$f_m$ 为调制信号频率。上式说明调频信号的带宽取决于最大频

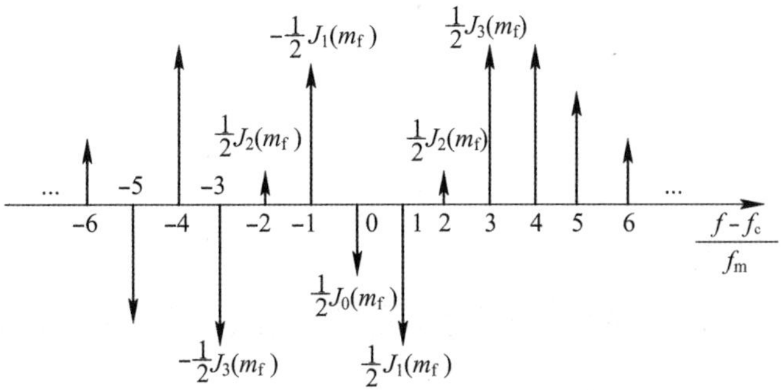


图 5-20 调频波的频谱($m_f=5$)

偏和调制信号的频率,该式称为卡森公式。

当 $m_f<0.5$ 或更小时,则 $B_{FM}\approx 2f_m$。这就是窄带调频的带宽,与前面的分析相一致。

当 $m_f\geqslant 10$ 时,则 $B_{FM}\approx 2\Delta f$。这是大指数宽带调频情况,说明带宽由最大频偏决定。

以上讨论的是单音调频情况,对于多音或其他任意信号调制的调频波的频谱分析是很复杂的,此时上式中的 $f_m$ 应是调制信号的最高频率分量。

## 5.3.3 角度调制信号的接收

角度调制信号的振幅是恒定的,角度调制信号的振幅不包含调制信号的信息,因此信号振幅的改变不会使信息受到损失。角度调制信号可采用鉴频器或鉴相器进行解调。鉴频器有多种,图 5-21 给出一种用振幅鉴频器进行非相干解调的特性与原理框图。

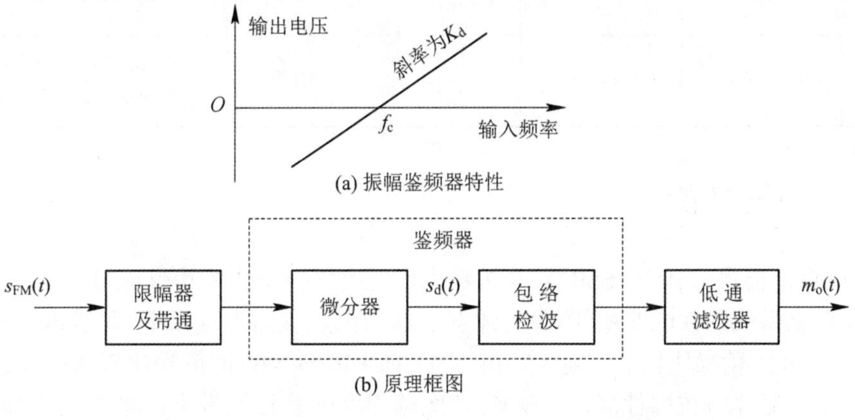


图 5-21 用振幅鉴频器进行非相干解调的特性与原理框图

相对于振幅,信道中的衰落及噪声对于信号角度的影响小得多,因此,角度调制信号的抗干扰能力较强。通常为了消除衰落和噪声对于角度调制信号的影响,在接收设备中常采用限幅器来消除振幅的变化。在图 5-21 中,限幅器将调频波在传输过程中引起的幅度变化部分削去,变成固定幅度的调频波,带通滤波器让调频信号顺利通过,而滤除带外噪声及高次谐波分量。理想鉴频器可看作带微分器的包络检波器。

# 5.4 各种模拟调制系统的性能比较

假设所有系统具有相同的解调器输入信号功率 $S_i$、相同噪声功率谱密度 $n_0$、相同基带信号带宽 $f_m$，其中 AM 为 100%调制，调制信号 $m(t)$ 为单音正弦信号，则各种模拟调制方式的性能如表 5-1 所示。

表 5-1　各种模拟调制方式的性能

| 调制方式 | 信号带宽 | 制度增益 | $S_o/N_o$ | 设备复杂度 | 主要应用 |
|---|---|---|---|---|---|
| DSB | $2f_m$ | 2 | $\frac{S_i}{n_0 f_m}$ | 中等 | 较少应用 |
| SSB | $f_m$ | 1 | $\frac{S_i}{n_0 f_m}$ | 复杂 | 短波无线电广播和频分多路复用系统等 |
| VSB | 略大于 $f_m$ | 近似 SSB | 近似 SSB | 复杂 | 电视广播 |
| AM | $2f_m$ | $\frac{2}{3}$ | $\frac{S_i}{3n_0 f_m}$ | 简单 | 中短波无线电广播 |
| FM | $2(m_f+1)f_m$ | $3m_f^2(m_f+1)$ | $\frac{3m_f^2 S_i}{2n_0 f_m}$ | 中等 | 超短波小功率电台微波中继和调频立体声广播 |

## 5.4.1 抗噪性能

FM 抗噪声性能最好，DSB、SSB、VSB 抗噪声性能次之，AM 抗噪声性能最差。图 5-22 示出了各种模拟调制系统的性能曲线，图中的圆点表示门限点。门限点以下，曲线迅速下跌；门限点以上 DSB、SSB 的信噪比较 AM 高 4.7 dB 以上，而 FM($m_f=6$)的信噪比较 AM 高 22 dB。大信噪比情况下，FM 系统抗噪性能优于 AM，其优越程度随着传输带宽的增加而增加。小信噪比情况下，解调器的输出没有单独存在的有用信号项，完全由噪声决定，即 FM 系统的解调存在“门限效应”。

【结论】FM 的调制指数 $m_f$ 越大，抗噪声性能越好，但占据的带宽越宽，频带利用率越低。SSB 的带宽最窄，其频带利用率高。当输入信噪比较高时，采用 FM 可以获得更大的好处。

## 5.4.2 特点与应用

AM 调制的优点是接收设备简单；缺点是功率利用率低，抗干扰能力差。目前，AM 调制主要用在中波和短波的调幅广播中。

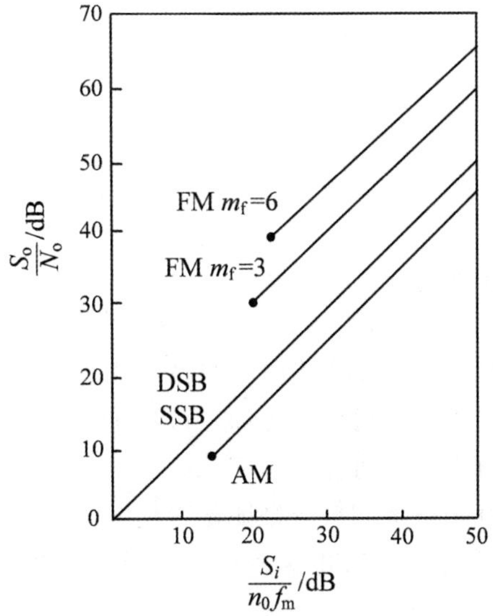


图 5-22　各种模拟调制系统的性能曲线

DSB 调制的优点是功率利用率高，但带宽与 AM 相同，接收要求同步解调，设备较复杂。只用于点对点的专用通信，运用不太广泛。

SSB 调制的优点是功率利用率和频带利用率都较高，抗干扰能力和抗选择性衰落能力均优于 AM，而带宽只有 AM 的一半；缺点是发送和接收设备都复杂。鉴于这些特点，SSB 制式普遍用在频带比较拥挤的场合，如短波无线电广播和频分多路复用系统中。

VSB 调制的诀窍在于部分抑制了发送边带，同时又利用平缓滚降滤波器补偿了被抑制部分。VSB 的性能与 SSB 相当。VSB 解调原则上也需同步解调，但在某些 VSB 系统中，附加一个足够大的载波，就可用包络检波法解调合成信号，这种合成信号方式综合了 AM、SSB 和 DSB 三者的优点。所有这些特点，都使 VSB 在电视广播系统中得到广泛应用。

FM 信号的幅度恒定不变，因此对非线性器件不太敏感，给 FM 带来了抗快衰落能力。利用自动增益控制和带通限幅还可以消除快衰落造成的幅度变化效应。WBFM 的抗干扰能力强，可以实现带宽与信噪比的互换，因而 WBFM 广泛应用于长距离高质量的通信系统中，如空间和卫星通信、调频立体声广播、超短波电台等。WBFM 的缺点是频带利用率低，存在门限效应，因此在接收信号弱、干扰大的情况下宜采用 NBFM，这就是小型通信机常采用窄带调频的原因。

# 复习与巩固

## 一、概念思考

1.调制在通信系统中起什么作用？

2.什么是线性调制？AM、DSB、SSB、VSB 已调信号的波形和频谱有哪些特点？

3.残留边带信号的生成滤波器的传输特性应满足什么条件？为什么？

4.什么是频率调制？什么是相位调制？两者之间有什么关系？

5.简述窄带调频和宽带调频的区别、特点和应用。

6.DSB 调制系统和 SSB 调制系统的抗噪性能是否相同？为什么？

7.FM 系统调制制度增益和信号带宽的关系如何？根据此关系可以得出什么结论？

## 二、课堂小测

1.在模拟通信系统中，有效性与已调信号带宽的定性关系是________，可靠性与解调器输出信噪比的定性关系是________。

2.在 AM、DSB、SSB、FM 等 4 个通信系统中，可靠性最好的是________，有效性最好的是________，有效性相同的是________，可靠性相同的是________。

3.在 FM 广播系统中，规定每个电台的标称带宽为 180 kHz，调频指数为 5，这意味着其音频信号最高频率为________。

4.单边带信号相干解调时，若接收端本地载波与发送端同频不同相，对解调输出的影响是________。

5.简答题：

(1)线性调制有哪几种？简述它们之间的主要区别。

(2)说明调频和调相的关系。

(3)简述窄带调频和宽带调频的区分。

6.已知调制信号 $m(t)=\cos(2000\pi t)$，载波为 $2\cos(10^4\pi t)$，分别写出 AM 和 DSB 信号的表示式，并画出频谱图。

7.已知调频信号 $s_m(t)=10\cos[10^6\pi t+8\cos(10^3\pi t)]$，调制器的频偏常数 $K_f=200$ Hz/V，试求：

(1)载频 $f_c$、调频指数和最大频偏；

(2)调制信号 $m(t)$。

## 三、典型题解

1.设一个载波的表达式为 $c(t)=5\cos(1000\pi t)$，基带调制信号的表达式为 $m(t)=1+\cos(200\pi t)$，试求出振幅调制时此已调信号的频谱，并画出此频谱图。

**解**：已调信号为

$$s(t)=m(t)c(t)=[1+\cos(200\pi t)]5\cos(1000\pi t)$$
$$=5\cos(1000\pi t)+5\cos(200\pi t)\cos(1000\pi t)$$
$$=5\cos(1000\pi t)+\frac{5}{2}[\cos(1200\pi t)+\cos(800\pi t)]$$

由傅里叶变换得已调信号的频谱为

$$S(f)=\frac{5}{2}[\delta(f+500)+\delta(f-500)]+$$
$$\frac{5}{4}[\delta(f+600)+\delta(f-600)+\delta(f+400)+\delta(f-400)]$$

已调信号频谱图为

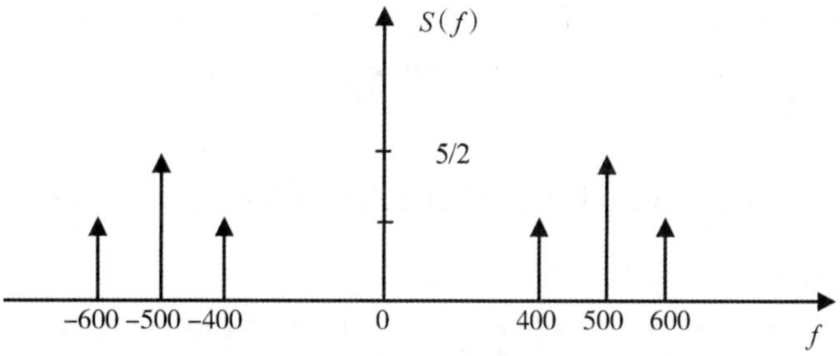


2.设一个频率调制信号的载频等于 10 kHz,基带调制信号是频率为 2 kHz 的单一正弦波,调制频偏等于 5 kHz。试求其调制指数和已调信号带宽。

**解:** 由题意,可设调制信号频率为 $f_m=2$ kHz,频偏为 $\Delta f=5$ kHz

则调制指数为

$$m_f=\frac{\Delta f}{f_m}=\frac{5}{2}=2.5$$

已调信号带宽为

$$B=2(\Delta f+f_m)=2\times(5+2)=14\ \text{kHz}$$

3.设一个角度调制信号的表达式为 $s(t)=10\cos[2\times10^6\pi t+10\cos(2000\pi t)]$,试求:

(1)已调信号的最大频偏;

(2)已调信号的最大相移;

(3)已调信号的带宽。

**解:**(1)由信号表达式可知该角调波的瞬时角频率及最大频偏为

$$\omega(t)=2\times10^6\pi-10\times2000\pi\sin(2000\pi t)\ \text{rad/s}$$
$$\Delta\omega=|-10\times2000\pi\sin(2000\pi t)|=10\times2000\pi\ \text{rad/s}$$
$$\Delta f=\frac{10\times2000\pi}{2\pi}=10\ \text{kHz}$$

(2)最大相移为

$$\varphi(t)=2\times10^6\pi t+10\cos(2000\pi t)$$
$$\Delta\varphi=|10\cos(2000\pi t)|=10\ \text{rad}$$

(3)求已调信号带宽

调频指数

$$m_f=\frac{\Delta f}{f_m}=\frac{10^4}{10^3}=10$$

$$B=2(m_f+1)f_m=2\times(10+1)\times10^3=22\ \text{kHz}$$

【注】FM 波和 PM 波的带宽形式相同。

4.已知某单频调频波的振幅是 10 V，瞬时频率为 $f(t)=10^6+10^4\cos(2\pi\times10^3t)$，试求：

(1)此调频波的时域表达式；

(2)此调频波的频率偏移、调频指数和带宽；

(3)将调制信号频率提高到 $2\times10^3$ Hz，则调频波的频偏、调频指数和带宽如何变化。

**解**：(1)该调频波的瞬时角频率为

$$\omega(t)=2\pi f(t)=2\pi\times10^6+2\pi\times10^4\cos(2\pi\times10^3t)\ \text{rad/s}$$

此时调频波的总相位为

$$\varphi(t)=\int_{-\infty}^{t}\omega(t)\,\mathrm{d}t=2\pi\times10^6t+10\sin(2\pi\times10^3t)\,\text{rad}$$

因此，调频波的时域表达式为

$$s_{FM}(t)=A\cos\varphi(t)=10\cos[2\pi\times10^6t+10\sin(2\pi\times10^3t)]$$

(2)根据频偏的定义

$$\Delta f=|\Delta f(t)|_{\max}=\left|10^4\cos(2\pi\times10^3t)\right|_{\max}=10\ \text{kHz}$$

调频指数为

$$m_f=\frac{\Delta f}{f_m}=\frac{10^4}{10^3}=10$$

带宽为

$$B\approx2(\Delta f+f_m)=2(10+1)=22\ \text{kHz}$$

(3)由于频率调制已调波频偏与调制信号频率无关，因此，将调制信号频率提高后，调频信号的频偏仍为 10 kHz，此时，调频指数变为

$$m_f=\Delta f/f_m=10^4/(2\times10^3)=5$$

相应带宽为

$$B\approx2(\Delta f+f_m)=2(10+2)=24\ \text{kHz}$$

【讨论】由于 $\Delta f\gg f_m$，所以，虽然调制信号频率增加了一倍，但调频信号的带宽 $B$ 变化很小。

## 四、课后拓展

1.利用 Matlab 分别生成两个信号：一个是频率为 1 Hz、功率为 1 的余弦波作为基带信号，另一个是单位幅度、频率为 10 Hz 的余弦波作为载波信号，试画出：

(1)AM 调制信号(直流偏置 $A_0=2$)；

(2)DSB 调制信号；

(3)SSB 调制信号；

(4)上述信号经过 AWGN 信道传输，若接收端带通滤波器输出的窄带高斯白噪声的功率

为0.1，试仿真实现各信号的解调，并画出解调后的波形。

2.已知基带信号为 $m(t)=\begin{cases}t, & 0\leqslant t\leqslant 1\\ -t+2, & 1\leqslant t\leqslant 2\end{cases}$，对其进行DSB调制传输，载波为频率 $f_c=25$ Hz，幅度 $A=1$ 的正弦波。利用Matlab完成以下工作：

(1)画出已调信号 $s_{DSB}(t)$ 的波形；

(2)求已调信号的功率；

(3)求已调信号的振幅谱，并与基带信号的频谱做对比。

3.已知基带调制信号 $m(t)=\cos(2\pi t)$，载波频率 $f_c=10$ Hz，载波平均功率为1 W，调频器的压控振荡系数为 $K_f=5$ Hz/V。利用Matlab完成以下工作：

(1)画出此调频信号的波形；

(2)求出此调频信号的振幅谱；

(3)采用鉴频器解调此信号，并与原始基带信号比较。

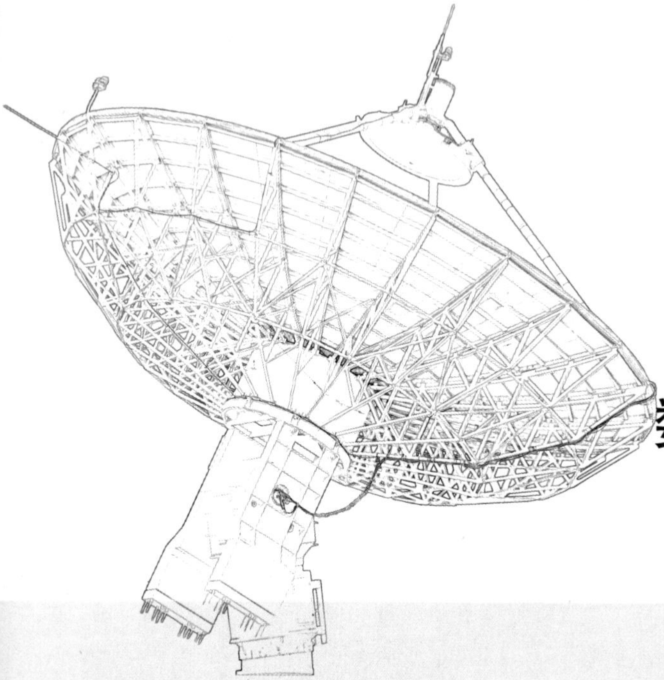

# 第6章

# 数字基带传输系统

## 知识点

- 数字基带传输系统的基本结构。
- 数字基带信号及其功率谱特性。
- 基带传输的常用码型:$HDB_3$码、差分双相码和AMI码。
- 码间干扰产生的原因、消除方法。
- 奈奎斯特速率、奈奎斯特带宽、频带利用率。
- 部分响应系统。
- 最佳判决门限电平、基带传输系统的抗噪声性能。
- 眼图及时域均衡的基本概念。

# 6.1 引言

来自数据终端的原始数据信号(如计算机输出的二进制序列、电传机输出的代码),或者是来自模拟信号经数字化处理后的 PCM 码组、$\Delta M$ 序列等都是数字信号。这些信号包含丰富的低频分量,甚至直流分量,称为数字基带信号。

在某些具有低通特性的有线信道中,特别是传输距离不太远的情况下,数字基带信号可以直接传输,称为数字基带传输。而大多数信道,如各种无线信道和光信道,则是带通型的,数字基带信号必须经过载波调制,把频谱搬移到高载频处才能在信道中传输,这种传输称为数字频带(调制或载波)传输。

数字基带传输系统的基本结构如图 6-1 所示,主要由信道信号形成器、信道、接收滤波器、抽样判决器和同步提取器组成。

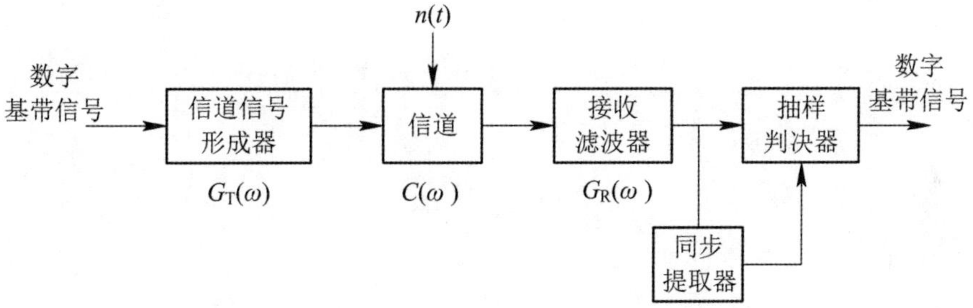


**图 6-1　数字基带传输系统的基本结构**

(1)信道信号形成器

基带传输系统的输入是由终端设备或编码器产生的脉冲序列,往往不适合直接送到信道中传输。信道信号形成器的作用就是把原始基带信号变换成适合于信道传输的基带信号。这种变换主要是通过码型变换和波形变换来实现的,其目的是与信道匹配,便于传输,减少码间干扰,利于同步提取和抽样判决。

(2)信道

它是允许基带信号通过的媒质,通常为有线信道,如市话电缆、架空明线等。信道的传输特性通常不满足无失真传输条件,甚至是随机变化的。另外信道还会引入噪声。在通信系统的分析中,常常把噪声 $n(t)$ 等效集中在信道中引入。

(3)接收滤波器

它的主要作用是滤除带外噪声,对信道特性进行均衡,使输出的基带波形有利于抽样判决。

(4)抽样判决器

它是在传输特性不理想及噪声背景下,在规定时刻(由位定时脉冲控制)对接收滤波器的输出波形进行抽样判决,以恢复或再生基带信号。

用来抽样的位定时脉冲则依靠同步提取电路从接收信号中提取,位定时是否准确将直接影响判决效果,这一点将在后续内容中详细讨论。

# 6.2　数字基带信号及其频谱特性

## 6.2.1　数字基带信号的波形

数字基带信号是指消息代码的电波形，它是用不同的电平或脉冲来表示相应的消息代码。数字基带信号（简称为基带信号）的类型有很多，常见的有矩形脉冲、三角波、高斯脉冲和升余弦脉冲等。

最常用的数字基带信号是矩形脉冲，因为矩形脉冲易于形成和变换，下面以矩形脉冲为例介绍几种最常见的数字基带信号波形。

### 6.2.1.1　单极性不归零波形

单极性不归零波形，如图 6-2 所示，是一种最简单、最常用的数字基带信号形式。这种信号脉冲的零电平和正电平分别对应着二进制代码 0 和 1，或者说，它在一个码元时间宽度内用脉冲的有或无来对应表示 0 码或 1 码。其特点是极性单一，有直流分量，脉冲之间无间隔。另外位同步信息包含在电平的转换之中，当出现连 0 序列时没有位同步信息。

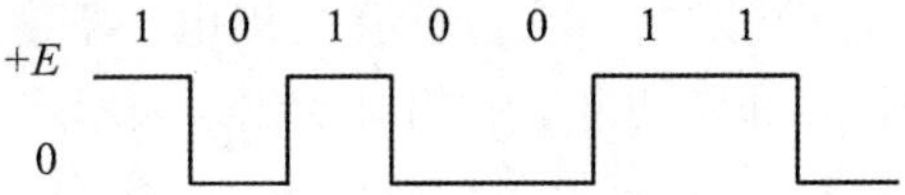


图 6-2　单极性不归零波形

### 6.2.1.2　双极性不归零波形

在双极性不归零波形中，脉冲的正、负电平分别对应二进制代码 1、0，如图 6-3 所示。由于它是幅度相等、极性相反的双极性波形，故当 0、1 符号等可能出现时无直流分量。这样，恢复信号的判决电平为 0，因而不受信道特性变化的影响，抗干扰能力也较强。故双极性波形有利于在信道中传输。

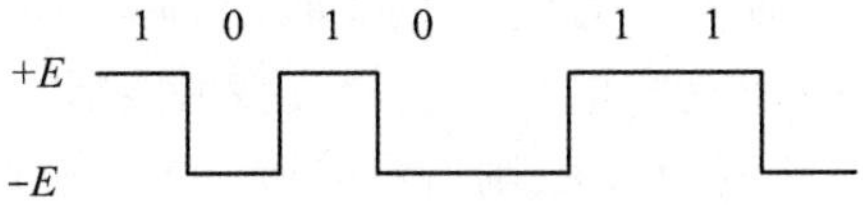


图 6-3　双极性不归零波形

### 6.2.1.3　单极性归零波形

单极性归零波形与单极性不归零波形的区别在于：有电脉冲宽度小于码元宽度，每个有电脉冲在小于码元宽度内总要回到零电平，如图 6-4 所示，所以称为归零波形。单极性归零波形可以直接提取定时信息，是其他波形提取位定时信号时需要采用的一种过渡波形。

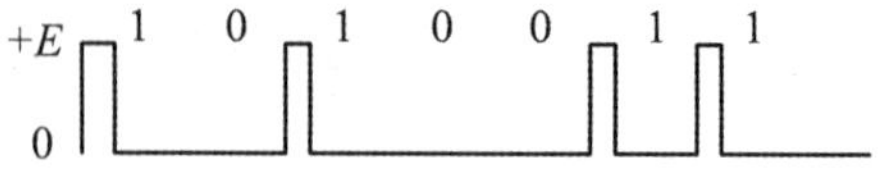


图 6-4　单极性归零波形

### 6.2.1.4　双极性归零波形

双极性归零波形如图 6-5 所示。每个码元内的脉冲都回到零电平，即相邻脉冲之间必定留有零电位的间隔。双极性归零波形除了具有双极性不归零波形的特点外，还有利于同步脉冲的提取。

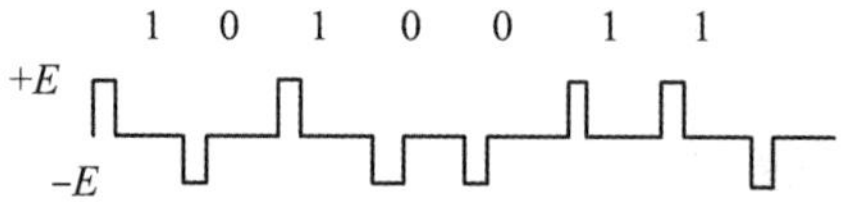


图 6-5　双极性归零波形

### 6.2.1.5　差分波形

这种波形不用码元本身的电平来表示消息代码，而是用相邻码元电平的跳变和不变来表示消息代码，如图 6-6 所示。图中，以电平跳变表示 1，以电平不变表示 0，当然上述规定也可以反过来。由于差分波形是以相邻脉冲电平的相对变化来表示代码的，因此称它为相对码波形，而相应地称前面的单极性或双极性波形为绝对码波形。差分波形传送代码可用于消除设备初始状态的影响，特别是在相位调制系统中，还可用于解决载波相位模糊问题。

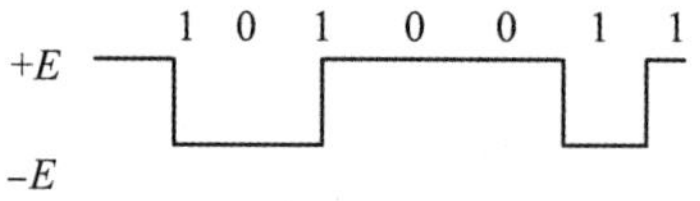


图 6-6　差分波形

### 6.2.1.6　多电平码波形

上述各种信号都是一个二进制符号对应一个脉冲。实际上还存在多于一个二进制符号对应一个脉冲的情形。这种波形统称为多电平码波形或多值波形。若令两个二进制符号 00 对应+3E，01 对应+E，10 对应−E，11 对应−3E，则所得波形为 4 电平码波形，如图 6-7 所示。由于这种波形的一个脉冲可以代表多个二进制符号，故在高数据速率传输系统中，采用这种信号形式是适宜的。

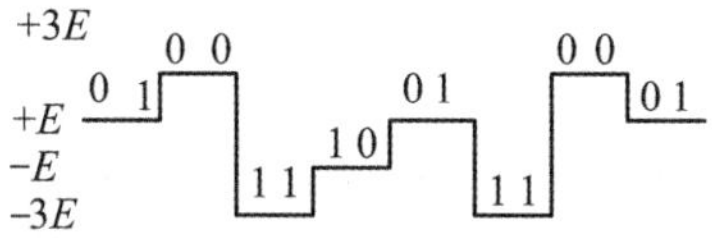


图 6-7　多电平码波形

## 6.2.2　数字基带信号的数学表示式

消息代码的电波形并非一定是矩形的,还可是其他形式。无论采用什么形式的波形,数字基带信号都可用如下数学式来表示,即

$$s(t) = \sum_{n=-\infty}^{\infty} a_n g(t - nT_s) \tag{6-1}$$

式中,假设数字基带信号中对应信息符号的各码元波形相同而取值不同,$a_n$是第 $n$ 个码元符号所对应的电平值(0、1 或-1、1 等);$T_s$为码元间隔;$g(t)$为某种标准脉冲波形。对于二进制代码序列,若令 $g_1(t)$代表“0”,$g_2(t)$代表“1”,则

$$a_n g(t - nT_s) = \begin{cases} g_1(t - nT_s), & \text{表示符号“0”} \\ g_2(t - nT_s), & \text{表示符号“1”} \end{cases} \tag{6-2}$$

由于 $a_n$是一个随机变量,因此,通常在实际中遇到的数字基带信号 $s(t)$是一个随机的脉冲序列。

## 6.2.3　数字基带信号的频谱特性

为什么要研究数字基带信号的频谱特性? 因为通过频谱分析,可以了解信号需要占据的带宽、所包含的频谱分量、有无直流分量、有无定时分量等。这样,才能针对信号谱的特点来选择相匹配的信道,以及确定是否可以从信号中提取定时信号。

数字基带信号是随机的脉冲序列,没有确定的频谱函数,只能用功率谱来描述它的频谱特性。第 3 章介绍的由随机过程的相关函数去求随机过程的功率(或能量)谱密度就是一种典型的分析广义平稳随机过程的方法,但这种计算方法比较复杂。一种较简单的方法是从随机过程功率谱的原始定义出发,来求数字随机序列的功率谱公式。

设二进制的随机脉冲序列如图 6-8 (a)所示,其中,假设 $g_1(t)$表示“0”码,$g_2(t)$表示“1”码。$g_1(t)$和 $g_2(t)$在实际中可以是任意的脉冲,为了便于在图上区分,这里把 $g_1(t)$画成宽度为 $T_s$的方波,把 $g_2(t)$画成宽度为 $T_s$的三角波。

假设序列中任一码元时间宽度 $T_s$内 $g_1(t)$和 $g_2(t)$出现的概率分别为 $P$ 和 1-$P$,且认为它们的出现是统计独立的,则 $s(t)$可表示为

$$s(t) = \sum_{n=-\infty}^{\infty} s_n(t) \tag{6-3}$$

其中,

$$s_n(t) = \begin{cases} g_1(t - nT_s), & \text{以概率 } P \text{ 出现} \\ g_2(t - nT_s), & \text{以概率 } 1 - P \text{ 出现} \end{cases} \tag{6-4}$$

为了使频谱分析的物理概念清楚，简化推导过程，可以把 $s(t)$ 分解成稳态波 $v(t)$ 和交变波 $u(t)$。

所谓稳态波，就是随机序列 $s(t)$ 的统计平均分量。它取决于每个码元内出现 $g_1(t)$ 和 $g_2(t)$ 的概率加权平均，且每个码元统计平均波形相同，因此可表示成

$$v(t) = \sum_{n=-\infty}^{\infty} [Pg_1(t - nT_s) + (1 - P)g_2(t - nT_s)] = \sum_{n=-\infty}^{\infty} v_n(t) \tag{6-5}$$

其波形如图 6-8（b）所示，$v(t)$ 是一个以 $T_s$ 为周期的周期函数。

交变波 $u(t)$ 是 $s(t)$ 与 $v(t)$ 之差，即

$$u(t)=s(t)-v(t) \tag{6-6}$$

式中，第 $n$ 个码元为 $u_n(t)=s_n(t)-v_n(t)$，于是交变波可表示为

$$u(t) = \sum_{n=-\infty}^{\infty} u_n(t) \tag{6-7}$$

其中，$u_n(t)$ 可根据式(6-4)和式(6-5)表示为

$$u_n(t)=\begin{cases} g_1(t-nT_s)-Pg_1(t-nT_s)-(1-P)g_2(t-nT_s)=(1-P)[g_1(t-nT_s)-g_2(t-nT_s)]，以概率 P 出现 \\ g_2(t-nT_s)-Pg_1(t-nT_s)-(1-P)g_2(t-nT_s)=-P[g_1(t-nT_s)-g_2(t-nT_s)]，以概率(1-P) 出现 \end{cases} \tag{6-8}$$

或者写成

$$u_n(t)=a_n[g_1(t-nT_s)-g_2(t-nT_s)] \tag{6-9}$$

式中，$a_n = \begin{cases} 1 - P，以概率 P 出现 \\ - P，以概率 (1 - P) 出现 \end{cases}$。显然，$u(t)$ 是随机脉冲序列，其一个实现如图 6-8（c）所示。

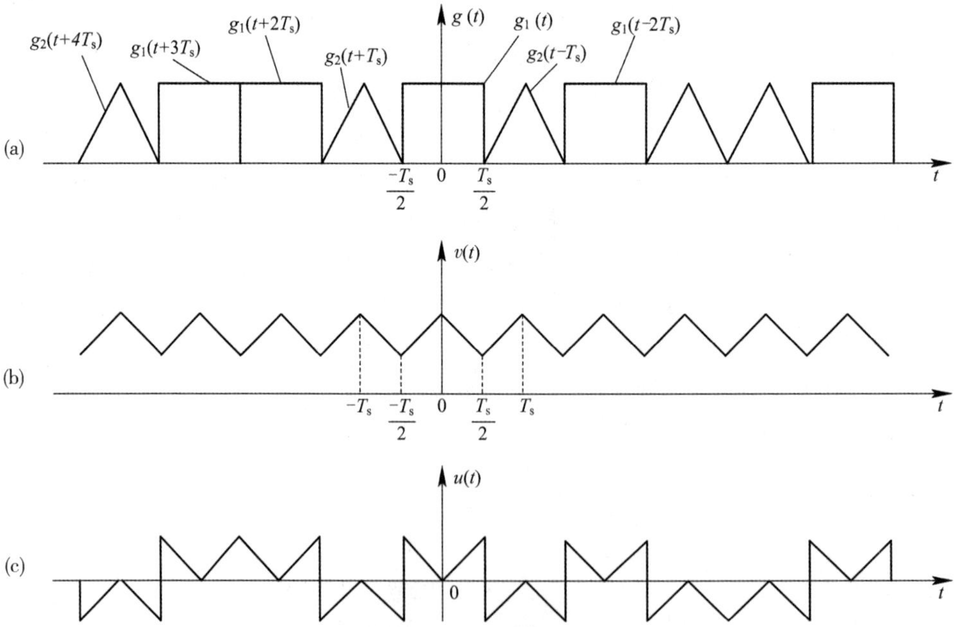


图 6-8　随机脉冲序列示意波形

下面根据式(6-5)和式(6-7)分别求出稳态波 $v(t)$ 和交变波 $u(t)$ 的功率谱,然后根据式(6-6)的关系,将两者的功率谱合并起来就可得到随机基带脉冲序列 $s(t)$ 的频谱特性。

#### 6.2.3.1　$v(t)$ 的功率谱密度 $P_v(\omega)$

由于 $v(t)$ 是以 $T_s$ 为周期的周期信号,令 $f_s=\frac{1}{T_s}$,可将式(6-5)展成傅里叶级数形式

$$v(t)=\sum_{m=-\infty}^{\infty} C_m e^{j2\pi m f_s t} \tag{6-10}$$

式中,$C_m=\frac{1}{T_s}\int_{-T_s/2}^{T_s/2} v(t)e^{-j2\pi m f_s t}$。因为在 $\left(-\frac{T_s}{2},\frac{T_s}{2}\right)$ 范围内(相当 $n=0$),$v(t)=Pg_1(t)+(1-P)g_2(t)$,则有

$$C_m=\frac{1}{T_s}\int_{-T_s/2}^{T_s/2}[Pg_1(t)+(1-P)g_2(t)]e^{-j2\pi m f_s t}dt \tag{6-11}$$

又因为 $Pg_1(t)+(1-P)g_2(t)$ 只存在 $\left(\frac{-T_s}{2},\frac{T_s}{2}\right)$ 范围内,所以上式的积分限可以改为从 $-\infty$ 到 $\infty$,因此

$$\begin{aligned}C_m&=\frac{1}{T_s}\int_{-\infty}^{\infty}[Pg_1(t)+(1-P)g_2(t)]e^{-j2\pi m f_s t}dt\\&=f_s[PG_1(mf_s)+(1-P)G_2(mf_s)]\end{aligned} \tag{6-12}$$

式中,$G_1(mf_s)=\int_{-\infty}^{\infty} g_1(t)e^{-j2\pi m f_s t}dt$,$G_2(mf_s)=\int_{-\infty}^{\infty} g_2(t)e^{-j2\pi m f_s t}dt$。

再根据周期信号功率谱密度与傅里叶系数 $C_m$ 的关系式,有

$$\begin{aligned}P_v(f)&=\sum_{m=-\infty}^{\infty}|C_m|^2\delta(f-mf_s)\\&=\sum_{m=-\infty}^{\infty}|f_s[PG_1(mf_s)+(1-P)G_2(mf_s)]|^2\delta(f-mf_s)\end{aligned} \tag{6-13}$$

【结论】稳态波的功率谱 $P_v(f)$ 是冲激强度取决 $|C_m|^2$ 的离散谱。根据离散谱可以确定随机序列是否包含直流分量($m=0$)和定时分量($m=1$)。

#### 6.2.3.2　$u(t)$ 的功率谱密度 $P_u(\omega)$

$u(t)$ 是功率型的随机脉冲序列,可采用截短函数和求统计平均的方法求它的功率谱密度。根据功率谱密度的原始定义式 $P_\xi(\omega)=E[P_s(\omega)]=\lim\limits_{T\to\infty}\frac{E|F_T(\omega)|^2}{T}$,可得

$$P_u(\omega)=\lim_{N\to\infty}\frac{E[|U_T(\omega)|^2]}{(2N+1)T_s} \tag{6-14}$$

式中,$U_T(\omega)$ 是 $u(t)$ 的截短函数 $u_T(t)$ 的频谱函数,$E$ 表示统计平均,截取时间 $T$ 是 $(2N+1)$ 个码元的长度,即 $T=(2N+1)T_s$,其中 $N$ 为一个足够大的数值,且当 $T\to\infty$ 时,意味着 $N\to\infty$。

由式(6-7)可知,显然有

$$u_T(t)=\sum_{n=-N}^{N}u_n(t)=\sum_{n=-N}^{N}a_n[g_1(t-nT_s)-g_2(t-nT_s)] \tag{6-15}$$

利用上式,可以求得频谱函数 $U_T(f)$ 为

$$\begin{aligned}U_T(f)&=\int_{-\infty}^{\infty}u_T(t)\mathrm{e}^{-\mathrm{j}2\pi ft}\mathrm{d}t\\&=\int_{-\infty}^{\infty}\sum_{n=-N}^{+N}a_n[g_1(t-nT_s)-g_2(t-nT_s)]\mathrm{e}^{-\mathrm{j}2\pi ft}\mathrm{d}t\\&=\sum_{n=-N}^{N}a_n\mathrm{e}^{-\mathrm{j}2\pi fnT_s}[G_1(f)-G_2(f)]\end{aligned} \tag{6-16}$$

式中, $G_1(f)=\int_{-\infty}^{\infty}g_1(t)\mathrm{e}^{-\mathrm{j}2\pi ft}\mathrm{d}t$ , $G_2(f)=\int_{-\infty}^{\infty}g_2(t)\mathrm{e}^{-\mathrm{j}2\pi ft}\mathrm{d}t$ 。

于是有

$$\begin{aligned}|U_T(f)|^2&=U_T(f)U_T^*(f)\\&=\sum_{m=-N}^{N}\sum_{n=-N}^{N}a_ma_n\mathrm{e}^{\mathrm{j}2\pi f(n-m)T_s}[G_1(f)-G_2(f)][G_1{}^*(f)-G_2{}^*(f)]\end{aligned} \tag{6-17}$$

其统计平均值为

$$E[|U_T(f)|^2]=\sum_{m=-N}^{N}\sum_{n=-N}^{N}E(a_ma_n)\mathrm{e}^{\mathrm{j}2\pi f(n-m)T_s}[G_1(f)-G_2(f)][G_1^*(f)-G_2^*(f)] \tag{6-18}$$

当 $m=n$ 时

$$a_ma_n=a_n^2=\begin{cases}(1-P)^2,\ 以概率\ P\ 出现\\P^2,\ 以概率\ (1-P)\ 出现\end{cases} \tag{6-19}$$

可得

$$E[a_n{}^2]=P(1-P)^2+(1-P)P^2=P(1-P) \tag{6-20}$$

当 $m\neq n$ 时

$$a_ma_n=a_n^2=\begin{cases}(1-P)^2,\ 以概率\ P^2\ 出现\\P^2,以概率\ (1-P)^2\ 出现\\-P(1-P)\ ,\ 以概率\ 2P(1-P)\ 出现\end{cases} \tag{6-21}$$

所以

$$E[a_ma_n]=P^2(1-P)^2+(1-P)^2P^2+2P(1-P)(P-1)P=0 \tag{6-22}$$

可知式(6-18)的统计平均值仅在 $m=n$ 时存在,即

$$\begin{aligned}E[|U_T(f)|^2]&=\sum_{n=-N}^{N}E[a_n^2]\,|G_1(f)-G_2(f)|^2\\&=(2N+1)P(1-P)\,|G_1(f)-G_2(f)|^2\end{aligned} \tag{6-23}$$

根据式(6-14),可求得交变波的功率谱

$$\begin{aligned}P_u(f)&=\lim_{N\to\infty}\frac{(2N+1)P(1-P)\,|G_1(f)-G_2(f)|^2}{(2N+1)T_s}\\&=f_sP(1-P)\,|G_1(f)-G_2(f)|^2\end{aligned} \tag{6-24}$$

【结论】交变波的功率谱 $P_u(f)$ 是连续谱,与 $g_1(t)$ 和 $g_2(t)$ 的频谱以及出现概率 $P$ 有关。

根据连续谱可以确定随机序列的带宽。

#### 6.2.3.3 $s(t)=u(t)+v(t)$ 的功率谱密度 $P_s(f)$

将式(6-13)与式(6-24)相加,可得到随机序列 $s(t)$ 的功率谱密度为

$$\begin{aligned} P_s(f) &= P_u(f) + P_v(f) \\ &= f_s P(1-P)\,|G_1(f) - G_2(f)|^2 + \\ &\sum_{m=-\infty}^{\infty} |f_s[PG_1(mf_s) + (1-P)G_2(mf_s)]|^2 \delta(f - mf_s) \end{aligned} \tag{6-25}$$

上式是双边功率谱密度表示式。如果写成单边功率谱密度表示式,则有

$$\begin{aligned} P_s(f) = 2f_s P(1-P)\,|G_1(f) - G_2(f)|^2 + f_s^2\,|PG_1(0) + (1-P)G_2(0)|^2\delta(f) + \\ 2f_s^2 \sum_{m=1}^{\infty} |PG_1(mf_s) + (1-P)G_2(mf_s)|^2 \delta(f - mf_s)\,,\ f \geqslant 0 \end{aligned} \tag{6-26}$$

**【结论】**随机脉冲序列的功率谱密度可能包含连续谱 $P_u(f)$ 和离散谱 $P_v(f)$。对于连续谱而言,由于代表数字信息的 $g_1(t)$ 及 $g_2(t)$ 不能完全相同,故 $G_1(f) \neq G_2(f)$,因而 $P_u(f)$ 总是存在的;而离散谱是否存在,取决于 $g_1(t)$ 和 $g_2(t)$ 的波形及其出现的概率 $P$。

**【例 6-1】**对于单极性波形:若设 $g_1(t)=0$,$g_2(t)=g(t)$,则随机脉冲序列的双边功率谱密度为

$$P_s(f) = f_s P(1-P)\,|G(f)|^2 + \sum_{m=-\infty}^{\infty} |f_s(1-P)G(mf_s)|^2 \delta(f - mf_s)$$

等概$\left(P=\dfrac{1}{2}\right)$时,上式简化为

$$P_s(f) = \frac{1}{4}f_s|G(f)|^2 + \frac{1}{4}f_s^2 \sum_{m=-\infty}^{\infty} |G(mf_s)|^2 \delta(f - mf_s)$$

(1)若表示“1”码的波形 $g_2(t)=g(t)$ 为不归零矩形脉冲,即

$$g(t) = \begin{cases} 1, & |t| \leqslant \dfrac{T_s}{2} \\ 0, & \text{其他} \end{cases}$$

则其频谱函数为

$$G(f) = T_s\left[\frac{\sin(\pi f T_s)}{\pi f T_s}\right] = T_s \mathrm{Sa}(\pi f T_s)$$

令 $f=mf_s$,考查 $G(mf_s)$ 的取值情况:

①$m=0$ 时,$G(mf_s)=T_s\mathrm{Sa}(0)\neq 0$,离散谱中有直流分量 $\delta(f)$;

②$m$ 为不等于零的整数时,$G(mf_s)=T_s\mathrm{Sa}(m\pi)=0$,离散谱均为零,因而无定时分量 $\delta(f-f_s)$。此时有

$$P_s(f) = \frac{1}{4}f_s T_s^2\left[\frac{\sin(\pi f T_s)}{\pi f T_s}\right]^2 + \frac{1}{4}\delta(f) = \frac{1}{4}T_s \mathrm{Sa}^2[\pi f T_s] + \frac{1}{4}\delta(f)$$

随机序列的带宽取决于连续谱,实际由单个码元的频谱函数 $G(f)$ 决定,该频谱的第一个零点在 $f=f_s$,因此单极性不归零信号的带宽为 $B_s=f_s$,如图 6-9 所示。

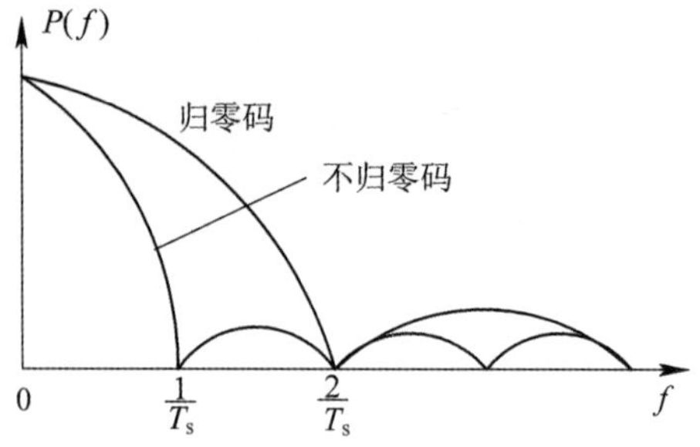


图 6-9　二进制基带信号功率谱密度的连续谱

(2)若表示"1"码的波形 $g_2(t)=g(t)$ 为半占空归零矩形脉冲，即脉冲宽度 $\tau=\dfrac{T_s}{2}$ 时，其频谱函数为

$$G(f)=\frac{T_s}{2}\mathrm{Sa}\left(\frac{\pi f T_s}{2}\right)$$

令 $f=mf_s$，考查 $G(mf_s)$ 的取值情况：$m=0$ 时，$G(mf_s)=\dfrac{T_s}{2}\mathrm{Sa}(0)\neq 0$，因此离散谱中有直流分量；$m$ 为奇数时，$G(mf_s)=\dfrac{T_s}{2}\mathrm{Sa}\left(\dfrac{m\pi}{2}\right)\neq 0$，此时有离散谱，其中 $m=1$ 时，$G(mf_s)=\dfrac{T_s}{2}\mathrm{Sa}\left(\dfrac{\pi}{2}\right)\neq 0$，因而有定时信号；$m$ 为偶数时，$G(mf_s)=\dfrac{T_s}{2}\mathrm{Sa}\left(\dfrac{m\pi}{2}\right)=0$，此时无离散谱。

这时，功率谱密度可表示为

$$P_s(f)=\frac{T_s}{16}\mathrm{Sa}^2\left(\frac{\pi f T_s}{2}\right)+\frac{1}{16}\sum_{m=-\infty}^{\infty}\mathrm{Sa}^2\left(\frac{m\pi}{2}\right)\delta(f-mf_s)$$

不难求出，单极性半占空归零信号的带宽为 $B_s=2f_s$。

【例 6-2】对于双极性波形：若设 $g_1(t)=-g_2(t)=g(t)$，则有

$$P_s(f)=4f_sP(1-P)\left|G(f)\right|^2+\sum_{m=-\infty}^{\infty}\left|f_s(2P-1)G(mf_s)\right|^2\delta(f-mf_s)$$

将等概$\left(P=\dfrac{1}{2}\right)$条件代入上式，可得

$$P_s(f)=f_s\left|G(f)\right|^2$$

若 $g(t)$ 为高为 1，脉宽等于码元周期的矩形脉冲，那么上式可写成

$$P_s(f)=T_s\,\mathrm{Sa}^2(\pi f T_s)$$

【结论】

(1)随机序列的带宽主要依赖单个码元波形的频谱函数 $G_1(f)$ 或 $G_2(f)$。两者之中应取较大带宽的一个作为序列带宽。时间波形的占空比越小，频带越宽。通常以谱的第一个零点作为矩形脉冲的近似带宽，它等于脉宽 $\tau$ 的倒数，即 $B_s=\dfrac{1}{\tau}$。

由图 6-9 可知：不归零脉冲的 $\tau=T_s$，则 $B_s=f_s$；半占空归零脉冲的 $\tau=\dfrac{T_s}{2}$，则 $B_s=\dfrac{1}{\tau}=2f_s$。

其中，$f_s=\frac{1}{T_s}$，是位定时信号的频率，在数值上与码元传输速率 $R_B$ 相等。

(2) 单极性基带信号是否存在离散谱取决于矩形脉冲的占空比。单极性归零信号中有定时分量，可直接提取。单极性不归零信号中无定时分量，若想获取定时分量，要进行波形变换。0、1 等概的双极性信号没有离散谱，也就是说无直流分量和定时分量。

研究随机脉冲序列的功率谱具有十分重要的意义：

(1) 可根据它的连续谱来确定序列的带宽。

(2) 根据它的离散谱是否存在，明确能否从脉冲序列中直接提取定时分量，以及采用怎样的方法可以从基带脉冲序列中获得所需的离散分量。这在研究位同步、载波同步等问题时是十分重要的。

在以上的分析方法中，没有限定 $g_1(t)$ 和 $g_2(t)$ 的波形，因此式(6-25)不仅适用于计算数字基带信号的功率谱，也可以用来计算数字调制信号的功率谱。

# 6.3 基带传输的常用码型

在实际的基带传输系统中，并不是所有代码的电波形都能在信道中传输。例如，含有直流分量和较丰富低频分量的单极性基带波形就不适宜在低频传输特性差的信道中传输，因为它有可能造成信号严重畸变。又如，当消息代码中包含长串的连续"1"或"0"符号时，非归零波形呈现出连续的固定电平，因而无法获取定时信息。单极性归零码在传送连"0"时，存在同样的问题。传输用的基带信号必须满足以下要求：

(1)对代码的要求：原始消息代码必须编成适合于传输用的码型。

(2)对所选码型的电波形要求：电波形应适合在基带系统传输。

前者属于传输码型的选择，后者属于基带脉冲的选择。这是两个既独立又有联系的问题。

传输码(或称线路码)的结构将取决于实际信道特性和系统工作的条件。通常，在选择传输码型时应考虑以下原则：

(1)相应的基带信号无直流分量，且低频分量少；

(2)便于从信号中提取定时信息；

(3)信号中高频分量尽量少，以节省传输频带并减少码间干扰；

(4)不受信源统计特性的影响，即能适应于信源的变化；

(5)具有内在的检错能力，传输码型应具有一定规律性，以便利用这一规律性进行宏观监测；

(6)编译码设备要尽可能简单。

满足或部分满足以上特性的传输码型种类繁多，下面介绍目前常见的几种。

## 6.3.1 AMI 码（传号交替反转码）

AMI 码(传号交替反转码)的编码规则是：将二进制消息代码"1"(传号)交替地变换为传输码的"+1"和"-1"，而"0"(空号)保持不变。

例如：

| | | | | | | | | | | | |
|---|---|---|---|---|---|---|---|---|---|---|---|
| 消息代码 | 1 | 0 | 0 | 1 | 1 | 0000000 | 1 | 1 | 0 | 0 | 1 | 1… |
| AMI 码： | +1 | 0 | 0 | -1 | +1 | 0000000 | -1 | +1 | 0 | 0 | -1 | +1… |

AMI 码对应的波形是具有正、负、零三种电平的脉冲序列，是一种伪三元码。

### 6.3.1.1 AMI 码的功率谱密度

设 AMI 码的基带波形为 $g(t)$、频谱为 $G(f)$、幅度为 $A$、概率为 $P$、码元周期为 $T_s$，则 AMI

信号功率谱密度的表达式为

$$S(f)=\frac{A^2(1-P)}{T_s}|G(f)|^2\cdot[1-\cos(2\pi fT_s)]=\frac{2A^2(1-P)}{T_s}|G(f)|^2\cdot\sin^2(\pi fT_s) \tag{6-27}$$

假设 $P=\frac{1}{2}$，分别考虑 $g(t)$ 为矩形不归零脉冲和占空比 $D=\frac{1}{2}$ 时的功率谱密度，则有

$$S(f)=\begin{cases}A^2T_s\,\mathrm{Sa}^2(\pi fT_s)\sin^2(\pi fT_s)\ , & D=1\\ \dfrac{A^2T_s}{4}\mathrm{Sa}^2\left(\dfrac{\pi fT_s}{2}\right)\sin^2(\pi fT_s)\ , & D=\dfrac{1}{2}\end{cases} \tag{6-28}$$

由上式可以看出，$f=0$，$S(f)=0$，无直流分量；$f=\frac{1}{T_s}$，$S(f)=0$，无位定时分量；$f=\frac{m}{T_s}$，$S(f)=0$，无离散分量。当占空比 $D=\frac{1}{2}$ 时，$f=\frac{1}{2T_s}$，$S(f)=\frac{2A^2T_s}{\pi^2}$，$f=\frac{3}{2T_s}$，$S(f)=\frac{2A^2T_s}{9\pi^2}$。AMI 信号的谱零点带宽为 $B_s=\frac{1}{T_s}$。

#### 6.3.1.2 编码效率

AMI 码是将每位二进制信码变换为 1 位三元码，故称其为 1B1T 码。由于编码后各码元间存在相关性，信号所包含的信息量没有发生变化。理论上，当三元码不存在相关性时，其最大信息量超过二元码，因此，此种编码码型的编码效率是降低的。定义编码效率 $\eta=C_b/C_c$，其中 $C_b$ 和 $C_c$ 分别为二进制信码的信息量和理想三元码信息容量。

#### 6.3.1.3 AMI 码的优点

由于+1 与−1 交替，AMI 码的功率谱（如图 6-10 所示）中不含直流成分，高、低频分量少，能量集中在频率为$\frac{1}{2}$码速处。

AMI 码的编译码电路简单，便于利用传号极性交替规律观察误码情况。

#### 6.3.1.4 AMI 码的不足

AMI 码属于 1B1T 类型的码序列，其传输效率为 $\eta=\frac{\log_2 2}{\log_2 3}\approx 63\%$，传输效率较低。

当原信码出现连“0”串时，信号的电平长时间不跳变，造成提取定时信号的困难。解决连“0”码问题的有效方法之一是采用 $HDB_3$ 码。

### 6.3.2 $HDB_3$ 码（三阶高密度双极性码）

$HDB_3$（三阶高密度双极性码）是 AMI 码的一种改进型，其目的是保持 AMI 码的优点而克服其缺点，使连“0”个数不超过 3。$HDB_3$ 码编码规则如下：

（1）当信码的连“0”个数不超过 3 时，仍按 AMI 码的规则编码，即传号极性交替。

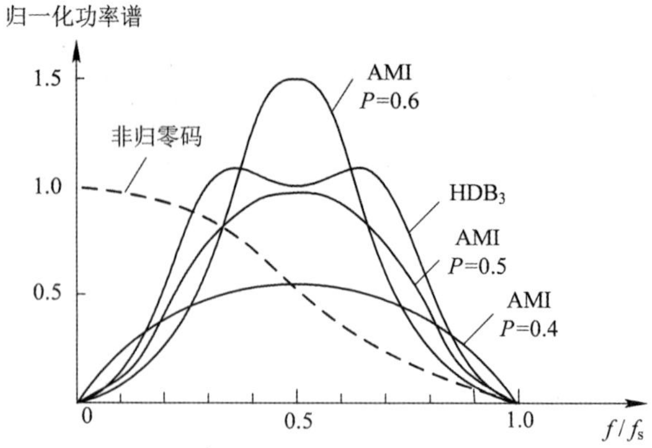


图 6-10　AMI 码和 $HDB_3$ 码的功率谱

(2)当连“0”个数超过 3 时,则将第 4 个“0”改为与前一非“0”符号(“+1”或“-1”)同极性的符号,记为+V 或-V,称为破坏脉冲,而且相邻 V 码的极性必须交替出现,以确保编好的码中无直流。

(3)当相邻 V 码之间有偶数个非“0”符号时,无法保证 V 码与前一个非“0”符号同极性,此时将四连“0”的第一个“0”更改为+B 或-B,B 符号与前一个非“0”符号相反,并让后面的非“0”符号从 V 符号开始再交替变化。例如:

| | | | | | | | | | | |
|---|---|---|---|---|---|---|---|---|---|---|
| 代码: | 1000 | 0 | 1000 | 0 | 1 | 1 | 000 | 0 | 1 | 1 |
| AMI 码: | -1000 | 0 | +1000 | 0 | -1 | +1 | 000 | 0 | -1 | +1 |
| $HDB_3$ 码: | -1000 | -V | +1000 | +V | -1 | +1 | -B00 | -V | +1 | -1 |

其中,±V 脉冲和±B 脉冲与±1 脉冲波形相同,用 V 或 B 符号的目的是示意将原信码的“0”变换成“1”码。

虽然 $HDB_3$ 码的编码规则比较复杂,但译码比较简单。每一个破坏脉冲 V 总是与前一非 0 符号同极性(包括 B 在内)。从收到的符号序列中可以轻易地找到破坏脉冲 V,于是也断定 V 符号及其前面的 3 个符号必是连“0”符号,从而恢复 4 个连“0”码,再将所有“-1”变成“+1”后便得到原消息代码。

$HDB_3$ 码同样是一个伪三元码,即 1B1T 码。它的传输效率与 AMI 码相同,仅为 63%左右。$HDB_3$ 码除保持了 AMI 码的优点外,还将连“0”码限制在 3 个以内,故有利于位定时信号的提取。$HDB_3$ 码是目前应用最广泛的码型,A 律 PCM 四次群以上的接口码型均为 $HDB_3$ 码。

### 6.3.3　双相码(曼彻斯特码)

双相码(曼彻斯特码)用一个周期的正负对称方波表示“0”,而用其反相波形表示“1”。双相码的编码规则为:“0”码用“01”两位码表示,“1”码用“10”两位码表示。

例如:

| | | | | | | | |
|---|---|---|---|---|---|---|---|
| 代码: | 1 | 1 | 0 | 0 | 1 | 0 | 1 |
| 双相码: | 10 | 10 | 01 | 01 | 10 | 01 | 10 |

双相码只有极性相反的两个电平,而不像 AMI 码和 $HDB_3$ 码具有三个电平。

设表示双相码的基带波形分别为 $g_1(t)=\begin{cases}A,\ 0\leqslant t\leqslant \dfrac{T_s}{2}\\ -A,\ \dfrac{T_s}{2}\leqslant t\leqslant T_s\end{cases}$，$g_2(t)=-g_1(t)$，其功率谱密度可表示为

$$S(f)=4P(1-P)A^2T_s\left[\frac{\sin^4(\pi fT_s/2)}{(\pi fT_s/2)^2}\right]+(1-2P)^2A^2\sum_{\substack{n=-\infty\\n\neq 0}}^{\infty}\left(\frac{2}{n\pi}\right)^2\delta\left(f-\frac{n}{T_s}\right)\qquad(6\text{-}29)$$

上式中若考虑符号等概情况$\left(P=\dfrac{1}{2}\right)$,则可进一步表示为 $S(f)=A^2T_s\dfrac{\sin^4\left(\dfrac{\pi fT_s}{2}\right)}{\dfrac{\pi fT_s}{2}^2}$。

可以看出,序列中的离散谱消失,带宽为$\dfrac{2}{T_s}$。除此情况外,由于双相码在每个码元周期的中心点都存在电平跳变,因此富含位定时信号。又因为这种码的正、负电平各半,所以无直流分量,编码过程也简单,但是其带宽比原信码大1倍。双向码适用于数据终端设备近距离传输,局域网常用此码作传输码型。

### 6.3.4　米勒码(延迟调制码)

米勒(Miller)码又称延迟调制码,是双相码的一种变形,编码规则为:

(1)"1"码用码元间隔中心点出现跃变来表示,即用"10"或"01"表示。

(2)"0"码有两种情况,单个"0"时,在码元间隔内不出现电平跃变,且与相邻码元的边界处也不跃变;连"0"时,在两个"0"码的边界处出现电平跃变,即"00"与"11"交替。

图6-11 (a)和(b)表示代码序列为11010010时,双相码和米勒码的波形。由图6-11 (b)可见,若两个"1"码中间有一个"0"码,米勒码流中出现最大宽度为$2T_s$的波形,即两个码元周期。这一性质可用来进行宏观检错。

比较图6-11中的(a)和(b)两个波形可以看出:双相码的下降沿正好对应米勒码的跃变沿。因此,用双相码的下降沿去触发双稳电路,即可输出米勒码。米勒码最初用于气象卫星和磁记录,现在也用于低速基带数传机中。

### 6.3.5　CMI码(传号反转码)

CMI码是传号反转码的简称,与双相码类似,也是一种双极性二电平码。其编码规则是:"1"码交替用"11"和"00"两位码表示;"0"码固定用"01"表示,其波形图如图6-11 (c)所示。

CMI码有较多的电平跃变,因此含有丰富的定时信息。此外,由于10为禁用码组,不会出现3个以上的连0码,这个规律可用来宏观检错。

由于CMI码易于实现,且具有上述特点,因此是ITU-T推荐的PCM高次群采用的接口码型,在速率低于8.448 Mb/s的光纤传输系统中有时也用作线路传输码型。

在双相码、米勒码和CMI码中,每个原二进制信码都用一组2位的二进制码表示,因此这

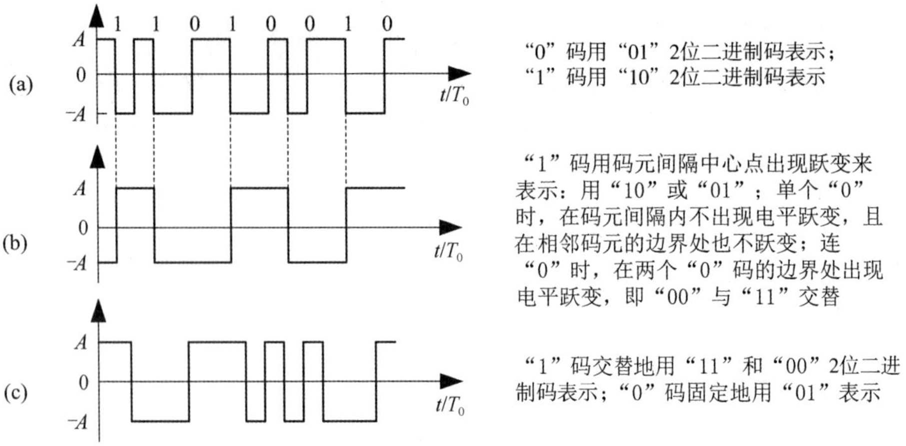


**图 6-11　双相码、米勒码、CMI 码的波形**

类码又称为 1B2B 码。

## 6.3.6　$n$B$m$B 码

$n$B$m$B 码是把原信息码元流的 $n$ 位二进制码作为一组，编成 $m$ 位二进制码的新码组。由于 $m > n$，新码组可能有 $2^m$ 种组合，故多出 $2^m-2^n$ 种组合，可以从中选择一部分有利码组作为可用码组，其余为禁用码组，以获得好的特性。

光纤通信通常选择 $m=n+1$，常用的有 1B2B 码、2B3B 码、3B4B 码以及 5B6B 码等。其中，5B6B 码型已实用化，用作三次群和四次群以上的线路传输码型。

# 6.4 数字基带信号传输与码间干扰

本节将定量分析数字基带信号传输的过程,数字基带传输系统模型如图 6-12 所示。

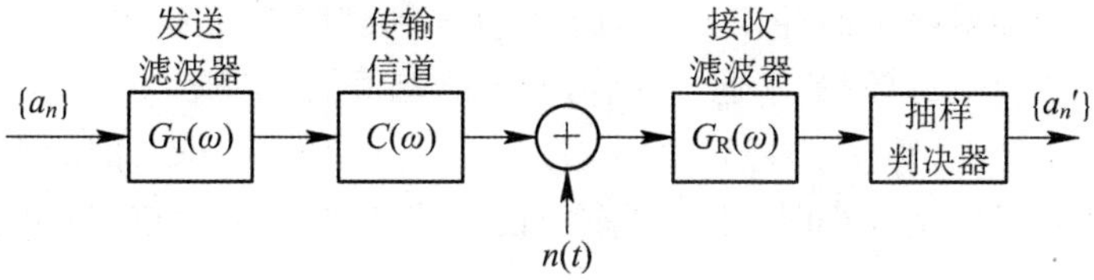


**图 6-12 数字基带传输系统模型**

其中$\{a_n\}$为发送滤波器的输入符号序列,在二进制的情况下,$a_n$取值为 0、1 或-1、+1。

为了分析方便,假设$\{a_n\}$对应的基带信号 $d(t)$是间隔为 $T_s$,强度由 $a_n$决定的单位冲激序列,即

$$d(t) = \sum_{n=-\infty}^{\infty} a_n \delta(t - nT_s) \tag{6-30}$$

此信号激励发送滤波器(即信道信号形成器)时,发送滤波器的输出信号为

$$s(t) = d(t) * g_T(t) = \sum_{n=-\infty}^{\infty} a_n g_T(t - nT_s) \tag{6-31}$$

式中,“ * ”是卷积运算符号; $g_T(t)$ 是单个 $\delta(t)$ 作用下形成的发送基带波形,即发送滤波器的冲激响应。

若发送滤波器的传输特性为 $G_T(\omega)$,则 $g_T(t)$ 由下式确定

$$g_T(t) = \frac{1}{2\pi}\int_{-\infty}^{\infty} G_T(\omega) e^{j\omega t} d\omega \tag{6-32}$$

若再设信道的传输特性为 $C(\omega)$,接收滤波器的传输特性为 $G_R(\omega)$,则如图 6-12 所示的基带传输系统的总传输特性为

$$H(\omega) = G_T(\omega) C(\omega) G_R(\omega) \tag{6-33}$$

其单位冲激响应为

$$h(t) = \frac{1}{2\pi}\int_{-\infty}^{\infty} H(\omega) e^{j\omega t} d\omega \tag{6-34}$$

这里 $h(t)$是单个 $\delta(t)$作用下,$H(\omega)$形成的输出波形。在 $\delta$ 序列 $d(t)$作用下,接收滤波器输出信号 $y(t)$可表示为

$$y(t) = d(t) * h(t) + n_R(t) = \sum_{n=-\infty}^{+\infty} a_n h(t - nT_s) + n_R(t) \tag{6-35}$$

式中，$n_R(t)$ 是加性噪声 $n(t)$ 经过接收滤波器后输出的噪声。抽样判决器对 $y(t)$ 进行抽样判决，以确定所传输的数字信息序列 $\{a_n\}$。例如，要对第 $k$ 个码元 $a_k$ 进行判决，应在 $t=kT_s+t_0$ 时刻上（$t_0$ 是信道和接收滤波器所造成的延迟）对 $y(t)$ 抽样，由式(6-35)可得

$$y(kT_s + t_0) = a_k h(t_0) + \sum_{n \neq k} a_n h[(k-n)T_s + t_0] + n_R(kT_s + t_0) \tag{6-36}$$

式中，第一项 $a_k h(t_0)$ 是第 $k$ 个码元波形的抽样值，它是确定 $a_k$ 的依据，第二项 $\sum_{n \neq k} a_n h[(k-n)T_s + t_0]$ 是除第 $k$ 个码元以外的其他码元波形在第 $k$ 个抽样时刻上的总和。它对当前码元 $a_k$ 的判决起着干扰的作用，称为码间干扰（ISI）值。由于 $a_n$ 是以概率形式出现的，码间干扰值通常是一个随机变量。第三项是输出噪声在抽样瞬间的值，是一种随机干扰，也要影响对第 $k$ 个码元的正确判决。

由于码间干扰和随机噪声的存在，当 $y(kT_s+t_0)$ 加到判决电路时，对 $a_k$ 取值的判决可能判对也可能判错。例如，在二进制数字通信时，$a_k$ 的可能取值为“0”或“1”，判决电路的判决门限为 $V_0$，且判决规则为当 $y(kT_s+t_0)>V_0$ 时，判 $a_k$ 为“1”；当 $y(kT_s+t_0)<V_0$ 时，判 $a_k$ 为“0”。显然，只有当码间干扰值和噪声足够小时，才能基本保证上述判决正确；否则，有可能发生错判，造成误码。

为了使误码率尽可能地小，必须最大限度地减小码间干扰和随机噪声的影响，这也正是研究基带脉冲传输的基本出发点。

# 6.5 无码间干扰的基带传输特性

由式(6-36)可知,要消除码间干扰,应满足 $a_n h[(k-n)T_s+t_0]=0$。由于 $a_n$ 是随机的,要想通过各项相互抵消使码间干扰为 0 是不行的,这就需要对 $h(t)$ 的波形提出要求。

## 6.5.1 消除码间干扰的基本思想

如果相邻码元的前一个码元的波形到达后一个码元抽样判决时刻时已经衰减到 0,如图 6-13 (a)所示的波形,就能满足要求。但这样的波形不易实现,因为实际中的 $h(t)$ 波形有很长的“拖尾”,也正是由于每个码元“拖尾”造成对相邻码元的干扰。但是,如果能让它在 $t_0+T_s$、$t_0+2T_s$ 等后面码元抽样判决时刻上正好为 0,就能消除码间干扰,如图 6-13 (b)所示。

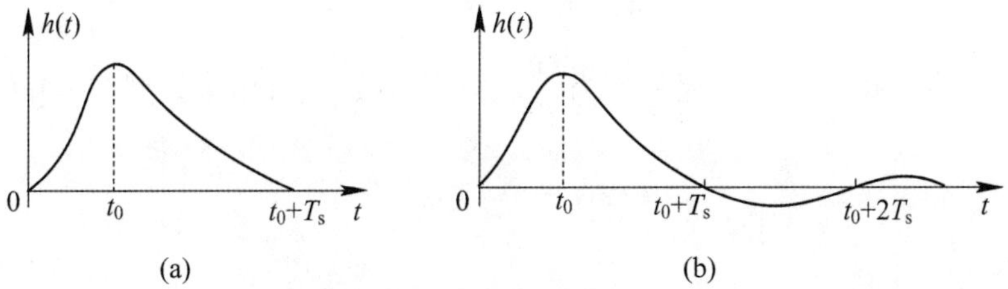


图 6-13　消除码间干扰原理

## 6.5.2 消除码间干扰的条件

根据 $h(t)$ 与 $H(\omega)$ 的关系可知,如何形成合适的 $h(t)$ 波形,实际上就是如何设计 $H(\omega)$ 特性的问题。下面,将在不考虑噪声时,研究如何设计基带传输特性 $H(\omega)$,以形成在抽样时刻上无码间干扰的冲激响应波形 $h(t)$。

根据上面的分析,在假设信道和接收滤波器所造成的延迟 $t_0=0$ 时,无码间干扰的基带系统冲激响应满足下式

$$h(kT_s)=\begin{cases}1, & k=0\\ 0, & k\text{ 为其他整数}\end{cases} \tag{6-37}$$

上式说明,无码间干扰的基带系统冲激响应除 $t=0$ 时取值不为零外,其他抽样时刻 $t=kT_s$ 上的抽样值均为零。下面将推导符合以上条件的 $H(\omega)$。

因为

$$h(t)=\frac{1}{2\pi}\int_{-\infty}^{\infty}H(\omega)e^{j\omega t}d\omega \tag{6-38}$$

所以，在 $t=kT_s$ 时，有

$$h(kT_s)=\frac{1}{2\pi}\int_{-\infty}^{\infty}H(\omega)\mathrm{e}^{\mathrm{j}\omega kT_s}\mathrm{d}\omega \tag{6-39}$$

把上式的积分区间用分段积分代替，每段长为 $\frac{2\pi}{T_s}$，则式(6-39)可写成

$$h(kT_s)=\frac{1}{2\pi}\sum_{i=-\infty}^{\infty}\int_{(2i-1)\pi/T_s}^{(2i+1)\pi/T_s}H(\omega)\mathrm{e}^{\mathrm{j}\omega kT_s}\mathrm{d}\omega \tag{6-40}$$

做变量代换，令 $\omega'=\omega-\frac{2\pi i}{T_s}$，则有 $\mathrm{d}\omega'=\mathrm{d}\omega$，$\omega=\omega'+\frac{2\pi i}{T_s}$。

当 $\omega=\frac{(2i\pm1)\pi}{T_s}$ 时，$\omega'=\pm\frac{\pi}{T_s}$，于是

$$\begin{aligned}h(kT_s)&=\frac{1}{2\pi}\sum_{i=-\infty}^{\infty}\int_{-\frac{\pi}{T_s}}^{\frac{\pi}{T_s}}H\left(\omega'+\frac{2\pi i}{T_s}\right)\mathrm{e}^{\mathrm{j}\omega' kT_s}\mathrm{e}^{\mathrm{j}2\pi ik}\mathrm{d}\omega'\\&=\frac{1}{2\pi}\sum_{i=-\infty}^{\infty}\int_{-\frac{\pi}{T_s}}^{\frac{\pi}{T_s}}H\left(\omega'+\frac{2\pi i}{T_s}\right)\mathrm{e}^{\mathrm{j}\omega' kT_s}\mathrm{d}\omega'\end{aligned} \tag{6-41}$$

当上式之和一致收敛时，求和与积分的次序可以互换，并将 $\omega'$ 重新记为 $\omega$，于是有

$$h(kT_s)=\frac{1}{2\pi}\int_{-\frac{\pi}{T_s}}^{\frac{\pi}{T_s}}\sum_{i=-\infty}^{\infty}H\left(\omega+\frac{2i\pi}{T_s}\right)\mathrm{e}^{\mathrm{j}\omega kT_s}\mathrm{d}\omega \tag{6-42}$$

由傅里叶级数可知，若 $F(\omega)$ 是周期为 $\frac{2\pi}{T_s}$ 的频率函数，则可用指数型傅里叶级数表示，即

$$F(\omega)=\sum_{n=-\infty}^{\infty}f_n\mathrm{e}^{-\mathrm{j}n\omega T_s} \tag{6-43}$$

$$f_n=\frac{T_s}{2\pi}\int_{-\frac{\pi}{T_s}}^{\frac{\pi}{T_s}}F(\omega)\mathrm{e}^{\mathrm{j}\omega kT_s}\mathrm{d}\omega \tag{6-44}$$

对照式(6-42)，可以看出，$h(kT_s)$ 是 $\frac{1}{T_s}\sum_{i=-\infty}^{\infty}H\left(\omega+\frac{2\pi i}{T_s}\right)$ 的指数型傅里叶级数的系数，即

$$h(kT_s)=\frac{T_s}{2\pi}\int_{-\frac{\pi}{T_s}}^{\frac{\pi}{T_s}}\frac{1}{T_s}\sum_{i=-\infty}^{\infty}H\left(\omega+\frac{2\pi i}{T_s}\right)\mathrm{e}^{\mathrm{j}\omega kT_s}\mathrm{d}\omega \tag{6-45}$$

$$\frac{1}{T_s}\sum_{i=-\infty}^{\infty}H\left(\omega+\frac{2\pi i}{T_s}\right)=\sum_{k=-\infty}^{\infty}h(kT_s)\mathrm{e}^{-\mathrm{j}\omega kT_s} \tag{6-46}$$

将无码间干扰时域条件(6-37)代入上式，可得到无码间干扰时，基带传输特性应满足的频域条件为

$$\frac{1}{T_s}\sum_{i=-\infty}^{\infty}H\left(\omega+\frac{2\pi i}{T_s}\right)=1,\quad |\omega|\leqslant\frac{\pi}{T_s} \tag{6-47}$$

或者写成

$$\sum_{i=-\infty}^{\infty}H\left(\omega+\frac{2\pi i}{T_s}\right)=T_s,\quad |\omega|\leqslant\frac{\pi}{T_s} \tag{6-48}$$

该条件称为奈奎斯特第一准则，它提供了检验一个给定的系统特性 $H(\omega)$ 是否产生码间

干扰的一种方法。

例如：设 $H(\omega)$ 具有图 6-14（a）所示的特性，式 $\sum_{i=-\infty}^{\infty} H\left(\omega+\frac{2\pi i}{T_s}\right)$，$|\omega| \leqslant \frac{\pi}{T_s}$ 中 $i=0$ 的一项为 $H(\omega)$，$|\omega| \leqslant \frac{\pi}{T_s}$，如图 6-14（b）所示；$i=-1$ 的一项为 $H\left(\omega-\frac{2\pi}{T_s}\right)$，$|\omega| \leqslant \frac{\pi}{T_s}$，如图 6-14（c）所示；$i=+1$ 的一项为 $H\left(\omega+\frac{2\pi}{T_s}\right)$，$|\omega| \leqslant \frac{\pi}{T_s}$，如图 6-14（d）所示。除了这三项外，$i$ 为其他值时的各项均为 0，所以在 $|\omega| \leqslant \frac{\pi}{T_s}$ 区间内有

$$\sum_{i=-\infty}^{\infty} H\left(\omega+\frac{2\pi i}{T_s}\right) = H\left(\omega-\frac{2\pi}{T_s}\right) + H(\omega) + H\left(\omega+\frac{2\pi}{T_s}\right), \quad |\omega| \leqslant \frac{\pi}{T_s} \tag{6-49}$$

式(6-48)中的 $\sum_{i=-\infty}^{\infty} H\left(\omega+\frac{2\pi i}{T_s}\right)$ 含义：将 $H(\omega)$ 在 $\omega$ 轴上移位 $\frac{2\pi i}{T_s}$（$i=0, \pm1, \pm2, \cdots$），然后把各项移至在 $|\omega| \leqslant \frac{\pi}{T_s}$ 区间内的内容进行叠加。其结果应当为一常数（不必一定是 $T_s$），如图 6-14（e）所示。这种特性称为等效理想低通特性，记为 $H_{eq}(\omega)$，即

$$H_{eq}(\omega) = \begin{cases} \sum_{i=-\infty}^{\infty} H\left(\omega+\frac{2\pi i}{T_s}\right) = T_s, & |\omega| \leqslant \frac{\pi}{T_s} \\ 0, & |\omega| > \frac{\pi}{T_s} \end{cases} \tag{6-50}$$

显然，满足式(6-50)的系统 $H(\omega)$ 并不是唯一的。下面将讨论如何设计或选择满足式(6-50)的 $H(\omega)$。

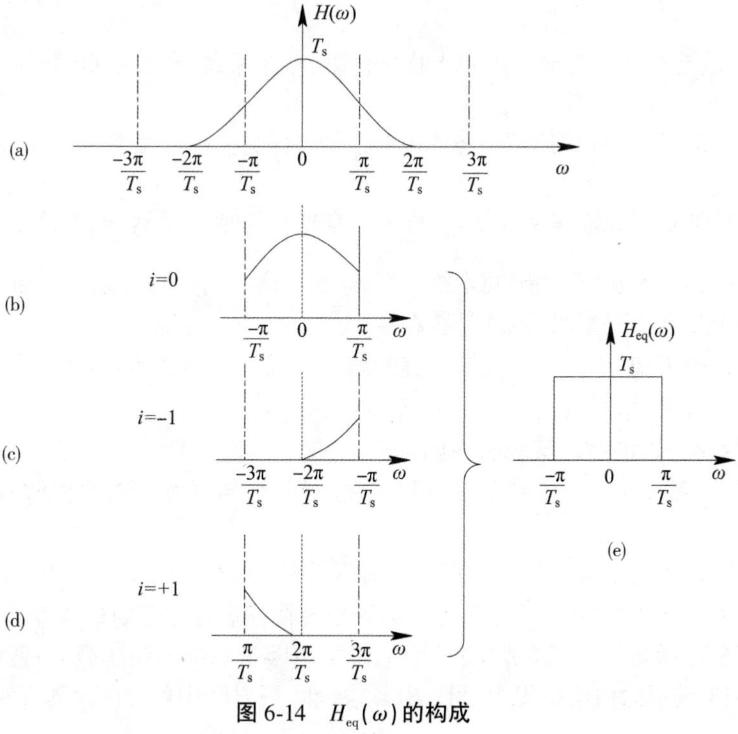


**图 6-14　$H_{eq}(\omega)$ 的构成**

容易想到的一种方式，就是式(6-50)中只有 $i=0$，即

$$H_{eq}(\omega)=H(\omega)=\begin{cases}T_s, & |\omega|\leqslant \dfrac{\pi}{T_s}\\[2ex] 0, & |\omega|>\dfrac{\pi}{T_s}\end{cases} \tag{6-51}$$

这时，$H(\omega)$为一理想低通滤波器。如图 6-15 (a)所示，它的冲激响应为

$$h(t)=\frac{\sin\dfrac{\pi}{T_s}t}{\dfrac{\pi}{T_s}t}=\mathrm{Sa}\left(\frac{\pi t}{T_s}\right) \tag{6-52}$$

如图 6-15 (b)所示，$h(t)$在 $t=\pm kT_s(k\neq0)$时有周期性零点，当发送序列的间隔为 $T_s$时正好巧妙地利用这些零点[见图 6-15 (b)中虚线]，实现了无码间干扰传输。

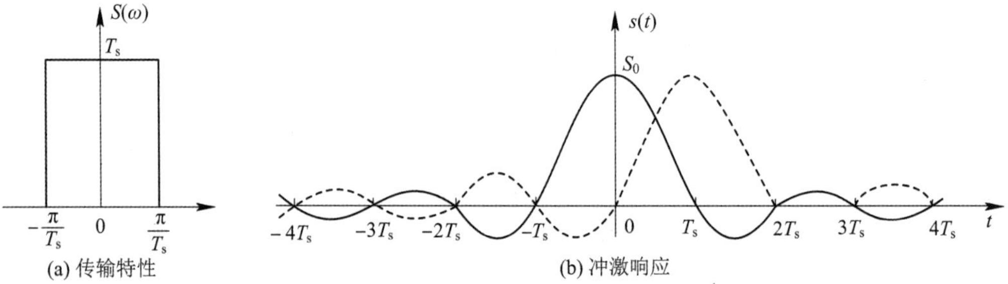


**图 6-15　理想低通系统**

由图 6-15 和式(6-51)可以看出：输入序列若以$\dfrac{1}{T_s}$波特的速率进行传输时，所需的最小传输带宽为$\dfrac{1}{2T_s}$。这是在抽样时刻无码间干扰条件下，基带系统所能达到的极限情况。此时基带系统所能提供的最高频带利用率为 $\eta=2$ B/Hz。通常把$\dfrac{1}{2T_s}$称为奈奎斯特带宽，记为 $W_1$，则该系统无码间干扰的最高传输速率为 $2W_1$，称为奈奎斯特速率。显然，如果该系统用高于$\dfrac{1}{T_s}$波特的码元传输速率传送时，将存在码间干扰。图 6-16 给出了当传码率高于基带系统最高传码率以及整数倍低于最高传码率时，系统是否存在码间干扰的示意说明。

从上面的讨论可知：理想低通传输特性的基带系统有最大的频带利用率。理想低通系统在实际应用中存在两个问题：

(1)理想矩形特性的物理实现极为困难；

(2)理想的冲激响应 $h(t)$的“尾巴”很长，衰减很慢，当定时存在偏差时，可能出现严重的码间干扰。

考虑到实际的传输系统总是可能存在定时误差的，因而一般不采用 $H_{eq}(\omega)=H(\omega)$，而只把这种情况作为理想的“标准”或者作为与别的系统特性进行比较时的基础。

考虑到理想冲激响应 $h(t)$的“尾巴”衰减慢的原因是系统的频率截止特性过于陡峭，因此可以按如图 6-17 所示的构造思想去设计 $H(\omega)$特性，只要图中的 $Y(\omega)$具有对 $W_1$呈奇对称的

振幅特性，则 $H(\omega)$ 即为所要求的。这种设计也可看作理想低通特性按奇对称条件进行“圆滑”的结果。上述的“圆滑”，通常被称为滚降。

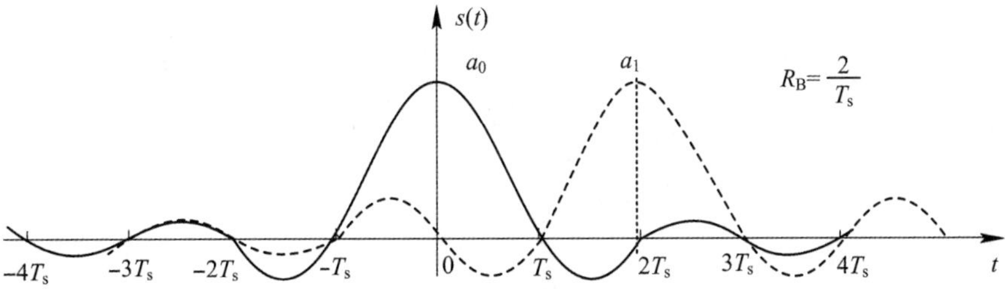


(a) 整数倍低于最高传码率

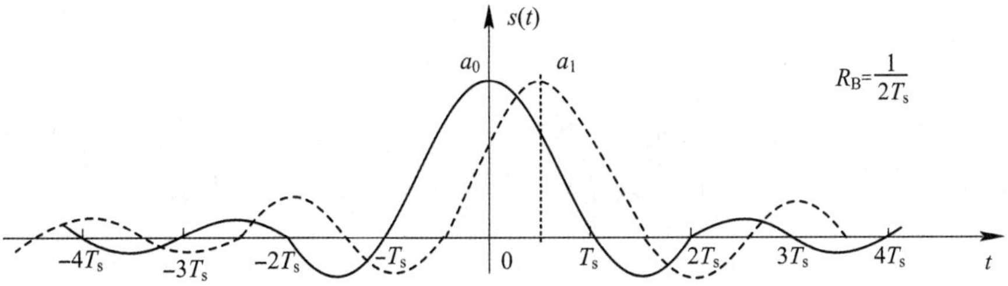


(b) 高于最高传码率

**图 6-16　不同传码率条件下的码间干扰示意图**

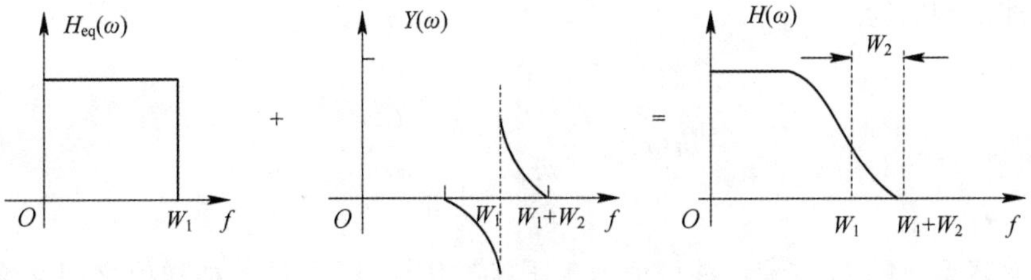


**图 6-17　滚降特性构成**

定义滚降系数为

$$\alpha=\frac{W_2}{W_1} \tag{6-53}$$

式中，$W_1$ 是无滚降时的截止频率，$W_2$ 为滚降部分的截止频率。显然，$0\leqslant\alpha\leqslant1$。不同的 $\alpha$ 有不同的滚降特性。图 6-18 画出了按余弦滚降的三种滚降特性和冲激响应。

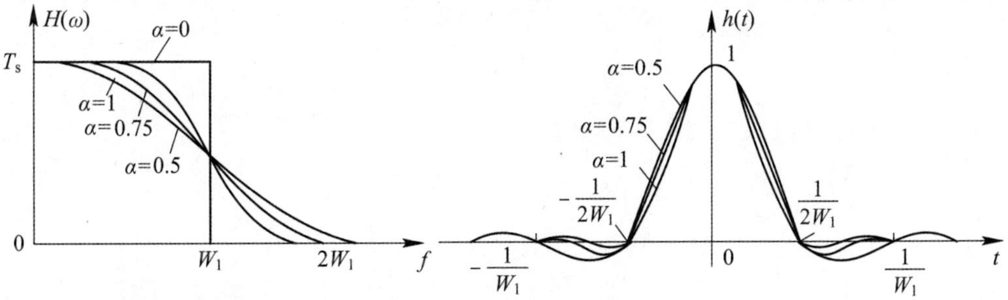


(a) 传输特性　　　　(b) 冲激响应

**图 6-18　余弦滚降系统**

具有滚降系数 $\alpha$ 的余弦滚降特性 $H(\omega)$ 可表示成

$$H(\omega)=\begin{cases}T_s, & |\omega|\leqslant\dfrac{(1-\alpha)\pi}{T_s}\\ \dfrac{T_s}{2}\left[1+\sin\dfrac{T_s}{2\alpha}\left(\dfrac{\pi}{T_s}-\omega\right)\right], & \dfrac{(1-\alpha)\pi}{T_s}<|\omega|\leqslant\dfrac{(1+\alpha)\pi}{T_s}\\ 0, & |\omega|>\dfrac{(1+\alpha)\pi}{T_s}\end{cases} \tag{6-54}$$

相应地，$h(t)$ 为

$$h(t)=\frac{\sin\dfrac{\pi t}{T_s}}{\dfrac{\pi t}{T_s}}\cdot\frac{\cos\dfrac{\alpha\pi t}{T_s}}{1-\dfrac{4\alpha^2t^2}{T_s^2}} \tag{6-55}$$

实际的 $H(\omega)$ 可按不同的 $\alpha$ 来选取。由图 6-18 可以看出，$\alpha=0$ 时，$H(\omega)$ 就是理想低通特性；$\alpha=1$ 时，$H(\omega)$ 是实际中常采用的升余弦频谱特性。这时，$H(\omega)$ 可表示为

$$H(\omega)=\begin{cases}\dfrac{T_s}{2}\left(1+\cos\dfrac{\omega T_s}{2}\right), & |\omega|\leqslant\dfrac{2\pi}{T_s}\\ 0, & |\omega|>\dfrac{2\pi}{T_s}\end{cases} \tag{6-56}$$

其单位冲击响应为

$$h(t)=\frac{\sin\dfrac{\pi t}{T_s}}{\dfrac{\pi t}{T_s}}\cdot\frac{\cos\dfrac{\pi t}{T_s}}{1-\dfrac{4t^2}{T_s^2}} \tag{6-57}$$

升余弦滚降系统的 $h(t)$ 满足抽样值上无干扰的传输条件，且各抽样值之间又增加了一个零点，其尾部衰减较快（与 $t^2$ 成反比），这有利于减小码间干扰和位定时误差的影响。但这种系统的频谱宽度是 $\alpha=0$ 时的 2 倍，因而频带利用率为 1 B/Hz，是最高利用率的一半。一般地，若 $0<\alpha<1$ 时，带宽 $B=(1+\alpha)/2T_s$，频带利用率 $\eta=2/(1+\alpha)$。

以上讨论并没有涉及 $H(\omega)$ 的相移特性，但实际上它的相移特性一般不为零，故需要加以考虑。然而，在推导式（6-47）的过程中并没有指定 $H(\omega)$ 是实函数，所以，式（6-47）对于一般特性的 $H(\omega)$ 均适用。

# 6.6 部分响应系统

上节分析了理想低通和升余弦滚降两种无码间干扰系统。其中,理想低通滤波特性的频带利用率虽达到基带系统的理论极限值 2 B/Hz,但难以实现,且它的 $h(t)$ 的“尾巴”振荡幅度大、收敛慢,从而对定时要求十分严格,而升余弦滤波特性虽然克服了上述缺点,但所需频带加宽,频带利用率下降,因此不能适应高速传输的发展。

那么,能否寻求一种传输系统,它允许存在一定的、受控制的码间干扰,而在接收端可加以消除?这样的系统能使频带利用率提高到理论上的最大值,又可形成“尾巴”衰减大、收敛快的传输波形,从而降低对定时取样精度的要求,称为部分响应系统。它的传输波形称为部分响应波形。

## 6.6.1 第Ⅰ类部分响应波形

尽管波形$\frac{\sin x}{x}$“拖尾”严重,但通过观察图 6-15 所示的$\frac{\sin x}{x}$波形,发现相距一个码元间隔的两个$\frac{\sin x}{x}$波形的“拖尾”刚好正负相反。利用这样的波形组合肯定可以构成“拖尾”衰减很快的脉冲波形。根据这一思路,可用两个间隔为一个码元长度 $T_s$ 的$\frac{\sin x}{x}$的合成波形来代替$\frac{\sin x}{x}$,如图 6-19 (a)所示。合成波形可表示为

$$g(t)=\frac{\sin\left[\frac{\pi}{T_s}\left(t+\frac{T_s}{2}\right)\right]}{\frac{\pi}{T_s}\left(t+\frac{T_s}{2}\right)}+\frac{\sin\left[\frac{\pi}{T_s}\left(t-\frac{T_s}{2}\right)\right]}{\frac{\pi}{T_s}\left(t-\frac{T_s}{2}\right)} \tag{6-58}$$

经简化后得

$$g(t)=\frac{4}{\pi}\left(\frac{\cos\frac{\pi t}{T_s}}{1-\frac{4t^2}{T_s^2}}\right),\text{其中}\begin{cases}g(0)=\frac{4}{\pi}\\ g\left(\pm\frac{T_s}{2}\right)=1\\ g\left(\frac{kT_s}{2}\right)=0,\quad k=\pm3,\ \pm5,\ldots\end{cases} \tag{6-59}$$

由图 6-19 (a)可见,除了在相邻的取样时刻 $t=\pm\frac{T_s}{2}$处 $g(t)=1$ 外,在其余的取样时刻上

$g(t)$具有等间隔零点。

对式(6-59)进行傅里叶变换,可得 $g(t)$ 的频谱函数为

$$G(\omega)=\begin{cases}2T_s\cos\dfrac{\omega T_s}{2}, & |\omega|\leqslant\dfrac{\pi}{T_s}\\[2ex] 0, & |\omega|>\dfrac{\pi}{T_s}\end{cases} \tag{6-60}$$

可见,$g(t)$的频谱限制在$\left(-\dfrac{\pi}{T_s},\dfrac{\pi}{T_s}\right)$内,且呈缓变的半余弦滤波特性,如图 6-19 (b)所示。其传输带宽为 $B=\dfrac{1}{2T_s}$,频带利用率为 $\eta=\dfrac{R_B}{B}=\dfrac{\frac{1}{T_s}}{\frac{1}{2T_s}}=2\ \text{B/Hz}$,达到基带系统在传输二进制序列时的理论极限值。

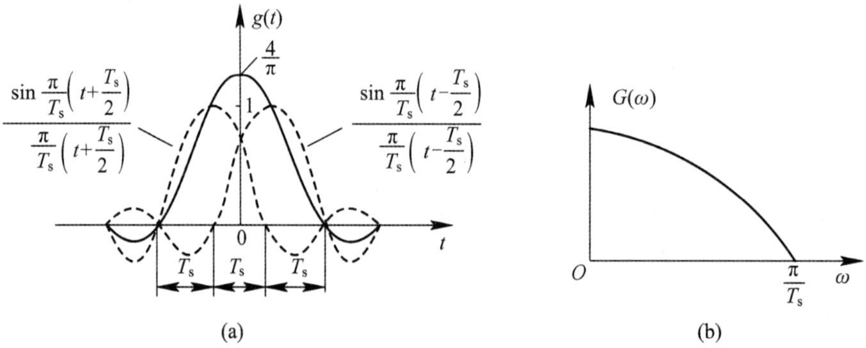


**图 6-19　$g(t)$及其频谱**

下面来讨论 $g(t)$的波形特点:

(1)由式(6-59)可见,$g(t)$波形的"拖尾"幅度与 $t^2$ 成反比,而 $\dfrac{\sin x}{x}$ 波形幅度与 $t$ 成反比,这说明 $g(t)$波形拖尾的衰减速度加快了。从图 6-19 (a)也可看到,相距一个码元间隔的两个 $\dfrac{\sin x}{x}$ 波形的"拖尾"正负相反而相互抵消,使合成波形"拖尾"迅速衰减。

(2)若用 $g(t)$作为传送波形,且码元间隔为 $T_s$,则在抽样时刻上仅发生发送码元的样值将受到前一码元的相同幅度样值的干扰,而不会与其他码元发生干扰(如图 6-20 所示)。从表面上看,由于前后码元的干扰很大,似乎无法按 $\dfrac{1}{T_s}$ 的速率进行传送。但由于这种"干扰"是确定的、可控的,在接收端可以消除掉,故仍可按 $\dfrac{1}{T_s}$ 传输速率传送码元。

(3)存在前一码元留下的有规律的干扰,可能会造成误码的传播(或扩散)。

设输入的二进制码元序列为$\{a_k\}$,并设 $a_k$的取值为+1 或-1。当发送码元 $a_k$时,接收波形 $g(t)$在第 $k$ 个时刻上获得的样值 $C_k$应是 $a_k$与前一码元在第 $k$ 个时刻上留下的干扰值之和,即

$$C_k=a_k+a_{k-1} \tag{6-61}$$

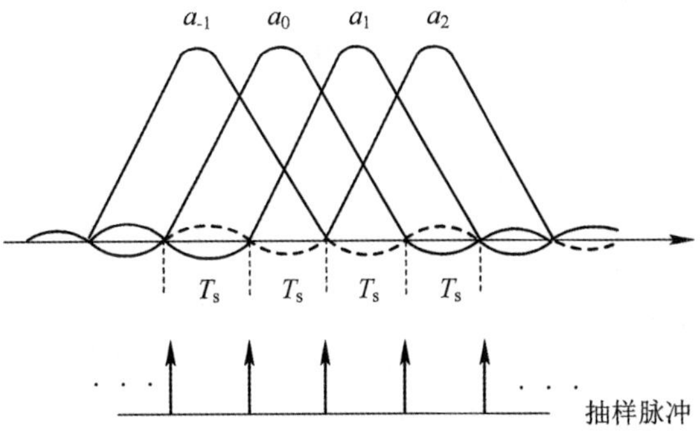


**图 6-20　码元发生干扰的示意图**

由于干扰值和信码抽样值幅度相等,因此 $C_k$ 可能有-2、0、+2 三种取值。如果 $a_{k-1}$ 已经判定,则接收端可根据收到的 $C_k$ 减去 $a_{k-1}$ 便可得到 $a_k$ 的取值,即

$$a_k = C_k - a_{k-1} \tag{6-62}$$

但是,这样的接收方式存在错误传播现象,因为 $a_k$ 的恢复不仅仅由 $C_k$ 来确定,还必须参考前一码元 $a_{k-1}$ 的判决结果。如果 $\{C_k\}$ 序列中某个抽样值因干扰而发生差错,则不但会造成当前恢复的 $a_k$ 值错误,还会影响到以后所有的 $a_{k+1}$, $a_{k+2}$, …的抽样值。这种现象被称为错误传播现象。

例:

| | | | | | | | | | | | |
|---|---|---|---|---|---|---|---|---|---|---|---|
| 输入信码 | 1 | 0 | 1 | 1 | 0 | 0 | 0 | 1 | 0 | 1 | 1 |
| 发送端 $\{a_k\}$ | +1 | −1 | +1 | +1 | −1 | −1 | −1 | +1 | −1 | +1 | +1 |
| 发送端 $\{C_k\}$ | | 0 | 0 | +2 | 0 | −2 | −2 | 0 | 0 | 0 | +2 |
| 接收的 $\{C_k'\}$ | | 0 | 0 | +2 | 0 | −2 | 0× | 0 | 0 | 0 | +2 |
| 恢复的 $\{a_k'\}$ | +1 | −1 | +1 | +1 | −1 | −1 | $+1_×$ | $-1_×$ | $+1_×$ | $-1_×$ | $+3_×$ |

由上例可见,自 $\{C_k'\}$ 出现错误之后,接收端恢复的 $\{a_k'\}$ 全部是错误的。此外,在接收端恢复 $\{a_k'\}$ 时还必须有正确的起始值(+1),否则也不可能得到正确的 $\{a_k'\}$ 序列。

为了克服错误传播,先采用预编码将输入信码 $a_k$ 变成 $b_k$,其规则是

$$b_k = a_k \oplus b_{k-1} \tag{6-63}$$

也即

$$a_k = b_k \oplus b_{k-1} \tag{6-64}$$

式中, $\oplus$ 表示模 2 加。

然后,把 $\{b_k\}$ 作为发送序列,形成由式(6-74)决定的 $g(t)$ 波形序列,则此时对应的式(6-61)改写为

$$C_k = b_k + b_{k-1} \tag{6-65}$$

对上式进行模 2(mod 2)处理,则有

$$[C_k]_{\text{mod }2} = [b_k + b_{k-1}]_{\text{mod }2} = b_k \oplus b_{k-1} = a_k \tag{6-66}$$

即 $a_k = [C_k]_{\text{mod }2}$。此式说明:对接收到的 $C_k$ 做模 2 处理后便直接得到发送端的 $a_k$,此时不需要预先知道 $a_{k-1}$,因而不存在错误传播现象。通常,把 $a_k$ 按式(6-63)变成 $b_k$ 的过程,称为预编码,而把式(6-61)或式(6-65)的关系称为相关编码。因此,整个上述处理过程可概括为“预编

码—相关编码—模 2 判决”过程。

重新引用上面的例子，由输入 $a_k$ 到接收端恢复 $a_k'$ 的过程如下：

| | | | | | | | | | | | |
|---|---|---|---|---|---|---|---|---|---|---|---|
| $a_k$ | 1 | 0 | 1 | 1 | 0 | 0 | 0 | 1 | 0 | 1 | 1 |
| $b_{k-1}$ | 0 | 1 | 1 | 0 | 1 | 1 | 1 | 1 | 0 | 0 | 1 |
| $b_k$ | 1 | 1 | 0 | 1 | 1 | 1 | 1 | 0 | 0 | 1 | 0 |
| $C_k$ | 0 | +2 | 0 | 0 | +2 | +2 | +2 | 0 | −2 | 0 | 0 |
| $C_k'$ | 0 | +2 | 0 | 0 | +2 | +2 | +2 | $+2_{\times}$ | 0 | 0 | 0 |
| $a_k'$ | 1 | 0 | 1 | 1 | 0 | 0 | 0 | $0_{\times}$ | 0 | 1 | 1 |

【注】第一个 $b_{k-1}$ 任选为 0 或 1。若二进制码元取值 $a_k=\pm1$，预编码后的 $b_k=\pm1$，则 $C_k$ 将可能有 −2、0、+2 三种取值。对 $C_k$ 取模 2 判决方法为：若 $C_k=\pm2$，则判为 $a_k=0$；若 $C_k=0$，则判为 $a_k=1$。

由于当前 $C_k$ 值可直接得到当前的 $a_k$，所以错误不会传播下去，而是局限在受干扰码元本身位置，这是因为预编码解除了码间的相关性。

上面讨论的属于第 I 类部分响应波形，其系统组成框图如图 6-21 所示。其中，图 6-21（a）为原理框图，图 6-21（b）为实际系统组成框图。

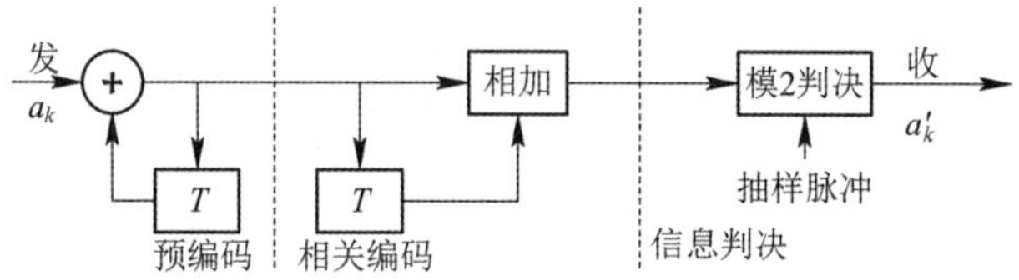


(a) 原理框图

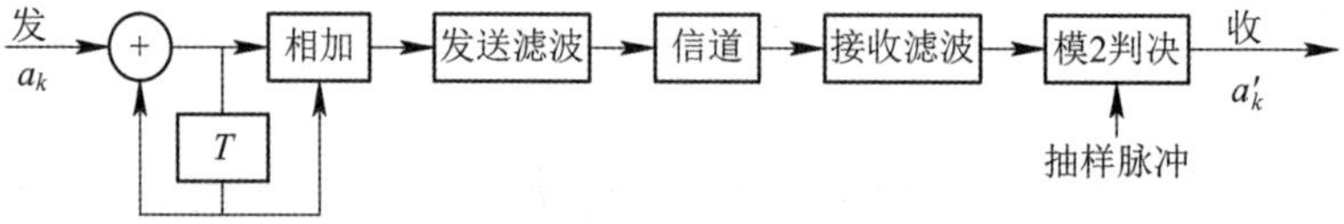


(b) 实际系统组成框图

**图 6-21　第 I 类部分响应系统组成框图**

应当指出，部分响应信号是由预编码器、相关编码器、发送滤波器、信道和接收滤波器共同产生的。如果相关编码器输出为 $\delta$ 脉冲序列，那么发送滤波器、信道和接收滤波器的传输函数应具有理想低通特性。但由于部分响应信号的频谱是滚降衰减的，因此对理想低通特性的要求可以略有放松。

## 6.6.2　部分响应波形的一般形式

部分响应波形的一般形式可以是 $N$ 个相继间隔 $T_s$ 的 $\frac{\sin x}{x}$ 波形之和，其表达式为

$$g(t)=R_1\frac{\sin\frac{\pi t}{T_s}}{\frac{\pi t}{T_s}}+R_2\frac{\sin\frac{\pi(t-T_s)}{T_s}}{\frac{\pi(t-T_s)}{T_s}}+\dots+R_N\frac{\sin\frac{\pi[t-(N-1)T_s]}{T_s}}{\frac{\pi[t-(N-1)T_s]}{T_s}} \tag{6-67}$$

式中,$R_1,R_2,\cdots,R_N$ 为加权系数,其取值为正、负整数及零。

例如,当取 $R_1=1,R_2=1$,其余系数 $R_i=0$ 时,就是前面所述的第Ⅰ类部分响应波形。

对应式(6-67)所示部分响应波形的频谱函数为

$$G(\omega)=\begin{cases}T_s\sum_{m=1}^{N}R_m\mathrm{e}^{-\mathrm{j}\omega(m-1)T_s}, & |\omega|\leqslant\frac{\pi}{T_s}\\ 0, & |\omega|>\frac{\pi}{T_s}\end{cases} \tag{6-68}$$

可见,$G(\omega)$ 仅在 $\left(-\frac{\pi}{T_s},\frac{\pi}{T_s}\right)$ 范围内存在。显然,$R_i(i=1,\ 2,\ \cdots,\ N)$ 不同,将有不同类别的部分响应信号,相应有不同的相关编码方式。

设输入数据序列为 $\{a_k\}$,相应的相关编码电平为 $\{C_k\}$,仿照式(6-65),则

$$C_k=R_1a_k+R_2a_{k-1}+\cdots+R_Na_{k-(N-1)} \tag{6-69}$$

为了避免因相关编码而引起的“差错传播”现象,一般要经过类似于前面介绍的“预编码—相关编码—模 2 判决”过程,先仿照式(6-63)对 $a_k$ 进行预编码,即

$$a_k=R_1b_k+R_2b_{k-1}+\cdots+R_Nb_{k-(N-1)}\ (\text{按模 } L \text{ 相加}) \tag{6-70}$$

式中,$a_k$ 和 $b_k$ 已假设为 $L$ 进制。

然后,将预编码后的 $b_k$ 进行相关编码,即

$$C_k=R_1b_k+R_2b_{k-1}+\cdots+R_Nb_{k-(N-1)}\ (\text{算术加}) \tag{6-71}$$

最后,对 $C_k$ 做模 $L$ 处理,得到 $a_k$。

此时不存在错误传播问题,且接收端的译码十分简单,只需直接对 $C_k$ 按模 $L$ 判决即可得。

根据 $R$ 取值不同,表 6-1 列出常见的五类部分响应波形、频谱特性和加权系数 $R_N$,分别命名为Ⅰ、Ⅱ、Ⅲ、Ⅳ、Ⅴ类部分响应信号。为了便于比较,把具有 $\frac{\sin x}{x}$ 波形的理想低通也列在表内并称为第 0 类。

**表 6-1　五类部分响应波形、频谱特性和加权系数的比较**

| 类别 | $R_1$ | $R_2$ | $R_3$ | $R_4$ | $R_5$ | $g(t)$ | $\lvert G(\omega)\rvert,\lvert\omega\rvert\leqslant\frac{\pi}{T_s}$ | 二进制输入时的 $C_k$ 电平数 |
| --- | --- | --- | --- | --- | --- | --- | --- | --- |
| 0 | 1 | | | | | 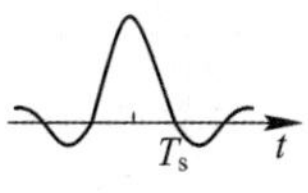 | 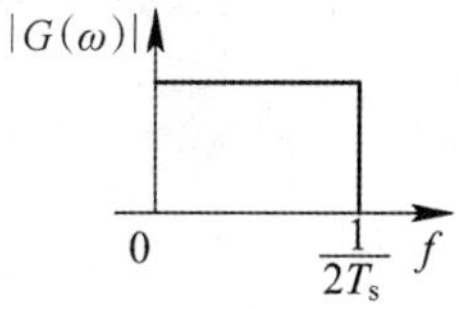 | 2 |

续表

| 类别 | $R_1$ | $R_2$ | $R_3$ | $R_4$ | $R_5$ | $g(t)$ | $\lvert G(\omega)\rvert, \lvert\omega\rvert \leq \frac{\pi}{T_s}$ | 二进制输入时的 $C_k$ 电平数 |
|---|---|---|---|---|---|---|---|---|
| Ⅰ | 1 | 1 | | | | 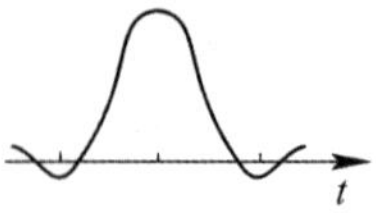  | 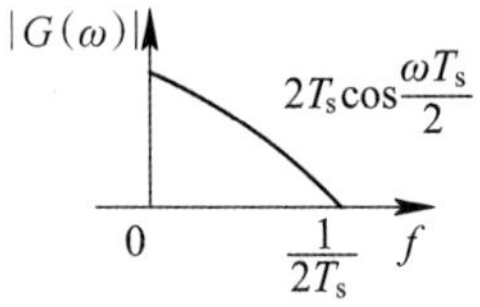  | 3 |
| Ⅱ | 1 | 2 | 1 | | | 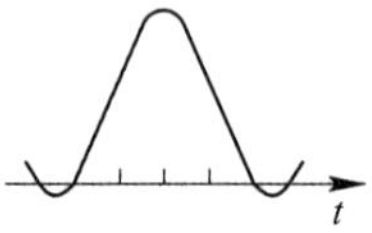  | 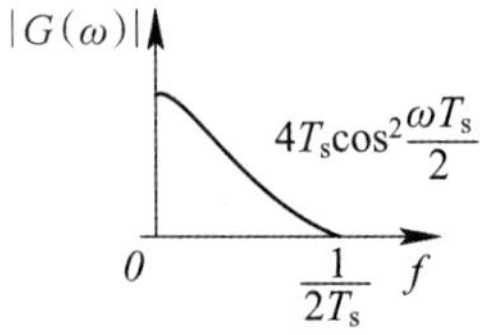  | 5 |
| Ⅲ | 2 | 1 | -1 | | | 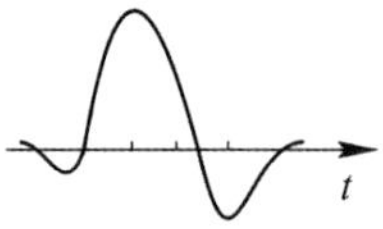  | 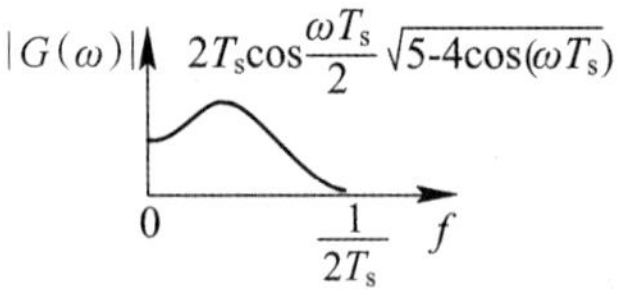  | 5 |
| Ⅳ | 1 | 0 | -1 | | | 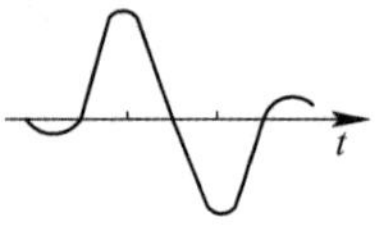  | 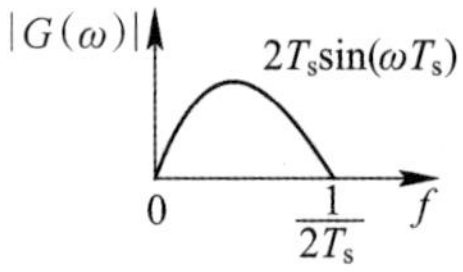  | 3 |
| Ⅴ | -1 | 0 | 2 | 0 | -1 |   | 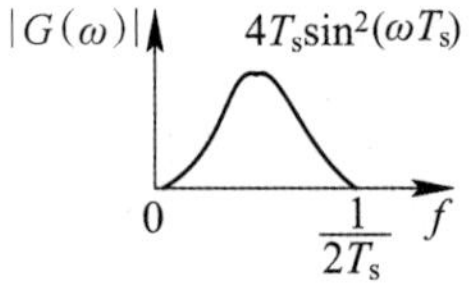  | 5 |

从表中看出，各类部分响应波形的频谱均不超过理想低通的带宽，但它们的频谱结构和对临近码元抽样时刻的干扰不同。

目前，应用较多的是第Ⅰ类和第Ⅳ类。第Ⅰ类频谱主要集中在低频段，适用于信道频带高频严重受限的场合。第Ⅳ类无直流分量，且低频分量小，便于通过载波线路，也便于边带滤波，实现单边带调制，因而实际应用得最广泛。此外，以上两类的抽样值电平数比其他类别的少，这也是它们得以广泛应用的原因之一。当输入为 $L$ 进制信号时，经部分响应传输系统得到的第Ⅰ、Ⅳ类部分响应信号的电平数为 $(2L-1)$。

# 6.7 无码间干扰基带系统的抗噪声性能

码间干扰和信道噪声是影响接收端正确判决而造成误码的两个因素。上节讨论了不考虑噪声影响时,能够消除码间干扰的基带传输特性。本节将讨论在无码间干扰的条件下,噪声对基带信号传输的影响,计算噪声引起的误码率。

如果认为信道噪声只对接收端产生影响,则抗噪声性能分析模型如图6-22所示。

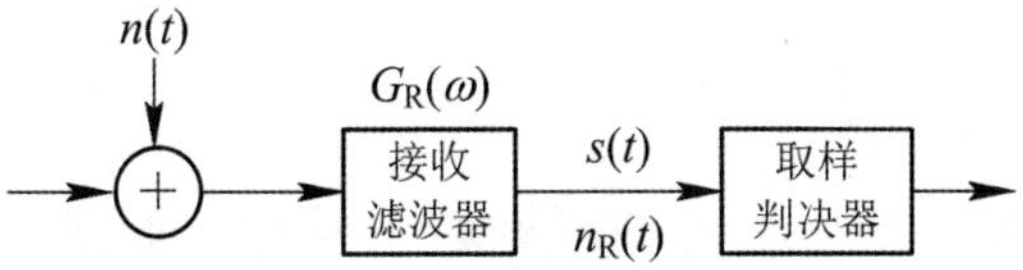


图6-22 抗噪声性能分析模型

设二进制接收波形为 $s(t)$,信道噪声 $n(t)$ 通过接收滤波器后的输出噪声为 $n_R(t)$,则接收滤波器的输出是信号加噪声的混合波形,即

$$x(t)=s(t)+n_R(t) \tag{6-72}$$

若二进制基带信号为双极性,设它在抽样时刻的电平取值为+$A$或-$A$(分别对应信码"1"或"0"),则 $x(t)$ 在抽样时刻的取值为

$$x(kT_s)=\begin{cases} A+n_R(kT_s), & \text{发送“1”时} \\ -A+n_R(kT_s), & \text{发送“0”时} \end{cases} \tag{6-73}$$

设判决电路的判决门限为 $V_d$,判决规则为

$$\begin{cases} x(kT_s)>V_d, & \text{判为“1”码} \\ x(kT_s)<V_d, & \text{判为“0”码} \end{cases} \tag{6-74}$$

上述判决过程的典型输入波形如图6-23所示,判决门限选择在0电平。

对图6-23(a)波形能够毫无差错地恢复基带信号,但对图6-23(b)的波形就可能出现两种判决错误:原"1"错判成"0"或原"0"错判成"1",图中带" * "的码元就是误码。

下面具体分析由于信道加性噪声引起这种误码的概率 $P_e$,简称误码率。

信道加性噪声 $n(t)$ 通常被假设为均值为0、双边功率谱密度$\frac{n_0}{2}$的平稳高斯白噪声,而接收滤波器又是一个线性网络,故判决电路输入噪声 $n_R(t)$ 也是均值为0的平稳高斯噪声,且它的功率谱密度 $P_n(\omega)$ 为

$$P_n(\omega)=\frac{n_0}{2}\left|G_R(\omega)\right|^2 \tag{6-75}$$

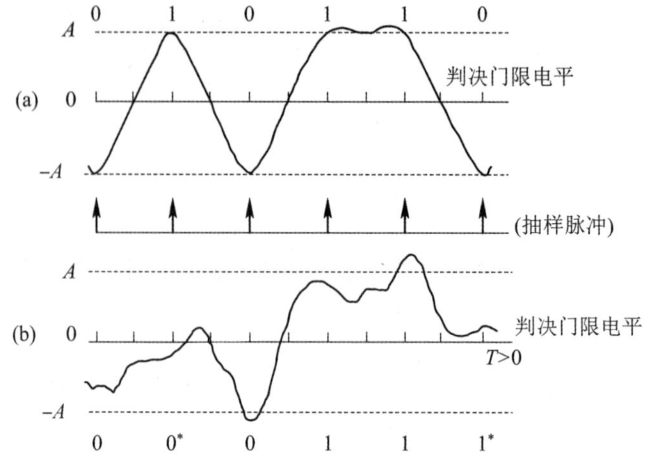


图 6-23　判决电路的典型输入波形

方差(噪声平均功率)为

$$\sigma_n^2 = \frac{1}{2\pi}\int_{-\infty}^{\infty} \frac{n_0}{2} \mid G_R(\omega) \mid^2 d\omega \tag{6-76}$$

可见，$n_R(t)$ 是均值为 0、方差为 $\sigma_n^2$ 的高斯噪声，因此它的瞬时值的统计特性可用下述一维概率密度函数描述

$$f(v) = \frac{1}{\sqrt{2\pi}\sigma_n} e^{-v^2/2\sigma_n^2} \tag{6-77}$$

式中，$v$ 就是噪声的瞬时取值 $n_R(kT_s)$。

根据式(6-73)可知，当发送“1”时，$A + n_R(kT_s)$ 的一维概率密度函数为

$$f_1(x) = \frac{1}{\sqrt{2\pi}\sigma_n} \exp\left[-\frac{(x-A)^2}{2\sigma_n^2}\right] \tag{6-78}$$

而当发送“0”时，$-A + n_R(kT_s)$ 的一维概率密度函数为

$$f_0(x) = \frac{1}{\sqrt{2\pi}\sigma_n} \exp\left[-\frac{(x+A)^2}{2\sigma_n^2}\right] \tag{6-79}$$

与它们相应的曲线分别显示于图 6-24 中。

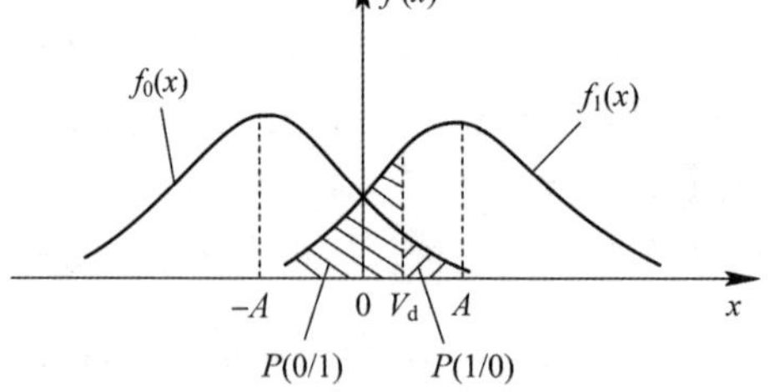


图 6-24　$x$ 的概率密度曲线

在 $-A$ 到 $+A$ 之间选择一个适当的电平 $V_d$ 作为判决门限，根据判决规则将会出现以下几种情况：

$$对“1”码\begin{cases}当\ x > V_d\ 时,判为“1”码(判决正确)\\ 当\ x < V_d\ 时,判为“0”码(判决错误)\end{cases}$$

$$对“0”码\begin{cases}当\ x < V_d\ 时,判为“0”码(判决正确)\\ 当\ x > V_d\ 时,判为“1”码(判决错误)\end{cases}$$

可见,在二进制基带信号传输过程中,噪声会引起两种误码概率:$P(0/1)$和$P(1/0)$。

(1)发“1”错判为“0”的概率$P(0/1)$

$$\begin{aligned}P(0/1) = P(x < V_d) &= \int_{-\infty}^{V_d} f_1(x)\,dx \\ &= \int_{-\infty}^{V_d} \frac{1}{\sqrt{2\pi}\sigma_n}\exp\left[-\frac{(x-A)^2}{2\sigma_n^2}\right]dx \\ &= \frac{1}{2} + \frac{1}{2}\operatorname{erf}\left(\frac{V_d - A}{\sqrt{2}\sigma_n}\right)\end{aligned} \tag{6-80}$$

(2)发“0”错判为“1”的概率$P(1/0)$

$$\begin{aligned}P(1/0) = P(x > V_d) &= \int_{V_d}^{\infty} f_0(x)\,dx \\ &= \int_{V_d}^{\infty} \frac{1}{\sqrt{2\pi}\sigma_n}\exp\left[-\frac{(x+A)^2}{2\sigma_n^2}\right]dx \\ &= \frac{1}{2} - \frac{1}{2}\operatorname{erf}\left(\frac{V_d + A}{\sqrt{2}\sigma_n}\right)\end{aligned} \tag{6-81}$$

$P(0/1)$和$P(1/0)$分别如图6-24中的阴影部分所示。

若发送“1”码的概率为$P(1)$,发送“0”码的概率为$P(0)$,则基带传输系统总的误码率可表示为

$$P_e = P(1)P(0/1) + P(0)P(1/0) \tag{6-82}$$

可以看出,误码率与$P(1)$、$P(0)$、$f_0(x)$、$f_1(x)$和$V_d$有关,而$f_0(x)$和$f_1(x)$又与信号的峰值$A$和噪声功率$\sigma_n^2$有关。若$P(1)$和$P(0)$给定,则误码率最终由$A$、$\sigma_n^2$和门限$V_d$决定。

在$A$和$\sigma_n^2$一定的条件下,可以找到一个使误码率最小的判决门限电平,这个门限电平称为最佳门限电平。若令$\frac{dP_e}{dV_d}=0$,则可求得最佳门限电平为

$$V_d^* = \frac{\sigma_n^2}{2A}\ln\frac{P(0)}{P(1)} \tag{6-83}$$

当$P(1)=P(0)=\frac{1}{2}$时,$V_d^*=0$。此时可求出基带传输系统总误码率为

$$\begin{aligned}P_e &= \frac{1}{2}P(0/1) + \frac{1}{2}P(1/0) \\ &= \frac{1}{2}\left[1 - \operatorname{erf}\left(\frac{A}{\sqrt{2}\sigma_n}\right)\right] \\ &= \frac{1}{2}\operatorname{erfc}\left(\frac{A}{\sqrt{2}\sigma_n}\right) = Q\left(\frac{A}{\sigma_n}\right)\end{aligned} \tag{6-84}$$

可以看出，在发送概率相等，且在最佳门限电平下，系统的总误码率仅依赖于信号峰值 $A$ 与噪声均方根值 $\sigma_n$ 的比值，而与采用什么样的信号形式无关（当然，这里的信号形式必须是能够消除码间干扰的）。若比值 $A/\sigma_n$ 越大，则 $P_e$ 就越小。

以上分析的是双极性信号的情况。对于单极性信号，电平取值为 $+A$（对应"1"码）或 0（对应"0"码）。因此，在发"0"码时，只需将图 6-24 中 $f_0(x)$ 曲线的分布中心由 $-A$ 移到 0 即可。这时式(6-83)将变成

$$V_d^* = \frac{A}{2} + \frac{\sigma_n^2}{A} \ln \frac{P(0)}{P(1)} \tag{6-85}$$

当 $P(1)=P(0)=\frac{1}{2}$ 时，$V_d^* = \frac{A}{2}$。这时

$$P_e = \frac{1}{2}\left[1 - \text{erf}\left(\frac{A}{2\sqrt{2}\sigma_n}\right)\right] = \frac{1}{2}\text{erfc}\left(\frac{A}{2\sqrt{2}\sigma_n}\right) = Q\left(\frac{A}{2\sigma_n}\right) \tag{6-86}$$

式中，$A$ 是单极性基带信号的峰值。

比较式(6-84)与式(6-86)可知，在单极性与双极性基带信号的峰值 $A$ 相等、噪声均方根值 $\sigma_n$ 也相同时，单极性基带系统的抗噪声性能不如双极性基带系统。此外，在等概条件下，单极性的最佳判决门限电平为 $\frac{A}{2}$，当信道特性发生变化时，信号的峰值 $A$ 将随着变化，故判决门限电平也随之改变，而不能保持最佳状态，从而导致误码率增大。而双极性的最佳判决门限电平为 0，与信号幅度无关，因而不随信道特性变化而变，故能保持最佳状态。因此，基带系统多采用双极性信号进行传输。

# 6.8 眼图

从理论上讲，只要基带传输总特性 $H(\omega)$ 满足奈奎斯特第一准则，就可实现无码间干扰传输。但实际中，滤波器部件调试不理想或信道特性的变化等因素，都可能使 $H(\omega)$ 特性改变，从而使系统性能恶化。计算由这些因素所引起的误码率非常困难，尤其在码间干扰和噪声同时存在的情况下，系统性能的定量分析更是难以进行。因此，在实际应用中需要用简便的实验方法来定性测量系统的性能，其中一个有效的实验方法是观察接收信号的眼图。

眼图是指利用实验手段能方便地估计和改善(通过调整)系统性能时在示波器上观察到的一种图形。观察眼图的方法如下：

用一个示波器跨接在接收滤波器的输出端，然后调整示波器水平扫描周期，使其与接收码元的周期同步。此时可以从示波器显示的图形上，观察出码间干扰和噪声的影响，从而估计系统性能的优劣程度。

在传输二进制信号波形时，示波器显示的图形很像人的眼睛，故名眼图。

为了便于理解，暂先不考虑噪声的影响。图 6-25(a)是接收滤波器输出的无码间干扰的双极性基带波形，用示波器观察它，并将示波器扫描周期调整到码元周期 $T_s$。由于示波器的余辉作用，扫描所得的每一个码元波形将重叠在一起，形成如图 6-25 (b)所示的迹线细而清晰的大"眼睛"；图 6-25(c)是有码间干扰的双极性基带波形，由于存在码间干扰，此波形已经失真，示波器的扫描迹线就不完全重合，于是形成的眼图迹线杂乱，"眼睛"张开得较小，且眼图不端正，如图 6-25(d)所示。

对比图 6-25(b)和(d)可知，眼图的"眼睛"张开得越大，且眼图越端正，表示码间干扰越小，反之，表示码间干扰越大。当存在噪声时，眼图迹线变成了比较模糊的带状的线，噪声越大，线条越宽，越模糊，"眼睛"张开得越小。

从图形上并不能观察到随机噪声的全部形态，例如出现机会少的大幅度噪声，由于它在示波器上一晃而过，因而用人眼是观察不到的。所以，在示波器上只能大致估计噪声的强弱。眼图可以定性地反映码间干扰的大小和噪声的大小。眼图可以用来指示接收滤波器的调整，以减小码间干扰，改善系统性能。

为了说明眼图和系统性能之间的关系，把眼图简化为一个模型，如图 6-26 所示。

由图 6-26 可以获得以下信息：

(1)最佳抽样时刻应是"眼睛"张开最大的时刻；

(2)眼图斜边的斜率决定了系统对抽样定时误差的灵敏程度：斜率越大，对定时误差越灵敏；

(3)图的阴影区的垂直高度表示信号幅度畸变范围；

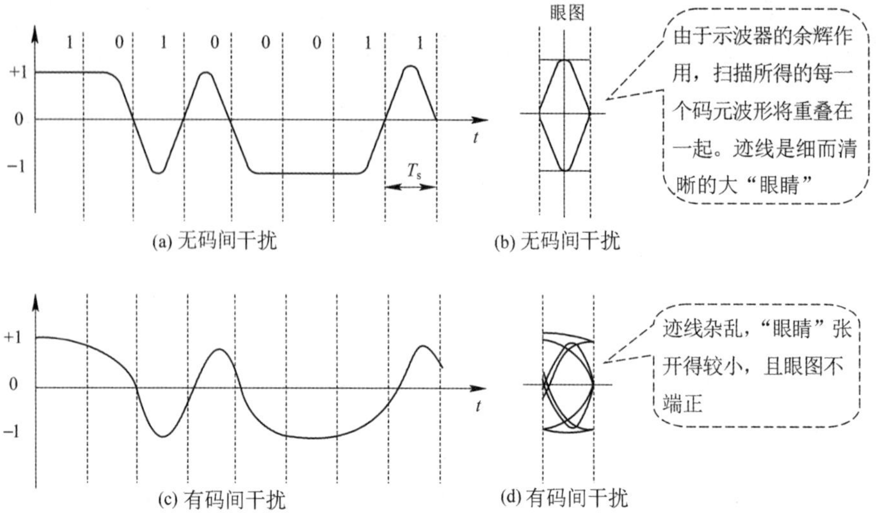


**图 6-25　基带信号波形及眼图**

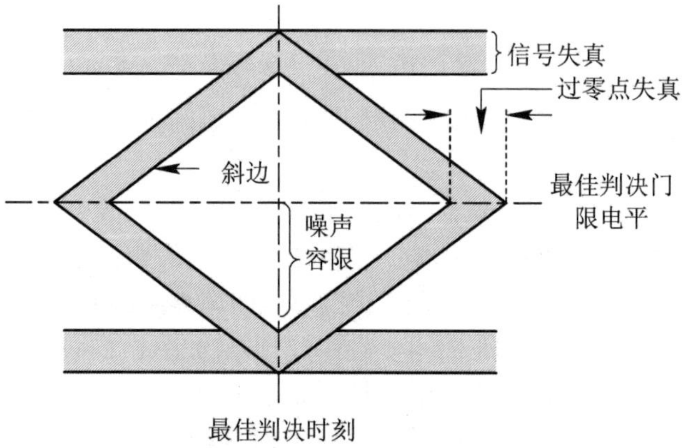


**图 6-26　眼图的模型**

(4)图中央的横轴位置对应于判决门限电平；

(5)抽样时刻上，上、下两阴影区的间隔距离之半为噪声的容限，噪声瞬时值超过它就可能发生错误判决；

(6)图中倾斜阴影带与横轴相交的区间表示了接收波形零点位置的变化范围，即过零点畸变，它对于利用信号零交点的平均位置来提取定时信息的接收系统有很大影响。

图 6-27 分别展示了采用升余弦滚降脉冲(滚降系数 $\alpha=0.5$)生成的二进制和四进制基带信号在两个符号周期上的眼图示例。通过观察最大睁开眼位置，可以看到该基带信号具有零码间干扰，进一步确认了升余弦脉冲抗码间干扰的优势。由于奈奎斯特第一准则对脉冲的过零点没有要求，因此眼图表明可能会出现时序抖动。

若接收的是二进制波形，则在一个码元周期 $T_s$ 内只能看到一只“眼睛”。若接收的是 $M$ 进制波形，则在一个码元周期内可以看到纵向显示的($M-1$)只“眼睛”；若扫描周期为 $nT_s$ 时，可以看到并排的 $n$ 只“眼睛”。

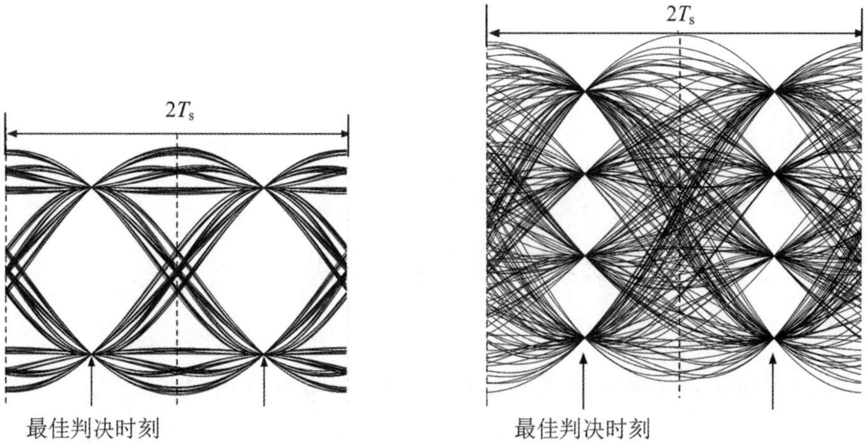


(a) 二进制基带信号 (b) 四进制基带信号

图 6-27 眼图示例

# 6.9 时域均衡基本原理

为了方便分析问题,再次给出基带传输系统模型,如图 6-28 所示。

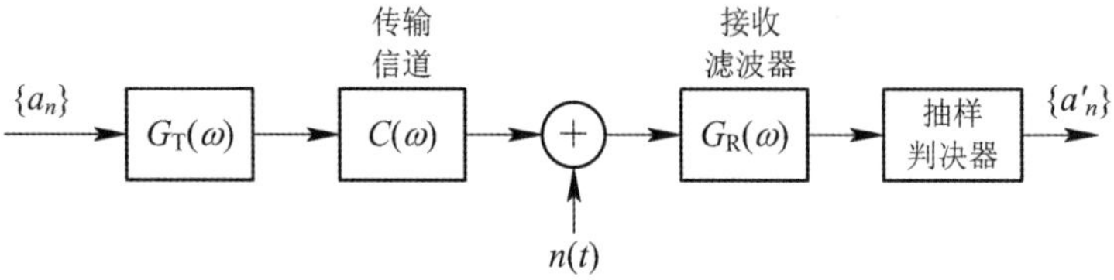


图 6-28 基带传输系统模型

在信道特性 $C(\omega)$ 确知条件下,可以精心设计接收滤波器和发送滤波器,以达到消除码间干扰和尽量减小噪声影响的目的。但在实际实现时,由于难免存在滤波器的设计误差和信道特性的变化,所以无法实现理想的传输特性,因而会引起波形的失真,从而产生码间干扰,系统的性能也必然下降。

理论和实践均证明:在基带系统中插入一种可调(或不可调)滤波器,可以校正或补偿系统特性,减小码间干扰的影响。这种起补偿作用的滤波器称为均衡器。

均衡可分为频域均衡和时域均衡两种。所谓频域均衡,是从校正系统的频率特性出发,使包括均衡器在内的基带系统的总特性满足无失真传输条件。所谓时域均衡,是利用均衡器产生的时间波形去直接校正已畸变的波形,使包括均衡器在内的整个系统的冲激响应满足无码间干扰条件。频域均衡在信道特性不变且在传输低速数据时是适用的。而时域均衡可以根据信道特性的变化进行调整,能够有效地减小码间干扰,故在高速数据传输中得到广泛应用。

## 6.9.1 时域均衡原理

如图 6-28 所示的基带传输系统模型,其总特性由式(6-33)表示,当 $H(\omega)$ 不满足式(6-48)无码间干扰条件时,就会形成有码间干扰的响应波形。如果在接收滤波器和抽样判决器之间插入一个称为横向滤波器的可调滤波器,则其冲激响应为

$$h_T(t) = \sum_{n=-\infty}^{\infty} C_n \delta(t - nT_s) \tag{6-87}$$

式中,$C_n$ 完全依赖于 $H(\omega)$。那么,理论上就可消除抽样时刻上的码间干扰。

设插入滤波器的频率特性为 $T(\omega)$,则当

$$T(\omega)H(\omega) = H'(\omega) \tag{6-88}$$

满足式(6-48),即满足

$$\sum_{i=-\infty}^{\infty} H'\left(\omega+\frac{2\pi i}{T_s}\right)=T_s,\quad |\omega|\leqslant\frac{\pi}{T_s} \tag{6-89}$$

时，则包括 $T(\omega)$ 在内的总特性 $H'(\omega)$ 将能消除码间干扰。

将式(6-88)代入式(6-89)，可得

$$\sum_{i=-\infty}^{\infty} H\left(\omega+\frac{2\pi i}{T_s}\right)T\left(\omega+\frac{2\pi i}{T_s}\right)=T_s,\quad |\omega|\leqslant\frac{\pi}{T_s} \tag{6-90}$$

如果 $T(\omega)$ 是以 $\frac{2\pi}{T_s}$ 为周期的周期函数，即

$$T\left(\omega+\frac{2\pi i}{T_s}\right)=T(\omega) \tag{6-91}$$

则在式(6-90)中，$T(\omega)$ 与 $i$ 无关，可拿到求和符号外边，于是有

$$T(\omega)=\frac{T_s}{\sum\limits_{i=-\infty}^{\infty} H\left(\omega+\frac{2\pi i}{T_s}\right)},\quad |\omega|\leqslant\frac{\pi}{T_s} \tag{6-92}$$

使得式(6-89)成立。

$T(\omega)$ 是周期为 $\frac{2\pi}{T_s}$ 的周期函数，则 $T(\omega)$ 可用傅里叶级数来表示，即

$$T(\omega)=\sum_{n=-\infty}^{\infty} C_n \mathrm{e}^{-\mathrm{j}nT_s\omega} \tag{6-93}$$

式中，$C_n=\frac{T_s}{2\pi}\int_{-\pi/T_s}^{\pi/T_s} T(\omega)\mathrm{e}^{\mathrm{j}n\omega T_s}\mathrm{d}\omega$，即

$$C_n=\frac{T_s}{2\pi}\int_{-\pi/T_s}^{\pi/T_s}\frac{T_s}{\sum\limits_{i=-\infty}^{\infty} H\left(\omega+\frac{2\pi i}{T_s}\right)}\mathrm{e}^{\mathrm{j}n\omega T_s}\mathrm{d}\omega \tag{6-94}$$

由上式可看出，傅里叶系数 $C_n$ 由 $H(\omega)$ 决定。

对式(6-93)求傅里叶反变换，则可求得其单位冲激响应 $h_T(t)$ 为

$$h_T(t)=F^{-1}[T(\omega)]=\sum_{n=-\infty}^{\infty} C_n\delta(t-nT_s) \tag{6-95}$$

这就是需要证明的式(6-87)。它的功能是将输入端(即接收滤波器输出端)抽样时刻上有码间干扰的响应波形变换成(利用它产生的无限多响应波形之和)抽样时刻上无码间干扰的响应波形。由于横向滤波器的均衡原理是建立在响应波形上的，故把这种均衡称为时域均衡。

从以上分析可知，横向滤波器可以实现时域均衡。无限长的横向滤波器可以(至少在理论上)完全消除抽样时刻上的码间干扰，但实际上是不可能实现的。因为，均衡器的长度不仅受经济条件的限制，还受每一系数 $C_i$ 调整准确度的限制。如果 $C_i$ 的调整准确度得不到保证，则增加长度所获得的效果也不会显示出来。因此，需要研究有限长横向滤波器的抽头增益调整问题。

设在基带系统接收滤波器与判决电路之间插入一个具有 $2N+1$ 个抽头的横向滤波器，如图6-29(a)所示。其输入为 $x(t)$，$x(t)$ 是被均衡的对象，并设它不附加噪声，如图6-29(b)所示。

若设有限长横向滤波器的单位冲激响应为 $h_e(t)$，相应的频率特性为 $H_e(\omega)$，则

$$h_e(t) = \sum_{i=-N}^{N} C_i \delta(t - iT_s) \tag{6-96}$$

其相应的频率特性为

$$H_e(\omega) = \sum_{i=-N}^{N} C_i e^{-j\omega iT_s} \tag{6-97}$$

上式表明，$H_e(\omega)$ 被 $2N+1$ 个 $C_i$ 确定。显然，不同的 $C_i$ 将对应不同的 $H_e(\omega)$。

如果各抽头系数是可调整的，则图 6-29 所示的滤波器是通用的。另外，如果抽头系数设计成可调的，也为随时校正系统的时间响应提供了可能条件。

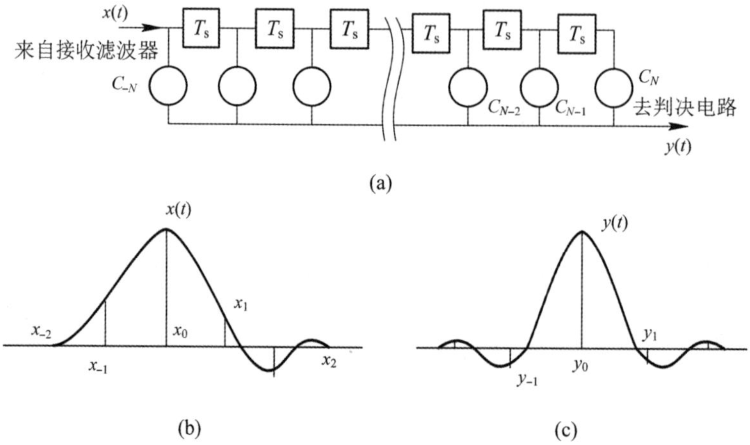


**图 6-29　有限长横向滤波器及其输入、输出单脉冲响应波形**

下面将考查均衡的输出波形。因为横向滤波器的输出 $y(t)$ 是 $x(t)$ 和 $h_e(t)$ 的卷积，故有

$$y(t) = x(t) * h_e(t) = \sum_{i=-N}^{N} C_i x(t - iT_s) \tag{6-98}$$

于是，在抽样时刻 $kT_s+t_0$，$t_0$ 即图中 $x_0$ 出现时刻，有

$$y(kT_s + t_0) = \sum_{i=-N}^{N} C_i x(kT_s + t_0 - iT_s) = \sum_{i=-N}^{N} C_i x[(k-i)T_s + t_0] \tag{6-99}$$

或者简写为

$$y_k = \sum_{i=-N}^{N} C_i x_{k-i} \tag{6-100}$$

上式说明，均衡器在第 $k$ 个抽样时刻上得到的样值 $y_k$ 将由 $2N+1$ 个 $C_i$ 与 $x_{k-i}$ 乘积之和来确定。

除 $y_0$ 以外的所有 $y_k$ 都属于波形失真引起的码间干扰。当输入波形 $x(t)$ 给定，即各种可能的 $x_{k-i}$ 确定时，通过调整 $C_i$ 使指定的 $y_k$ 等于零是容易办到的，但同时要求所有的 $y_k$（除 $k=0$）都等于零是一件很难的事。

**【例 6-3】** 设有一个三抽头的横向滤波器，其 $C_{-1}=-\dfrac{1}{4}$，$C_0=1$，$C_{+1}=-\dfrac{1}{2}$，均衡器输入 $x(t)$ 在各抽样点上的取值分别为：$x_{-1}=\dfrac{1}{4}$，$x_0=1$，$x_{+1}=\dfrac{1}{2}$，其余都为零。试求均衡器输出 $y(t)$ 在各抽

样点上的值。

**解**:方法 1:由题意设 $N=1$,根据式(6-100),有

$$y_k=\sum_{i=-1}^{1}C_i x_{k-i}$$

当 $k=0$ 时,可得

$$y_0=\sum_{i=-1}^{1}C_i x_{-i}=C_{-1}x_1+C_0x_0+C_1x_{-1}=\frac{3}{4}$$

当 $k=1$ 时, 可得

$$y_1=\sum_{i=-1}^{1}C_i x_{1-i}=C_{-1}x_2+C_0x_1+C_1x_0=0$$

当 $k=-1$ 时,可得

$$y_{-1}=\sum_{i=-1}^{1}C_i x_{-1-i}=C_{-1}x_0+C_0x_{-1}+C_1x_{-2}=0$$

同理可得:$y_{-2}=-\dfrac{1}{16}$;$y_{-1}=0$;$y_2=-\dfrac{1}{4}$。

由此例可见,除 $y_0$外,得到 $y_{-1}$和 $y_{+1}$为零,而 $y_{-2}$和 $y_{+2}$不为零。这说明:利用有限长横向滤波器减小码间干扰是可能的,但完全消除是不可能的,总会存在一定的码间干扰。横向滤波器抽头级数等于抑制干扰个数加 1。

方法 2:利用矩阵方法,将输入、输出以及抽头系数分别写成矩阵或向量的形式,即有

$$\boldsymbol{Y}^{\mathrm{T}}=[y_{-2N}\ \cdots\ y_0\ \cdots\ y_{2N}],\ \boldsymbol{C}^{\mathrm{T}}=[c_{-N}\ \cdots\ c_0\ \cdots\ c_N]$$

$$\boldsymbol{X}=\begin{bmatrix} x_{-N} & 0 & 0 & \cdots & 0 & 0\\ x_{-N+1} & x_{-N} & 0 & \cdots & 0 & 0\\ \vdots & \vdots & \vdots & \cdots & \vdots & \vdots\\ x_N & x_{N-1} & x_{N-2} & \cdots & x_{-N+1} & x_{-N}\\ \vdots & \vdots & \vdots & & \vdots & \vdots\\ 0 & 0 & 0 & \cdots & x_N & x_{N-1}\\ 0 & 0 & 0 & \cdots & 0 & x_N \end{bmatrix}$$

式(6-100)可表示为 $\boldsymbol{Y}=\boldsymbol{XC}$。

将题中给定的数据代入上面向量或矩阵中,可得

$$\boldsymbol{Y}=\boldsymbol{XC}=\begin{bmatrix} \frac{1}{4} & 0 & 0\\ 1 & \frac{1}{4} & 0\\ \frac{1}{2} & 1 & \frac{1}{4}\\ 0 & \frac{1}{2} & 1\\ 0 & 0 & \frac{1}{2} \end{bmatrix}\begin{bmatrix} -\frac{1}{4}\\ 1\\ -\frac{1}{2} \end{bmatrix}=\begin{bmatrix} -\frac{1}{16} & 0 & \frac{3}{4} & 0 & -\frac{1}{4} \end{bmatrix}$$

下面讨论在抽头数有限情况下，如何反映这些码间干扰的大小，如何调整抽头系数以获得最佳的均衡效果。

## 6.9.2 均衡效果的衡量

在抽头数有限情况下，均衡器的输出将有剩余失真，即除了 $y_0$外，其余所有 $y_k$都属于波形失真引起的码间干扰。为了反映这些失真的大小，一般采用峰值失真准则和均方失真准则作为衡量标准。

峰值失真准则定义为

$$D = \frac{1}{y_0} \sum_{\substack{k=-\infty \\ k \neq 0}}^{\infty} |y_k| \tag{6-101}$$

除 $k=0$ 以外的各样值绝对值之和反映了码间干扰的最大值，$y_0$是有用信号样值，所以峰值失真 $D$ 就是码间干扰最大可能值与有用信号样值之比。对于完全消除码间干扰的均衡器而言，应有 $D=0$；对于码间干扰不为零的场合，希望 $D$ 有最小值。

均方失真准则定义为

$$\varepsilon^2 = \frac{1}{y_0^2} \sum_{\substack{k=-\infty \\ k \neq 0}}^{\infty} y_k^2 \tag{6-102}$$

其物理意义与峰值失真准则相似。

按这两个准则来确定均衡器的抽头系数均可使失真最小，获得最佳的均衡效果。

【注意】这两种准则都是根据均衡器输出的单个脉冲响应来规定的。图 6-29(c) 画出了一个单脉冲响应波形。另外，还有必要指出：在分析横向滤波器时，均把时间原点（$t=0$）假设在滤波器中心点处（即 $C_0$处）。如果时间参考点选择在别处，则滤波器输出的波形形状还是相同的，但整个波形的提前或推迟不同。

# 复习与巩固

## 一、概念思考

1.基带传输系统的基本结构及各部分的功能如何?
2.基带信号有哪些常用的形式?它们各有什么特点?
3.数字基带信号的功率谱有什么特点?它的带宽主要取决于什么?
4.构成 $HDB_3$码、差分双相码和 AMI 码的规则是什么?它们各有什么特点?
5.码间干扰产生的原因是什么?如何消除?
6.何谓奈奎斯特速率、奈奎斯特带宽和频带利用率?
7.什么是部分响应系统?
8.什么是最佳判决门限电平?
9.什么是眼图?由眼图模型可以得到哪些信息?
10.什么是时域均衡?什么是频域均衡?

## 二、课堂小测

1.横向滤波器的单位冲激响应为________。

2.衡量均衡器均衡效果的两个准则是________、________。

3.双极性基带信号,当满足________条件时,其功率谱中无离散谱分量。

4.设二进制信息代码的码元传输速率为 1000 B,则 AMI 码的码元传输速率为________B;$HDB_3$码的码元传输速率为________B;数字双相码的码元传输速率为________B;传号反转码的码元传输速率为________B。

5.通过眼图,可以观察到________和________的大小。

6.设二进制信息代码的码元传输速率为 1000 B,则 $HDB_3$码波形、单极性非归零码波形、占空比为 0.4 的双极性归零码波形的谱零点带宽分别为________、________和________。

7.试判断图 6-30 中的基带传输系统函数哪些能满足无码间干扰传输 4800 B 的码元传输速率。

8.CMI 码的特点有________。

A.含有丰富的定时信息　　B. 属于 2B3B 码
C.可以用来宏观检错　　D. 不存在直流分量

9.采用部分响应系统传输信息的优缺点包括________。

A.频带利用率可达到基带系统的最大值　　B. 时域波形收敛快
C.可以放松对位定时信号抖动的要求　　D. 抗噪声性能比非部分响应系统差

10.若码元周期为 $T_s$,0、1 等概。如图 6-31 所示,基带码型对应的单极性脉冲序列波形中含有位定时信号的有________。

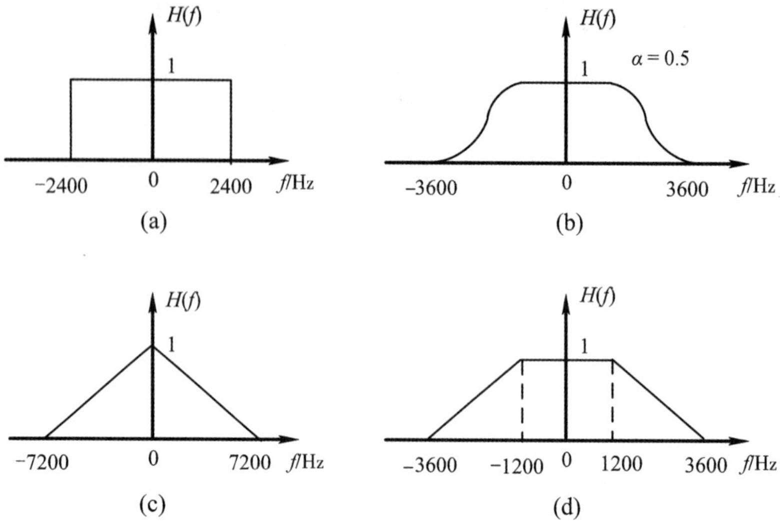


图 6-30　题 6-7 图

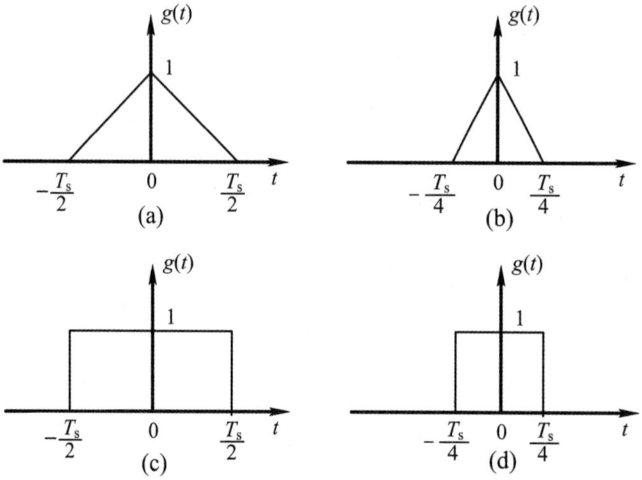


图 6-31　题 6-10 图

11.简答题：

(1)采用部分响应系统传输信息有什么优点？付出了什么代价？

(2)升余弦滚降信号的时域和频域衰减速度有何特点？

(3)时域均衡器的输入信号的眼图与输出信号的眼图有何区别？为什么？

## 三、典型题解

1.若消息码序列为 1101001000001，试写出 AMI 码和 $HDB_3$码的相应序列。

**解：**AMI 码为　+1 −1 0 +1 0 0 −1 0 0 0 0 0 +1

$HDB_3$码为　+1 −1 0 +1 0 0 −1 0 0 0 −1 0 +1

2.设一个二进制单极性基带信号序列中的“1”和“0”分别用脉冲 $g(t)$ 的有无表示，已知 $g(t)$ 为宽度为 $T$，幅度为 $A$ 的三角波，并且二进制码元出现的概率相等，码元持续时间等于 $T$。

试求：

(1)该序列的功率谱密度的表达式,并画出其曲线；

(2)该序列中有没有频率 $f=\frac{1}{T}$ 的离散分量？若有,试计算其功率。

**解**：(1) 由题意可知,$g(t)$ 表达式为

$$g(t)=\begin{cases}A\left(1-\frac{2}{T}|t|\right), & |t|\leqslant\frac{T}{2}\\ 0, & \text{其他}\end{cases}$$

则 $g(t)$ 的频谱为 $G(\omega)=\frac{AT}{2}\mathrm{Sa}^2\left(\frac{\omega T}{4}\right)$。

又因为 $P(0)=P(1)=\frac{1}{2}$,令 $g_1(t)=g(t)$,$g_2(t)=0$,则有 $G_1(f)=G(f)$,$G_2(f)=0$。将其代入二进制数字基带信号的双边功率谱函数的表达式中,可得

$$\begin{aligned}P(f)&=\frac{1}{T}P(1-P)|G_1(f)-G_2(f)|^2+\sum_{m=-\infty}^{\infty}\left|\frac{1}{T}\left[PG_1\left(\frac{m}{T}\right)+(1-P)G_2\left(\frac{m}{T}\right)\right]\right|^2\delta\left(f-\frac{m}{T}\right)\\&=\frac{1}{T}P(1-P)|G(f)|^2+\sum_{m=-\infty}^{\infty}\left|\frac{1}{T}(1-P)G\left(\frac{m}{T}\right)\right|^2\delta\left(f-\frac{m}{T}\right)\\&=\frac{1}{4T}\left|\frac{A^2T^2}{4}\mathrm{Sa}^4\left(\frac{\omega T}{4}\right)\right|+\sum_{m=-\infty}^{\infty}\left|\frac{1}{2T}G\left(\frac{m}{T}\right)\right|^2\delta\left(f-\frac{m}{T}\right)\\&=\frac{A^2T^2}{16}\mathrm{Sa}^4\left(\frac{\omega T}{4}\right)+\frac{A^2}{16}\sum_{m=-\infty}^{\infty}\mathrm{Sa}^4\left(\frac{m\pi}{2}\right)\delta\left(f-\frac{m}{T}\right)\end{aligned}$$

则其频谱图为

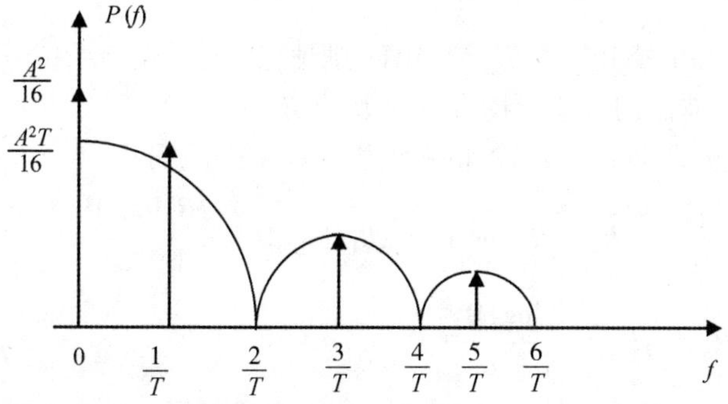


(2)二进制数字基带信号的离散谱分量为

$$P_v(\omega)=\frac{A^2}{16}\sum_{m=-\infty}^{\infty}\mathrm{Sa}^4\left(\frac{m\pi}{2}\right)\delta\left(f-\frac{m}{T}\right)$$

当 $m=\pm1$ 时,$f=\pm\frac{1}{T}$,代入上式

$$P_v(\omega)=\frac{A^2}{16}\mathrm{Sa}^4\left(\frac{\pi}{2}\right)\delta\left(f+\frac{1}{T}\right)+\frac{A^2}{16}\mathrm{Sa}^4\left(\frac{\pi}{2}\right)\delta\left(f-\frac{1}{T}\right)$$

显然,功率谱中含有位同步频率分量 $f=\frac{1}{T}$,其功率为

$$P=\frac{A^2}{16}\mathrm{Sa}^4\left(\frac{\pi}{2}\right)+\frac{A^2}{16}\mathrm{Sa}^4\left(\frac{\pi}{2}\right)=\frac{A^2}{\pi^4}+\frac{A^2}{\pi^4}=\frac{2A^2}{\pi^4}$$

3.设一个二进制基带传输系统的传输函数 $H(f)$ 为

$$H(f)=\begin{cases}\tau_0[1+\cos(2\pi f\tau_0)], & |f|\leqslant\dfrac{1}{2\tau_0}\\ 0, & 其他\end{cases}$$

试确定该系统最高的码元传输速率 $R_B$ 及相应的码元持续时间 $T$。

**解：**由题意可知，基带传输系统为升余弦传输特性，根据奈奎斯特第一准则，可等效为理想低通特性。其等效带宽为

$$W_1=\frac{1}{2}\times\frac{1}{2\tau_0}=\frac{1}{4\tau_0}$$

最高传码率为

$$R_B=2W_1=2\times\frac{1}{4\tau_0}=\frac{1}{2\tau_0}$$

相应的码元间隔为

$$T=\frac{1}{R_B}=2\tau_0$$

4.一个理想低通滤波器特性信道，截止频率为 5 MHz，试计算下列情况下的最高信息传输速率（单位是 Mb/s）：

（1）采用 2 电平基带信号的最高信息传输速率；

（2）采用 8 电平基带信号的最高信息传输速率；

（3）采用 4 电平、$\alpha=0.25$ 升余弦滚降频谱信号，且截止频率不变，此时的最高信息传输速率。

**解：**由题意可知，LPF 截止频率 $B_\alpha=5$ MHz，则理想低通的奈奎斯特带宽为 $B_{ISI}=B_\alpha=5$ MHz；具有滚降特性滤波器的奈奎斯特带宽为 $B_{ISI}=B_\alpha/(1+\alpha)$。

设 $M$ 为电平阶数，根据信息传输速率和传码率的关系，可得

$$R_b=R_B\log_2M=2B_{ISI}\log_2M=\frac{2B_\alpha\log_2M}{1+\alpha}$$

也可以理解为 $R_b=\eta B_\alpha=\dfrac{2\log_2M}{1+\alpha}\cdot B_\alpha$。

将 $M=2$、$8$，$\alpha=0$，以及 $M=4$，$\alpha=0.25$ 参数代入上式可得

采用 2 电平基带信号，最高信息传输速率为 10 b/s；

采用 8 电平基带信号，最高信息传输速率为 30 b/s；

采用 4 电平 $\alpha=0.25$ 升余弦滚降基带信号，最高信息传输速率为 16 b/s。

5.某基带系统的传输特性是截止频率为 1 MHz、幅度为 1 的理想低通滤波器。

（1）试根据系统无码间干扰的时域条件求此基带系统无码间干扰的码元传输速率。

（2）设此系统的信息传输速率为 3 Mb/s，是否存在无码间干扰的传输方案？

**解：**（1）由题中给定的 $H(\omega)$ 可得基带系统的冲激响应 $h(t)$ 为

$$W = 2 \times 2\pi f_H = 2 \times 2\pi \times 10^6 \text{ rad/s}$$

$$H(\omega) = \text{rect}\left(\frac{\omega}{W}\right) \leftrightarrow h(t) = \frac{W}{2\pi}\text{Sa}\left(\frac{Wt}{2}\right)$$

$$h(t) = 2 \times 10^6 \text{Sa}(2\pi \times 10^6 t)$$

由 $h(t)$ 可知，当 $t=0.5$ kμs 时，$h(t)=0$，所以当以 $T_s=0.5$ μs 间隔传输码元时，系统无码间干扰。即系统最高传码率 $R_B=\frac{1}{T_s}=2$（MB）。

(2)考虑以独立等概 $M$ 进制基带信号传输，则符号速率为$\frac{3}{\log_2 M}$（MB）。

为确保基带系统无码间干扰，则系统符号传输速率必须为$\frac{2}{k}$（MB），$k=1, 2, \cdots, N$。令$\frac{3}{\log_2 M}=\frac{2}{k}$，求得 $M=8^{k/2}=8^n$，即当系统以码率$\frac{1}{n}$传输 $8^n$进制符号时，系统无码间干扰。

## 四、课后拓展

1.试用 Matlab 绘制以下不同类型的数字基带信号波形及功率谱密度。

(1)基带脉冲为 $g(t)=\begin{cases}1, & 0 \leqslant t \leqslant T_s \\ 0, & \text{其他}\end{cases}$，二进制序列 0、1 等概(单极性不归零)；

(2)基带脉冲为 $g(t)=\begin{cases}1, & 0 \leqslant t \leqslant \tau < T_s \\ 0, & \text{其他}\end{cases}$，二进制序列 0、1 等概(单极性归零)；

(3)基带脉冲为 $g(t)=\text{Sa}\left(\frac{\pi t}{T_s}\right)$，二进制序列-1、1 等概。

2.用 Matlab 绘制 $\alpha=0$、0.5、1 的升余弦滚降系统冲激响应时域波形以及频域传输特性。

3.设二进制基带序列 $a_n \in \{-1, +1\}$，基带脉冲 $g(t)=\begin{cases}1, & 0 \leqslant t \leqslant T_s \\ 0, & \text{其他}\end{cases}$，加性高斯白噪声的双边功率谱密度为$\frac{N_0}{2}=0$。若该序列通过如下基带系统传输，每码元采样点 $N=8$，试绘制接收端收到信号的眼图。

(1)理想低通 $H(f)=\begin{cases}1, & |f| \leqslant \frac{8}{2T_s} \\ 0, & \text{其他}\end{cases}$；

(2)理想低通 $H(f)=\begin{cases}1, & |f| \leqslant \frac{5}{2T_s} \\ 0, & \text{其他}\end{cases}$；

(3)理想低通 $H(f)=\begin{cases}1, & |f| \leqslant \frac{1}{T_s} \\ 0, & \text{其他}\end{cases}$。

4.已知基带信号为二进制双极性不归零码型，试绘制其第一类部分响应系统的基带信号波形及其眼图。

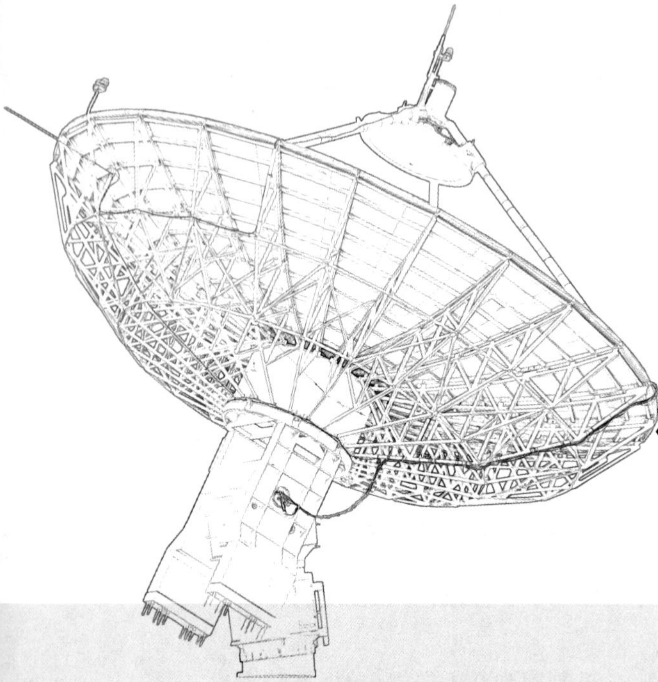

# 第7章 模拟信号的数字化

**知识点**

- 低通型抽样定理。
- 理想抽样、自然抽样和瞬时抽样。
- 量化的目的。
- 均匀量化和非均匀量化。
- $A$ 律压缩和 $\mu$ 律压缩,13 折线和 15 折线。
- PCM 原理,PCM 信号码率、带宽。
- 差分脉冲编码调制,增量调制,以及它们与 PCM 的比较。

# 7.1 引言

数字通信系统具有许多优点，是当今通信的发展方向。然而自然界的许多信息经各种传感器感知后都是模拟量，例如电话、电视等通信业务，其信源输出的消息都是模拟信号。要利用数字通信系统传输模拟信号，一般需要三个步骤：

(1) 把模拟信号数字化，即模/数(A/D)变换；

(2) 进行数字方式传输；

(3) 把数字信号还原为模拟信号，即数/模(D/A)变换。

由于 A/D 或 D/A 变换的过程通常由信源编/译码器实现，所以把发送端的 A/D 变换称为信源编码，而接收端的 D/A 变换称为信源译码，如语音信号的数字化叫作语音编码。由于电话业务在通信中占有较大的业务量，所以本章以语音编码为例，介绍模拟信号数字化的有关理论和技术。

模拟信号数字化的方法大致可划分为波形编码和参量编码两类。波形编码是直接把时域波形变换为数字代码序列，比特率通常在 16~64 kb/s，接收端重建信号的质量好。参量编码是利用信号处理技术，提取语音信号的特征参量，再变换成数字代码，其比特率在 16 kb/s 以下，但接收端重建(恢复)信号的质量不够好。本章将讨论波形编码方法。

目前，普遍采用的波形编码方法有脉冲编码调制(PCM)和增量调制(ΔM)。模拟信号数字传输的原理框图如图 7-1 所示。图中，首先对模拟信源发出的模拟信号进行抽样，使其成为一系列离散的抽样值，然后将这些抽样值进行量化并编码，变换成数字信号，用数字通信系统传输。在接收端，则将接收到的数字信号进行译码和低通滤波，恢复原模拟信号。

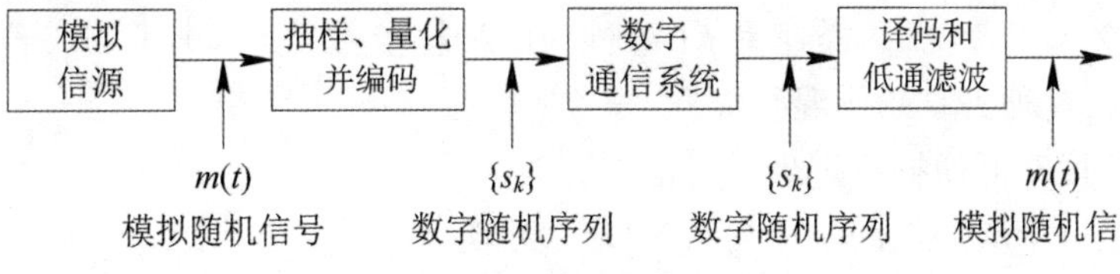


图 7-1　模拟信号数字传输的原理框图

本章将在介绍抽样定理和脉冲幅度调制的基础上，重点讨论模拟信号数字化的 PCM 和 ΔM 两种方式的原理及性能，并简要介绍 PCM 的改进型，即差分脉冲编码调制(DPCM)和自适应差分脉冲编码调制(ADPCM)。

# 7.2 信号抽样

抽样是把时间上连续的模拟信号变成一系列时间上离散的抽样值的过程。抽样定理回答的问题是:能否由上述样值序列重建原信号?

抽样定理的大意是如果对一个频带有限的时间连续的模拟信号抽样,当抽样速率达到一定数值时,那么根据它的抽样值就能重建原信号。也就是说,若要传输模拟信号,不一定要传输模拟信号本身,只需传输按抽样定理得到的抽样值即可。因此,抽样定理是模拟信号数字化的理论依据。

根据信号是低通型的还是带通型的,抽样定理分为低通抽样定理和带通抽样定理;根据用来抽样的脉冲序列是等间隔的还是非等间隔的,抽样定理又分为均匀抽样定理和非均匀抽样;根据抽样的脉冲序列是冲击序列还是非冲击序列,抽样定理又分为理想抽样定理和实际抽样定理。本节将对低通抽样定理和带通抽样定理进行讨论。

## 7.2.1 低通抽样定理

一个频带限制在$(0,f_H)$内的时间连续信号$m(t)$,如果以$T_s \leqslant \frac{1}{2f_H}$的间隔对它进行等间隔(均匀)抽样,则$m(t)$将被所得到的抽样值完全确定。

低通抽样定理指出,若$m(t)$的频谱在某一角频率$\omega_H$以上为零,则$m(t)$中的全部信息完全包含在其间隔不大于$\frac{1}{2f_H}$的均匀抽样序列里。换句话说,在信号最高频率分量的每一个周期内起码应抽样两次。或者说,抽样速率$f_s$(每秒内的抽样点数)应不小于$2f_H$,若抽样速率$f_s<2f_H$,则会产生失真,这种失真叫作混叠失真。

下面从频域角度对低通抽样定理进行证明。

设抽样序列是一个周期性冲激序列,它可以表示为

$$\delta_T(t)=\sum_{n=-\infty}^{\infty}\delta(t-nT_s) \tag{7-1}$$

由于$\delta_T(t)$是周期性函数,它的频谱$\delta_T(\omega)$必然是离散的,可求出

$$\delta_T(\omega)=\omega_s\sum_{n=-\infty}^{\infty}\delta(\omega-n\omega_s) \tag{7-2}$$

式中,$\omega_s=2\pi f_s=\frac{2\pi}{T_s}$。

抽样过程可看作 $m(t)$ 与 $\delta_T(t)$ 相乘，抽样后的信号可表示为

$$m_s(t)=m(t)\delta_T(t) \tag{7-3}$$

根据冲激函数性质，$m(t)$ 与 $\delta_T(t)$ 相乘的结果也是一个冲激序列，其冲激的强度等于 $m(t)$ 在相应时刻的取值，即样值 $m(nT_s)$。因此，抽样后信号 $m_s(t)$ 又可表示为

$$m_s(t)=\sum_{n=-\infty}^{\infty} m(nT_s)\delta(t-nT_s) \tag{7-4}$$

上述关系的时间波形如图 7-2(a)、(b)、(c) 所示。根据频率卷积定理，式(7-3)所表述的抽样后信号的频谱为

$$M_s(\omega)=\frac{1}{2\pi}[M(\omega)*\delta_T(\omega)] \tag{7-5}$$

式中，$M(\omega)$ 是低通信号 $m(t)$ 的频谱，其最高角频率为 $\omega_H$，如图 7-2(d)、(e) 所示。将式(7-2)代入上式有

$$M_s(\omega)=\frac{1}{T_s}\left[M(\omega)*\sum_{n=-\infty}^{\infty}\delta(\omega-n\omega_s)\right] \tag{7-6}$$

由冲激卷积性质，上式可写成

$$M_s(\omega)=\frac{1}{T_s}\sum_{n=-\infty}^{\infty}M(\omega-n\omega_s) \tag{7-7}$$

如图 7-2(f) 所示，抽样后信号的频谱 $M_s(\omega)$ 由无限多个间隔为 $\omega_s$ 的 $M(\omega)$ 叠加而成，这意味着 $M_s(\omega)$ 包含了 $M(\omega)$ 的全部信息。如果 $\omega_s\geq 2\omega_H$，即抽样速率 $f_s\geq 2f_H$，也即抽样间隔 $T_s\leq\frac{1}{2f_H}$，则在相邻的 $M(\omega)$ 之间就无重叠，而位于 $n=0$ 的频谱就是信号频谱 $M(\omega)$ 本身。此时，只要在接收端用一个低通滤波器，就能从 $M_s(\omega)$ 中取出 $M(\omega)$，无失真地恢复原信号，此低通滤波器特性如图 7-2(f) 中的虚线所示。

如果 $\omega_s<2\omega_H$，即抽样间隔 $T_s>\frac{1}{2f_H}$，则抽样后信号的频谱在相邻的周期内发生混叠，如图 7-3 所示，此时不可能无失真地重建原信号。因此，必须要求满足 $T_s\leq\frac{1}{2f_H}$，$m(t)$ 才能被 $m_s(t)$ 完全确定，这就证明了抽样定理。

显然，$T_s=\frac{1}{2f_H}$ 是最大允许抽样间隔，被称为奈奎斯特间隔，相应地最低抽样速率 $f_s=2f_H$ 称为奈奎斯特速率。

为了找出 $m(t)$ 与各抽样值之间的关系，下面将从时域角度来证明抽样定理。

假设 $m(t)$ 能表示成抽样值的函数，那么 $m(t)$ 可以由抽样值唯一确定。根据前面的分析，理想抽样与信号恢复的原理框图如图 7-4 所示。

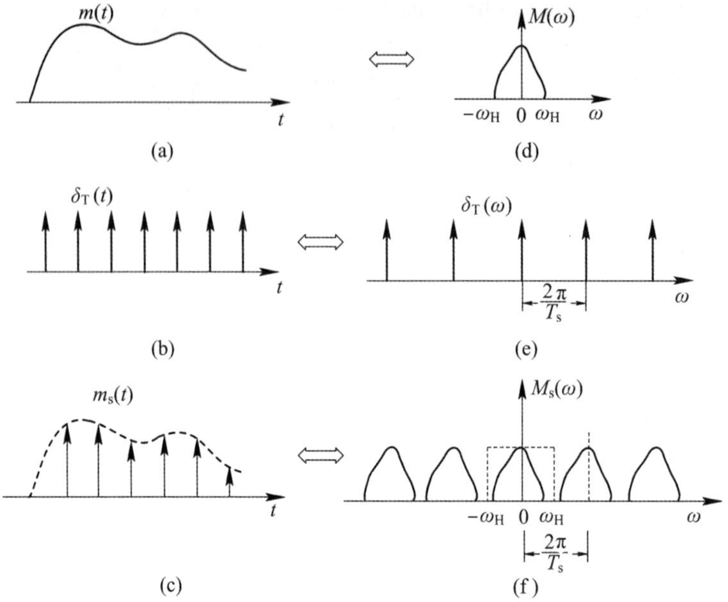


图 7-2 抽样过程的时间函数及对应频谱图

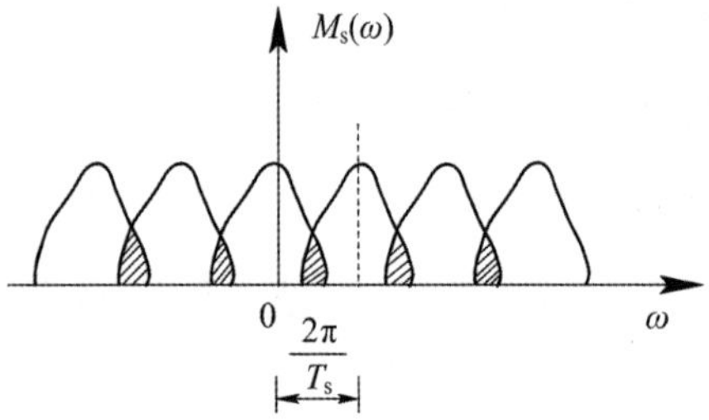


图 7-3 混叠现象

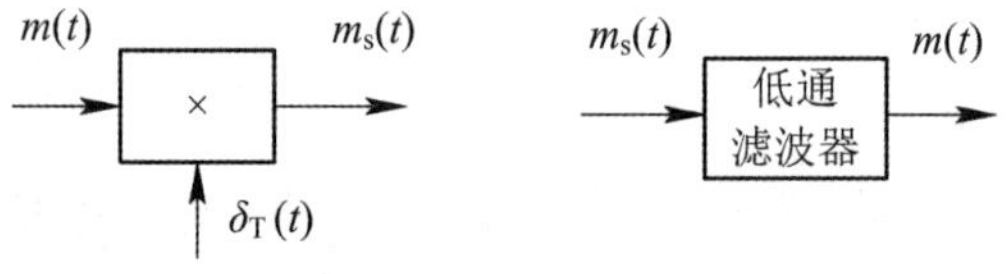


(a) 理想抽样　　(b) 信号恢复

图 7-4 理想抽样与信号恢复的原理框图

前面在频域已经证明:将 $M_s(\omega)$ 通过截止频率为 $\omega_H$ 的低通滤波器后便可得到 $M(\omega)$。显然,滤波器的这种作用等效于用一门函数 $\mathrm{rect}\left(\frac{\omega}{2\omega_H}\right)$ 去乘 $M_s(\omega)$。因此,由式(7-7)可得

$$M_s(\omega)\cdot\mathrm{rect}\left(\frac{\omega}{2\omega_H}\right)=\frac{1}{T_s}\sum_{n=-\infty}^{\infty}M(\omega-\omega_s)\cdot\mathrm{rect}\left(\frac{\omega}{2\omega_H}\right)=\frac{1}{T_s}M(\omega) \tag{7-8}$$

所以

$$M(\omega)=T_s\left[M_s(\omega)\cdot\mathrm{rect}\left(\frac{\omega}{2\omega_H}\right)\right] \tag{7-9}$$

将时域卷积定理用上式,可得

$$m(t)=T_s\left[m_s(t)*\frac{\omega_H}{\pi}\mathrm{Sa}(\omega_H t)\right]=m_s(t)*\mathrm{Sa}(\omega_H t) \tag{7-10}$$

由式(7-4)所示的抽样后信号代入上式,可得

$$
\begin{aligned}
m(t) &= \sum_{n=-\infty}^{\infty} m(nT_s)\delta(t-nT_s) * \mathrm{Sa}(\omega_H t) \\
&= \sum_{n=-\infty}^{\infty} m(nT_s)\mathrm{Sa}[\omega_H(t-nT_s)] \\
&= \sum_{n=-\infty}^{\infty} m(nT_s)\mathrm{Sa}[\omega_H t - n\pi]
\end{aligned}
\tag{7-11}
$$

式中，$m(nT_s)$是 $m(t)$在 $t=nT_s(n=0,\pm1,\pm2,\cdots)$时刻的样值。

式(7-11)是重建信号的时域表达式，称为内插公式。它说明以奈奎斯特速率抽样的带限信号 $m(t)$可以由其样值利用内插公式重建。这等效为：将抽样后信号通过一个冲激响应为 $\mathrm{Sa}(\omega_H t)$的理想低通滤波器来重建 $m(t)$。图 7-5 描述了由式(7-11)信号的重建。由图7-5 可知，以每个样值为峰值画一个 Sa 函数的波形，则合成的波形就是 $m(t)$。由于 Sa 函数和抽样后信号的恢复有密切的联系，所以 Sa 函数又称为抽样函数。

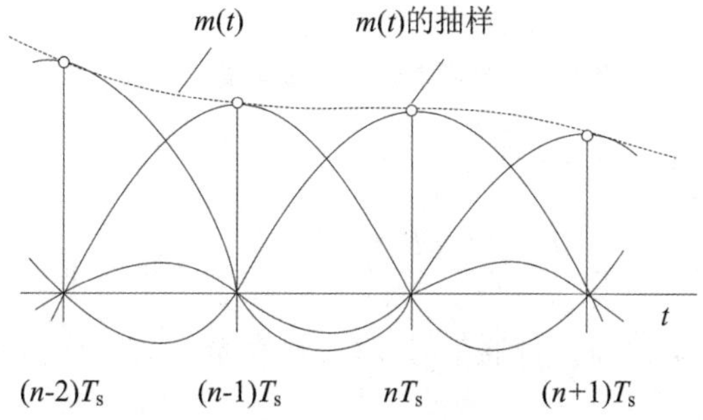


**图 7-5 信号的重建**

上面讨论和证明了频带限制在$(0,f_H)$的低通型信号的均匀抽样定理，实际中遇到的许多信号是带通型信号。如果采用低通抽样定理的抽样速率 $f_s \geq 2f_H$，对频率限制在 $f_L$与 $f_H$之间的带通型信号抽样，肯定能满足频谱不混叠的要求，如图 7-6 所示。但这样选择 $f_s$太高了，它会使 0~ $f_L$中一大段频谱空隙得不到利用，降低了信道的利用率。为了提高信道利用率，同时又使抽样后的信号频谱不发生混叠，那么 $f_s$到底怎样选择呢？带通信号的抽样定理将回答这个问题。

## 7.2.2 带通抽样定理

对于频谱范围为$[f_L,f_H]$的带通信号 $m(t)$，若以$f_s \geq \dfrac{2f_H}{m}$，$m = \left|\dfrac{f_H}{B}\right|$ 作为抽样频率，则 $m(t)$可完全由其抽样值确定。其中，$m(t)$的带宽 $B = f_H - f_L$，$m$ 是不超过$\dfrac{f_H}{B}$的最大整数。

若 $f_H = nB$，$n = 1,2,3\cdots$，则有

$$
f_s = \frac{2f_H}{n} = \frac{2nB}{n} = 2B \tag{7-12}
$$

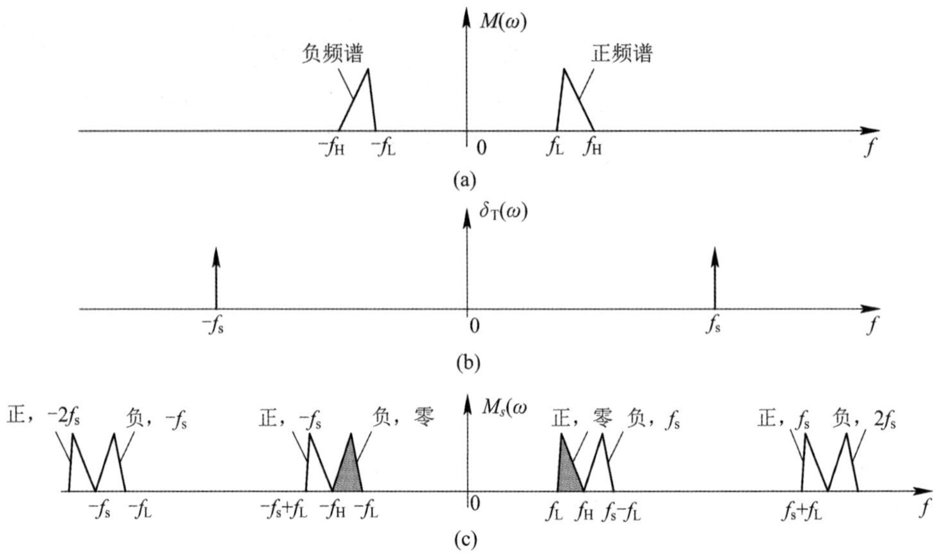


图 7-6　带通信号的抽样频谱($f_s = 2f_H$)

若$f_H = nB + kB, n = 1,2,3,\cdots,\ 0 < k < 1$,则有

$$f_s = \frac{2f_H}{n} = \frac{2(nB + kB)}{n} = 2B\left(1 + \frac{k}{n}\right) \tag{7-13}$$

因此,抽样频率为$f_s \geqslant 2B$时,带通信号$m(t)$可完全由其抽样值确定。

# 7.3 脉冲振幅调制(PAM)

连续波调制以连续振荡的正弦信号作为载波,然而,正弦信号并不是唯一的载波形式,时间上离散的脉冲串,同样可以作为载波。

脉冲调制就是以时间上离散的脉冲串作为载波,用模拟基带信号 $m(t)$ 去控制脉冲串的某个参数,使其按 $m(t)$ 的规律变化的调制方式。通常,按基带信号改变脉冲参量(幅度、宽度和位置)的不同,脉冲调制又分为脉冲振幅调制(PAM)、脉宽调制(PDM)和脉位调制(PPM),信号波形如图 7-7 所示。虽然这三种信号在时间上都是离散的,但是由于受调参量变化是连续的,因此都属于模拟信号。本节将对脉冲振幅调制进行讨论,因为它是脉冲编码调制(PCM)的基础。

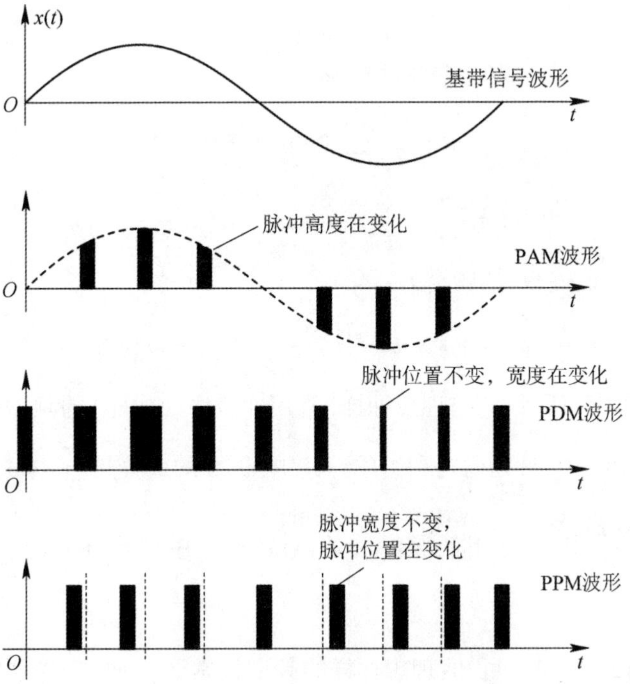


图 7-7　PAM、PDM、PPM 信号波形

脉冲振幅调制是脉冲载波的幅度随基带信号变化的一种调制方式。若脉冲载波是冲激序列,则前面讨论的抽样定理就是脉冲振幅调制的原理。也就是说,按抽样定理进行抽样得到的信号 $m_s(t)$ 就是一个 PAM 信号。但是,由于冲激序列在实际中是不能获得的,即使能获得,由于抽样后信号的频谱为无穷大,对有限带宽的信道而言也无法传递,因此,用冲激脉冲序列进

行抽样是一种理想抽样的情况,是不可能实现的。在实际中通常采用脉冲宽度相对于抽样周期很窄的窄脉冲序列近似代替冲激序列,从而实现脉冲振幅调制。下面将介绍用窄脉冲序列进行实际抽样的两种脉冲振幅调制方式:自然抽样的脉冲调幅和平顶抽样的脉冲调幅。

## 7.3.1 自然抽样的脉冲调幅

自然抽样又称曲顶抽样,它是指抽样后的脉冲幅度(顶部)随被抽样信号 $m(t)$ 变化,或者说保持了 $m(t)$ 的变化规律。自然抽样的PAM原理框图如图7-8所示。

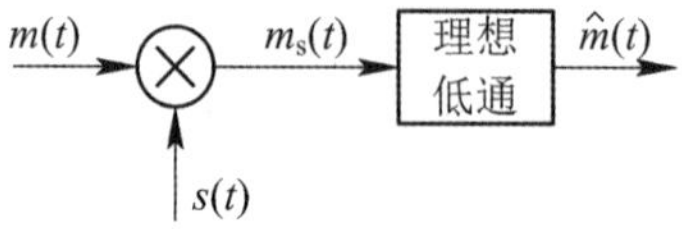


图7-8 自然抽样的PAM原理框图

设模拟基带信号 $m(t)$ 的波形及频谱如图7-9(a)所示,用 $s(t)$ 表示脉冲载波,它是宽度为 $\tau$,周期为 $T_s$ 的矩形窄脉冲序列,其中 $T_s$ 由抽样定理确定,图中取 $T_s=\frac{1}{2f_H}$。$s(t)$ 的波形及频谱如图7-9(b)所示,则自然抽样的PAM信号 $m_s(t)$ 的波形见图7-9(c),它是 $m(t)$ 与 $s(t)$ 的乘积,即

$$m_s(t)=m(t)\times s(t) \tag{7-14}$$

$s(t)$ 的傅里叶级数展开和频谱表达式分别为

$$s(t)=\frac{A\tau}{T_s}\sum_{n=-\infty}^{\infty}\mathrm{Sa}(n\omega_H\tau)\mathrm{e}^{\mathrm{j}2n\omega_H t} \tag{7-15}$$

$$S(\omega)=\frac{2\pi A\tau}{T_s}\sum_{n=-\infty}^{\infty}\mathrm{Sa}(n\omega_H\tau)\delta(\omega-2n\omega_H) \tag{7-16}$$

由频域卷积定理知,$m_s(t)$ 的频谱为

$$M_s(\omega)=\frac{1}{2\pi}[M(\omega)*S(\omega)]=\frac{A\tau}{T_s}\sum_{n=-\infty}^{+\infty}\mathrm{Sa}(n\tau\omega_H)M(\omega-2n\omega_H) \tag{7-17}$$

其频谱如图7-9(d)所示,它与理想抽样(采用冲激序列抽样)的频谱非常相似,也由无限多个间隔为 $\omega_s=2\omega_H$ 的 $M(\omega)$ 频谱之和组成。其中,$n=0$ 的成分是 $\frac{A\tau}{T_s}M(\omega)$,与原信号谱 $M(\omega)$ 只差一个比例常数 $\frac{A\tau}{T_s}$,因而可用低通滤波器从 $M_s(\omega)$ 中滤出 $M(\omega)$,从而恢复基带信号 $m(t)$。

比较式(7-7)和式(7-17),可知:理想抽样的频谱被常数 $\frac{1}{T_s}$ 加权,并且信号带宽为无穷大;自然抽样频谱的包络按Sa函数随频率增高而下降,因而带宽是有限的,且带宽与脉宽 $\tau$ 有关。$\tau$ 越大,带宽越小,这有利于信号的传输,但 $\tau$ 增大会导致时分复用的路数减小,显然 $\tau$ 的大小要兼顾带宽和复用路数这两个互相矛盾的要求。

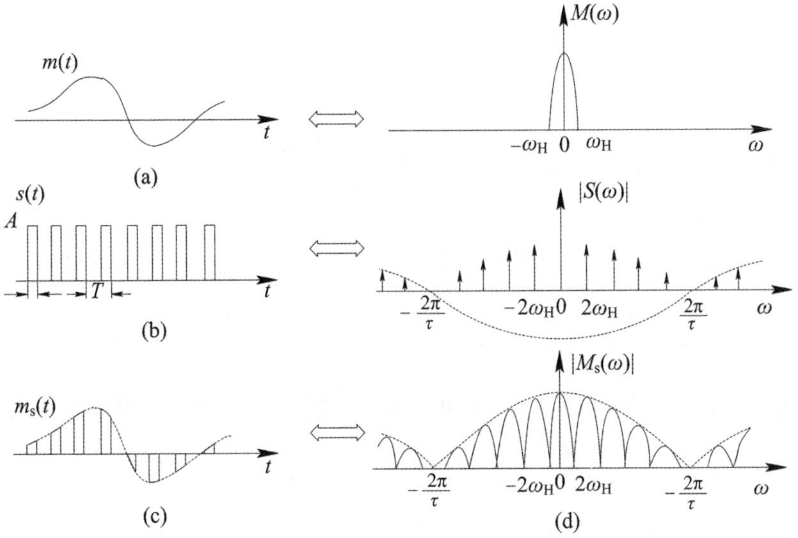


图 7-9 自然抽样的 PAM 波形及频谱

## 7.3.2 平顶抽样的脉冲调幅

平顶抽样又叫瞬时抽样，它与自然抽样的不同之处在于它抽样后信号中的脉冲均是顶部平坦的矩形脉冲，矩形脉冲的幅度即为瞬时抽样值。平顶抽样 PAM 信号在原理上可以由理想抽样和脉冲形成电路产生。平顶抽样信号及其原理框图如图 7-10 所示。

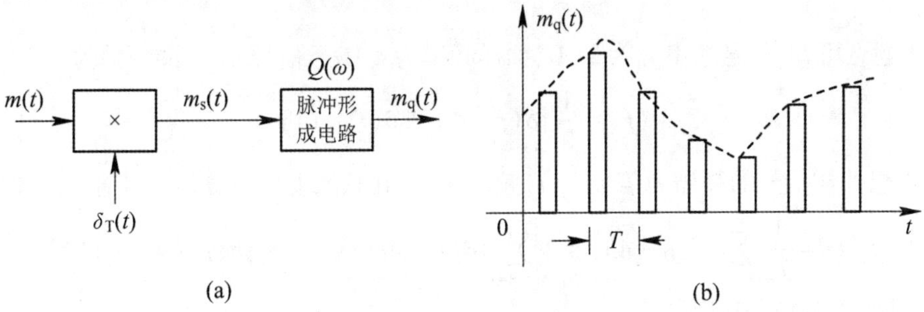


图 7-10 平顶抽样信号及其原理框图

设基带信号为 $m(t)$，矩形脉冲形成电路的冲激响应为 $q(t)$，由前面内容可知，$m(t)$ 经过理想抽样后得到的信号 $m_s(t)=\sum\limits_{n=-\infty}^{\infty} m(nT_s)\delta(t-nT_s)$。可以看出，$m_s(t)$ 是由一系列被 $m(nT_s)$ 加权的冲激序列组成的，而 $m(nT_s)$ 就是第 $n$ 个抽样值幅度。经过矩形脉冲形成电路，每当输入一个冲激信号，在其输出端便产生一个幅度为 $m(nT_s)$ 的矩形脉冲 $q(t)$。因此，在 $m_s(t)$ 作用下，输出便产生一系列被 $m(nT_s)$ 加权的矩形脉冲序列，这就是平顶抽样 PAM 信号 $m_q(t)$。它可表示为

$$m_q(t)=\sum_{n=-\infty}^{\infty} m(nT_s)q(t-nT_s) \tag{7-18}$$

其波形如图 7-10 (b) 所示。下面将讨论如何从 $m_q(t)$ 中恢复 $m(t)$。

设脉冲形成电路的传输函数为 $Q(\omega)$，则输出的平顶抽样信号频谱 $M_q(\omega)$ 为

$$M_q(\omega) = M_s(\omega)Q(\omega) \tag{7-19}$$

利用式(7-7)的结果，上式可变为

$$M_q(\omega) = \frac{1}{T_s}Q(\omega)\sum_{n=-\infty}^{\infty} M(\omega - 2n\omega_H) = \frac{1}{T_s}\sum_{n=-\infty}^{+\infty} Q(\omega)M(\omega - 2n\omega_H) \tag{7-20}$$

由上式可知，平顶抽样的 PAM 信号频谱 $M_q(\omega)$ 是由 $Q(\omega)$ 加权后的周期性重复的 $M(\omega)$ 组成的。由于 $Q(\omega)$ 是 $\omega$ 的函数，如果直接用低通滤波器恢复，得到的是 $Q(\omega)M(\omega)/T_s$，它必然存在失真，需要加以校正。

为了从 $m_q(t)$ 中恢复原基带信号 $m(t)$，可采用如图 7-11 所示的平顶抽栏 PAM 信号解调原理框图。在滤波之前先用特性为 $\dfrac{1}{Q(\omega)}$ 频谱校正网络加以修正，则低通滤波器便能无失真地恢复原基带信号 $m(t)$。

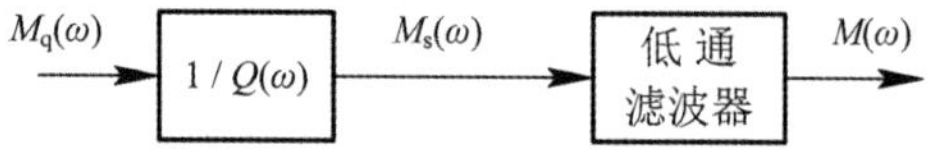


**图 7-11　平顶抽样 PAM 信号的解调原理框图**

在实际应用中，平顶抽样信号采用抽样保持电路来实现，得到的脉冲为矩形脉冲。自然抽样和平顶抽样均能构成 PAM 通信系统，也就是说可以在信道中直接传输抽样后的信号，但由于它抗干扰能力差，目前很少使用。它已被性能良好的脉冲编码调制（PCM）取代。

**【例 7-1】**已知信号 $m(t) = \cos(2\pi t)$，以每秒钟 4 次的速率进行采样。(1) 画出理想抽样信号的频谱图；(2) 如果脉冲宽度 $\tau = 0.1$ s，脉冲幅度 $A = 1$，画出自然抽样信号和平顶抽样信号的频谱图。

**解：**由题意可知，信号频率 $f_H$ 为 1 Hz，抽样频率为 4 Hz。信号 $m(t)$ 的频谱为

$$M(f) = \frac{1}{2}[\delta(f+1) + \delta(f-1)]$$

(1) 理想抽样信号的频谱为信号 $m(t)$ 频谱 $M(f)$ 在频域上以整数倍 $f_s$ 周期延拓，即有

$$M_s(f) = \frac{1}{T_s}\sum_{n=-\infty}^{\infty} M(f-4n) = 2\sum_{n=-\infty}^{\infty}[\delta(f-4n+1)] + [\delta(f-4n-1)]$$

其频谱如图 7-12(a) 所示。

(2) 抽样信号为矩形窄脉冲时，自然抽样和平顶抽样的频谱分别为

$$M_{自}(f) = \frac{A\tau}{T_s}\sum_{n=-\infty}^{+\infty}\mathrm{Sa}\left(\frac{nf_s\tau}{2}\right)M(f-nf_s)$$

$$= 0.2\sum_{n=-\infty}^{+\infty}\mathrm{Sa}(0.2n)[\delta(f-4n+1)] + [\delta(f-4n-1)]$$

$$M_{平}(f) = \frac{A\tau}{T_s}\mathrm{Sa}\left(\frac{\tau f}{2}\right)\sum_{n=-\infty}^{+\infty}M(f-nf_s)$$

$$= 0.2\mathrm{Sa}(0.05f)\sum_{n=-\infty}^{+\infty}[\delta(f-4n+1)] + [\delta(f-4n-1)]$$

其频谱分别如图 7-12(b)、(c) 所示。

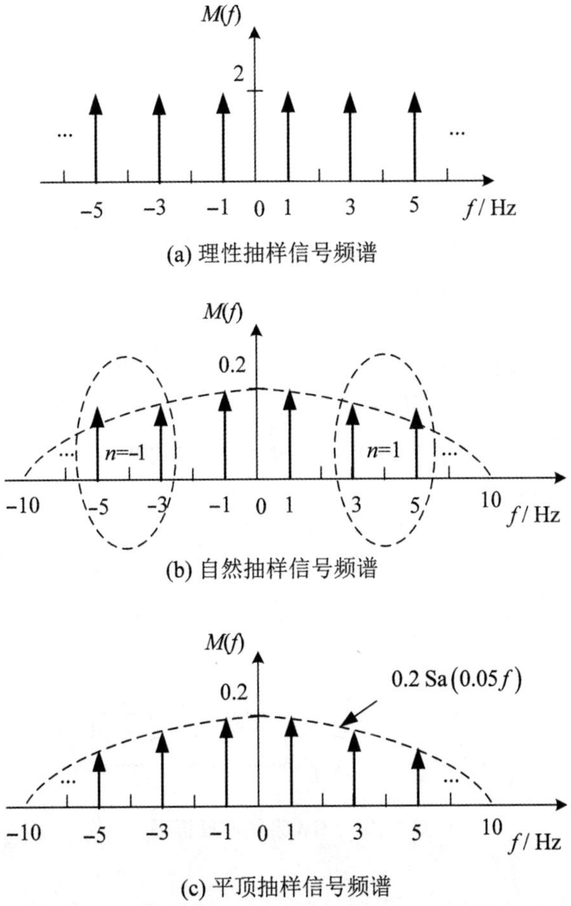
M(f)
2
...
-5
-3
-1
0
1
3
5
f / Hz
(a) 理性抽样信号频谱
M(f)
0.2
n=-1
n=1
-10
-5
-3
-1
0
1
3
5
10
f / Hz
(b) 自然抽样信号频谱
M(f)
0.2
0.2 Sa(0.05f)
-10
-5
-3
-1
0
1
3
5
10
f / Hz
(c) 平顶抽样信号频谱

**图 7-12　信号频谱**

# 7.4 脉冲编码调制(PCM)

脉冲编码调制(PCM)简称脉码调制，是一种用一组二进制数字代码来代替连续信号的抽样值，从而实现通信的方式。这种通信方式由于抗干扰能力强，在光纤通信、数字微波通信、卫星通信中得到广泛的应用。PCM 是一种最典型的语音信号数字化的波形编码方式，PCM 系统原理框图如图 7-13 所示。

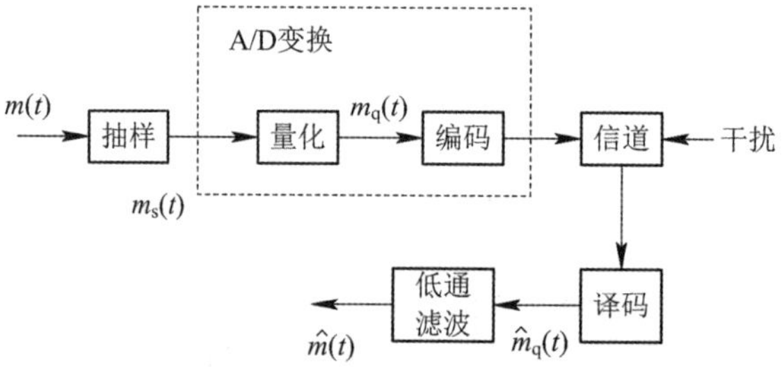


图 7-13　PCM 系统原理框图

(1)发送端

进行波形编码，主要包括抽样、量化和编码三个过程，把模拟信号变换为二进制码组。编码后的 PCM 码组的数字传输方式可以是直接的基带传输，也可以是对微波、光波等载波调制后的调制传输。

抽样是按抽样定理把时间上连续的模拟信号转换成时间上离散的抽样信号；量化是把幅度上仍连续(无穷多个取值)的抽样信号进行幅度离散，即指定 $M$ 个规定的电平，把抽样值用最接近的电平表示；编码是用二进制码组表示量化后的 $M$ 个样值脉冲。

(2)接收端

二进制码组经译码后还原为量化后的样值序列，然后经低通滤波器滤除高频分量，便可得到重建信号 $\hat{m}(t)$ 。

PCM 信号的形成是模拟信号经过"抽样、量化、编码"三个步骤实现的。图 7-14 给出了 PCM 信号形成的示意图。

## 7.4.1　信号量化

利用预先规定的有限个电平来表示模拟信号抽样值的过程称为量化。时间连续的模拟信号经抽样后的样值序列，虽然在时间上离散，但在幅度上仍然是连续的，即抽样值 $m(kT_s)$ 可以取无穷多个可能值，因此仍属于模拟信号。为了利用数字传输系统来传输，可用 $N$ 位二进制

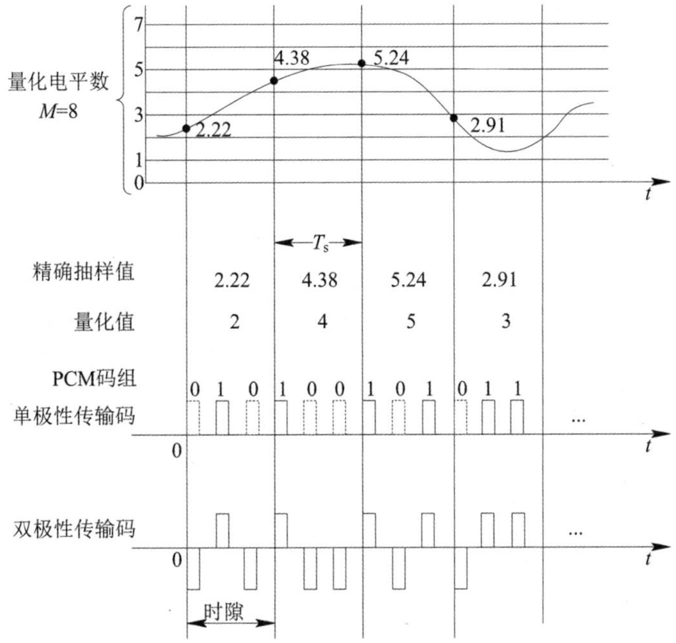


**图 7-14　PCM 信号形成的示意图**

码组来表示该样值的大小。由于 $N$ 位二进制码组只能同 $M=2^N$ 个电平样值相对应，而不能同无穷多个可能取值相对应。这就需要把取值无限的抽样值划分成有限的 $M$ 个离散电平，此电平被称为量化电平。量化的物理过程如图 7-15 所示。图中，抽样速率为 $f_s=1/T_s$；$m(t)$ 是模拟信号；抽样值用"•"表示；第 $k$ 个抽样值为 $m(kT_s)$；$m_q(t)$ 表示量化信号；$q_1 \sim q_M$ 是预先规定好的 $M$ 个量化电平（$M=7$）；$m_i$ 为第 $i$ 个量化区间的终点电平（分层电平）；电平之间的间隔 $\Delta_i=m_i-m_{i-1}$ 称为量化间隔。

量化就是将抽样值 $m(kT_s)$ 转换为 $M$ 个规定电平（$q_1 \sim q_M$）之一，即如果 $m_{i-1}<m(kT_s) \leqslant m_i$，则取 $m_q(kT_s)=q_i$。

例如，在图 7-15 中，$t=6T_s$ 时的抽样值 $m(6T_s)$ 在 $m_5$ 和 $m_6$ 之间，此时其量化值为 $q_6$。量化器输出是图中的阶梯波形 $m_q(t)$，其中 $m_q(t)=m_q(kT_s)=q_i$，$kT_s<t \leqslant (k+1)T_s$。

可以看出，量化后的信号 $m_q(t)$ 是对原来信号 $m(t)$ 的近似。当抽样速率一定，量化级数目（量化电平数）增加，并且量化电平选择适当时，可以使 $m_q(t)$ 与 $m(t)$ 的近似程度提高。

$m_q(kT_s)$ 与 $m(kT_s)$ 之间的误差称为量化误差。对于语音、图像等随机信号，量化误差也是随机的，它像噪声一样影响通信质量，因此又称为量化噪声，通常用均方误差来度量。下面将讨论如何求量化噪声均方误差。

假设 $m(t)$ 是均值为 0，概率密度为 $f(x)$ 的平稳随机过程，并用符号 $m$ 表示 $m(kT_s)$，$m_q$ 表示 $m_q(kT_s)$，则量化噪声均方误差，即平均功率为

$$N_q = E[(m-m_q)^2] = \int_a^b (x-m_q)^2 f(x)\,dx \tag{7-21}$$

式中，$a$，$b$ 分别表示输入信号的最小值和最大值。若把积分区间分割成 $M$ 个量化间隔，则上式可表示成

$$N_q = \sum_{i=1}^{M} \int_{m_{i-1}}^{m_i} (x-q_i)^2 f(x)\,dx \tag{7-22}$$

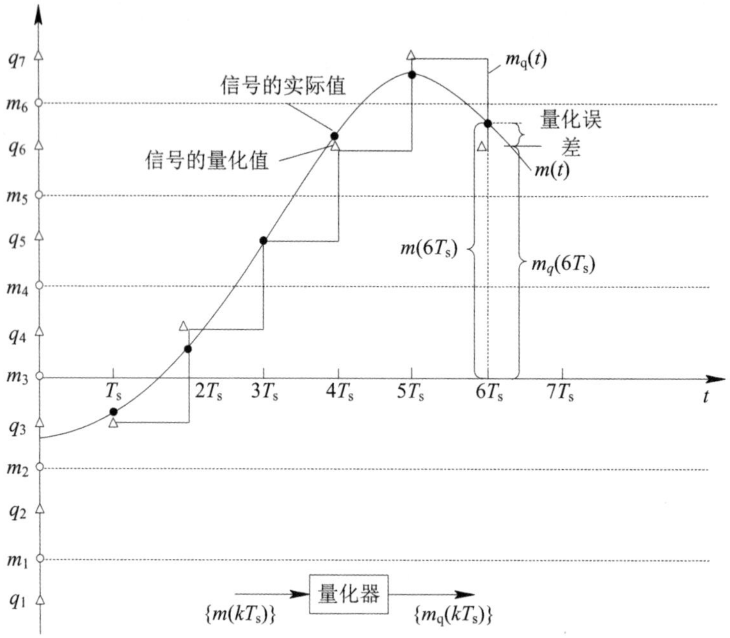


**图 7-15　量化过程**

上式是不过载时求量化误差的基本公式。在给定信源的情况下，$f(x)$是已知的。因此，量化误差的平均功率与量化间隔的分割有关，如何使量化误差的平均功率最小或符合一定规律，是量化器的理论所要研究的问题。

根据量化间隔是否是均匀的，可以将量化分为均匀量化和非均匀量化。非均匀量化克服了均匀量化的缺点，是语音信号实际应用的量化方式。

### 7.4.1.1　均匀量化

把输入信号的取值域按等距离分割的量化称为均匀量化。在均匀量化中，每个量化区间的量化电平都取在各区间的中点，图 7-15 就是均匀量化的例子。其量化间隔 $\Delta$ 取决于输入信号的变化范围和量化电平数。若设输入信号的最小值和最大值分别用 $a$ 和 $b$ 表示，量化电平数为 $M$，则均匀量化时的量化间隔为

$$\Delta = \frac{b-a}{M} \tag{7-23}$$

量化器输出为

$$m_q = q_i, m_{i-1} < m \leqslant m_i \tag{7-24}$$

式中，$m_i$是第 $i$ 个量化区间的终点（也称分层电平），可写成

$$m_i = a + i\Delta \tag{7-25}$$

$q_i$是第 $i$ 个量化区间的量化电平，可表示为

$$q_i = \frac{m_i + m_{i-1}}{2}, i = 1,2,\cdots,M \tag{7-26}$$

量化信噪比（信号功率与噪声功率之比）是衡量量化器的主要指标之一。在均匀量化时，量化噪声功率定义为

$$N_q = E[(m - m_q)^2] = \int_a^b (x - m_q)^2 f(x)\mathrm{d}x = \sum_{i=1}^{M} \int_{m_{i-1}}^{m_i} (x - q_i)^2 f(x)\mathrm{d}x \tag{7-27}$$

量化信噪比定义为

$$\frac{S}{N_q} = \frac{E[m^2]}{E[(m - m_q)^2]} \tag{7-28}$$

式中，$S$ 为信号功率，$N_q$ 为量化噪声功率，$E$ 表示求统计平均。显然，$\frac{S}{N_q}$ 越大，量化性能越好。下面将分析均匀量化时的量化信噪比。

设输入模拟信号 $m(t)$ 是均值为 0，概率密度为 $f(x)$ 的平稳随机过程，其取值范围为 $(a, b)$，则由式(7-27)得量化噪声功率 $N_q$ 为

$$N_q = E[(m - m_q)^2] = \sum_{i=1}^{M} \int_{m_{i-1}}^{m_i} (x - q_i)^2 f(x)\mathrm{d}x \tag{7-29}$$

式中，$m_i = a + i\Delta$，$q_i = a + i\Delta - \frac{\Delta}{2}$。

信号功率为

$$S = E[m^2] = \int_a^b x^2 f(x)\mathrm{d}x \tag{7-30}$$

若给出信号特性和量化特性，便可求出量化信噪比 $S/N_q$。

**【例 7-2】**设一有 $M$ 个量化电平的均匀量化器，其输入信号的概率密度函数在区间 $[-a, a]$ 内均匀分布，试求该量化器的量化信噪比。

**解：**由式(7-29)可得

$$\begin{aligned} N_q &= \sum_{i=1}^{M} \int_{m_{i-1}}^{m_i} (x - q_i)^2 \frac{1}{2a}\mathrm{d}x \\ &= \sum_{i=1}^{M} \int_{-a+(i-1)\Delta}^{-a+i\Delta} \left(x + a - i\Delta + \frac{\Delta}{2}\right)^2 \frac{1}{2a}\mathrm{d}x \\ &= \sum_{i=1}^{M} \left(\frac{1}{2a}\right)\left(\frac{\Delta^3}{12}\right) = \frac{M \cdot \Delta^3}{24a} \end{aligned}$$

又因为 $M \cdot \Delta = 2a$，所以 $N_q = \frac{\Delta^2}{12}$。

又由式(7-30)可得信号功率为

$$S = \int_{-a}^{a} x^2 \cdot \frac{1}{2a}\mathrm{d}x = \frac{\Delta^2}{12} \cdot M^2$$

因而，可求出量化信噪比为

$$\frac{S}{N_q} = M^2 \text{ 或 } \left(\frac{S}{N_q}\right)_{\mathrm{dB}} = 20\lg M$$

【结论】量化信噪比随量化电平数 $M$ 的增加而提高，信号的逼真度越好。通常量化电平数应根据对量化信噪比的要求来确定。

均匀量化器广泛应用于线性 A/D 变换接口，例如在计算机的 A/D 变换中，A/D 变换器的位数常用的有 8 位、12 位、16 位等不同精度。另外，遥测遥控系统、仪表、图像信号的数字化接口等也都使用均匀量化器。但是，在语音信号数字化通信（或数字电话通信）中，均匀量化有

一个明显的不足:量化信噪比随信号电平的减小而下降。产生这一现象的原因在于,均匀量化的量化间隔 $\Delta$ 为固定值,量化电平分布均匀,因而无论信号大小如何,量化噪声功率固定不变,这样,小信号时的量化信噪比就难以达到给定的要求。通常,把满足量化信噪比要求的输入信号的取值范围定义为动态范围。因此,均匀量化时输入信号的动态范围将受到较大的限制。为了克服均匀量化的缺点,实际中往往采用非均匀量化。

### 7.4.1.2 非均匀量化

非均匀量化是一种在整个动态范围内量化间隔不相等的量化。换言之,非均匀量化根据输入信号的概率密度函数来分布量化电平,以改善量化性能。由量化噪声均方误差式(7-21)可知,在 $f(x)$ 大的地方,设法降低量化噪声 $(m-m_q)^2$,从而降低均方误差,可以提高量化信噪比。这意味着量化电平必须集中在幅度密度高的区域。

在商业电话中,一种简单而又稳定的非均匀量化器为对数量化器。该量化器在出现频率高的低幅度语音信号处,运用小的量化间隔,而在不经常出现的高幅度语音信号处,运用大的量化间隔。

实现非均匀量化的方法之一是把输入量化器的信号 $x$ 先进行压缩处理,再把压缩的信号 $y$ 进行均匀量化。压缩器就是一个非线性变换电路,微弱的信号被放大,强的信号被压缩。压缩器的输入输出关系可表示为 $y=f(x)$。

接收端采用一个与压缩特性相反的扩张器来恢复 $x$,扩张器具有与压缩器相反的特性曲线。图 7-16 画出了压缩与扩张的示意图。通常使用的压缩器中,大多采用对数式压缩,即 $y=\ln x$。广泛采用的两种对数压缩特性是 $\mu$ 律压缩和 $A$ 律压缩。北美、日本、韩国等采用 $\mu$ 律压缩,我国和欧洲各国均采用 $A$ 律压缩。

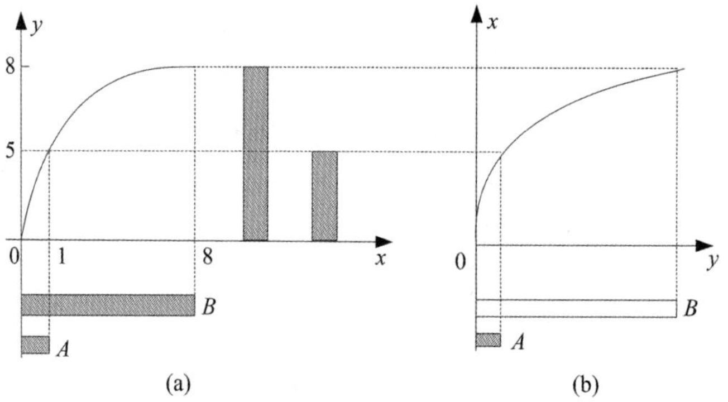


**图 7-16　压缩与扩张的示意图**

(1)$\mu$ 律压缩特性

$$y=\frac{\ln(1+\mu x)}{\ln(1+\mu)},0\leqslant x\leqslant 1 \tag{7-31}$$

式中,$x$ 为归一化输入,$y$ 为归一化输出。归一化是指信号电压与信号最大电压之比,所以归一化的最大值为 1。$\mu$ 为压缩参数,表示压缩程度。不同 $\mu$ 值压缩特性如图 7-17(a)所示。$\mu=0$ 时,压缩特性是一条通过原点的直线,故没有压缩效果,小信号性能得不到改善;$\mu$ 值越大压缩效果越明显,一般当 $\mu=100$ 时,压缩效果就比较理想了。在国际标准中取 $\mu=255$。另外,需要指出的是,$\mu$ 律压缩特性曲线是以原点奇对称的,图中只画出了正向部分。

(2)$A$ 律压缩特性

$$y=\begin{cases}\dfrac{Ax}{1+\ln A}, & 0\leqslant x\leqslant \dfrac{1}{A}\\ \dfrac{1+\ln(Ax)}{1+\ln A}, & \dfrac{1}{A}\leqslant x\leqslant 1\end{cases}\tag{7-32}$$

上式是 $A$ 律的主要表达式,但它当 $x=0$ 时,$y\to-\infty$,这样不满足对压缩特性的要求,所以当 $x$ 很小时应对它加以修正,过零点作切线,这就是式(7-32)中的第一个式子,它是一个线性方程,其斜率为 16,对应国际标准取值 $A=87.6$。在式(7-32)中,$x$ 表示归一化的压缩器输入电压;$y$ 表示归一化的压缩器输出电压;$A$ 为压缩参数,表示压缩程度,$A=1$ 时无压缩,$A$ 值越大压缩效果越明显。$A$ 律压缩特性如图 7-17(b)所示。

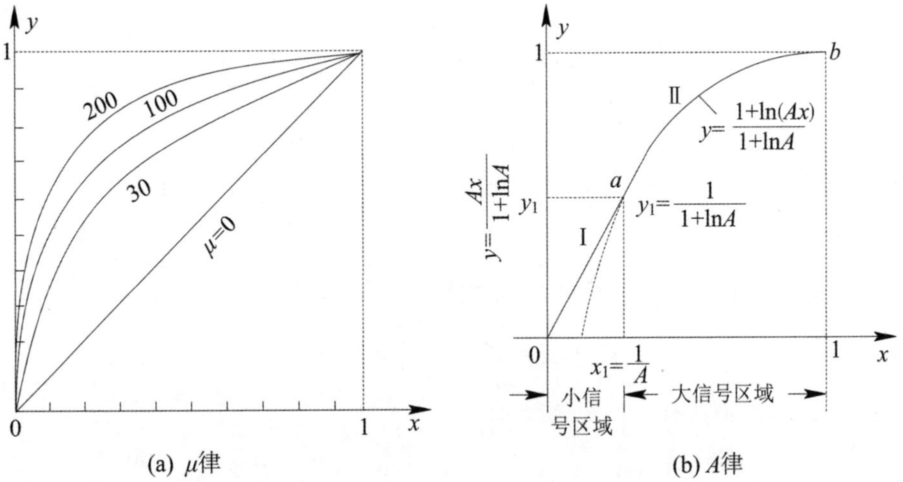


图 7-17　对数压缩特性

下面以 $\mu$ 律压缩特性来说明对小信号量化信噪比的改善程度,图 7-18 画出了参数 $\mu$ 为某一取值的压缩特性。虽然它的纵坐标是均匀分级的,但由于压缩的结果,反映到输入信号 $x$ 就成为非均匀量化了,即信号小时,量化间隔 $\Delta x$ 小,信号大时量化间隔 $\Delta x$ 也大,而在均匀量化中,量化间隔是固定不变的。

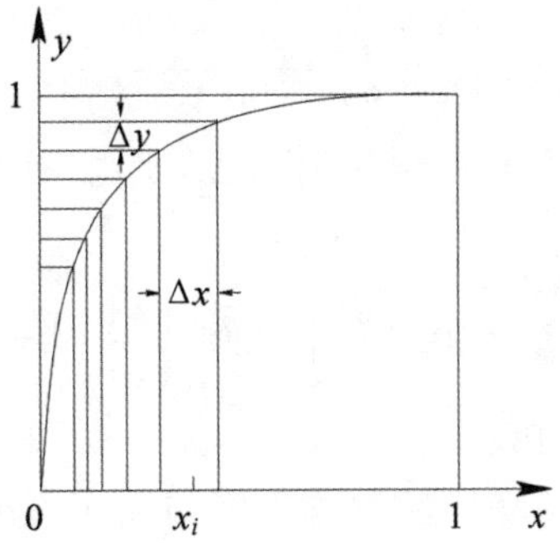


图 7-18　压缩特性

**【例 7-3】**求 $\mu=100$ 时,压缩对大、小信号的量化信噪比的改善量,并与无压缩时($\mu=0$)的情况进行对比。

**解**：因为压缩特性 $y=f(x)$ 为对数曲线，当量化级划分较多时，在每一量化级中压缩特性曲线均可看作直线，所以

$$\frac{\Delta y}{\Delta x}=\frac{\mathrm{d}y}{\mathrm{d}x}=y'$$

对 $\mu$ 律压缩特性式子求导，可得

$$\frac{\mathrm{d}y}{\mathrm{d}x}=\frac{\mu}{(1+\mu x)\ln(1+\mu)}$$

又由前式有

$$\Delta x=\frac{1}{y'}\Delta y$$

因此，量化误差为

$$\frac{\Delta x}{2}=\frac{1}{y'}\cdot\frac{\Delta y}{2}=\frac{\Delta y}{2}\cdot\frac{(1+\mu x)\ln(1+\mu)}{\mu}$$

当 $\mu>1$ 时，$\dfrac{\frac{\Delta y}{2}}{\frac{\Delta x}{2}}$ 的比值大小反映了非均匀量化（有压缩）对均匀量化（无压缩）的信噪比的改善程度。当用分贝表示，并用符号 $Q$ 表示信噪比的改善量时，有

$$[Q]_{\mathrm{dB}}=20\lg\left(\frac{\Delta y}{\Delta x}\right)=20\lg\left(\frac{\mathrm{d}y}{\mathrm{d}x}\right)$$

对于小信号（$x\to 0$），有

$$\left(\frac{\mathrm{d}y}{\mathrm{d}x}\right)_{x\to 0}=\frac{\mu}{(1+\mu x)\ln(1+\mu)}\bigg|_{x\to 0}=\frac{\mu}{\ln(1+\mu)}=\frac{100}{4.62}$$

该比值大于 1，表示非均匀量化的量化间隔 $\Delta x$ 比均匀量化间隔 $\Delta y$ 小。此时信噪比的改善量为

$$[Q]_{\mathrm{dB}}=20\lg\left(\frac{\mathrm{d}y}{\mathrm{d}x}\right)=26.7$$

对于大信号（$x=1$），则有

$$\left(\frac{\mathrm{d}y}{\mathrm{d}x}\right)_{x=1}=\frac{\mu}{(1+\mu x)\ln(1+\mu)}\bigg|_{x=1}=\frac{1}{4.67}$$

该比值小于 1，表示非均匀量化的量化间隔 $\Delta x$ 比均匀量化间隔 $\Delta y$ 大，故信噪比下降。以分贝表示为

$$[Q]_{\mathrm{dB}}=20\lg\left(\frac{\mathrm{d}y}{\mathrm{d}x}\right)=20\lg\left(\frac{1}{4.67}\right)=-13.3$$

即大信号信噪比下降 13.3 dB。

根据以上关系计算得到的信噪比的改善程度与输入电平的关系如表 7-1 所示。这里，最大允许输入的电平为 0 dB（即 $x=1$）；$[Q]_{\mathrm{dB}}>0$ 表示提高的信噪比，而 $[Q]_{\mathrm{dB}}<0$ 表示损失的信噪比。图 7-19 画出了有无压缩时的比较曲线，其中，$\mu=0$ 表示无压缩时的信噪比，$\mu=100$ 表示有压缩时的信噪比。当无压缩时，信噪比随输入信号的减小而迅速下降；当有压缩时，信噪比

随输入信号的减小下降比较缓慢。若要求量化信噪比大于 20 dB,则对于 $\mu=0$ 时的输入信号必须大于−18 dB,而对于 $\mu=100$ 时的输入信号只要大于−36 dB 即可。

表 7-1　信噪比的改善程度与输入电平的关系

| $x$ | 1 | 0.316 | 0.1 | 0.0312 | 0.01 | 0.003 |
|---|---|---|---|---|---|---|
| 输入信号电平/dB | 0 | −10 | −20 | −30 | −40 | −50 |
| $[Q]_{dB}$ | −13.3 | −3.5 | 5.8 | 14.4 | 20.6 | 24.4 |

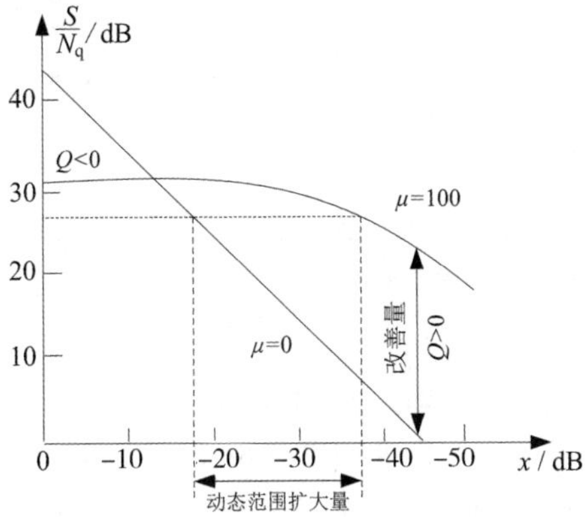


图 7-19　有无压缩时的比较曲线

【结论】采用压缩可以提高小信号的量化信噪比,相当于扩大了输入信号的动态范围。

上面得到的 $\mu$ 律和 $A$ 律对数压缩特性是连续曲线,用电子线路很难精确地实现。由于数字电路技术的发展,很容易用数字电路形成许多折线来逼近对数压缩特性。在实际中常采用的方法有两种:采用 13 折线近似 $A$ 律压缩特性和采用 15 折线近似 $\mu$ 律压缩特性。$A$ 律 13 折线主要用于我国和欧洲各国的 PCM 30/32 路基群中,$\mu$ 律 15 折线主要用于北美、日本和韩国等国的 PCM 24 路基群中。ITU-T 建议上述两种折线压缩律为国际标准,且在国际数字系统相互连接时,要以 $A$ 律为标准。

(3)$A$ 律 13 折线

$A$ 律 13 折线的产生从不均匀量化的基点出发,设法用 13 段折线逼近 $A=87.6$ 的 $A$ 律压缩特性。具体方法如下:

把输入 $x$ 轴和输出 $y$ 轴用两种不同的方法划分。对 $x$ 轴在 0~1(归一化)范围内不均匀分成 8 段,分段的规律是每次以 $\frac{1}{2}$ 对分:第一次在 0 到 1 之间的 $\frac{1}{2}$ 处对分,第二次在 0 到 $\frac{1}{2}$ 之间的 $\frac{1}{4}$ 处对分,第三次在 0 到 $\frac{1}{4}$ 之间的 $\frac{1}{8}$ 处对分,其余类推。对 $y$ 轴在 0~1(归一化)范围内采用等分法,均匀分成 8 段,每段间隔均为 $\frac{1}{8}$。然后把 $x$,$y$ 各对应段的交点连接起来构成 8 段直线,得到如图 7-20 所示的折线压缩特性。其中第 1、2 段斜率相同(均为 16),因此可视为一条直线段,故实际上只有 7 根斜率不同的折线。

以上分析的是正方向,由于语音信号是双极性信号,因此在负方向也有与正方向对称的一组折线,也是 7 根,且其中靠近零点的第 1、2 段斜率也都等于 16,与正方向的第 1、2 段斜率相

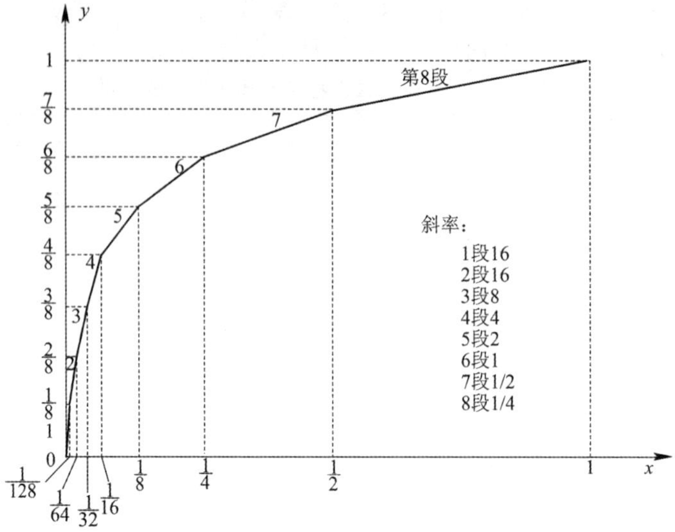


图 7-20　A 律 13 折线

同，又可以合并为一根，因此，正、负双向共有 $2\times(8-1)-1=13$ 折，故称其为 13 折线。但在定量计算时，仍以正、负各有 8 段为准。下面将考查 13 折线与 $A$ 律（$A=87.6$）压缩特性的近似程度。

在 $A$ 律对数特性的小信号区分界点 $x=\frac{1}{A}=\frac{1}{87.6}$，相应的 $y$ 根据式（7-32）表示的直线方程可得

$$y=\frac{Ax}{1+\ln A}=\frac{A\cdot\frac{1}{A}}{1+\ln A}=\frac{1}{1+\ln 87.6}\approx 0.183 \tag{7-33}$$

因此，当 $y<0.183$ 时，$x$、$y$ 满足式（7-32），可得

$$y=\frac{Ax}{1+\ln A}=\frac{87.6}{1+\ln A}x\approx 16x \tag{7-34}$$

由于 13 折线中 $y$ 是均匀划分的，$y$ 的取值在第 1、2 段起始点小于 0.183，故这两段起始点 $x$、$y$ 的关系可分别由式（7-34）求得：$y=0$ 时，$x=0$；$y=\frac{1}{8}$ 时，$x=\frac{1}{128}$。

在 $y>0.183$ 时，由式（7-32）中第二式可得

$$y-1=\frac{\ln x}{1+\ln A}=\frac{\ln x}{\ln(eA)} \tag{7-35}$$

整理上式，有 $\ln x=(y-1)\ln(eA)$，即

$$x=\frac{1}{(eA)^{1-y}} \tag{7-36}$$

其余六段用 $A=87.6$ 代入式（7-36）计算的 $x$ 值列入表 7-2 中的第二行，并与按折线分段时的 $x$ 值（第三行）进行比较。由表 7-2 可知，13 折线各段落的分界点与 $A=87.6$ 曲线十分逼近，并且两特性起始段的斜率均为 16，这就是说，13 折线非常逼近 $A=87.6$ 的对数压缩特性。

表 7-2 $A=87.6$ 与 13 折线压缩特性的比较

| $y$ | 0 | $\frac{1}{8}$ | $\frac{2}{8}$ | $\frac{3}{8}$ | $\frac{4}{8}$ | $\frac{5}{8}$ | $\frac{6}{8}$ | $\frac{7}{8}$ | 1 |
|---|---|---|---|---|---|---|---|---|---|
| $x$ | 0 | $\frac{1}{128}$ | $\frac{1}{60.6}$ | $\frac{1}{30.6}$ | $\frac{1}{15.4}$ | $\frac{1}{7.79}$ | $\frac{1}{3.93}$ | $\frac{1}{1.98}$ | 1 |
| 按折线分段时的 $x$ | 0 | $\frac{1}{128}$ | $\frac{1}{64}$ | $\frac{1}{32}$ | $\frac{1}{16}$ | $\frac{1}{8}$ | $\frac{1}{4}$ | $\frac{1}{2}$ | 1 |
| 斜率 | 16 | 16 | 8 | 4 | 2 | 1 | $\frac{1}{2}$ | $\frac{1}{4}$ | |
| 段落 | 1 | 2 | 3 | 4 | 5 | 6 | 7 | 8 | |

在 $A$ 律特性分析中可以看出，取 $A=87.6$ 有两个目的：①使特性曲线原点附近的斜率凑成 16；②使 13 折线逼近时，$x$ 的八个段落量化分界点近似于按 2 的幂次递减分割，有利于数字化。

(4)$\mu$ 律 15 折线

采用 15 折线逼近 $\mu$ 律压缩特性($\mu=255$)的原理与 $A$ 律 13 折线类似，也是把 $y$ 轴均分 8 段，对应于 $y$ 轴分界点 $\frac{i}{8}$ 处的 $x$ 轴分界点的值。根据式(7-31)来计算，即

$$x=\frac{256^{y}-1}{255}=\frac{256^{\frac{i}{8}}-1}{255}=\frac{2^{i}-1}{255} \tag{7-37}$$

其结果列入表 7-3 中，相应的特性如图 7-21 所示。由此折线可见，正、负方向各有 8 段线段，正、负的第 1 段因斜率相同而合成一段，所以 16 段线段从形式上变为 15 段折线，故称其 $\mu$ 律 15 折线。原点两侧的一段斜率为

$$\frac{1}{8}\div\frac{1}{255}=\frac{255}{8}=32$$

表 7-3 $\mu$ 律 15 折线参数表

| $i$ | 0 | 1 | 2 | 3 | 4 | 5 | 6 | 7 | 8 |
|---|---|---|---|---|---|---|---|---|---|
| $y=\frac{i}{8}$ | 0 | $\frac{1}{8}$ | $\frac{2}{8}$ | $\frac{3}{8}$ | $\frac{4}{8}$ | $\frac{5}{8}$ | $\frac{6}{8}$ | $\frac{7}{8}$ | 1 |
| $x=\frac{2^{i}-1}{255}$ | 0 | $\frac{1}{255}$ | $\frac{3}{255}$ | $\frac{7}{255}$ | $\frac{15}{255}$ | $\frac{31}{255}$ | $\frac{63}{255}$ | $\frac{127}{255}$ | 1 |
| 斜率×255 | $\frac{1}{8}$ | $\frac{1}{16}$ | $\frac{1}{32}$ | $\frac{1}{64}$ | $\frac{1}{128}$ | $\frac{1}{256}$ | $\frac{1}{512}$ | $\frac{1}{1024}$ | |
| 段号 | 1 | 2 | 3 | 4 | 5 | 6 | 7 | 8 | |

它比 $A$ 律 13 折线的相应段的斜率大 2 倍，即 $\mu$ 律 15 折线小信号的量化信噪比将比 $A$ 律大一倍多，对于大信号来说，$\mu$ 律要比 $A$ 律差。

由于信号经过压缩后会产生失真，要补偿这种失真，就要在接收端相应位置采用扩张器。在理想情况下，扩张特性与压缩特性是对应互逆的，除量化误差外，信号通过压缩再扩张不应引入另外的失真。

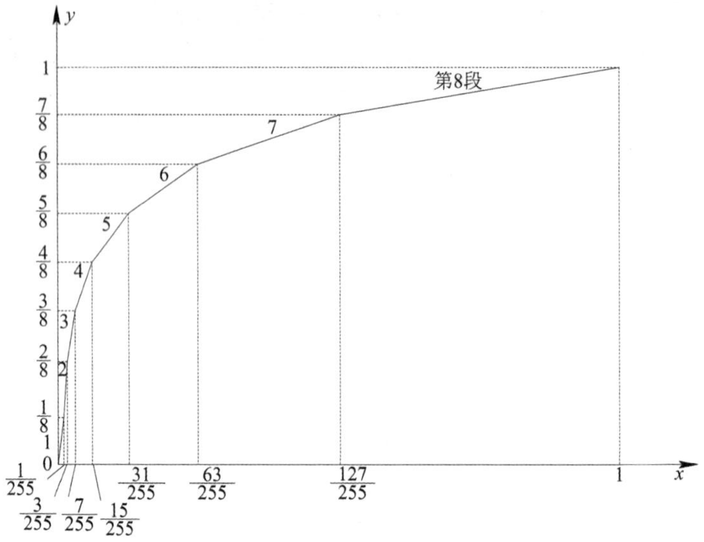


图 7-21　μ 律 15 折线

在前面讨论量化的基本原理时，并未涉及量化的电路，这是因为量化过程不是以独立的量化电路来实现的，而是在编码过程中实现的。

## 7.4.2　信号编/译码

把量化后的信号电平值变换成二进制码组的过程称为编码，其逆过程称为解码或译码。模拟信源输出的模拟信号 $m(t)$，经抽样和量化后得到的输出脉冲序列是一个 $M$ 进制（一般常用 128 或 256）的多电平数字信号，如果直接传输的话，抗噪声性能很差，因此还要经过编码器转换成二进制数字信号（PCM 信号）后，再经数字信道传输。在接收端，二进制码组经过译码器还原为 $M$ 进制的量化信号，再经低通滤波器恢复原模拟基带信号 $\hat{m}(t)$，完成这一系列过程的系统就是图 7-13 所示的脉冲编码调制（PCM）系统。其中，量化与编码的组合称为模/数变换器（A/D 变换器）；译码与低通滤波的组合称为数/模变换器（D/A 变换器）。

### 7.4.2.1　码字和码型

二进制码具有抗干扰能力强、易于产生等优点，因此，PCM 中一般采用二进制码。对于 $M$ 个量化电平，可以用 $N$ 位二进制码来表示，其中的每一个码组称为一个码字。为保证通信质量，目前国际上多采用 8 位编码的 PCM 系统。

码型指的是代码的编码规律，其含义是把量化后的所有量化级，按其量化电平的大小次序排列起来，并列出各对应的码字，这种对应关系的整体就称为码型。PCM 中常用的二进制码型分为自然二进制码和折叠二进制码。表 7-4 列出了用 4 位编码表示 16 个量化级时的两种编码的码型。

表 7-4 常用二进制码型

| 量化电压极性 | 自然二进制码 | 折叠二进制码 | 量化级序号 |
|---|---|---|---|
| 正极性部分 | 1111 | 1111 | 15 |
| | 1110 | 1110 | 14 |
| | 1101 | 1101 | 13 |
| | 1100 | 1100 | 12 |
| | 1011 | 1011 | 11 |
| | 1010 | 1010 | 10 |
| | 1001 | 1001 | 9 |
| | 1000 | 1000 | 8 |
| 负极性部分 | 0111 | 0000 | 7 |
| | 0110 | 0001 | 6 |
| | 0101 | 0010 | 5 |
| | 0100 | 0011 | 4 |
| | 0011 | 0100 | 3 |
| | 0010 | 0101 | 2 |
| | 0001 | 0110 | 1 |
| | 0000 | 0111 | 0 |

自然二进制码就是用一般的十进制正整数的二进制表示，编码简单、易记，而且译码可以逐比特独立进行。若把自然二进制码从低位到高位依次给以 2 倍的加权，就可变换为十进数。如设二进制码为($a_{n-1}, a_{n-2}, \cdots, a_1, a_0$)，则 $D = a_{n-1}2^{n-1} + a_{n-2}2^{n-2} + \cdots + a_1 2^1 + a_0 2^0$ 便是其对应的十进数(表示量化电平值)。这种"可加性"可简化译码器的结构。

折叠二进制码是一种符号幅度码。左边第一位表示信号的极性，信号为正用"1"表示，信号为负用"0"表示；第二位至最后一位表示信号的幅度。由于正、负绝对值相同时，折叠二进制码的上半部分与下半部分呈折叠关系，故名折叠二进制码。其幅度码从小到大按自然二进制码规则编码。

与自然二进制码相比，折叠二进制码具有以下优点：

①对于语音这样的双极性信号，只要绝对值相同，则可以采用单极性编码的方法，使编码过程大大简化。

②在传输过程中出现误码，对小信号影响较小。

例如：由大信号的 1111 误为 0111，由表 7-4 可见，自然二进制码由 15 错到 7，误差为 8 个量化级，而对于折叠二进制码，误差为 15 个量化级。显见，大信号时误码对折叠二进制码影响很大。如果误码发生在由小信号的 1000 误为 0000，这时情况就大不相同了，对于自然二进制码误差还是 8 个量化级，而对于折叠二进制码误差只有 1 个量化级。这一特性十分可贵，因为语音信号小幅度出现的概率比大幅度的大，所以，着眼点在于小信号的传输效果。

通过以上码型的比较可知，在 PCM 通信编码中，折叠二进制码比自然二进制码优越，是 $A$ 律 13 折线 PCM 30/32 路基群设备中所采用的码型。

#### 7.4.2.2　码位数的选择与安排

至于码位数的选择，它不仅关系到通信质量的好坏，还涉及设备的复杂程度。码位数的多少，决定了量化分层的多少，反之，若信号量化分层数一定，则编码位数也一定。在信号变化范围一定时，用的码位数越多，量化分层越细，量化误差就越小，通信质量当然就越好。但码位数越多，设备越复杂，同时还会使总的传码率增加，传输带宽加大。一般从语音信号的可懂度来说，采用 3~4 位非线性编码即可，若增至 7~8 位时，通信质量就比较理想了。

在 13 折线编码中，普遍采用 8 位二进制码，对应 $M=2^8=256$ 个量化级，即正、负输入幅度范围内各有 128 个量化级。这需要将 13 折线中的每个折线段再均匀划分 16 个量化级，由于每个段落长度不均匀，因此，正或负输入的 8 个段落被划分成 $8\times16=128$ 个不均匀的量化级。按折叠二进制码的码型，这 8 位码的安排如下：

| 极性码 | 段落码 | 段内码 |
|---|---|---|
| $C_1$ | $C_2C_3C_4$ | $C_5C_6C_7C_8$ |

其中，第 1 位码 $C_1$ 的数值“1”或“0”分别表示信号的正、负极性，称为极性码。对于正、负对称的双极性信号，在极性判决后被整流（相当取绝对值），以后则按信号的绝对值进行编码，因此只要考虑 13 折线编码中的正方向的 8 段折线就行了。这 8 段折线共包含 128 个量化级，正好用剩下的 7 位幅度码 $C_2C_3C_4C_5C_6C_7C_8$ 表示。

第 2 至第 4 位码 $C_2C_3C_4$ 为段落码，表示信号绝对值处在哪个段落，这 3 位码的 8 种可能状态分别代表 8 个段落的起点电平。但应注意，段落码的每一位不表示固定的电平，只是用它们的不同排列码组表示各段的起始电平。段落码和 8 个段落之间的关系如表 7-5 所示。段落码与各段的关系图 7-22 所示。

**表 7-5　段落码与 8 个段落之间的关系**

| 段落序号 | 段落码 | | |
|---|---|---|---|
| | $C_2$ | $C_3$ | $C_4$ |
| 8 | 1 | 1 | 1 |
| 7 | 1 | 1 | 0 |
| 6 | 1 | 0 | 1 |
| 5 | 1 | 0 | 0 |
| 4 | 0 | 1 | 1 |
| 3 | 0 | 1 | 0 |
| 2 | 0 | 0 | 1 |
| 1 | 0 | 0 | 0 |

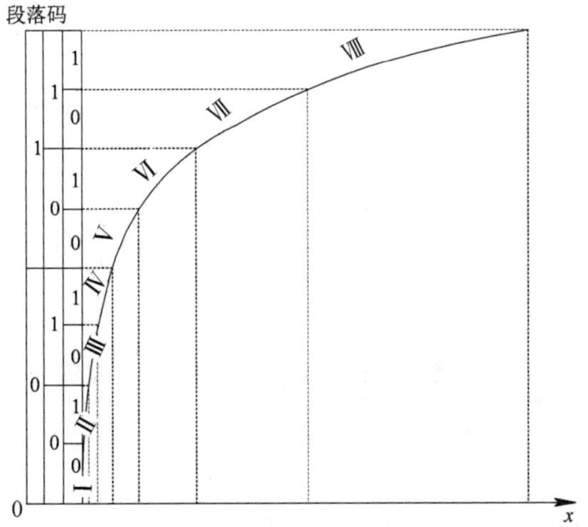


图 7-22 段落码与各段的关系

第 5 至第 8 位码 $C_5C_6C_7C_8$为段内码，这 4 位码的 16 种可能状态分别代表每一段落内的 16 个均匀划分的量化级。段内码与 16 个量化级之间的关系如表 7-6 所示。

表 7-6 段内码与 16 个量化级之间的关系

| 量化间隔 | 段内码 | | | |
|---|---|---|---|---|
| | $C_5$ | $C_6$ | $C_7$ | $C_8$ |
| 15 | 1 | 1 | 1 | 1 |
| 14 | 1 | 1 | 1 | 0 |
| 13 | 1 | 1 | 0 | 1 |
| 12 | 1 | 1 | 0 | 0 |
| 11 | 1 | 0 | 1 | 1 |
| 10 | 1 | 0 | 1 | 0 |
| 9 | 1 | 0 | 0 | 1 |
| 8 | 1 | 0 | 0 | 0 |
| 7 | 0 | 1 | 1 | 1 |
| 6 | 0 | 1 | 1 | 0 |
| 5 | 0 | 1 | 0 | 1 |
| 4 | 0 | 1 | 0 | 0 |
| 3 | 0 | 0 | 1 | 1 |
| 2 | 0 | 0 | 1 | 0 |
| 1 | 0 | 0 | 0 | 1 |
| 0 | 0 | 0 | 0 | 0 |

在 13 折线编码中，虽然各段内的 16 个量化级是均匀的，但因段落长度不等，故不同段落间的量化级是非均匀的。小信号时，段落短，量化间隔小；反之，量化间隔大。13 折线编码中的第一、二段最短，只有归一化的$\frac{1}{128}$，再将它等分为 16 小段，每一小段长度为 $\frac{1}{128}\times\frac{1}{16}=\frac{1}{2048}$。这是最小的量化级间隔，它仅有输入信号归一化值的$\frac{1}{2048}$，记为 $\Delta$，代表一个量化单

位。第 8 段最长，它是归一化值的$\frac{1}{2}$，将它等分 16 小段后，每一小段归一化长度为$\frac{1}{32}$，包含 64 个最小量化间隔，记为 64$\Delta$。如果以非均匀量化时的最小量化间隔 $\Delta=\frac{1}{2048}$作为输入 $x$ 轴的单位，那么各段的起点电平分别是 0、16、32、64、128、256、512、1024 个量化单位。表 7-7 列出了 $A$ 律 13 折线每一量化段的起始电平 $I_i$、量化间隔 $\Delta_i$ 及各位幅度码的权值（对应电平）。由此表可知，第 $i$ 段的段内码 $C_5C_6C_7C_8$ 的权值为：$C_5$ 的权值 $8\Delta_i$；$C_6$ 的权值 $4\Delta_i$；$C_7$ 的权值 $2\Delta_i$；$C_8$ 的权值 $\Delta_i$。

**表 7-7　$A$ 律 13 折线段落码、段内码及其对应电平**

| 量化段序号 $i=1\sim8$ | 电平范围 ($\Delta$) | 段落码 | | | 段落起始电平 $I_i(\Delta)$ | 量化间隔 $\Delta V_i(\Delta)$ | 段内码对应权值 $\Delta$ | | | |
|---|---|---|---|---|---|---|---|---|---|---|
| | | $C_2$ | $C_3$ | $C_4$ | | | $C_5$ | $C_6$ | $C_7$ | $C_8$ |
| 8 | 1024~2048 | 1 | 1 | 1 | 1024 | 64 | 512 | 256 | 128 | 64 |
| 7 | 512~1024 | 1 | 1 | 0 | 512 | 32 | 256 | 128 | 64 | 32 |
| 6 | 256~512 | 1 | 0 | 1 | 256 | 16 | 128 | 64 | 32 | 16 |
| 5 | 128~256 | 1 | 0 | 0 | 128 | 8 | 64 | 32 | 16 | 8 |
| 4 | 64~128 | 0 | 1 | 1 | 64 | 4 | 32 | 16 | 8 | 4 |
| 3 | 32~64 | 0 | 1 | 0 | 32 | 2 | 16 | 8 | 4 | 2 |
| 2 | 16~32 | 0 | 0 | 1 | 16 | 1 | 8 | 4 | 2 | 1 |
| 1 | 0~16 | 0 | 0 | 0 | 0 | 1 | 8 | 4 | 2 | 1 |

以上讨论的是非均匀量化的情况，下面与均匀量化进行比较。假设以非均匀量化时的最小量化间隔 $\Delta=\frac{1}{2048}$作为均匀量化的量化间隔，那么从 13 折线的第一段到第八段的各段所包含的均匀量化级数分别为 16、16、32、64、128、256、512、1024，总共有 2048 个均匀量化级，而非均匀量化只有 128 个量化级。按照二进制编码位数 $N$ 与量化级数 $M$ 的关系 $M=2^N$，可知均匀量化需要编 11 位码，而非均匀量化只要编 7 位码。

通常把按非均匀量化特性的编码称为非线性编码；按均匀量化特性的编码称为线性编码。在保证小信号时的量化间隔相同的条件下，7 位非线性编码与 11 位线性编码等效。由于非线性编码的码位数减少，因此设备简化，所需传输系统带宽减小。

#### 7.4.2.3　电话信号的编码器

图 7-23 给出了用于电话信号编码的 13 折线折叠二进制码的量化编码器原理方框图，它由整流器、极性判决电路、保持电路、比较判决器及本地译码器等组成。编码器的任务是根据输入的样值脉冲编出相应的 8 位二进制代码。除第一位极性码外，其他 7 位二进制代码是通过类似天平称重物的过程来逐次比较确定的。这种编码器就是 PCM 通信中常用的逐次比较型编码器。

逐次比较型编码的原理与天平称重物的方法类似，样值脉冲信号相当于被测物，标准电平相当于天平的砝码。预先规定好的一些作为比较用的标准电流（或电压），用符号 $I_w$ 表示，$I_w$ 的个数与编码位数有关。当样值脉冲 $I_s$ 到来后，用逐步逼近的方法有规律地用各标准电流 $I_w$ 去

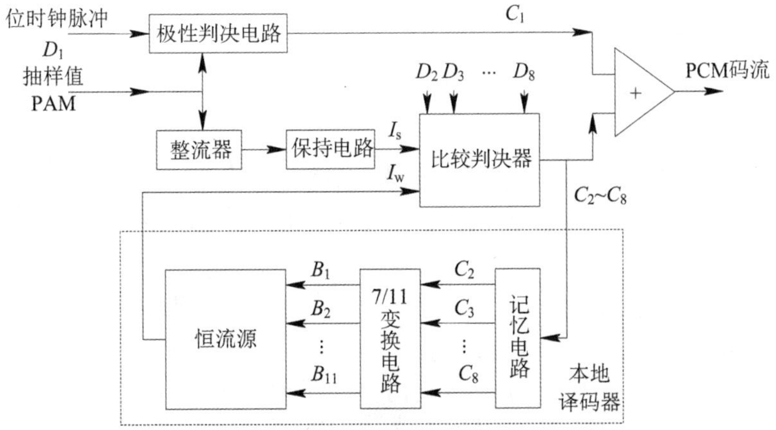


**图 7-23 逐次比较型编码器原理框图**

和样值脉冲进行比较,每比较一次出一位码。当 $I_s>I_w$ 时,出"1"码,反之出"0"码,直到 $I_w$ 和抽样值 $I_s$ 逼近为止,完成对输入样值的非线性量化和编码。

极性判决电路用来确定信号的极性。输入 PAM 信号是双极性信号,其样值为正时,在位脉冲到来时刻出"1"码;样值为负时,出"0"码;同时将该信号经过全波整流变为单极性信号。

比较判决器是编码器的核心。它的作用是通过比较样值电流 $I_s$ 和标准电流 $I_w$,从而对输入信号抽样值实现非线性量化和编码。每比较一次输出一位二进制代码,且当 $I_s>I_w$ 时,出"1"码,反之出"0"码。由于在 13 折线编码中用 7 位二进制代码来代表段落和段内码,所以对一个输入信号的抽样值需要进行 7 次比较。每次所需的标准电流 $I_w$ 均由本地译码器提供。

本地译码器包括记忆电路、7/11 变换电路和恒流源。记忆电路用来寄存二进制代码,由于除第一次比较外,其余各次比较都要依据前几次比较的结果来确定标准电流 $I_w$ 值,因此,7 位码组中的前 6 位状态均应由记忆电路寄存下来。

7/11 变换电路将 7 位非线性码转换成 11 位线性码,其实质就是完成非线性和线性之间的变换,以便于控制恒流源产生所需的标准电流 $I_w$。

恒流源用来产生各种标准电流 $I_w$。恒流源中有数个基本的标准电流支路,其个数与量化级数有关。按 $A$ 律 13 折线编出的 7 位码,需要 11 个基本的标准电流支路,每个支路都有一个控制开关。每次应该哪个开关接通形成比较用的标准电流 $I_w$,由前面的比较结果经变换后得到的控制信号来控制。

保持电路的作用是在整个比较过程中保持输入信号的幅度不变。由于逐次比较型编码器编 7 位码(极性码除外)需要在一个抽样周期 $T_s$ 以内完成 $I_s$ 与 $I_w$ 的 7 次比较,在整个比较过程中都应保持输入信号的幅度不变,因此要求将样值脉冲展宽并保持。这在实际中要用平顶抽样,通常由抽样保持电路实现。

从原理上讲,模拟信号数字化的过程是抽样、量化以后才进行编码。但实际上量化是在编码过程中完成的,也就是说,编码器本身包含了量化和编码的两个功能。

**【例 7-4】**设输入信号抽样值 $I_s=+1265\Delta$ $\left(\Delta\right.$ 为一个量化单位,表示输入信号归一化值的 $\left.\frac{1}{2048}\right)$,采用逐次比较型编码器,按 $A$ 律 13 折线编成 8 位码 $C_1C_2C_3C_4C_5C_6C_7C_8$。

**解**：编码过程如下：

①确定极性码 $C_1$

由于输入信号抽样值 $I_s$ 为正，故极性码 $C_1=1$。

②确定段落码 $C_2C_3C_4$

根据表 7-7 可知，段落码 $C_2$ 是用来表示输入信号抽样值 $I_s$ 处于 13 折线 8 个段落中的前四段还是后四段，故确定 $C_2$ 的标准电流应选为 $I_w=128\Delta$，第一次比较结果为 $I_s>I_w$，故 $C_2=1$，说明 $I_s$ 处于后四段。

$C_3$ 是用来进一步确定 $I_s$ 处于 5~6 段还是 7~8 段，故确定 $C_3$ 的标准电流应选为 $I_w=512\Delta$，第二次比较结果为 $I_s>I_w$，故 $C_3=1$，说明 $I_s$ 处于 7~8 段。

同理，确定 $C_4$ 的标准电流应选为 $I_w=1024\Delta$，第三次比较结果为 $I_s>I_w$，所以 $C_4=1$，说明 $I_s$ 处于第 8 段。

经过以上三次比较得段落码 $C_2C_3C_4$ 为“111”，$I_s$ 处于第 8 段，起始电平为 $1024\Delta$。

③确定段内码 $C_5C_6C_7C_8$

段内码是在已知输入信号抽样值 $I_s$ 所处段落的基础上，进一步表示 $I_s$ 在该段落的哪一量化级（量化间隔）。根据表 7-7 可知：第 8 段的 16 个量化间隔均为 $64\Delta$，故确定 $C_5$ 的标准电流应选为

$$I_w=\text{段落起始电平}+8\times(\text{量化间隔})=(1024+8\times64)\Delta=1536\Delta$$

第四次比较结果为 $I_s<I_w$，故 $C_5=0$，由表 7-6 可知 $I_s$ 处于前 8 级（0~7 量化间隔）。

同理，确定 $C_6$ 的标准电流为

$$I_w=(1024+4\times64)\Delta=1280\Delta$$

第五次比较结果为 $I_s<I_w$，故 $C_6=0$，表示 $I_s$ 处于前 4 级（0~4 量化间隔）。

确定 $C_7$ 的标准电流为

$$I_w=(1024+2\times64)\Delta=1152\Delta$$

第六次比较结果为 $I_s<I_w$，故 $C_7=1$，表示 $I_s$ 处于 2~3 量化间隔。

最后，确定 $C_8$ 的标准电流为

$$I_w=(1024+3\times64)\Delta=1216\Delta$$

第七次比较结果为 $I_s>I_w$，故 $C_8=1$，表示 $I_s$ 处于序号为 3 的量化间隔。

由以上过程可知：非均匀量化（压缩及均匀量化）和编码实际上是通过非线性编码一次实现的。经过以上七次比较，对于模拟抽样值 $+1265\Delta$，编出的 PCM 码组为 1 111 0011。它表示输入信号抽样值 $I_s$ 处于第 8 段序号为 3 的量化级，其量化电平为 $1216\Delta$，故量化误差等于 $49\Delta$。

编码时，非线性码与线性码间的关系是 7/11 变换关系，如上例中除极性码外的 7 位非线性码为 1110011，相对应的 11 位线性码为 10011000000。

上述编码得到的码组所对应的是输入信号的分层电平 $m_k$，对于处在同一量化间隔内的信号电平值 $m_k<m\leqslant m_{k+1}$，编码的结果是唯一的。

为使落在该量化间隔内的任意信号电平的量化误差均小于 $\frac{\Delta_i}{2}$，在译码器中都有一个加 $\frac{\Delta_i}{2}$ 电路。这等效于将量化电平移到量化间隔的中间，因此带有加 $\frac{\Delta_i}{2}$ 电路的译码器，最大量化误差

一定不会超过$\frac{\Delta_i}{2}$。

如上例中，$I_s$位于第 8 段的序号为 3 的量化级，7 位幅度码 1110011 对应的分层电平为 $1216\Delta$，则译码输出为 $1216+\frac{\Delta_i}{2}=\left(1216+\frac{64}{2}\right)\Delta=1248\Delta$。因此，量化误差为 $1265\Delta-1248\Delta=17\Delta$，而 $17\Delta<\frac{64\Delta}{2}$，即量化误差小于量化间隔的一半。

【注】此题还可以采用以下简便方法：

①极性码：$I_s=+1265\Delta>0$，有 $C_1=0$；

②段落码：$1265\Delta>1024\Delta$，故在第 8 段，有 $C_2C_3C_4=111$；

③段内码：第 8 段量化间隔为 $64\Delta$，则有

$$\frac{1265-1024}{64}=3\text{ 余 }49$$

即抽样值位于段内序号为 3 的量化级（0，1，2，3，…，15），有 $C_5C_6C_7C_8=0011$。

所以，PCM 码组为：1 111 0011；量化误差为：$49\Delta$。

去除量化误差后的抽样值为 $1265-49=1216\Delta$，由 $(1216)_{10}=(4C0)_{16}$ 可得对应 11 位线性码组为 10011000000。

下面将结合图 7-23 简要说明这种逐次比较型编码器原理。图 7-23 中虚线方框内是本地译码器，而接收端译码器的核心部分原理和本地译码器的原理一样。在此图中，本地译码器的记忆电路得到输入 $C_7$ 值后，使恒流源产生为下次比较所需要的标准电流 $I_w$。在编码器输出 $C_8$ 值后，对此抽样值的编码已经完成，所以比较判决器要等待下一个抽样值到达，暂不需要恒流源产生新的标准电流。

在接收端的译码器中，仍保留本地译码器部分。由记忆电路接收发送来的码组。当记忆电路接收到码组的最后一位 $C_8$ 后，使恒流源再产生一个标准电流，它等于最后一个间隔的中间值。在上例中，此中间值等于 1248。由于编码器中的比较判决器只是比较抽样的绝对值，本地译码器也只是产生正值标准电流，所以在接收端的译码器中，最后一步要根据接收码组的第一位 $C_1$ 值控制输出电流的正负极性。图 7-24 示出接收端译码器的基本原理框图。

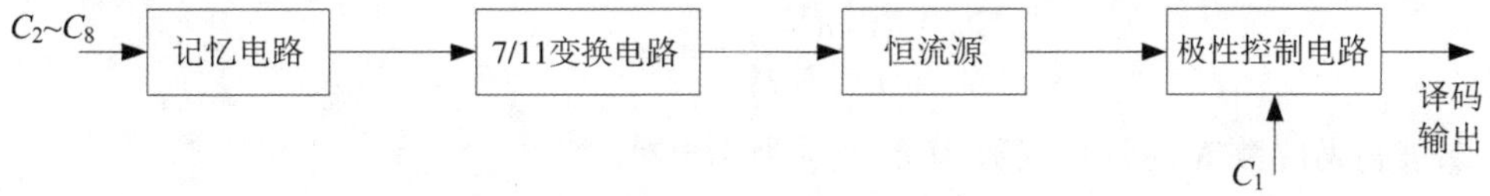


图 7-24 接收端译码器的基本原理框图

### 7.4.2.4 PCM 信号的码元传输速率和带宽

由于 PCM 要用 $N$ 位二进制代码表示一个抽样值，即一个抽样周期 $T_s$ 内要编 $N$ 位码，因此每个码元宽度为$\frac{T_s}{N}$，码位越多，码元宽度越小，占用带宽越大。显然，传输 PCM 信号所需要的带宽要比模拟基带信号 $m(t)$ 的带宽大得多。

（1）码元传输速率

设 $m(t)$ 为低通信号，最高频率为 $f_H$，按照抽样定理的抽样速率 $f_s \geqslant 2f_H$，如果量化电平数为 $M$，则采用二进制代码的码元传输速率为

$$R_B = f_s \cdot \log_2 M = f_s \cdot N \tag{7-38}$$

式中，$N$ 为二进制编码位数。

（2）传输 PCM 信号所需的最小带宽

抽样速率的最小值 $f_s = 2f_H$，这时码元传输速率为 $R_B = 2f_H \cdot N$，按照数字基带传输系统中分析的结论，在无码间干扰和采用理想低通传输特性的情况下，所需最小传输带宽为

$$B = \frac{R_B}{2} = \frac{N \cdot f_s}{2} = N \cdot f_H \tag{7-39}$$

实际中用升余弦的传输特性，此时所需传输带宽为

$$B = R_B = N \cdot f_s \tag{7-40}$$

以电话传输系统为例，一路模拟语音信号 $m(t)$ 的带宽为 4 kHz，则抽样速率 $f_s = 8$ kHz，若按 $A$ 律 13 折线进行编码，则需 $N = 8$ 位码，因此，所需的传输带宽 $B = N \cdot f_s = 64$ kHz，显然比直接传输语音信号的带宽要大得多。

### 7.4.3 PCM 系统的量化噪声

分析 PCM 的系统性能将涉及两种噪声：量化噪声和信道加性噪声，图 7-13 所示的 PCM 系统接收端低通滤波器的输出为

$$\hat{m}(t) = m(t) + n_q(t) + n_e(t) \tag{7-41}$$

式中，$m(t)$ 为输出端所需信号成分；$n_q(t)$ 为由量化噪声引起的输出噪声，其功率用 $N_q$ 表示；$n_e(t)$ 为由信道加性噪声引起的输出噪声，其功率用 $N_e$ 表示。当信道加性噪声较小时，由加性噪声在系统接收端所引起的输出噪声可以忽略，应主要考虑量化噪声的影响。下面仅对 PCM 系统的量化噪声进行讨论。

假设输入信号 $m(t)$ 在区间 $[-a, a]$ 内具有均匀分布的概率密度，并对它进行均匀量化，量化电平数为 $M$，在不考虑信道噪声条件下，其量化信噪比 $S_o/N_q$ 为

$$\frac{S_o}{N_q} = \frac{E[m^2(t)]}{E[n_q^2(t)]} = M^2 = 2^{2N} \tag{7-42}$$

式中，二进制码位数 $N$ 与量化级数 $M$ 的关系为 $M = 2^N$。

由上式可见，PCM 系统输出端的量化信噪比将依赖于每一个编码组的位数 $N$，并随 $N$ 按指数增加。若根据式（7-39）表示的 PCM 系统最小带宽 $B = Nf_H$，则式（7-42）可表示为

$$\frac{S_o}{N_q} = 2^{2B/f_H} \tag{7-43}$$

该式表明，PCM 系统输出端的量化信噪比与系统带宽 $B$ 呈指数关系，充分体现了带宽与信噪比的互换关系。

## 7.5 差分脉冲编码调制(DPCM)

64 kb/s 的 $A$ 律或 $\mu$ 律的对数压缩 PCM 编码已经在大容量的光纤通信系统和数字微波系统中得到了广泛的应用。但 PCM 信号占用频带要比模拟通信系统中的一个标准话路带宽宽得多,这样,对于大容量的长途传输系统,尤其是卫星通信,采用 PCM 的经济性能很难与模拟通信相比。如何以较低的速率获得高质量编码,一直是语音编码追求的目标。为了降低数字电话信号的比特率,一种改进方法是采用预测编码方法。预测编码方法有多种,差分脉冲编码调制(DPCM),简称差分脉码调制,是其中广泛应用的一种基本预测编码方法。

在 PCM 中,每个波形样值都独立编码,与其他样值无关,这样,样值的整个幅值编码需要较多位数,比特率较高,造成数字化的信号带宽大大增加。然而,大多数以奈奎斯特或更高速率抽样的信源信号在相邻抽样间表现出很强的相关性,有很大的冗余度。利用信源的这种相关性,一种比较简单的解决方法是对相邻样值的差值而不是样值本身进行编码。

由于相邻样值的差值比样值本身小,可以用较少的比特数表示差值,这样,用样点之间差值的编码来代替样值本身的编码,可以在量阶不变(即量化噪声不变)的情况下,使编码位数显著减少,信号带宽大大压缩。这种利用差值的 PCM 编码称为 DPCM。如果将样值之差仍用 $N$ 位编码传送,则 DPCM 的量化信噪比显然优于 PCM 系统。

实现差分编码的一个好办法是根据前面的 $k$ 个样值预测当前时刻的样值。编码信号只是当前样值与预测值之间的差值的量化编码。DPCM 系统的原理框图如图 7-25 所示。

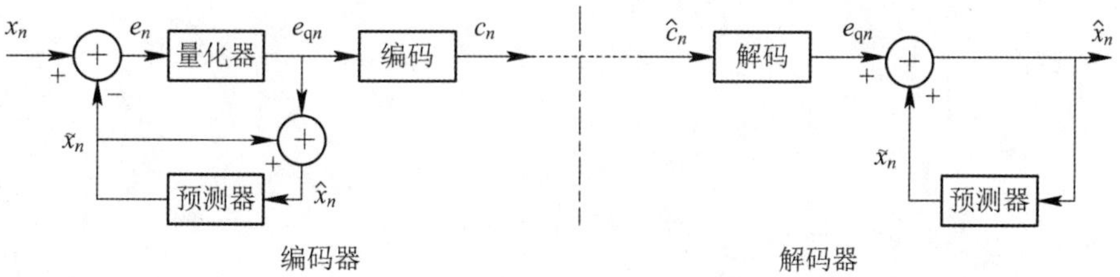


**图 7-25　DPCM 系统的原理框图**

在图 7-25 中,$x_n$表示当前的信源样值,预测器的输入记为 $\hat{x}_n$ ,预测器的输出为

$$\tilde{x}_n = \sum_{i=1}^{k} a_i \hat{x}_{n-i} \tag{7-44}$$

则差值为

$$e_n = x_n - \tilde{x}_n \tag{7-45}$$

式中,$e_n$作为量化器输入,经量化后输出 $e_{qn}$,量化后的每个预测误差 $e_{qn}$被编码成二进制数字系列,通过信道传送到目的地,该误差 $e_{qn}$同时被加到本地预测值 $\tilde{x}_n$, 从而得到 $\hat{x}_n$。

接收端装有与发送端相同的预测器，它的输出 $\tilde{x}_n$ 与 $e_{qn}$ 相加产生的输出信号 $\hat{x}_n$，既是所要求的预测器的激励信号，也是所要求的解码器输出的重建信号。在无传输误码的条件下，解码器输出的重建信号 $\hat{x}_n$ 与编码器中的 $\hat{x}_n$ 相同。

DPCM 系统的总量化误差应该定义为输入信号样值 $x_n$ 与解码器输出样值 $\hat{x}_n$ 之差，即

$$n_q = x_n - \hat{x}_n = (e_n + \tilde{x}_n) - (\tilde{x}_n - e_{qn}) = e_n - e_{qn} \tag{7-46}$$

由上式可知，DPCM 的总量化误差 $n_q$ 仅与差值信号 $e_n$ 的量化误差有关。$n_q$ 与 $x_n$ 都是随机变量，因此，DPCM 系统总的量化信噪比可表示为

$$\left(\frac{S}{N}\right)_{\text{DPCM}} = \frac{E[x_n^2]}{E[n_q^2]} = \frac{E[x_n^2]}{E[e_n^2]} \cdot \frac{E[e_n^2]}{E[n_q^2]} = G_p \cdot \left(\frac{S}{N}\right)_q \tag{7-47}$$

式中，$\left(\frac{S}{N}\right)_q$ 是把差值序列作为信号时量化器的量化信噪比，与 PCM 系统考虑量化误差时所计算的信噪比相当。$G_p$ 可理解为 DPCM 系统相对于 PCM 系统而言的信噪比增益，称为预测增益。如果能够选择合理的预测规律，差值功率 $E[{e_n}^2]$ 就能远小于信号功率 $E[{x_n}^2]$，$G_p$ 就会大于 1，该系统就能获得增益。通常，$G_p$ 为 6～11 dB。

由式(7-47)可知，DPCM 系统总的量化信噪比远大于量化器的信噪比。因此，要求 DPCM 系统达到与 PCM 系统相同的信噪比，则可降低对量化器信噪比的要求，即可减小量化级数，从而减少码位数，降低比特率，减小传输带宽。

DPCM 系统性能的改善是以最佳的预测和量化为前提的。但对语音信号进行预测和量化是复杂的技术问题，这是因为语音信号在较大的动态范围内变化。为了改善 DPCM 体制的性能，将自适应技术引入量化和预测过程，得出自适应差分脉冲编码调制（ADPCM）体制。ADPCM 体制能大大提高量化信噪比和扩大编码动态范围，适用于语音编码的 ADPCM 体制，已经由ITU-T 制定出建议，并得到广泛应用。

# 7.6 增量调制(ΔM)

增量调制简称 ΔM 或 DM,它是继 PCM 后出现的又一种模拟信号数字传输的方法,可以看作 DPCM 的一个重要特例。当 DPCM 系统中量化器的量化电平数取为 2 时,DPCM 系统就成为增量调制系统。增量调制的目的在于简化语音编码方法。

ΔM 与 PCM 虽然都是用二进制代码去表示模拟信号的编码方式。但是,在 PCM 中,代码表示样值本身的大小,所需码位数较多,从而导致编译码设备复杂;而在 ΔM 中,只用一位编码表示相邻样值的相对大小,从而反映出抽样时刻波形的变化趋势,与样值本身的大小无关。

## 7.6.1 简单增量调制

一个语音信号,如果抽样速率很高(远大于奈奎斯特速率),抽样间隔很小,那么相邻样点之间的幅度变化不会很大,相邻抽样值的相对大小(差值)同样能反映模拟信号的变化规律。若将这些差值编码传输,同样可传输模拟信号所含的信息。此差值又称“增量”,其值可正可负。这种用差值编码进行通信的方式,就称为“增量调制”,缩写为 DM 或 ΔM。增量编码波形如图 7-26 所示。图中,$m(t)$代表时间连续变化的模拟信号,可以用一个时间间隔为 $\Delta t$、相邻幅度差为$+\sigma$ 或$-\sigma$ 的阶梯波形 $m'(t)$ 来逼近它。只要 $\Delta t$ 足够小,即抽样速率$f_s=\dfrac{1}{\Delta t}$足够高,且 $\sigma$ 足够小,则阶梯波 $m'(t)$ 可近似代替 $m(t)$。其中,$\sigma$ 为量阶,$\Delta t=T_s$为抽样间隔。

阶梯波 $m'(t)$ 有两个特点:

(1)在每个 $\Delta t$ 间隔内, $m'(t)$ 的幅值保持不变;

(2)相邻间隔的幅值差不是$+\sigma$(上升一个量阶),就是$-\sigma$(下降一个量阶)。

利用这两个特点,用“1”码和“0”码分别代表 $m'(t)$ 上升或下降一个量阶 $\sigma$,则 $m'(t)$ 就被一个二进制序列表征(见图 7-26 横轴下面的序列)。于是,该序列也相当于表征了模拟信号 $m(t)$,实现了模/数转换。除了用阶梯波 $m'(t)$ 近似 $m(t)$外,还可用另一种形式[图中虚线所示的斜变波 $m_1(t)$]来近似 $m(t)$。斜变波 $m_1(t)$也只有两种变化:按斜率$\dfrac{\sigma}{\Delta t}$上升一个量阶和按斜率$-\dfrac{\sigma}{\Delta t}$下降一个量阶。用“1”码表示正斜率,用“0”码表示负斜率,同样可以获得二进制序列。由于斜变波 $m_1(t)$在电路上更容易实现,实际中常采用它来近似 $m(t)$。

与编码相对应,译码也有两种形式:

(1)收到“1”码上升一个量阶(跳变),收到“0”码下降一个量阶(跳变),这样把二进制代

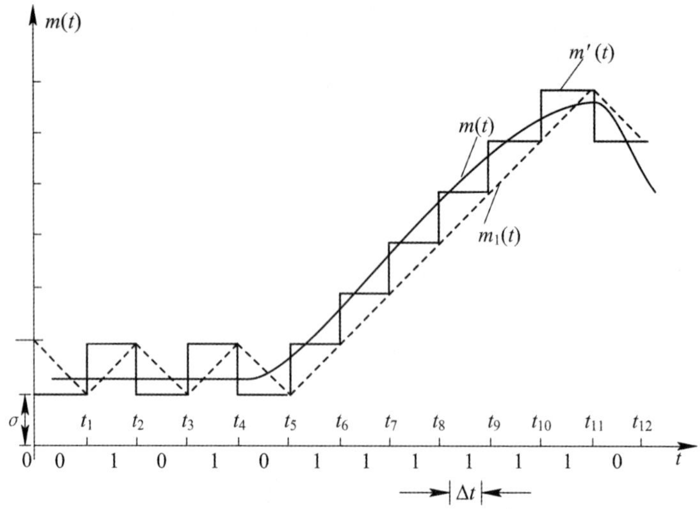


图 7-26　增量编码波形示意图

码经过译码后变为 $m'(t)$ 的阶梯波。

（2）收到“1”码后产生一个正斜率电压，在 $\Delta t$ 时间内上升一个量阶 $\sigma$，收到“0”码后产生一个负斜率电压，在 $\Delta t$ 时间内下降一个量阶 $\sigma$，这样把二进制代码经过译码后变为如 $m_1(t)$ 这样的斜变波。

考虑到电路实现的简易程度，译码一般都采用后一种方法。这种方法可用一个简单的 RC 积分电路，即可把二进制代码变为 $m_1(t)$ 这样的波形，如图 7-27 所示。

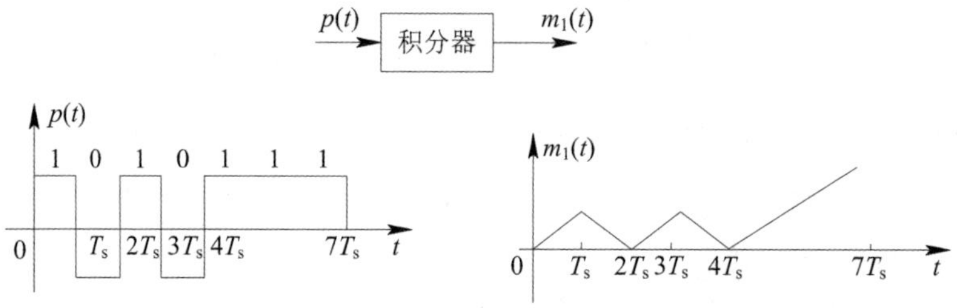


图 7-27　积分器译码原理

从 ΔM 编、译码的基本思想出发，可以组成一种如图 7-28 所示的简单 ΔM 系统框图。

发送端编码器是相减器、判决器、积分器及脉冲发生器（极性变换电路）组成的一个闭环反馈电路。其中，相减器的作用是取出差值 $e(t)$，使 $e(t)=m(t)-m_1(t)$。判决器也称比较判决器或数码形成器，它的作用是对差值 $e(t)$ 的极性进行识别和判决，以便在抽样时刻输出数码（增量码）$c(t)$，即如果在给定抽样时刻 $t_i$ 上，有 $e(t_i)=m(t_i)-m_1(t_i)>0$，则判决器输出“1”码；如果有 $e(t_i)=m(t_i)-m_1(t_i)<0$，则输出“0”码。积分器和脉冲发生器组成本地译码器，它的作用是根据 $c(t)$，形成预测信号 $m_1(t)$，即 $c(t)$ 为“1”码时，$m_1(t)$ 上升一个量阶 $\sigma$，$c(t)$ 为“0”码时，$m_1(t)$ 下降一个量阶 $\sigma$，并送到相减器与 $m(t)$ 进行幅度比较。

【注意】若用阶梯波 $m'(t)$ 作为预测信号，则抽样时刻 $t_i$ 应改为 $t_i^-$，表示 $t_i$ 时刻的前一瞬间，即相当于阶梯波形跃变点的前一瞬间。在 $t_i^-$ 时刻，斜变波形与阶梯波形有完全相同的值。

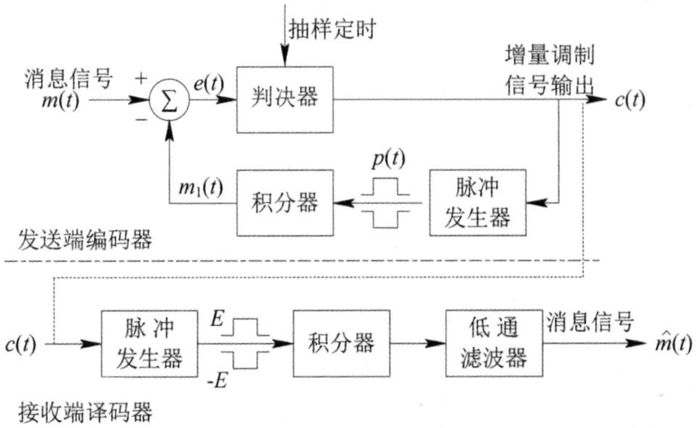


图 7-28　一种简单 ΔM 系统框图

接收端解码器由译码器和低通滤波器组成。译码器的电路结构和作用与发送端的本地译码器相同，用来由 $c(t)$ 恢复 $m_1(t)$。为了区别收、发两端完成同样作用的部件，称发送端的译码器为本地译码器。低通滤波器的作用是滤除 $m_1(t)$ 中的高次谐波，使输出波形平滑，更加逼近原来的模拟信号 $m(t)$。

由于 ΔM 是对前后两个样值差值的量化编码，所以 ΔM 实际上是最简单的一种 DPCM 方案，预测值仅用前一个样值来代替，即当如图 7-25 所示的 DPCM 系统的预测器是一个延迟单元，量化电平取为 2 时，该 DPCM 系统就是一个简单的 ΔM 系统，如图 7-29 所示。用它进行理论分析将更准确、合理，但在硬件实现 ΔM 系统时，图 7-28 要简便得多。

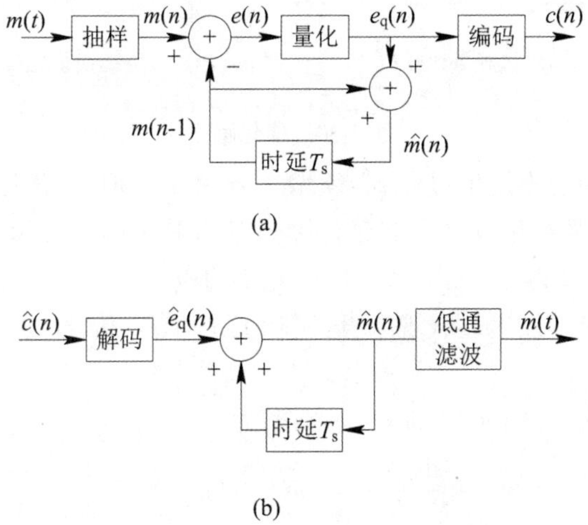


图 7-29　另一种简单 ΔM 系统框图

## 7.6.2　增量调制系统中的量化噪声

增量调制系统和 PCM 系统相似，在模拟信号的数字化过程中也会带来误差而形成量化噪声，如图 7-30 所示。误差 $e_q(t)=m(\mathrm{t})-m'(t)$ 有两种表现形式：一种称为过载量化误差，另一种称为一般量化误差。

当输入模拟信号 $m(t)$ 斜率陡变时，本地译码器输出信号 $m'(t)$ 跟不上信号 $m(t)$ 的变化，如图 7-30(a)所示。这时，$m'(t)$ 与 $m(t)$之间的误差明显增大，引起译码后信号的严重失真，这种现象叫过载现象，产生的失真称为过载失真，或称过载量化噪声。这是在正常工作时可以避免而且必须避免的噪声。

设抽样间隔为 $\Delta t\left(\text{抽样速率为} f_s=\dfrac{1}{\Delta t}\right)$，则一个量阶 $\sigma$ 上的最大斜率 $K$ 为

$$K=\frac{\sigma}{\Delta t}=\sigma\cdot f_s \tag{7-48}$$

它被称为译码器的最大跟踪斜率。当译码器的最大跟踪斜率大于或等于模拟信号 $m(t)$ 的最大变化斜率时，即

$$\left|\frac{\mathrm{d}m(t)}{\mathrm{d}t}\right|_{\max}\leqslant\sigma\cdot f_s \tag{7-49}$$

译码器输出 $m'(t)$ 能够跟上输入信号 $m(t)$的变化，不会发生过载现象，因而不会形成很大的失真。当然，这时 $m'(t)$ 与 $m(t)$之间仍存在一定的误差 $e_q(t)$，它局限在区间$[-\sigma,\sigma]$变化，如图 7-30(b)所示，这种误差称为一般量化误差。

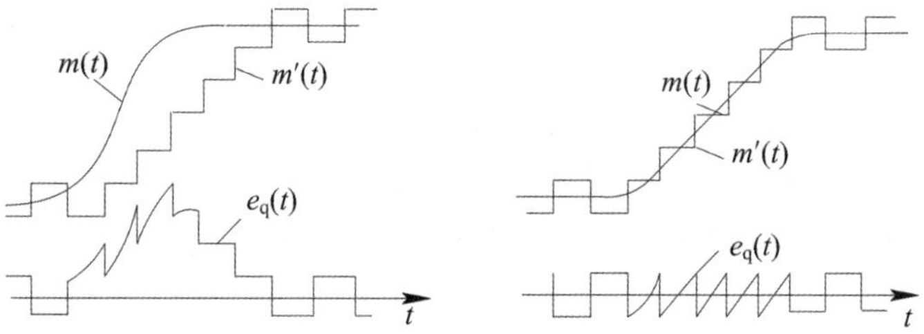

(a) 过载量化噪声　　(b) 一般量化误差

**图 7-30　量化噪声**

由式(7-49)可知，为了不发生过载，必须增大 $\sigma$ 和 $f_s$。但 $\sigma$ 增大，一般量化误差也增大。提高 $f_s$ 对减小一般量化误差和减小过载量化噪声都有利。因此，ΔM 系统中的抽样速率要比 PCM 系统中的抽样速率高得多。ΔM 系统抽样速率的典型值为 16 kHz 或 32 kHz。

在正常通信中，不希望发生过载现象，这实际上是对输入信号的一个限制。下面以正弦信号为例进行讨论。

设输入模拟信号为 $m(t)=A\sin(\omega_k t)$，其斜率为

$$\frac{\mathrm{d}m(t)}{\mathrm{d}t}=A\omega_m\cos(\omega_m t) \tag{7-50}$$

可见，斜率的最大值为 $A\omega_m$。为了不发生过载，应要求

$$A\omega_m\leqslant\sigma f_s \tag{7-51}$$

可求出临界过载振幅（允许的信号幅度）为

$$A_{\max}=\frac{\sigma\cdot f}{\omega_m}=\frac{\sigma\cdot f_s}{2\pi f_m} \tag{7-52}$$

式中，$f_m$ 为信号频率。可见，当信号斜率一定时，允许的信号幅度随信号频率的增大而减小，这将导致语音高频段的量化信噪比下降。这是简单增量调制不能实用的原因之一。

上面的分析表明，要想正常编码，信号的幅度将受到限制，称 $A_{\max}$ 为最大允许编码电平。

同样,对能正常开始编码的最小信号振幅也有要求。最小编码电平 $A_{min}=\dfrac{\sigma}{2}$。

与 PCM 系统一样,增量调制系统的抗噪声性能也是用输出信噪比来表征的。ΔM 系统中同样存在两类噪声,即量化噪声和信道加性噪声,下面对量化噪声进行讨论。

从前面分析可知,增量调制系统量化噪声有过载量化噪声和一般量化噪声两种。由于在实际应用中都是防止工作到过载区域,因此这里仅考虑一般量化噪声。

在不过载情况下,误差 $e_q(t)=m(t)-m'(t)$ 限制在 $-\sigma$ 到 $\sigma$ 范围内变化。若假定 $e_q(t)$ 值在区间 $(-\sigma,+\sigma)$ 内均匀分布,则 ΔM 系统的量化噪声的平均功率为

$$E[e_q^2(t)]=\int_{-\sigma}^{\sigma}\frac{e^2}{2\sigma}\mathrm{d}e=\frac{\sigma^2}{3} \tag{7-53}$$

考虑到 $e_q(t)$ 的最小周期大致是抽样频率 $f_s$ 的倒数,而且大于 $\dfrac{1}{f_s}$ 的任意周期都可能出现。因此,为便于分析可近似认为上式的量化噪声功率谱在 $(0,f_s)$ 频带内均匀分布,则量化噪声的单边功率谱密度为

$$P(f)\approx\frac{E[e_q^2(t)]}{f_s}=\frac{\sigma^2}{3f_s} \tag{7-54}$$

若接收端低通滤波器的截止频率为 $f_h$,则经低通滤波器后输出的量化噪声功率为

$$N_q=P(f)\cdot f_h=\frac{\sigma^2 f_h}{3f_s} \tag{7-55}$$

由此可见,ΔM 系统输出的量化噪声功率与量阶 $\sigma$ 及比值 $\dfrac{f_h}{f_s}$ 有关,而与输入信号幅度无关。当然,这后一条性质是在未过载的前提下才成立的。

信号越大,信噪比越大。对于频率为 $f_m$ 的正弦信号,临界过载振幅为

$$A_{max}=\frac{\sigma\cdot f_s}{\omega_m}=\frac{\sigma\cdot f_s}{2\pi f_m} \tag{7-56}$$

所以,信号功率的最大值为

$$S_o=\frac{A_{max}^2}{2}=\frac{\sigma^2 f_s^2}{8\pi^2 f_m^2} \tag{7-57}$$

在临界振幅条件下,系统最大的量化信噪比为

$$\frac{S_o}{N_q}=\frac{3}{8\pi^2}\cdot\frac{f_s^3}{f_m^2 f_h}\approx 0.04\,\frac{f_s^3}{f_m^2 f_h} \tag{7-58}$$

【结论】

(1)简单 ΔM 的信噪比与抽样速率 $f_s$ 呈立方关系,提高抽样频率能明显提高信号与量化噪声的功率比。

(2)量化信噪比与信号频率 $f_m$ 的平方成反比,因此,简单 ΔM 时语音高频段的量化信噪比下降。

### 7.6.3 PCM 与 ΔM系统的比较

PCM 和 ΔM 系统都是模拟信号数字化的基本方法。ΔM 系统实际上是 PCM 的一种特例,

所以有时把 PCM 和 ΔM 统称为脉冲编码。但应注意,PCM 是对样值本身的编码,ΔM 是对相邻样值的差值的极性(符号)编码。这是 ΔM 系统与 PCM 系统的本质区别。

#### 7.6.3.1 抽样速率

PCM 系统中的抽样速率 $f_s$ 是根据抽样定理来确定的。若信号的频率为 $f_m$,则 $f_s \geqslant 2f_m$。对于语音信号,取 $f_s = 8$ kHz。

ΔM 系统中传输的不是信号本身的样值,而是信号的增量(即斜率),因此其抽样速率 $f_s$ 不能根据抽样定理来确定。

由式(7-48)和式(7-58)可知,ΔM 系统的抽样速率与最大跟踪斜率和信噪比有关。在保证不发生过载,达到与 PCM 系统相同的信噪比时,ΔM 系统的抽样速率远远高于奈奎斯特速率。

#### 7.6.3.2 带宽

ΔM 系统在每一次抽样时,只传送一位代码,因此 ΔM 系统的数码率为 $f_b = f_s$,要求的最小带宽为 $B_{\Delta M} = \frac{1}{2} f_s$,在实际应用时,取 $B_{\Delta M} = f_s$。

而 PCM 系统的数码率为 $Nf_s$,在同样的语音质量要求下,PCM 系统的数码率为 64 kHz,要求最小信道带宽为 32 kHz。而采用 ΔM 系统时,抽样速率至少为 100 kHz,则最小带宽为 50 kHz。通常,ΔM 系统速率采用 32 kHz 或 16 kHz 时,语音质量不如 PCM 系统。

# 复习与巩固

## 一、概念思考

1.对低通模拟信号而言，为了能无失真恢复，理论上对于抽样频率有什么要求？

2.简述理想抽样、自然抽样和瞬时抽样的异同点。

3.什么是奈奎斯特速率和奈奎斯特间隔？

4.量化的目的是什么？

5.试比较均匀量化和非均匀量化。

6.试比较 $A$ 律压缩和 $\mu$ 律压缩。

7.试比较折叠二进制码与自然二进制码。

8.在 PCM 系统中，量化信噪比和信号（系统）带宽的关系是什么？

9.简述差分脉冲编码调制、增量调制，并将它们与 PCM 系统进行比较。

## 二、课堂小测

1.填空题：

（1）线性 PCM 的量化噪声与信号功率大小有关吗？________，它适用于动态范围________的信号。对数 PCM 的量化噪声与信号功率的定性关系是________，它适用于动态范围________的信号。

（2）工程上常用的两种对数 PCM 是________和________，我国使用________。

（3）当输入信号为 0 电平时，简单增量调制器的输出序列是________，$A$ 律 13 折线 PCM 调制器的输出序列是________或________。

（4）收到的 PCM 码组为 10110010（$A$ 律 13 折线量化），则译码器输出为________个最小量化电平（$\Delta$），对应该 7 位编码的均匀量化 11 位线性码组为________。

（5）单路信号的最高频率为 4 kHz，采用 PCM 调制，若量化级数由 16 增加到 256，传输该信号的信息传输速率 $R_b$ 增加到原来的____倍，带宽 $B$ 增加到原来的______倍。

（6）对信号 $m(t)=10\cos(200\pi t)$ 进行简单增量调制编码，若量化间隔 $\sigma=0.1$，则不发生斜率过载的抽样频率至少为____$\pi$kHz 。

2.在脉冲编码调制系统中，若采用 $A$ 律 13 折线编码，设最小的量化间隔为一个单位，已知抽样脉冲值为−278 单位，（1）试求此时编码器输出的 PCM 码组和量化误差（段内码采用自然二进制码）；（2）写出该 7 位码的均匀量化 11 位码；（3）若段内码改用折叠二进制码，问 PCM 码组应为多少？

3.已知 24 路 PCM 数字电话系统，每路信号的最高频率为 4 kHz，量化级数为 128，并且每路安排 1 bit 振铃信号，每帧又安排 1 bit 的帧同步信号，按奈奎斯特速率计算，求系统的传码率和最小传输带宽。

## 三、典型题解

1.若一个信号为 $s(t)=\dfrac{\sin(314t)}{314t}$，试问最小抽样频率为多少才能保证其无失真地恢复？在用最小抽样频率对其抽样时，试问为保存 3 min 的抽样，需要保存多少个抽样值？

**解**：由 $\mathrm{rect}\left(\dfrac{t}{\tau}\right)\leftrightarrow \tau\mathrm{Sa}\left(\dfrac{\omega\tau}{2}\right)$ 可得

$$\mathrm{rect}\left(\frac{\omega}{\tau}\right)\leftrightarrow \frac{\tau}{2\pi}\mathrm{Sa}\left(\frac{t\tau}{2}\right)$$

由此可得

$$\mathrm{Sa}(314t)\leftrightarrow \frac{\pi}{314}\mathrm{rect}\left(\frac{\omega}{\tau}\right),\tau=2\times 314$$

信号 $s(t)=\dfrac{\sin(314t)}{314t}$ 的频谱为

$$S(\omega)=\begin{cases}\dfrac{\pi}{314}, & |\omega|\leqslant 314\\ 0, & 其他\end{cases}$$

所以，信号最大频率为

$$f_{\mathrm{H}}=\frac{\omega_{\mathrm{H}}}{2\pi}=\frac{314}{2\pi}=50\ \mathrm{Hz}$$

根据低通信号抽样定理，最小采样频率为

$$f_{\mathrm{s}}=2f_{\mathrm{H}}=2\times 50=100\ \mathrm{Hz}$$

即每秒采 100 个样点，因此，3 min 共有 3×60×100 = 18000 个样值。

2.在 $A$ 律 PCM 语音通信系统中，试写出当归一化输入信号样值等于 0.3 时，输出的二进制码组。

**解**：设采用 A 律 13 折线进行量化编码，则最小量化间隔 $\Delta=\dfrac{1}{2048}$，所以，$0.3\cong 614\Delta$。

614>0，极性码 $C_1=1$；

614>512，抽样值位于在第 7 段，$C_2C_3C_4=110$；

$\dfrac{614-512}{32}=\dfrac{102}{32}=3$ 余 6，抽样值位于段内第 4 级，即 $C_5C_6C_7C_8=0011$；

所以所求的 PCM 码组为 11100011。

3.采用 $A$ 律 13 折线编码电路，设最小量化间隔为 1 个单位，已知抽样脉冲值为+635 单位。试求：

(1)编码器输出的 PCM 码组，并计算量化误差；

(2)写出对应该 7 位码的均匀量化 11 位码(采用自然二进制码)。

**解**：(1) 635>0，极性码 $C_1=1$；

635>512，抽样值位于第 7 段，即 $C_2\ C_3\ C_4=110$；

$\dfrac{635-512}{32}=3$ 余 27，抽样值位于段内第 4 级，即 $C_5C_6\ C_7\ C_8=0011$；

且量化误差为 27 个量化单位。若考虑系统有 $\frac{\Delta}{2}$ 译码电路，此时，量化误差为 $\left|635-\left(608+\frac{\Delta}{2}\right)\right|=635-624=11$ 个量化单位。

即 PCM 码组为 11100011

(2)对应的 11 位线性码组为

$$635-27=608=(260)_{16}=01001100000$$

或者

$$635-11=624=(270)_{16}=01001110000$$

4.设简单增量调制器输入的正弦信号频率为 3.4 kHz、幅度为 1 V，若抽样频率 $f_s=32$ kHz，求量阶 $\sigma$。

**解：**正弦信号最大斜率为

$$A\omega=1\times2\pi\times3.4\times10^3$$

为使增量调制不过载，必须满足

$$A\omega\leqslant\sigma f_s$$

可得

$$\sigma\geqslant\frac{A\omega}{f_s}=\frac{1\times2\pi\times3.4\times10^3}{32\times10^3}\approx0.67\ \text{V}$$

5.若 $A$ 律 13 折线编码器的过载电平为 $V_{max}=5$ V，输入抽样脉冲幅度为 $-0.9375$ V。设最小量化间隔为 2 个单位，最大量化器的分层电平为 4096 个单位。求编码器的输出码组，并计算量化误差。

**解：**用最小量化间隔表示抽样信号

$$I_s=-\frac{4096}{5}\times\frac{0.9375}{2}=-384\ (\text{最小量化间隔})$$

$-384<0$，极性码 $C_1=0$；

$384>256$，抽样值位于第 6 段，即 $C_2C_3C_4=101$；

$\frac{384-256}{16}=8$ 余 0，抽样值位于段内第 9 级，即 $C_5C_6C_7C_8=1000$；

且量化误差为 0 个最小量化间隔。若考虑系统有 $\frac{\Delta}{2}$ 译码电路，此时，量化误差为 $\left|384-\left(\frac{16}{2}+384\right)\right|=8$ 个最小量化间隔。

6.一模拟基带信号被抽样、均匀量化、线性编码为二进制 PCM 数字基带信号，若量化电平为 4，将此二进制序列通过 $\alpha=0.5$ 的升余弦滚降滤波器传输，此滤波器的截止频率为4800 Hz。试求：

(1)最大可能的 PCM 信息传输速率；

(2)最大允许的模拟信源带宽。

**解：**(1)由题意可知量化电平数 $M=4$，则线性编码位数 $n=\log_2 4=2$。

因为升余弦滚降滤波器的截止带宽

$$B=(1+\alpha)B_{ISI}=4800\text{ Hz}$$

式中 $B_{ISI}$ 为奈奎斯特带宽,所以可得

$$B_{ISI}=4800/1.5=3200\text{ Hz}$$

此时,基带系统的最高传码率

$$R_B=2B_{ISI}=6400\text{ B}$$

相应的信息传输速率为

$$R_b=6400\text{ b/s}$$

(2)由 $R_b=nf_s=2nf_H$ 可得模拟信源的最大允许带宽 $f_H=\frac{R_b}{2n}=1600\text{ Hz}$。

7.单路语音信号的最高频率为 4 kHz,抽样速率为 8 kHz,将所得的脉冲由 PAM 方式或 PCM 方式传输,设传输信号的波形为矩形脉冲,其宽度为 $\tau$,且占空比为 1。(1)计算 PAM 系统的带宽;(2)在 PCM 系统中,抽样后信号按照 8 级量化,求 PCM 系统的带宽,并与(1)结果进行比较;(3)若抽样后按照 128 级量化,PCM 系统的带宽又为多少?

**解**:(1)抽样间隔 $T_s=\frac{1}{8000\text{ s}}$

若采用 PAM 方式传输,由占空比为 1,可知波形宽度

$$\tau=T_s=\frac{1}{8000}\text{ s}$$

故 PAM 系统的谱零点带宽(按信号功率谱主瓣宽度计算)为

$$B_{PAM}=\frac{1}{\tau}=8\text{ kHz}$$

【注】如果按照奈奎斯特带宽计算,则可得到最小带宽为

$$B_{PAM}=\frac{1}{2}R_B=\frac{1}{2}\cdot\frac{1}{\tau}=4\text{ kHz}$$

(2)采用 8 级量化的 PCM 系统,需要 3 位二进制码组,每个码元的波形宽度为

$$\tau=\frac{T_s}{3}=\frac{1}{24000}\text{ s}$$

故 PCM 系统的谱零点带宽为

$$B_{PCM}=\frac{1}{\tau}=24\text{ kHz}$$

【注】如果按照奈奎斯特带宽计算,则可得到最小带宽为

$$B_{PCM}=\frac{1}{2}R_B=\frac{1}{2}\cdot\frac{1}{\tau}=12\text{ kHz}$$

显然无论是谱零点带宽还是最小带宽均有 $B_{PCM}>B_{PAM}$。

(3)采用 128 级量化的 PCM 系统,需要 7 位二进制码组,每个码元的波形宽度为

$$\tau=\frac{T_s}{7}=\frac{1}{56000}\text{ s}$$

故 PCM 系统的谱零点带宽为

$$B_{PCM}=\frac{1}{\tau}=56\text{ kHz}$$

【注】如果按照奈奎斯特带宽计算，则可得到最小带宽为

$$B_{\mathrm{PCM}}=\frac{1}{2}R_{\mathrm{B}}=\frac{1}{2}\cdot\frac{1}{\tau}=28\ \mathrm{kHz}$$

8.信号 $f(t)$ 的最高频率 $f_{\mathrm{m}}=25$ kHz，按奈奎斯特速率进行取样后，采用线性 PCM 方式传输，量化级数 $M=256$，采用自然二进制码，若系统的平均误码率 $P_{\mathrm{e}}=10^{-3}$，试确定：

(1)传输 10 s 后误码数目；

(2)PCM 系统量化信噪比。

**解**：由题中给定的参数，可得 PCM 码流速率为

$$R_{\mathrm{B}}=2f_{\mathrm{m}}\log_2 M=2\times25\times8=400\ \mathrm{kb/s}$$

(1)根据平均误码率，可得传输 10 s 的误码数目

$$N_{\mathrm{e}}=10\times R_{\mathrm{B}}\times P_{\mathrm{e}}=10\times400\times10^{-3}=4000$$

(2)量化信噪比为

$$S/N_{\mathrm{q}}=6\log_2 M=6\times8=48\ \mathrm{dB}$$

9.简答题：

(1)为什么对语音信号进行对数 PCM 编码而不进行线性 PCM 编码？

**答**：线性 PCM 信号的量化噪声功率与信号大小无关，而语音信号的动态范围大，为了保证小信号的量化信噪比满足一定要求，必须增加线性 PCM 的编码位数。编码位数的增大将导致信息传输速率增大，占用信道宽度增大。对数 PCM 信号的量化噪声与信号功率大小有关，而且小信号的量化噪声小，因而对数 PCM 可以提高小信号的量化信噪比，从而用较少的编码位数就可以使语音信号在整个动态范围内满足量化信噪比的要求。

(2)简述非均匀量化原理。与均匀量化相比较，其主要优缺点有哪些？

**答**：非均匀量化是通过对信号先进行非线性变换后，再均匀量化来实现的。

相对于均匀量化，非均匀量化的优点是能够改善小信号的量化信噪比，降低编码位数；缺点是实现相对复杂。

## 四、课后拓展

1.已知低通带限信号 $x(t)=0.5\cos(0.4\pi t)+2\sin(4\pi t)+1.5\cos(2\pi t)$，利用 Matlab 完成以下任务：

(1)绘制该低通信号时域波形；

(2)绘制抽样频率 $f_{\mathrm{s}}=4$ Hz 的理想采样序列波形；

(3)绘制抽样频率 $f_{\mathrm{s}}=2$ Hz 的理想采样序列波形；

(4)分别利用(2)、(3)得到的抽样序列重构原始信号，绘制相应时域波形。

2.已知正弦信号为 $x(t)=\sin(\pi t)\ (0<t<3)$，利用 Matlab 实现对其进行均匀量化 PCM 编码的仿真，并比较量化级数分别为 8、16 时的量化信噪比。

3.已知正弦信号为 $x(t)=A_{\mathrm{c}}\sin(2\pi t)$，利用 Matlab 实现对其进行抽样、量化、$A$ 律 PCM 编码，以及接收端 PCM 译码的仿真。(1)绘制经过 PCM 编码/译码后的波形与未编码信号波形；(2)假设信道传输不产生误码，绘制出不同幅度 $A_{\mathrm{c}}\in[-70,0]$ 情况下，PCM 译码后的量化信噪比。

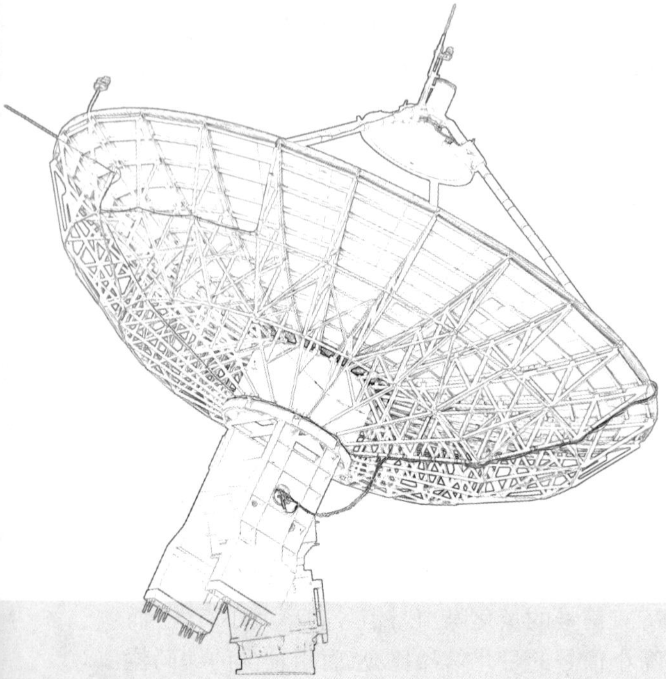

# 第 8 章

# 数字信号的频带传输

## 知识点

- 数字调制的概念和目的。
- 数字信号调制解调的基本原理和方法。
- 二进制数字调制信号的时域表示及频谱特性。
- 二进制振幅键控(2ASK)、二进制频移键控(2FSK)、二进制相移键控(2PSK)、二进制差分相移键控(2DPSK)的调制解调原理框图、波形特点、功率谱密度、带宽。
- 二进制数字调制系统的抗噪性能分析、误码率表达式。
- 多进制数字调制的概念和目的。
- 四相相移键控(QPSK、QDPSK)的原理、时域波形、功率谱、抗噪性能。
- 最小相位频移键控(MSK)数字调制的原理、时域波形、频谱、抗噪性能。
- 多进制正交调幅($M$QAM)数字调制的原理。

# 8.1 引言

对于大多数的数字传输系统而言,其信道通常具有带通传输特性,由于数字基带信号往往具有丰富的低频成分,不能够在带通信道中直接传输,必须用基带信号来控制高频载波的某些参量,如振幅、频率和相位等。这个高频载波通常选用正弦波。这种把基带数字信号变换为频带数字信号的过程称为数字调制,把包括调制和解调过程的传输系统叫作数字信号的频带传输系统或数字调制系统。在无线通信系统中,为了使信号能够以电磁波的方式通过天线辐射出去,信号所占的频带位置必须足够高,并且其带宽不能超过天线的通频带。通过调制,基带信号的频谱可以被搬移到足够高的频率上,通过天线辐射出去。和模拟调制一样,数字调制也分为调幅、调相、调频三种基本形式。

数字调制和模拟调制的原理并无区别,两者不同之处在于模拟调制对载波信号的参量连续地进行调制,在接收端则对载波信号的调制参量连续地进行估值;而数字调制用载波信号的某些离散状态来表征所传送的信息,在接收端也只对载波信号的离散调制参量进行检测。

使用正弦载波的原因是其形式简单,便于产生和接收。通常可表示为

$$s(t)=A\cos(\omega_0 t+\theta) \tag{8-1}$$

或

$$s(t)=A\cos(2\pi f_0 t+\theta) \tag{8-2}$$

式中,$A$ 为振幅(V);$f_0$为频率(Hz);$\omega_0=2\pi f_0$为角频率(rad/s);$\theta$ 为初始相位(rad)。

由上式可见,正弦载波共有振幅、频率和相位 3 个参量,这些参量都可以按照基带信号变化规律而改变,因此便可产生不同的调制制度,对于二进制基带信号,相应的有二进制振幅键控 2ASK、二进制频移键控 2FSK 和二进制相移键控 2PSK 三种调制方式。

根据已调信号的频谱结构特点,数字调制也分为线性调制和非线性调制。

(1)线性调制:已调信号的频谱结构与基带信号的频谱结构相同,只不过频率位置搬移,如振幅键控。

(2)非线性调制:已调信号的频谱结构与基带信号的频谱结构不同,不是简单的频谱搬移,而是有其他新的频率成分出现,如频移键控。

# 8.2 二进制数字调制与解调原理

## 8.2.1 二进制振幅键控（2ASK）

振幅键控是正弦载波的幅度随数字基带信号而变化的数字调制。当数字基带信号为二进制时，则为二进制振幅键控（2ASK）。设发送的二进制符号序列由 0、1 序列组成，发送 0 符号的概率为 $P$，发送 1 符号的概率为 $1-P$，且相互独立。该二进制符号序列可表示为

$$s(t) = \sum_{n=-\infty}^{\infty} a_n g(t - nT_s) \tag{8-3}$$

其中：$a_n = \begin{cases} 0, & \text{概率为 } P \\ 1, & \text{概率为 } 1-P \end{cases}$，$T_s$是二进制基带信号时间间隔，$g(t)$是持续时间为 $T_s$的矩形脉冲。则二进制振幅键控信号可表示为

$$s_{2ASK}(t) = \left[\sum_{n=-\infty}^{\infty} a_n g(t - nT_s)\right]\cos(\omega_c t) \tag{8-4}$$

二进制振幅键控信号时间波形如图 8-1 所示。

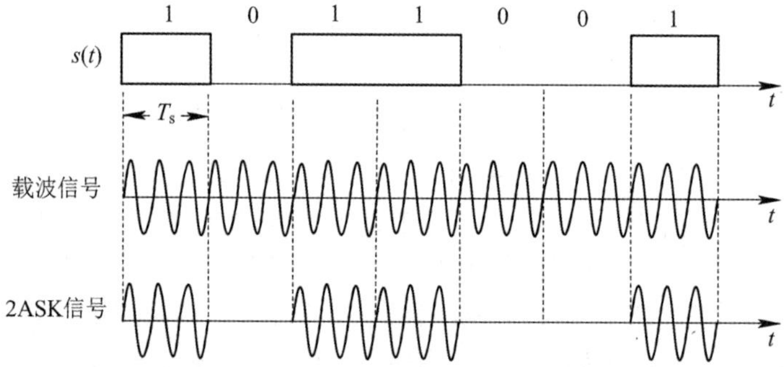


**图 8-1　二进制振幅键控信号时间波形**

二进制振幅键控信号调制器原理框图如图 8-2 所示，图（a）是采用模拟相乘的方法实现的，图（b）是采用数字键控的方法实现的。2ASK 信号的时间波形随二进制基带信号 $s(t)$ 通断变化，所以又称为通断键控信号（OOK 信号）。

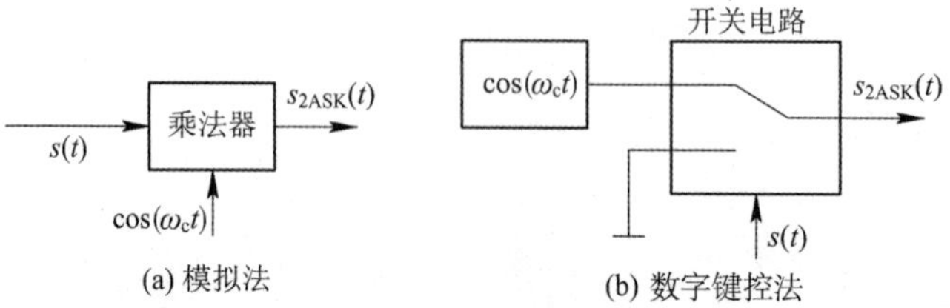


**图 8-2　二进制振幅键控信号调制器原理框图**

由图 8-2 可以看出，2ASK 信号与模拟调制中的 AM 信号类似。所以，对 2ASK 信号也能够采用非相干解调（包络检波法）和相干解调（同步检测法）。二进制振幅键控信号解调器原理框图如图 8-3 所示。而 2ASK 信号非相干解调过程的时间波形如图 8-4 所示。

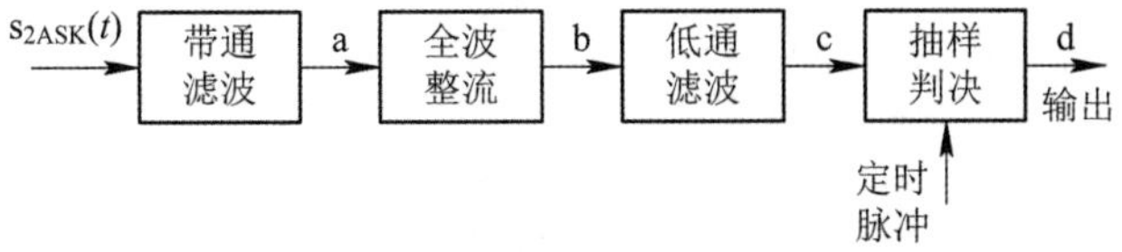


(a) 包络检波法

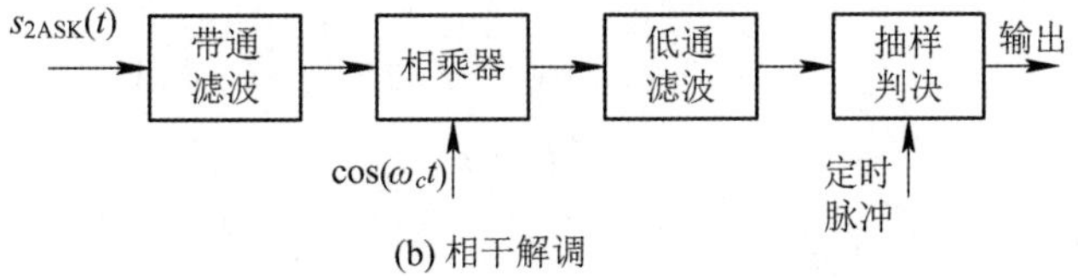


(b) 相干解调

**图 8-3　二进制振幅键控信号解调器原理框图**

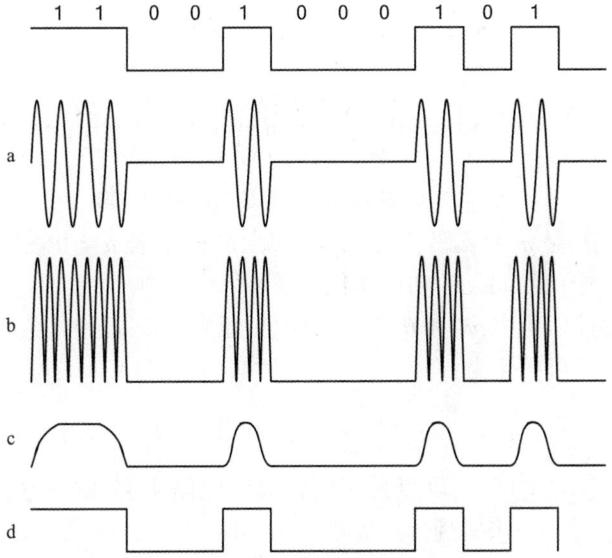


**图 8-4　2ASK 信号非相干解调过程的时间波形**

与模拟 AM 信号解调器相比，二进制振幅键控信号的解调器增加了一个抽样判决的过程。

## 8.2.2　二进制频移键控（2FSK）

在二进制数字调制中，若正弦载波的频率随二进制基带信号在 $f_1$ 和 $f_2$ 两个频率点间变化，则产生二进制频移键控信号（2FSK 信号）。二进制频移键控信号的时间波形如图 8-5 所示，图中波形 g 可分解为波形 e 和波形 f，即二进制频移键控信号可以看作两个不同载波的二进制振幅键控信号的叠加。

若二进制基带信号的 1 符号对应于载波频率 $f_1$，0 符号对应于载波频率 $f_2$，则二进制频移键控信号的时域表达式为

$$s_{2FSK}(t)=\left[\sum_{n=-\infty}^{\infty}a_n g(t-nT_s)\right]\cos(\omega_1 t+\varphi_n)+\left[\sum_{n=-\infty}^{\infty}b_n g(t-nT_s)\right]\cos(\omega_2 t+\theta_n) \quad (8\text{-}5)$$

式中，$a_n=\begin{cases}0,\ 发送概率为\ P\\1,\ 发送概率为\ 1-P\end{cases}$；$b_n=\begin{cases}0,\ 发送概率为\ 1-P\\1,\ 发送概率为\ P\end{cases}$；$T_s$是二进制基带信号时间间隔；$g(t)$是持续时间为 $T_s$的矩形脉冲。

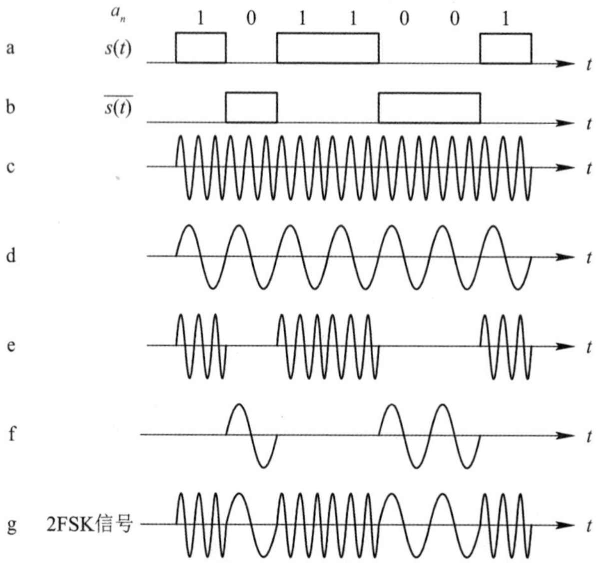


图 8-5 二进制频移键控信号的时间波形

由图 8-5 可看出，$b_n$是 $a_n$的反码，即若 $a_n=1$，则，$b_n=0$，若 $a_n=0$，则，$b_n=1$，于是 $b_n=\bar{a}_n$。$\varphi_n$和 $\theta_n$分别代表第 $n$ 个信号码元的初始相位。

在二进制频移键控信号中，$\varphi_n$和 $\theta_n$不携带信息，通常可令 $\varphi_n$和 $\theta_n$为零。因此，二进制频移键控信号的时域表达式可简化为

$$s_{2FSK}(t)=\left[\sum_{n=-\infty}^{\infty}a_n g(t-nT_s)\right]\cos(\omega_1 t)+\left[\sum_{n=-\infty}^{\infty}b_n g(t-nT_s)\right]\cos(\omega_2 t) \quad (8\text{-}6)$$

二进制频移键控信号的产生，可以采用模拟调频电路来实现（相位连续），也可以采用数字键控的方法（相位不连续）来实现。

图 8-6 是数字键控法实现二进制频移键控信号的原理图，图中两个振荡器的输出载波受输入的二进制基带信号控制，在一个码元 $T_s$期间输出两个载波之一（$f_1$或$f_2$）。

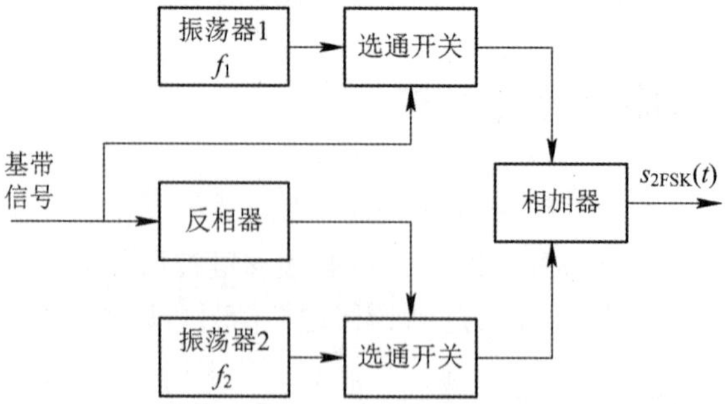


图 8-6 数字键控法实现二进制频移键控信号的原理图

二进制频移键控信号的解调方法很多，有模拟鉴频法、过零检测法和差分检波法，既有非相干解调方法也有相干解调方法。

采用非相干解调和相干解调两种方法的原理图如图 8-7 所示。其解调原理是将二进制频移键控信号分解为上下两路二进制振幅键控信号，分别进行解调。通过对上下两路的抽样值进行比较，最终判决出输出信号。2FSK 非相干解调过程的时间波形如图 8-8 所示。

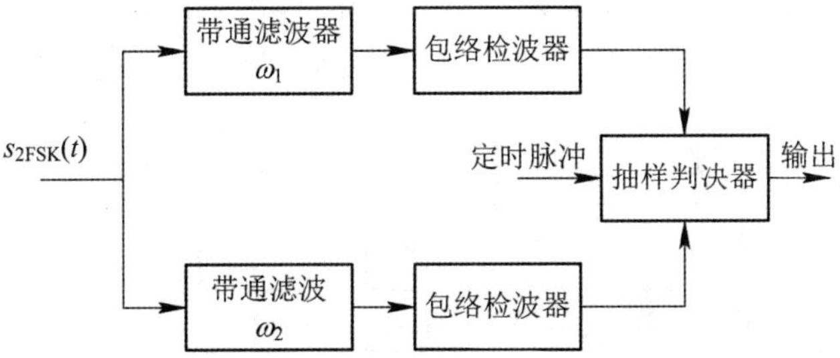


(a) 非相干解调

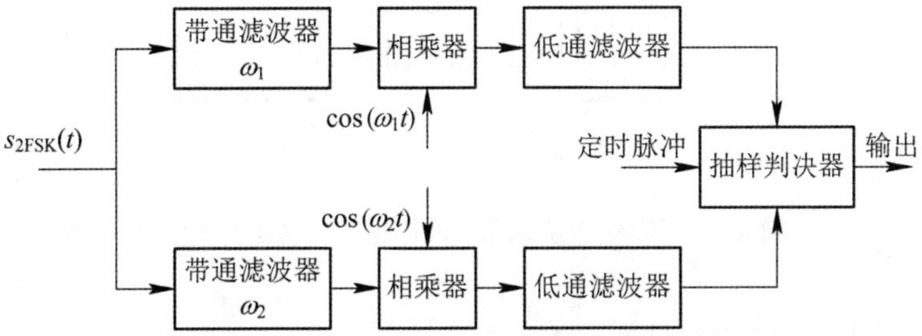


(b) 相干解调

图 8-7　二进制频移键控信号解调器原理图

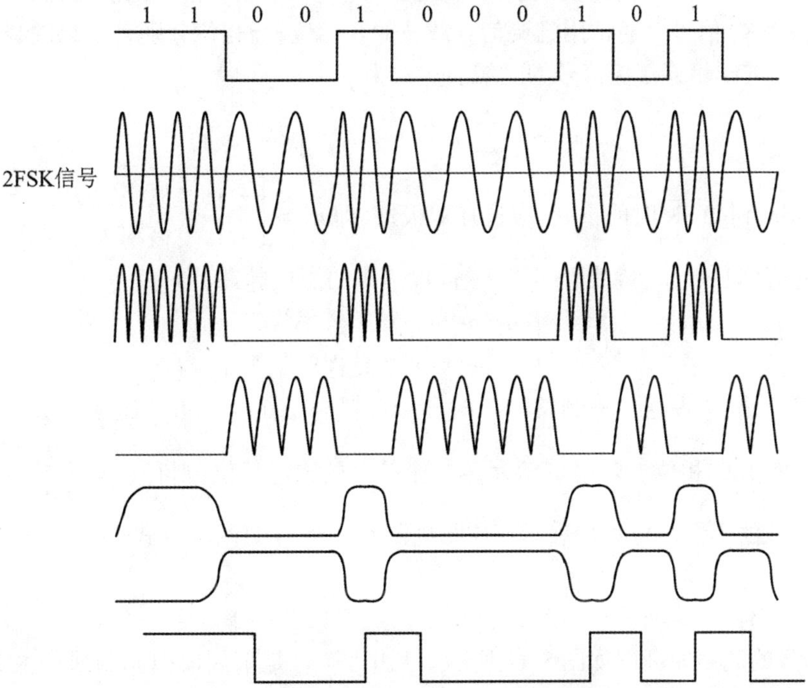


图 8-8　2FSK 非相干解调过程的时间波形

采用过零检测法解调器的原理图和各点时间波形如图 8-9 所示。其基本原理是二进制频移键控信号的过零点数随载波频率不同而异，通过检测过零点数从而得到频率的变化。输入信号经过限幅后产生矩形波，经微分、整流、波形整形，形成与频率变化相关的矩形脉冲，经低通滤波器滤除高次谐波，便恢复与原数字信号对应的基带数字信号。

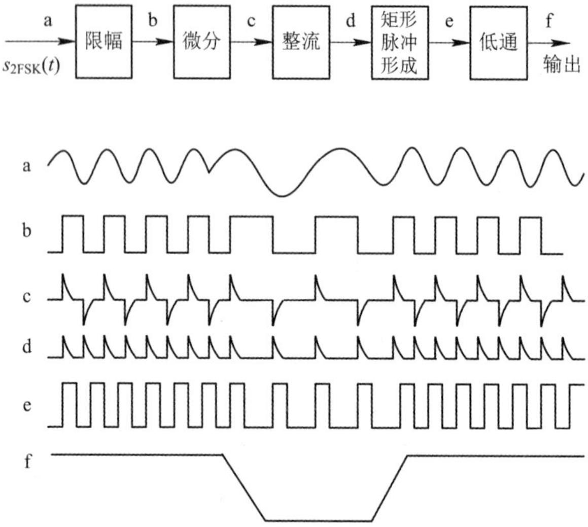


图 8-9 过零检测法解调器的原理图和各点时间波形

## 8.2.3 二进制相移键控（2PSK）

在二进制数字调制中，当正弦载波的相位随二进制数字基带信号离散变化时，则产生二进制相移键控（2PSK）信号。通常用已调信号载波的 0 相位和π相位分别表示二进制数字基带信号的 0 和 1。二进制相移键控信号的时域表达式为

$$s_{2PSK}(t) = \left[\sum_{n=-\infty}^{\infty} a_n g(t - nT_s)\right]\cos(\omega_c t) \tag{8-7}$$

式中，$a_n$与 2ASK 和 2FSK 时的不同，应选择双极性，即 $a_n = \begin{cases} +1, & \text{概率为 } P \\ -1, & \text{概率为 } 1-P \end{cases}$；$T_s$是二进制基带信号时间间隔；$g(t)$是持续时间为 $T_s$、高度为 1 的矩形脉冲，则有

$$s_{2PSK}(t) = \begin{cases} \cos(\omega_c t), & \text{发送概率为 } P \\ -\cos(\omega_c t), & \text{发送概率为 } 1-P \end{cases} \tag{8-8}$$

由上式可看出，当发送二进制符号 1 时，已调信号 $s_{2PSK}(t)$ 取 0°相位；当发送二进制符号 0 时，$s_{2PSK}(t)$ 取 180°相位。若用 $\varphi_n$表示第 $n$ 个符号的绝对相位，则有 $\varphi_n = \begin{cases} 0, & \text{发送符号 } 0 \\ \pi, & \text{发送符号 } 1 \end{cases}$。

这种以载波的不同相位直接表示相应二进制数字信号的调制方式，称为二进制绝对相移方式。

2PSK 信号的典型时间波形如图 8-10 所示。

2PSK 信号的调制原理图如图 8-11 所示。其中图（a）是采用模拟调制法产生 2PSK 信号，图（b）是采用数字键控法产生 2PSK 信号。

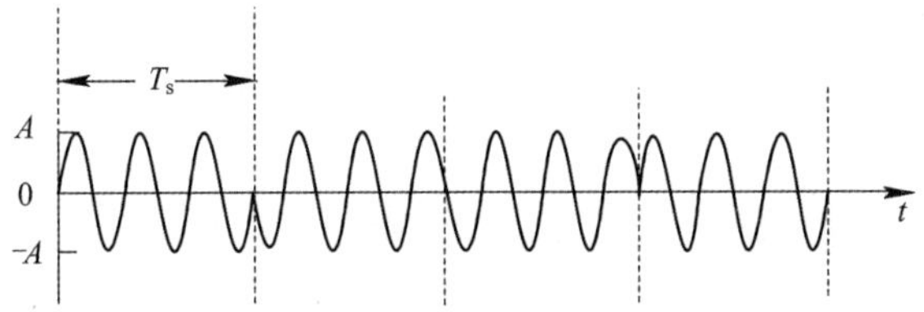


图 8-10　2PSK 信号的典型时间波形

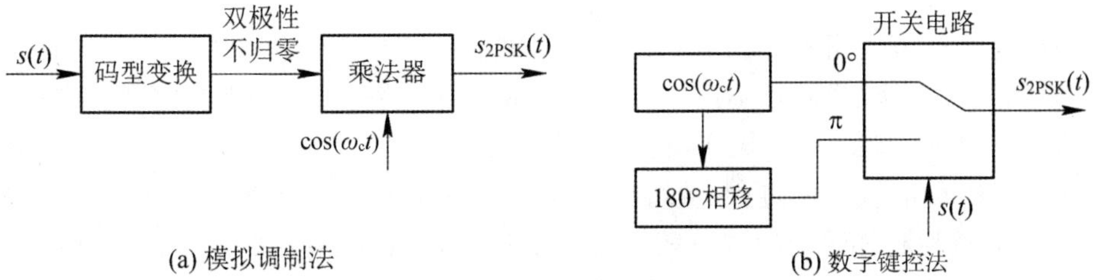


图 8-11　2PSK 信号的调制原理图

2PSK 信号的解调通常都是采用相干解调，解调器原理图如图 8-12 所示。判决门限电平为 0 电平，在相干解调过程中需要用到与接收的 2PSK 信号同频同相的相干载波，有关相干载波的恢复问题将在后续同步原理中介绍。

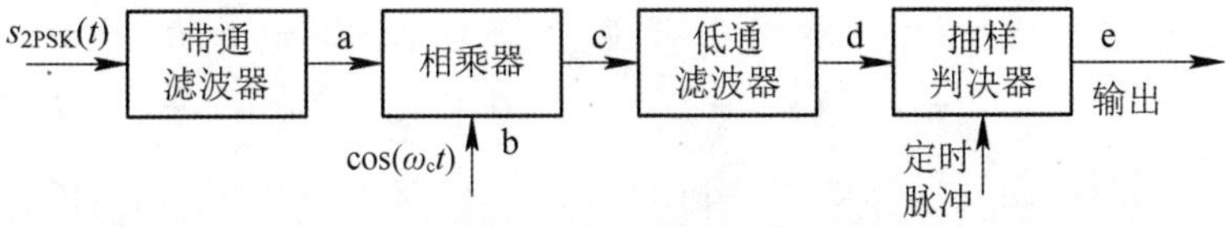


图 8-12　2PSK 信号的解调器原理图

2PSK 信号相干解调各点时间波形如图 8-13 所示。需要说明，载波 $f_c$ 要远远大于传码率；c 波形不是全波整流波形。

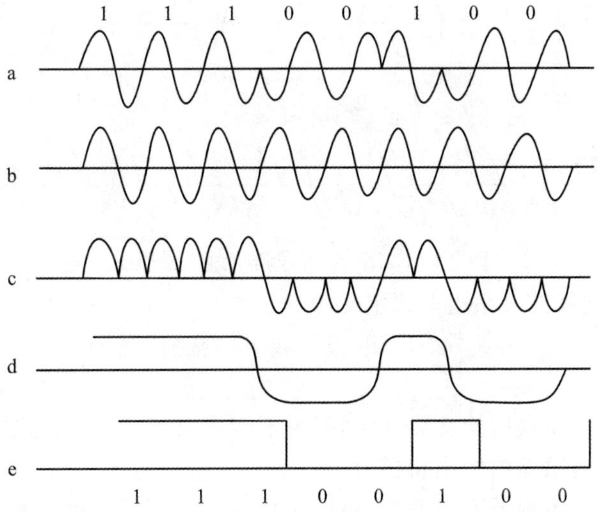


图 8-13　2PSK 信号相干解调各点时间波形

当恢复的相干载波产生 180°倒相时，解调出的数字基带信号与发送的数字基带信号正好相反，解调器输出数字基带信号全部出错。这种现象通常被称为“倒 π”现象。

由于在 2PSK 信号的载波在恢复过程中存在 180°的相位模糊，所以 2PSK 信号的相干解调存在随机的“倒 π”现象，从而使得 2PSK 方式在实际中很少采用。

### 8.2.4 二进制差分相移键控（2DPSK）

在 2PSK 信号中，信号相位的变化是以未调正弦载波的相位作为参考，用载波相位的绝对数值表示数字信息的，所以称为绝对相移。在 2PSK 信号的解调中，相干载波恢复中存在载波相位的 180°相位模糊，导致解调出的二进制基带信号出现反向现象，从而难以实际应用。

为了解决 2PSK 信号解调过程的反向工作问题，提出了二进制差分相移键控（2DPSK）。2DPSK 方式是用前后相邻码元的载波相对相位变化来表示数字信息。假设前后相邻码元的载波相位差为 $\Delta\varphi$，可定义一种数字信息与 $\Delta\varphi$ 之间的关系为

$$\Delta\varphi=\begin{cases}0, & \text{表示数字信息“0”}\\ \pi, & \text{表示数字信息“1”}\end{cases}$$

则一组二进制数字信息与其对应的 2DPSK 信号的载波相位关系如下所示：

| | | | | | | | | | | | |
|---|---|---|---|---|---|---|---|---|---|---|---|
| 二进制数字信息： | | 1 | 1 | 0 | 1 | 0 | 0 | 1 | 1 | 1 | 0 |
| 差分键控信号相位： | 0 | π | 0 | 0 | π | π | π | 0 | π | 0 | 0 |
| 或 | π | 0 | π | π | 0 | 0 | 0 | π | 0 | π | π |

2DPSK 信号调制过程波形图如图 8-14 所示。可以看出，2DPSK 信号的实现方法可以采用首先对二进制数字基带信号进行差分编码，将绝对码表示的二进制信息变换为用相对码表示的二进制信息，然后进行绝对调相，从而产生 2DPSK 信号。

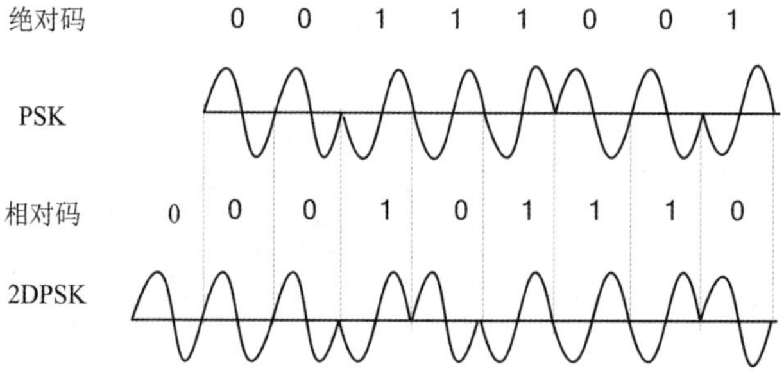


**图 8-14　2DPSK 信号调制过程波形图**

数字信息与 $\Delta\varphi$ 之间的关系也可以定义为

$$\Delta\varphi=\begin{cases}0, & \text{表示数字信息“1”}\\ \pi, & \text{表示数字信息“0”}\end{cases}$$

【注意】采用上述相位映射定义后，序列编码不能采用差分编码方式。

2DPSK 信号调制器原理图如图 8-15 所示。

2DPSK 信号可以采用相干解调方式（极性比较法），解调器原理图和解调过程各点时间波形如图 8-16 所示。

其解调原理是对 2DPSK 信号进行相干解调，恢复相对码，再通过码反变换器变换为绝对

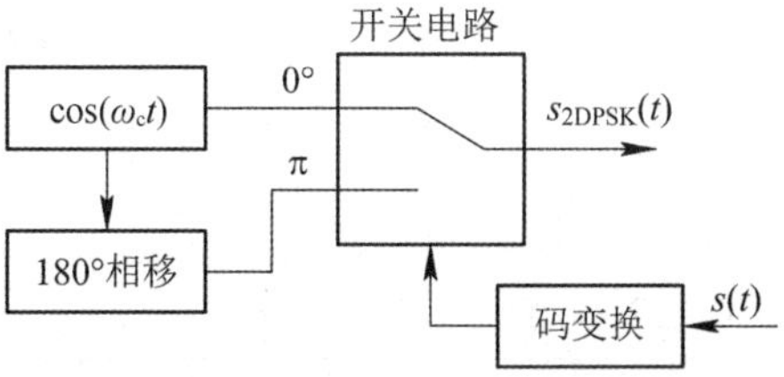


**图 8-15 2DPSK 信号调制器原理图**

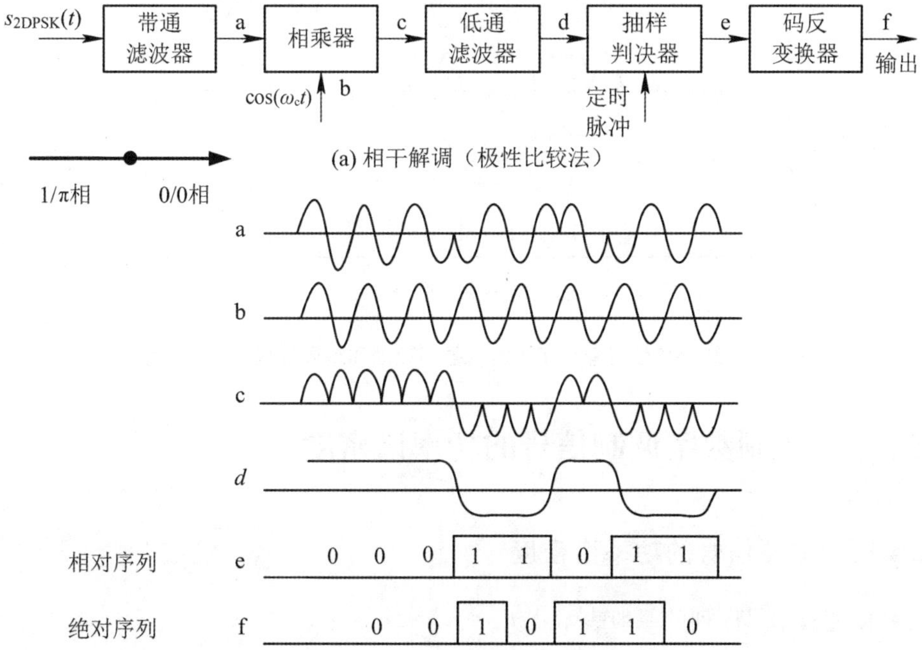


(b) 各点波形图

**图 8-16 2DPSK 信号相干解调器原理图和解调过程各点时间波形**

码,从而恢复发送的二进制数字信息。

在解调过程中,若相干载波产生 180°相位模糊,解调出的相对码将产生倒置现象,但是经过码反变换器后,输出的绝对码不会发生任何倒置现象,从而解决了载波相位模糊的问题。

2DPSK 信号也可以采用差分相干解调方式(相位比较法),解调器原理图和解调过程各点时间波形如图 8-17 所示。其解调原理是直接比较前后码元的相位差,从而恢复发送的二进制数字信息。由于解调的同时完成了码反变换作用,故解调器中不需要码反变换器。差分相干解调方式由于不需要专门的相干载波,因此是一种非相干解调方法。

码反变换器执行的操作为 $a_n = b_n \oplus b_{n-1}$,此处相加操作为模 2 加。

2DPSK 系统是一种实用的数字调相系统,但其抗加性白噪声性能比 2PSK 的要差,这一点在其后的性能分析中会体现出来。

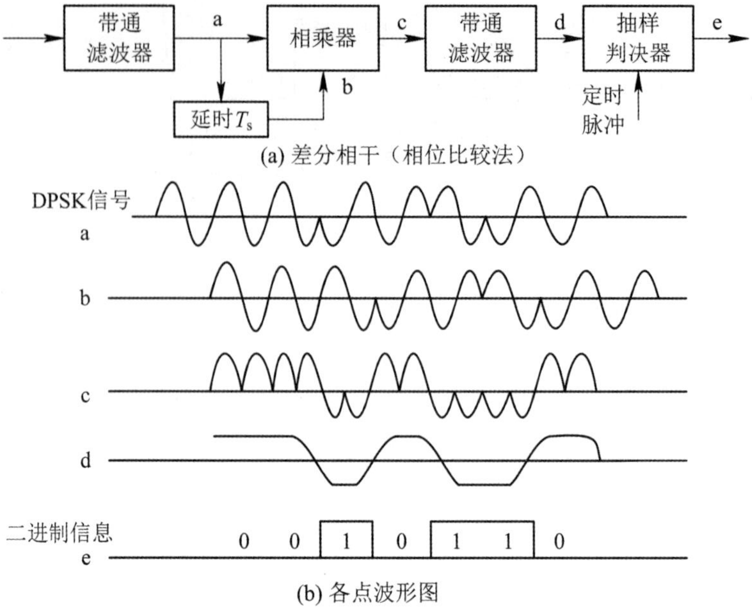


(a) 差分相干（相位比较法）

(b) 各点波形图

**图 8-17　2DPSK 信号差分相干解调器原理图和解调过程各点时间波形**

## 8.2.5　二进制数字调制信号的功率谱密度

### 8.2.5.1　2ASK 信号的功率谱密度

设 2ASK 随机信号序列的一般表示式为

$$s_{2ASK}(t)=s(t)\cos(\omega_c t)=\left[\sum_{n=-\infty}^{\infty}a_n g(t-nT_s)\right]\cos(\omega_c t) \tag{8-9}$$

式中，$a_n$为二进制单极性随机振幅；$g(t)$是码元波形；$T_s$为码元持续时间。若设 $s(t)$ 的功率谱密度为 $P_s(f)$，则 $s_{2ASK}(t)$ 的功率谱密度 $P_{2ASK}(f)$ 可以表示为

$$P_{2ASK}(f)=\frac{1}{4}[P_s(f+f_c)+P_s(f-f_c)] \tag{8-10}$$

**证明**：$s_{2ASK}(t)$ 信号可以建模为平稳随机过程 $s(t)$ 通过乘法器的输出过程。其均值为

$$E[s_{2ASK}(t)]=E[s(t)\cos(\omega_c t)]=E[s(t)]\cos(\omega_c t)$$

可见，$s_{2ASK}(t)$ 均值与时间 $t$ 有关，不是常量。进一步可得其自相关函数为

$$\begin{aligned}R(t,t+\tau)&=E[s_{2ASK}(t)s_{2ASK}(t+\tau)]=E\{s(t)\cos(\omega_c t)\cdot s(t+\tau)\cos[\omega_c(t+\tau)]\}\\&=\frac{1}{2}R_s(\tau)\{\cos(\omega_c\tau)+\cos[\omega_c(2t+\tau)]\}\end{aligned}$$

可见，$s_{2ASK}(t)$ 自相关函数也与时间 $t$ 有关。由此可以证明，乘法器输出信号 $s_{2ASK}(t)$ 不再是平稳随机过程，不能利用维纳-欣钦定理求其功率谱密度。

$s_{2ASK}(t)$ 自相关函数的时间平均可表示为

$$\overline{R(t,t+\tau)}\equiv\overline{\frac{1}{2}R_s(\tau)\{\cos(\omega_c\tau)+\cos[\omega_c(2t+\tau)]\}}=\frac{1}{2}R_s(\tau)\cos(\omega_c\tau)$$

利用上式可求得功率谱密度

$$P(\omega)=\int_{-\infty}^{\infty}\overline{R(t,t+\tau)}\mathrm{e}^{-\mathrm{j}\omega\tau}\mathrm{d}\tau=\int_{-\infty}^{\infty}\frac{1}{2}R_s(\tau)\cos(\omega_c\tau)\mathrm{e}^{-\mathrm{j}\omega\tau}\mathrm{d}\tau$$

$$=\frac{1}{4}[P_s(\omega+\omega_c)+P_s(\omega-\omega_c)]$$

可见,经乘法器后输出信号的功率谱密度幅度为原来的$\frac{1}{4}$,位置分别搬移到载频$\pm\omega_c$。若求出$P_s(f)$,代入上式就可以求出$P_{2ASK}(f)$。

因为$s(t)$是单极性的随机矩形脉冲序列,根据二进制随机基带序列的功率谱密度可得:

$$P_s(f)=f_sP(1-P)\ |G(f)|^2+f_s^{\ 2}(1-P)^2\sum_{m=-\infty}^{\infty}|G(mf_s)|^2\delta(f-mf_s) \tag{8-11}$$

式中,$G(f)$为$g(t)$的频谱,$f_s=\frac{1}{T_s}$为码元传输速率。

根据矩形波形$g(t)$的频谱特点,对于所有$m$不等于0,有$G(mf_s)=0$,因此,

$$P_s(f)=f_sP(1-P)\ |G(f)|^2+f_s^2(1-P)^2\ |G(0)|^2\delta(f) \tag{8-12}$$

从而得到

$$\begin{aligned}P_{2ASK}(f)=&\frac{1}{4}f_sP(1-P)[\,|G(f+f_c)|^2+|G(f-f_c)|^2]+\\&\frac{1}{4}f_s^2(1-P)^2\ |G(0)|^2[\delta(f+f_c)+\delta(f-f_c)]\end{aligned} \tag{8-13}$$

当概率$P=\frac{1}{2}$,即“1”和“0”出现概率相等时,有

$$P_{2ASK}(f)=\frac{1}{16}f_s[\,|G(f+f_c)|^2+|G(f-f_c)|^2]+\frac{1}{16}f_s^2\ |G(0)|^2[\delta(f+f_c)+\delta(f-f_c)] \tag{8-14}$$

又因为$g(t)$的频谱为

$$G(f)=T_s\frac{\sin(\pi fT_s)}{\pi fT_s} \tag{8-15}$$

得到$|G(0)|=T_s$,又有

$$|G(f+f_c)|=T_s\left|\frac{\sin[\pi(f+f_c)T_s]}{\pi(f+f_c)T_s}\right| \tag{8-16}$$

$$|G(f-f_c)|=T_s\left|\frac{\sin[\pi(f-f_c)T_s]}{\pi(f-f_c)T_s}\right| \tag{8-17}$$

从而可以得到

$$P_{2ASK}(f)=\frac{T_s}{16}\left[\left|\frac{\sin[\pi(f+f_c)T_s]}{\pi(f+f_c)T_s}\right|^2+\left|\frac{\sin[\pi(f-f_c)T_s]}{\pi(f-f_c)T_s}\right|^2\right]+\frac{1}{16}[\delta(f+f_c)+\delta(f-f_c)] \tag{8-18}$$

2ASK 信号的功率谱(由离散谱和连续谱两部分组成)密度示意图如图 8-18 所示。离散谱位于载波频率$f_c$处,连续谱取决于基带信号$g(t)$经线性调制后的双边带谱。二进制振幅键控

信号的带宽 $B_{2ASK}$ 是基带信号波形带宽 $B$ 的两倍，即 $B_{2ASK}=2B$。

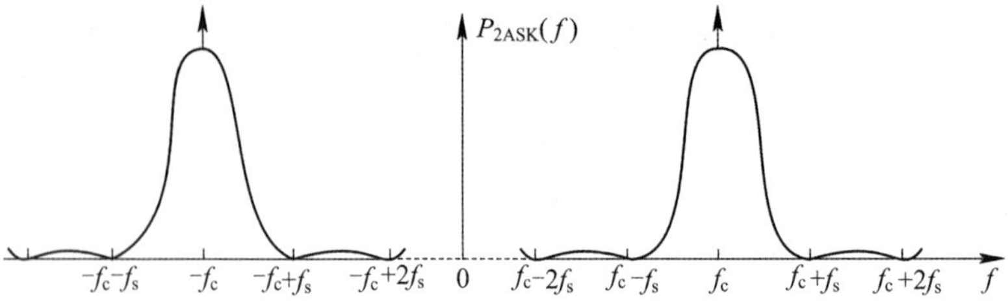


图 8-18　2ASK 信号的功率谱密度示意图

### 8.2.5.2　2FSK 信号的功率谱密度

相位不连续的二进制频移键控信号，可以看作由两个不同载波的二进制振幅键控信号的叠加而成，其中一个频率为 $f_1$，另一个频率为 $f_2$。因此，相位不连续的二进制频移键控信号的功率谱密度可以近似表示成两个不同载波的二进制振幅键控信号功率谱密度的叠加。

相位不连续的二进制频移键控信号的时域表达式为

$$s_{2FSK}(t)=s_1(t)\cos(\omega_1 t)+s_2(t)\cos(\omega_2 t) \tag{8-19}$$

根据二进制振幅键控信号的功率谱密度，我们可以得到二进制频移键控信号的功率谱密度 $P_{2FSK}(f)$ 为

$$P_{2FSK}(f)=\frac{1}{4}[P_{s_1}(f+f_1)+P_{s_1}(f-f_1)]+\frac{1}{4}[P_{s_2}(f+f_2)+P_{s_2}(f-f_2)] \tag{8-20}$$

令概率 $P=\dfrac{1}{2}$，将二进制数字基带信号的功率谱密度公式代入上式可得

$$\begin{aligned}P_{2FSK}=&\frac{T_s}{16}\left[\left|\frac{\sin[\pi(f+f_1)T_s]}{\pi(f+f_1)T_s}\right|^2+\left|\frac{\sin[\pi(f-f_1)T_s]}{\pi(f-f_1)T_s}\right|^2\right]+\\&\frac{T_s}{16}\left[\left|\frac{\sin[\pi(f+f_2)T_s]}{\pi(f+f_2)T_s}\right|^2+\left|\frac{\sin[\pi(f-f_2)T_s]}{\pi(f-f_2)T_s}\right|^2\right]+\\&\frac{1}{16}[\delta(f+f_1)+\delta(f-f_1)+\delta(f+f_2)+\delta(f-f_2)]\end{aligned} \tag{8-21}$$

相位不连续 2FSK 信号的功率谱由离散谱和连续谱组成，其示意图如图 8-19 所示。其中，离散谱位于两个载频 $f_1$ 和 $f_2$ 处；连续谱由两个中心位于 $f_1$ 和 $f_2$ 处的双边谱叠加形成。

经仿真验证可知，若两个载波频差小于 $0.84f_s$，则连续谱在 $f_c=\dfrac{f_1+f_2}{2}$ 处出现单峰；若载频差大于等于 $0.84f_s$，则连续谱出现双峰。

若以二进制频移键控信号功率谱第一个零点之间的频率间隔计算二进制频移键控信号的带宽，则该二进制频移键控信号的带宽 $B_{2FSK}$ 为

$$B_{2FSK}=|f_1-f_2|+2f_s \tag{8-22}$$

### 8.2.5.3　2PSK 及 2DPSK 信号的功率谱密度

2PSK 与 2DPSK 信号有相同的功率谱。由式(8-7)可知，2PSK 信号可表示为双极性不归

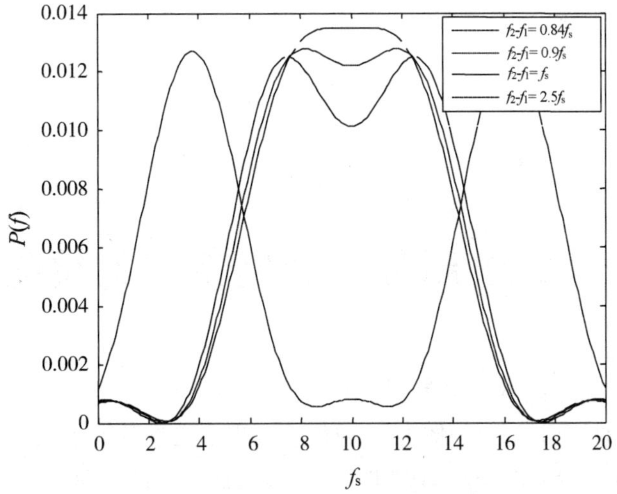


**图 8-19　相位不连续 2FSK 信号的功率谱示意图**

零二进制基带信号与正弦载波相乘，则 2PSK 信号的功率谱为

$$P_{2PSK}(f) = \frac{1}{4}f_sP(1-P)\left[|2G(f+f_c)|^2 + |2G(f-f_c)|^2\right] + \frac{1}{4}f_s^{\ 2}(1-2P)^2|G(0)|^2\left[\delta(f+f_c)+\delta(f-f_c)\right] \tag{8-23}$$

若双极性基带信号的“1”和“0”出现概率相等，则 $P=\frac{1}{2}$；利用式(8-15)可得 2PSK 信号的功率谱为

$$P_{2PSK} = \frac{T_s}{4}\left[\left|\frac{\sin[\pi(f+f_c)T_s]}{\pi(f+f_c)T_s}\right|^2 + \left|\frac{\sin[\pi(f-f_c)T_s]}{\pi(f-f_c)T_s}\right|^2\right] \tag{8-24}$$

由上式可以看出，一般情况下二进制相移键控信号的功率谱密度由离散谱和连续谱组成，其结构与二进制振幅键控信号的功率谱密度相类似，带宽也是基带信号带宽的两倍。当二进制基带信号中的符号“1”和“0”出现概率相等时，则不存在离散谱。2PSK(2DPSK)信号的功率谱密度如图 8-20 所示。

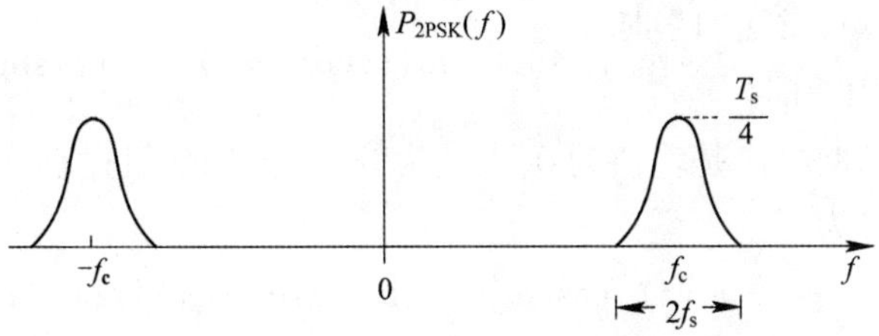


**图 8-20　2PSK(2DPSK)信号的功率谱密度**

# 8.3 二进制数字调制系统的抗噪声性能

8.2 节详细讨论了二进制数字调制系统的工作原理，给出了各种数字调制信号的产生和相应的解调方法。在数字通信系统中，信号的传输过程会受到各种干扰，从而影响对信号的恢复。这一节将对 2ASK、2FSK、2PSK、2DPSK 等系统的抗噪声性能进行分析。

通信系统的抗噪声性能是指系统克服加性噪声影响的能力。在数字通信系统中，衡量系统抗噪声性能的重要指标是误码率，因此，分析二进制数字调制系统的抗噪声性能，也就是分析在信道等效加性高斯白噪声的干扰下系统的误码性能，得出误码率与信噪比之间的数学关系。

在二进制数字调制系统抗噪声性能分析中，假设信道特性是恒参信道，在信号的频带范围内其具有理想矩形的传输特性（可取传输系数为 $K$）。噪声为等效加性高斯白噪声，其均值为 0，方差为 $\sigma^2$。

## 8.3.1 2ASK 系统的抗噪声性能

由 8.2 节知道，二进制振幅键控信号可采用包络检波法进行解调，也可以采用同步检测法进行解调。但两种解调器结构形式不同，因此分析方法也不同。但是，两种方法的接收信号都先经过一个带通滤波器（BPF），此滤波器的带宽能使有用信号通过并阻止带外噪声通过。基于前面的讨论，设在一个码元持续时间 $T_s$ 内，经过带通滤波器后的接收信号为

$$y(t)=s(t)+n(t),\ 0<t\leqslant T_s \tag{8-25}$$

式中，$s(t)=\begin{cases}a\cos(\omega_c t),\text{发送“1”时}\\0,\ \text{发送“0”时}\end{cases}$；$n(t)=n_c(t)\cos(\omega_c t)-n_s(t)\sin(\omega_c t)$，$n(t)$ 为窄带高斯过程，即 $n(t)$、$n_c(t)$ 和 $n_s(t)$ 是均值为 0，方差为 $\sigma_n^2$ 的高斯随机过程。经过整理后得到经过带通滤波后的接收信号为

$$y(t)=\begin{cases}[a+n_c(t)]\cos(\omega_c t)-n_s(t)\sin(\omega_c t),\text{发送“1”时}\\n_c(t)\cos(\omega_c t)-n_s(t)\sin(\omega_c t),\text{发送“0”时}\end{cases} \tag{8-26}$$

下面将分别针对两种解调方法进行分析。

### 8.3.1.1 同步检测法的系统性能

根据同步检测法的原理，解调时接收信号 $y(t)$ 经过和相干载波相乘和低通滤波后，在抽样判决处的信号可以表示为

$$x(t)=\begin{cases}a+n_c(t), & \text{发送“1”时}\\ n_c(t), & \text{发送“0”时}\end{cases} \tag{8-27}$$

式中，$a$ 为信号成分；$n_c(t)$ 为低通型高斯噪声。由随机信号分析可得，发送“1”符号时的抽样值 $x=a+n_c$ 的一维概率密度函数 $f_1(x)$ 为

$$f_1(x)=\frac{1}{\sqrt{2\pi}\sigma_n}\exp\left[-\frac{(x-a)^2}{2\sigma_n^2}\right] \tag{8-28}$$

发送“0”符号时的抽样值 $x=n_c$ 的一维概率密度函数 $f_0(x)$ 为

$$f_0(x)=\frac{1}{\sqrt{2\pi}\sigma_n}\exp\left(-\frac{x^2}{2\sigma_n^2}\right) \tag{8-29}$$

$f_1(x)$ 和 $f_0(x)$ 的曲线如图 8-21 所示。

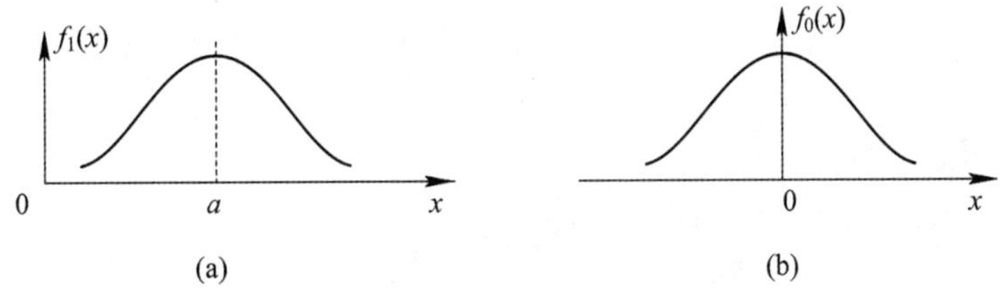


**图 8-21　抽样值 $x$ 的一维概率密度函数**

假设抽样判决器的判决门限为 $b$，则当抽样值 $x>b$ 时判为“1”符号输出，当抽样值 $x\leqslant b$ 时判为“0”符号输出。当发送的符号为“1”时，若抽样值 $x\leqslant b$，则判为“0”符号输出，此时将发生将“1”符号判决为“0”符号的错误；当发送的符号为“0”时，若抽样值 $x>b$，则判为“1”符号输出，此时将发生将“0”符号判决为“1”符号的错误。

这里将发“1”错判为“0”的概率和发“0”错判为“1”的概率分别记作 $P(0/1)$ 和 $P(1/0)$，可以表示为

$$P(0/1)=P(x\leqslant b)=\int_{-\infty}^{b}f_1(x)\,\mathrm{d}x=\frac{1}{\sqrt{2\pi}\sigma_n}\int_{-\infty}^{b}\exp\left[-\frac{(x-a)^2}{2\sigma_n^2}\right]\mathrm{d}x=1-\frac{1}{2}\mathrm{erfc}\left(\frac{b-a}{\sqrt{2}\sigma_n}\right) \tag{8-30}$$

$$P(1/0)=P(x>b)=\int_{b}^{\infty}f_0(x)\,\mathrm{d}x=\frac{1}{\sqrt{2\pi}\sigma_n}\int_{b}^{\infty}\exp\left(-\frac{x^2}{2\sigma_n^2}\right)\mathrm{d}x=\frac{1}{2}\mathrm{erfc}\left(\frac{b}{\sqrt{2}\sigma_n}\right) \tag{8-31}$$

式中，$\mathrm{erfc}(x)=\frac{2}{\sqrt{\pi}}\int_{x}^{\infty}\exp(-y^2)\,\mathrm{d}y$。

系统总的误码率为将“1”符号判为“0”符号的错误概率与将“0”符号判为“1”符号的错误概率的统计平均，即

$$P_e=P(0)P(1/0)+P(1)P(0/1) \tag{8-32}$$

当符号的发送概率 $P(1)$、$P(0)$ 及概率密度函数 $f_1(x)$ 和 $f_0(x)$ 一定时，系统总的误码率 $P_e$ 将与判决门限 $b$ 有关，其几何表示如图 8-22 所示。误码率 $P_e$ 等于图中阴影的面积。

改变判决门限 $b$，阴影的面积将随之改变，也即误码率 $P_e$ 的大小将随判决门限 $b$ 而变化。进一步分析可得：当判决门限 $b$ 取 $f_1(x)$ 和 $f_0(x)$ 两条曲线相交点 $b^*$ 时，阴影的面积最小，即当判决门限取为 $b^*$ 时，此时系统的误码率 $P_e$ 最小。这个门限就称为最佳判决门限。

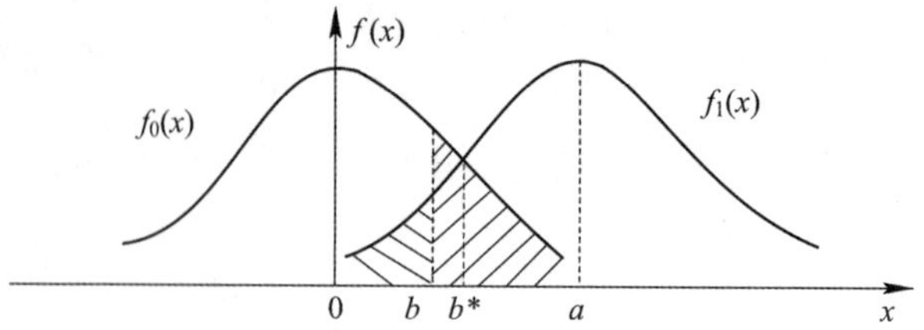


图 8-22　同步检测时误码率的几何表示

最佳判决门限也可通过求误码率 $P_e$ 关于判决门限 $b$ 的最小值的方法得到，令

$$\left.\frac{\partial P_e}{\partial b}\right|_{b=b^*}=0 \tag{8-33}$$

可得 $P(1)f_1(b^*)-P(0)f_0(b^*)=0$。

当发送的二进制符号"1"和"0"等概出现，即 $P(1)=P(0)$ 时，有 $f_1(b^*)=f_0(b^*)$，解得最佳判决门限 $b^*=\dfrac{a}{2}$。

定义归一化判决门限为$\dfrac{\text{判决门限}}{\sigma_n}$，则当发送的二进制符号"1"和"0"等概时，归一化判决门限为 $b^*=\sqrt{\dfrac{r}{2}}$，对 2ASK 信号采用同步检测法进行解调时的误码率 $P_e$ 可表示为

$$P_e=\frac{1}{2}\mathrm{erfc}\left(\frac{\sqrt{r}}{2}\right)=\mathrm{Q}\left(\sqrt{\frac{r}{2}}\right) \tag{8-34}$$

式中，$r=\dfrac{a^2}{2\sigma_n^2}$ 为解调器输入端的信号功率信噪比。

当 $r\gg1$，即大信噪比时，式(8-34)可近似表示为 $P_e\approx\dfrac{1}{\sqrt{\pi r}}\mathrm{e}^{-\frac{r}{4}}$。

### 8.3.1.2　包络检波法的系统性能

包络检波法解调过程不需要相干载波，比较简单。包络检波器能检测出输入波形包络的变化。包络检波器输入波形 $y(t)$ 可进一步表示为

当发送"1"符号时，包络检波器的输出波形 $V(t)$ 为

$$V(t)=\sqrt{[a+n_c(t)]^2+n_s^2(t)} \tag{8-35}$$

当发送"0"符号时，包络检波器的输出波形 $V(t)$ 为

$$V(t)=\sqrt{n_c^2(t)+n_s^2(t)} \tag{8-36}$$

在抽样判决处的信号可以表示为

$$V=\begin{cases}\sqrt{(a+n_c)^2+n_s^2}, & \text{发送"1"时}\\ \sqrt{n_c^2+n_s^2}, & \text{发送"0"时}\end{cases} \tag{8-37}$$

由随机信号分析可知，发送"1"符号时的抽样值是广义瑞利型随机变量，发送"0"符号时的抽样值是瑞利型随机变量，它们的一维概率密度函数分别为

$$\begin{cases} f_1(V) = \dfrac{V}{\sigma_n^2} I_0\left(\dfrac{aV}{\sigma_n^2}\right) \mathrm{e}^{-\frac{V^2+a^2}{2a_n^2}} \\ f_0(V) = \dfrac{V}{\sigma_n^2} \mathrm{e}^{-\frac{V^2}{2\sigma_n^2}} \end{cases} \tag{8-38}$$

式中，$\sigma_n^2$ 为窄带高斯噪声 $n(t)$ 的方差。

当发送符号为“1”时，若抽样值 $V$ 小于等于判决门限 $b$，则发生将“1”符号判为“0”符号的错误；当发送符号为“0”时，若抽样值 $V$ 大于判决门限 $b$，则发生将“0”符号判为“1”符号的错误。将两种错误概率分别记作 $P(0/1)$ 和 $P(1/0)$，并表示为

$$\begin{cases} P(0/1) = P(V \leqslant b) = \displaystyle\int_{-\infty}^{b} f_1(V)\,\mathrm{d}V \\ P(1/0) = P(V > b) = \displaystyle\int_{b}^{\infty} f_0(V)\,\mathrm{d}V \end{cases} \tag{8-39}$$

系统总的误码率为将“1”符号判为“0”符号的错误概率与将“0”符号判为“1”符号的错误概率的统计平均，即

$$P_{\mathrm{e}} = P(0)P(0/1) + P(1)P(0/1) \tag{8-40}$$

与同步检测法类似，在系统输入信噪比一定的情况下，系统误码率将与归一化门限值有关。省略推导过程，这里直接给出包络检波法的误码率。

$$P_{\mathrm{e}} = \frac{1}{4}\mathrm{erfc}\left(\frac{\sqrt{r}}{2}\right) + \frac{1}{2}\mathrm{e}^{-\frac{r}{4}} \tag{8-41}$$

注意，上式是针对在实际工作中，系统总是工作在大信噪比的情况下，最佳归一化判决门限取 $b^* = \sqrt{\dfrac{r}{2}}$ 时这一条件。

当 $r \to \infty$ 时，式(8-41)的下界为

$$P_{\mathrm{e}} = \frac{1}{2}\mathrm{e}^{-\frac{r}{4}} \tag{8-42}$$

通过比较两种不同解调方法的误码性能可以看出，在相同信噪比条件下，同步检测法的误码性能优于包络检波法的性能；在大信噪比条件下，包络检波法的误码性能将接近同步检测法的性能。另外，包络检波法存在门限效应，而同步检测法无门限效应。但是，包络检波时不需要稳定的本地相干载波，电路较同步检测时简单。

## 8.3.2　2FSK 系统的抗噪声性能

此前曾讨论过，对 2FSK 信号解调同样可以采用同步检测法和包络检波法，同样，在接收端要经过一个带通滤波器，经过带通滤波器后的接收信号为：

$$y(t) = \begin{cases} a\cos(\omega_1 t) + n(t), & \text{发送“1”时} \\ a\cos(\omega_2 t) + n(t), & \text{发送“0”时} \end{cases} \tag{8-43}$$

式中，$n(t)$ 为窄带高斯过程，即 $n(t)$、$n_{\mathrm{c}}(t)$ 和 $n_{\mathrm{s}}(t)$ 是均值为 0，方差为 $\sigma_n^2$ 的高斯随机过程。下面将分别针对两种解调方法进行分析。

### 8.3.2.1 同步检测法的系统性能

基于同步检测法解调 2FSK 的原理，系统采用两个带通滤波器来区分中心频率分别为 $\omega_1$ 和 $\omega_2$ 的信号。中心频率为 $\omega_1$ 的带通滤波器只允许中心频率为 $\omega_1$ 的信号频谱成分通过，而滤除中心频率为 $\omega_2$ 的信号频谱成分；中心频率为 $\omega_2$ 的带通滤波器只允许中心频率为 $\omega_2$ 的信号频谱成分通过，而滤除中心频率为 $\omega_1$ 的信号频谱成分。这样，接收端上、下支路两个带通滤波器的输出波形 $y_1(t)$ 和 $y_2(t)$ 分别为

$$y_1(t)=\begin{cases}[a+n_{1c}(t)]\cos(\omega_1 t)-n_{1s}(t)\sin(\omega_1 t), & \text{发送“1”时}\\ n_{1c}(t)\cos(\omega_1 t)-n_{1s}(t)\sin(\omega_1 t), & \text{发送“0”时}\end{cases} \tag{8-44}$$

$$y_2(t)=\begin{cases}n_{2c}(t)\cos(\omega_2 t)-n_{2s}(t)\sin(\omega_2 t), & \text{发送“1”时}\\ [a+n_{2c}(t)]\cos(\omega_2 t)-n_{2s}(t)\sin(\omega_2 t), & \text{发送“0”时}\end{cases} \tag{8-45}$$

假设在$(0,T_s)$发送“1”信号，则上下支路两个带通滤波器的输出波形 $y_1(t)$ 和 $y_2(t)$ 分别为

$$\begin{cases}y_1(t)=[a+n_{1c}(t)]\cos(\omega_1 t)-n_{1s}(t)\sin(\omega_1 t)\\ y_2(t)=n_{2c}(t)\cos(\omega_2 t)-n_{2s}(t)\sin(\omega_2 t)\end{cases} \tag{8-46}$$

$y_1(t)$ 与相干载波 $2\cos(\omega_1 t)$ 相乘后的波形 $z_1(t)$ 为

$$\begin{aligned}z_1(t)&=2y_1(t)\cos(\omega_1 t)\\ &=[a+n_{1c}(t)]+[a+n_{1c}(t)]\cos(2\omega_1 t)-n_{1s}(t)\sin(2\omega_1 t)\end{aligned} \tag{8-47}$$

$y_2(t)$ 与相干载波 $2\cos(\omega_2 t)$ 相乘后的波形 $z_2(t)$ 为

$$\begin{aligned}z_2(t)&=2y_2(t)\cos(\omega_2 t)\\ &=n_{2c}(t)+n_{2c}(t)\cos(2\omega_2 t)-n_{2s}(t)\sin(2\omega_2 t)\end{aligned} \tag{8-48}$$

$z_1(t)$ 和 $z_2(t)$ 分别通过上下两个支路低通滤波器的输出 $x_1(t)$ 和 $x_2(t)$ 为

$$\begin{cases}x_1(t)=[a+n_{1c}(t)]\\ x_2(t)=n_{2c}(t)\end{cases} \tag{8-49}$$

式中，$a$ 为信号成分，$n_{1c}(t)$ 和 $n_{2c}(t)$ 均为低通型高斯噪声。

由随机信号分析可得，$x_1(t)$ 和 $x_2(t)$ 抽样值的一维概率密度函数分别为

$$\begin{cases}f(x_1)=\dfrac{1}{\sqrt{2\pi}\sigma_n}\exp\left[-\dfrac{(x_1-a)^2}{2\sigma_n^2}\right]\\ f(x_2)=\dfrac{1}{\sqrt{2\pi}\sigma_n}\exp\left(-\dfrac{x_2^2}{2\sigma_n^2}\right)\end{cases} \tag{8-50}$$

当 $x_1(t)$ 的抽样值 $x_1$ 小于 $x_2(t)$ 的抽样值 $x_2$ 时，判决器输出“0”符号，此时便发生将“1”符号判为“0”符号的错误，其错误概率记为 $P(0/1)$。

$$P(0/1)=P(x_1<x_2)=P[(a+n_{1c})<n_{2c}]=P[a+n_{1c}-n_{2c}<0] \tag{8-51}$$

令 $z=a+n_{1c}-n_{2c}$，显然 $z$ 也是正态随机变量，均值为 $a$，方差为 $\sigma_z^2=2\sigma_n^2$，则 $z$ 的概率密度为

$$f(z)=\frac{1}{\sqrt{2\pi}\sigma_z}\exp\left[-\frac{(z-a)^2}{2\sigma_z{}^2}\right] \tag{8-52}$$

因此，错误概率 $P(0/1)$ 为

$$\begin{aligned}P(0/1) &= P(x_1 < x_2) = P(z < 0)\\ &= \int_{-\infty}^{0} f(z)\,\mathrm{d}z = \frac{1}{\sqrt{2\pi}\,\sigma_z}\int_{-\infty}^{0}\exp\left[-\frac{(z-a)^2}{2\sigma_z^2}\right]\mathrm{d}z \\ &= \frac{1}{2}\mathrm{erfc}\left(\sqrt{\frac{r}{2}}\right)\end{aligned} \tag{8-53}$$

同理可得，发送"0"符号而错判为"1"符号的概率 $P(1/0)$ 为

$$P(1/0) = P(x_1 > x_2) = \frac{1}{2}\mathrm{erfc}\left(\sqrt{\frac{r}{2}}\right) \tag{8-54}$$

于是，可得 2FSK 信号采用同步检测时系统总误码率 $P_e$ 为

$$P_e = P(0)P(1/0) + P(1)P(0/1) = \frac{1}{2}\mathrm{erfc}\left(\sqrt{\frac{r}{2}}\right) = \mathrm{Q}(\sqrt{r}) \tag{8-55}$$

式中，$r = \dfrac{a^2}{2\sigma_n^2}$ 为解调器输入端的信噪比。

当 $r \gg 1$，即大信噪比时，上式可近似表示为

$$P_e \approx \frac{1}{\sqrt{2\pi r}}\mathrm{e}^{-\frac{r}{2}} \tag{8-56}$$

#### 8.3.2.2　包络检波法的系统性能

与 2ASK 信号解调相似，2FSK 信号也可以采用包络检波法解调。与同步检测法解调相同，在 $(0, T_s)$ 发送"1"信号，则上下支路两个带通滤波器的输出波形 $y_1(t)$ 和 $y_2(t)$ 分别为

$$\begin{cases} y_1(t) = [a + n_{1c}(t)]\cos(\omega_1 t) - n_{1s}(t)\sin(\omega_1 t) \\ y_2(t) = n_{2c}(t)\cos(\omega_2 t) - n_{2s}(t)\sin(\omega_2 t) \end{cases} \tag{8-57}$$

其包络分别为

$$\begin{cases} V_1(t) = \sqrt{[a + n_c(t)]^2 + n_s^2(t)} \\ V_2(t) = \sqrt{n_c^2(t) + n_s^2(t)} \end{cases} \tag{8-58}$$

抽样判决处的信号可以表示为

$$\begin{cases} V_1 = \sqrt{(a + n_c)^2 + n_s^2} \\ V_2 = \sqrt{n_c^2 + n_s^2} \end{cases} \tag{8-59}$$

由随机信号分析可知，$V_1$ 服从广义瑞利分布；$V_2$ 服从瑞利分布，它们的一维概率密度函数此前已给出。

在 2FSK 信号的解调器中，抽样判决器的判决过程与 2ASK 不同。在 2ASK 信号解调中，判决是与一个固定的门限比较。在 2FSK 信号解调中，判决是对上、下两路包络的抽样值进行比较，即当 $V_1(t)$ 的抽样值 $V_1$ 大于 $V_2(t)$ 的抽样值 $V_2$ 时，判决器输出为"1"，此时是正确判决；当 $V_1(t)$ 的抽样值 $V_1$ 小于 $V_2(t)$ 的抽样值 $V_2$ 时，判决器输出为"0"，此时是错误判决，错误概率为 $P(0/1)$，推导过程如下

$$P(0/1)=P(V_1\leqslant V_2)=\iint_c f(V_1)f(V_2)\mathrm{d}V_1\mathrm{d}V_2$$
$$=\int_0^{\infty}f(V_1)\left[\int_{V_2=V_1}^{\infty}f(V_2)\mathrm{d}V_2\right]\mathrm{d}V_1 \tag{8-60}$$
$$=\int_0^{\infty}\frac{V_1}{\sigma_n^2}I_0\left(\frac{aV_1}{\sigma_n^2}\right)\mathrm{e}^{-\frac{V_1^2+a^2}{2\sigma_n^2}}\left(\int_{V_2=V_1}^{\infty}\frac{V_2}{\sigma_n^2}\mathrm{e}^{-\frac{V_2^2}{2\sigma_n^2}}\mathrm{d}V_2\right)\mathrm{d}V_1$$

令 $t=\frac{\sqrt{2}V_1}{\sigma_n}$, $z=\frac{a}{\sqrt{2}\sigma_n}$，可得

$$P(0/1)=\int_0^{\infty}\frac{1}{\sqrt{2}\sigma_n}\left(\frac{\sqrt{2}V_1}{\sigma_n}\right)\mathrm{I}_0\left(\frac{a}{\sqrt{2}\sigma_n}\cdot\frac{\sqrt{2}V_1}{\sigma_n}\right)\mathrm{e}^{-\frac{V_1^2}{\sigma_n^2}}\mathrm{e}^{-\frac{a}{2\sigma_n^2}}\mathrm{d}V_1$$
$$=\frac{1}{2}\int_0^{\infty}t\mathrm{I}_0(zt)\mathrm{e}^{-\frac{t^2}{2}}\mathrm{e}^{-z^2}\mathrm{d}t$$
$$=\frac{1}{2}\mathrm{e}^{-\frac{z^2}{2}}\int_0^{\infty}t\mathrm{I}_0(zt)\mathrm{e}^{-\frac{t^2+z^2}{2}}\mathrm{d}t \tag{8-61}$$
$$=\frac{1}{2}\int_0^{\infty}t\mathrm{I}_0(zt)\mathrm{e}^{-\frac{t^2}{2}}\mathrm{e}^{-z^2}\mathrm{d}t$$
$$=\frac{1}{2}\mathrm{e}^{-\frac{z^2}{2}}=\frac{1}{2}\mathrm{e}^{-\frac{r}{2}}$$

式中，$r=\frac{a^2}{2\sigma_n^2}$ 为解调器输入端的信噪比。

同理可得，发送“0”符号而错判为“1”符号的概率 $P(1/0)$ 为

$$P(1/0)=P(V_1>V_2)=\frac{1}{2}\mathrm{e}^{-\frac{r}{2}} \tag{8-62}$$

2FSK 信号包络检波法解调时系统总的误码率 $P_e$ 为

$$P_e=P(0)P(1/0)+P(1)P(0/1)=\frac{1}{2}\mathrm{e}^{-\frac{r}{2}} \tag{8-63}$$

与同步检测法解调性能比较可以看出，大信噪比条件下，2FSK 信号采用包络检波法解调性能与同步检测法解调性能接近，同步检测法性能略好。但是，同步检测法需要产生相干本地载波，故比包络检波法复杂得多。另外，在信道不稳定的情况下，例如无线信道，接收信号的相位在不断变化，很难实现相干接收。故 2FSK 信号的接收多采用包络检波法。

## 8.3.3 2PSK 和 2DPSK 系统的抗噪声性能

在二进制相移键控方式中，有绝对调相和相对调相两种调制方式，相应的解调方法也有相干解调和差分相干解调，下面分别讨论相干解调和差分相干解调系统的抗噪声性能。

### 8.3.3.1 2PSK 信号相干解调系统的抗噪声性能

2PSK 信号的解调通常都是采用相干解调方式（又称为极性比较法），参照 2ASK 信号相干

接收的原理,可以得到抽样判决器的输入电压为

$$x(t)=\begin{cases} a+n_c(t), & 发送“1”时 \\ -a+n_c(t), & 发送“0”时 \end{cases} \tag{8-64}$$

2PSK 信号采用相干解调方式与 2ASK 信号采用相干解调方式分析方法类似。在发送“1”符号和发送“0”符号概率相等时,最佳判决门限 $b^*=0$。此时,2PSK 系统的总误码率 $P_e$ 为

$$P_e=P(0)P(1/0)+P(1)P(0/1)=\frac{1}{2}\mathrm{erfc}(\sqrt{r})=Q(\sqrt{2r}) \tag{8-65}$$

当 $r\gg1$,即大信噪比时,上式可近似表示为

$$P_e\approx\frac{1}{2\sqrt{\pi r}}\mathrm{e}^{-r} \tag{8-66}$$

#### 8.3.3.2 2DPSK 信号相干解调系统的抗噪声性能

2DPSK 信号有两种解调方式:一种是差分相干解调方式,另一种是相干解调加码反变换器方式。首先讨论相干解调加码反变换器方式。2DPSK 信号采用相干解调加码反变换器方式解调时,码反变换器输入端的误码率,即 2PSK 信号采用相干解调时的误码率,由式(8-65)确定。该点信号序列是相对码序列,还需要通过码反变换器变成绝对码序列输出。因此,此时只需要再分析码反变换器对误码率的影响即可。码反变换器的功能是将相对码变成绝对码。下面对差分编码器产生差错的机理进行分析。

假设差分编码器输入端信息序列每 bit 错误概率为 $P_e$,根据差分编译码原理可知,译码器输出端呈现出的错误类型描述如下:

输入序列中有单个比特错误的接收概率:

$$P_1=\underbrace{(1-P_e)}_{前一比特正确}\underbrace{P_e}_{错误}\underbrace{(1-P_e)}_{后一比特正确}=(1-P_e)^2P_e$$

输入序列中有连续 2 个比特错误的接收概率

$$P_2=(1-P_e)P_e^2(1-P_e)=(1-P_e)^2P_e^2$$

输入序列中有连续 $n$ 个比特错误的接收概率

$$P_n=(1-P_e)^2P_e^n$$

可以看到,差分译码器输出端,无论输入多少个误码,输出只有两个误码,其概率为

$$\begin{aligned} P'_e&=2(1-P_e)^2(P_e^1+P_e^2+\cdots+P_e^n+\cdots) \\ &=2(1-P_e)^2\cdot\frac{P_e}{1-P_e} \\ &=2(1-P_e)P_e,\ P_e<1 \end{aligned} \tag{8-67}$$

通过分析可知,码反变换器的引入总会使误码率增加。对于 2DPSK 系统,上式中的 $P_e$ 可理解为 2PSK 信号采用相干解调时的误码率,将式(8-65)代入上式,则可得到 2DPSK 信号采用相干解调加码反变换器方式解调时的系统误码率为

$$P'_e=\frac{1}{2}[1-\mathrm{erf}^2(\sqrt{r})] \tag{8-68}$$

当相对码的误码率 $P_e\ll1$ 时,上式可近似表示为

$$P'_e = 2P_e = \mathrm{erfc}(\sqrt{r}) = 1 - \mathrm{erf}(\sqrt{r}) \tag{8-69}$$

即此时码反变换器输出端绝对码序列的误码率是码反变换器输入端相对码序列误码率的两倍。

#### 8.3.3.3 2DPSK 信号差分相干解调系统的抗噪声性能

2DPSK 信号差分相干解调方式也称为相位比较法，是一种非相干解调方式，和 2PSK 信号的相干解调相比，主要区别在于，相干解调的本地载波中不含有信道噪声，而相位比较法中相比较的两路信号（即前后相邻码元）都含有噪声。

由解调器原理图（如图 8-17 所示）可以看出，在解调过程中需要对间隔为 $T_s$ 的前后两个码元进行比较。假设当前发送的是“0”符号，并且前一个时刻发送的也是“0”符号，则带通滤波器输出 $y_1(t)$ 和延迟器输出 $y_2(t)$ 分别为

$$\begin{cases} y_1(t) = a\cos(\omega_c t) + n_1(t) = [a + n_{1c}(t)]\cos(\omega_c t) - n_{1s}(t)\sin(\omega_c t) \\ y_2(t) = a\cos(\omega_c t) + n_2(t) = [a + n_{2c}(t)]\cos(\omega_c t) - n_{2s}(t)\sin(\omega_c t) \end{cases} \tag{8-70}$$

式中，$n_1(t)$ 和 $n_2(t)$ 分别为无延迟支路的窄带高斯噪声和有延迟支路的窄带高斯噪声，并且 $n_1(t)$ 和 $n_2(t)$ 相互独立。两路输出经过相乘再低通滤波后，输出为

$$x(t) = \{[a + n_{1c}(t)] \cdot [a + n_{2c}(t)]\} + n_{1s}(t)n_{2s}(t) \tag{8-71}$$

低通滤波器输出信号 $x(t)$ 经过抽样后按如下规则判决：

若 $x>0$，则判决为“0”符号——正确判决；

若 $x<0$，则判决为“1”符号——错误判决。

所以，将“0”符号错判为“1”符号的概率 $P(1/0)$ 可表示为

$$P(1/0) = P\{x < 0\} = P\{(a + n_{1c})(a + n_{2c}) + n_{1s} + n_{2s} < 0\} \tag{8-72}$$

$$P(1/0) = P[\underbrace{(2A + n_{1c} + n_{2c})^2}_{\text{赖斯，均值}=0\text{，方差}=2\sigma_n^2} + \underbrace{(n_{1s} + n_{2s})^2}_{\text{高斯，均值}=0\text{，方差}=2\sigma_n^2} < \underbrace{(n_{1c} - n_{2c})^2}_{\text{高斯，均值}=0\text{，方差}=2\sigma_n^2} + \underbrace{(n_{1s} - n_{2s})^2}_{\text{高斯，均值}=0\text{，方差}=2\sigma_n^2}] \tag{8-73}$$

为计算方便，给出如下定义

$$\begin{cases} R_1 = \sqrt{(2A + n_{1c} + n_{2c})^2 + (n_{1s} + n_{2s})^2} \\ R_2 = \sqrt{(n_{1c} - n_{2c})^2 + (n_{1s} - n_{2s})^2} \end{cases}$$

相应的概率密度函数为

$$\begin{cases} f(R_1) = \dfrac{R_1}{2\sigma_n^2} \mathrm{I}_0\left(\dfrac{aR_1}{\sigma_n^2}\right) \mathrm{e}^{-\frac{R_1^2 + 4A^2}{4\sigma_n^2}} \\ f(R_2) = \dfrac{R_2}{2\sigma_n^2} \mathrm{e}^{-\frac{R_2^2}{4\sigma_n^2}} \end{cases}$$

代入式（8-73），计算整理可得

$$\begin{aligned} P(1/0) &= P\{R_1 < R_2\} \\ &= \int_0^\infty f(R_1)\left[\int_{R_2 = R_1}^\infty f(R_2)\,\mathrm{d}R_2\right]\mathrm{d}R_1 \\ &= \int_0^\infty \frac{R_1}{2\sigma_n^2} \mathrm{I}_0\left(\frac{aR_1}{\sigma_n^2}\right) \mathrm{e}^{-\frac{2R_1^2 + 4a^2}{4\sigma_n^2}} \mathrm{d}R_1 = \frac{1}{2}\mathrm{e}^{-r} \end{aligned} \tag{8-74}$$

式中，$r=\dfrac{a^2}{2\sigma_n^2}$为解调器输入端的信噪比。

同理可以求得将“1”符号错判为“0”符号的概率$P(0/1)=P(1/0)$，即

$$P(0/1)=\frac{1}{2}e^{-r} \tag{8-75}$$

因此，2DPSK 信号差分相干解调系统的总误码率$P_e$为

$$P_e=\frac{1}{2}e^{-r} \tag{8-76}$$

经过分析可以看出，当系统误码率较小时，2DPSK 系统采用差分相干方式接收与采用相干解调码反变换方式接收的性能很接近，后者性能略好。

# 8.4 二进制数字调制系统的性能比较

在数字通信中，误码率是衡量数字通信系统好坏的重要指标之一。上一节对各种二进制数字通信系统的抗噪声性能进行了详细分析，下面将对二进制数字通信系统的误码率、带宽、对信道特性变化的敏感性等方面的性能做进一步的比较。

## 8.4.1 误码率

二进制数字调制方式有 2ASK、2FSK、2PSK 及 2DPSK，每种数字调制方式又有相干解调方式和非相干解调方式。表 8-1 列出了各种二进制数字调制系统的误码率 $P_e$ 与输入信噪比 $r$ 的数学关系。

由表 8-1 可以看出，从横向来比较，对同一种数字调制信号，采用相干解调方式的误码率低于采用非相干解调方式的误码率。从纵向来比较，在误码率 $P_e$ 一定的情况下，2PSK、2FSK、2ASK 系统所需要的信噪比关系为

$$r_{2ASK}=2r_{2FSK}=4r_{2PSK} \tag{8-77}$$

上式表明，若都采用相干解调方式，在误码率 $P_e$ 相同的情况下，所需要的信噪比 2ASK 是 2FSK 的 2 倍，2FSK 是 2PSK 的 2 倍，2ASK 是 2PSK 的 4 倍。若都采用非相干解调方式，在误码率 $P_e$ 相同的情况下，所需要的信噪比 2ASK 是 2FSK 的 2 倍，2FSK 是 2DPSK 的 2 倍，2ASK 是 2DPSK 的 4 倍。

将式(8-77)转换为分贝，表示式为

$$(r_{2ASK})\text{dB}=3\ \text{dB}+(r_{2FSK})\text{dB}=6\ \text{dB}+(r_{2PSK})\text{dB} \tag{8-78}$$

上式表明，若都采用相干解调方式，在误码率 $P_e$ 相同的情况下，所需要的信噪比 2ASK 比 2FSK 高 3 dB，2FSK 比 2PSK 高 3 dB，2ASK 比 2PSK 高 6 dB。若都采用非相干解调方式，在误码率 $P_e$ 相同的情况下，所需要的信噪比 2ASK 比 2FSK 高 3 dB，2FSK 比 2DPSK 高 3 dB，2ASK 比 2DPSK 高 6 dB。

反过来，若信噪比 $r$ 一定，2PSK 系统的误码率低于 2FSK 系统，2FSK 系统的误码率低于 2ASK 系统。

**表 8-1 二进制数字调制系统的误码率公式一览表**

| 调制方式 | 误码率公式 | |
|---|---|---|
| | 相干解调 | 非相干解调 |
| 2ASK | $\frac{1}{2}\mathrm{erfc}\left(\frac{\sqrt{r}}{2}\right)=Q\left(\sqrt{\frac{r}{2}}\right)$ | $\frac{1}{2}e^{-\frac{r}{4}}$ |
| 2FSK | $\frac{1}{2}\mathrm{erfc}\left(\sqrt{\frac{r}{2}}\right)=Q(\sqrt{r})$ | $\frac{1}{2}e^{-\frac{r}{2}}$ |
| 2PSK | $\frac{1}{2}\mathrm{erfc}(\sqrt{r})=Q(\sqrt{2r})$ | — |
| 2DPSK | $\frac{1}{2}[1-(\mathrm{erf}\sqrt{r})^2]$<br>极性比较法 | $\frac{1}{2}e^{-r}$<br>相位比较法 |

表 8-1 所画出的三种数字调制系统的误码率 $P_e$ 与信噪比 $r$ 的关系曲线如图 8-23 所示。可以看出,在相同的信噪比 $r$ 下,相干解调的 2PSK 系统的误码率 $P_e$ 最小。

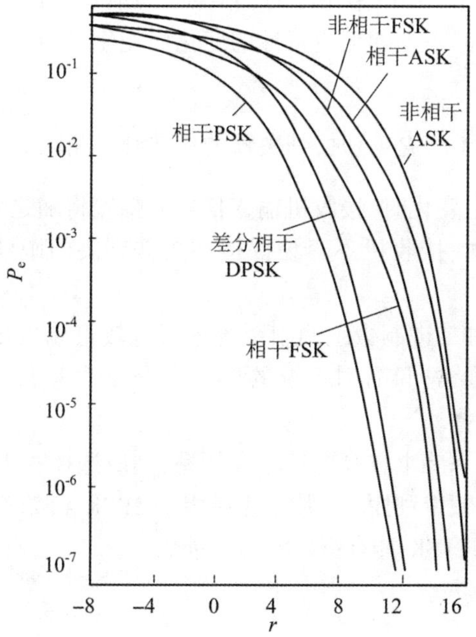


**图 8-23 误码率 $P_e$ 与信噪比 $r$ 的关系曲线**

## 8.4.2 带宽

设传输的码元时间宽度为 $T_s$(码元传输速率为 $R_B$),若以谱零点带宽为基准,则 2ASK 系统和 2PSK 及 2DPSK 系统的带宽近似为$\frac{2}{T_s}$,即

$$B_{2ASK} = B_{2PSK} = \frac{2}{T_s} = 2R_B \tag{8-79}$$

即 2ASK 系统和 2PSK 及 2DPSK 系统具有相同的带宽。2FSK 系统的带宽近似为

$$B_{2FSK} = |f_2 - f_1| + \frac{2}{T_s} = |f_2 - f_1| + 2R_B \tag{8-80}$$

显然,大于 2ASK 系统或 2PSK 系统的带宽。因此,从频带利用率上看,2FSK 系统的频带利用率最低。

### 8.4.3 对信道特性变化的敏感性

上一节对二进制数字调制系统抗噪声性能分析,都是针对恒参信道条件进行的。在实际通信系统中,除恒参信道之外,还有很多信道属于随参信道,也即信道参数随时间变化。因此,在选择数字调制方式时,还应考虑系统对信道特性的变化是否敏感。

在 2FSK 系统中,判决器是根据上下两个支路解调输出样值的大小来做出判决的,不需要人为地设置判决门限,因而对信道特性的变化不敏感。

在 2PSK 系统中,当发送符号概率相等时,判决器的最佳判决门限为零,与接收机输入信号的幅度无关。因此,判决门限不随信道特性的变化而变化,接收机总能保持工作在最佳判决门限状态。

对于 2ASK 系统,当 $P(1)=P(0)$ 时,判决器的最佳判决门限为$\frac{a}{2}$,它与接收机输入信号的幅度有关。当信道特性发生变化时,接收机输入信号的幅度将随之发生变化,从而导致最佳判决门限也将随之而变。这时,接收机不容易保持在最佳判决门限状态,因此,2ASK 对信道特性变化敏感,性能最差。

通过从几个方面对各种二进制数字调制系统进行比较可以看出,对调制和解调方式的选择需要考虑的因素较多。通常,只有对系统的要求做全面的考虑,并且抓住其中最主要的要求,才能做出比较恰当的选择。

在恒参信道传输中,如果要求较高的功率利用率,则应选择相干 2PSK 和 2DPSK,而 2ASK 最不可取;如果要求较高的频带利用率,则应选择相干 2PSK 和 2DPSK,而 2FSK 最不可取;如果传输信道是随参信道,则 2FSK 具有更好的适应能力。

# 8.5 多进制数字调制系统

二进制数字调制系统是数字通信系统最基本的方式，具有较好的抗干扰能力。二进制数字调制系统由于频带利用率较低，在实际应用中受到一些限制。在信道频带受限时，为了提高频带利用率，通常采用多进制数字调制系统。其代价是增加信号功率和实现上的复杂性。

由信息传输速率 $R_b$、码元传输速率 $R_B$ 和进制数 $M$ 之间的关系 $R_B=\dfrac{R_b}{\log_2 M}$ 可知，对于多进制频带传输系统，其信息传输速率和基带系统码元传输速率的关系可以表示为 $R_b=R_{基带}\cdot\log_2 M$。考虑基带传输采用滚降系数为 $\alpha$ 的等效低通系统，则多进制调制系统的频带利用率可定义为

$$\eta=\frac{R_b}{B_{频带}}=\frac{R_{基带}\cdot\log_2 M}{2B_{基带}}=\frac{R_{基带}\cdot\log_2 M}{2(1+\alpha)\dfrac{R_{基带}}{2}}=\frac{\log_2 M}{1+\alpha}\ (\text{b/s/Hz})$$

可以看出，一方面，在信息传输速率不变的情况下，通过增加进制数 $M$，可以降低码元传输速率，从而减小信号带宽，节约频带资源，提高系统频带利用率。另一方面，在码元传输速率不变的情况下，通过增加进制数 $M$，可以增大信息传输速率，从而在相同的带宽中传输更多的信息量。

在多进制数字调制中，每个符号时间间隔 $0\leqslant t\leqslant T_s$，可能发送的符号有 $M$ 种，分别为 $s_1(t),s_2(t),\cdots,s_M(t)$。在实际应用中，通常取 $M=2^N$，$N$ 为大于1的正整数。

与二进制数字调制系统相类似，若用多进制数字基带信号去调制载波的振幅、频率或相位，则可相应地产生多进制数字振幅调制、多进制数字频率调制和多进制数字相位调制。下面分别介绍三种多进制数字调制系统的原理。

## 8.5.1 多进制数字振幅调制系统

多进制数字振幅调制（$M$ASK）又称多电平调制，是二进制数字振幅键控方式的推广。$M$ASK 信号的载波幅度有 $M$ 种取值，在每个符号时间间隔 $T_s$ 内发送 $M$ 个幅度中的一种幅度的载波信号。$M$ASK 信号可表示为 $M$ 进制数字基带信号与正弦载波相乘的形式，其时域表达式为

$$s_{MASK}(t)=\left[\sum_{n=-\infty}^{\infty}a_n g(t-nT_s)\right]\cos(\omega_c t) \tag{8-81}$$

式中，$g(t)$ 为基带信号波形，其持续时间间隔为 $T_s$；$a_n$ 为幅度值。$a_n$ 共有 $M$ 种取值，通常可选

择为 $a_n \in \{a_0, a_1, \cdots, a_{M-1}\}$，若 $M$ 种取值的出现概率分别为 $P_0, P_1, \cdots, P_{M-1}$，则

$$a_n = \begin{cases} a_0, & \text{发送概率为 } P_0 \\ a_1, & \text{发送概率为 } P_1 \\ \vdots & \quad \vdots \\ a_{M-1}, & \text{发送概率为 } P_{M-1} \end{cases}$$

且有 $\sum_{i=0}^{M-1} P_i = 1$。一种四进制数字振幅调制信号的时间波形如图 8-24 所示。

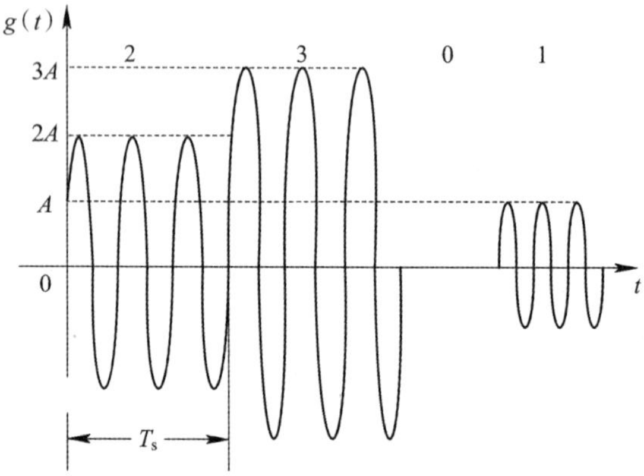


**图 8-24　四进制数字振幅调制信号的时间波形**

$M$ 进制数字振幅调制信号的功率谱与 2ASK 信号具有相似的形式，是 $M$ 进制数字基带信号对正弦载波进行双边带调幅。已调信号带宽是 $M$ 进制数字基带信号带宽的 2 倍。$M$ 进制数字振幅调制信号每个符号可以传送 $\log_2 M$ 比特信息。在信息传输速率相同时，码元传输速率降低为 2ASK 信号的 $\log_2 M$ 倍。

除了双边带调制外，多进制数字振幅调制还有多电平残留边带调制、多电平相关编码单边带调制及多电平正交调幅等方式。

在多进制数字振幅调制中，基带信号 $g(t)$ 可以采用矩形波形，为了限制信号频谱，也可以采用其他波形，如升余弦滚降波形、部分响应波形等。多进制数字振幅调制信号的解调与 2ASK 信号解调相似，可以采用相干解调方式，也可以采用非相干解调方式。

若 $M$ 个振幅信号出现等概，则采用相干解调法得到的误码率为

$$P_{e,MASK} = \left(1 - \frac{1}{M}\right) \operatorname{erfc}\left(\sqrt{\frac{3r_s}{M^2 - 1}}\right) \tag{8-82}$$

式中，$M$ 为进制（或振幅电平数）；$r_s$ 为符号信噪比，定义为 $r_s = \dfrac{P_s}{\sigma_n^2}$，$P_s$ 为信号平均功率。

设 AWGN 信道噪声均值为 0，双边功率谱密度为 $\dfrac{n_0}{2}$，码元时间宽度为 $T_s$，基带信号的谱零点带宽 $B = \dfrac{1}{T_s}$，频带系统带宽为 $2B$，$r_s$ 又可以表示为

$$r_s = \frac{P_s}{\sigma_n^2} = \frac{E_s/T_s}{n_0/2 \times 2B} = \frac{E_s}{n_0} = \frac{E_b \log_2 M}{n_0}$$

式中，$\frac{E_s}{n_0}$ 和 $\frac{E_b}{n_0}$ 分别称作符号能量信噪比和比特能量信噪比。

当 $M=2$ 时，上式简化成 $P_e=\frac{1}{2}\mathrm{erfc}(\sqrt{r_s})$，此式便是 2PSK 相干解调误码率。当 $M$ 取不同值时，$M$ 进制数字振幅调制系统总的误码率 $P_e$ 与信噪比 $r_s$ 的关系曲线如图 8-25 所示。可以看出，为了得到相同的误码率 $P_e$，所需的信噪比随 $M$ 增大而增大。例如，对于 $P_e=10^{-3}$，四电平系统比二电平系统的信噪比需要增加约 6 dB。

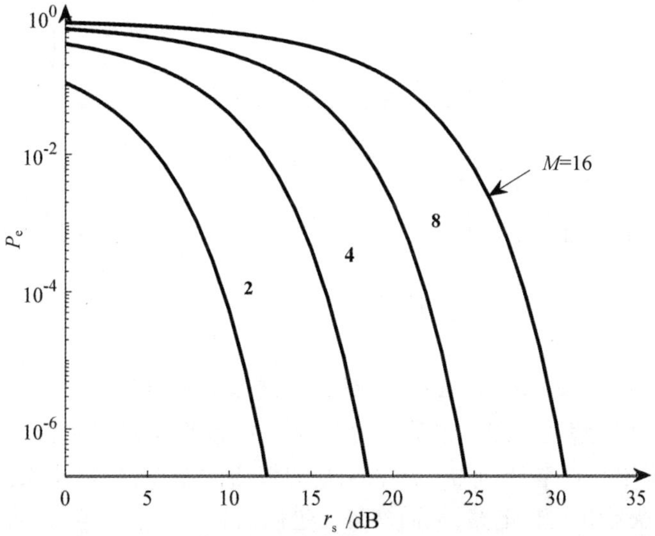


**图 8-25　$M$ 进制数字振幅调制系统总的误码率 $P_e$ 与信噪比 $r_s$ 的关系曲线**

## 8.5.2　多进制数字频率调制系统

多进制数字频率调制（MFSK）简称多频调制，它是 2FSK 方式的推广。

MFSK 信号可表示为

$$s_{MFSK}(t)=\sum_{i=1}^{M}s_i(t)\cos(\omega_i t) \tag{8-83}$$

式中，$s_i(t)=\begin{cases}a,\text{在时间间隔 }0\leqslant t\leqslant T_s\text{ 内发送符号为 }i\\0,\text{在时间间隔 }0\leqslant t\leqslant T_s\text{ 内发送符号不为 }i\end{cases}$，$i$ 为 $1,2,\cdots,M$；$\omega_i$ 为第 $i$ 个载波角频率，共有 $M$ 种取值。通常令载波频率 $f_i=2\pi\omega_c=\frac{n}{2T_s}$，$n$ 为正整数，$\omega_c$ 为载波角频率，此时，$M$ 种信号相互正交，即

$$\int_0^{T_s}s_i(t)s_j(t)\,\mathrm{d}t=0,\ i\neq j$$

多进制数字频率调制系统的组成框图如图 8-26 所示。

其工作原理是发送端采用键控选频的方式，在一个码元时间宽度 $T_s$ 内只有 $M$ 个频率中的一个被选中输出。由于相干解调比较复杂，需要有精确相位的参考信号，因而，对于正交

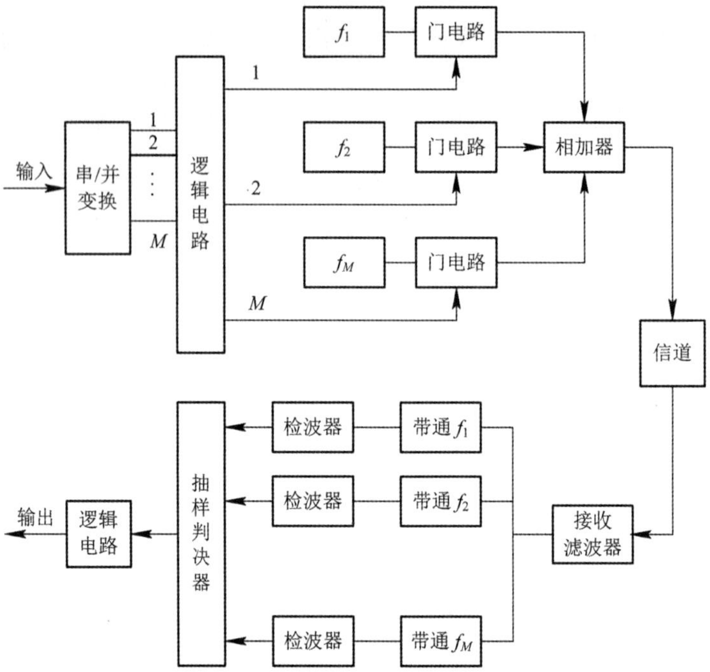


**图 8-26　多进制数字频率调制系统的组成框图**

*M*FSK 信号很少采用相干解调。图 8-26 所示系统框图中接收端采用非相干解调方式，输入的 *M*FSK 信号通过 $M$ 个中心频率分别为 $f_1, f_2, \cdots, f_M$ 的带通滤波器，分离出发送的 $M$ 个频率，再通过检波器、抽样判决器和逻辑电路，从而恢复二进制信息。

多进制数字频率调制信号的带宽近似为

$$B_{MFSK} = |f_M - f_1| + \frac{2}{T_s} \tag{8-84}$$

*M*FSK 信号具有较宽的频带，因而它的信道频带利用率不高。多进制数字频率调制一般在调制速率不高的场合应用。

*M*FSK 信号采用非相干解调时的误码率为

$$P_{e,MFSK} = \sum_{n=1}^{M-1} \binom{M-1}{n} \frac{(-1)^{n+1}}{n+1} e^{-\frac{nr_s}{n+1}} \tag{8-85}$$

式中，$M$ 为进制数（或振幅数）；$r_s$ 为符号信噪比。当 $r_s$ 很大时，上式可近似为

$$P_{e,MFSK} \approx \left(\frac{M-1}{2}\right) e^{-\frac{r_s}{2}} \tag{8-86}$$

*M*FSK 信号采用相干解调时的误码率为

$$P_{e,MFSK} = 1 - \frac{1}{\sqrt{2\pi}} \int_{-\infty}^{\infty} e^{-\frac{u^2}{2}} \left[1 - Q\left(u + \sqrt{2r_s}\right)\right]^{M-1} du \tag{8-87}$$

计算上式只能借助数值积分方法求解，当 $r_s$ 很大时，上式可近似为

$$P_{e,MFSK} \approx \left(\frac{M-1}{2}\right) \operatorname{erfc}\left(\sqrt{\frac{r_s}{2}}\right) \tag{8-88}$$

基于式（8-85）绘制的 $M$ 进制数字频率调制系统的误码率 $P_e$ 性能曲线如图 8-27 所示。从

图中可以看出,在给定误码率的条件下,增大 $M$ 值可以降低给定误码率所需的信噪比,即在误码率较低时,信噪比 $r_b$ 随 $M$ 值增大而下降。

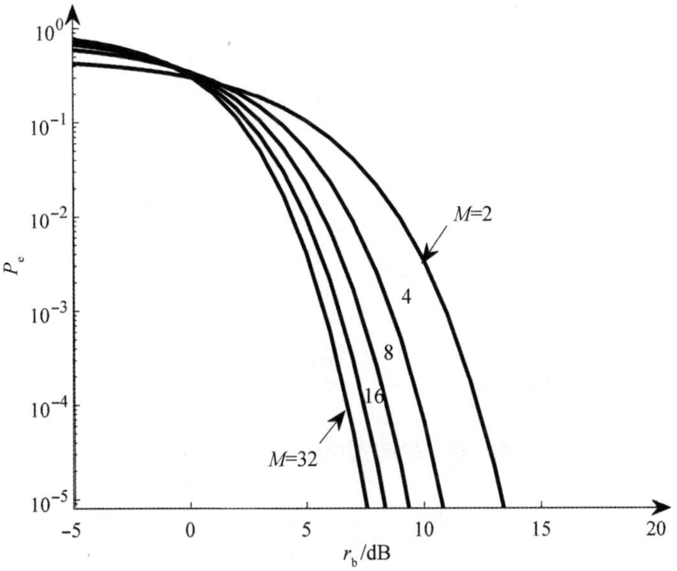


图 8-27　$M$ 进制数字频率调制系统的误码率 $P_e$ 性能曲线

## 8.5.3　多进制数字相位调制系统

### 8.5.3.1　多进制数字相位调制($M$PSK)信号的表示形式

多进制数字相位调制又称多相调制,是利用载波的多种不同相位来表征数字信息的调制方式。与二进制数字相位调制相同,多进制数字相位调制也有绝对相位调制和差分相位调制两种。

为了便于说明概念,可以将 $M$PSK 信号用信号矢量图来描述。图 8-28 是二进制数字相位调制信号矢量图,以 0°载波相位作为参考相位。载波相位的取值只有 0 和 $\pi$ 或 $\pm\frac{\pi}{2}$,它们分别代表信息“1”和“0”。

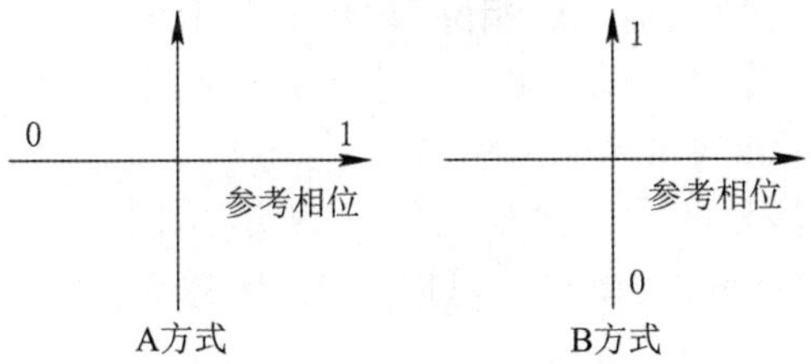


图 8-28　二进制数字相位调制信号矢量图

四进制数字相位调制信号矢量图如图 8-29 所示,4 种载波相位为 0、$\frac{\pi}{2}$、$\pi$ 和 $\frac{3\pi}{2}$ (或 $\frac{\pi}{4}$、

$\frac{3\pi}{4}$、$\frac{5\pi}{4}$和$\frac{7\pi}{4}$），分别代表信息 00、10、11 和 01（或 11、01、00、10）。

八进制数字相位调制信号矢量图如图 8-30 所示，8 种载波相位为$\frac{\pi}{8}$、$\frac{3\pi}{8}$、$\frac{5\pi}{8}$、$\frac{7\pi}{8}$、$\frac{9\pi}{8}$、$\frac{11\pi}{8}$、$\frac{13\pi}{8}$、$\frac{15\pi}{8}$，分别表示信息 111、110、010、011、001、000、100 和 101。

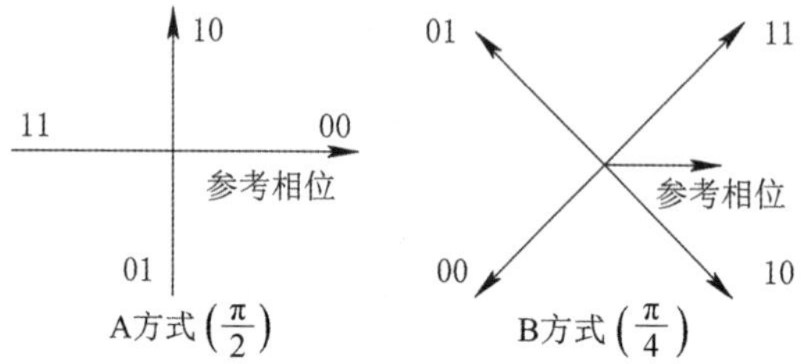


图 8-29 四进制数字相位调制信号矢量图

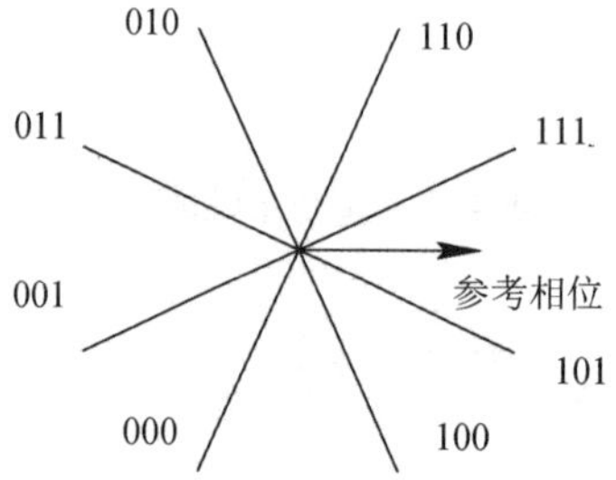


图 8-30 八进制数字相位调制信号矢量图

在 $M$ 进制数字相位调制中，是以载波相位的 $M$ 种不同取值分别表示数字信息，因此 $M$ 进制数字相位调制信号可以表示为

$$\begin{aligned} s_{MPSK}(t) &= \sum_{n=-\infty}^{\infty} g(t-nT_s)\cos(\omega_c t+\varphi_n) \\ &= \sum_{n=-\infty}^{\infty} a_n g(t-nT_s)\cos(\omega_c t) - \sum_{n=-\infty}^{\infty} b_n g(t-nT_s)\sin(\omega_c t) \end{aligned} \tag{8-89}$$

式中，$a_n=\cos\varphi_n$，$b_n=\sin\varphi_n$；$g(t)$为基带脉冲信号，通常为矩形波，幅度为 1；$T_s$为码元时间宽度；$\omega_c$为载波角频率；$\varphi_n$为第 $n$ 个码元对应的相位，共有 $M$ 种取值。

多相调制的波形可以看作对两个正交载波进行多电平双边带调制所得信号之和，所以，多相调制信号的带宽与多电平双边带调制时相同。

$M$ 进制数字相位调制信号的功率谱如图 8-31 所示，图中给出了信息传输速率相同时，2PSK、4PSK 和 8PSK 信号的单边功率谱。可以看出，$M$ 越大，功率谱主瓣越窄，频带利用率越高。

### 8.5.3.2 4PSK 信号的产生与解调

在多进制数字相位调制中，四进制绝对相移键控（4PSK/QPSK）和四进制差分相移键控

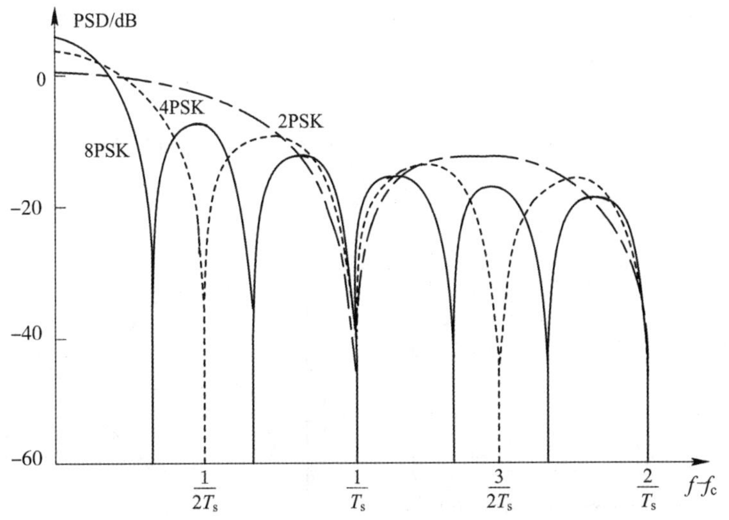


图 8-31　$M$ 进制数字相位调制信号的功率谱

(4DPSK/QDPSK)两种调制方式应用最为广泛。下面讨论这两种调制信号的产生原理。

四进制绝对相移键控利用载波的四种不同相位来表示数字信息。由于每一种载波相位代表两个比特信息,因此,每个四进制码元可以用两个二进制码元的组合来表示。两个二进制码元中的前一比特用 $a$ 表示,后一比特用 $b$ 表示,则双比特码元 $ab$ 与载波相位 $\varphi_n$ 的关系如表 8-2 所示。

表 8-2　双比特 $ab$ 与载波相位的关系

| 双比特码元 $ab$ | | 载波相位 $\varphi_n$ | |
|---|---|---|---|
| $a$ | $b$ | A 方式 | B 方式 |
| 0 | 0 | 0° | 225° |
| 1 | 0 | 90° | 315° |
| 1 | 1 | 180° | 45° |
| 0 | 1 | 270° | 135° |

在一个码元时间宽度 $T_s$ 内,4PSK 信号为载波四个相位中的某一个。因此,可用相位选择法产生 4PSK 信号,其原理图如图 8-32 所示。四相载波产生器输出 4PSK 信号所需的四种不同相位的载波。输入二进制数据流经串/并变换器输出双比特码元,逻辑选相电路根据输入的双比特码元,每个时间间隔 $T_s$ 选择其中一种相位的载波作为输出,然后经带通滤波器滤除高频分量。

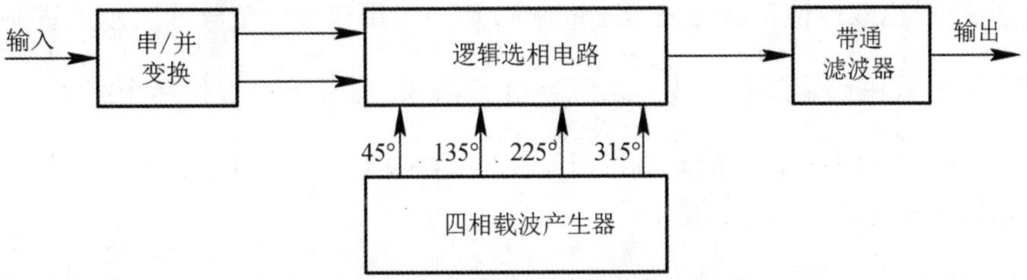


图 8-32　相位选择法产生 4PSK 信号原理图

由式(8-89)可以看出,4PSK 信号也可以采用正交调制的方式产生,正交调制器原理图如图 8-33 所示,它可以看作由两个载波正交的 2PSK 调制器构成。

正交调制法又称为调相法,其原理是串/并变换器将输入的二进制序列分为速率减半的两个并行的双极性序列 $a$ 和 $b$,然后分别对 $\cos(\omega_c t)$ 和 $\sin(\omega_c t)$ 进行调制,相加后即可得到 4PSK 信号。

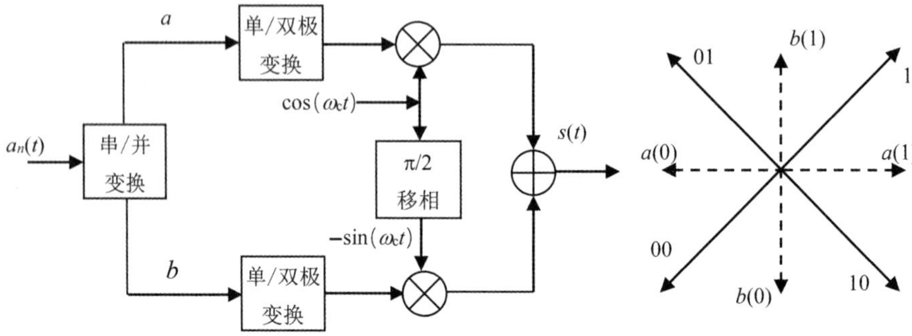


图 8-33　4PSK 正交调制器原理图及信号矢量图(B 方式编码)

在该系统中,用双极性正脉冲表示二进制码元“1”;用双极性负脉冲表示二进制码元“0”,称此系统为 B 方式编码调制系统或$\frac{\pi}{4}$系统。此外,通过如图 8-34 所示的 A 方式编码正交调制系统还可以实现 4PSK 信号的产生,与 B 方式编码调制系统的区别在于,经串/并变换得到的两路二进制序列将分别与正交的 $\cos\left(\omega_c t-\frac{\pi}{4}\right)$ 和 $\cos\left(\omega_c t+\frac{\pi}{4}\right)$ 载波进行调制,相加后即可得到 4PSK 信号。

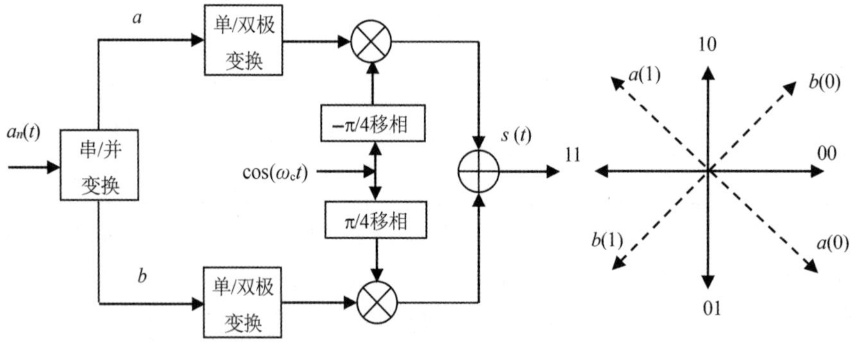


图 8-34　4PSK 正交调制器原理图及信号矢量图(A 方式编码)

在该系统中,用双极性正脉冲表示二进制码元“0”;用双极性负脉冲表示二进制码元“1”,称此系统为 A 方式编码调制系统或$\frac{\pi}{2}$系统。由于 4PSK 信号可以看作两个载波正交 2PSK 信号的合成。因此,对 4PSK 信号的解调可以采用与 2PSK 信号类似的解调方法进行解调,解调原理图分别如图 8-35 和图 8-36 所示。

下面以 4PSK $\frac{\pi}{4}$系统(B 方式编码)相干解调为例,说明其解调原理。假设解调器输入信

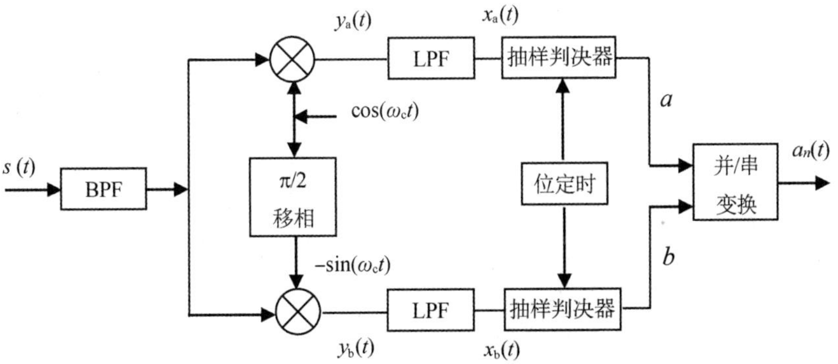


图 8-35　4PSK 信号相干解调原理图(B 方式编码)

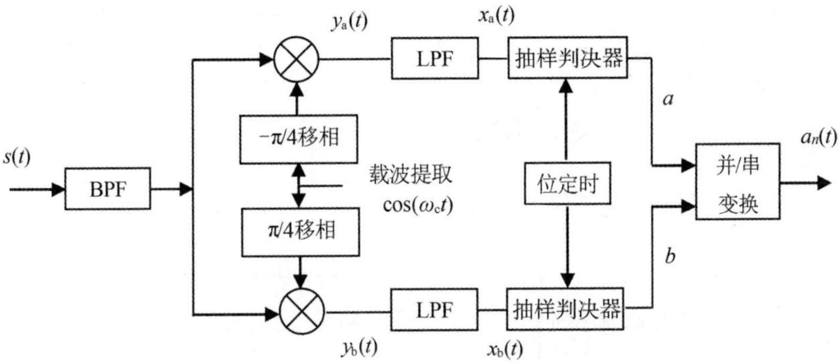


图 8-36　4PSK 信号相干解调原理图(A 方式编码)

号为 $s(t)=A\cos(\omega_c t+\varphi_n)$ ，对应$\frac{\pi}{4}$系统，有 $\varphi_n \in \left[\frac{\pi}{4},\frac{3\pi}{4},\frac{5\pi}{4},\frac{7\pi}{4}\right]$ 。图 8-35 中的两路输出分别为

$$\begin{cases} y_a(t)=\frac{A}{2}\cos\varphi_n+\frac{A}{2}\cos(2\omega_c t+\varphi_n) \\ y_b(t)=\frac{A}{2}\sin\varphi_n-\frac{A}{2}\sin(2\omega_c t+\varphi_n) \end{cases} \tag{8-90}$$

经过低通滤波器 LPF 后输出分别为

$$\begin{cases} x_a(t)=\frac{A}{2}\cos\varphi_n \\ x_b(t)=\frac{A}{2}\sin\varphi_n \end{cases} \tag{8-91}$$

$\frac{\pi}{4}$系统解调判决规则如表 8-3 所示。对于$\frac{\pi}{2}$系统(A 方式编码)相干解调可采用相同的方法处理，解调器原理图如图 8-36 所示。

表 8-3 $\frac{\pi}{4}$系统解调判决规则

| $\varphi_n$ | $x_a(t)$ | $x_b(t)$ | 判决输出（$ab$） |
|---|---|---|---|
| $\frac{\pi}{4}$ | + | + | 11 |
| $\frac{3\pi}{4}$ | − | + | 01 |
| $\frac{5\pi}{4}$ | − | − | 00 |
| $\frac{7\pi}{4}$ | + | − | 10 |

在 2PSK 信号相干解调过程中会产生 180°相位模糊。同样，对 4PSK(QPSK)信号相干解调也会产生相位模糊问题，并且是 0°、90°、180°和 270°四个相位模糊。因此，在实际中更实用的是四相相对相移调制，即 4DPSK(QDPSK)方式。

#### 8.5.3.3 QDPSK 信号的产生与解调

QDPSK 信号是利用前后码元之间的相对相位变化来表示数字信息。若以前一双比特码元相位作为参考，$\Delta\varphi_n$为当前双比特码元与前一双比特码元初相差，则信息编码与载波相位变化关系如表 8-4 所示。

表 8-4 QDPSK 信号载波相位编码逻辑关系

| 双比特码元 | | 载波相位变化 $\Delta\varphi_n$ |
|---|---|---|
| $a$ | $b$ | |
| 0 | 0 | 0(0°) |
| 1 | 0 | $\frac{\pi}{2}$(90°) |
| 1 | 1 | $\pi$(180°) |
| 0 | 1 | $\frac{3\pi}{2}$(270°) |

QDPSK 信号产生原理图如图 8-37 所示。图中，串/并变换器将输入的二进制序列分为速率减半的两个并行序列 $a$ 和 $b$，再通过差分编码器将其编为四进制差分码，然后用绝对调相的调制方式实现 QDPSK 信号。

在该系统中，用双极性正脉冲表示二进制码元“0”，用双极性负脉冲表示二进制码元“1”。码型变换的编码规则为：

若 $b_{i-1}^{\mathrm{I}} \oplus b_{i-1}^{\mathrm{II}} = 0$，则 $\begin{cases} b_i^{\mathrm{I}} = a_i^{\mathrm{I}} \oplus b_{i-1}^{\mathrm{I}} \\ b_i^{\mathrm{II}} = a_i^{\mathrm{II}} \oplus b_{i-1}^{\mathrm{II}} \end{cases}$ 直接通；

若 $b_{i-1}^{\mathrm{I}} \oplus b_{i-1}^{\mathrm{II}} \neq 0$，则 $\begin{cases} b_i^{\mathrm{I}} = a_i^{\mathrm{II}} \oplus b_{i-1}^{\mathrm{I}} \\ b_i^{\mathrm{II}} = a_i^{\mathrm{I}} \oplus b_{i-1}^{\mathrm{II}} \end{cases}$ 交叉通。

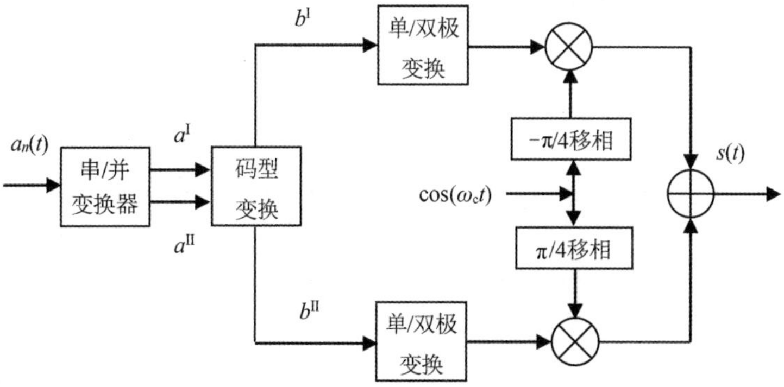


**图 8-37　QDPSK 信号产生原理图**

其中，$a_i^{\mathrm{I}}$、$a_i^{\mathrm{II}}$ 为由绝对码序列经串/并变换后得到的第 $i$ 时刻的两路输入码，$b_{i-1}^{\mathrm{I}}$、$b_{i-1}^{\mathrm{II}}$ 为前一时刻经过码变换后得到的两路相对码(差分码)，$b_i^{\mathrm{I}}$、$b_i^{\mathrm{II}}$ 为当前第 $i$ 时刻的码变换器输出的两路相对码。符号 $\oplus$ 表示模 2 运算。

QDPSK 信号的解调可以采用相干解调加码反变换器方式(极性比较法)，也可以采用差分相干解调方式(相位比较法)。QDPSK 信号相干解调加码反变换器方式原理图如图 8-38 所示。它与 4PSK 信号相干解调的不同之处在于，并/串变换之前需要增加逆码变换器。逆码变换器将恢复绝对码。

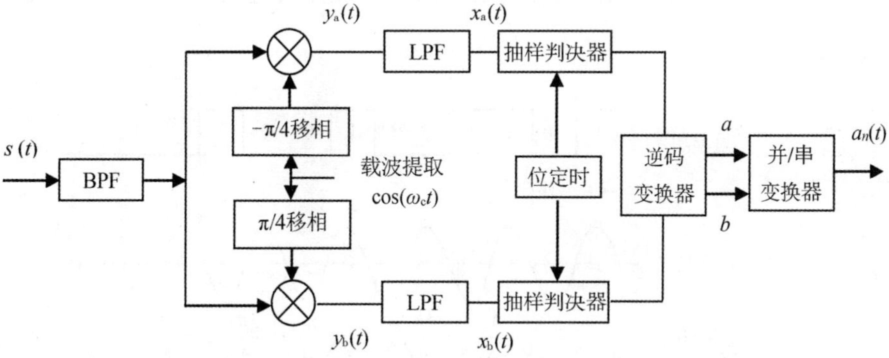


**图 8-38　QDPSK 信号相干解调加码反变换器方式原理图**

假设解调器输入信号为 $s(t)=A\cos(\omega_c t+\varphi_n)$，对应 QDPSK 系统，有 $\varphi_n \in \left[0,\frac{\pi}{2},\pi,\frac{3\pi}{2}\right]$。图 8-38 中的两路输出为

$$\begin{cases} y_a(t)=\dfrac{A}{2}\cos\left(\varphi_n+\dfrac{\pi}{4}\right)+\dfrac{A}{2}\cos\left(2\omega_c t+\varphi_n-\dfrac{\pi}{4}\right) \\ y_b(t)=\dfrac{A}{2}\cos\left(\varphi_n-\dfrac{\pi}{4}\right)-\dfrac{A}{2}\cos\left(2\omega_c t+\varphi_n+\dfrac{\pi}{4}\right) \end{cases} \tag{8-92}$$

经过低通滤波器 LPF 后输出分别为

$$\begin{cases} x_a(t)=\dfrac{A}{2}\cos\left(\varphi_n+\dfrac{\pi}{4}\right) \\ x_b(t)=\dfrac{A}{2}\cos\left(\varphi_n-\dfrac{\pi}{4}\right) \end{cases} \tag{8-93}$$

QDPSK 系统解调判决规则如表 8-5 所示。

表 8-5　QDPSK 系统解调判决规则

| $\varphi_n$ | $x_a(t)$ | $x_b(t)$ | 判决输出 |
|---|---|---|---|
| 0 | + | + | 0　0 |
| $\frac{\pi}{2}$ | - | + | 1　0 |
| $\pi$ | - | - | 1　1 |
| $\frac{3\pi}{2}$ | + | - | 0　1 |

依据编码规则,接收端判决时将"+"电平判为"0",将"-"电平判为"1"。

逆码变换器的译码规则为:

若 $b_{i-1}^{\mathrm{I}} \oplus b_{i-1}^{\mathrm{II}} = 0$,则 $\begin{cases} a_i^{\mathrm{I}} = b_i^{\mathrm{I}} \oplus b_{i-1}^{\mathrm{I}} \\ a_i^{\mathrm{II}} = b_i^{\mathrm{II}} \oplus b_{i-1}^{\mathrm{II}} \end{cases}$;

若 $b_{i-1}^{\mathrm{I}} \oplus b_{i-1}^{\mathrm{II}} \neq 0$,则 $\begin{cases} a_i^{\mathrm{I}} = b_i^{\mathrm{II}} \oplus b_{i-1}^{\mathrm{II}} \\ a_i^{\mathrm{II}} = b_i^{\mathrm{I}} \oplus b_{i-1}^{\mathrm{I}} \end{cases}$。

图 8-39 给出了四进制相位调制信号的波形图,其中包括了$\frac{\pi}{2}$系统和$\frac{\pi}{4}$系统的绝对调相和相对调相波形。

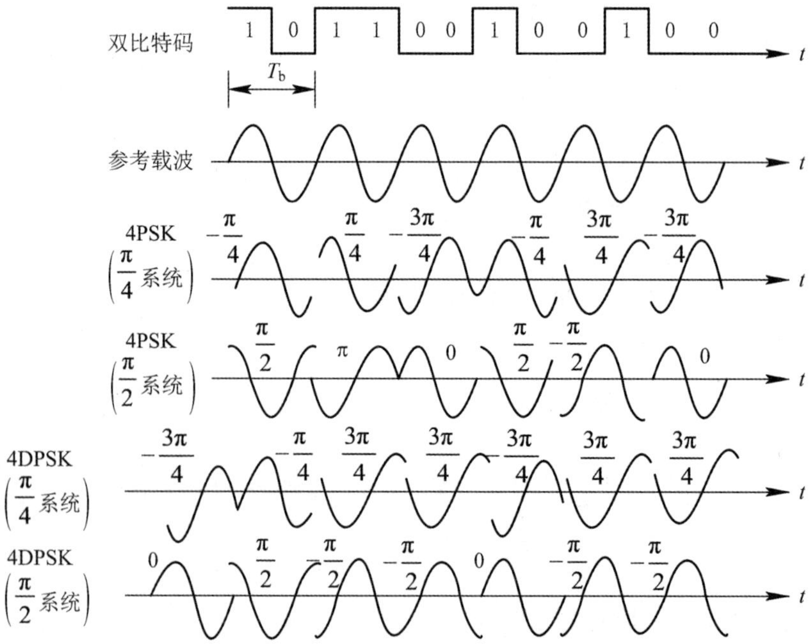


图 8-39　四进制相位调制信号的波形图

差分编码及对应载波相位如表 8-6 所示。假设参考码元为"00"。绝对调相映射规则参见表 8-2,相对调相映射规则参见表 8-4。

表 8-6 差分编码及对应载波相位

| $a_k\ b_k$ | 10 | 11 | 00 | 10 | 01 | 00 |
|---|---|---|---|---|---|---|
| $\frac{\pi}{4}$QPSK | $-\frac{\pi}{4}$ | $\frac{\pi}{4}$ | $-\frac{3\pi}{4}$ | $-\frac{\pi}{4}$ | $\frac{3\pi}{4}$ | $-\frac{3\pi}{4}$ |
| $\frac{\pi}{2}$QPSK | $\frac{\pi}{2}$ | $\pi$ | 0 | $\frac{\pi}{2}$ | $-\frac{\pi}{2}$ | 0 |
| $c_k\ d_k$ "00" | 10 | 01 | 01 | 00 | 01 | 01 |
| $\Delta\varphi$ | $\frac{\pi}{2}$ | $\pi$ | 0 | $\frac{\pi}{2}$ | $-\frac{\pi}{2}$ | 0 |
| $\frac{\pi}{4}$QDPSK$-\frac{3\pi}{4}$ | $-\frac{\pi}{4}$ | $\frac{3\pi}{4}$ | $\frac{3\pi}{4}$ | $-\frac{3\pi}{4}$ | $\frac{3\pi}{4}$ | $\frac{3\pi}{4}$ |
| $\frac{\pi}{2}$QDPSK 0 | $\frac{\pi}{2}$ | $-\frac{\pi}{2}$ | $-\frac{\pi}{2}$ | 0 | $-\frac{\pi}{2}$ | $-\frac{\pi}{2}$ |

### 8.5.3.4 多进制数字相位调制系统的抗噪声性能

$M$PSK 信号采用相干解调时的误码率为

$$P_{e,\ MPSK}=\operatorname{erfc}\left[\sqrt{r_s\sin^2\left(\frac{\pi}{M}\right)}\right]=\operatorname{erfc}\left[\sqrt{r_b\log_2 M\cdot\sin^2\left(\frac{\pi}{M}\right)}\right] \tag{8-94}$$

$M$DPSK 信号采用相干解调时的误码率为

$$P_{e,\ MDPSK}\approx\operatorname{erfc}\left[\sqrt{r_s\sin^2\left(\frac{\pi}{\sqrt{2}M}\right)}\right]=\operatorname{erfc}\left[\sqrt{r_b\log_2 M\cdot\sin^2\left(\frac{\pi}{\sqrt{2}M}\right)}\right] \tag{8-95}$$

式中，$r_b$为比特信噪比，定义为 $r_b=\frac{r_s}{\log_2 M}$。$M$PSK 系统的误码率性能曲线如图 8-40 所示。图中实线为 $M$PSK 性能，虚线为 $M$DPSK 性能，横坐标为比特信噪比 $r_b$。若采用格雷编码映射，则误码率和误比特率之间的关系可近似表示为

$$P_{b,MPSK}=\frac{P_{e,MPSK}}{\log_2 M} \tag{8-96}$$

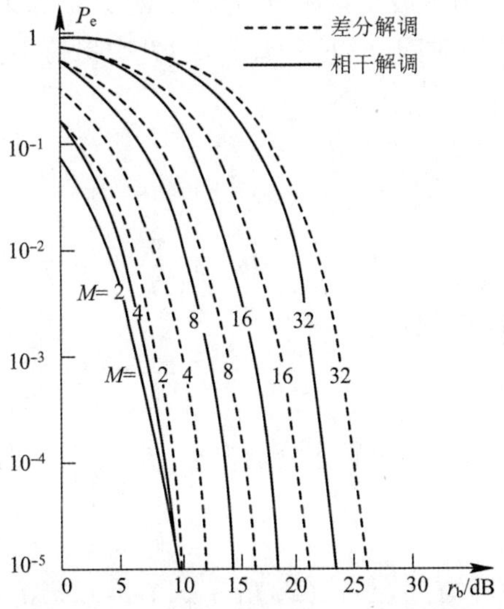


图 8-40 $M$PSK 系统的误码率性能曲线

# 8.6 改进的数字调制方式

## 8.6.1 最小相位频移键控（MSK）

由于已调信号包络恒定，因此，数字频率调制和数字相位调制有利于在非线性特性的信道中传输。由于一般频移键控信号相位不连续、频偏较大等，其频谱利用率较低。

最小相位频移键控（Minimum Frequency-shift Keying，MSK）是二进制连续相位 FSK 的一种特殊形式，有时也称为快速频移键控（FFSK）。所谓“最小”是指这种调制方式能以最小的调制指数（0.5）获得正交信号；而“快速”是指在给定同样的频带内，MSK 能比 2PSK 的数据传输速率更高，且在带外的频谱分量要比 2PSK 衰减得快。

### 8.6.1.1 MSK 的基本原理

MSK 是恒定包络、连续相位频率调制，其信号的表示式为

$$s_{\mathrm{MSK}}(t)=\cos\left(\omega_c t+\frac{\pi a_k}{2T_s}t+\varphi_k\right),\ (k-1)T_s\leqslant t\leqslant kT_s \tag{8-97}$$

令 $\theta(t)=\frac{\pi a_k}{2T_s}t+\varphi_k$，$(k-1)T_s\leqslant t\leqslant kT_s$，称为附加相位函数。则上式可表示为

$$s_{\mathrm{MSK}}(t)=\cos[\omega_c t+\theta(t)] \tag{8-98}$$

式中，$\theta(t)$ 为附加相位函数；$\omega_c$ 为载波角频率；$T_s$ 为码元宽度；$a_k$ 为第 $k$ 个输入码元，取值为±1；$\varphi_k$ 为第 $k$ 个码元的相位常数，在时间 $(k-1)T_s\leqslant t\leqslant kT_s$ 中保持不变，其作用是保证在码元转换时刻信号相位连续。

令 $\varphi_k(t)=\omega_c t+\frac{\pi a_k}{2T_s}t+\varphi_k$，则

$$\frac{\mathrm{d}\varphi_k(t)}{\mathrm{d}t}=\omega_c+\frac{\pi a_k}{2T_s}=\begin{cases}\omega_c+\frac{\pi}{2T_s}, & a_k=+1\\ \omega_c-\frac{\pi}{2T_s}, & a_k=-1\end{cases} \tag{8-99}$$

由上式可以看出，MSK 信号的两个频率分别为 $f_1=f_c-\frac{1}{4T_s}$，对应 $a_k=-1$；$f_2=f_c+\frac{1}{4T_s}$，对应 $a_k=+1$。

根据 MSK 信号的正交性可知，$\int_0^{T_s}[\cos(2\pi f_1 t+\varphi_k)\cos(2\pi f_2 t+\varphi_k)]\mathrm{d}t=0$ 成立，即要求

$$\frac{\sin[2\pi(f_1+f_2)T_s+2\varphi_k]}{2\pi(f_1+f_2)}+\frac{\sin[2\pi(f_1-f_2)T_s]}{2\pi(f_1-f_2)}-\frac{\sin(2\varphi_k)}{2\pi(f_1+f_2)}-\frac{\sin 0}{2\pi(f_1-f_2)}=0$$

(8-100)

显然上式中的四项应该分别等于0。由

$$\frac{\sin(2\varphi_k)}{2\pi(f_1+f_2)}=0$$

可得

$$2\varphi_k=n\pi, n=1,2,3,\cdots$$

令

$$f_c=\frac{f_1+f_2}{2}$$

则有

$$4\pi f_c T_s=n\pi,\ n=1,2,3,\cdots$$

所以中心频率$f_c$应选为

$$f_c=\frac{n}{4T_s}, n=1,2,\cdots \tag{8-101}$$

上式表明,MSK 信号在每一码元周期内必须包含四分之一载波周期的整数倍。$f_c$还可以表示为

$$f_c=\left(N+\frac{m}{4}\right)\frac{1}{T_s}, N\text{为正整数}; n=0,\ 1,\ 2,\ 3,\cdots \tag{8-102}$$

相应地,MSK 信号的两个频率可表示为

$$\begin{cases} f_1=f_c-\dfrac{1}{4T_s}=\left(N+\dfrac{m-1}{4}\right)\dfrac{1}{T_s},\ a_k=-1 \\ f_2=f_c+\dfrac{1}{4T_s}=\left(N+\dfrac{m+1}{4}\right)\dfrac{1}{T_s},\ a_k=+1 \end{cases} \tag{8-103}$$

由此可得频率间隔为

$$\Delta f=f_2-f_1=\frac{1}{2T_s} \tag{8-104}$$

码元周期可表示为

$$T_s=\left(N+\frac{m+1}{4}\right)T_2=\left(N+\frac{m-1}{4}\right)T_1 \tag{8-105}$$

式中,$T_1=\dfrac{1}{f_1}$,$T_2=\dfrac{1}{f_2}$。可见无论两个信号的频率取何值,两种码元波形中包含的正弦载波数均相差$\dfrac{1}{2}$个周期。例如:当 $N=1$,$m=3$ 时,对于比特"1"和"0",一个码元持续时间内分别有2个和1.5个正弦波周期。

MSK 信号的调制指数为

$$h=\Delta f T_s=\frac{1}{2T_s}\times T_s=0.5 \tag{8-106}$$

对于码元相位连续问题，我们知道，只有当一个码元中包含整数个载波周期时，初始相位相同的相邻码元间相位才是连续的，即波形是连续的；否则，即使初始相位 $\varphi_k$ 相同，波形也不连续。因此，对 MSK 信号第 $k$ 个码元的相位常数 $\varphi_k$ 的选择，应保证 MSK 信号相位在码元转换时刻是连续的。根据波形连续的一般条件即前一码元末尾的总相位等于后一码元开始时的总相位，可以得到相位约束条件为

$$\varphi_k=\varphi_{k-1}+(a_{k-1}-a_k)\left[\frac{\pi}{2}(k-1)\right]=\begin{cases}\varphi_{k-1}, & \text{当 } a_k=a_{k-1}\\ \varphi_{k-1}\pm(k-1)\pi, & \text{当 } a_k\neq a_{k-1}\end{cases} \tag{8-107}$$

上式反映了 MSK 信号前后码元区间的相位约束关系。

MSK 信号在第 $k$ 个码元的相位常数，不仅与当前码元的取值 $a_k$ 有关，还与前一码元的取值 $a_{k-1}$ 及相位常数 $\varphi_{k-1}$ 有关。对于相干解调而言，可以假定 $\varphi_k$ 的初始参考值为 0，则可以得到

$$\varphi_k=0 \text{ 或 } \pi\ (\text{模 } 2\pi)\quad k=1,\ 2,\ 3,\cdots \tag{8-108}$$

由附加相位函数 $\theta(t)$ 的表示式可以看出，$\theta(t)$ 是一直线方程，其斜率为 $\frac{a_k\pi}{2}$，截距为 $\varphi_k$。由于 $a_k$ 的取值为±1，故 $\frac{a_k\pi}{2T_s}t$ 是分段线性的相位函数（以码元宽度 $T_s$ 为段）。

MSK 的整个相位路径是由间隔为 $T_s$ 的一系列直线段所连成的折线。在任一个码元时间宽度 $T_s$，若 $a_k=+1$，则 $\theta(t)$ 线性增大 $\frac{\pi}{2}$；若 $a_k=-1$，则 $\theta(t)$ 线性减小 $\frac{\pi}{2}$。

对于给定的输入信号序列 $a_k=+1,\ +1,\ -1,\ +1,\ -1,\ +1,\ -1,\ -1$，相应的附加相位函数 $\theta(t)$ 的波形图如图 8-41 所示。

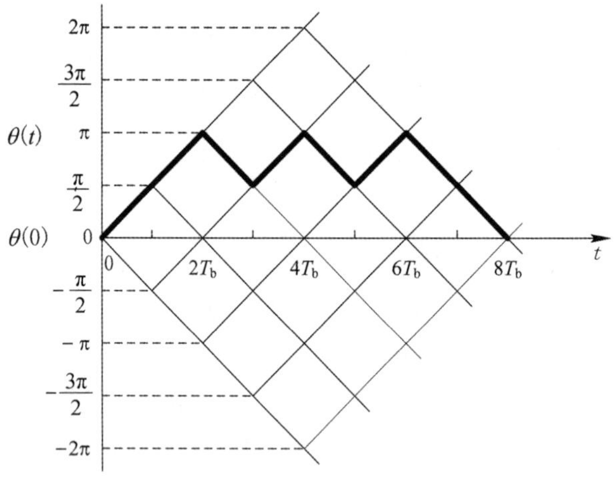


**图 8-41　附加相位函数 $\theta(t)$ 的波形图**

从以上分析总结得出，MSK 信号具有以下特点：

（1）MSK 信号是恒定包络信号；

（2）在码元转换时刻，信号的相位是连续的，以载波相位为基准的信号相位在一个码元期间内线性地变化 $\pm\frac{\pi}{2}$；

(3)在一个码元时间宽度内,信号应包括四分之一载波周期的整数倍,信号的频率偏移等于 $\pm\frac{1}{4T_s}$,相应的调制指数 $h=0.5$。

### 8.6.1.2　MSK 信号的产生

根据 MSK 信号的表达式,可以通过变换得到正交形式的如下表达式

$$s_{MSK}(t)=p_k\cos\frac{\pi t}{2T_s}\cos(\omega_c t)-q_k\sin\frac{\pi t}{2T_s}\sin(\omega_c t),\ (k-1)T_s\leqslant t\leqslant kT_s \tag{8-109}$$

式中,$p_k=\cos\varphi_k=\pm1$,$q_k=a_k\cos\varphi_k=\pm1$。

可以看出,MSK 信号可以分解为同相分量和正交分量两部分。根据上式构成的 MSK 信号产生方法原理图如图 8-42 所示。

MSK 信号的解调与 FSK 信号相似,可以采用相干解调,也可采用非相干解调。此外,还可采用延时判决相干解调法。

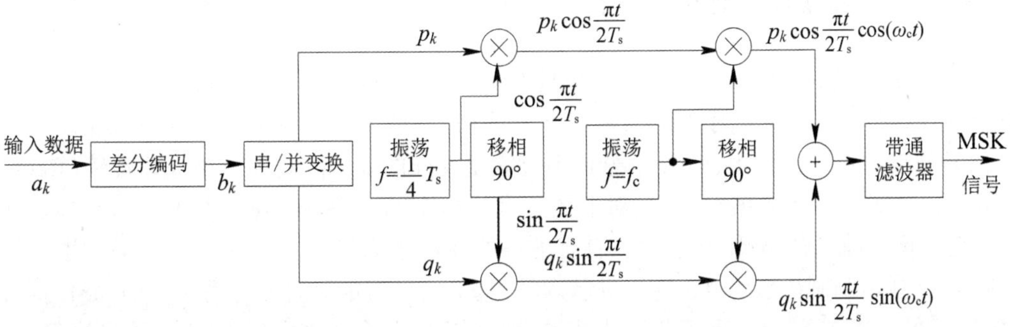


图 8-42　MSK 信号产生方法原理图

### 8.6.1.3　MSK 信号的功率谱

MSK 信号的归一化功率谱密度为

$$S_{MSK}(\omega)=\frac{16T_s}{\pi^2}\left\{\frac{\cos[2\pi(f-f_c)T_s]}{1-16(f-f_c)^2T_s^2}\right\}^2 \tag{8-110}$$

MSK 与 2PSK 信号的功率谱如图 8-43 所示。为了便于比较,图中还一并给出了 2PSK 信号的功率谱密度。与 2PSK 相比,MSK 信号的功率谱更加紧凑,其第一个零点出现在 $\frac{0.75}{T_s}$ 处,而 2PSK 的第一个零点出现在 $\frac{1}{T_s}$ 处。MSK 信号功率谱的主瓣所占的带宽比 2PSK 信号的窄;在主瓣带宽之外,MSK 功率谱的旁瓣下降得更为迅速,因此对邻道的干扰也较小。

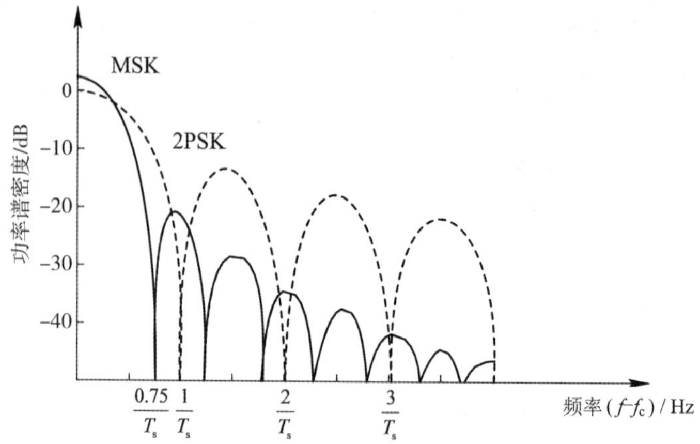


图 8-43　MSK 与 2PSK 信号的归一化功率谱

## 8.6.2　高斯最小频移键控（GMSK）

MSK 调制方式的突出优点是已调信号具有恒定包络，且功率谱在主瓣以外衰减较快。但是，移动通信对信号带外辐射功率的限制十分严格，一般要求必须衰减 70～80 dB 以上。从 MSK 信号的功率谱可以看出，MSK 信号仍不能满足这样的要求。高斯最小频移键控（Gaussian Minimum Shift Keying，GMSK）就是针对上述要求提出来的。GMSK 调制方式能满足移动通信环境下对邻道干扰的严格要求，它以其良好的性能而被全球移动通信系统（GSM）采用。

MSK 调制是调制指数为 0.5 的二进制调频，基带信号为矩形波形。为了压缩 MSK 信号的功率谱，可在 MSK 调制前加入预调制滤波器，即高斯型的低通滤波器，对矩形波形进行滤波，得到一种新型的基带波形，从而得到较好的频谱特性。这样的调制方式称为高斯最小频移键控（GMSK），其原理框图如图 8-44 所示。

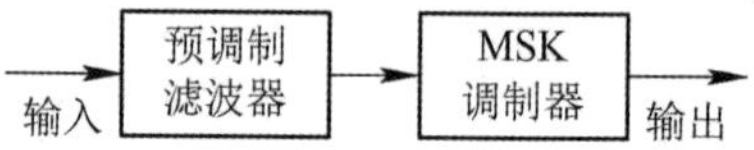


图 8-44　GMSK 调制的原理框图

为了有效地抑制 MSK 信号的带外功率辐射，预调制滤波器应具有以下特性：

（1）带宽窄，且具有陡峭的截止特性；

（2）具有较低的过脉冲响应；

（3）能保持输出脉冲的面积不变。

其中，条件（1）是为了抑制高频分量；条件（2）是为了防止过大的瞬时频偏；条件（3）是为了使调制指数为 0.5。

满足上述条件的预调制滤波器的频率特性可表示为

$$H(f) = \exp\left[-\frac{\ln 2}{2}\left(\frac{f}{B_b}\right)^2\right] \tag{8-111}$$

式中，$B_b$ 为滤波器的 3 dB 带宽。

根据上式可以得到此滤波器的冲激响应

$$h(t)=\frac{\sqrt{\pi}}{\alpha}\exp\left(-\frac{\pi}{\alpha}t\right)^2 \tag{8-112}$$

式中，$\alpha=\frac{1}{B_b}\sqrt{\frac{\ln 2}{2}}$。由于 $h(t)$ 具有高斯型波形特性，故称为高斯型滤波器。

GMSK 信号的归一化功率谱密度如图 8-45 所示。图中 $B_bT_b$ 为高斯低通滤波器的归一化 3 dB 带宽 $B_b$ 与码元长度 $T_b$ 的乘积。GMSK 调制的缺点是系统存在码间干扰。$B_bT_b$ 的值越小，码间干扰越大。

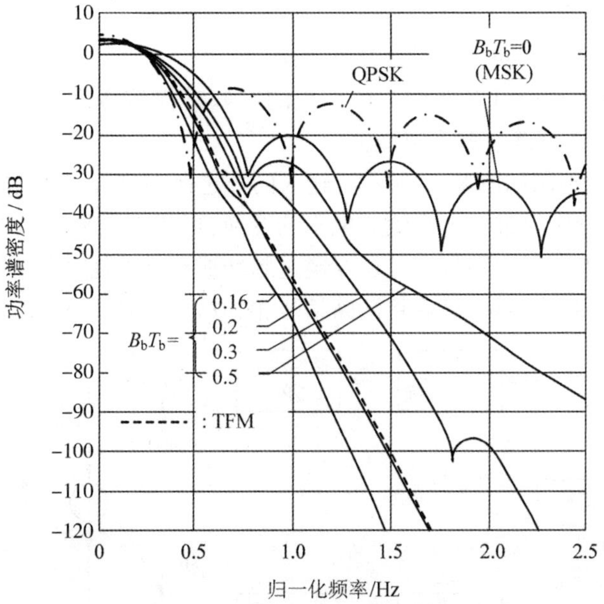


图 8-45　GMSK 信号的归一化功率谱密度

### 8.6.3　正交振幅调制（MQAM）

在现代通信中，提高频谱利用率一直是人们关注的焦点之一。近年来，随着通信业务需求的迅速增长，寻找频谱利用率高的数字调制方式已成为数字通信系统设计、研究的主要目标之一。此前讨论的多进制键控调制方案在提高传输效率方面具有一定的优势，但随着进制数 $M$ 的增大，其噪声容限逐渐减小，致使误码性能下降。为了克服这一缺点，人们提出了正交振幅调制（$M$QAM）方案，这是一种频谱利用率很高的调制方式，在中大容量数字微波通信系统、有线电视网络高速数据传输、卫星通信系统等领域得到了广泛应用。在移动通信中，随着微蜂窝和微微蜂窝的出现，信道传输特性发生了很大变化。过去在传统蜂窝系统中不能应用的正交振幅调制也引起了人们的重视。

正交振幅调制是用两个独立的基带数字信号对两个相互正交的同频载波进行抑制载波的双边带调制，利用这种已调信号在同一带宽内频谱正交的性质来实现两路并行的数字信息传输。正交振幅调制信号的一般表示式为

$$s_{MQAM}(t)=\sum_{n=-\infty}^{\infty}A_n g(t-nT_s)\cos(\omega_c t+\theta_n) \tag{8-113}$$

式中，$A_n$是基带信号幅度；$g(t-nT_s)$是宽度为$T_s$的单个基带信号波形。上式还可以变换为正交表示形式

$$s_{MQAM}(t)=\left[\sum_{n=-\infty}^{\infty}A_n g(t-nT_s)\cos\theta_n\right]\cos(\omega_c t)-\left[\sum_{n=-\infty}^{\infty}A_n g(t-nT_s)\sin\theta_n\right]\sin(\omega_c t) \tag{8-114}$$

令 $X_n=A_n\cos\theta_n$，$Y_n=A_n\sin\theta_n$，则上式可表示为

$$\begin{aligned}s_{MQAM}(t)&=\left[\sum_{n=-\infty}^{\infty}X_n g(t-nT_s)\right]\cos(\omega_c t)-\left[\sum_{n=-\infty}^{\infty}Y_n g(t-nT_s)\right]\sin(\omega_c t)\\&=X(t)\cos(\omega_c t)-Y(t)\sin(\omega_c t)\end{aligned} \tag{8-115}$$

由上式可见，MQAM 信号可以看作两个正交的振幅键控信号之和。显然，MQAM 信号可由$A_n$和$\theta_n$来确定，$A_n$和$\theta_n$可以取多个离散值。

MQAM 信号调制原理图如图 8-46 所示。输入的二进制序列经过串/并变换器输出速率减半的两路并行序列，再分别经过 2 电平到 L 电平的变换，形成 L 电平的基带信号。为了抑制已调信号的带外辐射，该 L 电平的基带信号还要经过脉冲成形低通滤波器，形成 $X(t)$ 和 $Y(t)$，再分别与同相载波和正交载波相乘，最后将两路信号相加即可得到 MQAM 信号。

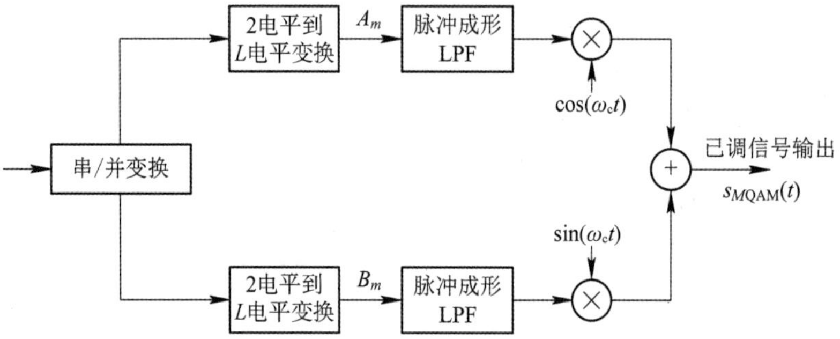


图 8-46　MQAM 信号调制原理图

信号矢量端点的分布图称为星座图。通常，可以用星座图来描述 MQAM 信号的信号空间分布状态。对于 $M=16$ 的 16QAM 来说，有多种分布形式的信号星座图。两种具有代表意义的信号星座图如图 8-47 所示。在图 8-47(a)中，信号点的分布呈矩形，故称为矩形 16QAM 星座，也称为标准型 16QAM。在图 8-47(b)中，信号点的分布呈星形，故称为星形 16QAM 星座。

若信号点之间的最小距离为 2A，且所有信号点等概率出现，则平均发射信号功率为

$$p_{av}=\frac{A^2}{M}\sum_{n=1}^{M}(X_n^2+Y_n^2) \tag{8-116}$$

对于矩形 16QAM 星座，信号平均功率为

$$p_{矩形}=\frac{A^2}{16}(4\times2+8\times10+4\times18)=10A^2 \tag{8-117}$$

对于星形 16QAM 星座，信号平均功率为

$$p_{星形}=\frac{A^2}{16}(8\times2.61^2+8\times4.61^2)=14.03A^2 \tag{8-118}$$

通过比较可以看到，两者平均功率相差 1.4 dB。另外，两者的星座结构也有重要的差别。

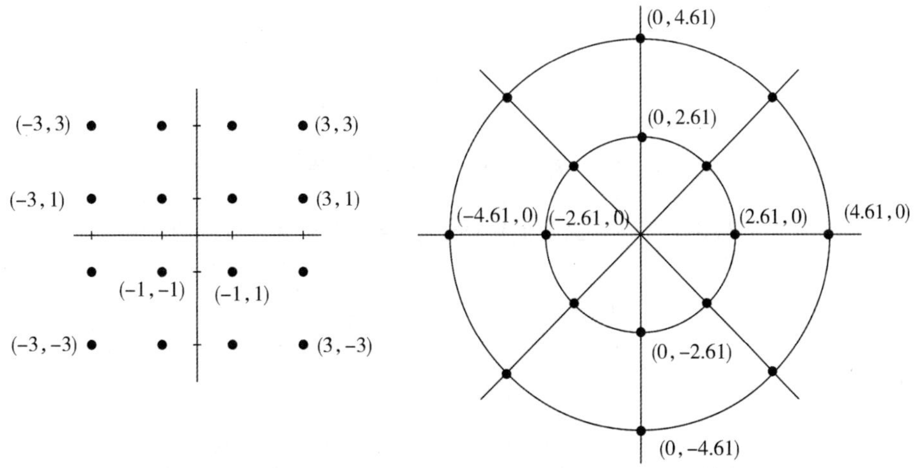


(a) 矩形16QAM星座 (b) 星形16QAM星座

**图 8-47 16QAM 的星座图**

一是星形 16QAM 星座只有两个振幅值,而矩形 16QAM 星座有三种振幅值;二是星形 16QAM 星座只有 8 种相位值,而矩形 16QAM 星座有 12 种相位值。这两点使得在衰落信道中,星形 16QAM 星座比矩形 16QAM 星座更具有吸引力。

若已调信号的最大幅度为 1,则 *M*PSK 信号星座图上信号点间的最小距离为

$$d_{MPSK} = 2\sin\left(\frac{\pi}{M}\right) \tag{8-119}$$

而 *M*QAM 信号矩形星座图上信号点间的最小距离为

$$d_{MQAM} = \frac{\sqrt{2}}{L-1} = \frac{\sqrt{2}}{\sqrt{M}-1} \tag{8-120}$$

式中,$L$ 为星座图上信号点在水平轴和垂直轴上投影的电平数,$M=L^2$。由上面两式可以看出,当 $M=4$ 时,$d_{4PSK}=d_{4QAM}$,实际上,4PSK 和 4QAM 的星座图相同。当 $M=16$ 时,$d_{16QAM}=0.47$,而 $d_{16PSK}=0.39$,$d_{16PSK}<d_{16QAM}$。这表明,16QAM 系统的抗干扰能力优于 16PSK。

*M*QAM 信号同样可以采用正交相干解调方法,其解调原理图如图 8-48 所示。解调器输入信号与本地恢复的两个正交载波相乘后,经过低通滤波输出两路多电平基带信号 $X(t)$ 和 $Y(t)$。多电平判决器对多电平基带信号进行判决和检测,再经 $L$ 电平到 2 电平转换和并/串变换器最终输出二进制数据。

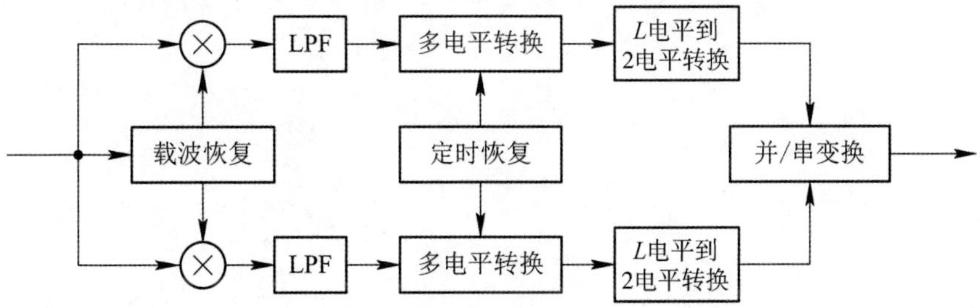


**图 8-48 *M*QAM 信号相干解调原理图**

矩形 *M*QAM 星座可以看作由两个相互正交且独立的多电平 ASK 信号叠加而成。因此,

利用多电平信号误码率的分析方法，可得到 $M$QAM 的误码率为

$$P_{e,MQAM}=\left(1-\frac{1}{L}\right)\mathrm{erfc}\left[\sqrt{\frac{3\log_2 L}{L^2-1}\left(\frac{E_b}{n_0}\right)}\right] \tag{8-121}$$

式中，$M=L^2$；$E_b$为每比特码元能量；$n_0$为噪声单边功率谱密度。$\frac{E_b}{n_0}$又称作比特能量信噪比。可以看到，矩形 $M$QAM 信号的误码率公式与 $M$ASK 信号的误码率公式有相同的形式，不同之处在于，用 $L$ 代替了 $M$。

# 复习与巩固

## 一、概念思考

1.什么是频带传输？其特点是什么？

2.写出二进制数字调制(2ASK、2FSK、2PSK 和 2DPSK)信号的时域表达式，画出相应的波形图。

3.试画出二进制数字调制(2ASK、2FSK、2PSK 和 2DPSK)信号的调制/解调原理框图？

4.2FSK 信号的常用解调方法有哪些？

5.什么是 2PSK 系统的相位模糊现象？如何克服？

6.简述几种二进制数字调制系统的抗噪性能比较结果。

7.简述多进制数字调制系统的优缺点及应用范围。

8.MSK 信号有何特点？

9.什么是高斯最小频移键控调制？

10.生成 GMSK 信号的高斯低通滤波器必须满足什么特性要求？

11.什么是信号星座图？画出 16PSK 和 16QAM 调制信号的星座图。

12.正交振幅调制信号有何特点？它是如何产生的？它与相位调制信号相比在抗噪性能方面有何优势？

## 二、课堂小测

1.与二进制数字调制系统相比，线性多进制数字调制系统的优点是________________，缺点是________________。

2.四相相位调制系统采用相干解调时，其相干载波的恢复具有_________重模糊度。

3.设信息传输速率为 $10^6$ b/s，则 2ASK、2PSK、2DPSK、QPSK、MSK 及 16QAM 信号的谱零点带宽分别为________________________________________________。

4.对 2ASK、2FSK、2PSK 三个系统的性能指标进行比较，其中有效性最差的是________，可靠性最好的是_________。

5.在解调过程中，____________方式会产生门限效应。

6.设 16QAM 系统和 16PSK 系统的接收机信噪比相等，则误码率较小的是_________，原因是__________________________。

7.MSK 信号的相位路径曲线的两个特点是_____________和_____________。

8.若要求信息传输速率为 3 kb/s，则采用二进制基带传输时需要的最小信道带宽为________ kHz；采用 8PSK 传输时的最小信道带宽为_________ kHz；若基带系统采用滚降系数为 $\alpha=0.5$ 的余弦滚降滤波器，频带仍采用 8PSK 传输，则此系统的谱零点带宽为________ kHz。

9.$M$ASK 与 2ASK 相比具有的特点为________。

A.码元传输速率相同条件下，信息传输速率是 2ASK 的 $\log_2 M$ 倍

B.码元传输速率相同条件下，带宽与 2ASK 系统相同

C.相同信噪比条件下，误码率小于 2ASK 系统

D.$M$ASK 不能充分利用发射机功率

10.若二进制信息传输速率为 6 Mb/s，假设数字调制器不采用脉冲成形带通滤波器，则 QPSK 及 8PSK 信号功率谱密度主瓣宽度为__________Hz 和__________Hz。

## 三、典型题解

1.已知电话信道可用的信号传输频带为 600～3000 Hz，取载频为 1800 Hz，试说明：

（1）采用 $\alpha=1$ 余弦滚降基带信号时，QPSK 调制可以传输 2400 b/s 数据；

（2）采用 $\alpha=0.5$ 余弦滚降基带信号时，8PSK 调制可以传输 4800 b/s 数据。

**解：**方法 1：由题意可知，信道带宽为

$$B=3000-600=2400\ \text{Hz}。$$

（1）当 $\alpha=1$ 时，QPSK 系统的频带利用率为

$$\eta_b=\frac{\log_2 M}{(1+\alpha)}=\frac{\log_2 4}{1+1}=1\ \text{b/s/Hz}$$

数据传输速率为

$$R_b=B\eta_b=2400\times 1=2400\ \text{b/s}$$

（2）当 $\alpha=0.5$ 时，8PSK 系统的频带利用率为

$$\eta_b=\frac{\log_2 M}{(1+\alpha)}=\frac{\log_2 8}{1+0.5}=2\ \text{b/s/Hz}$$

数据传输速率为

$$R_b=B\eta_b=2400\times 2=4800\ \text{b/s}$$

方法 2：利用频带系统带宽与基带系统带宽的关系，即

$$B_{频}=2B_{基}=2(1+\alpha)\frac{R_B}{2}=(1+\alpha)\frac{R_b}{\log_2 M}$$

将题中已给定的相关参数代入上式即可。

2.设有一个 2PSK 信号，其码元传输速率为 1000 B，载波波形为 $A\cos(4\pi\times10^6 t)$。

（1）试问每个码元中包含多少个载波周期？

（2）若发送“0”和“1”的概率分别是 0.6 和 0.4，试求此信号的功率谱密度的表达式。

**解：**（1）由载波波形可知，已调信号载频为 $2\times10^6$ Hz，因此每个码元中包含 $2\times10^6/1000=2000$ 个载波周期。

（2）2PSK 功率谱密度为

$$P_{2PSK}(f)=\frac{1}{4}[P_s(f-f_c)+P_s(f+f_c)]$$

式中，$P_s$ 为采用双极性矩形脉冲编码型的基带信号功率谱密度，因此有

$$P_s(f)=4f_sP(1-P)\ |G(f)|^2+\sum_{m=-\infty}^{\infty}|f_s(2P-1)G(mf_s)|^2\delta(f-mf_s)$$

$$G(f)=T_s\frac{\sin(\pi fT_s)}{\pi fT_s}$$

代入整理可得

$$P_{2PSK}(f)=f_sP(1-P)[|G(f-f_c)|^2+|G(f+f_c)|^2]+\frac{1}{4}f_s^{\ 2}(2P-1)^2\cdot$$

$$|G(0)|^2[\delta(f-f_c)+\delta(f+f_c)]$$

$$=\frac{240}{\pi^2}\left\{\left|\frac{\sin\dfrac{\pi(f-2\times10^6)}{1000}}{f-2\times10^6}\right|^2+\left|\frac{\sin\dfrac{\pi(f+2\times10^6)}{1000}}{f+2\times10^6}\right|^2\right\}+$$

$$0.01[\delta(f-2\times10^6)+\delta(f+2\times10^6)]$$

3.设有一个 2DPSK 传输系统对信号采用的编码规则为 $\Delta\varphi=\begin{cases}0, & 表示数字信息“0”\\ \pi, & 表示数字信息“1”\end{cases}$，并且载波相位 0 代表“0”码，载波相位π代表“1”码，参考相位为 0。其码元传输速率为 1200 B，载波频率为 2400 Hz，已知输入码元序列为 011010，试画出此 2DPSK 信号序列的波形图。

**解**：已知绝对序列为：　　0　1　1　0　1　0

相对序列：参考码元为“0”，0　0　1　0　0　1　1

每个码元中包含 2400/1200=2 个载波周期。

信号波形图如图 8-49 所示。

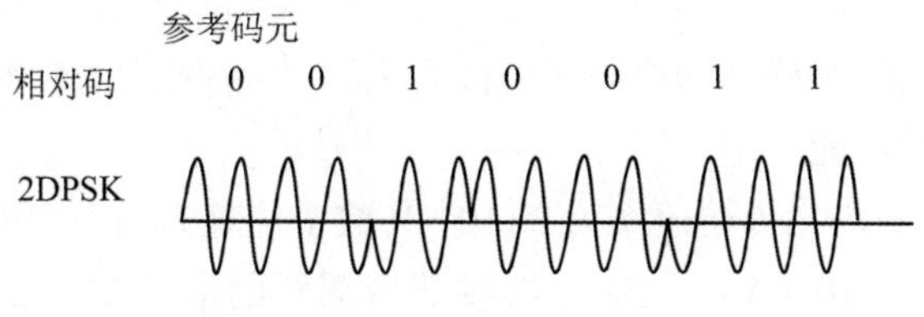


**图 8-49　题 3 的信号波形图**

4.设某 2FSK 调制系统的码元传输速率为 1000 B，已调信号的载频为 1000 Hz 和 2000 Hz。

(1)若发送的数字信息为 100101，试画出相应 2FSK 信号波形；

(2)试讨论对这种 FSK 信号应该选择何种解调器进行解调。

**解**：(1)以载频 $f_1=1000$ Hz 代表信号“0”，以载频 $f_2=2000$ Hz 代表信号“1”，此时，相应的 2FSK 信号的时域波形如图 8-50 所示。

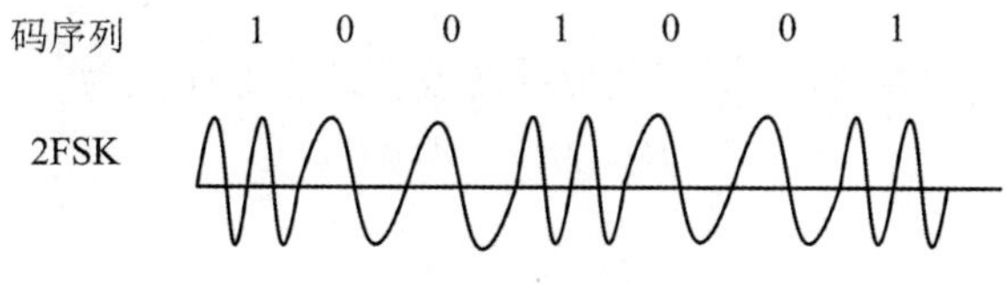


**图 8-50　题 4 的时域波形图**

(2)由于 $|f_2-f_1|=1000=f_s$，信号的功率谱密度呈现近似单峰形态，频谱有较大重叠，此

时再用包络检波方法不合适，上、下支路有较大干扰，使解调性能下降。所以可以采用相干解调或过零检测法解调。

5.设某2ASK系统中二进制码元传输速率为9600 B，发送“1”符号和“0”符号的概率相等，接收端分别采用同步检测法和包络检波法对该2ASK信号进行解调。已知接收端输入信号幅度 $a=1$ mV，信道等效加性高斯白噪声的双边功率谱密度 $n_0/2=4\times10^{-13}$ W/Hz。试求：

(1)同步检测法解调时系统总的误码率；

(2)包络检波法解调时系统总的误码率。

**解**：(1)对于2ASK信号，信号功率主要集中在其频谱的主瓣。因此，接收端带通滤波器带宽可取2ASK信号频谱的主瓣宽度，即

$$B=2f_s=2R_B=2\times9600=19200\text{ Hz}$$

带通滤波器输出噪声平均功率为

$$\sigma_n^2=n_0B=8\times10^{-13}\times19200=1.536\times10^{-8}\text{ W}$$

解调器输入端信噪比为

$$r=\frac{a^2}{2\sigma_n^2}=\frac{1\times10^{-6}}{2\times1.536\times10^{-8}}=\frac{1\times10^{-6}}{3.072\times10^{-8}}\approx32.55$$

因为信噪比 $r\approx32.55\gg1$，所以同步检测法解调时系统总的误码率为

$$P_e=\frac{1}{2}\mathrm{erfc}\left(\sqrt{\frac{r}{4}}\right)\approx\frac{1}{\sqrt{\pi r}}e^{-\frac{r}{4}}=\frac{1}{\sqrt{3.1416\times32.55}}e^{-8.138}\approx2.89\times10^{-5}$$

(2)包络检波法解调时系统总的误码率($r\gg1$)为

$$P_e=\frac{1}{2}e^{-\frac{r}{4}}=\frac{1}{2}e^{-8.138}=1.46\times10^{-4}$$

比较两种方法解调时系统总的误码率可以看出，在大信噪比的情况下，包络检波法解调性能接近同步检测法解调性能。

6.若某2FSK系统的码元传输速率为 $2\times10^6$ B，数字信息为“1”时的频率 $f_1$ 为10 MHz，数字信息为“0”时的频率 $f_2$ 为10.4 MHz。输入接收端解调器的信号振幅 $a=40$ μV。信道加性噪声为高斯白噪声，且其单边功率谱密度 $n_0=6\times10^{-18}$ W/Hz，试求：

(1)2FSK信号的带宽；

(2)非相干接收时，系统的误码率；

(3)相干接收时，系统的误码率。

**解**：(1)2FSK信号的带宽为

$$B_{2FSK}=|f_2-f_1|+\frac{2}{T_s}=|f_2-f_1|+2R_B=|10.4-10|+2\times2=4.4\text{ MHz}$$

(2)由题意可知，接收系统上、下支路带通滤波器的带宽应该为

$$B=2R_B=4\text{ MHz}$$

信噪比为

$$r=\frac{a^2}{2\sigma_n^2}=\frac{(40\times10^{-6})^2}{2\times6\times10^{-18}\times4\times10^6}\approx33.3$$

所以非相干接收时的误码率为

$$P_e = \frac{1}{2}e^{-\frac{r}{2}} = \frac{1}{2}e^{-16.7} = 3 \times 10^{-8}$$

(3)相干接收时的误码率为

$$P_e = \frac{1}{2}\text{erfc}\left(\sqrt{\frac{r}{2}}\right) = \frac{1}{2}\text{erfc}(16.7) = 4 \times 10^{-9}$$

7.若采用 2DPSK 方式传送二进制数字信息,要求以 1 Mb/s 的速率传输数据信息,误码率不超过 $10^{-4}$,已知接收端解调设备输入的高斯白噪声的单边功率谱密度为 $n_0 = 1\times10^{-12}$ W/Hz,试求:

(1)采用相位比较法时所需要的接收信号功率;

(2)采用极性比较法时所需要的接收信号功率。

**解**:由题意可知,系统传输二进制信息,由此可知系统的传码率 $R_B = 1$ MB。根据 2DPSK 信号的带宽可以确定接收段带通滤波器的带宽为

$$B = 2R_B = 2\ \text{MHz}$$

带通滤波器输出噪声的平均功率为

$$\sigma_n^2 = n_0 B = 1\times10^{-12}\times2\times10^6 = 2\times10^{-6}\ \text{W}$$

(1)当采用相位比较法接收时,其误码率为

$$P_e = \frac{1}{2}e^{-r} \leqslant 10^{-4}$$

可以得到满足误码性能的信噪比为

$$r = \frac{a^2}{2\sigma_n^2} \geqslant \ln5000 = 8.52$$

利用上式可以求得信号功率为

$$P_s = \frac{a^2}{2} \geqslant 8.52 \times \sigma_n^2 = 8.52 \times 2 \times 10^{-6} = 1.7 \times 10^{-5}\ \text{W}$$

分贝表示为-47.7 dB。

(2)当采用极性比较法接收时,其误码率为

$$P'_e = 1 - \text{erf}(\sqrt{r}) \leqslant 10^{-4}$$

整理得 $\text{erf}(\sqrt{r}) \geqslant 0.9999$,通过查表得到 $\sqrt{r} \geqslant 2.75$,即 $r \geqslant 7.56$。

因此可以求得信号功率为

$$P_s = \frac{a^2}{2} \geqslant 7.56 \times \sigma_n^2 = 7.56 \times 2 \times 10^{-6} = 1.5 \times 10^{-5}\ \text{W}$$

分贝表示为-48.2 dB。

总结:通过比较两种方法的结果可见,极性比较法的性能比相位比较法的性能略好。其原因在于极性比较法的相干载波没有噪声,而相位比较法的相乘的两路信号均有噪声,因此,后者性能自然略差。

8.在 2ASK 系统中,已知发送数据“1”的概率为 $P(1)$,发送数据“0”的概率为 $P(0)$。采用相干解调接收,并已知发送“1”时,输入接收端解调器的信号振幅为 $a$,输入的窄带高斯噪声方差为 $\sigma_n^2$。试确定:

(1) $P(1) \neq P(0)$ 时的最佳判决门限。

（2）$P(1)=P(0)$ 时，系统的误码率。

**解**：根据 2ASK 信号抗噪性能分析模型，设在一个码元持续时间 $T_s$ 内，经过带通滤波器后的接收信号为：

$$y(t)=s(t)+n(t)\quad 0<t\leqslant T_s$$

式中

$$s(t)=\begin{cases}a\cos(\omega_c t), & \text{发送“1”时}\\ 0, & \text{发送“0”时}\end{cases}$$

$$n(t)=n_c(t)\cos(\omega_c t)-n_s(t)\sin(\omega_c t)$$

$n(t)$ 为窄带高斯过程，即 $n(t)$、$n_c(t)$ 和 $n_s(t)$ 是均值为 0，方差为 $\sigma_n^2$ 的高斯随机过程。经过整理后得到经过带通滤波后的接收信号为：

$$y(t)=\begin{cases}[a+n_c(t)]\cos(\omega_c t)-n_s(t)\sin(\omega_c t), & \text{发送“1”时}\\ n_c(t)\cos(\omega_c t)-n_s(t)\sin(\omega_c t), & \text{发送“0”时}\end{cases}$$

（1）根据相干解调的原理，可得在抽样判决处的信号为：

$$x(t)=\begin{cases}a+n_c(t), & \text{发送“1”时}\\ n_c(t), & \text{发送“0”时}\end{cases}$$

式中，$a$ 为信号成分；$n_c(t)$ 为低通型高斯噪声。由随机信号分析可得，发送数据“1”时的抽样值的一维概率密度函数 $f_1(x)$ 为

$$f_1(x)=\frac{1}{\sqrt{2\pi}\sigma_n}\exp\left[-\frac{(x-a)^2}{2\sigma_n^2}\right]$$

发送数据“0”时的抽样值的一维概率密度函数 $f_0(x)$ 为

$$f_0(x)=\frac{1}{\sqrt{2\pi}\sigma_n}\exp\left(-\frac{x^2}{2\sigma_n^2}\right)$$

系统总的误码率为将“1”符号判为“0”符号的错误概率与将“0”符号判为“1”符号的错误概率的统计平均，即

$$P_e=P(1)P(0/1)+P(0)P(1/0)$$

式中，$P(0/1)$ 和 $P(1/0)$ 分别表示发“1”错判为“0”的概率和发“0”错判为“1”的概率。

若假设抽样判决器的判决门限为 $b$，则 $P(0/1)$ 和 $P(1/0)$ 分别表示为：

$$P(0/1)=P(x\leqslant b)=\int_{-\infty}^{b}f_1(x)\,\mathrm{d}x=\frac{1}{\sqrt{2\pi}\sigma_n}\int_{-\infty}^{b}\exp\left[-\frac{(x-a)^2}{2\sigma_n^2}\right]\mathrm{d}x=1-\frac{1}{2}\mathrm{erfc}\left(\frac{b-a}{\sqrt{2}\sigma_n}\right)$$

$$P(1/0)=P(x>b)=\int_{b}^{\infty}f_0(x)\,\mathrm{d}x=\frac{1}{\sqrt{2\pi}\sigma_n}\int_{b}^{\infty}\exp\left(-\frac{x^2}{2\sigma_n^2}\right)\mathrm{d}x=\frac{1}{2}\mathrm{erfc}\left(\frac{b}{\sqrt{2}\sigma_n}\right)$$

最佳判决门限即为使误码率 $P_e$ 最小的门限值 $b^*$，令

$$\left.\frac{\partial P_e}{\partial b}\right|_{b=b^*}=0$$

可得 $P(1)f_1(b^*)-P(0)f_0(b^*)=0$。

代入相关变量可得

$$P(1)\cdot\frac{1}{\sqrt{2\pi}\sigma_n}\exp\left[-\frac{(b^*-a)^2}{2\sigma_n^2}\right]-P(0)\cdot\frac{1}{\sqrt{2\pi}\sigma_n}\exp\left[-\frac{(b^*)^2}{2\sigma_n^2}\right]=0$$

$$P(1)\cdot\exp\left[-\frac{(b^*-a)^2}{2\sigma_n^2}\right]=P(0)\cdot\exp\left[-\frac{(b^*)^2}{2\sigma_n^2}\right]$$

对上式两边同时取对数后,有

$$\ln P(1)-\frac{(b^*-a)^2}{2\sigma_n^2}=\ln P(0)-\frac{(b^*)^2}{2\sigma_n^2}$$

化简后得到最佳判决门限为

$$b^*=\frac{a}{2}+\frac{\sigma_n^2}{a}\ln\frac{P(0)}{P(1)}$$

(2)当 $P(1)=P(0)$ 时,最佳判决门限为 $b^*=\frac{a}{2}$,将其代入误码率公式可得

$$P_e=\frac{1}{2}\text{erfc}\left(\frac{\sqrt{r}}{2}\right)$$

式中,$r=\frac{a^2}{2\sigma_n^2}$ 为解调器输入端的信噪比。

9.设有一 MSK 信号,其码元传输速率为 1000 B,分别用 $f_1$ 和 $f_0$ 表示码元“1”和“0”。若 $f_1$ 等于 1250 Hz,试求 $f_0$ 应等于多少,并画出三个码元“1010”的波形。

**解:**设载频为 $f_c$,已知码元传输速率 $f_s=1000$ B,根据

$$f_0=f_c-\frac{1}{4}T_s,\ f_1=f_c+\frac{1}{4}T_s$$

得到

$$f_0=f_1-\frac{1}{2}T_s=1250-\frac{1000}{2}=750\ \text{Hz}=\frac{3}{4}f_s,\ f_1=1250\ \text{Hz}=\frac{5}{4}f_s$$

$$f_c=\frac{f_1+f_0}{2}=\frac{1250+750}{2}=1000\ \text{Hz}$$

所以,三个码元“1010”的波形为

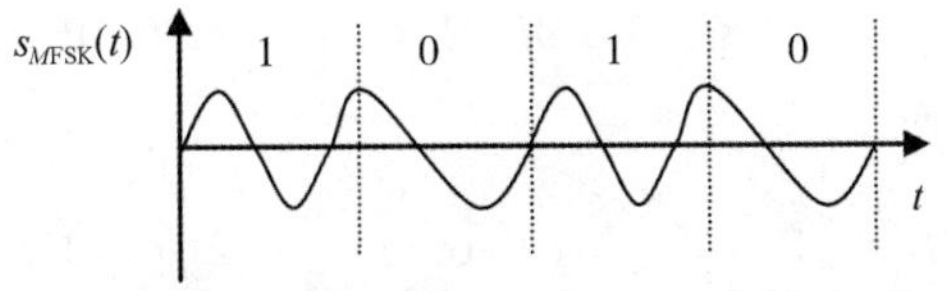


10.试对 QPSK 和 BPSK 通信系统的频带利用率和误比特率进行比较。

**解:**QPSK 通信系统的频带利用率为 $\frac{2}{1+\alpha}$ b/s/Hz, BPSK 通信系统的频带利用率为 $\frac{1}{1+\alpha}$ b/s/Hz。可见,在频带利用率方面,QPSK 系统要优于 BPSK 系统。两系统的误比特率相同。

11.在数字通信系统中,接收机的带通滤波器带宽能否小于已调信号带宽？为什么？

**解:**在数字通信系统中,接收机的带通滤波器带宽可以小于已调信号带宽。

以线性调制系统为例来说明。线性调制信号的第一零点带宽等于码速的 2 倍,而传输系统的频带利用率为 $\eta=\frac{1}{1+\alpha}$ B/Hz,由于滚降系数 $\alpha$ 可以小于 1,所以 $\eta$ 可以大于 0.5 B/Hz,即线

性调制信号占用的信道带宽可以小于 $2R_B$。进入接收滤波器的信号带宽也可以小于 $2R_B$，因此接收滤波器带宽可以小于信号带宽。接收滤波器输出信号虽然有失真，但只要整个系统的频率特性满足无码间干扰条件，则这种失真并不影响信息的正确传输。

12.在电话信道中传输数据，当数据速率比较高时，一般采用相位调制而不采用相位调制或频率调制，为什么？

**解：**因为相位调制系统的抗噪声性能优于频率调制和振幅调制系统。当数据速率比较高时，占用的信道带宽大，接收机信噪比小，必须采用抗噪声性能好的相位调制方式才能满足误码率要求。另外，当数据速率高时，电话信道不可能提供足够宽的信道来传输 2FSK 信号，因此，采用频率调制时，电话信道只能传输低速率数据。

13.综合考虑线性多进制数字调制系统的优缺点，给出它的应用范围。

**解：**当要求传输的信息传输速率比较高、信道带宽比较小且信道噪声比较小时，应采用多进制数字调制系统。因为多进制线性调制系统的频带利用率高，故可以用比较窄的信道传输较高的信息传输速率。但这种方式的抗噪声性能比较差，只有当信道噪声比较小时才能保证有足够小的误比特率。

14.简述 MSK 信号的特点。

**解：**MSK 信号是正交信号；包络恒定；相位连续，且在一个码元周期内线性地变化 $\pm\frac{\pi}{2}$；在一个码元周期内，信号应包括四分之一载波周期的整数倍，信号的频率偏移等于 $\pm\frac{1}{4}T_s(\text{Hz})$，相应的调制指数 $h=0.5$。

15.对最高频率为 6 MHz 的模拟信号进行 PCM 编码，量化电平数为 $M=8$，编码信号先通过 $\alpha=0.2$ 的升余弦滚降滤波器处理，再对载波进行调制。

（1）若采用 2PSK 调制（量化后进行二进制等长编码），求占用信道的带宽和频带利用率；

（2）若采用 8PSK 调制，求占用信道的带宽和频带利用率。

**解：**由题意可知，PCM 码流速率

$$R_B=R_b=2\times f_H\times\log_2 M=2\times6\times\log_2 8=36\ \text{Mb/s}$$

脉冲成形后，信号带宽为

$$B_{基}=(1+\alpha)\ \frac{R_B}{2}=(1+0.2)\times\frac{36}{2}=21.6\ \text{MHz}$$

（1）2PSK 调制后信号带宽

$$B_{2PSK}=2B_{基}=43.2\ \text{MHz}$$

频带利用率

$$\eta=\frac{R_b}{B_{2PSK}}=\frac{36}{43.2}=0.83\ \text{b/s/Hz}$$

（2）8PSK 调制后信号带宽

$$B_{8PSK}=2B_{基}=\frac{2\times(1+\alpha)\ R_b}{\frac{\log_2 8}{2}}=14.4\ \text{MHz}$$

频带利用率

$$\eta=\frac{R_b}{B_{8PSK}}=\frac{R_b}{14.4}=2.5\ \text{b/s/Hz}$$

16.某 2FSK 系统使用的两个载频信号分别为 $10\cos(2\pi\times10^4 t)$ 和 $10\cos(2.6\pi\times10^4 t)$，调制信道输出信噪比为 6 dB，解调器上下支路带通滤波器输出信噪比为 12 dB，试确定此 2FSK 系统的码元传输速率。

**解**：由题意可知，2FSK 系统使用的两个载波频率分别为 10 kHz 和 13 kHz。

利用解调器输入-输出信噪比的关系

$$\frac{snr_{in}}{snr_{out}}=\frac{S/B_{in}N_0}{S/B_{out}N_0}=\frac{B_{out}}{B_{in}}=\frac{2R_B}{B_{in}}=\frac{10^{\frac{6}{10}}}{10^{\frac{12}{10}}}=\frac{1}{4}$$

可得

$$B_{in}=8R_B=|f_2-f_1|+2R_B=3\ \text{kHz}+2R_B$$

即可解得 2FSK 的码元传输速率为 $R_B=500$ B。

## 四、课后拓展

1.用 Matlab 仿真实现 2ASK、2FSK 和 2PSK 时域波形和功率谱密度。已知基带信号为不归零矩形脉冲，码元周期 $T_s=1$ s，2ASK 和 2PSK 的载波频率为 $f_c=2$ Hz，幅度 $A=1$，2FSK 载频选取满足 $|f_1-f_2|\gg1/T_s$，波形采样设为每符号 8 点采样。

2.设载波频率为 10 Hz，符号速率为 1 B，利用 Matlab 画出：

(1) QPSK 信号时域波形；

(2) QPSK 信号经过带宽为 2 Hz 的系统的包络；

(3) QPSK 信号经过带宽为 2 Hz 的系统后，再经过特性为 $f(x)=1.5\tanh(2x)$ 的非线性功率放大器后的功率谱。

3.利用 Matlab 编程实现加性高斯白噪声信道下 $M$PSK 系统误码性能分析的蒙特卡罗仿真。

4.利用 Matlab 编程实现加性高斯白噪声信道下 $M$QAM 系统误码性能分析的蒙特卡罗仿真。

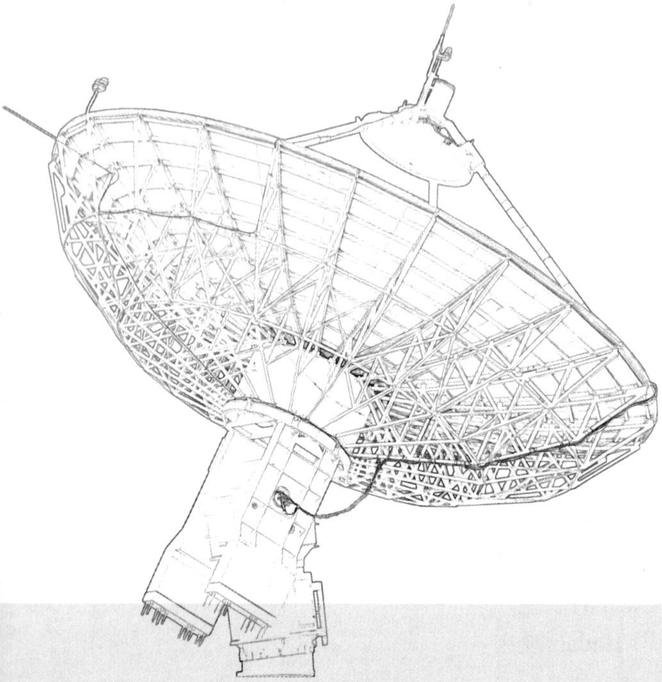

# 第9章

# 数字信号的最佳接收

## 知识点

- 数字通信系统的统计判决模型。
- 最佳接收准则,最小差错概率准则,似然比准则,最大似然比准则。
- 确知信号、随相数字信号、起伏数字信号的定义及特点。
- 二进制确知信号的最佳接收机结构及其误码性能分析。
- 普通接收机与最佳接收机的性能比较。
- 匹配滤波器的原理及其在最佳接收中的应用。
- 理想信道的含义。
- 最佳基带传输系统。

## 9.1 引言

一个通信系统的质量在很大程度上取决于接收系统的性能,本章将研究数字信号最佳接收问题。在实际数字传输系统中,信号在传输过程中会受到干扰,最常见的干扰是加性高斯白噪声(AWGN)。因此,研究数字通信系统的理论基础主要是统计判决理论。其中最佳接收理论便是以接收问题作为自己的研究对象,研究如何最好地从噪声中提取有用信号。

最好或最佳并不是一个绝对的概念,它是在某个准则下的一个相对概念。在某个准则下最佳的接收机,在另一个准则下并不一定是最佳的。

本章仅讨论数字信号最佳接收的基本原理,内容包括匹配滤波器、最佳接收准则、最佳接收机等。

# 9.2 最小差错概率接收准则

## 9.2.1 数字信号接收的统计模型

在数字信号的最佳接收分析中，不是采用先给出接收机模型然后分析其性能的分析方法，而是从数字信号接收统计判决模型出发，依据某种最佳接收准则，推导出相应的最佳接收机结构，然后分析其性能。数字通信系统的统计判决模型如图 9-1 所示。

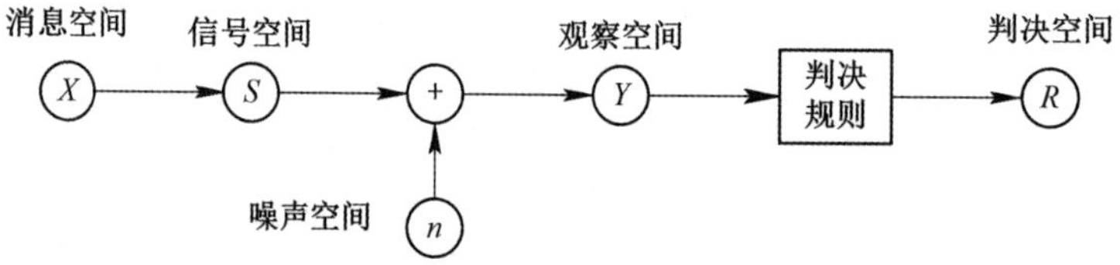


图 9-1 数字通信系统的统计判决模型

图 9-1 中消息空间、信号空间、噪声空间、观察空间及判决空间分别代表消息、发送信号、噪声、接收信号波形及判决结果的所有可能状态的集合。各个空间的状态用它们的统计特性来描述。

在数字通信系统中，消息是离散的状态，设消息的状态集合为

$$X = \{x_1, x_2, \cdots, x_m\}$$

若消息集合中每一状态的发送是统计独立的，第 $i$ 个状态 $x_i$ 的出现概率为 $P(x_i)$，则消息 $X$ 的一维概率分布为

$$\begin{Bmatrix} x_1 & x_2 & \cdots & x_m \\ P(x_1) & P(x_2) & \cdots & P(x_m) \end{Bmatrix}$$

根据概率的性质有

$$\sum_{i=1}^{n} P(x_i) = 1$$

若消息各状态 $x_1, x_2, \cdots, x_m$ 出现的概率相等，则有

$$P(x_1) = P(x_2) = \cdots = P(x_m) = \frac{1}{m}$$

由于消息是各种物理量，本身不能直接在数字通信系统中进行传输，因此需要将消息变换为相应的电信号 $s(t)$，用参数 $S$ 来表示。

将消息变换为信号可以有各种不同的变换关系，通常最直接的方法是建立消息与信号之间一一对应的关系，即消息 $x_i$ 与信号 $s_i (i=1, 2, \cdots, m)$ 相对应。这样，信号集合 $S$ 也由 $m$ 个

状态组成，即

$$S=\{s_1,s_2,\cdots,s_m\}$$

并且信号集合各状态出现概率与消息集合各状态出现概率相等，即

$$P(s_1)=P(x_1),\ P(s_2)=P(x_2),\ \cdots,\ P(s_m)=P(x_m)$$

同时也有

$$\sum_{i=1}^{m}P(s_i)=1$$

若消息各状态出现的概率相等，则有

$$P(s_1)=P(s_2)=\cdots=P(s_m)=\frac{1}{m}$$

其中，$P(s_i)$是描述信号发送概率的参数，通常称为先验概率，是信号统计检测的第一数据。

信道特性是加性高斯噪声信道，噪声空间 $n$ 是加性高斯噪声。在前面各章分析系统抗噪声性能时，用噪声的一维概率密度函数来描述噪声的统计特性，在本章最佳接收中，为了更全面地描述噪声的统计特性，采用噪声的多维联合概率密度函数。

噪声 $n$ 的 $k$ 维联合概率密度函数为

$$f(n)=f(n_1,\ n_2,\cdots,\ n_k) \tag{9-1}$$

式中，$n_1,\ n_2,\ \cdots,\ n_k$为噪声 $n$ 在各时刻的可能取值。

根据随机信号分析理论，若噪声是高斯白噪声，则它在任意两个时刻上得到的样值都是互不相关的，同时也是统计独立的；若噪声是带限高斯型的，按抽样定理对其抽样，则它在抽样时刻上的样值也是互不相关的，同时也是统计独立的。

若随机信号各样值是统计独立的，则其 $k$ 维联合概率密度函数等于其 $k$ 个一维概率密度函数的乘积，即

$$f(n_1,\ n_2,\ \cdots,\ n_k)=f(n_1)\ f(n_2)\ \cdots\ f(n_k) \tag{9-2}$$

式中，$f(n_i)$是噪声 $n$ 在 $t_i$时刻的取值 $n_i$的一维概率密度函数。

若 $n_i$的均值为0，方差为 $\sigma_n^2$，则其一维概率密度函数为

$$f(n_i)=\frac{1}{\sqrt{2\pi}\,\sigma_n}\exp\left(-\frac{n_i^2}{2\sigma_n^2}\right) \tag{9-3}$$

噪声 $n$ 的 $k$ 维联合概率密度函数为

$$f(n)=\frac{1}{(\sqrt{2\pi}\,\sigma_n)^k}\exp\left(-\frac{1}{2\sigma_n^2}\sum_{i=1}^{k}n_i^2\right) \tag{9-4}$$

式中，$\sigma_n^2$ 是噪声的方差，即平均功率。当 $k$ 很大时，$\frac{1}{2f_{\mathrm{H}}T}\sum_{i=1}^{k}n_i^2$ 代表在观察时间$(0,T)$内的平均功率。根据帕塞瓦尔定理，当 $k$ 很大时有

$$\frac{1}{2f_{\mathrm{H}}T}\sum_{i=1}^{k}n_i^2=\frac{1}{T}\int_0^T n^2(t)\,\mathrm{d}t \tag{9-5}$$

设系统带宽 $B=f_{\mathrm{H}}$，对噪声采样的频率 $f_{\mathrm{s}}=2f_{\mathrm{H}}=\frac{1}{\Delta t}=\frac{1}{\mathrm{d}t}$，则式(9-4)噪声 $n$ 的 $k$ 维联合概率密度函数可表示为

$$f(n)=\frac{1}{(\sqrt{2\pi}\sigma_n)^k}\exp\left[-\frac{1}{n_0}\int_0^T n^2(t)\,\mathrm{d}t\right] \tag{9-6}$$

式中，$n_0=\sigma_n^2/f_H$，表示噪声的单边功率谱密度。

信号通过信道叠加噪声后到达观察空间，观察空间的观察波形为

$$y=n+s \tag{9-7}$$

由于在一个码元时间宽度 $T$ 内，信号集合中各状态 $s_1, s_2, \cdots, s_m$ 中之一被发送，因此在观察期间 $T$ 内观察波形为

$$y(t)=s_i(t)+n(t),\ i=1,2,\cdots,m \tag{9-8}$$

由于 $n(t)$ 是均值为 0，方差为 $\sigma_n^2$ 的高斯过程，则当出现信号 $s_i(t)$ 时，$y(t)$ 服从高斯分布，其概率密度函数 $f_{si}(y)$ 可表示为

$$f_{s_i}(y)=\frac{1}{(\sqrt{2\pi}\sigma_n)^k}\exp\left\{-\frac{1}{n_0}\int_0^T[y(t)-s_i(t)]^2\mathrm{d}t\right\} \tag{9-9}$$

式中，$f_{s_i}(y)$ 称为似然函数，它是信号统计检测的第二数据。根据 $y(t)$ 的统计特性，按照某种准则，即可对 $y(t)$ 做出判决。判决空间中可能出现的状态 $r_1, r_2, \cdots, r_m$ 与信号空间中的各状态 $s_1, s_2, \cdots, s_m$ 相对应。

## 9.2.2　最佳接收准则

在数字通信系统中，最直观且最合理的准则是最小差错概率接收准则。由于在传输过程中，信号会受到畸变和噪声的干扰，发送信号 $s_i(t)$ 时，在接收端不一定能判为 $r_i$ 出现，而是判决为空间的所有状态都可能出现。这样将会造成错误接收，显然，期望错误接收的概率越小越好。

在噪声干扰环境中，按照何种方法接收信号才能使得错误概率最小？以二进制数字通信系统为例分析其原理。

在二进制数字通信系统中，发送信号只有两种状态，假设发送信号 $s_1(t)$ 和 $s_2(t)$ 的先验概率分别为 $P(s_1)$ 和 $P(s_2)$，设 $s_1(t)$ 和 $s_2(t)$ 在观察时刻的取值分别为 $a_1$ 和 $a_2$，则当出现 $s_1(t)$ 信号时，$y(t)$ 的概率密度函数 $f_{s_1}(y)$ 为

$$f_{s_1}(y)=\frac{1}{(\sqrt{2\pi}\sigma_n)^k}\exp\left\{-\frac{1}{n_0}\int_0^T[y(t)-a_1]^2dt\right\} \tag{9-10}$$

同理，出现 $s_2(t)$ 信号时，$y(t)$ 的概率密度函数 $f_{s_2}(y)$ 为

$$f_{s_2}(y)=\frac{1}{(\sqrt{2\pi}\sigma_n)^k}\exp\left\{-\frac{1}{n_0}\int_0^T[y(t)-a_2]^2dt\right\} \tag{9-11}$$

$f_{s_1}(y)$ 和 $f_{s_2}(y)$ 的曲线如图 9-2 所示。

若在观察时刻得到的观察值为 $y_i$，可依概率将 $y_i$ 判为 $r_1$ 或 $r_2$。在 $y_i$ 附近取一小区间 $\Delta a$，$y_i$ 在区间 $\Delta a$ 内属于 $r_1$ 的概率为 $q_1=\int_{\Delta a}f_{s_1}(y)\,\mathrm{d}y$；$y_i$ 在相同区间 $\Delta a$ 内属于 $r_2$ 的概率为 $q_2=\int_{\Delta a}f_{s_2}(y)\,\mathrm{d}y$。从图可以看出，$q_1=\int_{\Delta a}f_{s_1}(y)\,\mathrm{d}y > q_2=\int_{\Delta a}f_{s_2}(y)\,\mathrm{d}y$，即 $y_i$ 属于 $r_1$ 的概率大于 $y_i$ 属于 $r_2$ 的概率。因此，依大概率应将 $y_i$ 判为 $r_1$ 出现。由于 $f_{s_1}(y)$ 和 $f_{s_2}(y)$ 在小区间 $\Delta a$ 内的单调

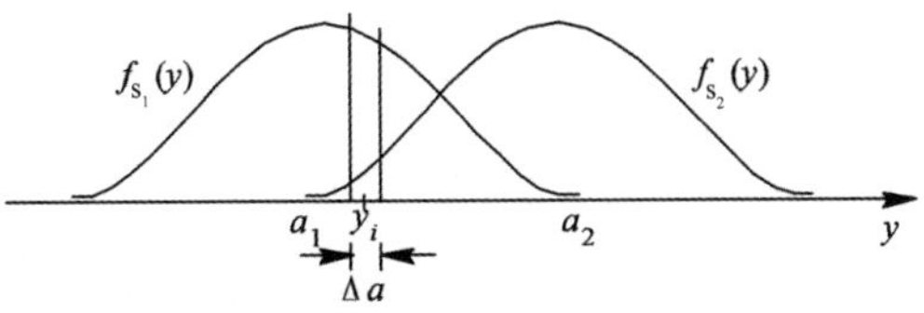


图 9-2　$f_{s_1}(y)$ 和 $f_{s_2}(y)$ 的曲线图

性质,图 9-2 所示的判决过程可以简化为图 9-3 所示的判决过程。

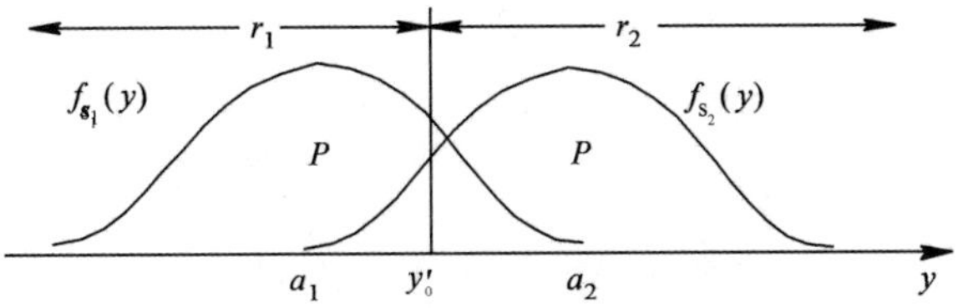


图 9-3　判决过程示意图

在图 9-3 中 $y$ 坐标上可以找到一个划分点 $y_0'$。在区间 $(-\infty, y_0')$，$q_1>q_2$；在区间 $(y_0', \infty)$，$q_1<q_2$。根据图 9-3 所分析的判决原理,当观察时刻得到的观察值 $y_i\in(-\infty, y_0')$ 时,判为 $r_1$ 出现;当观察时刻得到的观察值 $y_i\in(y_0', \infty)$ 时,判为 $r_2$ 出现。

如果发送的是 $s_1(t)$,但是观察时刻得到的观察值 $y_i$ 落在 $(y_0', +\infty)$ 区间，被判为 $r_2$ 出现，这时将造成错误判决,其错误概率为

$$P_{s_1}(s_2)=\int_{y_0'}^{\infty}f_{s_1}(y)\,\mathrm{d}y \tag{9-12}$$

同理,如果发送的是 $s_2(t)$,但是观察时刻得到的观察值 $y_i$ 落在 $(-\infty, y_0')$ 区间，被判为 $r_1$ 出现,这时也将造成错误判决,其错误概率为

$$P_{s_2}(s_1)=\int_{-\infty}^{y_0'}f_{s_2}(y)\,\mathrm{d}y \tag{9-13}$$

此时系统总的误码率为

$$\begin{aligned}P_e&=P(s_1)P_{s_1}(s_2)+P(s_2)P_{s_2}(s_1)\\&=P(s_1)\int_{y_0'}^{\infty}f_{s_1}(y)\,\mathrm{d}y+P(s_2)\int_{-\infty}^{y_0'}f_{s_2}(y)\,\mathrm{d}y\end{aligned} \tag{9-14}$$

由上式可以看出,系统总的误码率与先验概率、似然函数及划分点 $y_0'$ 有关。

在先验概率和似然函数一定的情况下,系统总的误码率 $P_e$ 是划分点 $y_0'$ 的函数。不同的 $y_0'$ 将有不同的 $P_e$,自然希望选择一个划分点 $y_0'$ 使误码率 $P_e$ 达到最小。使误码率 $P_e$ 达到最小的划分点 $y_0$ 称为最佳划分点。$y_0$ 可以通过求 $P_e$ 的最小值得到,即

$$\left.\frac{\partial P_e}{\partial y_0'}\right|_{y_0}=0 \tag{9-15}$$

将式(9-14)代入式(9-15),计算整理后可得

$$-P(s_1)f_{s_1}(y_0)+P(s_2)f_{s_2}(y_0)=0$$

由此便可以得到最佳划分点将满足如下方程

$$\frac{f_{s_1}(y_0)}{f_{s_2}(y_0)}=\frac{P(s_2)}{P(s_1)} \tag{9-16}$$

式中，$y_0$为最佳划分点。

如果观察时刻得到的观察值 $y$ 小于最佳划分点 $y_0$，应判为 $r_1$出现，此时 $\frac{\partial P_e}{\partial y_0'} < 0$；如果观察时刻得到的观察值 $y$ 大于最佳划分点 $y_0$，应判为 $r_2$出现，此时 $\frac{\partial P_e}{\partial y_0'} > 0$。因此，为了达到最小差错概率，可以按以下规则进行判决：

$$\begin{cases} \dfrac{f_{s_1}(y)}{f_{s_2}(y)} > \dfrac{P(s_2)}{P(s_1)}, & \text{判为 } r_1(\text{即 } s_1) \\ \dfrac{f_{s_1}(y)}{f_{s_2}(y)} < \dfrac{P(s_2)}{P(s_1)}, & \text{判为 } r_2(\text{即 } s_2) \end{cases} \tag{9-17}$$

上式为似然比准则。在加性高斯白噪声条件下，似然比准则和最小差错概率准则是等价的。当 $s_1(t)$ 和 $s_2(t)$ 的发送概率相等时，即 $P(s_1)=P(s_2)$，则

$$\begin{cases} f_{s_1}(y) > f_{s_2}(y), & \text{判为 } r_1(\text{即 } s_1) \\ f_{s_1}(y) < f_{s_2}(y), & \text{判为 } r_2(\text{即 } s_2) \end{cases} \tag{9-18}$$

上式判决规则称为最大似然准则，其物理概念是在接收到的波形 $y$ 中，哪个似然函数大就判为哪个信号出现。

以上判决规则可以推广到多进制数字通信系统中，对于 $M$ 个可能发送的信号，在先验概率相等时的最大似然准则为

$$f_{s_i}(y) > f_{s_j}(y),\ \text{判为 } s_i,\ i=1,\ 2,\ \cdots,\ M;\ j=1,\ 2,\ \cdots,\ M;\ i \neq j \tag{9-19}$$

最小差错概率准则是数字通信系统最常采用的准则，除此之外，贝叶斯（Bayes）准则、尼曼-皮尔逊（Neyman-Pearson）准则、极大极小准则等有时也被采用。

# 9.3 确知信号的最佳接收

在数字通信系统中，接收机输入信号根据其特性可以分为两大类：确知信号和随参信号。确知信号是指一个信号出现后，它的所有参数（如幅度、频率、相位、到达时刻等）都是确知的。如数字信号通过恒参信道到达接收机输入端的信号。随参信号根据信号中随机参量的不同又可细分为随机相位信号、随机振幅信号、随机振幅和相位信号（又称起伏数字信号）。本节讨论确知信号的最佳接收问题。

信号统计检测是利用概率和数理统计的工具来设计接收机。最佳接收机设计是指在一组给定的假设条件下，利用信号检测理论给出满足某种最佳准则接收机的数学描述和组成原理框图，而不涉及接收机各级的具体电路。本节分析中所采用的最佳准则是最小差错概率准则。

## 9.3.1 二进制确知信号最佳接收机结构

接收端原理图如图 9-4 所示。设到达接收机输入端的两个确知信号分别为 $s_1(t)$ 和 $s_2(t)$，它们的持续时间为 $(0,T)$，且有相等的能量，即

$$E = E_1 = \int_0^T s_1^2(t)\,dt = E_2 = \int_0^T s_2^2(t)\,dt \tag{9-20}$$

假设信道噪声 $n(t)$ 是加性高斯白噪声，均值为 0，方差为 $\sigma_n^2$，且单边功率谱密度为 $n_0$。要求设计的接收机能在噪声干扰下以最小错误概率检测信号。

根据上一节的分析，在加性高斯白噪声条件下，最小差错概率准则与似然比准则是等价的。因此，可以直接利用似然比准则对确知信号做出判决。

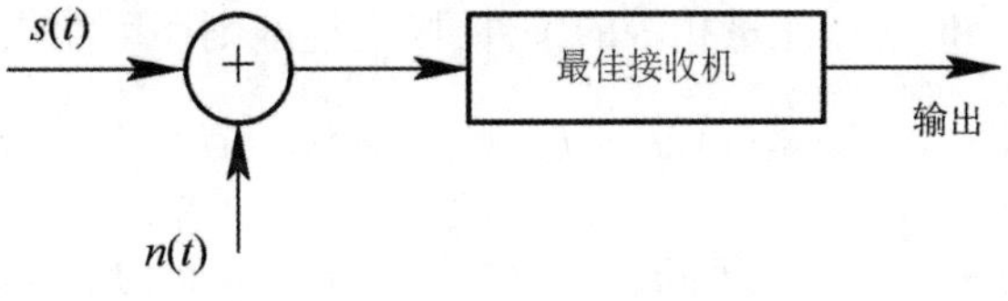


图 9-4　接收端原理图

在观察时间 $(0,T)$ 内，接收机输入端的信号为 $s_1(t)$ 和 $s_2(t)$，则合成波为

$$y(t) = \begin{cases} s_1(t) + n(t), & \text{发 } s_1(t) \text{ 时} \\ s_2(t) + n(t), & \text{发 } s_2(t) \text{ 时} \end{cases} \tag{9-21}$$

由上一节分析可知，当出现 $s_1(t)$ 或 $s_2(t)$ 时，观察空间的似然函数分别为

$$f_{s_1}(y)=\frac{1}{(\sqrt{2\pi}\sigma_n)^k}\exp\left\{-\frac{1}{n_0}\int_0^T[y(t)-s_1(t)]^2\mathrm{d}t\right\} \tag{9-22}$$

$$f_{s_2}(y)=\frac{1}{(\sqrt{2\pi}\sigma_n)^k}\exp\left\{-\frac{1}{n_0}\int_0^T[y(t)-s_2(t)]^2\mathrm{d}t\right\} \tag{9-23}$$

其似然比准则为

若 $\dfrac{f_{s_1}(y)}{f_{s_2}(y)}=\dfrac{\dfrac{1}{(\sqrt{2\pi}\sigma_n)^k}\exp\left\{-\dfrac{1}{n_0}\int_0^T[y(t)-s_1(t)]^2\mathrm{d}t\right\}}{\dfrac{1}{(\sqrt{2\pi}\sigma_n)^k}\exp\left\{-\dfrac{1}{n_0}\int_0^T[y(t)-s_2(t)]^2\mathrm{d}t\right\}}>\dfrac{P(s_2)}{P(s_1)}$，则判为 $s_1(t)$ 出现；

若 $\dfrac{f_{s_1}(y)}{f_{s_2}(y)}=\dfrac{\dfrac{1}{(\sqrt{2\pi}\sigma_n)^k}\exp\left\{-\dfrac{1}{n_0}\int_0^T[y(t)-s_1(t)]^2\mathrm{d}t\right\}}{\dfrac{1}{(\sqrt{2\pi}\sigma_n)^k}\exp\left\{-\dfrac{1}{n_0}\int_0^T[y(t)-s_2(t)]^2\mathrm{d}t\right\}}<\dfrac{P(s_2)}{P(s_1)}$，则判为 $s_2(t)$ 出现。

式中，$P(s_1)$ 和 $P(s_2)$ 分别为发送 $s_1(t)$ 和 $s_2(t)$ 的先验概率。整理得

$$P(s_1)\exp\left\{-\frac{1}{n_0}\int_0^T[y(t)-s_1(t)]^2\mathrm{d}t\right\}>P(s_2)\exp\left\{-\frac{1}{n_0}\int_0^T[y(t)-s_2(t)]^2\mathrm{d}t\right\}\text{，判 }s_1(t) \tag{9-24}$$

$$P(s_1)\exp\left\{-\frac{1}{n_0}\int_0^T[y(t)-s_1(t)]^2\mathrm{d}t\right\}<P(s_2)\exp\left\{-\frac{1}{n_0}\int_0^T[y(t)-s_2(t)]^2\mathrm{d}t\right\}\text{，判 }s_2(t) \tag{9-25}$$

在不等式两边取对数，可得

$$n_0\ln\frac{1}{P(s_1)}+\int_0^T[y(t)-s_1(t)]^2\mathrm{d}t<n_0\ln\frac{1}{P(s_2)}+\int_0^T[y(t)-s_2(t)]^2\mathrm{d}t\text{，判 }s_1(t) \tag{9-26}$$

$$n_0\ln\frac{1}{P(s_1)}+\int_0^T[y(t)-s_1(t)]^2\mathrm{d}t>n_0\ln\frac{1}{P(s_2)}+\int_0^T[y(t)-s_2(t)]^2\mathrm{d}t\text{，判 }s_2(t) \tag{9-27}$$

根据前面假设 $s_1(t)$ 和 $s_2(t)$ 能量相等的条件，则上述准则还可简化为

$$U_1+\int_0^T y(t)s_1(t)\mathrm{d}t>U_2+\int_0^T y(t)s_2(t)\mathrm{d}t\text{，判 }s_1(t) \tag{9-28}$$

$$U_1+\int_0^T y(t)s_1(t)\mathrm{d}t<U_2+\int_0^T y(t)s_2(t)\mathrm{d}t\text{，判 }s_2(t) \tag{9-29}$$

式中，$U_1=\dfrac{n_0}{2}\ln P(s_1)$，$U_2=\dfrac{n_0}{2}\ln P(s_2)$。在先验概率 $P(s_1)$ 和 $P(s_2)$ 给定的情况下，$U_1$ 和 $U_2$ 都为常数。

根据上面描述的判决规则，可得到二进制确知信号最佳接收机的结构如图 9-5 所示。比较器是比较抽样时刻 $t=kT$ 上下两个支路样值的大小。这种最佳接收机的结构是由比较观察波形 $y(t)$ 与 $s_1(t)$ 和 $s_2(t)$ 的相关性构成的，因而称为相关接收机。相乘器与积分器构成相关

器。接收过程是分别计算观察波形 $y(t)$ 与 $s_1(t)$ 和 $s_2(t)$ 的相关函数，在抽样时刻 $t=kT$，$y(t)$ 与哪个发送信号的相关值大就判为哪个信号出现。

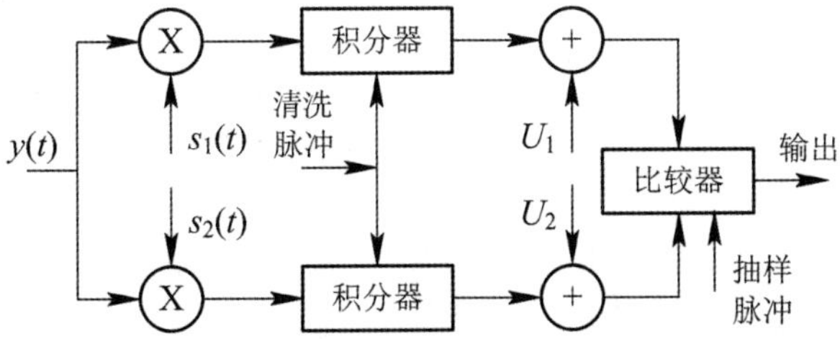


图 9-5　二进制确知信号最佳接收机的结构

如果发送信号 $s_1(t)$ 和 $s_2(t)$ 的出现概率相等，即 $P(s_1)=P(s_2)$，则 $U_1=U_2$。此时，图 9-5 中的两个相加器可以省去，则等先验概率情况下的二进制确知信号最佳接收机简化结构如图 9-6 所示。

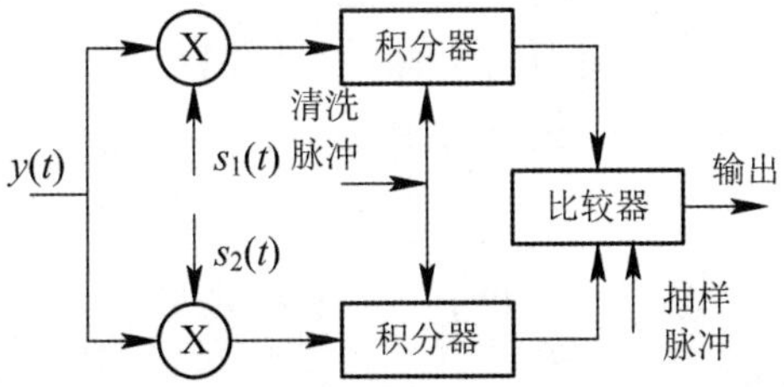


图 9-6　等先验概率情况下的二进制确知信号最佳接收机简化结构

## 9.3.2　二进制确知信号最佳接收机误码性能

由前面分析可知，对于如图 9-5 所示的二进制确知信号，最佳接收机是按最小差错概率准则设计的，表征了最佳接收机的极限性能，其输出总的误码率为

$$P_e = P(s_1)P_{s_1}(s_2) + P(s_2)P_{s_2}(s_1) \tag{9-30}$$

式中，$P(s_1)$ 和 $P(s_2)$ 是发送信号的先验概率，$P_{s_1}(s_2)$ 是发送 $s_1(t)$ 信号时错误判决为 $s_2(t)$ 信号的概率；$P_{s_2}(s_1)$ 是发送 $s_2(t)$ 信号时错误判决为 $s_1(t)$ 信号的概率。

分析 $P_{s_1}(s_2)$ 和 $P_{s_2}(s_1)$ 的方法相同，下面以分析 $P_{s_1}(s_2)$ 为例。设发送信号为 $s_1(t)$，接收机输入端合成波为

$$y(t)=s_1(t) + n(t) \tag{9-31}$$

式中，$n(t)$ 是高斯白噪声，其均值为 0，方差为 $\sigma_n^2$。显然，在接收端对接收信号进行判决时，当 $U_1 + \int_0^T y(t)s_1(t)\mathrm{d}t < U_2 + \int_0^T y(t)s_2(t)\mathrm{d}t$ 成立时，会将发送信号判为 $s_2(t)$，即发生了错误判决。将 $y(t)=s_1(t) + n(t)$ 代入上式，可得

$$U_1 + \int_0^T [s_1(t) + n(t)]s_1(t)\mathrm{d}t < U_2 + \int_0^T [s_1(t) + n(t)]s_2(t)\mathrm{d}t \tag{9-32}$$

代入 $U_1 = \frac{n_0}{2}\ln P(s_1)$，$U_2 = \frac{n_0}{2}\ln P(s_2)$，并利用 $s_1(t)$ 和 $s_2(t)$ 能量相等的条件可得

$$\int_0^T n(t)[s_1(t)-s_2(t)]\mathrm{d}t < \frac{n_0}{2}\ln\frac{P(s_2)}{P(s_1)} - \frac{1}{2}\int_0^T [s_1(t)-s_2(t)]^2\mathrm{d}t \tag{9-33}$$

式(9-33)左边是随机变量,令其为 $\xi$,即

$$\xi = \int_0^T n(t)[s_1(t)-s_2(t)]\mathrm{d}t$$

式(9-33)右边是常数,令其为 $a$, 即

$$a = \frac{n_0}{2}\ln\frac{P(s_2)}{P(s_1)} - \frac{1}{2}\int_0^T [s_1(t)-s_2(t)]^2\mathrm{d}t$$

若 $\xi<a$,则判为 $s_2(t)$ 出现,产生错误判决。这样,发送 $s_1(t)$ 将其错误判决为 $s_2(t)$ 的条件可简化为 $\xi<a$ 事件,相应的错误概率为

$$P_{s_1}(s_2) = P(\xi<a) \tag{9-34}$$

因此,只要求出随机变量 $\xi$ 的概率密度函数,即可计算出式(9-34)的数值。

根据假设条件,$n(t)$ 是高斯随机过程,其均值为 0,方差为 $\sigma_n^2$ 。由随机过程理论可知,高斯型随机过程的积分仍然是一个高斯型随机变量。所以 $\xi$ 是一个高斯随机变量,只要求出 $\xi$ 的数学期望和方差,就可以得到 $\xi$ 的概率密度函数。

$\xi$ 的数学期望为

$$E[\xi] = E\left[\int_0^T n(t)[s_1(t)-s_2(t)]\mathrm{d}t\right] = \int_0^T E[n(t)][s_1(t)-s_2(t)]\mathrm{d}t = 0 \tag{9-35}$$

$\xi$ 的方差为

$$\begin{aligned}\sigma_\xi^2 = D[\xi] &= E\left[\int_0^T\int_0^T n(t)[s_1(t)-s_2(t)]n(\tau)[s_1(\tau)-s_2(\tau)]\mathrm{d}t\mathrm{d}\tau\right] \\ &= \int_0^T\int_0^T E[n(t)n(\tau)][s_1(t)-s_2(t)]\ [s_1(\tau)-s_2(\tau)]\mathrm{d}t\mathrm{d}\tau\end{aligned} \tag{9-36}$$

式中, $E[n(t)n(\tau)]$ 为高斯白噪声 $n(t)$ 的自相关函数,由第 3 章随机信号分析可知

$$E[n(t)n(\tau)] = \frac{n_0}{2}\delta(t-\tau) = \begin{cases}\dfrac{n_0}{2}\delta(0), & t=\tau \\ 0, & t\neq\tau\end{cases} \tag{9-37}$$

将上式代入 $\sigma_\xi^2$ 可得

$$\sigma_\xi^2 = \frac{n_0}{2}\int_0^T [s_1(t)-s_2(t)]^2\mathrm{d}t \tag{9-38}$$

于是可以写出 $\xi$ 的概率密度函数为

$$f(\xi) = \frac{1}{\sqrt{2\pi}\,\sigma_\xi}\exp\left(-\frac{\xi^2}{2\sigma_\xi^2}\right) \tag{9-39}$$

至此, 可得发送 $s_1(t)$ 将其错误判决为 $s_2(t)$ 的概率为

$$P_{s_1}(s_2) = P(\xi<a) = \frac{1}{\sqrt{2\pi}\,\sigma_\xi}\int_{-\infty}^{a}\exp\left(-\frac{x^2}{2\sigma_\xi^2}\right)\mathrm{d}x \tag{9-40}$$

利用相同的分析方法,可以得到发送 $s_2(t)$ 将其错误判决为 $s_1(t)$ 的概率为

$$P_{s_2}(s_1) = \frac{1}{\sqrt{2\pi}\,\sigma_\xi}\int_{a'}^{\infty}\exp\left(-\frac{x^2}{2\sigma_\xi^2}\right)\mathrm{d}x \tag{9-41}$$

其中，$a'=\frac{n_0}{2}\ln\frac{P(s_2)}{P(s_1)}+\frac{1}{2}\int_0^T[s_1(t)-s_2(t)]^2\mathrm{d}t$。

系统总的误码率为

$$\begin{aligned}P_e&=P(s_1)P_{s_1}(s_2)+P(s_2)P_{s2}(s_1)\\&=P(s_1)\left[\frac{1}{\sqrt{2\pi}}\int_b^{\infty}\exp\left(-\frac{z^2}{2}\right)\mathrm{d}z\right]+P(s_2)\left[\frac{1}{\sqrt{2\pi}}\int_{b'}^{\infty}\exp\left(-\frac{z^2}{2}\right)\mathrm{d}z\right]\end{aligned}\tag{9-42}$$

式中，$z=-\frac{x}{\sigma_\xi}$，$b$ 和 $b'$分别为

$$b=\sqrt{\frac{1}{2n_0}\int_0^T[s_1(t)-s_2(t)]^2\mathrm{d}t}+\frac{\ln\frac{P(s_1)}{P(s_2)}}{2\sqrt{\frac{1}{2n_0}\int_0^T[s_1(t)-s_2(t)]^2\mathrm{d}t}}\tag{9-43}$$

$$b'=\sqrt{\frac{1}{2n_0}\int_0^T[s_1(t)-s_2(t)]^2\mathrm{d}t}+\frac{\ln\frac{P(s_2)}{P(s_1)}}{2\sqrt{\frac{1}{2n_0}\int_0^T[s_1(t)-s_2(t)]^2\mathrm{d}t}}\tag{9-44}$$

由上式可知，最佳接收机的误码性能与先验概率 $P(s_1)$ 和 $P(s_2)$、噪声功率谱密度 $n_0$及 $s_1(t)$ 和 $s_2(t)$之差的能量有关，而与 $s_1(t)$ 和 $s_2(t)$ 本身的具体结构无关。

在 $n_0$及两信号之差的能量一定时，$P_e$和先验概率的关系如下：

(1) 当 $\frac{P(s_1)}{P(s_2)}=0$ 或 $\infty$，$P_e=0$，预先知道，就不会发生错误判决；

(2) $P(s_1)=P(s_2)$ 时，即等先验概率，$P_e$最大；

(3) $P(s_1)\neq P(s_2)$ 时，即不等先验概率，$P_e$比等先验概率时略小。

等先验概率对于差错性能而言是一种最不利的情况，实际中常按此假设来设计最佳接收机结构。

### 9.3.3　二进制确知信号的最佳形式

一般情况下，先验概率是不容易确定的，通常选择等先验概率的假设来设计最佳接收机。当发送 $s_1(t)$ 和 $s_2(t)$ 的先验概率相等时，误码率 $P_e$还与 $s_1(t)$ 和 $s_2(t)$ 之差的能量有关，如何设计 $s_1(t)$ 和 $s_2(t)$ 使误码率 $P_e$达到最小，是需要解决的另一个问题。

比较上节式(9-43)和式(9-44)两式可以看出，当发送信号先验概率相等时，$b=b'$，此时误码率可表示为

$$P_e=\frac{1}{\sqrt{2\pi}}\int_A^{\infty}\exp\left(-\frac{z^2}{2}\right)\mathrm{d}z=\frac{1}{2}\mathrm{erfc}\left(\frac{A}{\sqrt{2}}\right)\tag{9-45}$$

式中，$A=\sqrt{\frac{1}{2n_0}\int_0^T[s_1(t)-s_2(t)]^2\mathrm{d}t}$。

为了分析方便，定义 $s_1(t)$ 和 $s_2(t)$ 之间的互相关系数为

$$\rho = \frac{\int_0^T s_1(t)s_2(t)dt}{\sqrt{E_1E_2}} \tag{9-46}$$

式中，$E_1$和$E_2$是信号$s_1(t)$和$s_2(t)$在$0 \leqslant t \leqslant T$的平均能量，$\rho$的取值范围为$(-1,1)$。

下面做如下讨论分析：

(1)当$s_1(t)$和$s_2(t)$具有相等的能量时，有$E_1 = E_2 = E_b$，对于二进制信号，可将$E_b$理解为平均比特能量。将$E_b$和$\rho$代入$A$表达式中可得

$$A = \sqrt{\frac{1}{2n_0}\int_0^T [s_1(t) - s_2(t)]^2 dt} = \sqrt{\frac{E_b(1-\rho)}{n_0}} \tag{9-47}$$

此时式(9-45)可表示为

$$P_e = \frac{1}{2}\text{erfc}\left(\sqrt{\frac{E_b(1-\rho)}{2n_0}}\right) \tag{9-48}$$

上式即为二进制确知信号(等概且能量相等时)最佳接收机误码率的一般表示式。它与比特能量信噪比$\frac{E_b}{n_0}$及发送信号之间的互相关系数$\rho$有关。当$\frac{E_b}{n_0}$一定时，$P_e$是$\rho$的单调增函数，$\rho$增加，即二进制信号的两个波形越相像，对其识别判决的难度增加，由此造成$P_e$也就增加。

(2)当互相关系数$\rho = -1$时，误码率为

$$P_e = \frac{1}{2}\text{erfc}\left(\sqrt{\frac{E_b}{n_0}}\right) \tag{9-49}$$

上式即为发送信号先验概率相等且能量相等时，二进制确知信号最佳接收机所能达到的最小误码率。此时，相应的发送信号$s_1(t)$和$s_2(t)$之间的互相关系数$\rho = -1$。

这里给出最佳波形的定义，即当发送二进制信号$s_1(t)$和$s_2(t)$之间的互相关系数$\rho = -1$时的波形就称为最佳波形。

(3)当互相关系数$\rho = 0$时，误码率为

$$P_e = \frac{1}{2}\text{erfc}\left(\sqrt{\frac{E_b}{2n_0}}\right) \tag{9-50}$$

(4)若互相关系数$\rho = 1$，则误码率为

$$P_e = \frac{1}{2} \tag{9-51}$$

此时，判对和判错的可能性一样。

(5)若发送信号$s_1(t)$和$s_2(t)$是不等能量信号，如$E_1 = 0, E_2 = E_b$，则$A = \sqrt{\frac{E_b}{2n_0}}$，此时误码率表示式(9-45)就变为

$$P_e = \frac{1}{2}\text{erfc}\left(\sqrt{\frac{E_b}{4n_0}}\right) \tag{9-52}$$

根据式(9-49)、式(9-50)和式(9-52)画出的$P_e - \frac{E_b}{n_0}$关系曲线如图9-7中a、b和c所示。

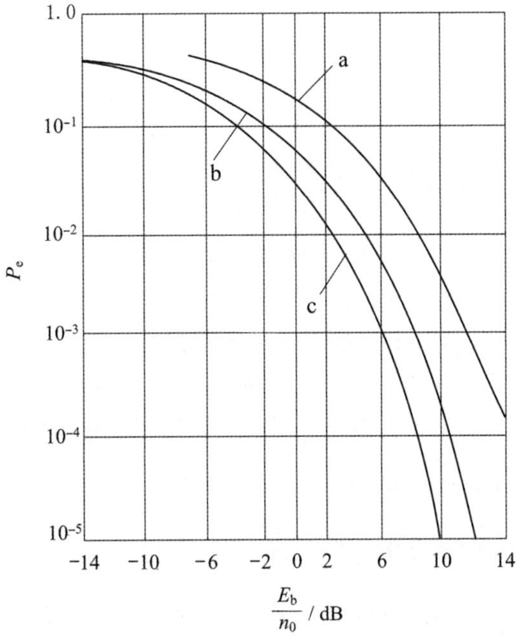


图 9-7 二进制确知信号最佳接收机(相干解调)误码率曲线

从此前数字基带传输系统误码性能分析中知道,双极性信号的误码率低于单极性信号,其原因之一就是双极性信号之间的互相关系数 $\rho=-1$,而单极性信号之间的互相关系数 $\rho=0$。

在数字频带传输系统误码性能分析中,2PSK 信号能使互相关系数 $\rho=-1$,因此,2PSK 信号是最佳信号波形;2FSK 和 2ASK 信号对应的互相关系数 $\rho=0$,因此,2PSK 系统的误码性能优于 2FSK 和 2ASK 系统;2FSK 信号是等能量信号,而 2ASK 信号是不等能量信号,因此,2FSK 系统的误码性能优于 2ASK 系统。

## 9.3.4 多进制确知信号最佳接收机结构及性能

假设在观察时间 $(0,T)$ 收到的波形 $y(t)$ 将包含 $M$ 个信号 $s_i(t)$ $(i=1,2,\cdots,M)$ 中的一个,这些信号具有相等的先验概率,相同的能量,而且它们是正交的,即

$$\int_0^T s_i(t)s_j(t)\,\mathrm{d}t=\begin{cases}E, & i=j\\ 0, & i\neq j\end{cases} \tag{9-53}$$

下面以最大似然准则作为判决规则,来讨论这时的最佳接收机结构及其性能。

对于多进制,判决准则可写成:

(1)若 $\int_0^T y(t)s_i(t)\,\mathrm{d}t > \int_0^T y(t)s_j(t)\,\mathrm{d}t$,则判为 $s_i(t)$ 出现,这里 $i,j=1,2,\cdots,M$,且$j\neq i$。

(2)若 $\int_0^T y(t)s_i(t)\,\mathrm{d}t < \int_0^T y(t)s_j(t)\,\mathrm{d}t$,则判为 $s_j(t)$ 出现,这里 $i,j=1,2,\cdots,M$,且 $j\neq i$。

根据上式可以画出最佳接收机结构,如图 9-8 所示。

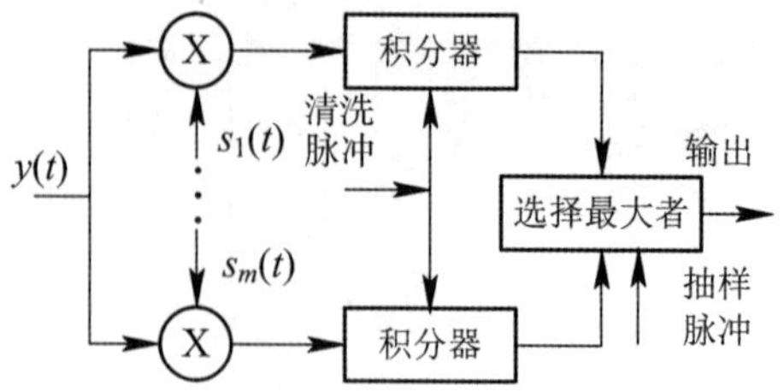


**图 9-8　等先验概率 $M$ 进制确知信号最佳接收机结构**

对于多进制通信系统，若不同码元的信号正交，且等先验概率，能量也相等，根据上面给出的多进制系统的判决准则，下面推导多进制系统的最佳误码性能。

设错误概率用 $P_e$ 表示，则正确概率 $P_c=1-P_e$。显然有 $P(s_1 \mid s_1)=P(s_2 \mid s_2)=\cdots=P(s_M \mid s_M)$，其中 $P(s_i \mid s_i)$，$i=1, 2, \cdots, M$，表示发送信号 $s_i(t)$ 条件下判为 $s_i$ 出现的概率，则有

$$P_c=\frac{1}{M}[P(s_1 \mid s_1)+P(s_2 \mid s_2)+\cdots+P(s_M \mid s_M)]=P(s_i \mid s_i) \tag{9-54}$$

发送 $s_i(t)$，接收判为 $s_i$ 的事件发生的概率 $P(s_i \mid s_i)$ 可描述为

$$\int_0^T y(t)s_i(t)\,\mathrm{d}t>\int_0^T y(t)s_j(t)\,\mathrm{d}t,\ \text{其中}\ j=1,2,\cdots,M,\text{且}\ j\neq i \tag{9-55}$$

将 $y(t)=s_i(t)+n(t)$ 代入上式，可得

$$\int_0^T[s_i(t)+n(t)]s_i(t)\,\mathrm{d}t>\int_0^T[n(t)+s_i(t)]s_j(t)\,\mathrm{d}t$$

化简整理后可得

$$\int_0^T n(t)s_i(t)\,\mathrm{d}t+E>\int_0^T n(t)s_j(t)\,\mathrm{d}t \tag{9-56}$$

令

$$\xi_i=\int_0^T n(t)s_i(t)\,\mathrm{d}t+E,\quad \eta_j=\int_0^T n(t)s_j(t)\,\mathrm{d}t$$

可以看到，$\xi_i$ 和 $\eta_j$ 都是正态随机变量，且具有相同的方差 $\sigma_\xi^2=\sigma_\eta^2=\dfrac{En_0}{2}$，但是，$\xi_i$ 的均值为 $E$，而 $\eta_j$ 的均值为 0。由于信号是正交的，因此 $\eta_1,\eta_2,\cdots,\eta_M$ 是相互独立的，由此正确判决概率可表示为

$$\begin{aligned}P_c&=P(s_i \mid s_i)=P(\xi_i>\eta_j),\ j=1,2,\cdots,M,\ \text{且}\ j\neq i\\&=P(\xi_i>\eta_1,\xi_i>\eta_2,\cdots,\xi_i>\eta_{i-1},\xi_i>\eta_{i+1},\cdots,\xi_i>\eta_M)\\&=[P(\xi_i>\eta_j)]^{M-1},i\neq j=\int_{-\infty}^{+\infty}[P(\eta_j<z)]^{M-1}f_{\xi_i}(z)\,\mathrm{d}z\end{aligned} \tag{9-57}$$

式中，$f_{\xi_i}(z)$ 为 $\xi_i$ 的概率密度函数，即 $f_{\xi_i}(z)=\dfrac{1}{\sqrt{2\pi}\sigma_{\xi_i}}\exp\left[-\dfrac{(z-E)^2}{2\sigma_{\xi_i}^2}\right]$，且有 $P(\eta_j<z)=\dfrac{1}{\sqrt{2\pi}\sigma_{\xi_i}}\displaystyle\int_{-\infty}^{z}\exp\left(-\dfrac{u^2}{2\sigma_{\xi_i}^2}\right)\mathrm{d}u$。

令 $y=\dfrac{z-E}{\sigma_{\xi_i}}$，$x=\dfrac{u}{\sigma_{\xi_i}}$，且代入 $\sigma_{\xi_i}=\sqrt{\dfrac{En_0}{2}}$，可得

$$P_c = \int_{-\infty}^{+\infty} \left( \frac{1}{\sqrt{2\pi}} \int_{-\infty}^{y+\sqrt{\frac{2E}{n_0}}} \cdot \mathrm{e}^{-\frac{x^2}{2}} \mathrm{d}x \right)^{M-1} \cdot \frac{1}{\sqrt{2\pi}} \mathrm{e}^{-\frac{y^2}{2}} \mathrm{d}y \tag{9-58}$$

所以,多进制正交信令系统最佳接收机误码性能可表示为

$$P_e = 1 - \frac{1}{\sqrt{2\pi}} \int_{-\infty}^{+\infty} \left( \int_{-\infty}^{y+\sqrt{\frac{2E}{n_0}}} \frac{1}{\sqrt{2\pi}} \mathrm{e}^{-\frac{x^2}{2}} \mathrm{d}x \right)^{M-1} \mathrm{e}^{-\frac{y^2}{2}} \mathrm{d}y \tag{9-59}$$

多进制确知信号的最佳接收机性能不仅与信噪比$\frac{E}{n_0}$有关,还与进制数 $M$ 有关。在相同 $P_e$ 下,所需的信号能量将随进制 $M$ 增大而减小,但减小量越来越小。

# 9.4 随相数字信号的最佳接收

随相数字信号是相位因信道变化而具有随机性的信号。下面以能量相等、等先验概率、互不相关，且相位的概率密度服从均匀分布的 2FSK 信号和有带限高斯白噪声的通信系统为例讨论最佳接收问题。

设信号表示式为

$$\begin{cases} s_0(t,\varphi_0) = V\cos(\omega_0 t + \varphi_0) \\ s_1(t,\varphi_1) = V\cos(\omega_1 t + \varphi_1) \end{cases} \tag{9-60}$$

信号随机相位的概率密度分别为

$$f(\varphi_0) = \begin{cases} \dfrac{1}{2\pi}, & 0 \leqslant \varphi_0 < 2\pi \\ 0, & 其他 \end{cases} \tag{9-61}$$

$$f(\varphi_1) = \begin{cases} \dfrac{1}{2\pi}, & 0 \leqslant \varphi_1 < 2\pi \\ 0, & 其他 \end{cases} \tag{9-62}$$

由于等先验概率，故判决规则可采用：

若接收矢量 $r$ 使 $f_1(r) < f_0(r)$，则判发送码元是“0”，若接收矢量 $r$ 使 $f_1(r) > f_0(r)$，则判发送码元是“1”。其中，

$$f_0(r) = \int_0^{2\pi} f(\varphi_0) f_0(r/\varphi_0)\,\mathrm{d}\varphi_0 \tag{9-63}$$

$$f_1(r) = \int_0^{2\pi} f(\varphi_1) f_1(r/\varphi_1)\,\mathrm{d}\varphi_1 \tag{9-64}$$

不妨做如下定义：

$$M_0 = \sqrt{X_0^2 + Y_0^2},\ M_1 = \sqrt{X_1^2 + Y_1^2},$$

$$X_0 = \int_0^T r(t)\cos(\omega_0 t)\,\mathrm{d}t,\ Y_0 = \int_0^T r(t)\sin(\omega_0 t)\,\mathrm{d}t$$

$$X_1 = \int_0^T r(t)\cos(\omega_1 t)\,\mathrm{d}t,\ Y_1 = \int_0^T r(t)\sin(\omega_1 t)\,\mathrm{d}t$$

按照上述判决规则可得到随相数字信号最佳接收机结构如图 9-9 所示。

按照上述判决规则计算得出的误码率公式为

$$P_e = \frac{1}{2}\exp\left(-\frac{E_b}{2n_0}\right) \tag{9-65}$$

上述最佳接收机及其误码率等价于 2FSK 确知信号的非相干接收机和误码率。由于随相

数字信号的相位含有由信道引入的随机变化，所以在接收端不可能采用相干接收方法，即相干接收只适合用于相位确知的信号。因此，对于随相数字信号而言，非相干接收已经是最佳的接收方法了。

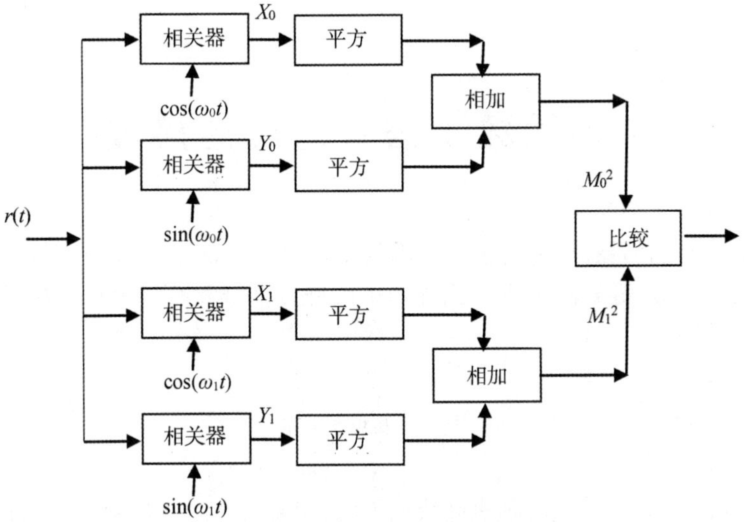


**图 9-9　随相数字信号最佳接收机结构**

# 9.5 起伏数字信号的最佳接收

起伏数字信号是包络随机起伏、相位随机变化的信号。信号经过多径传输便具有了这种特性。下面以能量相等、等先验概率、互不相关的 2FSK 信号和有带限高斯白噪声的通信系统为例讨论最佳接收问题。

设信号表示式为：

$$\begin{aligned} s_0(t,\varphi_0,V_0) &= V_0\cos(\omega_0 t + \varphi_0) \\ s_1(t,\varphi_1,V_1) &= V_1\cos(\omega_1 t + \varphi_1) \end{aligned} \tag{9-66}$$

式中，$V_0$和 $V_1$是由多径效应引起的随机起伏的振幅，两者服从同一瑞利分布，即有

$$f(V_i) = \frac{V_i}{\sigma_s^2}\exp\left(-\frac{V_i^2}{2\sigma_s^2}\right),\quad V_i \geqslant 0, i = 0,\ 1 \tag{9-67}$$

式中，$\sigma_s^2$ 为信号的功率。

信号随机相位的概率密度为

$$f(\varphi_i) = \frac{1}{2\pi},\quad 0 \leqslant \varphi_i < 2\pi,\quad i = 0,\ 1 \tag{9-68}$$

对于起伏数字信号的判决可采用与随相数字信号相同的规则，因此，其实现结构也同随相数字信号的一样，即

若接收矢量 $r$ 使$f_1(r) < f_0(r)$，则判发送码元是“0”，若接收矢量 $r$ 使$f_1(r) > f_0(r)$，则判发送码元是“1”。其中，

$$f_0(r) = \int_0^{2\pi}\int_0^{\infty} f(V_0)f(\varphi_0)f_0(r/\varphi_0,V_0)\,\mathrm{d}V_0\mathrm{d}\varphi_0 \tag{9-69}$$

$$f_1(r) = \int_0^{2\pi}\int_0^{\infty} f(V_1)f(\varphi_1)f_1(r/\varphi_1,V_1)\,\mathrm{d}V_1\mathrm{d}\varphi_1 \tag{9-70}$$

按照上述判决规则计算得出的误码率公式为

$$P_e = \frac{1}{2 + (\bar{E}/n_0)} \tag{9-71}$$

式中，$\bar{E}$ 为接收码元的统计平均能量。

# 9.6 普通接收机与最佳接收机性能比较

在此前第8章数字信号的频带传输一章中，我们给出了采用一般相干解调和非相干解调的方法，得到了二进制数字调制（即2ASK、2FSK、2PSK及2DPSK等）系统的误码性能，下面将对这些系统的误码性能进行比较。

实际接收机和最佳接收机误码性能一览表如表9-1所示。可以看出，两种结构形式的接收机误码率表示式具有相同的数学形式，实际接收机中的信噪比 $r=\frac{S}{N}$ 与最佳接收机中的能量噪声功率谱密度之比 $\frac{E_b}{n_0}$ 相对应。可在接收机输入端信号功率和信道背景相同的条件下比较两种结构形式接收机的误码性能。

由表9-1可以看出，横向比较两种结构形式接收机的误码性能可等价于比较 $r$ 与 $\frac{E_b}{n_0}$ 的大小。在相同的条件下，若 $r>\frac{E_b}{n_0}$，则实际接收机误码率小于最佳接收机误码率，实际接收机性能优于最佳接收机性能；若 $r<\frac{E_b}{n_0}$，则实际接收机误码率大于最佳接收机误码率，最佳接收机性能优于普通接收机性能；若 $r=\frac{E_b}{n_0}$，实际接收机误码率等于最佳接收机误码率，两者性能相同。

**表9-1 误码率公式一览表**

| 接收方式 | 实际接收机 | 最佳接收机 |
|---|---|---|
| 相干2ASK<br>（确知信号） | $\frac{1}{2}\mathrm{erfc}\left(\sqrt{\frac{r}{4}}\right)$ | $\frac{1}{2}\mathrm{erfc}\left(\sqrt{\frac{E_b}{4n_0}}\right)$ |
| 非相干2ASK<br>（随相数字信号） | $\frac{1}{2}\exp\left(-\frac{r}{4}\right)$ | $\frac{1}{2}\exp\left(-\frac{E_b}{4n_0}\right)$ |
| 相干2FSK<br>（确知信号） | $\frac{1}{2}\mathrm{erfc}\left(\sqrt{\frac{r}{2}}\right)$ | $\frac{1}{2}\mathrm{erfc}\left(\sqrt{\frac{E_b}{2n_0}}\right)$ |
| 非相干2FSK<br>（随相数字信号） | $\frac{1}{2}\exp\left(-\frac{r}{2}\right)$ | $\frac{1}{2}\exp\left(-\frac{E_b}{2n_0}\right)$ |

续表

| 接收方式 | 实际接收机 | 最佳接收机 |
| --- | --- | --- |
| 相干 2PSK（确知信号） | $\frac{1}{2}\mathrm{erfc}(\sqrt{r})$ | $\frac{1}{2}\mathrm{erfc}\left(\sqrt{\frac{E_b}{n_0}}\right)$ |
| 差分相干 2DPSK 非相干（确知信号） | $\frac{1}{2}\exp(-r)$ | $\frac{1}{2}\exp\left(-\frac{E_b}{n_0}\right)$ |
| 相干 2DPSK（确知信号） | $\mathrm{erfc}(\sqrt{r})\left[1-\frac{1}{2}\mathrm{erfc}(\sqrt{r})\right]$ | $\mathrm{erfc}\left(\sqrt{\frac{E_b}{n_0}}\right)\left[1-\frac{1}{2}\mathrm{erfc}\left(\sqrt{\frac{E_b}{n_0}}\right)\right]$ |

下面分析 $r$ 和$\frac{E_b}{n_0}$之间的关系。由第 8 章的分析可知，实际接收机输入端总有一个带通滤波器，其作用有两个：

(1)使输入信号顺利通过；

(2)使噪声尽可能少地通过，以减小噪声对信号检测的影响。

信噪比 $r=\frac{S}{N}$是指带通滤波器输出端的信噪比。设噪声为高斯白噪声，单边功率谱密度为 $n_0$，带通滤波器的等效矩形带宽为 $B$，则带通滤波器输出端的信噪比为

$$r=\frac{S}{N}=\frac{S}{n_0 B} \tag{9-72}$$

可见，信噪比 $r$ 与带通滤波器带宽 $B$ 有关。

对于最佳接收系统，接收机前端没有带通滤波器，其输入端信号能量与噪声功率谱密度之比为

$$\frac{E_b}{n_0}=\frac{ST}{n_0}=\frac{S}{n_0(1/T)} \tag{9-73}$$

式中，$S$ 为信号平均功率，$T$ 为码元时间宽度。

比较式(9-72)和式(9-73)可以看出，对系统性能的比较最终可归结为对实际接收机带通滤波器带宽 $B$ 与码元时间宽度 $T$ 的比较。若 $B<\frac{1}{T}$，则实际接收机性能优于最佳接收机性能；若 $B>\frac{1}{T}$，则最佳接收机性能优于实际接收机性能；若 $B=\frac{1}{T}$，则实际接收机性能与最佳接收机性能相同。

$\frac{1}{T}$是数字基带信号的重复频率。对于 2PSK 等数字调制信号，$\frac{1}{T}$的宽度等于 2PSK 信号功率谱主瓣宽度的一半。若选择带通滤波器的带宽 $B\leqslant\frac{1}{T}$，则必然会使信号产生严重的失真，这与实际接收机中假设“带通滤波器应使输入信号顺利通过”条件相矛盾。在实际接收机中，为使信号顺利通过，带通滤波器的带宽必须满足 $B>\frac{1}{T}$。在此情况下，实际接收机性能比最佳接收机性能差。

上述分析表明，在相同条件下，最佳接收机性能一定优于实际接收机性能。

# 9.7 数字信号的匹配滤波接收原理

在数字通信系统中,滤波器是其中重要部件之一,滤波器特性的选择直接影响数字信号的恢复。在数字信号接收中,滤波器的作用有两个:

(1)使滤波器输出的有用信号成分尽可能强;

(2)抑制信号带外噪声,使滤波器输出噪声成分尽可能小,减小噪声对信号判决的影响。

在前面的讨论中已经明确将最小差错概率作为最佳接收准则。并且可知,信噪比越大,误码率越小。因此,当采用线性滤波器对接收信号滤波时,如何使其在抽样时刻的输出信噪比最大将是本节要讨论的内容。

通常对最佳线性滤波器的设计有两个准则:

(1)使滤波器输出的信号波形与发送信号波形之间的均方误差最小,由此而导出的最佳线性滤波器称为维纳滤波器;

(2)使滤波器输出信噪比在某一特定时刻达到最大,由此而导出的最佳线性滤波器称为匹配滤波器。

在数字通信中,匹配滤波器比维纳滤波器具有更广泛的应用。

## 9.7.1 数字匹配滤波器原理

由前面分析的数字信号解调过程可知,解调器中抽样判决以前各部分电路可以用一个线性滤波器来等效,数字信号接收过程等效原理图如图 9-10 所示。图中,$s(t)$为输入数字信号,信道特性为加性高斯白噪声信道,$n(t)$为加性高斯白噪声,$H(\omega)$为滤波器传输函数。

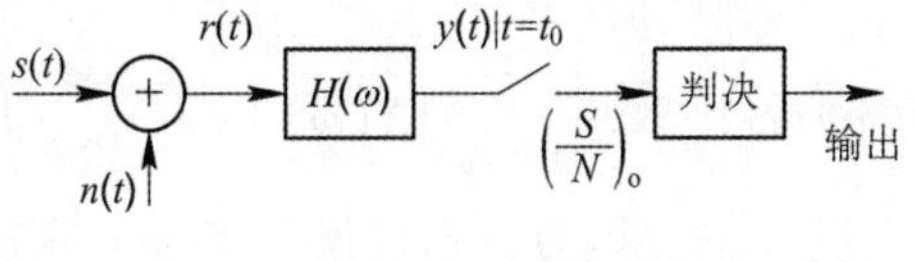


图 9-10　数字信号接收过程等效原理图

由数字信号的判决原理可知,抽样判决器输出数据的准确性,与滤波器输出信号波形和发送信号波形之间的相似程度无关,也就是与滤波器输出信号波形的失真程度无关,而只取决于抽样时刻信号的瞬时功率与噪声平均功率之比,即信噪比。信噪比越大,错误判决的概率就越小;反之,信噪比越小,错误判决的概率就越大。

为了使错误判决概率尽可能小,就要选择滤波器传输特性使滤波器输出信噪比尽可能大的滤波器。当选择的滤波器传输特性使输出信噪比达到最大值时,该滤波器就称为输出信噪比最大的最佳线性滤波器。下面分析滤波器具有什么样的特性时才能使输出信噪比达到最大。

分析模型如图 9-10 所示。设输出信噪比最大的最佳线性滤波器的传输函数为 $H(\omega)$，滤波器输入信号与噪声的合成波为

$$r(t)=s(t)+n(t) \tag{9-74}$$

式中，$s(t)$ 为输入数字信号，其频谱函数为 $S(\omega)$。$n(t)$ 为高斯白噪声，其双边功率谱密度为 $\frac{n_0}{2}$。

由于该滤波器是线性滤波器，满足线性叠加原理，因此滤波器输出也由输出信号和输出噪声两部分组成，即

$$y(t)=s_0(t)+n_0(t) \tag{9-75}$$

式中，输出信号的频谱函数为 $S_0(\omega)$，其对应的时域信号

$$s_0(t)=\frac{1}{2\pi}\int_{-\infty}^{\infty}S_0(\omega)\mathrm{e}^{\mathrm{j}\omega t}\mathrm{d}\omega=\frac{1}{2\pi}\int_{-\infty}^{\infty}S(\omega)H(\omega)\mathrm{e}^{\mathrm{j}\omega t}\mathrm{d}\omega \tag{9-76}$$

滤波器输出噪声的平均功率为

$$\begin{aligned}N_0&=\frac{1}{2\pi}\int_{-\infty}^{\infty}P_{n_0}(\omega)\mathrm{d}\omega=\frac{1}{2\pi}\int_{-\infty}^{\infty}P_{n_i}(\omega)\ |H(\omega)|^2\mathrm{d}\omega\\&=\frac{1}{2\pi}\int_{-\infty}^{\infty}\frac{n_0}{2}|H(\omega)|^2\mathrm{d}\omega=\frac{n_0}{4\pi}\int_{-\infty}^{\infty}|H(\omega)|^2\mathrm{d}\omega\end{aligned} \tag{9-77}$$

在抽样时刻 $t_0$，线性滤波器输出信号的瞬时功率与噪声平均功率之比为

$$r_0=\frac{|s_0(t_0)|^2}{N_0}=\frac{\left|\frac{1}{2\pi}\int_{-\infty}^{\infty}H(\omega)S(\omega)\mathrm{e}^{\mathrm{j}\omega t_0}\mathrm{d}\omega\right|^2}{\frac{n_0}{4\pi}\int_{-\infty}^{\infty}|H(\omega)|^2\mathrm{d}\omega} \tag{9-78}$$

由式(9-78)可见，滤波器输出信噪比 $r_0$ 与输入信号的频谱函数 $S(\omega)$ 和滤波器的传输函数 $H(\omega)$ 有关。在输入信号给定的情况下，输出信噪比 $r_0$ 只与滤波器的传输函数 $H(\omega)$ 有关。使输出信噪比 $r_0$ 达到最大的传输函数 $H(\omega)$ 就是我们所要求的最佳滤波器的传输函数。式(9-78)是一个函数求极值的问题，采用施瓦茨（Schwartz）不等式可以很容易地解决该问题。

利用施瓦茨不等式

$$\left|\frac{1}{2\pi}\int_{-\infty}^{\infty}X(\omega)Y(\omega)\mathrm{d}\omega\right|^2\leqslant\frac{1}{2\pi}\int_{-\infty}^{\infty}|X(\omega)|^2\mathrm{d}\omega\cdot\frac{1}{2\pi}\int_{-\infty}^{\infty}|Y(\omega)|^2\mathrm{d}\omega \tag{9-79}$$

式中，$X(\omega)$ 和 $Y(\omega)$ 都是实变量 $\omega$ 的复函数。当且仅当 $X(\omega)=KY*(\omega)$ 满足时，上式中等式才能成立。令式中 $K$ 为任意常数。将施瓦茨不等式用于式(9-78)，并令

$$X(\omega)=H(\omega)$$

$$Y(\omega)=S(\omega)\mathrm{e}^{\mathrm{j}\omega t_0}$$

可得

$$r_0=\frac{\left|\frac{1}{2\pi}\int_{-\infty}^{\infty}H(\omega)S(\omega)\mathrm{e}^{\mathrm{j}\omega t_0}\mathrm{d}\omega\right|^2}{\frac{n_0}{4\pi}\int_{-\infty}^{\infty}|H(\omega)|^2\mathrm{d}\omega}$$
$$\leqslant\frac{\frac{1}{4\pi^2}\int_{-\infty}^{\infty}|H(\omega)|^2\mathrm{d}\omega\int_{-\infty}^{\infty}|S(\omega)\mathrm{e}^{\mathrm{j}\omega t_0}|^2\mathrm{d}\omega}{\frac{n_0}{4\pi}\int_{-\infty}^{\infty}|H(\omega)|^2\mathrm{d}\omega}=\frac{\frac{1}{2\pi}\int_{-\infty}^{\infty}|S(\omega)|^2\mathrm{d}\omega}{\frac{n_0}{2}} \tag{9-80}$$

根据帕塞瓦尔定理有

$$\frac{1}{2\pi}\int_{-\infty}^{\infty}|S(\omega)|^2\mathrm{d}\omega=\int_{-\infty}^{\infty}s^2(t)\,\mathrm{d}t=E \tag{9-81}$$

其中，$|S(\omega)|^2$ 为输入信号 $s(t)$ 的能量谱密度,$E$ 为 $s(t)$ 的能量。代入式(9-80)有

$$r_0\leqslant\frac{2E}{n_0} \tag{9-82}$$

式(9-82)说明,线性滤波器所能给出的最大输出信噪比为

$$r_{0\max}=\frac{2E}{n_0} \tag{9-83}$$

根据施瓦茨不等式中等号成立的条件 $X(\omega)=KY^*(\omega)$，可得不等式(9-80)中等号成立的条件为

$$H(\omega)=KS^*(\omega)\mathrm{e}^{-\mathrm{j}\omega t_0} \tag{9-84}$$

式中,$K$ 为常数,通常可选择为 $K=1$。$S^*(\omega)$是输入信号频谱函数 $S(\omega)$的复共轭。式(9-84)就是所要求的最佳线性滤波器的传输函数,该滤波器在给定时刻 $t_0$ 能获得最大输出信噪比 $\frac{2E}{n_0}$。

这种滤波器的传输函数除相乘因子 $K\mathrm{e}^{-\mathrm{j}\omega t_0}$ 外,与信号频谱的复共轭相一致,所以称该滤波器为匹配滤波器。从匹配滤波器传输函数 $H(\omega)$所满足的条件,可得到匹配滤波器的单位冲激响应 $h(t)$

$$\begin{aligned}h(t)&=\frac{1}{2\pi}\int_{-\infty}^{\infty}H(\omega)\mathrm{e}^{\mathrm{j}\omega t}\mathrm{d}\omega=\frac{1}{2\pi}\int_{-\infty}^{\infty}KS^*(\omega)\mathrm{e}^{-\mathrm{j}\omega t_0}\mathrm{e}^{\mathrm{j}\omega t}\mathrm{d}\omega\\&=\frac{K}{2\pi}\int_{-\infty}^{\infty}\left[\int_{-\infty}^{\infty}s(\tau)\mathrm{e}^{-\mathrm{j}\omega\tau}\mathrm{d}\tau\right]^*\mathrm{e}^{-\mathrm{j}\omega(t_0-t)}\mathrm{d}\omega\\&=K\int_{-\infty}^{\infty}\left[\frac{1}{2\pi}\int_{-\infty}^{\infty}\mathrm{e}^{\mathrm{j}\omega(\tau-t_0+t)}\mathrm{d}\omega\right]s(\tau)\mathrm{d}\tau\\&=K\int_{-\infty}^{\infty}s(\tau)\delta(\tau-t_0+t)d\tau=Ks(t_0-t)\end{aligned} \tag{9-85}$$

匹配滤波器的单位冲激响应为

$$h(t)=Ks(t_0-t) \tag{9-86}$$

式(9-86)表明,匹配滤波器的单位冲激响应 $h(t)$是输入信号 $s(t)$的镜像函数,$t_0$为输出最大信噪比时刻。匹配滤波器单位冲激响应原理如图 9-11 所示。

对于因果系统,匹配滤波器的单位冲激响应 $h(t)$应满足

$$h(t)=\begin{cases}Ks(t_0-t), & t\geqslant 0\\ 0, & t<0\end{cases} \tag{9-87}$$

为了满足上式，必须有 $s(t_0-t)=0, t<0$，即有 $s(t)=0, t_0-t<0$ 或 $t>t_0$。

上述条件说明，对于一个物理可实现的匹配滤波器，其输入信号 $s(t)$ 必须在它输出最大信噪比的时刻 $t_0$ 之前结束。也就是说，若输入信号在 $T$ 时刻结束，则对物理可实现的匹配滤波器，其输出最大信噪比时刻 $t_0$ 必须在输入信号结束之后，即 $t_0\geqslant T$。对于接收机来说，$t_0$ 是时间延迟，通常总是希望时间延迟尽可能小，因此一般情况可取 $t_0=T$。

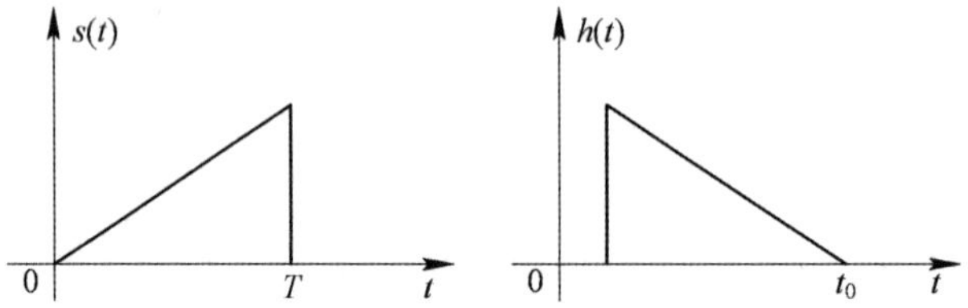


图 9-11　匹配滤波器单位冲激响应原理

若输入信号为 $s(t)$，则匹配滤波器的输出信号为

$$s_0(t)=s(t)*h(t)=\int_{-\infty}^{\infty}s(t-\tau)h(\tau)\mathrm{d}\tau=KR(t-t_0) \tag{9-88}$$

式中，$R(t)$ 为输入信号 $s(t)$ 的自相关函数。上式表明，匹配滤波器的输出波形是输入信号 $s(t)$ 的自相关函数的 $K$ 倍。因此，匹配滤波器可以看作一个计算输入信号自相关函数的相关器，其在 $t_0$ 时刻得到最大输出信噪比 $r_{0\max}=\dfrac{2E}{n_0}$。由于输出信噪比与常数 $K$ 无关，所以通常取 $K=1$。

## 9.7.2　匹配滤波器在最佳接收中的应用

由前面的讨论我们知道，匹配滤波器可以看作一个计算输入信号自相关函数的相关器。设发送信号为 $s(t)$，则匹配滤波器的单位冲激响应为

$$h(t)=Ks(T-t) \tag{9-89}$$

式中，$K$ 为任意常数，$T$ 为 $s(t)$ 截止时刻，故可将出现最大信噪比的时刻取为 $T$。

由于 $s(t)$ 只在 $(0,T)$ 有值，考虑到滤波器物理可实现条件，则当 $y(t)$ 加入匹配滤波器时，其输出可表示为

$$\begin{aligned}u_o(t)&=y(t)*h(t)=K\int_{-\infty}^{\infty}y(z)s[T-(t-z)]\mathrm{d}z\\&=K\int_{t-T}^{t}y(z)s(T-t+z)\mathrm{d}z\end{aligned} \tag{9-90}$$

因为 $s(t)$ 在 $(0,T)$ 有值，即等效于在 $0<T-t+z<T$ 有值，所以有 $t-T<z<t$。

对匹配滤波器的输出在抽样时刻 $t=T$ 时采样，可得

$$u_o(T)=\int_0^T y(z)s(z)\mathrm{d}z \tag{9-91}$$

由上式可以看出，匹配滤波器在抽样时刻 $t=T$ 时的输出样值与最佳接收机中相关器在 $t=$

$T$ 时的输出样值相等。因此,可以用匹配滤波器代替相关器构成最佳接收机,确知信号时匹配滤波器形式的最佳接收机如图 9-12 所示。即在最小差错概率准则下,相关器形式的最佳接收机与匹配滤波器形式的最佳接收机等价。

无论是相关器还是匹配滤波器形式的最佳接收机,它们的比较判决器都是在 $t = T$ 时刻才做出判决,也即在码元结束时刻才能给出最佳判决结果。显然,判决时刻的任何偏差都将影响接收机的最佳性能。

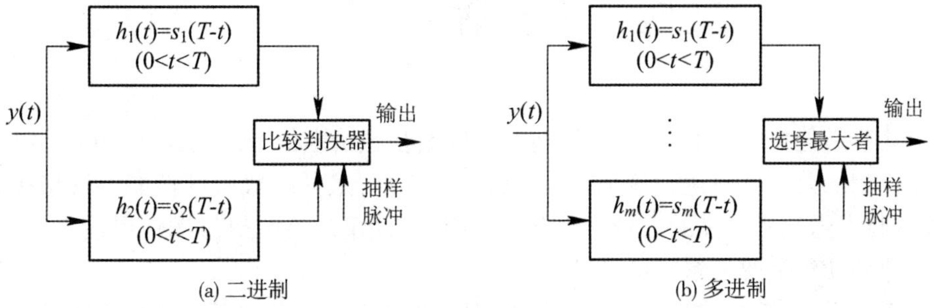


**图 9-12　确知信号时匹配滤波器形式的最佳接收机**

# 9.8 最佳基带传输系统

在以上几节最佳接收机的讨论中，所研究的问题是在给定信号的条件下，构造一种最佳接收机使信号检测的差错概率达到最小。从分析结果知道，最佳接收机的性能不仅与接收机结构有关，而且与发送端所选择的信号形式有关。因此，仅仅从接收机考虑使得接收机最佳，并不一定能够达到使整个通信系统最佳。

这一节将发送、信道和接收作为一个整体，从系统的角度出发来讨论通信系统最佳化的问题。为了使问题简化，以基带传输系统为例进行分析。

## 9.8.1 理想信道下的最佳基带系统

在加性高斯白噪声信道下的基带传输系统组成如图 9-13 所示。图中，$G_T(\omega)$为发送滤波器传输函数；$G_R(\omega)$为接收滤波器传输函数；$C(\omega)$为信道传输特性，在理想信道条件下，$C(\omega)=1$；$n(t)$为高斯白噪声，其双边功率谱密度为$\frac{n_0}{2}$。

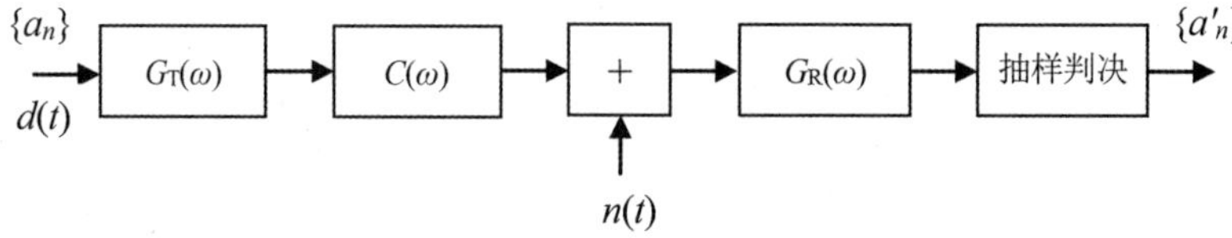


图 9-13　基带传输系统组成

接收系统的最佳化并不等于整个通信系统的最佳化。如果一基带系统能够在具有噪声的信道中以最小的差错概率传送信息，则该系统就称为最佳。因此，最佳基带系统就是能够消除码间干扰并且具有最好抗噪性能的系统。

由第 6 章数字基带传输系统和本章最佳接收原理知道，影响系统误码性能的因素有两个：其一是码间干扰；其二是加性噪声。对于码间干扰的影响，可以通过系统传输函数的设计，使得抽样时刻样值的码间干扰为零。对于加性噪声的影响，可以通过接收滤波器的设计，尽可能减小噪声的影响，但是不能消除噪声的影响。

最佳基带传输系统的设计就是通过对发送滤波器、接收滤波器和系统总的传输函数的设计，使系统输出差错概率最小。

设图 9-13 中发送滤波器的输入基带信号为

$$d(t)=\sum_{n=-\infty}^{\infty}a_n\delta(t-nT_s) \tag{9-92}$$

对于理想信道，有 $C(\omega)=1$，此时系统总的传输函数为

$$H(\omega)=G_T(\omega)C(\omega)G_R(\omega)=G_T(\omega)G_R(\omega) \tag{9-93}$$

对于最佳基带传输系统，设计系统总的传输函数 $H(\omega)$ 必须满足能够消除抽样时刻码间干扰的条件。

由匹配滤波器理论知道，比较判决器输出误码率大小与抽样时刻所得样值的信噪比有关，信噪比越大，输出误码率就越小。匹配滤波器能够在抽样时刻得到最大的信噪比。发送信号经过信道到达接收滤波器输入端的信号为 $s(t)$

$$s(t)=d(t)*g_T(t)=\sum_{n=-\infty}^{\infty}a_ng_T(t-nT_s) \tag{9-94}$$

考虑到对单个码元进行匹配接收，则 $s(t)$ 的频谱为 $S(\omega)=G_T(\omega)$。

为了使接收滤波器输出在抽样时刻得到最大信噪比，接收滤波器传输函数 $G_R(\omega)$ 应满足与其输入信号频谱复共轭一致，即

$$G_R(\omega)=G_T^*(\omega)\mathrm{e}^{-\mathrm{j}\omega t_0} \tag{9-95}$$

为了不失一般性，可取 $t_0=0$。利用式(9-93)和式(9-94)可以得到

$$|G_T(\omega)|=|G_R(\omega)|=|H(\omega)|^{\frac{1}{2}} \tag{9-96}$$

选择合适的相位，即只要 $G_T(\omega)$ 和 $G_R(\omega)$ 的总相移满足线性相移 $2\pi f t_0$，使上式满足

$$G_T(\omega)=G_R(\omega)=H^{\frac{1}{2}}(\omega) \tag{9-97}$$

上式表明，最佳基带传输系统应该这样来设计，首先选择一个无码间干扰的系统总的传输函数 $H(\omega)$，然后将 $H(\omega)$ 开平方后，分别作为发送滤波器和接收滤波器的传输函数，此时构成的基带系统就是一个在发送信号功率一定的约束条件下，误码率最小的最佳基带传输系统。

## 9.8.2　最佳基带传输系统的误码性能

理想信道下的最佳基带传输系统组成如图9-14所示。图中 $H(\omega)$ 选择为余弦滚降函数，且满足 $\frac{1}{2\pi}\int_{-\infty}^{\infty}|H(\omega)|\mathrm{d}\omega=1$，$n(t)$ 是高斯白噪声，其双边功率谱密度为 $\frac{n_0}{2}$。

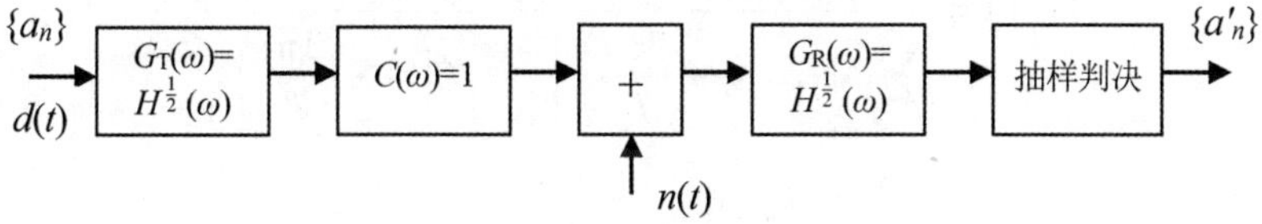


图9-14　理想信道下的最佳基带传输系统组成

在 $M$ 进制基带多电平最佳传输系统中，信号通过最佳基带系统后的误码率为

$$P_e=\left(1-\frac{1}{M}\right)\mathrm{erfc}\left(\sqrt{\frac{3}{M^2-1}\cdot\frac{E}{n_0}}\right) \tag{9-98}$$

式中，$E$ 为码元的平均能量。当 $M=2$ 时，有

$$P_e = \frac{1}{2}\mathrm{erfc}\left(\sqrt{\frac{E}{n_0}}\right) \tag{9-99}$$

以上结论是以数字基带传输系统为例分析得出的,其结论也可以推广到数字频带调制系统。通过与二进制频带传输系统比较可以看出,二进制最佳基带传输系统的误码性能与采用最佳发送波形时的二进制确知信号最佳接收机的误码性能相等。所以,采用最佳发送波形的最佳接收机也就构成了最佳系统。

### 9.8.3 非理想信道下的最佳基带系统

非理想信道时,$C(\omega)\neq$常数,说明系统的信道特性不完善,信号通过这样的信道时,将会受到噪声和干扰的影响,从而使误码性能下降。对于非理想信道下的基带系统的最佳化就是要求在信道特性 $C(\omega)$已知的条件下,设计系统使其在抽样时刻上无码间干扰,同时又使系统的抗噪声性能为最佳。

对于 $C(\omega)\neq 1$ 的非理想信道,系统总的传输特性为

$$H(\omega)=G_T(\omega)C(\omega)G_R(\omega) \tag{9-100}$$

设计接收滤波器 $G_R(\omega)$使其输出信噪比最大,则有

$$G_R(\omega)=G_T^*(\omega)C^*(\omega) \tag{9-101}$$

显然这样的设计,当 $H(\omega)$不满足在抽样时刻无码间干扰条件时,整个系统也无法满足无码间干扰的要求,为此,需要对系统总的传输特性进行均衡处理,即在 $G_R(\omega)$之后级联一个横向滤波器 $T(\omega)$,这样便可以消除码间干扰。非理想信道下的最佳基带传输系统组成如图 9-15 所示。

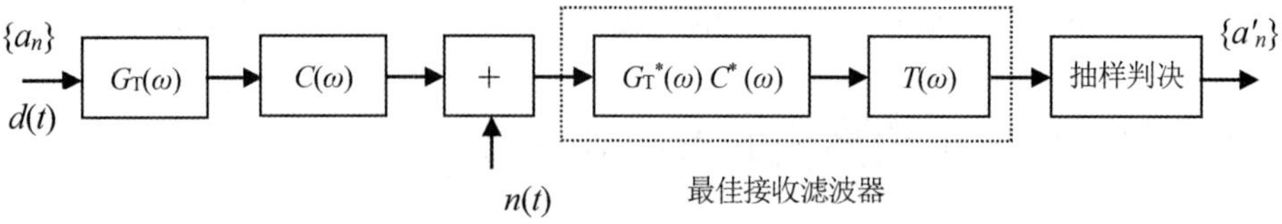


**图 9-15　非理想信道下的最佳基带传输系统组成**

其中,横向滤波器的特性为

$$T(\omega)=\frac{T_s}{\sum_{i=-\infty}^{\infty}\left|G_T\left(\omega+\frac{2\pi i}{T_s}\right)\right|^2\cdot\left|C\left(\omega+\frac{2\pi i}{T_s}\right)\right|^2} \tag{9-102}$$

# 复习与巩固

## 一、概念思考

1.从统计学的观点来看,如何理解数字通信系统?

2.最佳接收的基本思想是什么?其准则是什么?

3.数字传输系统总的误码率与信号波形之间有何关系?

4.试写出二进制信号其最佳接收的判决准则。

5.试画出二进制确知信号最佳接收机的结构图。

6.何谓匹配滤波器?匹配滤波器的冲激响应和信号波形有何关系?其传输函数和信号频谱又有什么关系?

7.相干接收与相关接收两者有何不同?

8.匹配滤波器的物理可实现条件是什么?

9.试画出采用匹配滤波器形式的二进制确知信号的最佳接收机结构图。

10.实际接收机为什么不如最佳接收机性能好?

11.对于理想信道,最佳基带传输系统的发送滤波器和接收滤波器特性之间有什么关系?

## 二、课堂小测

1.在数字通信中最直观和最合理的准则是________________。

2.相关接收机的实现机理是,在接收端需提供______________波形,并与接收的混合波形进行______________运算。

3.匹配滤波器就是指____________________________最大的线性滤波器。其依据的准则为__________________,如果信号 $f(t)$ 的频谱为 $F(\omega)$,则匹配滤波器的传输函数为__________________________,冲激响应为__________________。

4.设加性高斯白噪声的单边功率谱密度为 $n_0$,输入信号的能量为 $E$,则匹配滤波器在 $t=T$ 时刻输出的最大信噪比为______________。

5.计算相关接收误码率的通式为____________________,式中 $\rho$ 表示__________,最佳信号设计时,$\rho=$____________。

6.理想信道条件下,最佳基带传输系统的发送滤波器 $G_T(\omega)$,接收滤波器 $G_R(\omega)$ 及系统总的传输函数 $H(\omega)$ 之间应满足________________________。

7.二进制确知信号的最佳形式是2PSK信号,接收这种信号(等概出现)的最佳接收系统的误码率是____________。

8.对于双边指数信号 $s(t)=Ae^{-\frac{t^2}{2}}$,其对应的匹配滤波器冲激响应为______________。

## 三、典型题解

1.设接收信号码元 $s(t)$ 的表达式为 $s(t)=\begin{cases}1, & 0\leqslant t\leqslant T\\ 0, & 其他\end{cases}$，试求其匹配滤波器的特性和输出码元的波形及表达式。并试画出构成该匹配滤波器的结构图。

**解**：由题意可知，接收信号为一矩形脉冲确知信号，因此，采用匹配滤波器接收时，满足物理可实现条件的冲激响应为

$$h(t)=s(T-t)=\begin{cases}1,\ 0\leqslant t\leqslant T\\ 0,\ 其他\end{cases}$$

对上式取傅里叶变换可得匹配滤波器的传输特性为

$$H(\omega)=\frac{1}{\mathrm{j}\omega}(\mathrm{e}^{\mathrm{j}\omega T}-1)\mathrm{e}^{-\mathrm{j}\omega T}$$

输出信号波形的表达式为

$$s_{\mathrm{o}}(t)=\int_{-\infty}^{\infty}s(t-\tau)h(\tau)\mathrm{d}\tau=\begin{cases}t, & 0\leqslant t\leqslant T\\ 2T-t, & T\leqslant t\leqslant 2T\\ 0, & 其他\end{cases}$$

匹配滤波器接收信号、冲激响应及输出信号的波形图如图 9-16 所示。

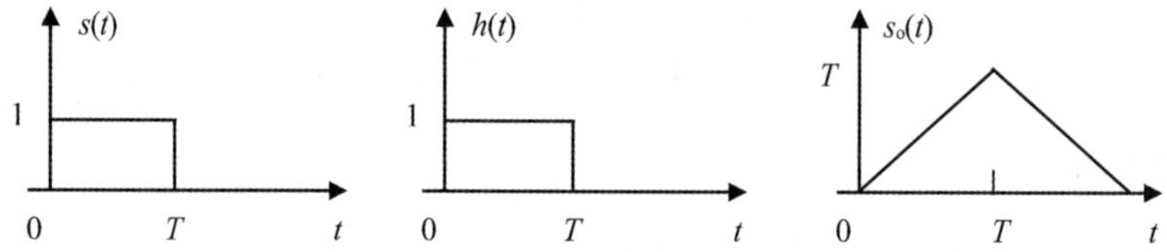


**图 9-16　匹配滤波器接收信号、冲激响应及输出信号的波形图**

根据对匹配滤波器传输函数分析可知，该滤波器是由理想积分器 $\frac{1}{\mathrm{j}\omega}$ 和时延电路（$\mathrm{e}^{-\mathrm{j}\omega T}$）构成，因此其结构组成如图 9-17 所示。

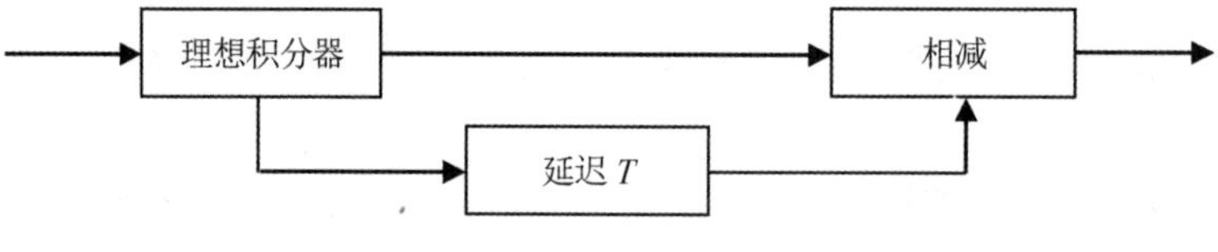


**图 9-17　匹配滤波器的结构组成**

2.设一个二进制单极性信号传输系统中信号“0”和“1”是等概发送的。试问：

（1）若接收滤波器在收到“1”时，在抽样时刻的输出信号电压为 1 V，输出的高斯噪声电压平均电平均值为 0 V，均方根值为 0.2 V，在最佳判决门限下的误码率等于多少？

（2）若要求误码率不大于 $10^{-4}$，这时的信号电压至少应该多大？

**解**：（1）由题意，噪声的均方根值为 0.2 V，则可知噪声的方差为 $\sigma^2=0.04$，又因为噪声的均值为 0 V，则其平均功率为 $P_{\mathrm{n}}=\sigma^2=0.04$ W。

对于信号功率，设二进制信号码元宽度为 $T$，幅度为 $A$。“1”码出现的概率为 $p$，对应“1”码

脉冲信号为 $g(t)$，则"1"码脉冲波形的能量为

$$E_1 = \int_{-\frac{T}{2}}^{\frac{T}{2}} g^2(t)\,dt = A^2 T$$

每个码元内的平均能量为 $pE_1 = pA^2 T$，故平均功率为 $P_s = pA^2T/T = pA^2$。对于等概条件，可知信号功率为 $P_s = \frac{A^2}{2} = 0.5$ W。

若设基带信号带宽为信号谱零点带宽，即 $B = \frac{1}{T}$，则接收滤波器输出端比特能量信噪比可表示为

$$\frac{E_b}{n_0} = \frac{P_s T}{P_n/B} = \frac{P_s}{P_n} = \frac{0.5}{0.04} = 12.5$$

对于二进制单极性传输系统，最佳判决门限下的误码率为

$$P_e = \frac{1}{2}\mathrm{erfc}\left(\sqrt{\frac{E_b}{4n_0}}\right) = \frac{1}{2}\mathrm{erfc}(\sqrt{12.5/4}) = \frac{1}{2}\mathrm{erfc}(\sqrt{3.125}) = 0.0062$$

(2)若要求 $P_e < 10^{-4}$，假定信号电压为 $A$，即

$$P_e = \frac{1}{2}\mathrm{erfc}\left(\sqrt{\frac{E_b}{4n_0}}\right) = \frac{1}{2}\mathrm{erfc}(\sqrt{A^2 \times 12.5/4}) = \frac{1}{2}\mathrm{erfc}(\sqrt{3.125A^2}) \leqslant 10^{-4}$$

解得 $A \geqslant 1.49$ V。

3.设一个二进制双极性信号最佳传输系统中信号"0"和"1"是等概率发送的，信号码元的持续时间为 $T$，波形为幅度等于1的矩形脉冲。系统中加性高斯白噪声的双边功率谱密度等于 $10^{-4}$ W/Hz。试问为使误码率不大于 $10^{-4}$，最高传输速率可以达到多高(基带脉冲成形采用余弦滚降滤波器，$\alpha = 1$)。

**解：**由题意 $\frac{n_0}{2} = 10^{-4}$ W/Hz，对于等概双极性信号，其平均功率为 $P_s = A^2$，又由于

$$\frac{E_b}{n_0} = \frac{P_s}{P_n} = \frac{1}{n_0 B}$$

将上式代入最佳判决门限下，二进制双极性传输系统的误码率中，可有

$$P_e = \frac{1}{2}\mathrm{erfc}\left(\sqrt{\frac{E_b}{n_0}}\right) = \frac{1}{2}\mathrm{erfc}\left(\sqrt{\frac{1}{n_0 B}}\right) \leqslant 10^{-4}$$

查表可得

$$\sqrt{\frac{1}{n_0 B}} \geqslant 2.63，解得\ B \leqslant 723\ \mathrm{Hz}$$

由于 $B = (1+\alpha)\cdot\frac{R_B}{2}$，代入相关数值，可得最高传码率(信息传输速率)为723 b/s。

4.设到达接收机输入端的二进制信号码元 $s_1(t)$ 及 $s_2(t)$ 的波形如图9-18所示，输入高斯噪声功率谱密度为 $\frac{n_0}{2}$(W/Hz)。

(1)画出匹配滤波器形式的最佳接收机结构(抽样时刻 $t_0 = T$)；

(2)确定匹配滤波器的冲激响应及可能的输出波形；
(3)求系统误码率。

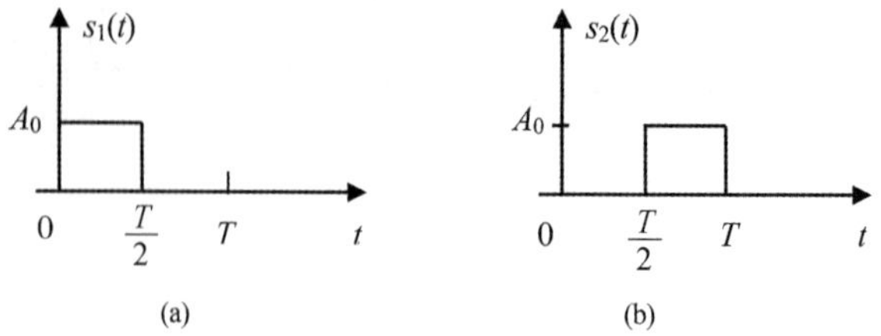


图 9-18 二进制信号码元 $s_1(t)$ 及 $s_2(t)$ 的波形

**解**：(1)匹配滤波器形式的最佳接收机结构如图 9-19 所示。

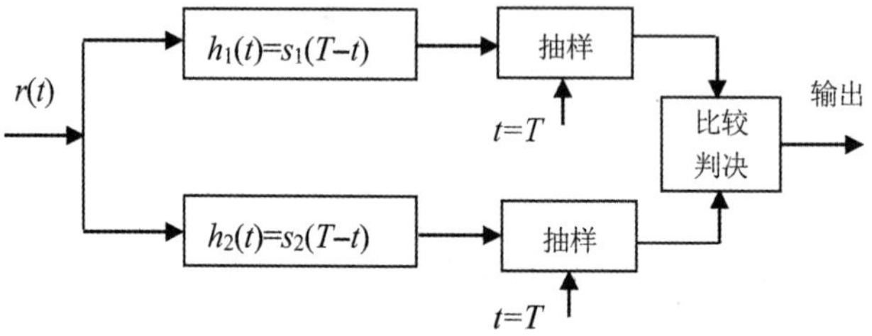


图 9-19 最佳接收机结构

(2)由题意可得上、下两支路的匹配滤波器冲激响应分别为

$$h_1(t)=s_1(T-t)=s_2(t)$$

$$h_2(t)=s_2(T-t)=s_1(t)$$

所以，$h_1(t)$的波形如图 9-18(b)所示，$h_2(t)$的波形如图 9-18(a)所示。可能的输出波形如图 9-20 所示。

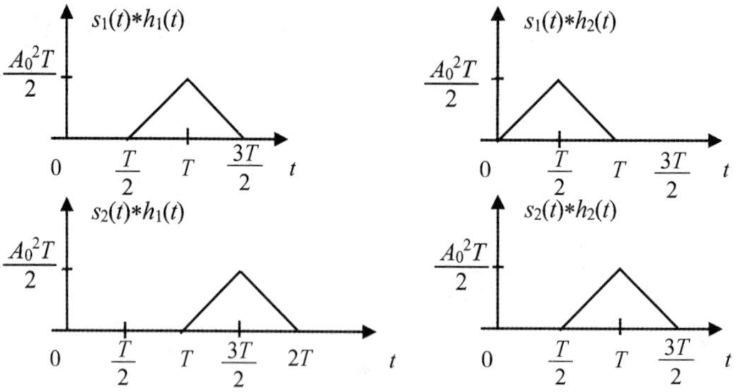


图 9-20 可能的输出波形

(3) $E_{b1}=E_{b2}=E_b=\dfrac{A_0{}^2T}{2}$，且有 $\rho=\dfrac{1}{E_b}\int_0^T s_1(t)s_2(t)\,dt=0$。

所以系统的误码率为

$$P_e=\frac{1}{2}\text{erfc}\left(\sqrt{\frac{E_b}{2n_0}}\right)=\frac{1}{2}\text{erfc}\left(\sqrt{\frac{A_0^2T}{4n_0}}\right)$$

5.设 PSK 方式的最佳接收机与实际接收机有相同的输入信噪比 $\frac{E_b}{n_0}$，如果 $\frac{E_b}{n_0} = 10$ dB，实际接收机的带通滤波器带宽为 $\frac{6}{T}$ Hz，$T$ 是码元宽度，试比较两种接收机误码性能相差多少。

**解**：对于实际接收机，其信噪比为

$$r = \frac{S}{N} = \frac{S}{n_0 B} = \frac{S}{6n_0 \frac{1}{T}} = \frac{E_b}{6n_0}$$

其误码率为

$$P'_e = \frac{1}{2}\mathrm{erfc}(\sqrt{r}) = \frac{1}{2}\mathrm{erfc}\left(\sqrt{\frac{E_b}{6n_0}}\right) = \frac{1}{2}\mathrm{erfc}\left(\sqrt{\frac{5}{3}}\right) = 3.39 \times 10^{-2}$$

对于最佳接收机，其误码率为

$$P_e = \frac{1}{2}\mathrm{erfc}\left(\sqrt{\frac{E_b}{n_0}}\right) = \frac{1}{2}\mathrm{erfc}(\sqrt{10}) = 3.872 \times 10^{-6}$$

两种接收机误码性能相差

$$\frac{P_e}{P'_e} = \frac{3.872 \times 10^{-6}}{3.39 \times 10^{-2}} = 1.141 \times 10^{-4}\ \text{转换成分贝为}\ -78.9\ \text{dB}$$

由于实际接收机带宽 $B$ 总是大于最佳接收机带宽 $\frac{1}{T}$，故在相同的输入条件下，实际接收系统的误码率要比最佳接收系统大得多。

6.设二进制 FSK 信号为 $s_1(t) = A\cos(2\pi f_1 t)$，$s_2(t) = A\cos(2\pi f_2 t)$，$0 \leqslant t \leqslant T_s$，且发送 $s_1(t)$ 和 $s_2(t)$ 的概率相等。

(1)试设计相关器形式的最佳接收机结构；

(2)试设计匹配滤波器形式的最佳接收机结构；

(3)若信道加性高斯白噪声双边功率谱密度为 $\frac{n_0}{2}$，试求系统的误码率。

**解**：(1)利用二进制确知信号最佳接收理论，可得相关器形式的最佳接收机结构如图 9-21 所示。

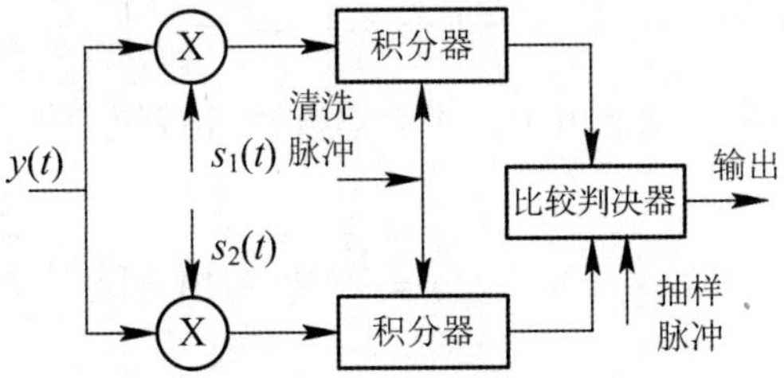


**图 9-21　相关器形式的最佳接收机结构**

(2)匹配滤波器形式的最佳接收机结构如图 9-22 所示。

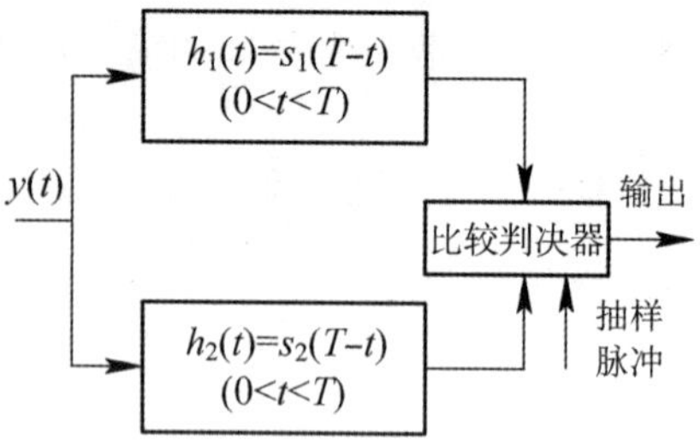


图 9-22　匹配滤波器形式的最佳接收机结构

(3)由题意可知 $s_1(t)$ 和 $s_2(t)$ 是等能量的,即

$$E_b = \int_0^T s_1^2(t)\,dt = \int_0^T s_2^2(t)\,dt = \frac{A^2 T_s}{2}$$

因此,系统误码率为

$$P_e = \frac{1}{2}\text{erfc}\left(\sqrt{\frac{E_b}{2n_0}}\right) = \frac{1}{2}\text{erfc}\left(\sqrt{\frac{A^2 T_s}{4n_0}}\right)$$

7.对于二进制数字基带传输系统,在理想信道下,系统总的传输函数为 $H(f)=\begin{cases}\frac{T_s}{2}[1+\cos(\pi f T_s)],\ |f|\leqslant\frac{1}{T_s}\\ 0,\ \text{其他}\end{cases}$,式中,$T_s$ 为码元间隔。发送信号波形为 $s(t)=\sum_{n=-\infty}^{\infty} a_n\delta(t-nT_s)$,$a_n=\pm a$,发送“1”和“0”符号的概率相等。信道为加性高斯白噪声,双边功率谱密度为$\frac{n_0}{2}$。求:

(1)将该系统构成最佳基带传输系统的发送滤波器和接收滤波器的传输函数;

(2)系统的误码率。

**解:**(1)由题意可知,理想信道 $C(f)=1$,系统总的传输函数为

$$H(f)=G_T(f)G_R(f)$$

根据理想信道下最佳基带传输系统收、发滤波器满足的条件,可得

$$G_T(f)=G_R(f)=[H(f)]^{1/2}=\left(\frac{T_s}{2}\times 2\cos^2\frac{\pi f T_s}{2}\right)^{\frac{1}{2}}=\sqrt{T_s}\cos\frac{\pi f T_s}{2}$$

(2)信号共有两电平,即 $M=2$。由于信号为双极性,相邻电平间隔的一半 $d=a$,则平均码元能量为

$$E=\frac{d^2}{3}(M^2-1)=\frac{a^2}{3}(2^2-1)=a^2$$

系统的误码率

$$P_e=\left(1-\frac{1}{M}\right)\text{erfc}\left(\sqrt{\frac{3}{M^2-1}\cdot\frac{E}{n_0}}\right)=\frac{1}{2}\text{erfc}\left(\sqrt{\frac{E}{n_0}}\right)=\frac{1}{2}\text{erfc}\left(\sqrt{\frac{a^2}{n_0}}\right)$$

8.在功率谱密度为$\frac{n_0}{2}$的高斯白噪声干扰下,请设计一个对图 9-23 所示 $s(t)$ 波形匹配的匹

配滤波器，试确定最大输出信噪比时刻及滤波器冲激响应，求出最大输出信噪比，并且绘制滤波器输出波形图。

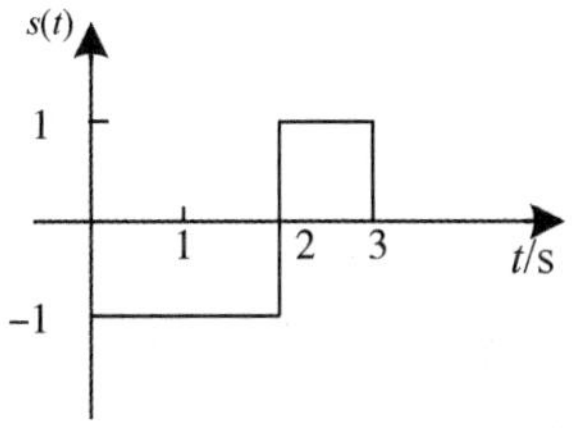


图 9-23　$s(t)$ 波形

**解：**(1)由题意可知，输入信号在 $t=3$ s 时截止，故最大输出信噪比时刻 $T=3$ s。

(2)匹配滤波器的冲激响应为

$$h(t)=s(T-t)=s(3-t)$$

匹配滤波器的冲激响应波形如图 9-24 所示。

(3)由题意可知，功率谱密度为$\frac{n_0}{2}$，输入信号的能量为 $E=3$，故最大输出信噪比为

$$r_{\max}=\frac{2E}{n_0}=\frac{6}{n_0}$$

(4)匹配滤波器输出波形如图 9-25 所示。

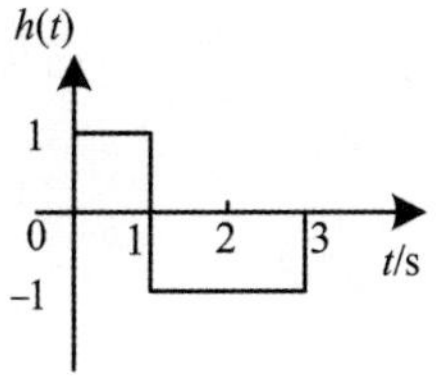


图 9-24　匹配滤波器的冲激响应波形

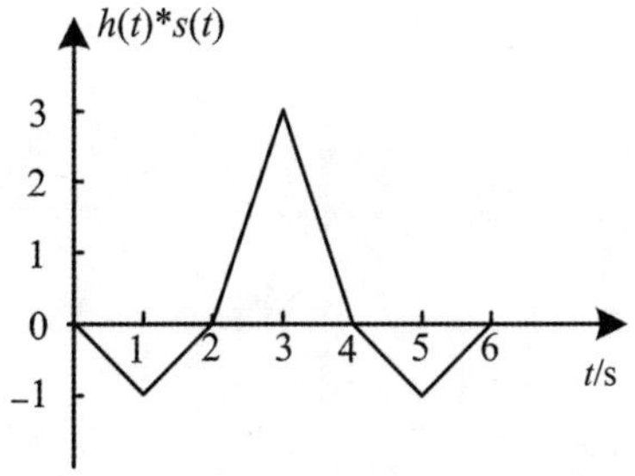


图 9-25　匹配滤波器输出波形

9.最佳接收机的误码率通常小于实际接收机的误码率，试解释原因。

**答：**若将实际接收机误码率公式中的信噪比 $r$ 换成$\frac{E_b}{n_0}$，即为最佳接收机的误码率。实际接收机中的信号噪声功率比 $r=\frac{S}{N}=\frac{S}{n_0B}$，而最佳接收机中的码元能量和噪声功率谱密度之比$\frac{E_b}{n_0}=\frac{S}{n_0(1/T)}$（$T$ 为码元宽度）。实际接收机输入端总有一个带通滤波器，而最佳接收机的前端没有滤波器。在实际接收机中，为使信号顺利通过，通常要求带通滤波器的带宽必须满足$B>\frac{1}{T}$，即 $r<\frac{E_b}{n_0}$，所以最佳接收机的误码率通常小于实际接收机的误码率。

10.数字信号最佳接收的准则是什么？最佳接收机的性能与波形相关系数 $\rho$ 有关，最佳的

波形相关系数 $\rho$ 为多少？对应的实际信号波形有哪些？

**答**：数字信号最佳接收的准则是似然比准则；最佳波形相关系数 $\rho=-1$；对应的实际信号波形有 2PSK 和 2DPSK。

## 四、课后拓展

1.通过 Matlab 仿真验证双极性二进制数字基带系统的性能并分析结论。假设在接收端总是使用最优(匹配滤波器)检测，基带脉冲成形信号可以采用以下三种不同的信号形式：

(1)矩形脉冲 $g(t)=u(t)-u(t-T)$。

(2)升余弦脉冲 $g(t)=\sin\frac{\pi t}{T}[u(t)-u(t-T)]$。

(3)滚降系数 $\alpha=0.5$ 的根升余弦脉冲$\left(\text{或带宽}\frac{0.75}{T}\right)$，截断到持续时间 $6T$。

提示：编程首先生成指定形式的双极性二进制信号，然后在 AWGN 基带信道中仿真信号传输过程，在接收端采用匹配滤波器形式接收信号并计算误码率，并通过各自的误码性能比较，验证极性信号的性能与脉冲形状无关。实验样本数 $N=10^6$，每符号 8 倍采样。

2.利用 Matlab 编程实现 16QAM 调制在 AWGN 信道中的基带传输过程，并分析其误码性能。基带传输采用滚降因子 $\alpha=0.5$ 的根升余弦脉冲，接收端采用匹配滤波接收机检测符号。实验样本数 $N=10^6$，每符号 8 倍采样。绘制 16QAM 系统误符号率曲线，绘制特定信噪比条件下匹配滤波器输出端的信号散点图。

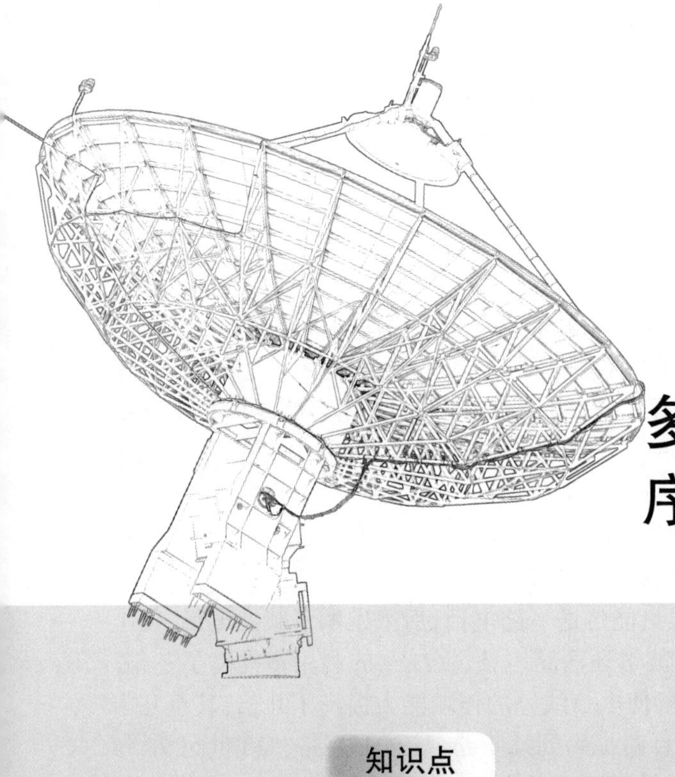

# 第 10 章

# 多路复用和伪随机序列

**知识点**

- 多路复用的基本概念和主要方法。
- 频分复用、时分复用、码分复用的基本原理和实现方法。
- PCM 一次群帧结构、高次群组成原理。
- 同步数字系列(SDH)的特点、组成原理。
- 数字复接原理、码速调整方法。
- 正交码概念,阿达玛矩阵构成。
- 伪随机序列的概念、特性。
- $m$ 序列的性质、产生原理及应用。

## 10.1 引言

在数据通信系统或计算机网络系统中，传输媒体的带宽或容量往往超过传输单一信号的需求，为了有效地利用通信线路，通常希望利用一个信道同时传输多路信号。将这种在同一条通信线路上传送多路信号的技术叫作多路复用(Multiplexing)技术。采用多路复用技术能把多个信号组合起来在一条物理信道上进行传输，在远距离传输时可大大节省电缆的安装和维护费用。电信线路是电信网的基础设施之一，在整个电信网的投资中占有很大的比例。多路复用能够提高电信传输系统传输能力、扩大容量、挖掘潜力、降低成本。因此，无论是有线传输系统还是无线传输系统，都在积极研究研发多路复用技术。

在有线电信方面，早期的传输线路一对线只能传送一路电话，后来发明了载波电话，使上述情况有了突破。单路载波电话在一对线上能够通两路电话，使线路的利用率提高了一倍。后来陆续研发出 3 路、12 路、60 路载波电话等，使电信线路的传输能力提高了几倍，甚至几十倍。同轴电缆载波系统更使通信的容量从几百路提高到几千路，甚至上万路。20 世纪 70 年代后期，光纤通信开始被大量使用。一条光纤就能够开通几百上千路电话。到 20 世纪 90 年代中期，一根光纤能够开通几万路电话；人们又研究研发了新的多路复用技术，叫作波分复用。现在一根光纤已能开通几十万路电话，还在继续迅速提高。其通信容量发展之快令人咋舌。而这些都是多路复用技术的成果。

在无线通信方面，多路复用技术也得到广泛的应用。早在 20 世纪 30 年代初期，无线电通信中就使用了多路复用技术。20 世纪 40 年代以后，微波通信更是广泛地应用了多路复用技术。到 20 世纪 80 年代，模拟调频微波通信的容量已高达 1800~2700 路。20 世纪 80 年代末发展起来的数字微波通信，多路复用的容量更高。1965 年以后，卫星通信发展很快，到 20 世纪 90 年代，新的卫星通信系统应用多路复用技术，能够承载约 35000 路电话和多个电视节目的传输。

多路复用技术的基本原理：各路信号在进入同一个有线的或无线的传输媒质之前，先采用调制技术把它们调制为互相不会混淆的已调制信号，然后进入传输媒质传送到对方，对方再用解调（反调制）技术对这些信号加以区分，并使它们恢复原来的信号，从而达到多路复用的目的。

常用的多路复用技术有频分复用(Frequency Division Multiplexing，FDM)技术、时分复用(Time Division Multiplexing，TDM)技术和码分复用(Code Division Multiplexing，CDM)技术。

频分多路复用是将各路信号分别调制到不同的频段进行传输，多用于模拟通信。

时分多路复用技术是利用时间上离散的脉冲组成相互不重叠的多路信号，广泛应用于数字通信。

码分复用是靠不同的编码来区分各路原始信号的一种复用方式，主要和各种多址技术结合产生了各种接入技术，包括无线和有线接入。

除了上述多路复用技术外，多路复用还有空分复用（SDM）、极化复用（PDM）和波分复用（WDM）等技术。

（1）空分复用指通过空间的分割来区别不同的用户。在移动通信中，能实现空间分割的基本技术就是采用自适应阵列天线，在不同的用户方向上形成不同的波束。每个波束可提供一个无其他用户干扰的唯一信道。典型的应用是 TD-SCDMA 中的智能天线技术。

（2）极化复用是卫星系统中采用的复用技术，即一个馈源能同时接收两种极化方式的波束，如垂直极化和水平极化，左旋圆极化和右旋圆极化。卫星系统中通常采用两种办法来实现频率复用：一种是同一频带采用不同极化，如垂直极化和水平极化，左旋圆极化和右旋圆极化等；另一种是不同波束内重复使用同一频带，此办法广泛使用于多波束系统中。

（3）波分复用是在光波频率范围内，把不同波长的光波，按一定间隔排列在一根光纤中传送。这种用于光纤通信的波分复用技术，现在正在迅速发展之中。

为了区分在一条链路上的多个用户的信号，多路复用理论上可以采用正交划分方法，即凡是理论上正交的多个信号，在同一条链路上传输到接收端后都可能利用其正交性完全区分开。

随着通信网的进一步发展，通信网的规模越来越大，路数越来越多，网际关系也越来越密切，出现了几个多路传输的网或链路间需要互联的要求，这称为复接（Multiple Connection）。对于大路数的信号而言，脉冲编码调制（PCM）复用在理论上是可行的，但实际上难以实现。如何利用分时传输提高通信系统的通信容量或线路的利用率？数字复接便成为解决这一问题的有效途径。数字复接是将两个或多个低速率数字流合并成一个高速率数字流的过程、方法和技术。它是实现现代数字通信网的基础。

通过多路复用技术，每条链路的多个信道被分配给不同用户使用，从而提高了链路的利用率。但是，在多路复用或复接时并不是每路用户在每一时刻都占用着信道。为了充分利用频率和时间等信道资源，希望每条信道都为多个用户所共享，尽量使它时时都有用户在使用着。于是在多路复用和复接发展的同时，逐渐发展出了多址接入技术。两者都是为了共享通信网。其区别在于，对于多路复用技术，用户是固定接入（指在全部时间内指定频段、指定时隙、指定正交码可用）或半固定接入（指在指定时间内指定频段、指定时隙、指定正交码可用）的，网络资源是预先分配给各用户共享的。对于多址接入技术，网络资源是动态分配，并可由用户在远端随时提出共享要求，如以太网（Ethernet），多址接入网络必须按照用户对网络资源的需求，随时动态地改变网络资源的分配。多址技术也有多种，如频分多址（FDMA）、时分多址（TDMA）、码分多址（CDMA）、空分多址（SDMA）等。

# 10.2 频分复用(FDM)

频分复用是调制技术的典型应用,它通过对多路调制信号进行不同载频的调制,使得多路信号的频谱在同一个传输信道的频率特性中互不重叠,从而完成在一个信道中同时传输多路信号的目的。这里用一个 DSB 调制的例子来说明如何进行频分复用与解复用。

设有三路语音信号 $f_1(t)$、$f_2(t)$、$f_3(t)$ 要通过一个通频带大于 24 kHz 的信道从甲方传输到乙方(已知三路语音信号的频带均为 0~4 kHz)。根据调制定理,在发送端用振荡器产生三个频率不同的正弦信号作为载波 $c_1(t)=\cos(\omega_1 t)$、$c_2(t)=\cos(\omega_2 t)$、$c_3(t)=\cos(\omega_3 t)$,分别与三路语音信号相乘,将它们调制在 $\omega_1$、$\omega_2$、$\omega_3$ 三个频率上。应使三个频谱相互错开不重叠,否则,将无法区分各路信号,三个载波频率必须落在信道通频带之中,同时间隔频带必须大于 8 kHz。三路语音信号经载波调制后成为已调信号,再经加法器合成为一路已调信号送入信道传输,完成发送端的频分复用任务。那么在信息的接收端,如何从接收到的多路信号中各取所需呢?或者说如何实现解复用呢?

采用通带略大于二倍信号带宽(8 kHz)的三个带通滤波器(其中心频率分别等于载波频率)滤出各自所需的频谱信号,再分别解调,最后送给不同的信息接收者,完成解复用的任务。图 10-1 展示了频分复用与解复用的全过程。

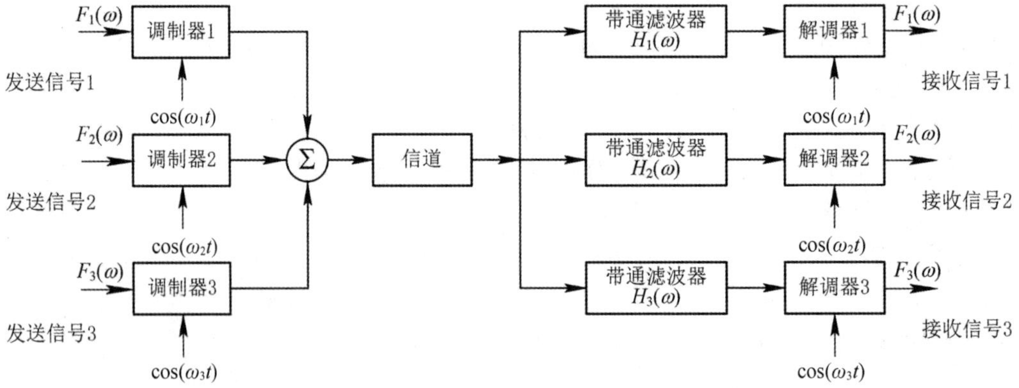


**图 10-1　频分复用示意图**

系统中载频的选择可由下式确定:

$$f_{i+1}=f_i+(2f_m+f_g),\ i=1,\ 2,\ 3,\cdots \tag{10-1}$$

式中,$f_i$ 和 $f_{i+1}$ 分别表示第 $i$ 路和第 $i+1$ 路的载波频率;$f_m$ 表示每一路信号的截止频率;$f_g$ 为邻路间隔防护频带。复用过程中发送端和接收端的频谱图如图 10-2 所示。

上述频分复用通信的信号是单向传输的,即单工方式,那么如何完成双工通信呢?这就需

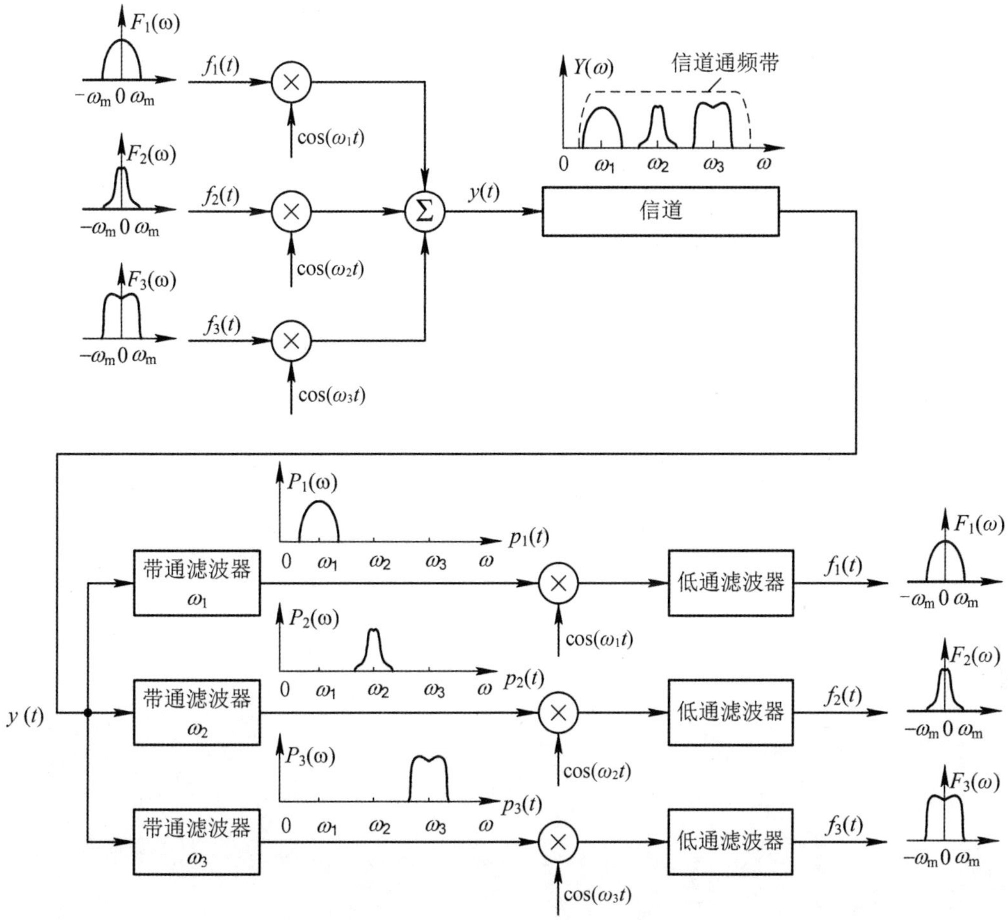


**图 10-2 频分复用频谱示意图**

要在通信的双方再加一套同样的频分复用系统，但位置要倒过来，信道可以采用同一物理信道，其占用带宽至少加倍，且调制频率必须改变，以保证两个方向传输的频谱不重叠，不发生同频干扰。

生活中最熟悉的频分复用实例是无线电广播。普通中波段收音机的接收频段是 535～1605 kHz，该频段可以看作一个物理传输信道。各地广播电台将各自的广播节目(音频信号)以振幅调制(AM)方式调制到不同频率的载波，即频分复用方式，发射出去供听众接收。听众通过旋转调台旋钮，或电子调台按钮改变收音机内的带通滤波器的中心频率，使得滤波曲线在 535～1605 kHz 来回移动，当带通滤波器的中心频率与听众欲接收的广播节目的载频相同时，就可将该节目信号选择出来，再通过电压放大、解调、功率放大等处理就可还原成音频信号由扬声器(喇叭)播放出来。

另一个典型实例是有线电视(CATV)。有线电视将多套电视节目频分复用在一条同轴电缆上传送(目前部分主干线采用光纤传输)给用户，用户利用遥控器就可通过电视机内部的调谐电路(与收音机类似)选出所喜爱的节目。

频分复用在多级调制中常被用到。多级调制就是对同一基带信号实施两次或更多次的调制过程，例如 SSB-FM，基带信号先采用 SSB 调制搬频移谱，然后采用 FM 进行高频调制。

频分复用的主要缺点在于要求系统的非线性失真很小，否则将因非线性失真而产生各路信号间的互相干扰；用硬件实现时，设备的生产技术较为复杂，特别是滤波器的制作和调试，成本较高。

# 10.3 时分复用(TDM)

## 10.3.1 基本原理

时分复用是利用各信号的抽样值在时间上不相互重叠来达到在同一信道中传输多路信号的一种方法。在 FDM 系统中,各信号在频域上是分开的而在时域上是混叠在一起的;在 TDM 系统中,各信号在时域上是分开的,而在频域上是混叠在一起的。图 10-3 给出了三个基带信号进行时分复用的原理图。图中,对 $m_1(t)$、$m_2(t)$ 和 $m_3(t)$ 按相同的时间周期进行采样,只要采样脉冲宽度足够窄,在两个采样值之间就会留有一定的时间空隙。

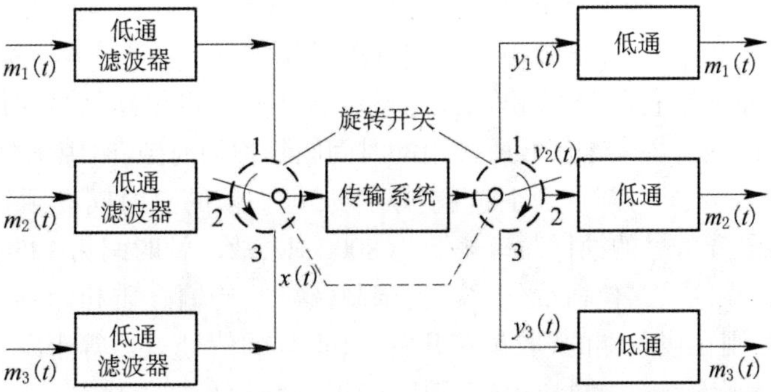


图 10-3　三个基带信号进行时分复用的原理图

如图 10-3 所示,三路输入信号 $m_1(t)$、$m_2(t)$ 和 $m_3(t)$ 分别通过截止频率为 $f_H$ 的低通滤波器,去"发旋转开关"。在发送端,三路模拟信号顺序地被"发旋转开关"抽样,该开关每秒钟做 $f_s$ 次旋转($f_s \geqslant 2f_H$),并在一周旋转期内由各输入信号提取一个样值。若该开关实行理想抽样,那么该开关的输出信号为

$$x(t)=\sum_{k=-\infty}^{\infty}[m_1(kT_s)\delta(t-kT_s)+m_2(kT_s+\tau)\delta(t-kT_s-\tau)+ m_3(kT_s+2\tau)\delta(t-kT_s-2\tau)] \tag{10-2}$$

式中,输入信号路数为 3,把 $x(t)$ 中一组连续三个脉冲称为一帧,一帧长度为 $T_s=\frac{1}{f_s}$,称 $\tau$ 为时隙长度,本例 $\tau=\frac{T_s}{3}$。

例如,若语音信号用 8 kHz 的速率抽样,则旋转开关应每秒旋转 8000 周。设旋转周期为

$T_s$，共有 $N$ 路信号，则每路信号在每周中占用时间 $\tau=\frac{T_s}{N}$。此旋转开关采集到的信号如图 10-4 所示。每路信号实际上是脉冲振幅调制（PAM）信号，$N$ 路 PAM 信号的样值在时间域上周期地互相错开，图中 $T=T_s$。

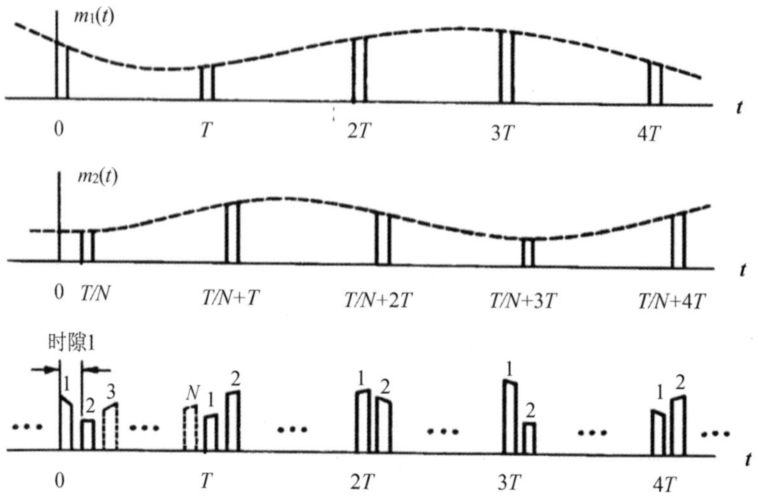


**图 10-4　$N$ 路时分复用波形图**

对于 $N$ 路语音信号进行时分复用时，发送端的转换开关以单路信号抽样周期为其旋转周期，按时间次序进行转换，每一路信号所占用的时间间隔称为时隙，时隙 1 分配给第一路，时隙 2 分配给第二路，…。$N$ 个时隙的总时间构成一帧，每一帧的总时间必须符合抽样定理的要求。通常由于单路语音信号的抽样频率规定为 8000 Hz，故一帧时间为 125 μs。

图 10-3 中的“传输系统”包括量化、编码、调制、解调、传输媒质和译码等。假设该传输系统不引起噪声误差，则在接收端的“收旋转开关”处得到的信号 $y(t)$ 等于发送端信号 $x(t)$。由于“收旋转开关”“发旋转开关”同步运转，因此能把各路信号样值序列分离，并送到规定的通路上，所得到的各通路样值信号可表示如下

$$\begin{cases} y_1(t)=\sum_{k=-\infty}^{\infty} m_1(kT_s)\delta(t-kT_s) \\ y_2(t)=\sum_{k=-\infty}^{\infty} m_2(kT_s+\tau)\delta(t-kT_s-\tau) \\ y_3(t)=\sum_{k=-\infty}^{\infty} m_3(kT_s+2\tau)\delta(t-kT_s-2\tau) \end{cases} \tag{10-3}$$

当系统参数满足抽样定理条件时，则各路输出信号可分别恢复原始模拟信号，即第 $i$ 路的输出信号为 $m_{oi}(t)=m_i(t)$。上述时分复用基本原理中的机械旋转开关，在实际电路中是由抽样脉冲取代的。因此，各路抽样脉冲的频率必须严格相同，相位也需要有确定的关系，使各路抽样脉冲保持等间隔的距离。在一个多路复用设备中使各路抽样脉冲严格保持这种关系并不难，因为可以由同一时钟提供各路抽样脉冲。

时分复用的主要优点：便于实现数字通信、易于制造、适于采用集成电路实现、生产成本较低。模拟脉冲调制目前几乎不再用于传输。抽样信号一般都在量化编码后以数字信号的形式

传输。故上述仅是时分复用的基本原理。

### 10.3.2　时分复用 PCM 系统

时分复用 PCM 系统组成框图如图 10-5 所示。

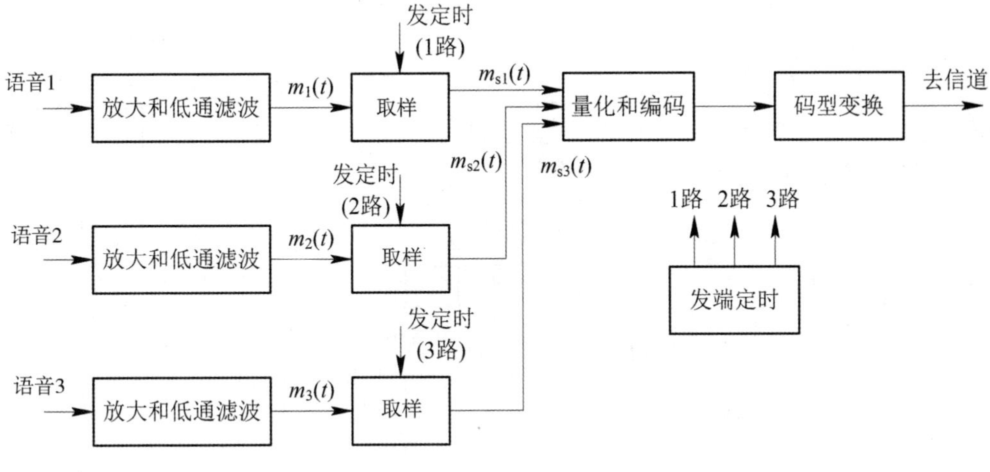


(a)

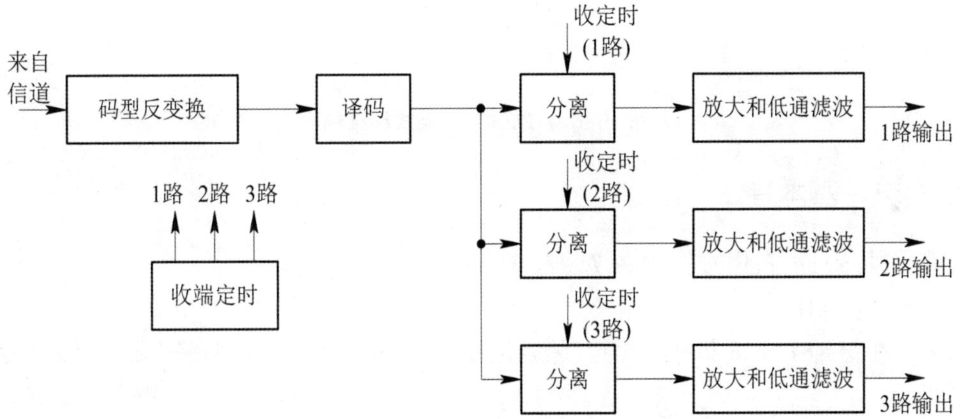


(b)

**图 10-5　时分复用 PCM 系统组成框图**

从图中可以看出,各路语音信号分别通过各自的放大和低通滤波、取样等处理环节后,合并在一起进行量化、编码,生成 PCM 信号,然后通过码型变换形成适合于信道传输的码型送至信道。接收端将收到的 PCM 信号经过码型反变换后进行译码,形成 PAM 信号,分离后分别送给各自的放大和低通滤波,从而恢复模拟语音信号。下文以 PCM30/32 标准(*A* 律压缩特性)为例,说明时分复用信号的帧结构,其帧结构如图 10-6 所示。

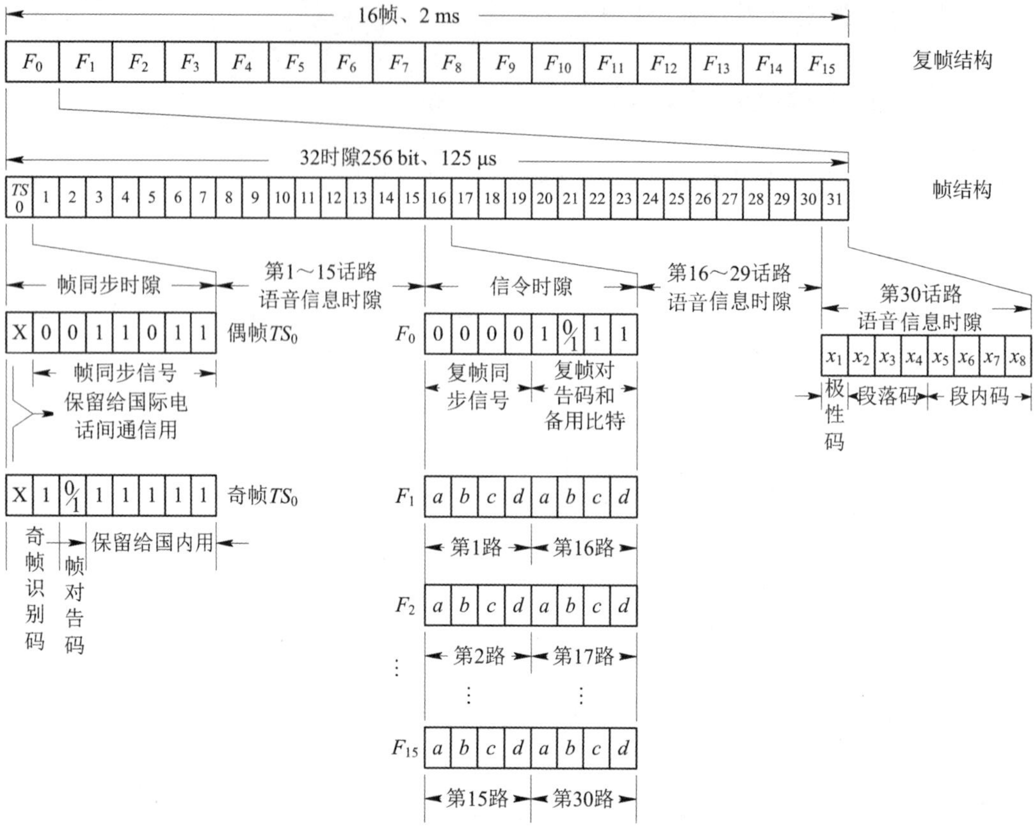


图 10-6 PCM 30/32 制式帧结构

### 10.3.2.1 基本特性

话路数目:30 路,占用时隙 $TS_1 \sim TS_{15}$和 $TS_{17} \sim TS_{31}$。

抽样频率:8 kHz。

压缩特性:$A=87.6/13$ 折线压缩律,编码位数 $k=8$,采用逐次比较型编码器,其输出为折叠二进制码。

每帧时隙数:32 个。

$TS_0$ 是帧同步时隙(偶数帧),$TS_{16}$是信令时隙。

总数码率:$8\times32\times8000=2048$ kb/s。

### 10.3.2.2 帧与复帧结构

(1)时隙分配

在 PCM30/32 制式中,抽样周期为$\dfrac{1}{8000}=125$ μs,被称为一个帧周期,即 125 μs 为一帧。一帧内要时分复用 32 路,每路占用的时隙为$\dfrac{125}{32}=3.9$ μs,称为一个时隙。因此,一帧有 32 个时隙,按顺序编号为 $TS_0$、$TS_1$、…、$TS_{31}$。时隙的使用分配为:

① $TS_1$ ~ $TS_{15}$,$TS_{17}$ ~ $TS_{30}$为 30 个话路时隙；

② $TS_0$ 为帧同步码,监视码时隙；

③ $TS_{16}$为信令(振铃、占线、摘机等各种标志信号)时隙。

(2)话路的比特安排

每个话路时隙内要将样值编为 8 位二元码,每个码元占 3.9 μs/8≈488 ns,称为一比特,编号为 1~8。第 1 比特为极性码,第 2~4 比特为段落码,第 5~8 比特为段内码。

(3)$TS_0$ 时隙的比特分配

为了使收发两端严格同步,每帧都要传送一组特定标志的帧同步码组或监视码组。

帧同步码组为“0011011”,占用偶帧 $TS_0$ 的第 2~8 码位。第 1 比特供国际通信用,不使用时发送“1”码。奇帧比特分配为第 3 位为帧失步(远端)告警用,以 $A_1$ 表示,同步时送“0”码,失步时送“1”码。为避免奇帧 $TS_0$ 的第 2~8 码位出现偶帧的假同步码组,第 2 位码规定为监视码,固定为“1”, 第 4~8 位码保留为国内通信,用于维护、性能监测等用途,目前暂定为“1”。

(4)$TS_{16}$时隙的比特分配

若将 $TS_{16}$时隙的码位按时间顺序分配给各话路传送信令,需要用 16 帧组成一个复帧,分别用 $F_0$、$F_1$、…、$F_{15}$表示,复帧周期为 2 ms,复帧频率为 500 Hz。复帧中各子帧的 $TS_{16}$分配为:

①$F_0$ 帧:1~4 码位传送复帧同步信号“0000”;第 6 码位传送复帧对告码 $A_2$,同步为“0”,失步为“1”。5、7、8 码位传送“1”码;

②$F_1$~$F_{15}$各帧的 $TS_{16}$前 4 比特传 1~15 话路信令信号,后 4 比特传 16~30 话路的信令信号。

## 10.3.3　复接和分接

复接是将低次群合并成高次群的过程。在通信网中往往有多次复用,由若干链路来的多路时分复用信号,再次复用,构成高次群。由于各链路信号来自不同地点,其时钟(频率和相位)之间存在误差。所以在低次群合成高次群时,需要将各路输入信号的时钟调整统一。在接收端,将复接生成的高次群分解为低次群的过程称为分接。目前,大容量链路的复接基本是 TDM 信号的复接。ITU 对于 TDM 多路电话通信系统,制定了两种准同步数字系列(PDH)和两种同步数字系列(SDH)标准的建议。

对于准同步数字系列(PDH),ITU 提出的两个建议为:E 系列——我国(不含港澳台)、欧洲及国际连接采用,对应的基础速率为 2.048 Mb/s;T 系列——北美、日本和其他少数国家和地区采用,对应的基础速率为 1.544 Mb/s。所谓准同步复接,即每个复接点的时钟与复接进入的时钟有较小的差别。原因是复接时需要增加一些控制信息比特,从而使得复接后的速率略高于复接前的各码流速率之和。

表 10-1 给出了 PDH 两种标准的复接等级一览表。以下仅以 E 系列为例进行说明。

E 系列的速率:

基本层(E-1):30 路 PCM 数字电话信号,每路 PCM 信号的比特率为 64 kb/s。由于需要加入群同步码元和信令码元等额外开销(Overhead),所以实际占用 32 路 PCM 信号的比特率。故其输出总比特率为 2.048 Mb/s,此输出称为一次群信号。

E-2 层:4 个一次群信号进行二次复用,得到二次群信号,其比特率为 8.448 Mb/s。

E-3 层:按照同样的方法再次复用,得到比特率为 34.368 Mb/s 的三次群信号。

E-4 层:比特率为 139.264 Mb/s。

由此可见,相邻层次群之间路数呈 4 倍关系,但是比特率之间不是严格的 4 倍关系。对应的 E 系列结构图如图 10-7 所示。

**表 10-1　PDH 标准及复接等级**

| | 层次 | 比特率/(Mb/s) | 路数 |
|---|---|---|---|
| E系列 | E-1 | 2.048 | 30 |
| | E-2 | 8.448 | 120 |
| | E-3 | 34.368 | 480 |
| | E-4 | 139.264 | 1920 |
| | E-5 | 565.148 | 7680 |
| T系列 | T-1 | 1.544 | 24 |
| | T-2 | 6.312 | 96 |
| | T-3 | 32.064(日本) | 480 |
| | | 44.736(北美) | 672 |
| | T-4 | 97.728(日本) | 1440 |
| | | 274.176(北美) | 4032 |
| | T-5 | 397.200(日本) | 5760 |
| | | 560.160(北美) | 8064 |

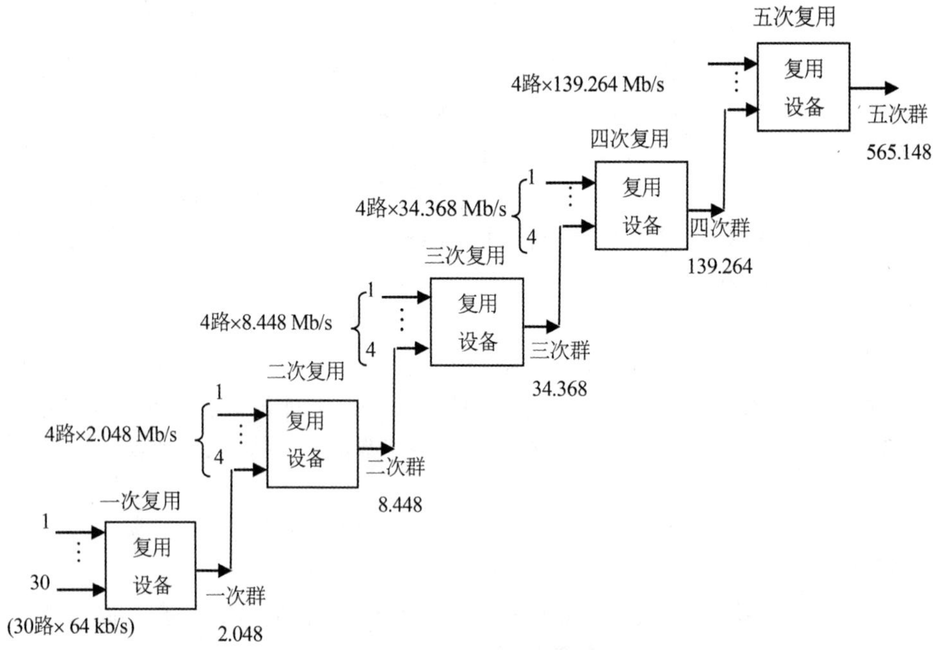


**图 10-7　E 系列结构图**

ITU 制定了同步数字系列(SDH)标准,以适应宽带综合业务数字网的传输需求。SDH 是针对更高速率的传输系统制定出的全球统一的标准。整个网络中各设备的时钟来自同一个极精确的时间标准(例如铯原子钟),没有准同步系统中各设备定时存在误差的问题。在 SDH 中,信息是以"同步转移模式(STM)"的信息结构传送的。一个同步转移模式主要由信息有效负荷和段开销(SOH)组成块状帧结构,其重复周期为 125 μs。

按照模块的大小和传输速率不同,SDH 分为若干等级。ITU G.707 建议规定,SDH 的第一级比特率为 155.52 Mb/s,记作 STM-1。四个 STM-1 按字节同步复接,得到 STM-4,比特率为 622.08 Mb/s;四个 STM-4 按字节同步复接,得到 STM-16,比特率为 2488.32 Mb/s。在各级间速率是 4 倍的关系,没有额外开销。STM-N 都采用同步方式复接,称为同步数字系列。

# 10.4 码分复用(CDM)

## 10.4.1 基本原理

码分复用是指利用一组正交码序列来区分各路信号,它们占用的频带和时间都可重叠。实现码分复用的理论依据是利用自相关函数抑制互相关函数的特性来选取正交信号码组中的所需信号,因此,码分复用是正交复用。

码组正交的概念可以表述如下:用 $x$ 和 $y$ 表示两个码组,即有

$$x=(x_1,x_2,\cdots,x_i,\cdots,x_N) \text{ 和 } y=(y_1,y_2,\cdots,y_i,\cdots,y_N)$$

式中, $x_i,y_i\in(+1,-1)$, $i=1,2,\cdots,N$ ,则两个码组互相关系数定义为

$$\rho(x,y)=\frac{1}{N}\sum_{i=1}^{N}x_iy_i \tag{10-4}$$

两码组正交的必要和充分条件为

$$\rho(x,y)=0 \tag{10-5}$$

为了说明,这里给出如下 4 个码组

$$\begin{cases} s_1=(+1,\ +1,\ +1,\ +1)\\ s_2=(+1,\ +1,\ -1,\ -1)\\ s_3=(+1,\ -1,\ -1,\ +1)\\ s_4=(+1,\ -1,\ +1,\ -1)\end{cases} \tag{10-6}$$

容易算出,这 4 个码组中任意两个之间的互相关系数都为 0,即这 4 个码组两两正交。

若用“1”和“0”来表示二进制码元,即有“1”→“−1”,“0”→“+1”,此时,互相关系数又可定义为

$$\rho(x,y)=\frac{A-D}{A+D} \tag{10-7}$$

式中,$A$ 为 $x$ 和 $y$ 中对应码元相同的个数; $D$ 为 $x$ 和 $y$ 中对应码元不同的个数。

这样,上例中的码组就可以表示成

$$\begin{cases} s_1=(0,0,0,0)\\ s_2=(0,0,1,1)\\ s_3=(0,1,1,0)\\ s_4=(0,1,0,1)\end{cases} \tag{10-8}$$

如此定义就可以将原来的相乘关系映射为模 2 加,即“×” →“⊕”。

对于码组 $x$,设 $x_i$取值+1 或−1,则码组自相关系数定义为

$$\rho_x(j)=\frac{1}{N}\sum_{i=1}^{N}x_ix_{i+j},\ j=0,1,\cdots,(N-1) \tag{10-9}$$

式中 $x$ 的下标 $i+j$ 应按模 $N$ 运算,即 $x_{N+i}\equiv x_i$,($1\leqslant i\leqslant N-1$)。

【**例 10-1**】设 $x=(x_1,x_2,x_3,x_4)=(+1,-1,-1,+1)$,则其自相关系数为

$$\rho_x(0)=\frac{1}{4}\sum_{i=1}^{4}x_i^2=1$$

$$\begin{aligned}\rho_x(1)&=\frac{1}{4}\sum_{i=1}^{4}x_ix_{i+1}=\frac{1}{4}(x_1x_2+x_2x_3+x_3x_4+x_4x_1)\\&=\frac{1}{4}(-1+1-1+1)=0\end{aligned}$$

$$\begin{aligned}\rho_x(2)&=\frac{1}{4}\sum_{i=1}^{4}x_ix_{i+2}=\frac{1}{4}(x_1x_3+x_2x_4+x_3x_1+x_4x_2)\\&=\frac{1}{4}(-1-1-1-1)=-1\end{aligned}$$

$$\begin{aligned}\rho_x(3)&=\frac{1}{4}\sum_{i=1}^{4}x_ix_{i+3}=\frac{1}{4}(x_1x_4+x_2x_1+x_3x_2+x_4x_3)\\&=\frac{1}{4}(+1-1+1-1)=0\end{aligned}$$

注:$(x)_{i+j}$相当于将$(x)_i$循环左移$j$ 位后的码组。同理,若设 $x_i$取值为“0”或“1”,则其自相关系数可以表示为$\rho(x_i,x_{i+j})=\dfrac{A-D}{A+D}$,$A$ 为 $x_i$和 $x_{i+y}$中对应码元相同的个数;$D$ 为 $x_i$和 $x_{i+y}$中对应码元不同的个数。$\rho$ 的取值范围为$-1\leqslant\rho\leqslant+1$。

按照互相关系数$\rho$ 值的不同,有如下定义:

当$\rho=0$ 时,称码组为正交码;

当$\rho\approx0$ 时,称码组为准正交码;

当$\rho<0$ 时,称其为超正交码。

例如:码组 $s_1=(0,1,1)$、$s_2=(1,1,0)$、$s_3=(1,0,1)$ 便构成了构成超正交码。

正交码及其反码还可以构成双正交码,例如:码组 (0, 0, 0, 0)、(0, 0, 1, 1)、(0, 1, 1, 0)、(0, 1, 0, 1),其反码组(1, 1, 1, 1)、(1, 1, 0, 0)、(1, 0, 0, 1)、(1, 0, 1, 0),此双正交码共 8 个码组,码长为 4,任意两个码组的互相关系数为 0 或−1。

显然,如果将正交码用于码分复用中作为“载波”,则合成的多路信号很容易用计算互相关函数的方法分开。这里,我们以式(10-6)给出的 4 个码组作为载波,构成 4 路码分复用系统,其原理框图如图 10-8 所示。

需要明确的是,码分复用不是必须采用正交码。在数字通信中,超正交码和准正交码都可以采用,因为当邻道干扰很小时,可以用设置门限的方法消除干扰的影响。

## 10.4.2 正交码

在正交码理论中,阿达玛(Hadamard)矩阵具有非常重要的作用。阿达玛矩阵是由+1 和

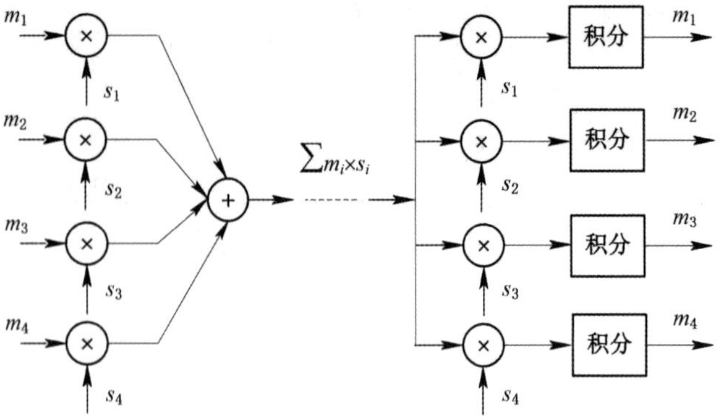


图 10-8　4 路码分复用系统原理框图

-1 元素构成的正交方阵。所谓正交方阵，是指任意两行（或两列）都是正交的矩阵，简称 $H$ 矩阵。最低阶的阿达玛矩阵是 2 阶的，表示如下

$$\boldsymbol{H}_2 = \begin{bmatrix} +1 & +1 \\ +1 & -1 \end{bmatrix} \tag{10-10}$$

为简单起见，将上式写为

$$\boldsymbol{H}_2 = \begin{bmatrix} + & + \\ + & - \end{bmatrix} \tag{10-11}$$

阶数为 2 的整数次幂的阿达玛矩阵可以用下面的递推公式求出

$$\boldsymbol{H}_N = \boldsymbol{H}_2 \otimes \boldsymbol{H}_{\frac{N}{2}} \tag{10-12}$$

式中，⊗代表直积（克罗内克积）运算。例如，如果 $\boldsymbol{H}$ 是一个 $m \times n$ 的矩阵，而 $\boldsymbol{B}$ 是一个 $p \times q$ 的矩阵，则 $\boldsymbol{A} \otimes \boldsymbol{B}$ 是一个 $mp \times nq$ 的分块矩阵。式（10-12）直积的算法是将矩阵 $\boldsymbol{H}_2$ 中的每个元素都用矩阵 $\boldsymbol{H}_{\frac{N}{2}}$ 代替。

**【例 10-2】**

$$\boldsymbol{H}_4 = \boldsymbol{H}_2 \otimes \boldsymbol{H}_2 = \begin{bmatrix} \boldsymbol{H}_2 & \boldsymbol{H}_2 \\ \boldsymbol{H}_2 & -\boldsymbol{H}_2 \end{bmatrix} = \begin{bmatrix} + & + & + & + \\ + & - & + & - \\ + & + & - & - \\ + & - & - & + \end{bmatrix} \tag{10-13}$$

$$H_8 = H_2 \otimes H_4 = \begin{bmatrix} H_4 & H_4 \\ H_4 & -H_4 \end{bmatrix} = \begin{bmatrix} + & + & + & + & + & + & + & + \\ + & - & + & - & + & - & + & - \\ + & + & - & - & + & + & - & - \\ + & - & - & + & + & - & - & + \\ + & + & + & + & - & - & - & - \\ + & - & + & - & - & + & - & + \\ + & + & - & - & - & - & + & + \\ + & - & - & + & - & + & + & - \end{bmatrix} \tag{10-14}$$

由上法构造出的 $\boldsymbol{H}$ 矩阵是对称矩阵,而且其第一行和第一列中的元素全为"+",称为正规 $\boldsymbol{H}$ 矩阵。

$\boldsymbol{H}$ 矩阵的性质:若交换正规 $\boldsymbol{H}$ 矩阵的任意两行或两列,或者改变任一行(或列)中的全部元素的符号,此矩阵仍为 $\boldsymbol{H}$ 矩阵。

高于 2 阶的 $\boldsymbol{H}$ 矩阵的阶数一定是 4 的倍数。目前,除 $N=4\times47=188$ 外,所有 $N\leqslant200$ 的 $H$ 矩阵都已经找到。

若将 $\boldsymbol{H}$ 矩阵中各行按符号改变次数由少到多排列,得出沃尔什(Walsh)矩阵,简称 $\boldsymbol{W}$ 矩阵。

**【例 10-3】**8 阶沃尔什矩阵

$$W_8 = \begin{bmatrix} + & + & + & + & + & + & + & + \\ + & + & + & + & - & - & - & - \\ + & + & - & - & - & - & + & + \\ + & + & - & - & + & + & - & - \\ + & - & - & + & + & - & - & + \\ + & - & - & + & - & + & + & - \\ + & - & + & - & - & + & - & + \\ + & - & + & - & + & - & + & - \end{bmatrix} \tag{10-15}$$

可以看到,$\boldsymbol{W}$ 矩阵仍保有正交性。阿达玛矩阵和沃尔什矩阵在数字通信技术中得到广泛应用。沃尔什矩阵被广泛用于数字信号处理、图像处理、通信及编码理论等领域。

## 10.4.3 伪随机码

伪随机码又称伪随机序列，是具有某种随机特性的确定序列。伪随机序列具有良好的随机性和接近于白噪声的相关特性，并且有预先的可确定性和可重复性。可以在码分复用、多址接入、测距、加密、扩展频谱通信和分离多径信号等方面得到广泛应用。伪随机序列有多种，其中以 $m$ 序列最为重要。

### 10.4.3.1 $m$ 序列原理

$m$ 序列是由线性反馈移位寄存器产生的周期最长的二进制数字系列。下面以 4 级 $m$ 序列产生器为例说明 $m$ 序列的产生原理。图 10-9 给出了一个 4 级 $m$ 序列产生器结构及状态，寄存器的状态用 $a_i$ 表示，取值为 0 或 1，且假设初始状态为（1, 0, 0, 0）。

由于 4 级移存器共有 $2^4=16$ 种可能状态，除去全 0 状态，故其产生的序列周期 $N$ 最长等于 15。

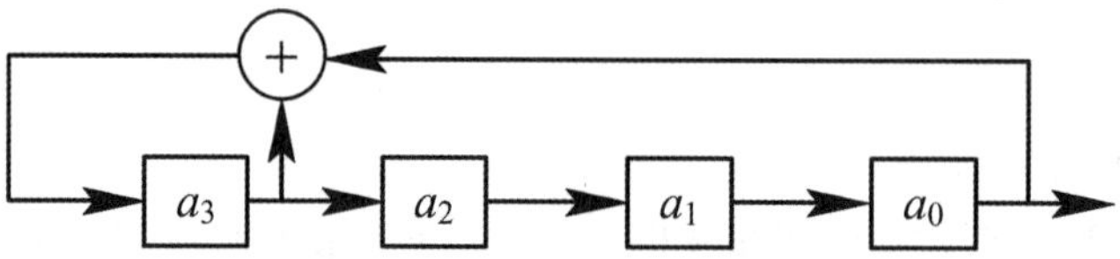


| | $a_3$ | $a_2$ | $a_1$ | $a_0$ | |
|---|---|---|---|---|---|
| 初始状态 → | 1 | 0 | 0 | 0 | ← 初始状态 |
| | 1 | 1 | 0 | 0 | |
| | 1 | 1 | 1 | 0 | |
| | 1 | 1 | 1 | 1 | |
| | 0 | 1 | 1 | 1 | |
| | 1 | 0 | 1 | 1 | |
| | 0 | 1 | 0 | 1 | |
| | 1 | 0 | 1 | 0 | |
| | 1 | 1 | 0 | 1 | |
| | 0 | 1 | 1 | 0 | |
| | 0 | 0 | 1 | 1 | |
| | 1 | 0 | 0 | 1 | |
| | 0 | 1 | 0 | 0 | |
| | 0 | 0 | 1 | 0 | |
| | 0 | 0 | 0 | 1 | |
| | 1 | 0 | 0 | 0 | |

图 10-9 4 级 $m$ 序列产生器结构及状态

图 10-10 给出了 $n$ 级线性反馈移存器框图。图中用 $a_i(i=0\sim n)$ 表示移存器状态；用 $c_i$ 表示反馈状态，$c_i=0$ 表示反馈线断开，$c_i=1$ 表示反馈线连通。

从图中可以看到，移存器左端的输入可以表示如下

$$a_k=c_1a_{k-1}\oplus c_2a_{k-2}\oplus\cdots\oplus c_{n-1}a_{k-n+1}\oplus c_na_{k-n}=\sum_{i=1}^{n}c_ia_{k-i}\quad(\text{mod } 2)\qquad(10\text{-}16)$$

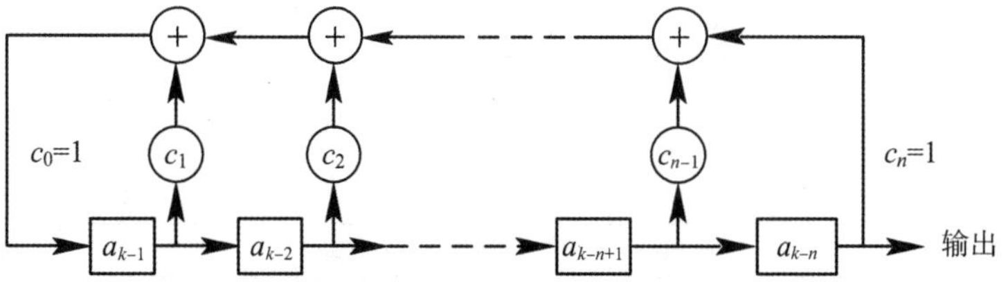


**图 10-10　$n$ 级线性反馈移存器框图**

上式称为递推方程，它给出了移存器输入 $a_k$ 与各级状态的关系。式中反馈系数 $c_i$ 的值决定了反馈线的连接状态，因此也就决定了所生成序列的长度和结构，称描述 $c_i$ 的方程为特征方程，表示如下

$$f(x) = c_0 + c_1 x + c_2 x^2 + \cdots + c_n x^n = \sum_{i=0}^{n} c_i x^i \tag{10-17}$$

上面方程中的加法运算是模 2(mod 2) 加运算。此外，式中 $x_i$ 本身并无实际意义，它仅指明其系数是 $c_i$ 的值。例如：对于特征方程 $f(x) = 1 + x + x^4$，式中 $x^0$、$x^1$、$x^4$ 项的存在，就表示系数 $c_0$、$c_1$、$c_4 = 1$，其他系数等于 0，按此方程构成的反馈移存器就是图 10-9 给出的例子。

可以证明，使一个线性反馈移存器产生最长周期序列的充分必要条件是其特征方程 $f(x)$ 为本原多项式。本原多项式是指满足下列条件的多项式：

①是既约的，即不能分解因子的；

②可以整除 $(x^m + 1)$，$m = 2^n - 1$，即 $(x^m + 1)$ 的一个因子；

③除不尽 $(x^q + 1)$，$q < m$。

因此，对于 $m$ 序列的生成，我们只需要找到本原多项式即可。

**【例 10-4】**设计一个 4 级 $m$ 序列产生器的特征方程 $f(x)$。

因级数 $n = 4$，故周期 $N = 2^n - 1 = 15$。所以，按照上述第②项要求，其特征方程 $f(x)$ 应该是 $(x^{15} + 1)$ 的一个因子。现将 $(x^{15} + 1)$ 分解因子表示如下

$$x^{15} + 1 = (x^4 + x + 1)(x^4 + x^3 + 1)(x^4 + x^3 + x^2 + x + 1)(x^2 + x + 1)(x + 1)$$

因要求设计的移存器有 4 级，故其特征方程式的最高次项应为 $x^4$ 项。上式右端前 3 个因子都符合这一要求。但可以验证前两个因子是本原多项式，而第 3 个因子不是本原多项式，因为

$$(x^4 + x^3 + x^2 + x + 1)(x + 1) = (x^5 + 1)$$

所以，前两个因子都可以作为特征多项式，用以产生 $m$ 序列。

只要找到本原多项式，就能由它构成 $m$ 序列产生器。表 10-2 提供了几种不同级数的本原多项式。本原多项式 $f(x)$ 的逆多项式 $\overline{f(x)} = x^n f\left(\frac{1}{x}\right)$ 也是本原多项式。例如，$f(x) = x^4 + x^3 + 1$ 对应的系数为 11001，$f(x) = x^4 + x + 1$ 对应的系数为 10011。所以表中每个本原多项式可以构成两种 $m$ 序列产生器。

表 10-2 不同级数的本原多项式

| $n$ | 代数式 | 八进制表示 |
|---|---|---|
| 2 | $x^2+x+1$ | 7 |
| 3 | $x^3+x+1$ | 13 |
| 4 | $x^4+x+1$ | 23 |
| 5 | $x^5+x^2+1$ | 45 |
| 6 | $x^6+x+1$ | 103 |
| 7 | $x^7+x^3+1$ | 211 |
| 8 | $x^8+x^4+x^3+x^2+1$ | 435 |
| 9 | $x^9+x^4+1$ | 1021 |
| 10 | $x^{10}+x^3+1$ | 2011 |
| 11 | $x^{11}+x^2+1$ | 4005 |
| 12 | $x^{12}+x^6+x^4+x+1$ | 10123 |
| 13 | $x^{13}+x^4+x^3+x+1$ | 20033 |

### 10.4.3.2 *m* 序列的性质

(1)均衡性

在 $m$ 序列的一个周期中,“0”和“1”的个数基本相等。准确地说,“1”的个数比“0”的个数多一个。

(2)游程分布

游程(Run)是指序列中取值相同的一段元素,并把这段元素的个数称为行程长度(Rum Length)。这里还是以 4 级反馈移存器产生的周期为 15 的 $m$ 序列为例,例如:

$$\cdots 1\ \overbrace{\underline{000}\ \ \underline{1111}\ \ \underline{0}\ \ \underline{1}\ \ \underline{0}\ \ \underline{11}\ \ \underline{00}\ \ \underline{1}}^{m=15}\ 0\cdots$$

上面的一个周期中,共有 8 个游程,其中长度为 4 的游程有 1 个,即“1111”;长度为 3 的游程有 1 个,即“000”;长度为 2 的游程有 2 个,即“11”和“00”;长度为 1 的游程有 4 个,即两个“1”和两个“0”。

一般说来,在 $m$ 序列中的游程总数为 $2^{n-1}$。其中,长度为 $k$ 的游程数目占游程总数的 $\frac{1}{2^k}$,$1 \leqslant k \leqslant n-1$;并且在长度为 $k$ $(1 \leqslant k \leqslant n-2)$的游程中,连“1”游程数目和连“0”游程数目相等,各占一半;当 $k=n$ 时,游程数目为 1,对应连“1”;当 $k=n-1$ 时,游程数目也为 1,对应连“0”。

(3)移位相加特性

设 $M_p$ 是一个 $m$ 序列,它经过任意 $i$ 次延迟移位(相当于在一个周期内循环右移 $i$ 位)后成为 $M_r$,则有

$$M_p \oplus M_r = M_s \qquad (10\text{-}18)$$

式中,$M_s$ 是 $M_p$ 的某 $j$ 次延迟移位序列,且 $i \neq j$。

例:$1110010 \oplus 0111001 = 1001011$,($i=1, j=5$)。式中右端是 1110010 向右移位 5 次的结果。

可以看出，对于给定 $n$ 及 $f(x)$，输出序列对应 $(2^n-1)$ 种不同初态，共有 $(2^n-1)$ 种形式与之一一对应，各输出序列仅是延迟不同而已。

(4) 自相关特性

首先讨论 $m$ 序列的自相关函数的推导。由互相关系数定义式得知，$m$ 序列的自相关函数可以定义为

$$\rho(j)=\frac{A-D}{A+D}=\frac{A-D}{N} \tag{10-19}$$

式中：$A$ 为 $m$ 序列与其 $j$ 次移位序列在一个周期中对应元素相同的数目；$D$ 为 $m$ 序列与其 $j$ 次移位序列在一个周期中对应元素不同的数目；$N$ 为 $m$ 序列的周期。上式还可以改写成如下形式：

$$\rho(j)=\frac{[a_i \oplus a_{i+j}=0]\text{ 的数目}-[a_i \oplus a_{i+j}=1]\text{ 的数目}}{N} \tag{10-20}$$

由 $m$ 序列的移位相加特性可知，上式分子中的 $a_i \oplus a_{i+j}$ 仍为 $m$ 序列的一个元素。所以上式分子就等于 $m$ 序列一个周期中"0"的数目与"1"的数目之差。另外，由 $m$ 序列的均衡性可知，$m$ 序列一个周期中"0"的数目比"1"的数目少一个。所以上式分子等于-1。因此，有

$$\rho(j)=\begin{cases}1, & j=0\\ \dfrac{-1}{N}, & j=1,2,\cdots,N-1\end{cases} \tag{10-21}$$

不难看出，由于 $m$ 序列有周期性，故其自相关函数也有周期性，周期也是 $N$，即

$$\rho(j)=\rho(j-kN),\quad j\geqslant kN,\quad k=1,2,\cdots \tag{10-22}$$

而且 $\rho(j)$ 是偶函数，即有

$$\rho(j)=\rho(-j)\text{ ，}j\text{ 为整数} \tag{10-23}$$

上面数字系列的自相关函数 $\rho(j)$ 只定义在离散的点上（$j$ 只取整数）。但是，若把 $m$ 序列当作周期性连续函数求其自相关函数，则从周期函数的自相关函数的定义

$$R(\tau)=\frac{1}{T}\int_{-T/2}^{T/2} s(t)s(t+\tau)\,\mathrm{d}t \tag{10-24}$$

式中，$T$ 为 $s(t)$ 的周期。可求其自相关函数 $R(\tau)$ 的表示式为

$$R(\tau)=\begin{cases}1-\dfrac{N+1}{T}|\tau-iT|, & 0\leqslant|\tau-iT|\leqslant\dfrac{T}{N}, i=0,1,2,\cdots\\ -\dfrac{1}{N}, & \text{其他}\end{cases} \tag{10-25}$$

按照上面的公式画出的 $\rho(j)$ 和 $R(\tau)$ 的曲线示于图 10-11 中。

图中 $\rho(j)$ 为离散且双值自相关函数，$R(\tau)$ 为连续自相关函数。可见，当周期 $T$ 很长及码宽 $\tau$ 很小时（即 $N$ 很大），$\rho(\tau)$ 趋于 $\delta(\tau)$ 的形状。图中的圆点表示 $j$ 取整数时的 $\rho(j)$ 取值，而折线是 $R(\tau)$ 的连续曲线。可以看到，两者是重合的。由图还可看出，当周期 $T$ 非常长和码元宽度 $\frac{T}{N}$ 极小时，$R(\tau)$ 近似于冲激函数 $\delta(t)$ 的形状。由上述可知，$m$ 序列的自相关函数只有两种取值：1 和 $-\frac{1}{N}$。有时把这类序列称为双值自相关序列。

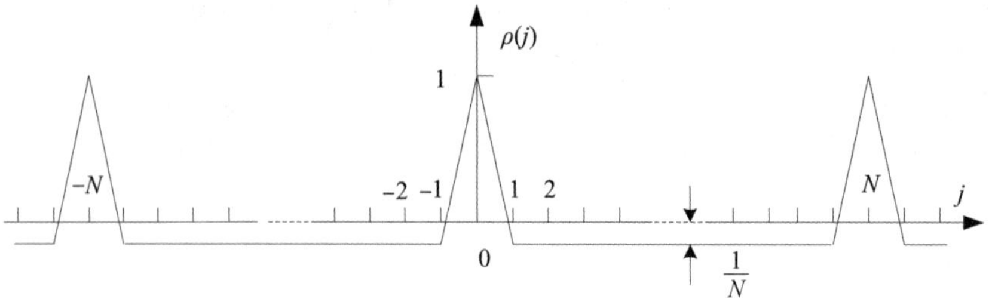


图 10-11　m 序列的自相关函数

（5）功率谱密度

功率谱密度和自相关系数构成一对傅里叶变换。故可求出如下

$$P_m(\omega)=\frac{N+1}{N^2}\left(\frac{\sin\frac{\omega T}{2N}}{\frac{\omega T}{2N}}\right)^2\sum_{n=-\infty}^{\infty}\delta\left(\omega-\frac{2\pi n}{T}\right)+\frac{1}{N^2}\delta(\omega) \tag{10-26}$$

如图 10-12 所示，当周期 $T$ 很长及码宽 $\tau$ 很小时（即 $N$ 很大），$P_m(\omega)$ 的特性趋于白噪声的连续平坦功率谱特性。由于当 $N$ 大时，$m$ 序列的均衡性、游程分布、自相关特性和功率谱密度等都近似白噪声的特性，但是它又有规律，可以重复产生，所以 $m$ 序列属于一种伪噪声序列。

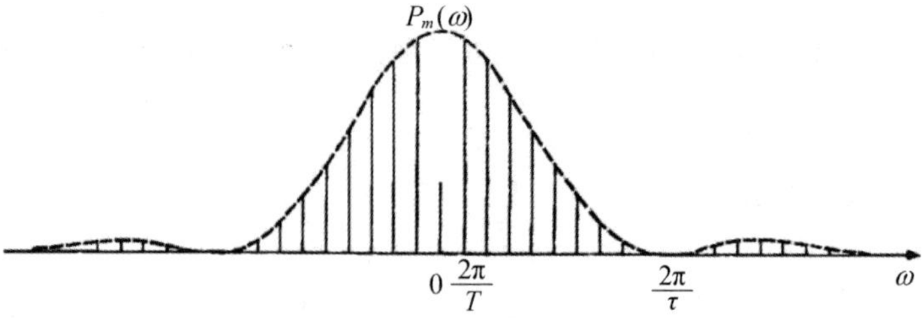


图 10-12　m 序列的功率谱密度

### 10.4.3.3　m 序列的应用

（1）误码率测量

在实际测量数字通信系统的误码率时，测量结果与信源送出信号的统计特性有关。通常认为二进制信号中"0"和"1"是以等概率随机出现的。所以测量误码率时最理想的信源应是随机序列产生器。这样测量的结果符合实际运用时的情况。用真正的随机序列产生器进行测量时，只适于闭环线路的测试，对于闭环测试，数字通信发送和接收设备放在同一地点，通过利用双向信道进行误码识别。显然，闭环测试法所用的信道不符合实际情况。

在测量单程数字通信的误码率时，不能利用随机序列，只能用伪随机序列代替它。由于发送端用的是伪随机序列，而且通常是 $m$ 序列，接收端可以用同样的 $m$ 序列产生器，由同步信号控制，产生出相同的本地序列。把本地序列和接收序列相比较，就可以检测误码。

（2）时延测量

用一移位的 $m$ 序列与被测量的经过传输路径延迟的 $m$ 序列相关，当两个序列相位相同时，可得到相关峰，由移位 $m$ 序列和原 $m$ 序列的相位差可以求得延迟，其原理如图 10-13

所示。

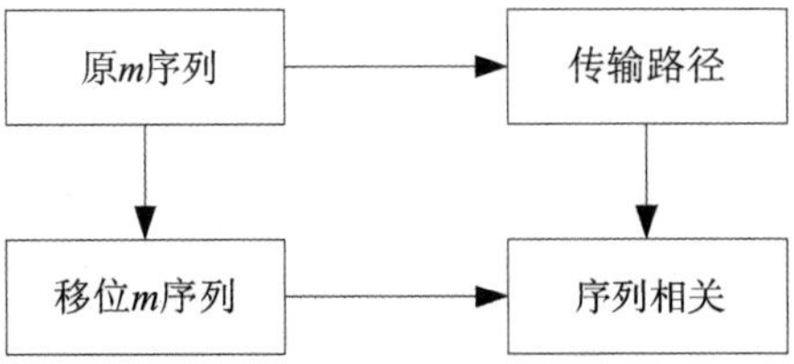


图 10-13 时延测量原理

**【例 10-5】**若用一个由 5 级移位寄存器产生的 $m$ 序列进行测距，已知最远目标为 1 500 km，求加于移位寄存器的定时脉冲的最短周期为多少。

**解：**$m$ 序列用来测距是其应用之一。

分析思路：求定时脉冲的最短周期，应先求出传输 $m$ 序列时，从发出到收到所需的时间和 $m$ 序列的周期 $N$。

从 $m$ 序列发出开始，到达目标后再反射回来，序列按光传播速度计算，则

$$t=\frac{1500\times 2\times 10^{3}}{3\times 10^{8}}=10^{-2}\ \text{s}$$

定时脉冲的最短周期是在移位了整个序列时才得到相关峰的情况下发生的。共需移位 $2^5-1=31$ 次。故最短周期为

$$T=\frac{t}{N}=\frac{10^{-2}}{31}\approx 322.6\ \mu\text{s}$$

【评注】计算此类题不复杂，主要是掌握 $m$ 序列测距的原理。设欲测单程距离为 $x$、光速为 $c$、测距所用 $m$ 序列周期为 $N=2^n-1$，发收来回经 $k$ 位（$1\leqslant k\leqslant N$）码元时延后得到相关峰的时间为 $t$、码元间隔为 $T$，则

$$x=t\times\frac{c}{2}=k\times T\times\frac{c}{2}$$

可见，$x$ 测量精度取决于 $T$，$x$ 最大可测范围取决于 $N$。

（3）通信加密

将信源产生的二进制数字消息和一个周期很长的伪随机序列模 2 相加，将所得新序列在信道中传输，在接收端利用同样的伪随机序列，便可以恢复原发送消息。由于不同长度的伪随机序列有无穷多个，即使相同长度的伪随机序列也有许多，因此，要破密很困难。

同一伪随机序列的起始相位不同，也不能解密。序列周期越长，为了破密所需的搜索时间也越长。用于加密的伪随机序列应该具有较长的周期。其原理如图 10-14 所示。

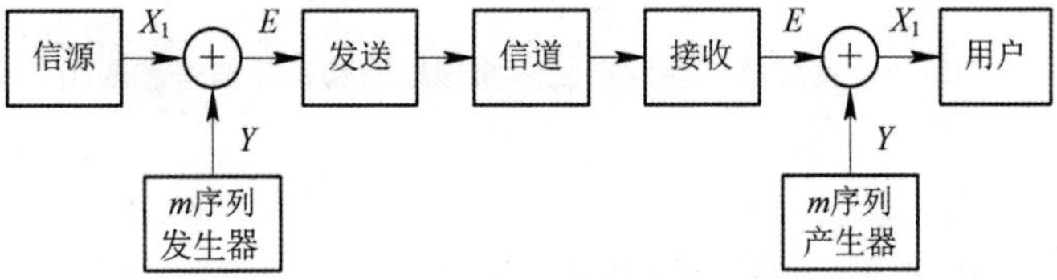


图 10-14 利用 $m$ 序列进行通信加密的原理

（4）扩展频谱通信

所谓扩展频谱（简称扩频）系统，是指其中传输的信号被扩展至占据一很宽的频带的系

统，其占用带宽远大于传输该原始信号所需的最小带宽。例如：一个带宽为几千赫兹的语音信号，在用振幅调制传输时，占用带宽仅为语音信号本身的 2 倍，而在扩频系统中，传输同样的语音信号可能占用几兆赫兹的带宽。

扩展频谱技术的理论基础是香农公式。对于加性白高斯噪声的连续信道，其信道容量 $C$ 与信道传输带宽 $B$ 及信噪比 $\frac{S}{N}$ 之间的关系可以用下式表示

$$C = B\log_2\left(1 + \frac{S}{N}\right) \tag{10-27}$$

该式表明，在保持信息传输速率不变的条件下，信噪比和带宽之间具有互换关系。也就是说，可以用扩展信号的频谱作为代价，换取用很低信噪比传送信号，同样可以得到很低的差错率。

扩频技术一般可分为以下三类：直接序列调制系统、频率跳变系统和线性调频系统，其中直接序列调制系统是指用一数字编码序列调制载波，此序列的比特率很高，其带宽远大于原始信号带宽，图 10-15 给出了直接序列调制系统的原理框图和扩频信号波形图。

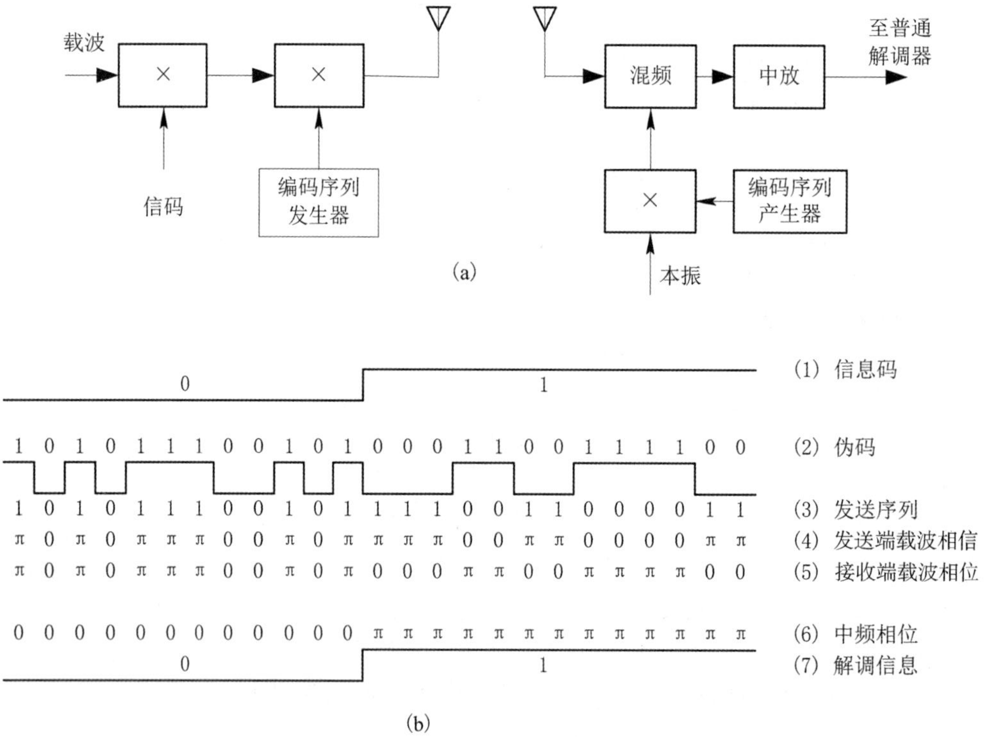


**图 10-15　直接序列调制系统的原理框图和扩频信号波形图**

扩频系统有以下特点：

①具有选择地址的能力；

②信号的功率谱密度很低，有利于信号的隐蔽；

③有利于加密，防止窃听；

④抗干扰性强；

⑤抗衰落能力强；

⑥对于多元接入系统能实现码分复用。

(5)分离多径技术

多径传播引起衰落的原因在于每条路径接收信号的相位不同。如果在接收端能够设法将多径信号的各条路径分离开,就有可能分别校正每条路径接收信号的相位,使之按同相相加,从而克服衰落现象。这种技术称为分离多径技术。$m$ 序列在分离多径技术中也具有重要作用,其原理此处从略。

# 复习与巩固

## 一、概念思考

1.多路复用有哪几种方法？多址接入技术有哪几种形式？

2.简述多路复用、多路复接和多址接入的区别与联系。

3.概述频分复用的原理及特点。

4.概述时分复用的原理及特点。

5.试述我国采用的同步数字系列(PDH)标准。

6.概述码分复用的原理及特点。

7.什么是正交码、超正交码和准正交码？

8.写出阿达玛矩阵的递推公式。

9.何谓沃尔什矩阵？试写出一个 8 阶沃尔什矩阵。

10.试分别写出码组自相关函数和互相关函数公式。

11.什么是 $m$ 序列？试述 $m$ 序列的性质。

12.线性反馈移位寄存器产生 $m$ 序列的充要条件是什么？

13.试举例说明伪随机序列的作用。

14.何谓扩展频谱通信？它有何特点？

## 二、课堂小测

1.在时分复用系统中，帧同步码的作用是________________________，用 ΔM 传输一路语音是否需要帧同步码？____________。

2.$A$ 律 PDH 二次群的信息传输速率________于一次群信息传输速率的 4 倍。

3.STM-4 的信息传输速率是__________STM-1 的信息传输速率的 4 倍。

4.$n$ 级线性反馈移存器可生成 $m$ 序列的周期为__________。

5.E 系列的一次群的速率是__________，可同时传输________路数字语音信号；二次群的速率是__________，可同时传输__________路数字语音信号。

6.在光纤中采用的多路复用技术是____________。

7.在同一条链路上能够同时传输多路信号，是利用了各路信号之间的__________。

8.采用 FDM 技术进行传输，复用后信号的带宽通常是______复用前各路信号的带宽之和。

9.采用 TDM 技术进行传输，复用后信号的数据率通常是________复用前各路信号的数据率之和。

10.在常用的复用方式中，一般而言，通信能力(即带宽)浪费最大的是__________。

11.E2 信道使用 128 路信号______复用一条通道，抽样速率为每秒 8000 次，其总数据率为________________。

12.$n$ 级移存器构成的 $m$ 序列每个周期中的游程总数有__________个,其中长为 $k$ ($1\leqslant k\leqslant n-1$)的游程个数为__________个。

13.设有一个FDM系统,副载波用SSB调制,主载波用FM调制。如果有60路等幅的音频信号输入通路,则每路频带限制在3.3 kHz以下,防护频带为0.7 kHz。如果最大频偏为800 kHz,此多级调制信号的带宽为__________kHz。

14.已知两个码组(1001010)和(0101000),则它们的互相关系数 $\rho$ 为__________。

A. $\frac{1}{7}$　　B. $-\frac{1}{7}$　　C. $\frac{2}{7}$　　D. $\frac{3}{7}$

15.由七级移位寄存器所产生的 $m$ 序列,若其自相关函数为 $R(j)$,则 $R(255)$ 的值为________。

A. $-\frac{1}{127}$　　B. $-\frac{1}{63}$　　C. $-\frac{1}{255}$　　D. $-\frac{1}{511}$

## 三、典型题解

1.设有一个9级线性反馈移存器产生的 $m$ 序列,试写出其一个周期内不同长度游程的个数。

**解**:由题意可知,此 $m$ 序列的游程总数为 $2^8=256$。

根据 $m$ 序列游程分布的性质,长度为 $k$ 的游程数目占游程总数的 $\frac{1}{2^k}$,$1\leqslant k\leqslant n-1$,并且在长度为 $k$ 的游程中(其中 $1\leqslant k\leqslant n-2$),连"1"和连"0"的游程各占一半。因此有

(1)长度为1的游程有128个;

(2)长度为2的游程有64个;

(3)长度为3的游程有32个;

(4)长度为4的游程有16个;

(5)长度为5的游程有8个;

(6)长度为6的游程有4个;

(7)长度为7的游程有2个;

(8)长度为8的游程有1个,即8个"0";

(9)长度为9的游程有1个,即9个"1"。

2.已知特征方程 $f_1(x)=1+x^2+x^3$,$f_2(x)=1+x+x^3$。

(1)构造两个 $m$ 序列发生器;

(2)求两个序列发生器产生的 $m$ 序列;

(3)验证这两个 $m$ 序列的正交性。

**解**:(1)上述两个特征方程所对应的 $m$ 序列发生器如图10-16所示。

(2)设初始状态为110,则

对应图10-16(a)产生的 $m$ 序列为0111001;

对应图10-16(b)产生的 $m$ 序列为0111010。

(3)上述两个 $m$ 序列都是周期序列,相应两个码组中对应码元相同的个数 $A=5$,不同个数 $D=2$,则互相关系数为 $\rho=\frac{A-D}{A+D}=\frac{3}{7}$,显见,两者不是正交的。

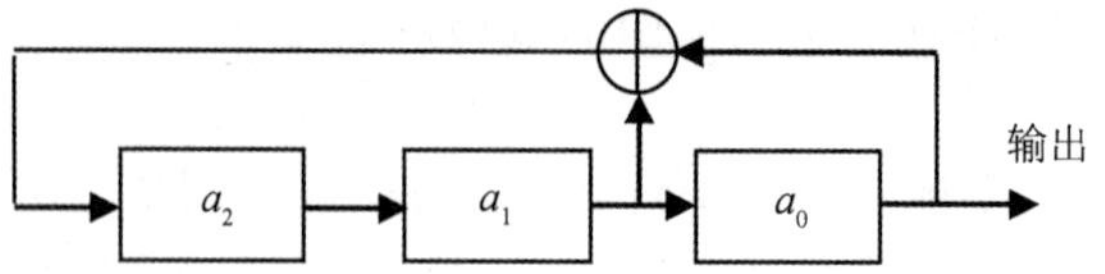


(a)

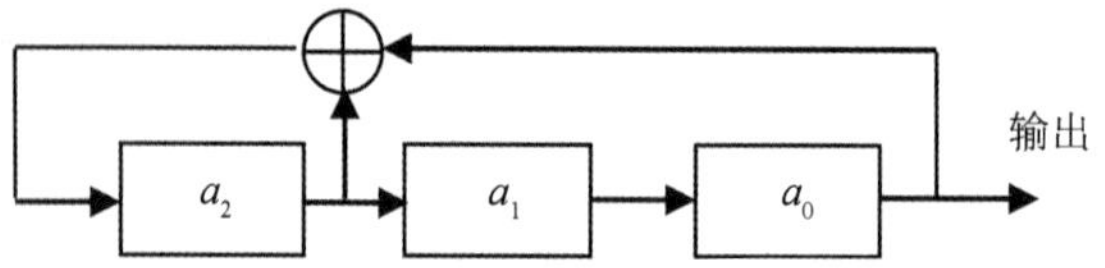


(b)

图 10-16 *m* 序列发生器

3.6 路独立信源的最高频率分别为 1 kHz、1 kHz、2 kHz、2 kHz、3 kHz、3 kHz，若采用时分复用方式进行传输，每路信号均采用 8 位对数 PCM 编码。

(1) 设计该系统的帧结构和总时隙数，求每个时隙占有的时间宽度及码元宽度；

(2) 求信道最小传输带宽。

**解**：设计思想：每路信号占据相同的时隙。

(1) 由题意可知，$n=6$ 路信号的最高频率为 3 kHz，根据抽样定理，可选择抽样频率为 $f_s=6$ kHz。不考虑帧同步码和信号信息，每帧可采用 6 个时隙，每路信号占据一个时隙，帧结构如图 10-17 所示。其中每个时隙的宽度为

$$\tau=\frac{1}{nf_s}=\frac{1}{6\times6000}\approx27.8\ \mu s$$

相应的码元宽度为

$$\tau_b=\frac{\tau}{8}\approx3.5\ \mu s$$

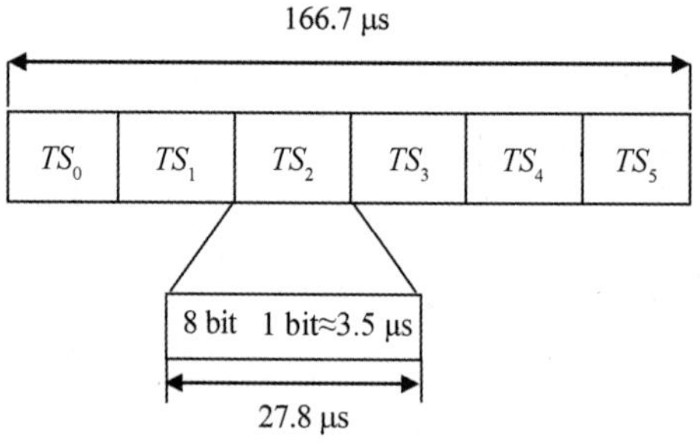


图 10-17 帧结构

(2) 码元传输速率为

$$R_b=\frac{1}{\tau_b}=6000\ 帧/s\times6\ 时隙/帧\times8\ bit/时隙=288\ kb/s$$

信道最小传输带宽（奈奎斯特带宽）为

$$B_c=\frac{R_b}{2}=144\ kHz$$

4.有 5 路具有 4 kHz 最高频率和 5 路具有 10 kHz 最高频率的信号在一个系统进行多路复用。若采用 DSB/窄带 FM 的多级调制，且假定邻路防护频带为每路信号带宽的一半，试确定传输该复用信号的带宽。

**解：**(1)4 kHz 最高频率信号经 DSB 调制后带宽为 8 kHz，复用时每路占据带宽 $8+\frac{8}{2}=12$ kHz(注：考虑保护频隙)。

(2)10 kHz 最高频率信号经 DSB 调制后带宽为 20 kHz，复用时每路占据带宽 $20+\frac{20}{2}=30$ kHz。

(3)上述 10 路 DSB 信号进行 FDM 后的带宽为 $5\times12+5\times30=210$ kHz。

(4)再经窄带 FM 多级调制后的带宽为 $2\times210=420$ kHz。

故传输该复用信号的带宽为 420 kHz。

5.设基带信号 $m(t)=A_m\cos(2\pi f_m t)$，采用均匀量化的线性 PCM 编码。试求：

(1)当编码器输出量化信噪比大于 40 dB 时，所需的二进制码组的最小长度为 $N_{min}$；

(2)若采用码元周期 $T_s=2$ μs 的不归零矩形脉冲，当 10 路这种信号 PCM 时分复用时，基带信号允许的最高频率 $f_m$(保留一位小数)；

(3)若对 $m(t)$ 采用增量调制，量化间隔 $\sigma=0.01A_m$，确定不过载的最低抽样速率 $f_s$(保留两位小数)。

**解：**(1)根据均匀量化器量化信噪比 $\left(\frac{S}{N}\right)=6N>40$ dB，可得 $N>6.67$，取 $N_{min}=7$ bit。

(2)根据码元周期 $T_s=2$ μs，可知 PCM 码元传输速率为

$$R_B=\frac{1}{T_s}=nNf_s=2nNf_m=\frac{1}{2\times10^{-6}}=5\times10^5$$

所以基带信号允许的最高频率

$$f_m=\frac{5\times10^5}{2\times10\times7}=3.6\times10^3\ \text{Hz}$$

(3)根据增量调制不过载条件 $\sigma f_s\geqslant A_m\cdot2\pi f_m$，可得不过载的最低抽样速率为

$$f_s\geqslant A_m\cdot2\pi f_m/\sigma=2.26\times10^6\ \text{Hz}$$

6.多路复用的主要目的是什么？

**答：**(1)提高通信链路利用率；(2)提高通信能力；(3)通过共享线路分摊成本，降低通信费用。

## 四、课后拓展

1.利用 Matlab 编程实现两个最大长度移位寄存器，其生成多项式分别为 $n=3$ 的 $f_1(x)=1+x+x^3$ 和 $n=4$ 的 $f_2(x)=1+x+x^4$，将两者的输出序列按模 2 相加，所得出的序列是周期的吗？若是，序列的周期为何？试绘制其自相关函数序列。

2.基于由线性反馈移位寄存器产生 $m$ 序列的原理，利用 Matlab 仿真实现 $m$ 序列，并考查其相关性。设 $m$ 序列的生成多项式为 $f(x)=1+x^3+x^4$，完成以下工作：

(1)给出 $m$ 序列及其自相关序列；

（2）若脉冲成形为 $p(t)=\begin{cases}1, & 0\leqslant t<T_c\\0, & 其他\end{cases}$，绘制其 $m$ 序列信号的自相关函数波形；

（3）若脉冲成形为升余弦波（$\alpha=0$），绘制其 $m$ 序列信号的自相关函数波形。

（设移位寄存器初始状态为 1000，基带信号波形每符号 8 点采样，$T_c=1$。）

3.基于图 10-8 所示 CDM 原理，设定 4 个用户中每个用户的信息传输速率均为 1 b/s，载波频率（码片速率）为 20 Hz，采用 4 阶沃尔什码。完成以下工作（设码元周期为 1 s）：

（1）绘制 4 个用户码分复用后的复合信号波形；

（2）假设信道为 AWGN，仿真分析系统的误码性能。

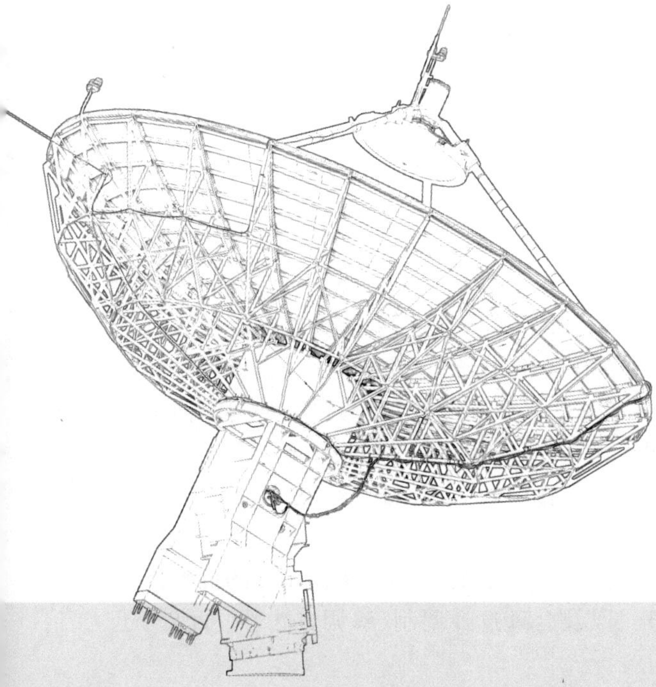

# 第 11 章

# 差错控制编码

## 知识点

- 信道编码的目的和要求。
- 随机信道、突发信道、混合信道等产生差错的特点。
- 常用差错控制方式及其原理。
- 纠错编码的分类。
- 纠错编码的基本原理及方法。
- 码重和码距的概念、最小码距与纠检能力的关系。
- 常用的简单编码的实现方法。
- 线性分组码、循环码的编/解码原理和方法。
- 卷积码的编码原理。

# 11.1 引言

在数字通信中，编码可分为信源编码和信道编码。信源编码是为了提高数字信号的有效性、使模拟信号数字化而采取的编码。信道编码是为了降低误码率、提高数字通信的可靠性而采取的编码。信道编码通过在信源编码序列中增加一些多余的比特，目的在于利用这种特殊的多余信息去发现或纠正信号传输中发生的错误。在信道编码只有发现误码能力而无纠错能力时，必须结合其他措施来纠正误码。将包括信道编码在内的一切纠正错误手段统称为差错控制编码。

数字信号在传输过程中，加性噪声、码间干扰等都会产生误码。为了提高系统的抗干扰性能，可以加大发射功率，降低接收设备本身的噪声，以及合理选择调制、解调方法等。此外，还可以采用信道编码技术。

按照噪声或干扰的变化规律，可把信道分为三类：随机信道、突发信道和混合信道。

(1)恒参高斯白噪声信道是典型的随机信道，其中差错的出现是随机的，而且错误之间是统计独立的。

(2)具有脉冲干扰的信道是典型的突发信道，错误是成串成群出现的，即在短时间内出现大量错误。

(3)短波信道和对流层散射信道是混合信道的典型例子，随机错误和成串错误都占有相当比例。

对于不同类型的信道，应采用不同的差错控制方式。常用的差错控制技术有以下几种，如图 11-1 所示。

(1)前向纠错：记作 FEC(Forward Error Correction)。发送端发送能够纠正错误的码，接收端收到信码后自动地纠正传输中的错误。该方法单向传输，实时性好，但译码设备较复杂，信道条件不能太差。FEC 的编/解码过程通常采用线性代数的方法来实现，如汉明码、卷积码等。FEC 广泛应用于各种数据传输场景，特别是对数据传输可靠性要求较高的场景，例如，无线通信、光通信、深空通信以及多媒体传输等领域。

(2)检错重发：又称自动重传请求，记作 ARQ(Automatic Repeat Request)。发送端发送具有检错能力的码。该方法需要反馈信道，译码设备简单，对突发错误和信道干扰较严重时有效(相对于 FEC 而言)，但实时性差。其主要用在计算机数据通信中，用于保证数据传输的可靠性。主要应用场景包括文件传输、电子邮件等对数据完整性要求高的场景。

(3)混合纠错：记作 HEC(Hybrid Error Correction)是 FEC 和 ARQ 方式的结合。该方法发送端发送具有自动纠错同时又具有检错能力的码。接收端收到码后，检查差错情况，如果错误在码的纠错能力范围以内，则自动纠错；如果超过了码的纠错能力，但能检测出来，则经过反馈信道请求发送端重发。这种方式具有前向纠错和检错重发的优点，可达到较低的误码率。近年来，混合纠错在数据通信（如无线通信、卫星通信）系统中得到了广泛应用。

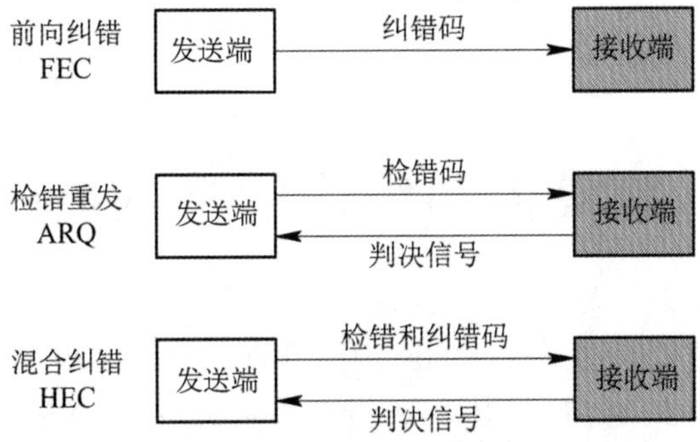


**图 11-1　常用差错控制技术形式**

编码方法不同，检错或纠错的能力也不同。一般来说，加入的差错控制比特（称作监督位或监督码元）越多，检错或纠错的能力越强。同时还应看到，加入的监督位越多，传输效率越低。这就是获得检错、纠错能力所要付出的代价，即用降低传输效率来换取传输可靠性的提高。编码序列中信息码元数量 $k$ 和总码元数量 $n$ 的比值 $\frac{k}{n}$ 称作码率（Code Rate）。监督码元数 $(n-k)$ 和信息码元数的比值 $\frac{n-k}{k}$ 称为冗余度（Redundancy）。

根据纠误码各码组信息码元和监督元的函数关系，可将信道编码分为线性码和非线性码。如果函数关系是线性的，即满足一组线性方程式，则称为线性码，否则为非线性码。

根据上述关系涉及的范围，信道编码又可分为分组码和卷积码。分组码的各码元仅与本组的信息码元有关；卷积码中的码元不仅与本组的信息码元有关，还与前面若干组的信息码元有关。

根据码的用途，信道编码还可分为检误码和纠误码。检误码以检错为目的，不一定能纠错；而纠误码以纠错为目的，一定能检错。接下来将讨论差错控制编码的基本原理。

# 11.2 差错控制编码的基本原理

首先通过一个例子来说明差错控制的原理。设有一种由 3 个二进制码元构成的编码，它共有 $2^3=8$ 种不同的可能码组，若将其全部用来表示天气，则可以表示以下 8 种不同天气状况：

000 －晴　001 － 云　010 － 阴　011 － 雨

100 －雪　101 － 霜　110 － 雾　111 － 雹

传输过程中如果有一个码组发生差错，由于接收端无法识别误码，因此将收到错误信息。

不妨假设在此 8 种码组中只选用 4 种码组来表示天气状况，其他 4 种作为禁用码组，这样表示的天气状况如下：

000 － 晴　011 － 云　101 － 阴　110 － 雨

这时，接收端有可能发现（检测到）码组中的一个误码。例如，若 000 码组中出现一个误码，则它可能变成 001、010、100，但这 3 种码组都在禁用码组中，因此能够发现误码。显然，这种编码只能检测误码，不能纠正误码。再假设规定只许用 2 种码组表示天气状况，如：

000 － 晴　111 － 雨

就能检测 2 个以下误码，或纠正 1 个误码。例如，当收到 100 时，若采用纠错技术，则认为它是由 000（表示晴天）码组中第一位出错造成的，故可纠正为 000；若采用检错技术，它可以发现 2 个以下的误码，即 000 错一位，或 111 错两位时的情况，但也只能发现错误而无法纠正。

通过该例子，可以引入分组码的概念。如果不要求检错或纠错，为了传输 4 种不同的信息，只需 2 位码组就够了，它们是：00－晴、01－云、10－阴、11－雨。为了实现差错控制，采用 3 比特码组，即在表征信息的码元（信息位）后面再加上 1 个码元（监督位），这样构成的码组为 000－晴、011－云、101－阴、110－雨。这种将若干监督位附加在信息位上构成 1 个具有纠错功能的独立码组的编码集合称作分组码，其中监督位仅监督本组中的信息码元。

分组码一般可用 $(n, k)$ 表示。其中，$k$ 是每组二进制信息码元的数目；$n$ 是编码码组的码元总位数，又称为码组长度，简称码长。$n-k=r$，$r$ 为每个码组中的监督码元数目。简单地说，分组码是对每段 $k$ 位长的信息组以一定的规则增加 $r$ 个监督码元，组成长为 $n$ 的码字。在二进制情况下，共有 $2^k$ 个不同的信息组，相应地可得到 $2^k$ 个不同的码字，称为许用码组。其余 $2^n-2^k$ 个码字未被选用，称为禁用码组。

在分组码中，非零码元中“1”的数目称为码字的汉明（Hamming）重量，简称码重。例如，码字 10110，码重 $w=3$。两个等长码组之间相应位取值不同的数目称为这两个码组的汉明距离，简称码距。例如 11000 与 10011 之间的距离 $d=3$。在码组集中，任意两个码字之间距离的最小值称为码的最小距离，用 $d_0$ 表示。最小码距是码的一个重要参数，它是衡量码检错、纠错能力的依据。

对于任一$(n,\ k)$分组码,若要在码字内:

(1)检测 $e$ 个随机错误,则要求码的最小距离满足 $d_0 \geqslant e+1$;

(2)纠正 $t$ 个随机错误,则要求码的最小距离满足 $d_0 \geqslant 2t+1$;

(3)纠正 $t$ 个同时检测 $e(e>t)$个随机错误,则要求码的最小距离满足 $d_0 \geqslant t+e+1$。

在信号传输过程中,只考虑高斯白噪声加性干扰的信道称高斯信道。在这样的信道环境下,采用差错控制编码,即使仅能纠正(或检测)1~2 个误码,也可使误码率下降几个数量级。这一点可从下面的例子看到。

**【例 11-1】**设信道发生 $0 \to 1$ 和 $1 \to 0$ 的错误概率都为 $p$,则在码长为 $n$ 的码组中,恰好发生 $r$ 个误码的概率为

$$P_n(r) = C_n^r p^r (1-p)^{n-r} = \frac{n!}{r!\,(n-r)!} p^r (1-p)^{n-r}$$

$$P_n(r) \approx \frac{n!}{r!\,(n-r)!} p^r$$

假设 $n=7,\ p=10^{-3}$,代入上式,可分别得到码字错 1、2 和 3 个码时的误码率为

$$P_7(1) = 7p = 7 \times 10^{-3}$$

$$P_7(2) = 21p^2 = 2.1 \times 10^{-5}$$

$$P_7(3) = 35p^3 = 3.5 \times 10^{-8}$$

由此可见,即使纠正 1 位或 2 位误码,也可使系统总的误码率下降几个数量级。

# 11.3 简单分组码

奇偶监督码元是一类常用的简单分组码。它们由于构造简单且行之有效,故应用较广泛。

## 11.3.1 基本原理

奇偶监督码元是在原信息码元后面附加一个监督元,使得码组中"1"的个数是奇数或偶数。或者说,它是含一个监督元,码重为奇数或偶数$(n,\ n-1)$的分组码。奇偶监督码元又分为奇监督码元和偶监督码元,两者检错能力相同。

设码字 $A=[a_{n-1},\ a_{n-2},\ \cdots,\ a_1,\ a_0]$。

对偶监督码元有

$$a_{n-1} \oplus a_{n-2} \oplus \cdots \oplus a_1 \oplus a_0 = 0 \tag{11-1}$$

对奇监督码元有

$$a_{n-1} \oplus a_{n-2} \oplus \cdots \oplus a_1 \oplus a_0 = 1 \tag{11-2}$$

显然,奇偶监督码元的编码效率为 $R=\dfrac{n-1}{n}$。

奇偶监督码元的检错能力是能够检测奇数个误码,不能检测码组中出现的偶数个误码,只适于检测随机误码。

在一个 $n$ 长码组中有错而不能检测的概率为

当 $n$ 为偶数时

$$P_n(r)=\sum_{r=1}^{n/2} C_n^{2r} p^{2r}\ (1-p)^{n-2r} \tag{11-3}$$

当 $n$ 为奇数时

$$P_n(r)=\sum_{r=1}^{(n-1)/2} C_n^{2r} p^{2r}\ (1-p)^{n-2r} \tag{11-4}$$

## 11.3.2 二维奇偶监督码元

二维奇偶监督码元又称方阵码元,其编码原理为编码器按行(每行 $n-1$ 个码)分组(共 $m$ 组)输入信源,对每行按奇或偶校验加水平校验元,再对每列按奇或偶校验加垂直校验元后,按列次序输出传送。如图 11-2 所示,$m$ 个信息码元组按行排列后加入水平校验元 $a_0^1, a_0^2, \cdots, a_0^m$,然后按列排列后加入垂直校验元 $c_{n-1}, c_{n-2}, \cdots, c_0$。

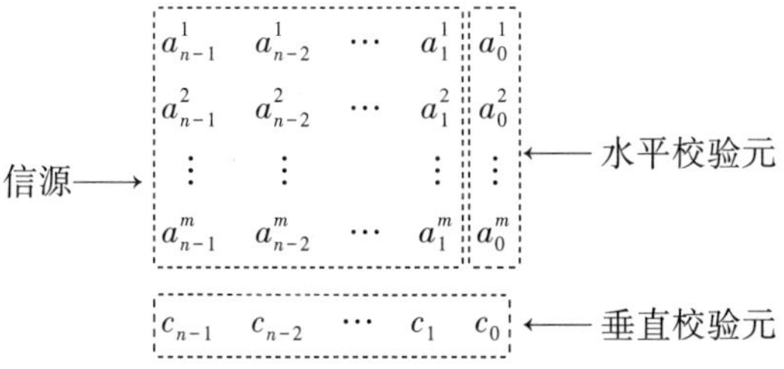


**图 11-2　二维奇偶监督码元**

方阵码检纠错能力表述如下：

(1)可以检测全部奇数个误码和大部分偶数个误码；

(2)不能检测出行、列中同时出现偶数个误码的情况(即不能检测出矩形四角位置上同时出现误码的情况)；

(3)适合检测突发长度不大于($m$+1)的所有突发差错；

(4)能够纠正部分误码，例如，当码组中仅在某一行中有奇数个误码时就能够确定误码的位置，从而纠正误码。

可见，同方阵码容易实现，检错性能优良，故被广泛应用。方阵码的编码效率为 $R = \dfrac{m(n-1)}{(m+1)n}$。

### 11.3.3　恒比码

码字中 1 的数目与 0 的数目保持恒定比例的码称为恒比码。由于恒比码中，每个码组均含有相同数目的 1 和 0，因此恒比码又称等重码，定 1 码。这种码在检测时，只要计算接收码元中 1 的数目是否正确，就知道有无错误。恒比码是一种非线性分组码。表 11-1 给出了一种 3∶2 恒比码编码映射表。

**表 11-1　3∶2 恒比码编码映射表**

| 数字 | 码字 | 数字 | 码字 |
|---|---|---|---|
| 0 | 0 1 1 0 1 | 5 | 0 0 1 1 1 |
| 1 | 0 1 0 1 1 | 6 | 1 0 1 0 1 |
| 2 | 1 1 0 0 1 | 7 | 1 1 1 0 0 |
| 3 | 1 0 1 1 0 | 8 | 0 1 1 1 0 |
| 4 | 1 1 0 1 0 | 9 | 1 0 0 1 1 |

目前，我国电传通信中普遍采用 3∶2 码，又称“5 中取 3”的恒比码，即每个码组的长度为 5，其中 3 个“1”，2 个“0”。这时可能编成的不同码组数目等于从 5 中取 3 的组合数 10，这 10 个许用码组恰好可表示 10 个阿拉伯数字。

# 11.4 线性分组码

在详细讨论线性分组码原理之前，有必要了解4个基本概念。

代数码：利用代数关系式产生监督位的编码。

线性码：码组中信息位和监督位是按一组线性方程构成的，线性码是一种代数码。

线性分组码：信息码元分组后，附加的监督码元和信息码元由一些线性代数方程联系着的编码。

校正子：在偶数监督码元中，计算 $a_{n-1} \oplus a_{n-2} \oplus \cdots \oplus a_0 = 0$ 实际上就是计算 $S = a_{n-1} \oplus a_{n-2} \oplus \cdots \oplus a_0$，并检验 $S$ 是否等于0，$S$ 称为校正子。

## 11.4.1 基本原理

以(7，4)码为例，说明($n$，$k$)线性分组码的基本原理。(7，4)线性分组码的一个码组中有7个码元 $a_6a_5a_4a_3a_2a_1a_0$，其中 $a_6a_5a_4a_3$ 为4个信息码元，$a_2a_1a_0$ 为附加的3个监督码元。校正子 $S_1S_2S_3$ 与信息码元和监督码元之间的关系为

$$\begin{cases} a_6 + a_5 + a_4 + a_2 = S_1 \\ a_6 + a_5 + a_3 + a_1 = S_2 \\ a_6 + a_4 + a_3 + a_0 = S_3 \end{cases} \tag{11-5}$$

3个校正子可以指示 $2^3-1=7$ 种错误图样，如表11-2所示。可见，(7，4)码可以纠正一位误码。

表11-2　(7，4)码误码图样

| $S_1S_2S_3$ | 001 | 010 | 100 | 011 | 101 | 110 | 111 | 000 |
|---|---|---|---|---|---|---|---|---|
| 误码位置 | $a_0$ | $a_1$ | $a_2$ | $a_3$ | $a_4$ | $a_5$ | $a_6$ | 无错 |

对于($n$，$k$)线性分组码，共有 $r=n-k$ 个监督码元，即有 $r$ 个校正子，可以用来指示 $2^r-1$ 种误码图样。当 $2^r-1 \geqslant n$ 时，就可以纠正一位或一位以上的误码。监督码元与信息码元之间的关系可以表示为监督方程形式，上例(7，4)码的监督方程为

$$\begin{bmatrix}1&1&1&0&1&0&0\\1&1&0&1&0&1&0\\1&0&1&1&0&0&1\end{bmatrix}\begin{bmatrix}a_6\\a_5\\a_4\\a_3\\a_2\\a_1\\a_0\end{bmatrix}=\begin{bmatrix}0\\0\\0\end{bmatrix}=\mathbf{0}^{\mathrm{T}}\ (\text{模 } 2) \tag{11-6}$$

上式可以简记为

$$\boldsymbol{H}\boldsymbol{A}^{\mathrm{T}}=\mathbf{0}^{\mathrm{T}}\ \text{或}\ \boldsymbol{A}\boldsymbol{H}^{\mathrm{T}}=\mathbf{0} \tag{11-7}$$

式中,右上标"T"表示矩阵转置,**0** 表示零向量。我们称 $\boldsymbol{H}$ 为监督矩阵,若设收到的码组为 $\boldsymbol{B}$,则校正子 $S=\boldsymbol{H}\boldsymbol{B}^{\mathrm{T}}$。因此,可以根据监督矩阵及误码图样表构成差错控制译码器。

监督矩阵 $\boldsymbol{H}$ 确定了码组中信息码元和监督码元之间的关系,$\boldsymbol{H}$ 的行数就是校正子个数,即监督位数 $r$,$\boldsymbol{H}$ 的每行中"1"的位置表示相应的码元参与监督关系。$\boldsymbol{H}$ 可以分成两部分,即 $\boldsymbol{H}=[\boldsymbol{P}\boldsymbol{I}_r]$,其中 $\boldsymbol{P}$ 为 $r\times k$ 阶矩阵,$\boldsymbol{I}_r$ 为 $r\times r$ 阶单位矩阵。

监督矩阵 $\boldsymbol{H}$ 的各行应该是线性无关的,否则将得不到 $r$ 个线性无关的监督关系式。若一个矩阵能够写成典型矩阵形式 $\boldsymbol{P}\boldsymbol{I}_r$,则其各行一定是线性无关的。

监督码元与信息码元之间的关系可以表示为生成方程形式,上例(7, 4)码的生成方程为

$$[a_6\ a_5\ a_4\ a_3\ a_2\ a_1\ a_0]=[a_6\ a_5\ a_4\ a_3]\begin{bmatrix}1&0&0&0&1&1&1\\0&1&0&0&1&1&0\\0&0&1&0&1&0&1\\0&0&0&1&0&1&1\end{bmatrix} \tag{11-8}$$

$$=[a_6\ a_5\ a_4\ a_3]\cdot\boldsymbol{G}$$

或者

$$\boldsymbol{A}=[a_6\ a_5\ a_4\ a_3]\boldsymbol{G} \tag{11-9}$$

称 $\boldsymbol{G}$ 为生成矩阵,由生成矩阵可构造差错控制编码器。

典型生成矩阵具有$[\boldsymbol{I}_k\boldsymbol{Q}]$形式,$\boldsymbol{I}_k$ 为 $k\times k$ 阶单位矩阵,$\boldsymbol{Q}=\boldsymbol{P}^{\mathrm{T}}$ 为 $k\times r$ 阶矩阵。由典型生成矩阵得出的码组 $\boldsymbol{A}$ 中,信息位的位置不变,监督位附加于其后。这种形式的码组称为系统码。

生成矩阵 $\boldsymbol{G}$ 的各行也必须是线性无关的。因为

(1)$\boldsymbol{G}$ 共有 $k$ 行,若它们线性无关,则可组合出 $2^k$ 种不同的码组 $\boldsymbol{A}$,它恰好是 $k$ 位信息位的全部码组;

(2)若 $\boldsymbol{G}$ 的各行有线性相关的,则不可能由 $\boldsymbol{G}$ 生出 $2^k$ 种不同的码组;实际上,$\boldsymbol{G}$ 的各行本身就是一个码组。

如果已有 $k$ 个线性无关的码组,则可以将其用来作为生成矩阵 $\boldsymbol{G}$,并由它生成其余码组。

### 11.4.2 错误图样

设发送码组 $\boldsymbol{A}$ 是一个 $n$ 列的行矩阵,$\boldsymbol{A}=[a_{n-1}a_{n-2}\cdots a_1a_0]$;接收码组是一个 $n$ 列的行矩阵 $\boldsymbol{B}$,$\boldsymbol{B}=[b_{n-1}b_{n-2}\cdots b_1b_0]$;令接收码组和发送码组之差为 $\boldsymbol{B}-\boldsymbol{A}=\boldsymbol{E}$(模 2),$\boldsymbol{E}$ 就是误码的行

矩阵，$\boldsymbol{E}=[e_{n-1}e_{n-2}\cdots e_1e_0]$，称为错误图样。其中 $e_i=\begin{cases}0, & b_i=a_i\\1, & b_i\neq a_i\end{cases}$，$i=0,1,\cdots,n-1$。若 $e_i=0$，表示该码元未错；若 $e_i=1$，表示该码元为误码。

将 $\boldsymbol{B}-\boldsymbol{A}=\boldsymbol{E}$ 改写成 $\boldsymbol{B}=\boldsymbol{A}+\boldsymbol{E}$，此式表示发送码组 $\boldsymbol{A}$ 与误码矩阵 $\boldsymbol{E}$ 之和等于接收码组 $\boldsymbol{B}$。

例如，若发送码组 $\boldsymbol{A}=[1\ 0\ 0\ 0\ 1\ 1\ 1]$，误码矩阵 $\boldsymbol{E}=[0\ 0\ 0\ 0\ 1\ 0\ 0]$，则接收码组 $\boldsymbol{B}=[1\ 0\ 0\ 0\ 0\ 1\ 1]$。

在接收端解码时，将接收码组 $\boldsymbol{B}$ 代入式 $\boldsymbol{AH}^{\mathrm{T}}=0$ 中 $\boldsymbol{A}$ 的位置进行计算。若接收码组中无误码，则 $\boldsymbol{B}=\boldsymbol{A}$。代入后，该式仍成立，即有 $\boldsymbol{BH}^{\mathrm{T}}=0$。

当接收码组有错时，$\boldsymbol{E}\neq 0$，将 $\boldsymbol{B}$ 代入 $\boldsymbol{AH}^{\mathrm{T}}=0$ 中，该式不一定成立。分为两种情况：

（1）在误码较多，已超出该码的检测能力时，$\boldsymbol{B}$ 变为另一许用码组，上式仍成立。

（2）在未超过检错能力时，上式不成立，即其右端不为 0，假设此时该式的右端等于 $S$，即有 $\boldsymbol{BH}^{\mathrm{T}}=S$。

将 $\boldsymbol{B}=\boldsymbol{A}+\boldsymbol{E}$ 代入上式，得到 $S=(\boldsymbol{A}+\boldsymbol{E})\boldsymbol{H}^{\mathrm{T}}=\boldsymbol{AH}^{\mathrm{T}}+\boldsymbol{EH}^{\mathrm{T}}$，式中右端第一项等于 0，所以 $S=\boldsymbol{EH}^{\mathrm{T}}$，将 $S$ 称为校正子。

当 $\boldsymbol{H}$ 确定后，上式中 $S$ 只与 $\boldsymbol{E}$ 有关，而与 $\boldsymbol{A}$ 无关。这意味着，校正子 $S$ 和错误图样 $\boldsymbol{E}$ 之间有确定的线性变换关系。若 $S$ 和 $\boldsymbol{E}$ 有一一对应关系，则 $S$ 将能代表误码位置。

线性码的封闭性定义为若 $\boldsymbol{A}_1$ 和 $\boldsymbol{A}_2$ 是一种线性码中的两个码组，则（$\boldsymbol{A}_1+\boldsymbol{A}_2$）仍是其中一个码组。由于线性码具有封闭性，所以两个码组（$\boldsymbol{A}_1$ 和 $\boldsymbol{A}_2$）之间的距离（即对应位不同的数目）必定是另一个码组（$\boldsymbol{A}_1+\boldsymbol{A}_2$）的重量，即“1”的数目。因此，码的最小距离就是码的最小重量（除全“0”码组外）。

### 11.4.3 汉明码

汉明码是能够纠正 1 个误码的线性分组码。如前面介绍的（7，4）汉明码，其最小码距 $d_0=3$，$t=1$。汉明码的码长为 $n=2^r-1$，信息位 $k=n-r=2^r-1-r$。可以验证（15，11），（31，26），（63，57）等也是汉明码。

根据汉明码给出的“线性码最小码距限界”，即

$$2^{n-k}\geqslant\sum_{i=0}^{t}C_n^i,\ t=\frac{d_0-1}{2}\tag{11-10}$$

可知，当等式成立时，称此分组码（$n$，$k$）为能纠 $t$ 个错误的完备码。显然，汉明码是完备码。

汉明码的编码效率为

$$R_c=\frac{k}{n}=1-\frac{r}{2^r-1}\text{，当 }n\text{ 很大时，}R_c\to 1\tag{11-11}$$

汉明码的监督矩阵是 $r\times n$ 阶矩阵，$n$ 列元素由除全 0 之外的 $r$ 个码元构成，即正好用完了全部 $n=2^{n-k}-1$ 组的（$n-k$）个元素的列，这也是“完备”的含义。

对汉明码还可以实施扩展，得到扩展汉明码。这里仍以（7，4）汉明码为例来说明扩展过程。（7，4）汉明码码字中至少一个码字重量 $d_0=3$，加上 1 位监督位，构成偶监督，则 $d_0=4$，于是，相应的监督矩阵 $\boldsymbol{H}$ 通过在（7，4）码的 $\boldsymbol{H}$ 中顶部或底部加 1 行“1”，右边加 1 列“0”来构

成，如下所示

$$\boldsymbol{H}_{(8,4)}=\begin{bmatrix}1&1&1&1&1&1&1&1\\ & & & & & & &0\\ & & &\boldsymbol{H}_{(7,4)}& & & &0\\ & & & & & & &0\end{bmatrix}=\begin{bmatrix}1&1&1&1&1&1&1&1\\1&1&1&0&1&0&0&0\\1&1&0&1&0&1&0&0\\1&0&1&1&0&0&1&0\end{bmatrix}\qquad(11\text{-}12)$$

或

$$\boldsymbol{H}_{(8,4)}=\begin{bmatrix} & & & & & & &0\\ & & &\boldsymbol{H}_{(7,4)}& & & &0\\ & & & & & & &0\\1&1&1&1&1&1&1&1\end{bmatrix}=\begin{bmatrix}1&1&1&0&1&0&0&0\\1&1&0&1&0&1&0&0\\1&0&1&1&0&0&1&0\\1&1&1&1&1&1&1&1\end{bmatrix}\qquad(11\text{-}13)$$

由式(11-3)可得典型监督矩阵的 $\boldsymbol{P}$ 矩阵为 $\boldsymbol{P}_{(4,4)}=\begin{bmatrix}1&1&1&0\\1&1&0&1\\1&0&1&1\\0&1&1&1\end{bmatrix}=\boldsymbol{Q}^{\mathrm{T}}$，故可得典型生成矩阵为

$$\boldsymbol{G}_{(8,4)}=\begin{bmatrix}1&0&0&0&1&1&1&0\\0&1&0&0&1&1&0&1\\0&0&1&0&1&0&1&1\\0&0&0&1&0&1&1&1\end{bmatrix}\qquad(11\text{-}14)$$

由 $\boldsymbol{H}_{(8,4)}$ 构成的$(n+1,\ k)$码，即$(2^r,\ 2^r-1-r)$码称为扩展汉明码，此时，$d_0=4$，$n=8$，$k=4$。

## 11.4.4　编码过程举例

这里以编制$(n,\ k)=(5,\ 2)$分组码编码过程为例。

(1)设置监督方程组：

由$(n,\ k)=(5,\ 2)$可知，信息位 $k=2$，冗余位 $r=3$。码字表示为 $\boldsymbol{A}=[a_4\ a_3\ a_2\ a_1\ a_0]$，其中 $a_4a_3$ 为信息码元，$a_2a_1a_0$ 为监督码元。

需要设置 3 个分别由 $a_4$、$a_3$ 组成的线性独立方程，用来表示 $r$ 个监督关系式，即

$$\begin{cases}a_2=a_4\\a_1=a_3\\a_0=a_4+a_3\end{cases}\qquad(\text{注：式中“+”均表示模 2 加})$$

(2)写出监督矩阵 $\boldsymbol{H}$：

根据上面的监督关系式可以得到

$$\boldsymbol{H}=\begin{bmatrix}1&0&1&0&0\\0&1&0&1&0\\1&1&0&0&1\end{bmatrix}=[\boldsymbol{P}_{3\times2}\ \vdots\ \boldsymbol{I}_3]$$

(3)写出生成矩阵 $\boldsymbol{G}$

$$\boldsymbol{G} = [\boldsymbol{I}_2 \vdots \boldsymbol{P}^{\mathrm{T}}_{3\times 2}] = [\boldsymbol{I}_2 \vdots \boldsymbol{Q}_{2\times 3}] = \begin{bmatrix} 1 & 0 & 1 & 0 & 1 \\ 0 & 1 & 0 & 1 & 1 \end{bmatrix}$$

(4)码字生成：

$$\text{码字 } \boldsymbol{A} = [\text{信息码元}] \cdot \boldsymbol{G} = [a_4 \quad a_3] \cdot \boldsymbol{G}$$

当$[a_4 \quad a_3]=[1 \quad 0]$时

$$\boldsymbol{A} = [1 \quad 0]\begin{bmatrix} 1 & 0 & 1 & 0 & 1 \\ 0 & 1 & 0 & 1 & 1 \end{bmatrix} = [10101]$$

(5, 2)码共有 $2^k=2^2=4$ 个码字，即 00000，01011，10101，11110。

(5)差错控制能力：$d_0=3$，可纠一位误码。

# 11.5 循环码

## 11.5.1 循环码的概念

循环性是指任一码组循环移位后仍然是该编码中的一个码组。循环码是$(n, k)$线性码的一个重要子类,电路实现编解码容易,且有较强的检纠错能力。循环码的重要特点就是循环性,可以描述为:

若$(a_{n-1}\ a_{n-2} \cdots\ a_0)$是循环码的一个码组,则循环移位后的码组有

左循环 1 位　　$(a_{n-2}\ a_{n-3} \cdots\ a_0\ a_{n-1})$

左循环 2 位　　$(a_{n-3}\ a_{n-4} \cdots\ a_{n-1}\ a_{n-2})$

⋮　　⋮

左循环 $n-1$ 位　　$(a_0\ \ a_{n-1} \cdots\ a_2\ \ a_1)$

上述这些码组仍然是该编码中的可用码组。一种循环码可能有多个循环分组,只在每个分组内满足循环性。

循环码通常可用多项式表示。例如,一个长度为 $n$ 的码组$(a_{n-1}\ a_{n-2} \cdots\ a_0)$可以表示为

$$T(x) = a_{n-1}x^{n-1} + a_{n-2}x^{n-2} + \cdots + a_1 x + a_0 \tag{11-15}$$

式中,$x$ 的值没有任何意义,仅用它的幂代表码元的位置。

例如:码组 1 1 0 0 1 0 1 可以表示为

$$\begin{aligned} T(x) &= 1 \cdot x^6 + 1 \cdot x^5 + 0 \cdot x^4 + 0 \cdot x^3 + 1 \cdot x^2 + 0 \cdot x + 1 \\ &= x^6 + x^5 + x^2 + 1 \end{aligned} \tag{11-16}$$

对于表示循环码的码多项式的运算通常采用模运算。简单介绍如下:

若任意一个多项式 $F(x)$ 被一个 $n$ 次多项式 $N(x)$ 除,得到商式 $Q(x)$ 和一个次数小于 $n$ 的余式 $R(x)$,即

$$F(x) = N(x)Q(x) + R(x) \tag{11-17}$$

则在按模 $N(x)$ 运算下,有

$$F(x) \equiv R(x) \quad [\text{模 } N(x)] \tag{11-18}$$

这时,码多项式系数仍按模 2 运算。

例如:$x^4 + x^2 + 1$ 被$(x^3 + 1)$除,得到余项即

$$x^4 + x^2 + 1 \equiv x^2 + x + 1 \quad [\text{模}(x^3 + 1)]$$

注:在模 2 运算中加法和减法一样。

## 11.5.2 循环码的特点

在循环码中，设 $T(x)$ 是一个长度为 $n$ 的码组，若

$$x^i \cdot T(x) \equiv T'(x) \quad [\text{模}(x^n+1)] \tag{11-19}$$

则 $T'(x)$ 也是该编码中的一个码组。可以很容易地证明，$T'(x)$ 正是码组 $T(x)$ 向左循环移位 $i$ 次的结果。

例如，一循环码为 1100101，即 $T(x)=x^6+x^5+x^2+1$，若给定 $i=3$，则有

$$x^3 \cdot T(x)=x^9+x^8+x^5+x^3=x^5+x^3+x^2+x \quad [\text{模}(x^7+1)]$$

上式对应的码组为 0101110，它正是 $T(x)$ 向左循环移 3 位的结果。

循环码的特点总结如下：

(1) 符合 $(n, k)$ 线性分组码特点，在码字集合内的任意 2 个码字之和为该码中的一个码字，即 $(n, k)$ 循环码属于 $(n, k)$ 分组码的一个子类，反之则未必。

(2) 在 $(n, k)$ 码中的任何一个码字连续移 $i(i=1, 2,\cdots, n-1)$ 位，就可以得到全部非 0 码字；或 $(n, k)$ 码中含"1"个数相同的码字可互相循环。

(3) 一个长为 $n$ 的循环码必定为按模 $(x^n+1)$ 运算的一个余式。

## 11.5.3 循环码的构成

根据前面 $(n, k)$ 线性分组码的构成原理可知，有了生成矩阵 $\boldsymbol{G}$，就可以由 $k$ 个信息位得出整个码组。并且，生成矩阵 $\boldsymbol{G}$ 的每一行都是一个码组。因此，若能找到 $k$ 个已知的码组，并确保这 $k$ 个已知码组必须是线性不相关的，这样便可构成生成矩阵 $\boldsymbol{G}$。

在循环码中，一个 $(n, k)$ 码有 $2^k$ 个不同的码组。若用 $g(x)$ 表示其中前 $(k-1)$ 位皆为"0"的码组，则 $g(x)$，$x\,g(x)$，$x^2\,g(x)$，$\cdots$，$x^{k-1}\,g(x)$ 都是码组，而且这 $k$ 个码组是线性无关的。因此它们可以用来构成此循环码的生成矩阵 $\boldsymbol{G}$。

在循环码中除全"0"码组外，再没有连续 $k$ 位均为"0"的码组。否则，在经过若干次循环移位后将得到 $k$ 位信息位全为"0"，但监督位不全为"0"的一个码组。这在线性码中显然是不可能的。

由此，$g(x)$ 必须是一个常数项不为"0"的 $(n-k)$ 次多项式，即对应前 $(k-1)$ 位皆为"0"的那个码组，而且这个 $g(x)$ 还是这种 $(n, k)$ 码中次数为 $(n-k)$ 的唯一一个多项式。这一点很好理解，不妨假设，有两个这样的 $g(x)$，则由码的封闭性可知，把这两个相加也应该是一个码组，且此码组多项式的次数将小于 $(n-k)$，即连续"0"的个数多于 $(k-1)$。显然，这是与前面的结论相矛盾的。

这唯一的 $(n-k)$ 次多项式 $g(x)$ 被称为码的生成多项式。一旦确定了 $g(x)$，则整个 $(n, k)$ 循环码就被确定了。循环码的生成矩阵 $\boldsymbol{G}$ 可以写成

$$G(x)=\begin{bmatrix} x^{k-1}g(x) \\ x^{k-2}g(x) \\ \vdots \\ xg(x) \\ g(x) \end{bmatrix} \tag{11-20}$$

此法构成的生成矩阵 **G** 不是典型矩阵，但可以经过初等变换，将其化为典型矩阵。

经过上面分析可以看出，构造循环码的关键便是码生成多项式的寻求。因为任意一个循环码 $T(x)$ 都是 $g(x)$ 的倍式，故它可以写成

$$T(x)=h(x)\cdot g(x) \qquad [\ T(x)\leqslant(n-1)\text{次}\ ] \tag{11-21}$$

而生成多项式 $g(x)$ 本身也是一个码组，即有 $T'(x)=g(x)$。由于码组 $T'(x)$ 是一个 $(n-k)$ 次多项式，故 $x^kT'(x)$ 是一个 $n$ 次多项式。

令 $x^k\cdot T'(x)\equiv T(x)$ [模 $(x^n+1)$ ]，可知，$x^kT'(x)$ 在模 $(x^n+1)$ 运算下也是一个码组，所以有

$$\frac{x^kT'(x)}{x^n+1}=Q(x)+\frac{T(x)}{x^n+1} \tag{11-22}$$

上式左端分子和分母都是 $n$ 次多项式，故相除的商式 $Q(x)=1$。因此，上式可以写成

$$x^kT'(x)=(x^n+1)+T(x) \tag{11-23}$$

将 $T(x)=h(x)\cdot g(x)$ 和 $T'(x)=g(x)$ 代入，化简后，得到

$$x^n+1=g(x)[x^k+h(x)] \tag{11-24}$$

上式表明，生成多项式 $g(x)$ 应该是 $(x^n+1)$ 的一个因子。

故 $g(x)$ 是一个常数项为 1 的 $(n-k)$ 次多项式，是循环码中次数最低的多项式（全 0 码除外），$g(x)$ 可以整除 $(x^n+1)$ 及循环码中任何一个码组，$g(x)$ 的码重就是码组的最小码距。

## 11.5.4 循环码的编/解码方法

由循环码的构造可知，所有码多项式 $T(x)$ 都可以被 $g(x)$ 整除。即若某多项式能被 $g(x)$ 整除，且商的次数不大于 $k-1$，则其必为码多项式。根据上述原理，编码步骤归纳如下：

(1) 根据给定的 $(n,\ k)$ 编码参数选定生成多项式 $g(x)$，即从 $(x^n+1)$ 的因式中选取 $(n-k)$ 次多项式作为 $g(x)$。

(2) 设待编码的 $k$ 位信息多项式为 $m(x)$，用 $x^{n-k}$ 乘 $m(x)$。这一运算实际上是在信息码元后附加上 $(n-k)$ 个“0”。

例如，信息码元为 110，它写成多项式为 $m(x)=x^2+x$。当 $n-k=7-3=4$ 时，$x^{n-k}m(x)=x^4(x^2+x)=x^6+x^5$，它表示码组 110 0000。

(3) 用 $g(x)$ 除 $x^{n-k}m(x)$，得到商式 $Q(x)$ 和余式 $r(x)$，即有

$$\frac{x^{n-k}m(x)}{g(x)}=Q(x)+\frac{r(x)}{g(x)} \tag{11-25}$$

例如，若选定 $g(x)=x^4+x^2+x+1$，则有（多项式长除）

$$\frac{x^{n-k}m(x)}{g(x)}=\frac{x^6+x^5}{x^4+x^2+x+1}=(x^2+x+1)+\frac{x^2+1}{x^4+x^2+x+1}$$

（4）由上面的结果可知 $Q(x)g(x)=x^{n-k}m(x)+r(x)$，显然能被 $g(x)$ 整除，就令 $T(x)=x^{n-k}m(x)+r(x)$，可见 $T(x)$ 可被 $g(x)$ 整除且其次数不大于 $(n-1)$ 次，则 $T(x)$ 必为一许用码组多项式，编出的系统码码组 $T(x)$ 为

$$T(x)=x^{n-k}m(x)+r(x) \tag{11-26}$$

在上例中，$T(x)=1100000+101=110\ 0101$ 。

从编码的步骤看，编码的核心是如何确定余式 $r(x)$，找到 $r(x)$ 后可直接将 $r(x)$ 所代表的编码位附加到信息位之后，完成编码。实际上，$r(x)$ 所代表的编码位可以理解为监督位。获取 $r(x)$ 可以采用除法电路。除法电路主要由一些移存器、模 2 加法器和控制开关构成。如图 11-3所示是以 $g(x)=x^4+x^2+x+1$ 做除法运算，产生全部(7，3)循环码的编码电路。图中移位寄存器的个数为 $g(x)$ 最高项的次数，即 $r$ 个移位寄存器为 $a$、$b$、$c$、$d$。反馈线 $g_i(i=1,2,\cdots,r-1)$ 的连接与 $g(x)$ 的非零系数相对应，且两边 $g_0=g_r=1$，得出的是系统码。

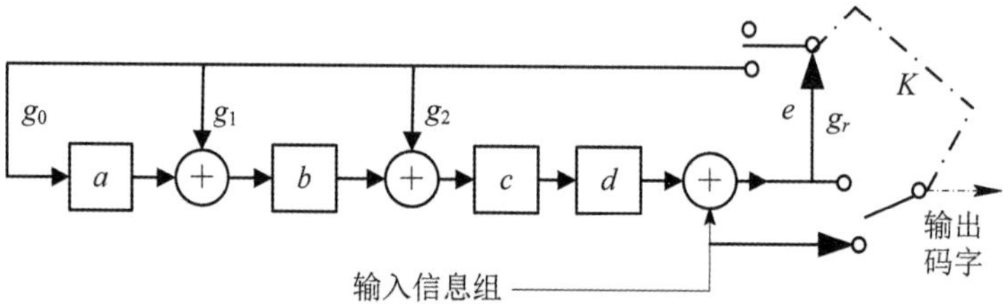


图 11-3 (7，3)循环码的编码电路

当信息位输入时，开关向下，输入信息码元一方面送入除法器进行运算，另一方面直接输出。输入 $k$ 位信息全部进入除法器后，开关转向上，此时输出端接到移存器，将移存器中存储的除法余项依次取出，同时切断反馈线，并从左到右逐次清零。

循环码的解码可分别从检错及纠错功能的实现来分别讨论。

在检错时，当接收码组没有误码时，接收码组 $R(x)$ 必定能被 $g(x)$ 整除，即下式

$$\frac{R(x)}{g(x)}=Q(x)+\frac{r(x)}{g(x)}$$

其中的余项 $r(x)$ 应为零；否则，有误码。但是，当接收码组中的误码数量过多，超出了编码的检错能力时，有误码的接收码组也可能被 $g(x)$ 整除。这时，误码就不能被检出了。

在纠错时，用生成多项式 $g(x)$ 除接收码组 $R(x)$，得出余式 $r'(x)$；按照余式 $r'(x)$，用查表的方法或计算方法得出错误图样 $E(x)$。

注：$r'(x)$ 与 $E(x)$ 必须有一一对应关系才可纠错。最后从 $R(x)$ 中减去 $E(x)$，便得到已经纠正误码的原发送码组 $T(x)$。

## 11.5.5 常用最佳(n，k)循环码

### 11.5.5.1 循环冗余校验码(CRC)

特点：主要用于检出多位差错；适合于突发错的检错（连续数个码元因突发干扰导致出错）。

能力：能检测出全部单个错；能检测出全部离散 2 位错；能检测出全部奇数个错；能检测出

长度在 $n-k$ 位的全部突发错及以一定概率检测出 $n-k+1$ 位突发错。

常用模式：$CRC_{12}$（监督位 $r=12$），$CRC_{16}$（监督位 $r=16$），$CRC_{ITU}$（监督位 $r=16$）。

CRC 校验被广泛地应用于通信及各个领域，是保证数据准确性的重要手段。

### 11.5.5.2　截短循环码

在设计时，通常信息位长 $k$、码长 $n$ 和纠错能力都是预先给定的，但是，并不一定有恰好满足这些条件的循环码存在。故需要采用截短码长，以获得满足要求的编码。

设给定一个$(n, k)$循环码，它共有 $2^k$种码组，现使其前 $i$ $(0<i<k)$个信息位全为“0”，于是它变成仅有 $2^{k-i}$种码组。从 $2^k$码组中选出这些信息位中 $i$ 位全为“0”的码组，最终得到一个$(n-i,k-i)$的线性码，将这种码称为截短循环码。截短循环码的编解码方法仍和截短前的方法一样。编码后发送时删去前 $i$ 位“0”，译码时补上原删去的前 $i$ 位“0”。

特点：截短循环码可以在满足纠错要求的前提下缩短循环码的长度，且因为校验位相同，截短循环码与截短前的循环码至少具有相同的纠错能力。

**【例 11-2】**要求构造一个能够纠正 1 位误码的(13, 9)码。

可以由(15, 11)循环码的 $2^{11}$种码组中选出前两信息位均为“0”的码组，构成一个新的码组集合。然后在发送时不发送这两位“0”。于是发送码组成为(13, 9)截短循环码。

**【例 11-3】**要求构造一个能够纠正 1 位误码的(12, 8)码。

可以由(15, 11)循环码构造。已知(15, 11)循环码的监督矩阵 $\boldsymbol{H}$ 为

$$\boldsymbol{H}=\begin{bmatrix}1&1&1&1&0&1&0&1&1&0&0&1&0&0&0\\0&1&1&1&1&0&1&0&1&1&0&0&1&0&0\\0&0&1&1&1&1&0&1&0&1&1&0&0&1&0\\1&1&1&0&1&0&1&1&0&0&1&0&0&0&1\end{bmatrix}$$

为了得到(12, 8)截短汉明码，只需将码组中前 3 位码置 0，这就意味着前 3 位码对校验关系不发生影响，因而监督矩阵中的前 3 列可以删除，由此可以得到(12, 8)编码，即可通过如下的监督矩阵构成。

$$\boldsymbol{H}=\begin{bmatrix}1&0&1&0&1&1&0&0&1&0&0&0\\1&1&0&1&0&1&1&0&0&1&0&0\\1&1&1&0&1&0&1&1&0&0&1&0\\0&1&0&1&1&0&0&1&0&0&0&1\end{bmatrix}$$

### 11.5.5.3　BCH 码

特点：适用于多元码检纠错。其构成为码长 $n=2^m-1$，$k \geqslant n-mt$，$d_0 \geqslant 2t+1$，用于检错、纠错能力 $t \leqslant \frac{2^m-1}{2}$的情况。

BCH 码分为本原 BCH 码和非本原 BCH 码两类，其工程设计可以用查表法找到所需的生成多项式。

#### 11.5.5.4　R-S 码

R-S 码的参数:码长 $n=q-1$,监督位数目 $r=2t$,其中 $t$ 是能够纠正的误码数目。

特点:$q$ 进制 BCH 码的一个子类,是多元纠误码,具有很强的纠错能力,常与卷积码结合。

能力:能够纠正 $t$ 个 $q$ 位二进制误码,即能够纠正不超过 $q$ 个连续的二进制误码,适合在衰落信道中纠正突发错。

# 11.6 卷积码

$(n, k)$ 线性分组码存在的问题是,为达到一定的纠错能力和编码效率,码长 $n$ 应比较大,但 $n$ 大时译码延时大。为此,P. Elias 于 1955 年发明了一种非分组码,即卷积码。在编码过程中,卷积码充分利用了各组之间的相关性,且 $n$ 和 $k$ 较小,其性能在许多实际应用情况下常常优于分组码,设备也较简单。

卷积码是一种非常有前途的码,更适用于前向纠错法。但卷积码的数学理论还不像循环码那样完整严密。由于在各组之间的相关分析过程中,仍未找到像分组码那样有效的数学工具,以致构造比较困难。

卷积码,不同于 $(n, k)$ 分组码,将 $(n, k)$ 码变为很短的分组 $(n_0, k_0)$,如 (2, 1)、(3, 1)、(3, 2) 卷积码等。每一个监督码元不仅是由信息码元所决定,而且与其前 $N-1$ 个分组段有关。卷积码适于串行传输,延时较小。将 $N$ 称为编码约束度,$nN$ 称为比特约束长度,单位为比特。卷积码可记作 $(n, k, N)$,其编码效率为 $\frac{k}{n}$。

## 11.6.1 卷积码的编码

卷积码 $(n, k, N)$ 编码器输入为信息码元序列,每 $k$ 个为一组。由 $N$ 个 $k$ 级移位寄存器和 $n$ 个模 2 加法器组成,一般形式如图 11-4 所示。

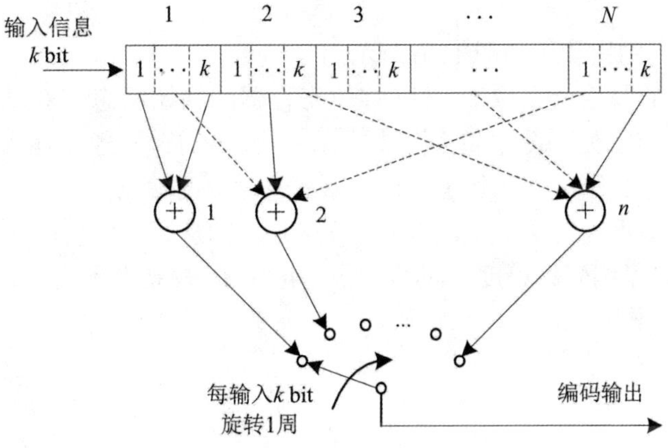


图 11-4 卷积码编码原理图

下面以卷积码$(n,\ k,\ N)=(3,\ 1,\ 3)$为例来说明卷积码的编码过程，其编码器结构如图11-5所示。该编码器每当输入1 bit时，便输出3 bit $c_1c_2c_3$，输入和输出的关系为

$$c_1=m_1,c_1=m_1\oplus m_3,c_3=m_1\oplus m_2\oplus m_3 \tag{11-27}$$

式中，$m_1$是当前输入信息位，$m_2$和$m_3$是移存器存储的前两个信息位。在输出中信息位在前，后接监督位，故这种码也是此前定义过的系统码。

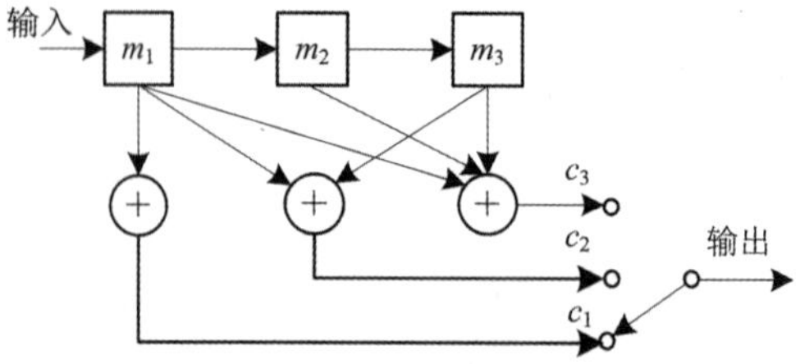


图 11-5 (3，1，3)卷积码编码原理图

设编码器初始状态的寄存器值为0，即$m_1m_2m_3=000$，输入的信息位是1101，则此编码器的工作状态变化如表11-3所示。由表可见，当输入为1101时，输出为111 110 010 100 …。为了使输入的信息位全部通过移存器，使移存器回到初始状态，在表中信息位后面加了3个“0”。此外，由于$m_3m_2$只有4种状态，即00、01、10、11，因此在表中用$a$、$b$、$c$和$d$表示这4种状态。

表 11-3 编码器的工作状态变化

| $m_1$ | 1 | 1 | 0 | 1 | 0 | 0 | 0 |
|---|---|---|---|---|---|---|---|
| $m_3m_2$ | 00 | 01 | 11 | 10 | 01 | 10 | 00 |
| $c_1c_2c_3$ | 111 | 110 | 010 | 100 | 001 | 011 | 000 |
| 状态 | $a$ | $b$ | $d$ | $c$ | $b$ | $c$ | $a$ |

## 11.6.2 卷积码的图形描述

### 11.6.2.1 树状图

(3，1，3)卷积码的树状图如图11-6所示。

按照习惯，码树的起始节点位于左边，移位寄存器的初始状态取0，即$m_3m_2=00$，用$a$表示，把$a$标注于起始节点处。图中每个分支表示一个输入符号，通常输入码元为0对应上分支，输入码元为1对应下分支。每个分支上面标示着对应的输出。从第三级支路开始码树呈现出重复性(自上而下重复出现$a$、$b$、$c$、$d$四个节点)，表示从第4位数据开始，输出码字已与第1位数据无关，它解释了编码约束度$N$的含义。一般来说，树状图不实用，因为随信息位增多，分支数目按指数规律增长。

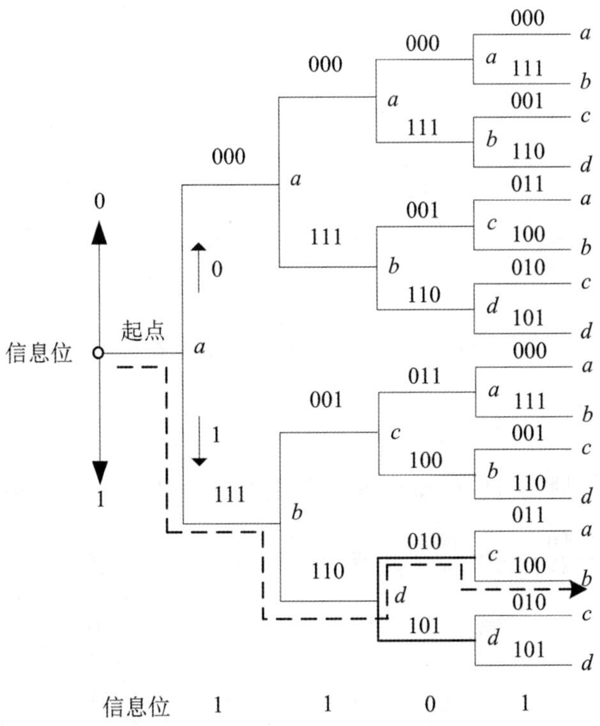


图 11-6　(3, 1, 3)卷积码的树状图

## 11.6.2.2　状态图

状态图表征移存器状态和输入输出码元的关系。移存器状态与输入输出码元的关系归纳于表 11-4 中。

表 11-4　移存器状态与输入输出码元的关系

| 前一状态 $m_3m_2$ | 当前状态 $m_1$ | 输出 $c_1c_2c_3$ | 下一状态 $m_3m_2$ |
|---|---|---|---|
| $a$(00) | 0 | 000 | $a$(00) |
| | 1 | 111 | $b$(01) |
| $b$(01) | 0 | 001 | $c$(10) |
| | 1 | 110 | $d$(11) |
| $c$(10) | 0 | 011 | $a$(00) |
| | 1 | 100 | $b$(01) |
| $d$(11) | 0 | 010 | $c$(10) |
| | 1 | 101 | $d$(11) |

由表 11-4 可知,前一状态 $a$ 只能转到下一状态 $a$ 或 $b$,前一状态 $b$ 只能转到下一状态 $c$ 或 $d$ 等。按照表中的规律,可以得到(3,1,3)卷积码的状态图如图 11-7 所示。图中,虚线表示输入信息位为“1”时状态转变的路线;实线表示输入信息位为“0”时状态转变的路线。线条旁的

3 位数字是编码输出的比特。利用这种状态图可以方便地从输入序列得到输出序列。

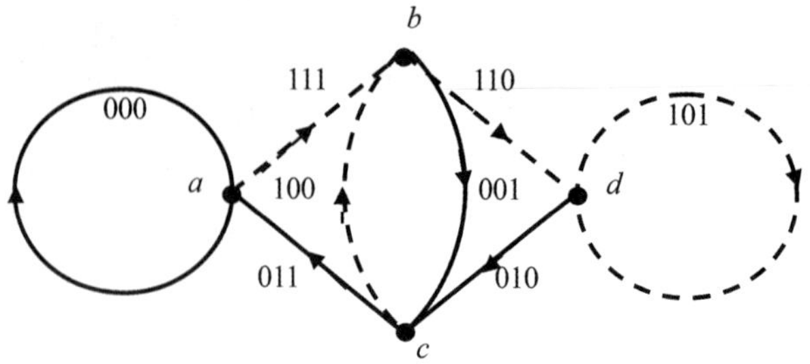


图 11-7 (3, 1, 3)卷积码的状态图

### 11.6.2.3 网格图

将状态图在时间上展开可以得到网格图。(3,1,3)卷积码的网格图如图 11-8 所示。

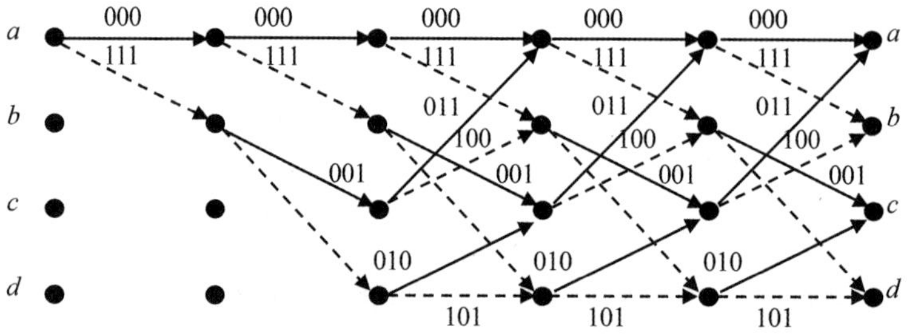


图 11-8 (3, 1, 3)卷积码的网格图

在树状图中,对于第 $j$ 个输入比特,相应出现 $2^j$ 条支路,且在 $j \geq N$ 时码树中节点自上而下重复取 4 种状态。在网格图中,将码树中具有相同状态的节点合并在一起,码树中的上支路用实线表示,下支路用虚线表示,支路上标注的码元为输出比特。自上而下的 4 行节点分别表示 $a$、$b$、$c$ 和 $d$ 四种状态,网格图中的状态通常有 $2^{k(N-1)}$ 种,从第 $N$ 个节点开始,图形开始重复。

对于一般的($n$, $k$, $N$)卷积码,可以由此推广出来以下结论:

(1)对应于每组 $k$ 个输入比特,编码后产生 $n$ 个输出比特;

(2)树状图中每个节点引出 $2^k$ 条支路;

(3)网格图和状态图都有 $2^{k(N-1)}$ 种可能的状态。每个状态引出 $2^k$ 条支路,同时也有 $2^k$ 条支路从其他状态或本状态引入。

## 11.6.3 卷积码的译码

卷积码的译码有大数逻辑译码(门限译码)和概率译码。维特比译码属于概率译码。其基本原理是将接收到的序列和所有可能的发送序列做比较,选择其中汉明距离最小的序列当作是现在的发送序列。现通过卷积码(3, 1, 3)为例来说明译码过程。

现在的发送信息位为 1101,为了移存器中的信息位全部移出,在信息位后面加入了 3 个"0",即 1101000。编码后的发送序列为 111 110 010 100 001 011 000,接收序列为 111 **0**10 010 1**1**0 001 011 000,可见,在接收序列中第 4 码元和第 11 码元出现了差错。

由于这是一个(3, 1, 3)卷积码，发送序列的约束长度为 $N=3$，所以首先需考查 3 个信息段，即考查 $3n=9$ bit，即接收序列前 9 位“111 010 010”。由网格图可见，沿路径每一级有4 种状态 $a$、$b$、$c$ 和 $d$。每种状态只有 2 条路径可以到达。故 4 种状态共有 8 条路径可到达。

### 11.6.3.1　译码第 1 步

比较网格图中的这 8 条路径和接收序列之间的汉明距离。例如，由出发点状态 $a$ 经过 3 级路径后到达状态 $a$ 的 2 条路径中上面一条为“000 000 000”。它和接收序列“111 010 010”的汉明距离等于 5；下面一条为“111 001 011”，它和接收序列的汉明距离等于 3。将这 8 个比较结果列表如表 11-5 所示。

比较到达每个状态的两条路径的汉明距离，将距离小的一条路径保留，称为幸存路径。这样，就剩下 4 条路径了，即表中第 2、4、6 和 8 条路径。

**表 11-5　维特比算法译码第 1 步计算结果**

| 序号 | 路径 | 对应序列 | 汉明距离 | 是否幸存 |
|---|---|---|---|---|
| 1 | *aaaa* | 000 000 000 | 5 | 否 |
| 2 | *abca* | 111 001 011 | 3 | 是 |
| 3 | *aaab* | 000 000 111 | 6 | 否 |
| 4 | *abcb* | 111 001 100 | 4 | 是 |
| 5 | *aabc* | 000 111 001 | 7 | 否 |
| 6 | *abdc* | 111 110 010 | 1 | 是 |
| 7 | *aabd* | 000 111 110 | 6 | 否 |
| 8 | *abdd* | 111 110 101 | 4 | 是 |

### 11.6.3.2　译码第 2 步

继续考查接收序列中的后继 3 个比特“110”，计算 4 条幸存路径上增加 1 级后的 8 条可能路径的汉明距离。计算结果列于表 11-6 中。

**表 11-6　维特比算法译码第 2 步计算结果**

| 序号 | 路径 | 原幸存路径距离 | 新增路径段 | 新增距离 | 总距离 | 是否幸存 |
|---|---|---|---|---|---|---|
| 1 | *abca+a* | 3 | *aa* | 2 | 5 | 否 |
| 2 | *abdc+a* | 1 | *ca* | 2 | 3 | 是 |
| 3 | *abca+b* | 3 | *ab* | 1 | 4 | 否 |
| 4 | *abdc+b* | 1 | *cb* | 1 | 2 | 是 |
| 5 | *abcb+c* | 4 | *bc* | 3 | 7 | 否 |
| 6 | *abdd+c* | 4 | *dc* | 1 | 5 | 是 |
| 7 | *abcb+d* | 4 | *bd* | 0 | 4 | 是 |
| 8 | *abdd+d* | 4 | *dd* | 2 | 6 | 否 |

表中总距离最小为 2，其路径是 $abdc+b$，相应序列为 111 110 010 100。它和发送序列相同，故对应发送信息位 1101。按照上表中的幸存路径画出的网格图如图 11-9 所示。图中粗线路径是汉明距离最小（等于 2）的路径。

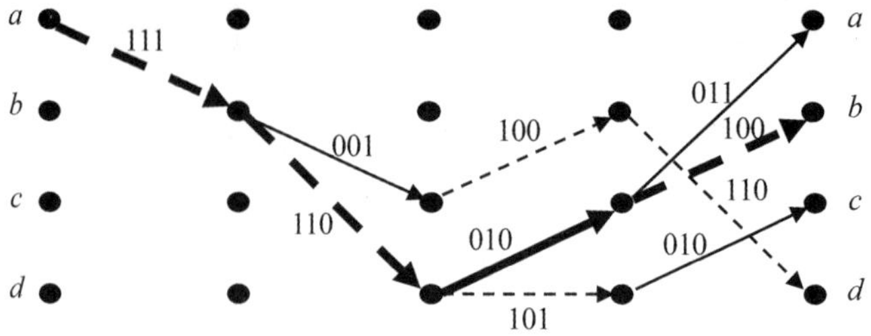


图 11-9 (3, 1, 3) 卷积码的译码幸存路径网格图

#### 11.6.3.3 译码第 3 步

在编码时，信息位后面加了 3 个“0”。若把这 3 个“0”仍然看作信息位，则可以按照上述算法继续解码。这样得到的幸存路径网格图如图 11-10 所示。图中的粗线仍然是汉明距离最小的路径。

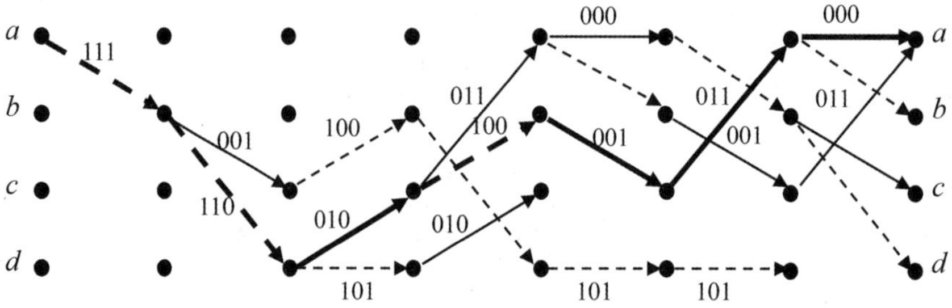


图 11-10 对应信息位“1101”及补“000”结束的译码幸存路径网格图

若已知这 3 个码元是（为结尾而补充的）“0”，则在解码时就预先知道在接收这 3 个“0”码元后，路径必然应该回到状态 $a$。而由图可见，显然，此时就只有两条路径可以回到 $a$ 状态。所以，这时图 11-10 可以进一步简化为图 11-11。

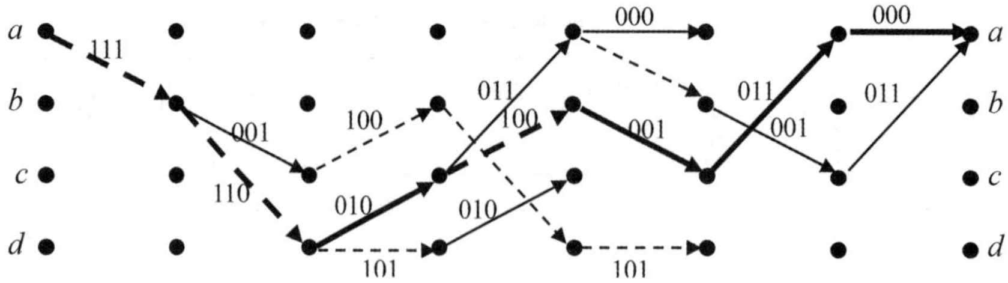


图 11-11 对应信息位“1101”及补“000”结束的简化译码幸存路径网格图

在上例中卷积码的约束长度为 $N=3$，需要存储和计算 8 条（$2^{kN}$）路径的参量。由此可见，维特比算法的复杂度随约束长度 $N$ 按指数形式 $2^N$ 增长，故维特比算法适合约束长度较小（$N \leqslant 10$）的编码。对于约束长度大的卷积码，可以采用其他解码算法。

# 复习与巩固

## 一、概念思考

1.差错控制方式的各种类型适用于哪些信息类型和信道特征的检错与纠错？

2.差错控制常用的系统码形式有何优点？为什么最小汉明距离 $d_0$ 具有唯一决定纠错能力？

3.试述码率、码重和码距的定义。

4.试述最小码距和码的检纠错能力之间的关系。

5.试述奇偶监督码元的检错能力。

6.何谓线性码？它具有哪些重要性质？

7.何谓循环码？能否说 $(n, k)$ 线性分组码都是循环码？$(n,k)$ 线性分组码应符合什么条件才是循环码？

8.何谓截短循环码？它有何优点？

9.监督矩阵 $\boldsymbol{H}$ 和生成矩阵 $\boldsymbol{G}$ 各有何特点？两者关系及其在纠误码中的作用是什么？

10.试述卷积码和线性分组码之间有何异同。卷积码是否为线性码？

11.概述卷积码的纠错能力。

12.简述维特比译码的原理、特点。

## 二、课堂小测

1.码组 0100110 的码重为________，它与码组 0011011 之间的码距是________。

2.线性分组码(63, 51)的编码效率为________，卷积码(2, 1, 7)的编码效率为________。

3.已知循环码的生成多项式为 $x^4+x^2+x+1$，此循环码可纠正______位错误码元，可检测出______位错误码元。

4.若信息码元为 100101，则奇监督码元为______，偶监督码元为______。

5.已知 2 个分组码分别为(1111)和(0000)。若用于检错，能检出______位错；若用于纠错，能纠正______位错。

6.已知线性分组码的生成矩阵，则该码由监督位有______位，编码效率为________。

$$\boldsymbol{G}=\begin{bmatrix}1&1&1&0&1&0&0\\0&1&1&1&0&1&0\\0&0&1&1&1&0&1\end{bmatrix}$$

7.完备码的条件是可纠错位数 $t=$________________，汉明码的 $t=$______。作为一个例子，__________属于完备码。

8.(15, 11)和(31, 26)码都是汉明码吗？________(是/否)。

9.已知(7, 3)循环码的码生成多项式为 $g(x)=x^4+x^3+x^2+1$，接收码多项式为 $R(x)=x^6+x^4+1$，则接收码组中是否出现了差错？________(是/否)。

10.下面给出的码组中是 7 中取 3 恒比码的是________。

A. 0100110　　B. 0000101　　C. 0001111　　D. 1010101

11.若二维奇偶监督码元中的码元错误情况如图 11-12 所示,能否检测出来码元错误?________(是/否)。

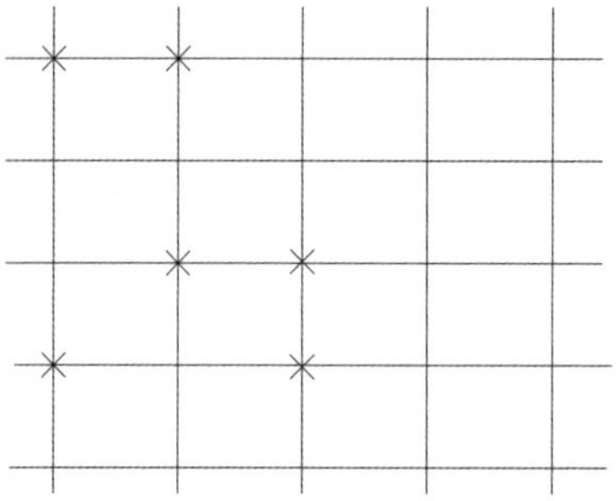

图 11-12　二维奇偶监督码元中的码元错误情况

12.某编码的全部许用码字集合是 C{000, 010, 101, 111},该码是线性码吗? ________(是/否);是循环码吗? ________(是/否)。

13.将(7, 4)汉明码的编码结果按行写入一个 10 行 7 列的存储器阵列,每行一个码字,共计 10 个码字。再按列读出后通过信道传输。若传输这 10 个码字时,信道中发生了连续 15 个错误,请问接收端解交织并译码后,能译对________个码字。

14.某 7 位循环码的所有许用码组有:0000000,0101110,1001011,1100101,0010111,0111001,1011100,1110010。则该循环码中,信息码元位数是______,该编码的最小码距为______。如果用于检错,能检测小于等于______个错误码元;如果用于纠错,能纠正______个错误码元;对应该循环码生成多项式的码组为______,表达式 $g(x)=$ ____________。

15.关于卷积码的特点描述,正确的有____________。

A.当前码分组输出不仅和当前信息分组有关,还与前面 $m$ 个信息分组有关

B.卷积码是线性码,满足线性叠加关系

C.在相同码率、相同译码复杂性条件下,卷积码性能优于分组码

D.维特比译码算法属于门限译码

## 三、典型题解

1.设有一个长度为 $n=15$ 的汉明码,其监督位 $r$ 应等于多少?其码元传输速率是多少?其最小码距等于多少?试写出其监督位和信息位之间的关系。

**解**:由 $n=2^r-1$,$n=15$,得 $r=4$,即监督位为 4 位。

其码率为

$$\frac{k}{n}=\frac{15-4}{15}=\frac{11}{15}$$

用 $S_1S_2S_3S_4$ 表示校正子,用于指明 15 个误码的位置,其关系如表 11-7 所示。则可得监督关系式为

$$\begin{cases}a_3=a_{14}+a_{13}+a_{12}+a_{11}+a_{10}+a_9+a_8\\a_2=a_{14}+a_{13}+a_{12}+a_{11}+a_7+a_6+a_5\\a_1=a_{14}+a_{13}+a_{10}+a_9+a_7+a_6+a_4\\a_0=a_{14}+a_{12}+a_{10}+a_8+a_7+a_5+a_4\end{cases}$$

最小码矩 $d_0=3$。

**表 11-7 校正子与错误图样对照表**

| 校正子 | 误码位置 | 校正子 | 误码位置 |
|---|---|---|---|
| 0000 | 无误码 | 0111 | $a_7$ |
| 0001 | $a_0$ | 1001 | $a_8$ |
| 0010 | $a_1$ | 1010 | $a_9$ |
| 0100 | $a_2$ | 1011 | $a_{10}$ |
| 1000 | $a_3$ | 1100 | $a_{11}$ |
| 0011 | $a_4$ | 1101 | $a_{12}$ |
| 0101 | $a_5$ | 1110 | $a_{13}$ |
| 0110 | $a_6$ | 1111 | $a_{14}$ |

2.设已知一循环码的监督矩阵如下

$$\boldsymbol{H}=\begin{bmatrix}1&1&1&0&1&0&0\\0&1&1&1&0&1&0\\1&1&0&1&0&0&1\end{bmatrix}$$

试求出其生成矩阵，并写出所有可能的码组。

**解**：(1)由题意可知该线性分组码的码长 $n=7$，监督位 $r=3$，信息位 $k=4$。

可将 $\boldsymbol{H}$ 写成 $=[\boldsymbol{P}\ \vdots\ \boldsymbol{I}_{\mathrm{r}}]$，其中

$$\boldsymbol{P}=\begin{bmatrix}1&1&1&0\\0&1&1&1\\1&1&0&1\end{bmatrix};\ \boldsymbol{Q}=\boldsymbol{P}^{\mathrm{T}}=\begin{bmatrix}1&0&1\\1&1&1\\1&1&0\\0&1&1\end{bmatrix}$$

则生成矩阵为

$$\boldsymbol{G}=[\boldsymbol{I}_{\mathrm{k}}\ \vdots\ \boldsymbol{Q}]=\begin{bmatrix}1&0&0&0&1&0&1\\0&1&0&0&1&1&1\\0&0&1&0&1&1&0\\0&0&0&1&0&1&1\end{bmatrix}$$

(2)所有可用码组可由 $\boldsymbol{A}=[a_6\ a_5\ a_4\ a_3]\cdot\boldsymbol{G}$ 得到

0000000，0001011，0010110，0011101，0100111，0101100，0110001，0111010，1000101，1001110，1010011，1011000，1100010，1101001，1110100，1111111。

此循环码的码生成多项式为 $g(x)=x^3+x+1$。

3.设一个(15，7)循环码的生成多项式为：$g(x)=x^8+x^7+x^6+x^4+1$。若接收码组为：$T(x)=x^{14}+x^5+x+1$。试问：其中有无误码。

**解**：判断有无误码需要计算 $T(x)/g(x)$，由于

$$\frac{T(x)}{g(x)}=x^6+x^5+x^3+\frac{x^7+x^6+x^3+x+1}{x^8+x^7+x^6+x^4+1}$$

即多项式 $T(x)$ 不能被 $g(x)$ 整除，所以其中必有误码。

4.已知一个(7, 3)循环码的监督关系式为

$$\begin{cases} x_6 \oplus x_3 \oplus x_2 \oplus x_1 = 0 \\ x_5 \oplus x_2 \oplus x_1 \oplus x_0 = 0 \\ x_6 \oplus x_5 \oplus x_1 = 0 \\ x_5 \oplus x_4 \oplus x_0 = 0 \end{cases}$$

试求出该循环码的监督矩阵和生成矩阵。

**解**：由题中给出的条件可得监督矩阵为

$$\boldsymbol{H} = \begin{bmatrix} 1 & 0 & 0 & 1 & 1 & 1 & 0 \\ 0 & 1 & 0 & 0 & 1 & 1 & 1 \\ 1 & 1 & 0 & 0 & 0 & 1 & 0 \\ 0 & 1 & 1 & 0 & 0 & 0 & 1 \end{bmatrix}$$

化成典型矩阵为

$$\boldsymbol{H} = \begin{bmatrix} 1 & 0 & 1 & 1 & 0 & 0 & 0 \\ 1 & 1 & 1 & 0 & 1 & 0 & 0 \\ 1 & 1 & 0 & 0 & 0 & 1 & 0 \\ 0 & 1 & 1 & 0 & 0 & 0 & 1 \end{bmatrix}$$

则可得到生成矩阵为

$$\boldsymbol{G} = \begin{bmatrix} 1 & 0 & 0 & 1 & 1 & 1 & 0 \\ 0 & 1 & 0 & 0 & 1 & 1 & 1 \\ 0 & 0 & 1 & 1 & 1 & 0 & 1 \end{bmatrix}$$

5.对于一个码长为 15 的线性码，若允许纠正 2 个随机错误，需要多少个不同的校正子？至少需要多少位监督码元？

**解**：需要的校正子状态数应大于等于错误图样数，即

$$S \geqslant C_n^0 + C_n^1 + C_n^2 + \cdots + C_n^t$$

这里 $t=2$，$n=15$，代入前式得

$$S \geqslant C_{15}^0 + C_{15}^1 + C_{15}^2 = 121$$

取 $S=128=2^7$，所以，需要 121 个校正子状态，至少需要 7 位监督码元。

6.已知 $g_1(x)=x^3+x^2+1$，$g_2(x)=x^3+x+1$，$g_3(x)=x+1$，试分别讨论在下述两种情况下，由 $g(x)$ 生成的 7 位循环码的检错和纠错能力：

(1) $g(x)=g_1(x)\cdot g_2(x)$；

(2) $g(x)=g_3(x)\cdot g_2(x)$。

**解**：(1) $g(x)=g_1(x)\cdot g_2(x)=(x^3+x^2+1)(x^3+x+1)=x^6+x^5+x^4+x^3+x^2+x+1$ 即 $g(x)\rightarrow(1111111)$，因此，有 $d_0=7$。

用于检错时，$d_0 \geqslant e+1$，$e=6$；

用于纠错时，$d_0 \geqslant 2t+1$，$t=3$；

由于纠检结合时，$d_0 \geqslant e+t+1\ (e>t)$；$e=5$，$t=1$；$e=4$，$t=2$。

此题 $n=7$，$k=1$，$r=6$。

只有 $2^k=2$ 个许用码组 **0** 0 0 0 0 0 0,**1** 1 1 1 1 1 1。

(2) $g(x)=g_3(x)\cdot g_2(x)=(x+1)(x^3+x+1)=x^4+x^3+x^2+1$ 即 $g(x)\to(0011101)$,因此,有 $d_0=4$。

用于检错时,$e=3$;

用于纠错时,$t=1$;

由于纠检结合时,$e=2,t=1$。

此题 $n=7,k=3,r=4$,共有 $2^k=8$ 个许用码组。

7.试编 $(n,\ k)=(6,\ 3)$ 码,并指出其差错控制能力。若有两个码组为 $A_1=111100$ 及 $A_2=001011$,问是否属于(6, 3)码,若有错,能否纠错?

**解:**由题意可知,$n=6,k=3,r=3$。

(1)设(6, 3)码码组为 $\boldsymbol{A}=[a_5\ a_4\ a_3\ a_2\ a_1\ a_0]$,并设监督关系式为

$$\begin{cases}a_2=a_5+a_3\\a_1=a_4+a_3\\a_0=a_5+a_4\end{cases}$$

由监督关系式可得监督矩阵 $\boldsymbol{H}$ 为

$$\boldsymbol{H}=\begin{bmatrix}1&0&1&1&0&0\\0&1&1&0&1&0\\1&1&0&0&0&1\end{bmatrix}=[\boldsymbol{PI}_3]$$

可见,$\boldsymbol{H}$ 为典型矩阵。

(2)根据 $\boldsymbol{H}$ 可进一步得到生成矩阵 $\boldsymbol{G}$

$$\boldsymbol{G}=[\boldsymbol{I}_1\boldsymbol{Q}]=\begin{bmatrix}1&0&0&1&0&1\\0&1&0&0&1&1\\0&0&1&1&1&0\end{bmatrix}$$

(3)(6, 3)码全部码组为:000000,001110,010011,011101,100101,101011,110110,111000。$d_0=3$。可检 2 位错,纠 1 位错。

(4)对于两个接收码组,可分别计算两者的校正子,得到:

$S_1=A_1\boldsymbol{H}^{\mathrm{T}}=[111100]\ \boldsymbol{H}^{\mathrm{T}}=[100]$,$H$ 中的第 4 列,故 $A_1$ 纠正为 111000。

$S_2=A_2\boldsymbol{H}^{\mathrm{T}}=[001011]\ \boldsymbol{H}^{\mathrm{T}}=[101]$,$H$ 中的第 1 列,故 $A_2$ 纠正为 101011。

(5)讨论:若错误超出本编码的纠错能力,即 $t>1$ 时。

情况 1:假设码字 101011 等,错 2 位的码字 $A_3=111111$,则此时的 $S_3=[111]$,$H$ 中无此列,只能通过 ARQ 方式重发纠错。

情况 2:假设码字 001110 错 2 位的码字 $A_4=101010$,则此时的 $S_4=[001]$,$H$ 中的第 6 列,纠正为 101011,误认为是码字 101011 的末位出错。因此,该编码不能够检测出全部 2 位错。

注:在设 $r$ 个联立方程组构成监督关系式时,尽量利用 $k$ 位信息码元字多位的线性组合,且各方程线性独立。

如设 $\begin{cases}a_2=a_5\\a_1=a_4\\a_0=a_3\end{cases}$,则 $\boldsymbol{H}=\begin{bmatrix}1&0&0&1&0&0\\0&1&0&0&1&0\\0&0&1&0&0&1\end{bmatrix}$,包括了 3 对重复列,这是错误的监督矩阵,因为

**H** 必须由非全 0 及非重复列构成。只要存在重复序列就只能有检错的能力，而丧失应有的纠错能力；只要出现全 0 列，则最小汉明距离变为 $d_0=1$。

8.假设二进制对称信道的差错率 $P=10^{-2}$。试计算：

(1)(4, 3)偶校验码通过此信道传输，不可检出错误的出现概率；

(2)(5, 1)重复码通过此信道传输，无法纠正出错的概率。

**解**：(1)(4, 3)偶校验码发生偶数个误码时无法检测出，故其错误概率为

$$P_e=C_4^2P^2(1-P^2)+C_4^4P^4(1-P)^0=6\times10^{-4}\times(1-10^{-2})^2+10^{-8}\approx5.8806\times10^{-4}$$

(2)(5, 1)重复码发生 3 个或 3 个以上误码时无法纠正，其错误概率为

$$P_e=C_5^3P^3(1-P)^2+C_5^4P^4(1-P)^1+C_5^5P^5(1-P)^0\approx9.85\times10^{-6}$$

9.已知某循环码的生成多项式为 $g(x)=x^{10}+x^8+x^5+x^4+x^2+x+1$，编码效率为$\dfrac{1}{3}$。求：

(1)该编码码组信息位长度 $k$ 和码字长度 $n$；

(2)消息码 $m(x)=x^4+x+1$ 编为系统码后的码多项式。

**解**：(1)由码生成多项式可知，$n-k=10$，且已知$\dfrac{k}{n}=\dfrac{1}{3}$，所以可得 $k=5$，$n=15$。

所以，该循环码的编码方案为(15, 5)。

(2)采用除法求余的方法来求得系统循环码，其编码过程为

$$\frac{x^{n-k}m(x)}{g(x)}=\frac{x^{10}(x^4+x+1)}{x^{10}+x^8+x^5+x^4+x^2+x+1}=\frac{x^{14}+x^{11}+x^{10}}{x^{10}+x^8+x^5+x^4+x^2+x+1}$$

$$=(x^4+x^2+x)+\frac{x^8+x^7+x^6+x}{x^{10}+x^8+x^5+x^4+x^2+x+1}$$

$$T(x)=x^{n-k}m(x)+r(x)=x^{14}+x^{11}+x^{10}+x^8+x^7+x^6+x$$

10.试画出如图 11-13 所示(2, 1, 3)卷积码的状态图和网格图。

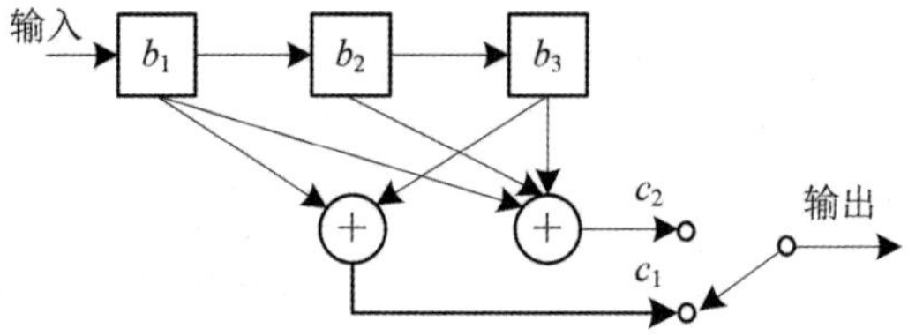


图 11-13　(2,1,3)卷积码

**解**：由题图可知编码器的输入/输出关系为

$$c_1=b_1\oplus b_3,\ c_2=b_1\oplus b_2\oplus b_3$$

可得，移存器状态和输入/输出的关系如表 11-8 所示。

表 11-8　移存器状态和输入/输出的关系

| 前一状态 $b_3b_2$ | 当前状态 $b_1$ | 输出 $c_1c_2$ | 下一状态 $b_3b_2$ |
|---|---|---|---|
| $a(00)$ | 0/1 | 00/11 | $a/b$ |
| $b(01)$ | 0/1 | 01/10 | $c/d$ |
| $c(10)$ | 0/1 | 11/00 | $a/b$ |
| $d(11)$ | 0/1 | 10/01 | $c/d$ |

该卷积编码器的状态图如图11-14所示(图中实线表示输入信息为"0",虚线表示输入信息为"1")。

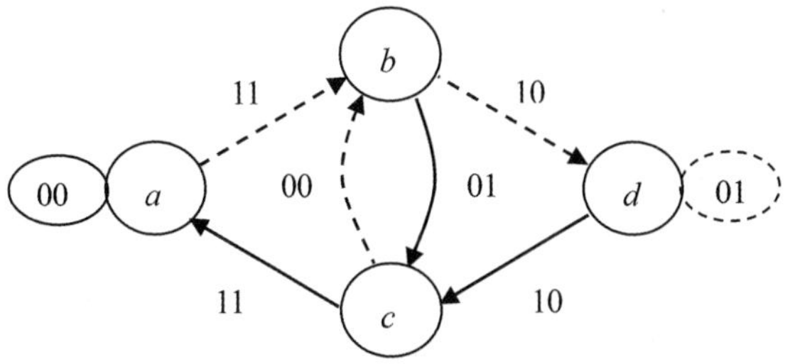


图11-14 状态图

网格图如图11-15所示。

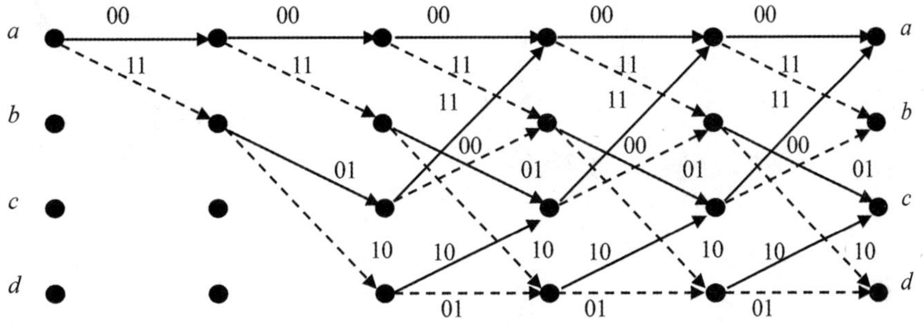


图11-15 网络图

11.已知码速为2 Mb/s的二进制单极性不归零脉冲序列送入(2, 1, 2)卷积码编码器,编码后进行16QAM频带调制,求已调信号的符号速率。

**解:**编码器输入码元传输速率=输出码元传输速率×编码效率$\frac{k}{n}$。

由题意可知,(2, 1, 2)卷积码编码器的输出符号速率为 $\frac{2}{\frac{1}{2}}=4$ MB

采用16QAM调制,每个符号对应4个二进制符号,因此,已调信号的符号速率为

$$R_B=\frac{4}{4}=1 \text{ MB}$$

## 四、课后拓展

1.利用Matlab生成(7, 4)循环码的所有许用码字,并仿真(7, 4)循环码在二进制对称信道(BSC信道)中的传输性能。

2.利用Matlab仿真(7, 4)汉明码在AWGN信道下,分别采用2PSK、4PSK、8PSK及16QAM调制方式时的误码性能。

3.利用Matlab仿真$\frac{1}{2}$码率的(2, 1, 3)卷积码在AWGN信道下、采用BPSK调制系统时的误码性能。已知(2, 1, 3)卷积码的生成多项式为$(7, 5)_8$,编译码可采用Matlab提供的卷积码编码函数和维特比译码函数,包括poly2trellis、convenc、vitdec。仿真帧长$L=1000$,译码采用软判决方式。

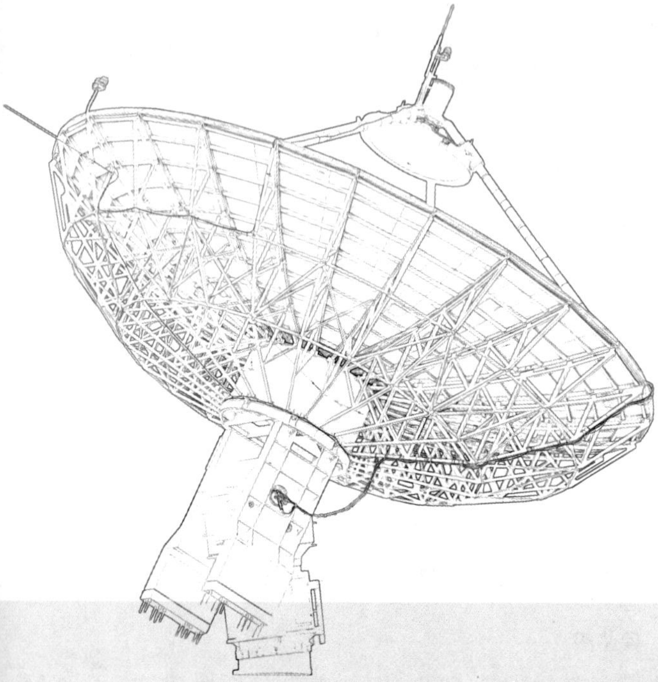

# 第 12 章

# 同步原理

知识点

- 同步的概念及分类。
- 载波同步的方法。
- 载波同步的相位误差对解调性能的影响。
- 位同步的方法。
- 数字锁相法原理。
- 位同步系统的性能。
- 群同步的方法。
- 巴克码。
- 群同步系统的性能。

# 12.1 引言

同步是数字通信系统以及采用相干解调的模拟通信系统中一个重要的实际问题。由于收、发双方不在一地，要使它们能步调一致地协调工作，必须有同步系统来保证。所谓同步，是指收、发双方在时间上步调一致，故又称定时。

## 12.1.1 按照功用分类

在数字通信中，同步按照功用分为载波同步、位同步、群同步和网同步。

### 12.1.1.1 载波同步

载波同步是指在相干解调时，接收端需要提供一个与接收信号中的调制载波同频同相的相干载波，这个载波的获取称为载波提取或载波同步。载波同步的目的是使接收端产生的本地载波和接收信号的载波同频同相。在前面的学习内容中，我们了解到要想实现相干解调，必须有相干载波。因此，载波同步是实现相干解调的先决条件。

### 12.1.1.2 位同步

位同步又称码元同步。在数字通信系统中，任何消息都是通过一连串码元序列传送的，所以接收时需要知道每个码元的起止时刻，以便在恰当的时刻进行取样判决。位同步的目的是使每个码元得到最佳的解调和判决。

例如在前面提到的两种最佳接收机结构中，需要对积分器或匹配滤波器的输出进行抽样判决，判决时刻应对准每个接收码元的终止时刻。这就要求接收端必须提供一个位定时脉冲序列，该序列的重复频率与码元传输速率相同，相位与最佳取样判决时刻一致。我们把提取这种定时脉冲序列的过程称为位同步。

### 12.1.1.3 群同步

群同步包含字同步、句同步、组同步、分路同步，它有时也称帧同步。在数字通信中，信息流是用若干码元组成一个“字”，又用若干个“字”组成“句”。在接收这些数字信息时，必须知道这些“字”“句”的起止时刻，否则接收端无法正确恢复信息。群同步的目的是能够正确地将接收码元序列分组，使接收信息能够被正确理解。

对于数字时分多路通信系统，如 PCM30/32 电话系统，各路信码都安排在指定的时隙内传送，形成一定的帧结构。为了使接收端能正确分离各路信号，在发送端必须提供每帧的起止标记，在接收端检测并获取这一标志的过程，称为帧同步。因此，在接收端产生与“字”“句”“组”“帧”起止时刻相一致的定时脉冲序列的过程统称为群同步。

#### 12.1.1.4 网同步

网同步是通信网络所特有的同步。在获得以上讨论的载波同步、位同步、群同步之后，两点间的数字通信就可以有序、准确、可靠地进行了。然而，随着数字通信的发展，尤其是计算机通信的发展，多个用户之间的通信和数据交换，构成了数字通信网。显然，为了保证通信网内各用户之间可靠地通信和数据交换，全网必须有一个统一的时间标准时钟，这就是网同步的问题。网同步的目的是解决通信网中的时钟同步问题。

### 12.1.2 按照获取和传输同步信息的方式分类

同步也是一种信息，按照获取和传输同步信息的方式，又可分为外同步法和自同步法。

#### 12.1.2.1 外同步法

由发送端发送专门的同步信息(常被称为导频)，接收端把这个导频提取出来作为同步信号的方法，称为外同步法。

#### 12.1.2.2 自同步法

发送端不发送专门的同步信息，接收端设法从收到的信号中提取同步信息的方法，称为自同步法。自同步法是人们最希望的同步方法，因为可以把全部功率和带宽分配给信号传输。

在载波同步和位同步中，两种方法都有采用，但自同步法正得到越来越广泛的应用。而群同步一般采用外同步法。

同步本身虽然不包含所要传送的信息，但只有接收发设备之间建立了同步后才能开始传送信息，所以同步是进行信息传输的必要和前提。同步性能的好坏又将直接影响着通信系统的性能。出现同步误差或失去同步就会导致通信系统性能下降或通信中断。因此，同步系统应具有比信息传输系统更高的可靠性和更好的质量指标，如同步误差小、相位抖动小、同步建立时间短、保持时间长等。

# 12.2 载波同步

## 12.2.1 直接法

直接法也称自同步法。这种方法是设法从接收信号中提取同步载波。有些信号，如DSB-SC、PSK等，虽然它们本身不直接含有载波分量，但经过某种非线性变换后，将具有载波的谐波分量，因而可从中提取出载波分量来。下面介绍几种常用的方法。

### 12.2.1.1 平方变换法和平方环法

平方变换法广泛用于建立抑制载波的双边带信号的载波同步。设调制信号 $m(t)$ 无直流分量，则抑制载波的双边带信号为

$$s_m(t)=m(t)\cos(\omega_c t) \tag{12-1}$$

接收端将该信号经过非线性变换（通过平方律器件）后得到

$$e(t)=[m(t)\cos(\omega_c t)]^2=\frac{m^2(t)[1+\cos(2\omega_c t)]}{2} \tag{12-2}$$

上式的第二项包含有载波的倍频 $2\omega_c$ 的分量。若用一窄带滤波器将 $2\omega_c$ 频率分量滤出，再进行二分频，就可获得所需的相干载波。基于这种构思的平方变换法提取载波的框图如图12-1所示。

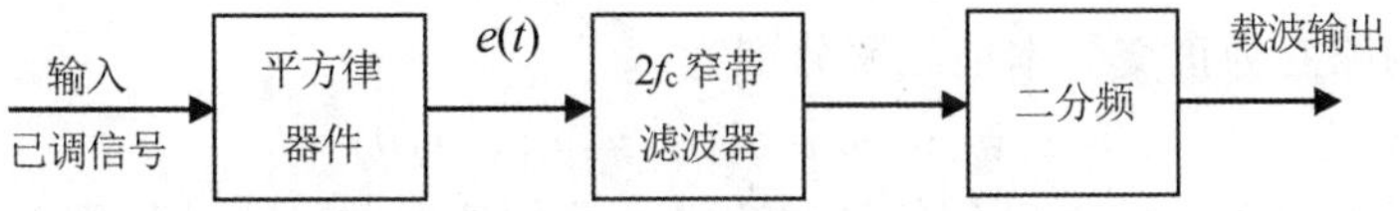


图 12-1　平方变换法提取载波的框图

若 $m(t)=\pm1$，则抑制载波的双边带信号就成为二进制相移键控（2PSK）信号，这时有

$$e(t)=[m(t)\cos(\omega_c t)]^2=\frac{1+\cos(2\omega_c t)}{2} \tag{12-3}$$

因而，同样可以通过图12-1所示的方法提取载波。

在实际中，伴随信号一起进入接收机的还有加性高斯白噪声。为了改善平方变换法的性能，使恢复的相干载波更为纯净，图12-1中的窄带滤波器常用锁相环代替，构成如图12-2所示的框图，称为平方环法提取载波。

由于锁相环具有良好的跟踪、窄带滤波和记忆功能，平方环法比一般的平方变换法具有更好的性能。因此，平方环法提取载波得到了较广泛的应用。图12-1和图12-2所示的两种方法

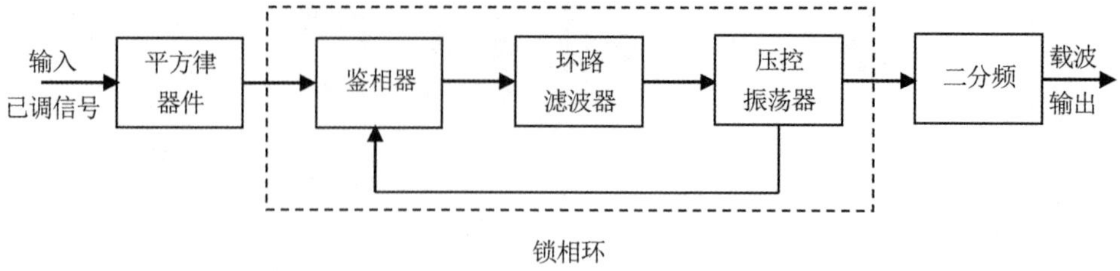


图 12-2 平方环法提取载波的框图

由于二分频器的初态不定，故提取的载波输出存在 0、π 相位模糊。

#### 12.2.1.2 同相正交环法

同相正交环法又叫科斯塔斯（Costas）环法，Costas 环法提取载波的框图如图 12-3 所示。在此环路中，压控振荡器（VCO）提供两路互为正交的载波，与输入已调信号分别在同相和正交两个鉴相器中进行鉴相，经低通滤波之后的输出均含调制信号，两者相乘后可以消除调制信号的影响，经环路滤波器得到仅与相位差有关的控制压控，从而准确地对压控振荡器进行调整。

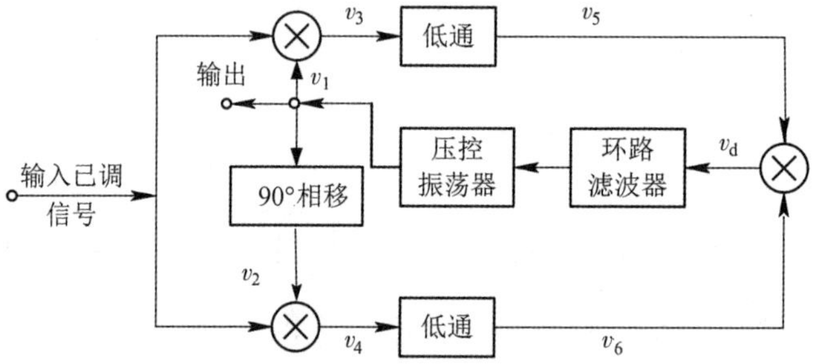


图 12-3 Costas 环法提取载波的框图

设输入的抑制载波双边带信号为 $m(t)\cos(\omega_c t)$，并假定环路锁定，且不考虑噪声的影响，则 VCO 输出的两路互为正交的本地载波分别为

$$v_1=\cos(\omega_c t+\theta),v_2=\sin(\omega_c t+\theta) \tag{12-4}$$

式中，$\theta$ 为 VCO 输出信号与输入已调信号载波之间的相位误差。输入的抑制载波双边带信号 $m(t)\cos(\omega_c t)$，分别与 $v_1$、$v_2$ 相乘后得

$$v_3=m(t)\cos(\omega_c t)\cdot\cos(\omega_c t+\theta)=\frac{m(t)[\cos\theta+\cos(2\omega_c t+\theta)]}{2} \tag{12-5}$$

$$v_4=m(t)\cos(\omega_c t)\cdot\sin(\omega_c t+\theta)=\frac{m(t)[\sin\theta+\sin(2\omega_c t+\theta)]}{2} \tag{12-6}$$

经低通滤波后的输出分别为

$$v_5=\frac{1}{2}m(t)\cos\theta,v_6=\frac{1}{2}m(t)\sin\theta \tag{12-7}$$

低通滤波器应该允许 $m(t)$ 通过。将 $v_5$、$v_6$ 相乘产生误差信号

$$v_d=\frac{1}{8}m^2(t)\sin 2\theta \tag{12-8}$$

当 $\theta$ 较小时，有

$$v_d=\frac{1}{4}\theta m^2(t) \tag{12-9}$$

当 $m(t)$ 为矩形脉冲的双极性数字基带信号时，$m^2(t)=1$。即使 $m(t)$ 不为矩形脉冲序列，式中的 $m^2(t)$ 也可以分解为直流和交流分量。由于锁相环作为载波提取环时，其环路滤波器的带宽设计得很窄，只有 $m(t)$ 中的直流分量可以通过，因此 $v_d$ 可写成

$$v_d=K_d\cdot\sin 2\theta \tag{12-10}$$

如果我们把图 12-3 中除环路滤波器（LF）和压控振荡器（VCO）以外的部分看作一个等效鉴相器（PD），其输出 $v_d$ 正是我们所需要的误差电压。它通过环路滤波器滤波后去控制 VCO 的相位和频率，最终使稳态相位误差减小到很小的数值，而没有剩余频差（即频率与 $\omega_c$ 同频），此时 VCO 的输出 $v_1=\cos(\omega_c t+\theta)$ 就是所需的同步载波，而 $v_5=\frac{m(t)}{2}$ 就是解调输出。

Costas 环提取的载波输出也存在 0、π 相位模糊。这是因为式（12-10）对于 $\theta$ 取 0 或 π 值时，均为环路锁定时的稳态平衡点。

Costas 环与平方环都是利用锁相环（PLL）提取载波的常用方法。与平方环相比，Costas 环虽然在电路上要复杂一些，但它的工作频率即为载波频率，而平方环的工作频率是载波频率的两倍，显然当载波频率很高时，工作频率较低的 Costas 环易于实现；其次，当环路正常锁定后，Costas 环可直接获得解调输出，而平方环没有这种功能。

### 12.2.1.3　多相相移信号（*M*PSK）的载波提取

当数字信息通过载波的多相调制发送时，可将上述方法推广，以获取同步载波。一种基于平方变换法或平方环法的推广，是 *M* 次方变换法或 *M* 方环法，如图 12-4 所示。

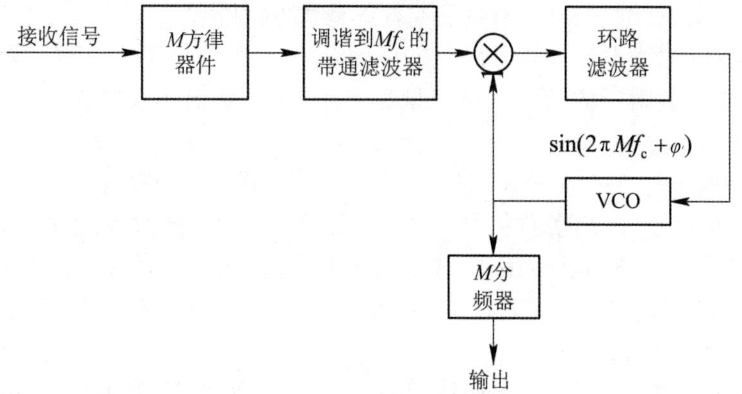


**图 12-4　*M* 方环提取载波**

另一种方法是基于 Costas 环的推广，图 12-5 给出了从 4PSK 信号中提取载波的 Costas 环原理框图。可以求得它的等效鉴相特性，提取的载波也具有 0、$\frac{\pi}{2}$、π 及 $\frac{3\pi}{2}$ 四种相位模糊。这种方法实现起来比较复杂，在实际中一般不采用。

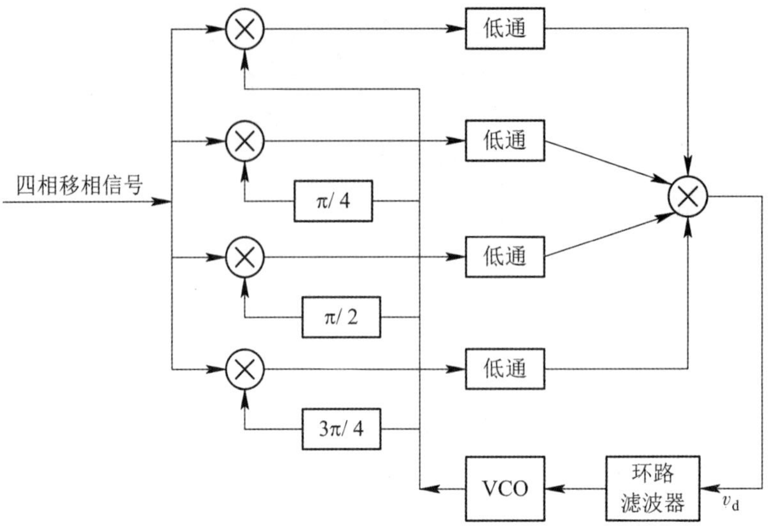


图 12-5　四相 Costas 环法的载波提取

### 12.2.2　插入导频法

抑制载波的双边带信号(如 DSB、等概的 2PSK)本身不含有载波,残留边带(VSB)信号虽含有载波分量,但很难从已调信号的频谱中把它分离出来。对这些信号的载波提取,可以用插入导频法(外同步法)。尤其是单边带(SSB)信号,它既没有载波分量又不能用直接法提取载波,只能用插入导频法。

所谓插入导频,就是在已调信号频谱中额外插入一个低功率的线谱,以便接收端作为载波同步信号加以恢复,此线谱对应的正弦波称为导频信号。

采用插入导频法时应注意:

(1)导频的频率应当是与载频有关的或者就是载频的频率;

(2)插入导频的位置与已调信号的频谱结构有关,总的原则是在已调信号的频谱中的零点插入导频,且要求其附近的信号频谱分量尽量小,这样便于插入导频,以及解调时易于滤除它。

对于模拟调制中的 DSB 或 SSB 信号,在载频 $f_c$ 附近信号频谱为 0,但对于数字调制中的 2PSK 或者 2DPSK 信号,在 $f_c$ 附近的频谱不但有,而且比较大。因此,对于这样的信号,可以在调制以前先对基带信号进行相关编码,改变数字基带信号的频谱分布,使其具有余弦滚降特性,这样就使得调制后的频谱在 $f_c$ 附近的分量很小,因此就可以插入导频信号。抑制载波双边带信号的导频插入如图 12-6 所示。

由图 12-6 可见,在 $f_c$ 附近的频谱函数很小,且没有离散谱,这样可以在 $f_c$ 处插入频率为 $f_c$ 的导频(这里仅画出正频域)。但应注意,在图 12-6 中插入的导频并不是加于调制器的那个载波,而是将该载波相移 90°后的“正交载波”。插入导频法发送端框图如图 12-7 所示。

设调制信号 $m(t)$ 中无直流分量,被调载波为 $a\sin(\omega_c t)$,将它经 90°相移形成插入导频(正交载波)$a\cos(\omega_c t)$,其中 $a$ 是插入导频的振幅。于是输出信号为

$$u_o(t)=am(t)\sin(\omega_c t)+a\cos(\omega_c t) \tag{12-11}$$

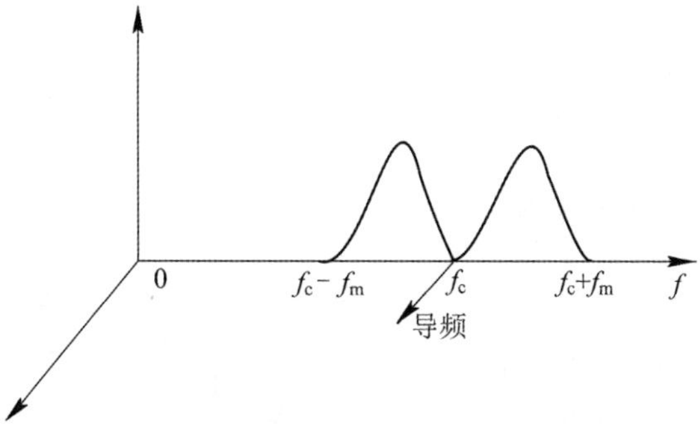


图 12-6　抑制载波双边带信号的导频插入

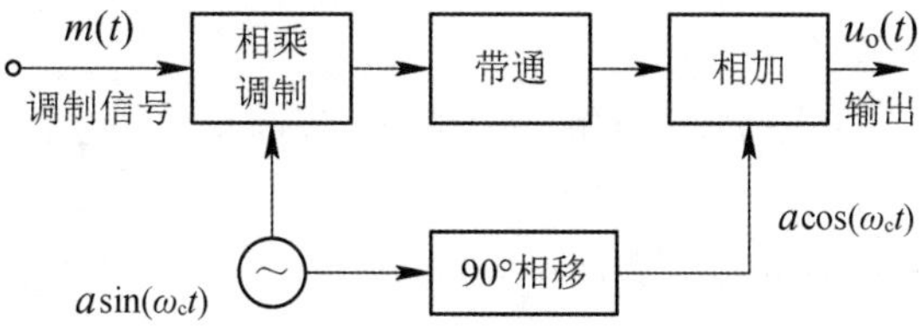


图 12-7　插入导频法发送端框图

设收到的信号就是发送端输出 $u_o(t)$，则接收端用一个中心频率为 $f_c$ 的窄带滤波器提取导频 $a\cos(\omega_c t)$，再将它经-90°相移后得到与调制载波同频同相的相干载波 $\sin(\omega_c t)$，接收端框图如图 12-8 所示。

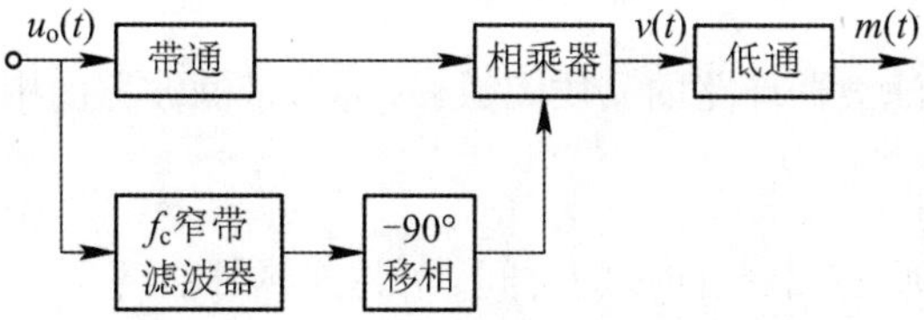


图 12-8　插入导频法接收端框图

前面指出发送端是以正交载波作为导频，其原因解释如下。由图 12-8 可知，解调输出为

$$\begin{aligned} v(t) &= u_o(t)\cdot\sin(\omega_c t) \\ &= am(t)\sin^2(\omega_c t)+a\cos(\omega_c t)\sin(\omega_c t) \\ &= \frac{am(t)}{2}-\frac{m(t)\cos(2\omega_c t)}{2}+\frac{a\sin(2\omega_c t)}{2} \end{aligned} \tag{12-12}$$

经过低通滤除高频部分后，就可恢复调制信号 $m(t)$。

如果发送端加入的导频不是正交载波，而是调制载波，则接收端 $v(t)$ 中还有一个不需要的直流成分，这个直流成分通过低通滤波器对数字信号产生影响，这就是发送端正交插入导频的原因。等先验概率的 2PSK 和 DSB 信号都属于抑制载波的双边带信号，所以上述插入导频方法对两者均适用。对于 SSB 信号，导频插入的原理也与上述相同。

## 12.2.3　载波同步性能

### 12.2.3.1　载波同步性能指标

载波同步性能指标主要有效率、精度、同步建立时间和同步保持时间。载波同步追求的是高效率、高精度、同步建立时间快、保持时间长。高效率是指为了获得载波信号而尽量少消耗发送功率。在这方面，直接法由于不需要专门发送导频，因而效率高；插入导频法由于插入导频要消耗一部分发送功率，因而效率要低一些。高精度指接收端提取的载波与需要的载波标准比较，应该有尽量小的相位误差。

（1）相位误差

如需要的同步载波为 $\cos(\omega_c t)$，提取的同步载波为 $\cos(\omega_c t+\Delta\varphi)$，$\Delta\varphi$ 就是载波相位误差，$\Delta\varphi$ 应尽量小。

通常 $\Delta\varphi$ 分为稳态相差 $\theta_e$ 和随机相差 $\sigma_\varphi$ 两部分，即

$$\Delta\varphi=\theta_e+\sigma_\varphi \tag{12-13}$$

稳态相差与提取的电路密切相关，而随机相差是由噪声引起的。

（2）同步建立时间 $t_s$

其指从开机或失步到同步所需要的时间。显然 $t_s$ 越小越好。

$$t_s=\frac{2Q}{\omega_0}\ln\frac{1}{1-k},0<k<1 \tag{12-14}$$

式中，$Q$ 为提取电路窄带滤波器环路的品质因数，$\omega_0$ 为窄带滤波器的中心频率，$k=\frac{1}{e}$。

（3）同步保持时间 $t_c$

指从开始失去信号到失去载频同步的时间。$t_c$ 越大越好。

$$t_c=\frac{2Q}{\omega_0}\ln\frac{1}{k} \tag{12-15}$$

显然，建立时间和保持时间是相互矛盾的，在设计同步系统时只能折中处理。

这些指标与提取的电路、信号及噪声的情况有关。当采用性能优越的锁相环提取载波时，这些指标主要取决于锁相环的性能。例如，稳态相差就是锁相环的剩余相差，即 $\theta_e=\Delta\omega/K_v$，其中 $\Delta\omega$ 为压控振荡角频率与输入载波角频率之差，$K_v$ 是环路直流总增益；随机相差 $\sigma_\varphi$ 实际是由噪声引起的输出相位抖动，它与环路等效噪声带宽 $B_L$ 及输入噪声功率谱密度等有关，$B_L$ 的大小反映了环路对输入噪声的滤除能力，$B_L$ 越小，$\sigma_\varphi$ 越小。又如，同步建立时间 $t_s$ 具体表现为锁相环的捕捉时间，而同步保持时间 $t_c$ 具体表现为锁相环的同步保持时间。

### 12.2.3.2　同步误差对解调性能的影响

对解调性能的影响主要体现为所提取的载波与接收信号中载波的相位误差 $\Delta\varphi$。相位误差 $\Delta\varphi$ 对不同信号的解调所带来的影响是不同的。首先研究 DSB 和 2PSK 的解调情况，两者都属于双边带信号，具有相似的表示形式。

设 DSB 信号为 $m(t)\cos(\omega_c t)$，所提取的相干载波为 $\cos(\omega_c t+\Delta\varphi)$，这时解调输出 $m'(t)$ 为

$$m'(t)=\frac{1}{2}m(t)\cos\Delta\varphi \tag{12-16}$$

若没有相位差，即 $\Delta\varphi=0$，$\cos\Delta\varphi=1$，则解调输出 $m'(t)=\frac{1}{2}m(t)$，这时信号有最大幅度；若存在相位差，即 $\Delta\varphi\neq 0$ 时，$\cos\Delta\varphi<1$，解调后信号幅度下降，使信噪比下降 $\cos^2\Delta\varphi$ 倍。

对于 2PSK 信号，信噪比下降将使误码率增加。

若 $\Delta\varphi=0$，有

$$P_e=\frac{1}{2}\mathrm{erfc}\left(\sqrt{\frac{E}{n_0}}\right) \tag{12-17}$$

若 $\Delta\varphi\neq 0$，有

$$P_e=\frac{1}{2}\mathrm{erfc}\left(\sqrt{\frac{E}{n_0}}\cdot\cos\Delta\varphi\right) \tag{12-18}$$

以上说明，载波相位误差 $\Delta\varphi$ 引起双边带解调系统的信噪比下降，因为 $\mathrm{erfc}(x)$ 为单调降函数，故误码率增大。$\Delta\varphi$ 近似为常数，不会引起波形失真。

对单边带和残留边带解调而言，相位误差 $\Delta\varphi$ 不仅引起信噪比下降，还引起输出波形失真。下面以单边带信号为例，说明这种失真是如何产生的。

设单音基带信号 $m(t)=\cos(\Omega t)$，且单边带信号取上边带 $\frac{1}{2}\cos(\omega_c+\Omega)t$，所提取的相干载波为 $\cos(\omega_c t+\Delta\varphi)$，相干载波与已调信号相乘得

$$\frac{1}{2}\cos(\omega_c+\Omega)t\cdot\cos(\omega_c t+\Delta\varphi)=\frac{1}{2}[\cos(2\omega_c t+\Omega t+\Delta\varphi)+\cos(\Omega t-\Delta\varphi)] \tag{12-19}$$

经低通滤除高频即得解调输出

$$m'(t)=\frac{1}{4}\cos(\Omega t-\Delta\varphi)=\frac{1}{4}\cos(\Omega t)\cos\Delta\varphi+\frac{1}{4}\sin(\Omega t)\sin\Delta\varphi \tag{12-20}$$

在上式中，第一项与原基带信号相比，由于 $\cos\Delta\varphi$ 的存在，信噪比下降了；第二项是与原基带信号正交的项，它使恢复的基带信号波形失真。

推广到多频信号时也将引起波形的失真。若用来传输数字信号，波形失真会产生码间干扰，使误码率大大增大，因此，应尽可能使 $\Delta\varphi$ 减小。

# 12.3 位同步

位同步是指在接收端产生与接收码元的重复频率和相位一致的定时脉冲序列的过程。

载波同步是相干解调的基础，不论是模拟通信还是数字通信，只要是采用相干解调都需要载波同步，并且在基带传输时没有载波同步问题；所提取的载波同步信息是载频为 $f_c$ 的正弦波，要求它与接收信号的载波同频同相。实现方法有插入导频法和直接法。

位同步是正确取样判决的基础，只有数字通信才需要，并且不论是基带传输还是频带传输都需要位同步；所提取的位同步信息是频率等于码元传输速率的定时脉冲，相位则根据判决时信号波形决定，可能在码元中间，也可能在码元终止时刻或其他时刻。实现方法也有插入导频法和直接法。

## 12.3.1 插入导频法

这种方法与载波同步时的插入导频法类似，也是在基带信号频谱的零点处插入所需的位定时导频信号，如图 12-9 所示。图 12-9(a)为常见的双极性不归零基带信号的功率谱，插入导频的位置是 $\frac{1}{T}$；图 12-9(b)表示经某种相关变换的基带信号，其频谱的第一个零点为 $\frac{1}{2T}$，插入导频应在 $\frac{1}{2T}$ 处。

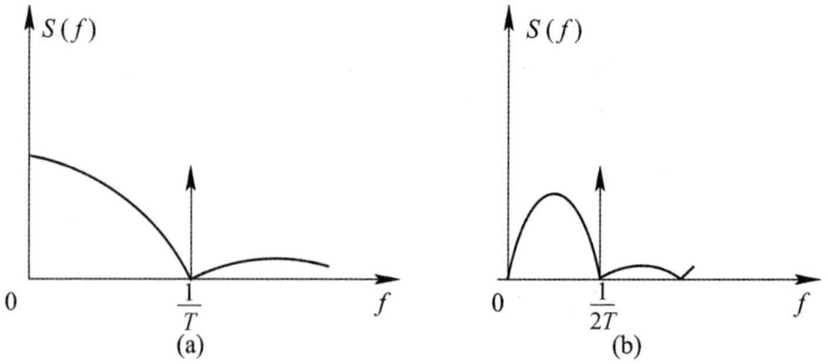


图 12-9　插入导频法频谱图

在接收端，对如图 12-9(a)所示的情况，经中心频率为 $\frac{1}{T}$ 的窄带滤波器，就可从解调后的基带信号中提取出位同步所需的信号，这时，位同步脉冲的周期与插入导频的周期一致；对如

图 12-9(b)所示的情况,窄带滤波器的中心频率应为$\frac{1}{2T}$,所提取的导频需经倍频后,才得所需的位同步脉冲。

除了插入导频法,另一种导频插入的方法是包络调制法。这种方法是用位同步信号的某种波形对相移键控或频移键控这样的恒包络数字已调信号进行附加的幅度调制,使其包络随着位同步信号波形变化。在接收端只要进行包络检波,就可以形成位同步信号。

设相移键控的表达式为

$$s_1(t)=\cos[\omega_c t+\varphi(t)] \tag{12-21}$$

利用含有位同步信号的某种波形对 $s_1(t)$ 进行幅度调制,若这种波形为升余弦波形,则其表示式为

$$m(t)=\frac{1}{2}[1+\cos(\Omega t)] \tag{12-22}$$

式中,$\Omega=\frac{2\pi}{T}$,$T$ 为码元宽度。幅度调制后的信号为

$$s_2(t)=\frac{1}{2}[1+\cos(\Omega t)]\cos[\omega_c t+\varphi(t)] \tag{12-23}$$

接收端对 $s_2(t)$ 进行包络检波,包络检波器的输出为$\frac{1}{2}[1+\cos(\Omega t)]$,除去直流分量后,就可获得位同步信号$\frac{1}{2}\cos(\Omega t)$。

除了以上两种在频域内插入位同步导频之外,还可以在时域内插入,如图 12-10 所示。这时载波同步信号、位同步信号和帧同步信号分别被配置在不同的时域内传送,接收端用锁相环路提取出并保持同步信号,就可以对继之而来的数据进行解调。

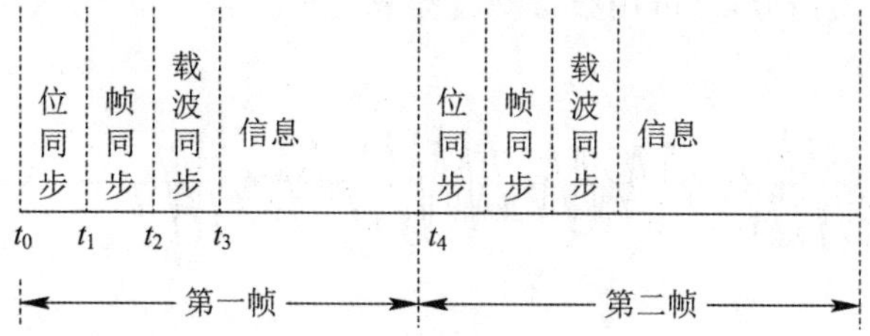


**图 12-10　时域插入导频信号**

## 12.3.2　直接法

这一类方法是发送端不专门发送导频信号,而直接从接收的数字信号中提取位同步信号。这种方法在数字通信中得到了最广泛的应用。直接提取位同步的方法又分为滤波法和锁相法。

### 12.3.2.1 滤波法

(1)波形变换——滤波法

不归零的随机二进制序列,不论是单极性的还是双极性的,当 $P(0)=P(1)=\frac{1}{2}$时,都没有 $f=\frac{1}{T}$、$\frac{2}{T}$等线谱,因而不能直接滤出 $f=\frac{1}{T}$的位同步信号分量。但是,若对该信号进行某种变换,例如,变成归零的单极性脉冲,其谱中会含有 $f=\frac{1}{T}$的分量,然后用窄带滤波器取出该分量,再经相移调整后就可形成位定时脉冲。这种方法的原理框图如图 12-11 所示。它的特点是先形成含有位同步信息的信号,再用滤波器将其取出。图中的波形变换电路可以用微分、整流来实现。

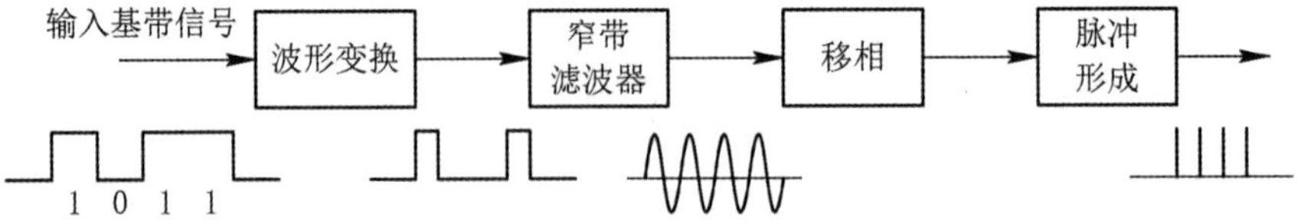


图 12-11 滤波法原理框图

(2)包络检波——滤波法

这是一种从频带受限的中频 2PSK 信号中提取位同步信息的方法,其波形图如图 12-12(a)所示。当接收端带通滤波器的带宽小于信号带宽时,使频带受限的 2PSK 信号在相邻码元相位反转点处形成幅度的"陷落"。经包络检波后得到如图 12-12(b)所示的波形,它可看作一直流与图 12-11(c)所示的波形相减,而图 12-11(c)波形是具有一定脉冲形状的单极性归零脉冲序列,含有位同步的线谱分量,可用窄带滤波器取出。

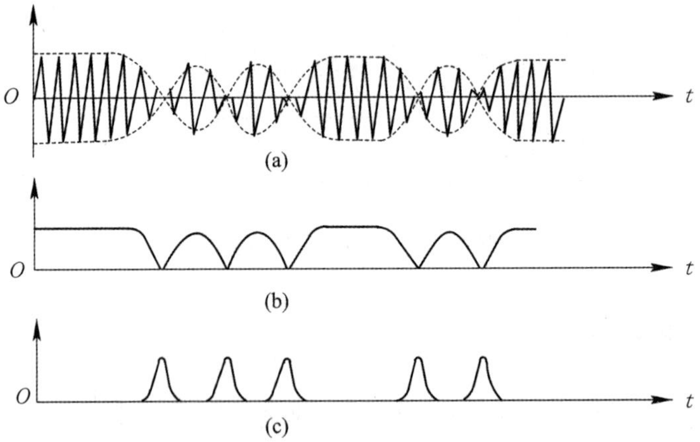


图 12-12 从 2PSK 信号中提取位同步信息的波形图

### 12.3.2.2 锁相法

位同步锁相法的基本原理与载波同步的类似,在接收端利用鉴相器比较接收码元和本地产生的位同步信号的相位，若两者相位不一致（超前或滞后），鉴相器就产生误差信号去调整位同步信号的相位，直至获得准确的位同步信号为止。前面介绍的滤波法中的窄带滤波器可以是简单的单调谐回路或晶体滤波器，也可以是锁相环路。

把采用锁相环来提取位同步信号的方法称为锁相法，通常分两类：模拟锁相法和量化同步器（数字锁相法）。一类是利用环路中误差信号去连续地调整位同步信号的相位，这一类属于模拟锁相法；另一类是采用高稳定度的振荡器（信号钟），即从鉴相器所获得的与同步误差成比例的误差信号不是直接用于调整振荡器，而是通过一个控制器在信号时钟输出的脉冲序列中附加或扣除一个或几个脉冲，从而调整加到鉴相器上的位同步脉冲序列的相位，达到同步的目的。

这种电路可以完全用数字电路构成全数字锁相环路。由于这种环路对位同步信号相位的调整不是连续的，而是存在一个最小的调整单位，也就是说对位同步信号相位进行量化调整，故这种位同步环又称为量化同步器。这种构成量化同步器的全数字环是数字锁相环的一种典型应用。用于位同步的全数字锁相环的原理框图如图12-13所示，它由信号钟、控制器、分频器、相位比较器等组成。

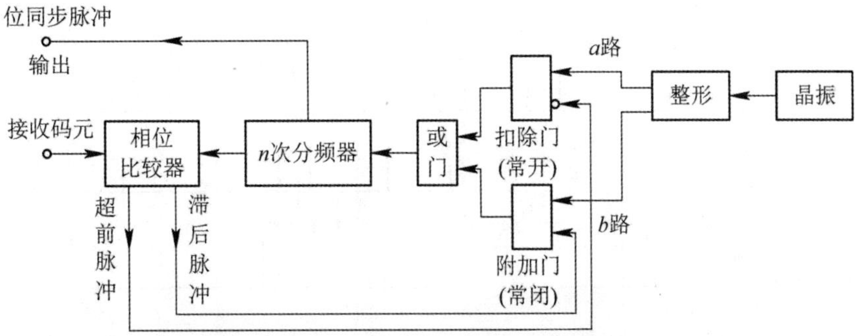


**图12-13 全数字锁相环的原理框图**

（1）信号钟：包括一个高稳定度的振荡器（晶体）和整形电路。若接收码元的速率为 $F=\frac{1}{T}$，那么振荡器频率设定在 $nF$，经整形电路之后，输出极性相反，差半个周期的 $a$、$b$ 两路周期性脉冲序列，其周期为 $T_s=\frac{1}{nF}=\frac{T}{n}$。

（2）控制器：包括图中的扣除门（常开）、附加门（常闭）和“或门”，它根据相位比较器输出的控制脉冲（“超前脉冲”或“滞后脉冲”）对信号钟输出的序列实施扣除或添加脉冲。

（3）分频器：是一个计数器，每当控制器输出 $n$ 个脉冲时，它就输出一个脉冲。

控制器与分频器共同作用的结果就调整了加至相位比较器的位同步信号的相位。这种相位前、后移的调整量取决于信号钟的周期，每次的时间阶跃量为 $T_s$，相应地，相对于接收码元周期的相位最小调整量为 $\Delta=2\pi FT_s=\frac{2\pi T_s}{T}=\frac{2\pi}{n}$。

（4）相位比较器：将接收脉冲序列与位同步信号进行相位比较，以判别位同步信号究竟是超前还是滞后。若超前就输出超前脉冲，若滞后就输出滞后脉冲。

同步数字环的工作过程如下：由高稳定晶体振荡器产生的信号，经整形后得到周期为 $T_s$

和相位差 180 °的两个脉冲序列，如图 12-14(a)、(b)所示。如图 12-13(a)所示的脉冲序列通过扣除门(常开)、或门并经 $n$ 次分频后，输出本地位同步信号，如图 12-14(c)。

为了与发送端时钟同步，分频器输出与接收到的码元序列同时加到相位比较器进行比相。分为以下三种情况考虑：

(1)如果两者完全同步，此时相位比较器没有误差信号，本地位同步信号作为同步时钟。

(2)如果本地位同步信号相位超前于接收码元序列，相位比较器输出一个超前脉冲加到扣除门(常开)的禁止端并将其关闭，扣除一个如图 12-14(a)所示的脉冲，如图 12-14(d)所示，使分频器输出脉冲的相位滞后$\frac{1}{n}$周期$\frac{360°}{n}$，如图 12-14(e)所示。

(3)如果本地同步脉冲相位滞后于接收码元脉冲，相位比较器输出一个滞后脉冲去打开“附加门(常闭)”，使如图 12-14(b)所示的脉冲序列中的一个脉冲能通过此门及或门。正因为两脉冲序列[如图 12-14(a)和(b)所示]相差半个周期，所以如图 12-14(b)所示的脉冲序列中的一个脉冲能插到“扣除门”输出如图 12-14(a)所示的脉冲序列中，如图 12-14(f)所示，使分频器输入端附加了一个脉冲，于是分频器的输出相位就提前$\frac{1}{n}$周期，如图 12-14(g)所示。

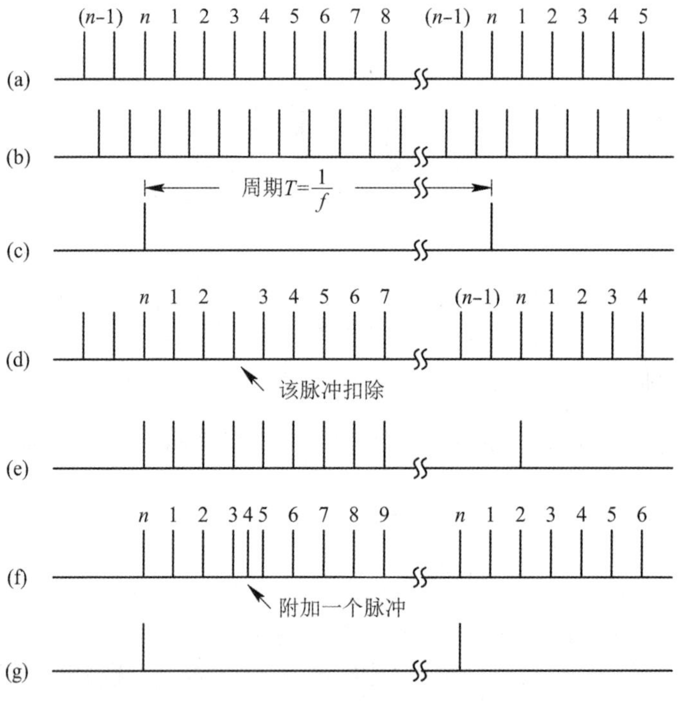


**图 12-14　位同步脉冲的相位调整**

经过若干次调整后，分频器输出的脉冲序列与接收码元序列达到同步的目的，即实现了位同步。根据接收码元基准相位的获得方法和相位比较器的结构不同，位同步数字锁相环又分为微分整流型数字锁相环和同相正交积分型数字锁相环两种。这两种环路的区别仅仅是基准相位的获得方法和鉴相器的结构不同，其他部分工作原理相同。

### 12.3.3 位同步性能

与载波同步系统相似，位同步系统的性能指标主要有相位误差、同步建立时间、同步保持时间及同步带宽等。下面结合数字锁相环来介绍这些指标，并讨论相位误差对误码率的影响。

#### 12.3.3.1 位同步性能指标

(1)相位误差 $\theta_e$

位同步信号的平均相位和最佳相位之间的偏差称为静态相差。对于数字锁相法提取位同步信号而言，相位误差主要是由于位同步脉冲的相位在跳变地调整所引起的。每调整一步，相位改变$\frac{2\pi}{n}\left(对应时间\frac{T}{n}\right)$，$n$ 是分频器的分频次数，故最大的相位误差为

$$\theta_e=\frac{360^\circ}{n} \tag{12-24}$$

若用时间差 $T_e$来表示相位误差，因每码元的周期为 $T$，故得

$$T_e=\frac{T}{n}=T_s \tag{12-25}$$

(2)同步建立时间 $t_s$

同步建立时间是指开机或失去同步后重新建立同步所需的最长时间。当位同步脉冲相位与接收基准相位相差了 $\pi\left(对应时间\frac{T}{2}\right)$时，调整时间最长。这时所需的最大调整次数为

$$N=\frac{\pi}{2\pi/n}=\frac{n}{2} \tag{12-26}$$

由于接收码元是随机的，对二进制码而言，相邻两个码元(01、10、11、00)中，有或无过零点的情况各占一半。在前面所讨论的数字锁相法是从数据过零点中提取比相用的基准脉冲，因此，平均来说，每两个脉冲周期($2T$)可能有一次调整(即有一次过零)，所以同步建立时间为

$$t_s=2T\cdot N=nT \tag{12-27}$$

(3)同步保持时间 $t_c$

当同步建立后，一旦输入信号中断，或出现长连“0”、连“1”码时，锁相环就失去调整作用。由于收、发双方位定时脉冲的固有重复频率之间总存在频差 $\Delta F$，接收端同步信号的相位就会逐渐发生漂移，时间越长，相位漂移量越大，直至漂移量达到某一准许的最大值，就算失去同步了。由同步到失步所需要的时间，称为同步保持时间。

设收、发两端固有的码元周期分别为 $T_1=\frac{1}{F_1}$和 $T_2=\frac{1}{F_2}$，则每个周期的平均时间差为

$$\Delta T=|T_1-T_2|=\left|\frac{1}{F_1}-\frac{1}{F_2}\right|=\frac{|F_2-F_1|}{F_2F_1}=\frac{\Delta F}{F_2^2} \tag{12-28}$$

式中令

$$\Delta F=|F_2-F_1|,F_0=\sqrt{F_1F_2},T_0=\frac{1}{F_0}$$

由上面的两式可得

$$F_0|T_1-T_2|=\frac{|T_1-T_2|}{T_0}=\frac{\Delta F}{F_0} \tag{12-29}$$

若 $\Delta F\neq 0$ 时，每经过 $T_0$ 时间，收、发两端就会产生 $|T_1-T_2|$ 的时间漂移，单位时间内产生的误差为 $\frac{|T_1-T_2|}{T_0}$。若规定两端允许的最大时间漂移（误差）为 $\frac{T_0}{K}$，$K$ 为一常数，则达到此误差的时间就是同步保持时间 $t_c$。代上式后得

$$\frac{T_0/K}{t_c}=\frac{\Delta F}{F_0} \tag{12-30}$$

即有

$$t_c=\frac{1}{\Delta FK} \tag{12-31}$$

若同步保持时间 $t_c$ 的指标给定，也可由上式求出对收、发两端振荡器频率稳定度的要求为

$$\Delta F=\frac{1}{t_cK} \tag{12-32}$$

此频率误差是由收、发两端振荡器造成的。若两振荡器的频率稳定度相同，则要求每个振荡器的频率稳定度不能低于

$$\frac{\Delta F}{2F_0}=\pm\frac{1}{2t_cKF_0} \tag{12-33}$$

（4）同步带宽 $\Delta f_s$

同步带宽是指能够调整到同步状态所允许的收、发振荡器最大频差。由于数字锁相环平均每 2 周（$2T$）调整一次，每次所能调整的时间为 $\frac{T}{n}\left(\frac{T}{n}\approx\frac{T_0}{n}\right)$，所以在一个码元周期内平均最多可调整的时间为 $\frac{T_0}{2n}$。很显然，如果输入信号码元的周期与接收端固有位定时脉冲的周期之差为

$$|\Delta T|>\frac{T_0}{2n} \tag{12-34}$$

则锁相环将无法使接收端位同步脉冲的相位与输入信号的相位同步，这时，由频差所造成的相位差就会逐渐积累。因此，根据式（12-28）和式（12-34）可求得

$$\frac{|\Delta f_s|}{F_0^2}=\frac{1}{2n},\ |\Delta f_s|=\frac{F_0}{2n} \tag{12-35}$$

上式就是求得的同步带宽表示式。

#### 12.3.3.2 位同步相位误差对性能的影响

位同步相位误差 $\theta_e$ 主要是造成位定时脉冲的位移，使抽样判决时刻偏离最佳位置。在以前章节推导的误码率公式，都是在最佳抽样判决时刻得到的。当位同步存在相位误差 $\theta_e$（或 $T_e$）时，必然使误码率 $P_e$ 增大。

# 12.4 群同步

数字通信时,一般总是以若干个码元组成一个“字”,若干个“字”组成一个“句”,即组成一个个的“群”进行传输。群同步的任务就是在位同步的基础上识别出这些数字信息群(字、句、组、帧)的“开头”时刻和“结尾”时刻,使接收设备的群定时与接收到的信号中的群定时处于同步状态。

## 12.4.1 群同步分类

实现群同步,通常采用的方法是起止式同步法和插入特殊同步码组的同步法。而插入特殊同步码组的方法又分为连贯式插入法和间隔式插入法。

### 12.4.1.1 起止式同步法

数字电传机中广泛使用的是起止式同步法。电传机常用的是五单位码。为标志每个字的开头和结尾,在五单位码的前后分别加上 1 个单位的起码(低电平)和 1.5 个单位的止码(高电平),共 7.5 个码元组成一个字,如图 12-15 所示。接收端根据高电平第一次转到低电平这一特殊标志来确定一个字的起始位置,从而实现字同步。这种 7.5 单位码(码元的非整数倍)给数字通信的同步传输带来一定困难。另外,在这种同步方式中,7.5 个码元中只有 5 个码元用于传递消息,因此传输效率较低。在这种同步法中一个字符不一定必须由 5 个码元组成,也可能由 7 位码组成。起止式同步法有时也称为异步式通信法。

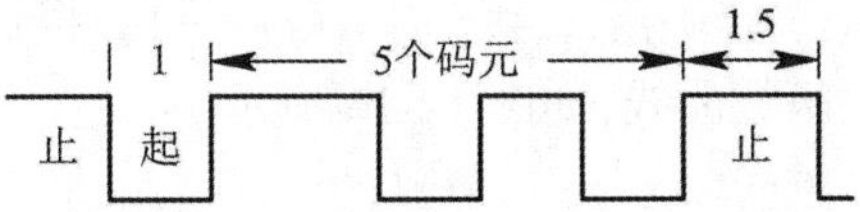


图 12-15 起止式同步法波形

### 12.4.1.2 连贯式插入法

连贯式插入法,又称集中插入法。它是指在每一信息群的开头集中插入作为群同步码组的特殊码组。该码组应在信息码元中很少出现,即使偶尔出现,也不可能依照群的规律周期出现。接收端按群的周期连续数次检测该特殊码组,这样便获得群同步信息。

连贯式插入法的关键是寻找实现群同步的特殊码组。对该码组的基本要求是具有尖锐单峰特性的自相关函数；便于与信息码元区别；码长适当，以保证传输效率。符合上述要求的特殊码组有：全0码、全1码、1与0交替码、巴克码、电话基群帧同步码0011011。目前，常用的群同步码组是巴克码。

(1)巴克码

巴克码是一种有限长的非周期序列。它的定义为一个$n$位长的码组$\{x_1, x_2, x_3, \cdots, x_n\}$，其中，$x_i$的取值为+1或−1，若它的局部自相关函数

$$R(j)=\sum_{i=1}^{n-j} x_i x_{i+j}=\begin{cases} n, & j=0 \\ 0 \text{ 或 } \pm 1, & 0<j<n \\ 0, & j \geqslant n \end{cases} \tag{12-36}$$

则称这种码组为巴克码，其中$j$表示错开的位数。

目前，已找到的所有巴克码组如表12-1所示。其中的+、−号表示$x_i$的取值为+1、−1，分别对应二进制码的"1"或"0"。

**表12-1　已找到的所有巴克码组**

| $n$ | 巴克码 |
|---|---|
| 2 | ++　(11) |
| 3 | ++−　(110) |
| 4 | +++−　(1110)；++−+　(1101) |
| 5 | +++−+　(11101) |
| 7 | +++−−+−　(1110010) |
| 11 | +++−−−+−−+−(11100010010) |
| 13 | +++++−−++−+−+　(1111100110101) |

以7位巴克码组{+ + + − − + −}为例，它的局部自相关函数如下：

①当$j=0$时，$R(j)=\sum_{i=1}^{7} x_i^2=1+1+1+1+1+1+1=7$；

②当$j=1$时，$R(j)=\sum_{i=1}^{6} x_i x_{i+1}=1+1+1+1+1+1+1=7$。

同样可求出$j=3,5,7$时$R(j)=0$；$j=2,4,6$时$R(j)=-1$。根据这些值，利用偶函数性质，可以作出7位巴克码的自相关函数曲线，如图12-16所示。

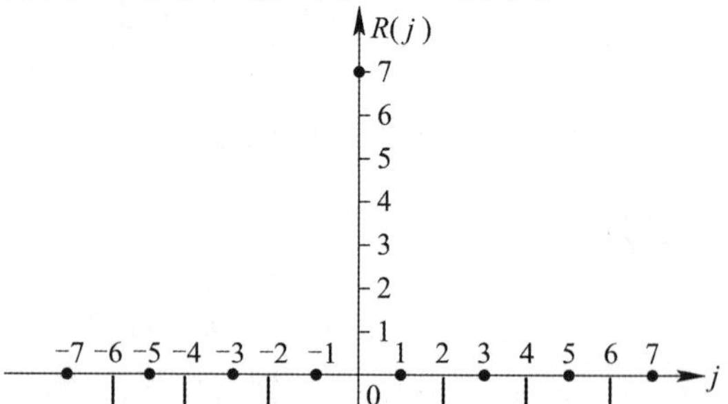


**图12-16　7位巴克码的自相关函数曲线**

由图可见,其自相关函数在 $j=0$ 时具有尖锐的单峰特性。这一特性正是连贯式插入群同步码组的主要要求之一。

巴克码的反码也是巴克码,且对于同一 $j$ 值,两者的局部自相关函数 $R(j)$ 相同。

(2)巴克码识别器

此处以 7 位巴克码为例。用 7 级移位寄存器、相加器和判决器就可以组成一个巴克码识别器,如图 12-17 所示。

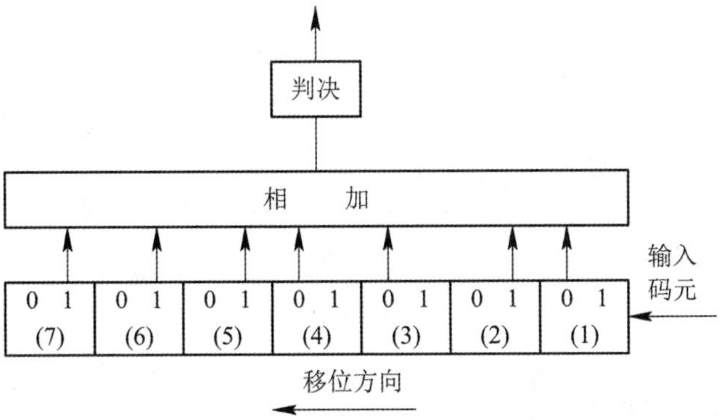


图 12-17　巴克码识别器

当输入码元的“1”进入某移位寄存器时,该移位寄存器的 1 端输出电平为+1,0 端输出电平为-1。

当输入码元的“0”进入某移位寄存器时,该移位寄存器的 0 端输出电平为+1,1 端输出电平为-1。

各移位寄存器输出端的接法与巴克码的规律一致,这样巴克码识别器实际上是对输入的巴克码进行相关运算。

当一帧信号到来时,首先进入识别器的是群同步码组,只有当 7 位巴克码在某一时刻,如图 12-18(a)中的 $t_1$,正好已全部进入 7 位寄存器时,7 位移位寄存器输出端都输出+1,相加后得最大输出,即+7,其余情况相加结果均小于+7。若判别器的判决门限电平定为+6,那么就在 7 位巴克码的最后一位 0 进入识别器时,识别器输出一个同步脉冲表示一群的开头,如图 12-18(b)所示。

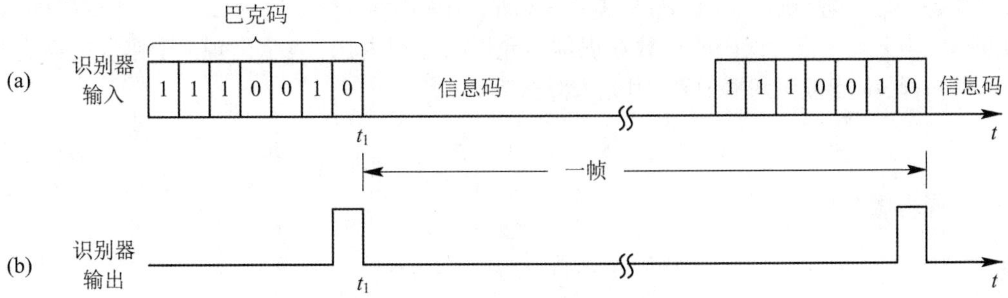


图 12-18　识别器的输出波形

巴克码用于群同步是常见的,但并不是唯一的,只要具有良好特性的码组均可用于群同步，例如 PCM30/32 路电话基群的连贯隔帧插入的帧同步码为 0011011。

#### 12.4.1.3 间隔式插入法

间隔式插入法又称为分散插入法，它是将群同步码以分散的形式均匀插入信息码元流中。这种方式比较多地用在多路数字电路系统中，如 PCM24 路基群设备以及一些简单的 ΔM 系统一般都采用 1、0 交替码型作为帧同步码间隔插入的方法，即一帧插入“1”码，下一帧插入“0”码，如此交替插入。由于每帧只插一位码，那么它与信码混淆的概率则为$\frac{1}{2}$，这样似乎无法识别同步码，但是这种插入方式在同步捕获时不是检测一帧两帧，而是连续检测数十帧，每帧都符合“1”“0”交替的规律才确认同步。

分散插入的最大特点是同步码不占用信息时隙，每帧的传输效率较高，但是同步捕获时间较长，它较适合于连续发送信号的通信系统，若是断续发送信号，每次捕获同步需要较长的时间，反而降低效率。

### 12.4.2 群同步性能

群同步性能主要指标是同步可靠性（包括漏同步概率 $P_1$ 和假同步概率 $P_2$）及同步建立时间 $t_s$。下面主要以连贯式插入法为例进行分析。

#### 12.4.2.1 漏同步概率 $P_1$

由于干扰的影响，接收的同步码组中可能出现一些错误码元，从而使识别器漏识已发出的同步码组，出现这种情况的概率称为漏同步概率，记为 $P_1$。

以 7 位巴克码识别器为例，设判决门限为 6，此时 7 位巴克码只要有一位码出错，7 位巴克码全部进入识别器时相加器输出由 7 变为 5，因而出现漏同步。如果将判决门限由 6 降为 4，则不会出现漏识别，这时判决器允许 7 位巴克码中有一位码出错。

漏同步概率与群同步的插入方式、群同步码的码组长度、系统的误码概率及识别器电路和参数选取等均有关系。

对于连贯式插入法，设 $n$ 为同步码组的码元数，$P$ 为码元错误概率，$m$ 为判决器允许码组中的错误码元最大数，则$P^r \cdot (1-P)^{n-r}$表示 $n$ 位同步码组中，$r$ 位误码和$(n-r)$位正确码同时发生的概率。当 $r \leq m$ 时，误码的位数在识别器允许的范围内，$C_n^r$ 表示出现 $r$ 个错误的组合数，所有这些情况，都能被识别器识别，因此未漏概率为

$$\sum_{r=0}^{m} C_n^r P^r (1-P)^{n-r} \tag{12-37}$$

故漏同步概率为

$$P_1 = 1 - \sum_{r=0}^{m} C_n^r P^r (1-P)^{n-r} \tag{12-38}$$

#### 12.4.2.2 假同步概率 $P_2$

假同步是指信息的码元中出现与同步码组相同的码组，这时信息码元会被识别器误认为

同步码,从而出现假同步信号。发生这种情况的概率称为假同步概率,记为 $P_2$。

假同步概率 $P_2$是信息码元中能判为同步码组的组合数与所有可能的码组数之比。设二进制数字码流中 1、0 码等概率出现,则由其组合成 $n$ 位长的所有可能的码组数为 $2^n$个,而其中能被判为同步码组的组合数显然也与 $m$ 有关。如果错 0 位时被判为同步码,则只有 $C_n^0$ 个,即 1 个;如果出现 $r$ 位错也被判为同步码的组合数为 $C_n^r$,则出现 $r \leqslant m$ 种错都被判为同步码的组合数为 $\sum_{r=0}^{m} C_n^r$,因而可得假同步概率为

$$P_2 = 2^{-n} \sum_{r=0}^{m} C_n^r \tag{12-39}$$

比较式(12-38)和式(12-39)可见,$m$ 增大,即判决门限电平降低,$P_1$减小,$P_2$增大,所以两者对判决门限电平的要求是矛盾的。另外,$P_1$和 $P_2$对同步码长 $n$ 的要求也是矛盾的。因此在选择有关参数时,必须兼顾两者的要求。CCITT 建议 PCM 基群帧同步码选择 7 位码。

#### 12.4.2.3　同步平均建立时间 $t_s$

对于连贯式插入法,假设漏同步和假同步都不出现,在最不利的情况下,实现群同步最多需要一帧的时间。设每帧的码元数为 $N$,其中包括 $n$ 位帧同步码,每码元的时间宽度为 $T$,则一帧的时间为 $NT$。在建立同步过程中,如出现一次漏同步,则建立时间要延长 $NT$;如出现一次假同步,建立时间也要延长 $NT$,因此,帧同步的平均建立时间为

$$t_s \approx (1+P_1+P_2)NT \tag{12-40}$$

由于连贯式插入同步的平均建立时间比较短,因而在数字传输系统中被广泛应用。

# 复习与巩固

## 一、概念思考

1.何谓载波同步？其目的是什么？

2.何谓相位模糊问题？在用什么方法提取载波时会出现相位模糊？

3.插入导频法和直接法实现载波同步各有什么优缺点？

4.载波同步性能指标有哪些？

5.利用科斯塔斯（Costas）环实现载波同步有何优点？

6.何谓位同步？其目的是什么？

7.数字锁相环提取位同步信号的原理是什么？

8.位同步性能指标有哪些？

9.何谓群同步（帧同步）？其目的是什么？

10.何谓起止式同步？它有何特点？

11.什么是巴克码？为什么可用巴克码作为群同步码？

12.群同步性能有哪些指标？

## 二、课堂小测

1.通信系统中的同步包括__________、__________、__________和网同步。

2.在数字通信系统的接收机中，应该先提取位同步信号还是先提取帧同步信号？________，应该先提取相干载波信号还是先提取位同步信号？______________。

3.载波同步的直接提取法有________________和__________________，无论哪种方法都存在______________问题。

4.若增大判决门限，则识别器的漏同步概率__________，假同步概率_________；若增大帧同步码的位数，则识别器的漏同步概率__________，假同步概率__________。

5.数字锁相环位同步器中，晶振频率稳定度越好，则同步保持时间越__________，输入码流中连 1 码或连 0 码的个数可以越__________。

6.若增大判决门限，则识别器的漏同步概率____________，假同步概率____________。若减小帧同步码的位数，则识别器的漏同步概率____________，假同步概率____________。

7.通常衡量群同步系统性能的指标是__________、__________和群同步平均建立时间。

8.对于 11 位巴克码，其局部自相关函数的最大值为__________。

9.某二进制数字传输系统采用 13 位巴克码作为连贯式插入法的帧同步码，要使得假同步概率小于 $2\times10^{-3}$，则帧同步码识别器的判决电平为__________。

## 三、典型题解

1.在插入导频法提取载频中，设受调制的载波为 $A\sin(\omega_c t)$，基带信号为 $m(t)$。若插入的导频相位和调制载频的相位相同,试重新计算接收端低通滤波器的输出,并给出输出中直流分量的值。

**解:**由题意可知,调制器输出信号为

$$s_0(t)=Am(t)\sin(\omega_c t)+A\sin(\omega_c t)$$

低通滤波器的输入信号为

$$s_0(t)\sin(\omega_c t)=[Am(t)\sin(\omega_c t)+A\sin(\omega_c t)]\sin(\omega_c t)=A[m(t)+1]\sin^2(\omega_c t)$$
$$=\frac{A}{2}[m(t)+1][1-2\cos2(\omega_c t)]$$

低通滤波器的输出信号为

$$S_{\mathrm{LPF}}(t)=\frac{A}{2}[m(t)+1]=\frac{A}{2}m(t)+\frac{A}{2}$$

可见,输出中含有直流分量,其值为$\frac{A}{2}$。这个直流分量对数字信号会产生影响。因此,插入的导频应该为正交载波,否则接收端恢复的信号中除了有调制信号外,还有直流信号,会对数字信号产生影响。

2.已知单边带信号的表示式为

$$s(t)=m(t)\cos(\omega_c t)+\hat{m}(t)\sin(\omega_c t)$$

(1)若发送端插入的导频是正交调制载波,试证明接收端可以正确解调;

(2)若发送端插入的导频是调制载波,试证明解调输出中也含有直流分量,并求出该值。

**解:**(1)由题意可知,插入正交调制载波作为导频,则发送端输出的信号为

$$u_0(t)=s(t)+a\sin(\omega_c t)=m(t)\cos(\omega_c t)+\hat{m}(t)\sin(\omega_c t)+a\sin(\omega_c t)$$

接收端解调器的乘法器输出信号为

$$v(t)=u_0(t)\cdot\cos(\omega_c t)$$
$$=[m(t)\cos(\omega_c t)+\hat{m}(t)\sin(\omega_c t)+a\sin(\omega_c t)]\cdot\cos(\omega_c t)$$
$$=m(t)\cos^2(\omega_c t)+[\hat{m}(t)+a]\sin(\omega_c t)\cdot\cos(\omega_c t)$$
$$=\frac{1}{2}m(t)[1+\cos(2\omega_c t)]+\frac{1}{2}\hat{m}(t)\sin2(\omega_c t)$$

经低通滤波后输出信号为

$$v_{\mathrm{LPF}}(t)=\frac{1}{2}m(t)$$

故可正确解调信号 $m(t)$。

(2)当插入导频是调制载波时,发送端输出信号为

$$u_0(t)=s(t)+a\cos(\omega_c t)=m(t)\cos(\omega_c t)+\hat{m}(t)\sin(\omega_c t)+a\cos(\omega_c t)$$

接收端解调器的乘法器输出信号为

$$v(t)=u_0(t)\cdot\cos(\omega_c t)$$
$$=[m(t)\cos(\omega_c t)+\hat{m}(t)\sin(\omega_c t)+a\cos(\omega_c t)]\cdot\cos(\omega_c t)$$
$$=[m(t)+a]\cos^2(\omega_c t)+\hat{m}(t)\sin(\omega_c t)\cdot\cos(\omega_c t)$$
$$=\frac{1}{2}[m(t)+a][1+\cos(2\omega_c t)]+\frac{1}{2}\hat{m}(t)\sin(2\omega_c t)$$

经低通滤波后输出信号为

$$v_{\text{LPF}}(t)=\frac{1}{2}[m(t)+a]$$

可见解调输出信号中含有直流信号，其值为$\frac{a}{2}$。

3.对于单边带信号 $s(t)=m(t)\cos(\omega_c t)\mp\hat{m}(t)\sin(\omega_c t)$，接收采用相干解调，已知接收端恢复的载波为 $c(t)=\cos[(\omega_c+\Delta\omega)t+\varphi]$。求解调器输出信号，并进行讨论。

**解**：根据相干解调原理可知，乘法器输出信号为

$$\begin{aligned}v(t)&=s(t)\cdot c(t)=[m(t)\cos(\omega_c t)\mp\hat{m}(t)\sin(\omega_c t)]\cdot\cos[(\omega_c+\Delta\omega)t+\varphi]\\&=m(t)\cos(\omega_c t)\cos[(\omega_c+\Delta\omega)t+\varphi]\mp\hat{m}(t)\sin(\omega_c t)\cos[(\omega_c+\Delta\omega)t+\varphi]\\&=\left\{\frac{1}{2}m(t)\cos(\Delta\omega t+\varphi)+\frac{1}{2}m(t)\cos[(2\omega_c+\Delta\omega)t+\varphi]\right\}\mp\\&\quad\left\{\frac{1}{2}\hat{m}(t)\sin(\Delta\omega t+\varphi)+\frac{1}{2}\hat{m}(t)\sin[(2\omega_c+\Delta\omega)t+\varphi]\right\}\end{aligned}$$

经过低通滤波后输出信号为

$$v_{\text{LPF}}(t)=\frac{1}{2}m(t)\cos(\Delta\omega t+\varphi)\mp\frac{1}{2}\hat{m}(t)\sin(\Delta\omega t+\varphi)$$

讨论：由解调器输出可以看出，当恢复的相干载波存在频差和相差时，对解调结果存在以下几个方面的影响。

(1)考虑相位误差的影响，即 $\varphi=0,\Delta\omega=0$，相差的存在会导致输出有用信号幅度减小(因为乘以了 $\cos\varphi$)，但只要 $\varphi$ 不大，且为常数，则影响不大，同时还会引入正交项干扰。

(2)考虑频率误差的影响，即 $\Delta\omega\neq0,\varphi=0$，频差的存在会对有用信号进行调变[因为乘以了 $\cos(\Delta\omega t)$]，因子是时间的函数，因此与 $m(t)$ 相乘相当于对 $m(t)$ 进行 DSB 调制，从而会引起有用信号畸变，也会引入正交项干扰。

(3)考虑正交项干扰的影响，正交项存在回串入有用项中，引起干扰。

4.设一个 5 位巴克码序列的码组为(+ + + − +)，其中“1”用“+1”表示，“0”用“−1”表示。

(1)试确定该巴克码的局部自相关函数，并用图表示；

(2)若用该巴克码作为帧同步码，画出接收端识别器的原理图。

**解**：(1)根据局部自相关函数定义

$$R(j)=\sum_{i=1}^{n-j}x_i x_{i+j}=\begin{cases}n, & j=0\\0\text{ 或 }\mp1, & 0<j<n\\0, & j\geqslant n\end{cases}$$

将 $n=5$ 代入得

$$R(0)=\sum_{i=1}^{5}x_i^2=1+1+1+1+1=5$$

$$R(1)=\sum_{i=1}^{4}x_i x_{i+1}=1+1-1-1=0$$

$$R(2)=\sum_{i=1}^{3}x_i x_{i+2}=1-1+1=1$$

$$R(3)=\sum_{i=1}^{2}x_ix_{i+3}=-1+1=0$$

$$R(4)=\sum_{i=1}^{1}x_ix_{i+4}=1$$

自相关函数波形如图 12-19 所示。

(2)5 位巴克码识别器如图 12-20 所示。

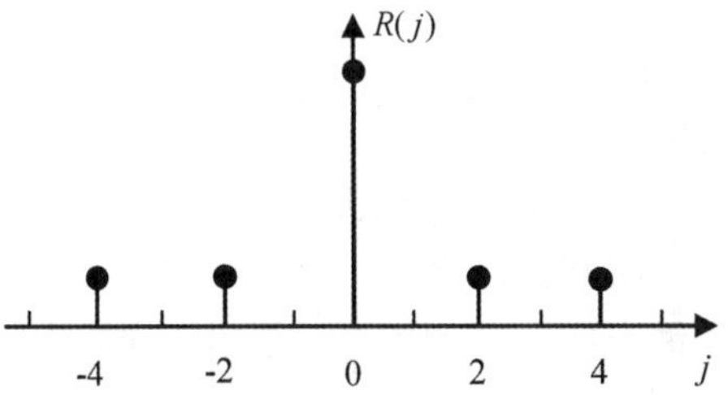


图 12-19　5 位巴克码局部自相关函数

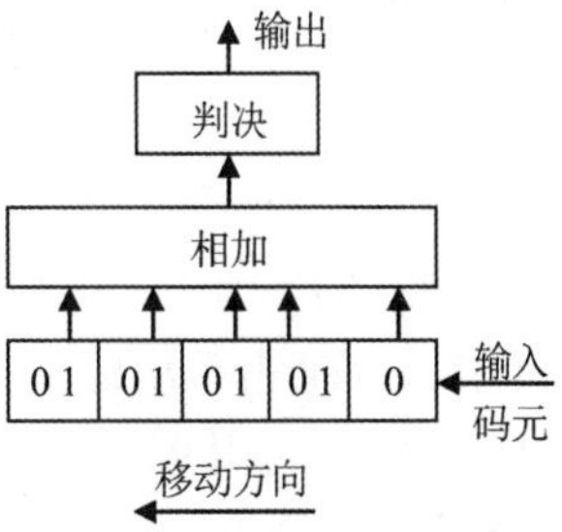


图 12-20　5 位巴克码识别器

5.设用一个 7 位巴克码作为群同步码,接收误码率为 $10^{-4}$。试分别求出容许误码数为 0 和 1 的漏同步概率和假同步概率。

**解:**假设检验时容许错误的最大码元数 $m=0$ 或 $m=1$,由题意可知,需要检验的同步码元数 $n=7$,接收码元误码率 $p=10^{-4}$。根据漏同步概率计算公式

$$P_1=1-\sum_{r=0}^{m}C_n^rP^r(1-p)^{n-r}$$

当 $m=0$ 时

$$P_1=1-(1-10^{-4})^7\approx 7\times10^{-4}\ [\text{注}:(1+x)^a\approx1+ax|_{x\ll1}]$$

当 $m=1$ 时

$$P_1=1-(1-10^{-4})^7-7\times10^{-4}\times(1-10^{-4})^6\approx4.2\times10^{-7}$$

根据假同步概率计算公式

$$P_2=\frac{1}{2^n}\sum_{r=0}^{m}C_n^r$$

当 $m=0$ 时

$$P_2=\frac{1}{2^7}\sum_{r=0}^{m}C_n^r=\frac{1}{128}$$

当 $m=1$ 时

$$P_2=\frac{1}{2^7}\sum_{r=0}^{m}C_n^r=\frac{C_7^0}{2^7}+\frac{C_7^1}{2^7}=\frac{1+7}{128}=\frac{1}{16}$$

6.设某通信系统的传输速率为 1 kb/s,误码率 $p=10^{-4}$,采用连贯式插入法进行帧同步。每帧中包含 7 位帧同步码和 153 位信息码元。试求:

(1)$m=0$ 时的漏同步概率 $P_1$,假同步概率 $P_2$,同步建立时间 $t_s$;

(2)$m=1$ 时的漏同步概率 $P_1$,假同步概率 $P_2$,同步建立时间 $t_s$。

**解:**(1)当 $m=0$ 时

$$P_1=1-C_7^0p^0(1-p)^7=1-(1-10^{-4})^7\approx7\times10^{-4}$$

$$P_2=\frac{C_7^0}{2^n}=2^{-7}=7.8125\times10^{-3}$$

$$t_s=(1+P_1+P_2)NT_s=(1+7\times10^{-4}+7.8125\times10^{-3})\times(153+7)\times1\times10^{-3}\approx161.3\text{ ms}$$

（2）当 $m=1$ 时

$$P_1=1-\sum_{r=0}^{1}C_7^r p^r(1-p)^{7-r}=1-(1-10^{-4})^7-C_7^1 10^{-4}(1-10^{-4})^6\approx4.2\times10^{-7}$$

$$P_2=\frac{\sum_{r=0}^{1}C_7^r}{2^n}=\frac{C_7^0+C_7^1}{2^7}\approx6.25\times10^{-2}$$

$$t_s=(1+P_1+P_2)NT_s=(1+4.2\times10^{-7}-6.25\times10^{-2})\times(153+7)\times1\times10^{-3}\approx170\text{ ms}$$

7.设一个二进制通信系统的信息传输速率为 100 b/s，信息码元等先验概率，要求假同步每年至多发生一次，试问其群同步码组的长度最小应设计为多少？若信道误码率为 $10^{-5}$，则此系统的漏同步概率等于多少？

**解：**根据系统信息传输速率，可求出其每年传输的码元数为

$$N=100\times3600\times24\times365=3153600000$$

（1）设群同步码组长度为 $n$，容误码数为 0，则假同步概率为 $P_2=\frac{1}{2^n}$。

由题意假同步至多发生 1 次，即有 $N P_2\leqslant1$，故 $2^n\geqslant3153600000$，解得群同步码组长度为 $n=32$。

（2）容误码数为 0 时，漏同步概率为

$$P_1=1-C_{32}^0p^0(1-p)^{32}=1-(1-10^{-5})^{32}\approx3.2\times10^{-4}$$

## 四、课后拓展

1.以 BPSK 系统为例，利用 Matlab 仿真实现基于科斯塔斯（Costas）环的载波同步，并分析相位误差对系统误码性能的影响。

2.利用 Matlab 实现 7 位和 13 位巴克码识别器仿真。设定信源采用 PN 序列，信号脉冲宽度 $T=1\ \mu\text{s}$，绘制巴克码序列编码信号的波形和频谱。

# 参考文献


[1] HAYKIN S. Digital communication systems[M]. New Jersey: John Wiley & Sons, Inc., 2013.

[2] PROAKIS J G, SALEHI M. Digital communications[M]. 5th ed. New York: McGraw-Hill Education, 2008.

[3] LATHI B P, DING Z. Modern digital and analog communication systems[M].5th ed. New York: Oxford University Press, 2019.

[4] OLIVER C I. Fundamentals of applied probability and random processes[M]. 2nd ed. San Diego: Academic Press, 2014.

[5] GOLDSMITH A. Wireless communications[M]. Cambridge: Cambridge University Press, 2005.

[6] COUCH L W. Digital and analog communication systems[M]. 8th ed. New Jersey: Prentice Hall, 2013.

[7] 张辉,曹丽娜. 现代通信原理与技术[M]. 2 版. 西安:西安电子科技大学出版社,2008.

[8] 曹志刚,钱亚生. 现代通信原理[M]. 北京:清华大学出版社,1992.

[9] 樊昌信. 通信原理教程[M]. 2 版. 北京:电子工业出版社,2008.

[10] 樊昌信,曹丽娜. 通信原理[M]. 7 版. 北京:国防工业出版社,2012.

[11] 冯玉珉. 通信系统原理学习指南[M]. 北京:清华大学出版社,北京:北京交通大学出版社,2006.

[12] 郭爱煌,陈睿,钱业青. 通信原理学习指导与习题解答[M]. 北京:电子工业出版社,2007.

[13] 郭文彬,桑林. 通信原理:基于 Matlab 的计算机仿真[M]. 北京:北京邮电大学出版社,2006.

[14] 樊昌信,任光亮. 现代通信原理[M]. 北京:人民邮电出版社,2009.

[15] 张辉,曹丽娜. 通信原理[M]. 北京:科学出版社,2007.